Heinz-Peter Gumm, Manfred Sommer
Informatik
Band 1: Programmierung, Algorithmen und Datenstrukturen
De Gruyter Studium

Weitere empfehlenswerte Titel

Informatik, Band 2: Rechnerarchitektur, Betriebssysteme, Rechnernetze
H.P. Gumm, M. Sommer, 2017
ISBN 978-3-11-044235-9, e-ISBN 978-3-11-044236-6,
e-ISBN (EPUB) 978-3-11-043442-2

Informatik, Band 3: Formale Sprachen, Compilerbau, Berechenbarkeit und Verifikation
H.P. Gumm, M. Sommer, 2018
ISBN 978-3-11-044238-0, e-ISBN 978-3-11-044239-7,
e-ISBN (EPUB) 978-3-11-043405-7

Rechnerorganisation und Rechnerentwurf, 5. Auflage
D. Patterson, J.L. Hennessy, 2016
ISBN 978-3-11-044605-0, e-ISBN 978-3-11-044606-7,
e-ISBN (EPUB) 978-3-11-044612-8

Datenbanksysteme, 10. Auflage
A. Kemper, 2015
ISBN 978-3-11-044375-2

IT-Sicherheit, 9. Auflage
C. Eckert, 2014
ISBN 978-3-486-77848-9, e-ISBN 978-3-486-85916-4,
e-ISBN (EPUB) 978-3-11-039910-3

Heinz-Peter Gumm, Manfred Sommer

Informatik

Band 1: Programmierung, Algorithmen und
Datenstrukturen

DE GRUYTER
OLDENBOURG

Autoren
Prof. Dr. Heinz-Peter Gumm
Philipps-Universität Marburg
Fachbereich Mathematik
und Informatik
Hans-Meerwein-Straße
35032 Marburg
gumm@mathematik.uni-marburg.de

Prof. Dr. Manfred Sommer
Elsenhöhe 4B
35037 Marburg
manfred.sommer@gmail.com

ISBN 978-3-11-044227-4
e-ISBN (PDF) 978-3-11-044226-7
e-ISBN (EPUB) 978-3-11-044231-1

Library of Congress Cataloging-in-Publication Data
A CIP catalog record for this book has been applied for at the Library of Congress.

Bibliografische Information der Deutschen Nationalbibliothek
Die Deutsche Nationalbibliothek verzeichnet diese Publikation in der Deutschen
Nationalbibliografie; detaillierte bibliografische Daten sind im Internet über
http://dnb.dnb.de abrufbar.

© 2016 Walter de Gruyter GmbH, Berlin/Boston
Druck und Bindung: CPI books GmbH, Leck
♾ Gedruckt auf säurefreiem Papier
Printed in Germany

www.degruyter.com

Teil I

Programmierung, Algorithmen und Datenstrukturen

Inhalt

Vorwort

Dieses dreiteilige Buch versteht sich als allgemeine Einführung in den Umgang mit Computern. Es ist damit gleichermaßen geeignet für Leser, die sich einen Überblick über das Thema Informatik verschaffen wollen, als auch für solche, die in das Thema einsteigen und mit Computern professionell arbeiten wollen. In erster Linie richtet es sich an Studenten, die Informatik im Haupt- oder Nebenfach studieren. Es ist gedacht als Begleitlektüre für die Vorlesungen des Grundstudiums und zur Einführung in die weiteren Themen der Informatik.

Der vorliegende erste Teil des Buches ist den Grundlagen der Programmierung gewidmet, insbesondere den Themen Programmierung, Algorithmen und Datenstrukturen. Im geplanten zweiten Band werden die Themen Rechnerarchitektur, Betriebssysteme, Rechnernetze und das Internet behandelt und der dritte Band wird sich mit der Theoretischen Informatik befassen.

Dieser Band beginnt mit einer Einführung in allgemeine Themen der Informatik. Dazu gehören grundlegende Fragen wie die Informationsdarstellung durch Bits und Bytes, die Darstellung und die Arithmetik von ganzen Zahlen und Dezimalzahlen. Nach einem kurzen Einschub zur geschichtlichen Entwicklung erklären wir den prinzipiellen Aufbau von Computersystemen von ihrer Architektur bis zu Betriebs- und Bediensystemen.

In vielen Bereichen, auch an Schulen und Universitäten, wird mittlerweile *Python* als erste Programmiersprache eingesetzt. Python ist leicht zu erlernen und unkompliziert, ist aber dennoch praxistauglich und vielfältig einsetzbar. Daher widmen wir Kapitel 2 einer Einführung in die Grundlagen der Programmierung anhand dieser Sprache. Im Folgekapitel stellen wir beispielhaft noch einige kleine Programmierprojekte in Python vor, die die Alltagstauglichkeit dieser Sprache unterstreichen. Beispielhaft demonstrieren wir die Turtlegraphik, die automatisierte Gewinnung von Informationen aus dem Internet und deren Darstellung mit Hilfe von Google-Karten, sowie das Messen und Steuern von Sensoren und Alarmgeräten basierend auf der Python-Schnittstelle des aktuellen Kleinrechners Raspberry.

Im folgenden Kapitel wenden wir uns der statisch typisierten objektorientierten Sprache *Java* zu, die für größere Programmierprojekte und für die Zusammenarbeit von Teams von Programmierern geeignete Unterstützung bietet. Diese Sprache ist für solche Anforderungen de fakto zum Industriestandard geworden. Nach einer umfassenden Einführung in *Java* werden auch die in der aktuellen Version 8 eingeführten Neuerungen, Lambdas und Ströme, ausführlich behandelt.

Das letzte Kapitel ist den grundlegenden Datenstrukturen der Informatik, wie Stacks, Listen, Bäumen und Graphen gewidmet, sowie den wichtigsten Algorithmen, die mit diesen Datenstrukturen arbeiten. Durch geeignete Wahl von Datenstrukturen läßt sich die Komplexität von Programmieraufgaben beurteilen und beherrschen. Statt einer rein theoretischen Diskussion zeigen wir auch, wie die diskutierten Datenstrukturen und ihre Algorithmen konkret in Java implementiert werden können.

Die Beispielprogramme zu diesem Buch, Errata, etc. werden wir auf der Webseite *www.informatikbuch.de* bereitstellen.

Marburg an der Lahn, im Juli 2016

Heinz-Peter Gumm
Manfred Sommer

Kapitel 1

Grundlagen

In diesem Kapitel werden wir wichtige Themen der Informatik in einer ersten Übersicht darstellen. Zunächst beschäftigen wir uns mit dem Begriff Informatik, dann mit fundamentalen Grundbegriffen wie z.B. Bits und Bytes. Danach behandeln wir die Frage, wie Texte, logische Werte und Zahlen in Computern gespeichert werden. Wir erklären den Aufbau eines PCs und das Zusammenwirken von Hardware, Controllern, Treibern und Betriebssystem bis zur benutzerfreundlichen Anwendungssoftware. Viele der hier eingeführten Begriffe werden in den späteren Kapiteln noch eingehender behandelt. Daher dient dieses Kapitel als erster Überblick und als Grundsteinlegung für die folgenden.

1.1 Was ist „Informatik"?

Der Begriff Informatik leitet sich von dem Begriff Information her. Er entstand in den 60er Jahren. Informatik ist die Wissenschaft von der maschinellen Informationsverarbeitung. Die englische Bezeichnung für Informatik ist *Computer Science*, also die Wissenschaft, die sich mit Rechnern beschäftigt. Wenn auch die beiden Begriffe verschiedene Blickrichtungen andeuten, bezeichnen sie dennoch das Gleiche. Die Spannweite der Disziplin Informatik ist sehr breit, und demzufolge ist das Gebiet in mehrere Teilgebiete untergliedert.

1.1.1 Technische Informatik

Die *Technische Informatik* beschäftigt sich vorwiegend mit der Konstruktion von Rechnern, Speicherchips, schnellen Prozessoren oder Parallelprozessoren, aber auch mit dem Aufbau von Peripheriegeräten wie Festplatten, Druckern und Bildschirmen. Die Grenzen zwischen der Technischen Informatik und der Elektrotechnik sind fließend. An einigen Universitäten gibt es den Studiengang Datentechnik, der gerade diesen Grenzbereich zwischen Elektrotechnik und Informatik zum Gegenstand hat.

Man kann vereinfachend sagen, dass die Technische Informatik für die Bereitstellung der Gerätschaften, der so genannten Hardware, zuständig ist, welche die Grundlage jeder maschinellen Informationsverarbeitung darstellt. Naturgemäß muss die Technische Informatik aber auch die beabsichtigten Anwendungsgebiete der Hardware im Auge haben. Insbesondere muss sie die Anforderungen der Programme berücksichtigen, die durch diese Hardware ausgeführt werden sollen. Es ist ein Unterschied, ob ein Rechner extrem viele Daten in begrenzter Zeit verarbeiten soll, wie etwa bei der Wettervorhersage oder bei der Steuerung einer Raumfähre, oder ob er im kommerziellen oder im häuslichen Bereich eingesetzt wird, wo es mehr auf die Unterstützung intuitiver Benutzerführung, die Präsentation von Grafiken, Text oder Sound ankommt.

1.1.2 Praktische Informatik

Die *Praktische Informatik* beschäftigt sich im weitesten Sinne mit den Programmen, die einen Rechner steuern. Im Gegensatz zur Hardware sind solche Programme leicht veränderbar, man spricht daher auch von Software. Es ist ein weiter Schritt von den recht primitiven Operationen, die die Hardware eines Rechners ausführen kann, bis zu den Anwendungsprogrammen, wie etwa Textverarbeitungssystemen, Spielen und Grafiksystemen, mit denen ein Anwender umgeht. Die Brücke zwischen der Hardware und der Anwendungssoftware zu schlagen, ist die Aufgabe der Praktischen Informatik.

Ein klassisches Gebiet der Praktischen Informatik ist der Compilerbau. Ein Compiler übersetzt Programme, die in einer technisch-intuitiven Notation, einer so genannten Programmiersprache, formuliert sind, in die stark von den technischen Besonderheiten der Maschine geprägte Notation der Maschinensprache. Es gibt viele populäre Programmiersprachen, darunter BASIC, Cobol, Fortran, Pascal, C, C++, C#, Java, Scala, JavaScript, PHP, Python, Perl, LISP, ML und PROLOG. Programme, die in solchen Hochsprachen formuliert sind, können nach der Übersetzung durch einen Compiler auf den verschiedensten Maschinen ausgeführt werden oder, wie es im Informatik-Slang heißt, laufen. Ein Programm in Maschinensprache läuft dagegen immer nur auf dem Maschinentyp, für den es geschrieben wurde.

1.1.3 Theoretische Informatik

Die *Theoretische Informatik* beschäftigt sich mit den abstrakten mathematischen und logischen Grundlagen aller Teilgebiete der Informatik. Theorie und Praxis sind in der Informatik enger verwoben, als in vielen anderen Disziplinen, theoretische Erkenntnisse sind schneller und direkter einsetzbar. Durch die theoretischen Arbeiten auf dem Gebiet der formalen Sprachen und der Automatentheorie zum Beispiel hat man das Gebiet des Compilerbaus heute sehr gut im Griff. In Anlehnung an die theoretischen Erkenntnisse sind praktische Werkzeuge entstanden. Diese sind selbst wieder Programme, mit denen ein großer Teil des Compilerbaus automatisiert werden kann. Bevor eine solche Theorie existierte, musste man mit einem Aufwand von ca. 25 *Bearbeiter-Jahren* (Anzahl der Bearbeiter * Arbeitszeit = 25) für die Konstruktion eines einfachen Compilers rechnen, heute erledigen Studenten eine vergleichbare Aufgabe im Rahmen eines Praktikums.

Neben den Beiträgen, die die Theoretische Informatik zur Entwicklung des Gebietes leistet, ist die Kenntnis der theoretischen Strukturen eine wichtige Schulung für jeden, der komplexe Systeme entwirft. Gut durchdachte, theoretisch abgesicherte Entwürfe erweisen sich auch für hochkomplexe Software als sicher und erweiterbar. Software-Systeme, die im Haudruck-Verfahren entstehen, stoßen immer bald an die Grenze, ab der sie nicht mehr weiterentwickelt werden können. Die Entwicklung von Software sollte sich an der Ökonomie der Theoriebildung in der Mathematik orientieren – möglichst wenige Annahmen, möglichst keine Ausnahmen. Ein wichtiger Grund etwa, warum die Konstruktion von Fortran-Compilern so kompliziert ist, liegt darin, dass dieses Prinzip bei der Definition der Programmiersprache nicht angewendet wurde. Jeder Sonder- oder Ausnahmefall, jede zusätzliche Regel macht nicht nur dem Konstrukteur des Compilers das Leben schwer, sondern auch den vielen Fortran-Programmierern.

1.1.4 Angewandte Informatik

Die *Angewandte Informatik* beschäftigt sich mit dem Einsatz von Rechnern in den verschiedensten Bereichen unseres Lebens. Da in den letzten Jahren die Hardware eines Rechners für jeden erschwinglich geworden ist, gibt es auch keinen Bereich mehr, der der Computeranwendung verschlossen ist. Einerseits gilt es, spezialisierte Programme für bestimmte Aufgaben zu erstellen, andererseits müssen Programme und Konzepte entworfen werden, die in vielfältigen Umgebungen einsetzbar sein sollen. Beispiele für solche universell einsetzbaren Systeme sind etwa Textverarbeitungssysteme oder Tabellenkalkulationssysteme (engl. *spreadsheet*). Angewandte Informatik nutzt heute jeder, der im Internet die aktuelle Tageszeitung liest, seine E-Mail erledigt, Bankgeschäfte tätigt, chattet, sich in sozialen Netzwerken tummelt, Musik herunterlädt, oder nur Filme anschaut.

Auch die Angewandte Informatik ist nicht isoliert von den anderen Gebieten denkbar. Es gilt schließlich, sowohl neue Möglichkeiten der Hardware als auch im Zusammenspiel von Theoretischer und Praktischer Informatik entstandene Werkzeuge einer sinnvollen Anwendung zuzuführen. Als Beispiel mögen die Smartphones, Organizer und Tablet-PCs dienen, die im Wesentlichen aus einem Flüssigkristall-Bildschirm bestehen, den man mit einem Griffel oder einfach mit Fingergesten bedienen kann. Die Angewandte Informatik muss die Einsatzmöglichkeiten solcher Geräte, etwa in der mobilen Lagerhaltung, auf der Baustelle oder als vielseitiger, „intelligenter" Terminkalender entwickeln. Die Hardware wurde von der Technischen Informatik konstruiert, die Softwaregrundlagen, etwa zur Handschrifterkennung, von der Praktischen Informatik aufgrund der Ergebnisse der Theoretischen Informatik gewonnen.

Wenn man im deutschsprachigen Raum auch diese Einteilung der Informatik vornimmt, so ist es klar, dass die einzelnen Gebiete nicht isoliert und ihre jeweiligen Grenzen nicht wohldefiniert sind. Die Technische Informatik überlappt sich stark mit der Praktischen Informatik, jene wieder mit der Theoretischen Informatik. Auch die Grenzen zwischen der Praktischen und der Angewandten Informatik sind fließend. Gleichgültig in welchem Bereich man später einmal arbeiten möchte, muss man auch die wichtigsten Methoden der Nachbargebiete kennen lernen, um die Möglichkeiten seines Gebietes entfalten und entwickeln zu lernen, aber auch um die Grenzen abschätzen zu können.

Neben der in diese vier Bereiche eingeteilten Informatik haben viele Anwendungsgebiete ihre eigenen Informatik-Ableger eingerichtet. So spricht man zum Beispiel von der *Medizinischen Informatik*, der *Wirtschaftsinformatik*, der *Medieninformatik*, der *Bio-Informatik*, der *Linguistischen Informatik*, der *Juristischen Informatik* oder der *Chemie-Informatik*. Für einige dieser Bereiche gibt es an Fachhochschulen und Universitäten bereits Studiengänge. Insbesondere geht es darum, fundierte Kenntnisse über das angestrebte Anwendungsgebiet mit grundlegenden Kenntnissen informatischer Methoden zu verbinden.

1.2 Information und Daten

Was tut eigentlich ein Computer? Diese Frage scheint leicht beantwortbar zu sein, indem wir einfach eine Fülle von Anwendungen aufzählen. Computer berechnen Wettervorhersagen, steuern Raumfähren, spielen Schach, machen Musik und erzeugen verblüffende Effekte in Kinofilmen. Sicher liegt hier aber nicht die Antwort auf die gestellte Frage, denn wir wollen natürlich wissen, *wie* Computer das machen. Um dies zu erklären, müssen wir uns zunächst einigen, in welcher Tiefe wir anfangen sollen. Bei der Erklärung des Schachprogramms wollen wir vielleicht wissen:

- Wie wird das Schachspiel des Computers bedient?
- Wie ist das Schachprogramm aufgebaut?
- Wie sind die Informationen über den Spielstand im Hauptspeicher des Rechners gespeichert und wie werden sie verändert?
- Wie sind die Nullen und Einsen in den einzelnen Speicherzellen organisiert und wie werden sie verändert?
- Welche elektrischen Signale beeinflussen die Transistoren und Widerstände, aus denen Speicherzellen und Prozessor aufgebaut sind?

Wir müssen uns auf *eine* solche mögliche Erklärungsebene festlegen. Da es hier um Informatik geht, also um die Verarbeitung von Informationen, beginnen wir auf der Ebene der Nullen und Einsen, denn dies ist die niedrigste Ebene der *Informationsver-*

arbeitung. Wir beschäftigen uns also zunächst damit, wie Informationen im Rechner durch Nullen und Einsen repräsentiert werden können. Die so repräsentierten Informationen nennen wir *Daten*. Die *Repräsentation* muss derart gewählt werden, dass man aus den Daten auch wieder die repräsentierte Information zurückgewinnen kann. Diesen Prozess der Interpretation von Daten als Information nennt man auch *Abstraktion*.

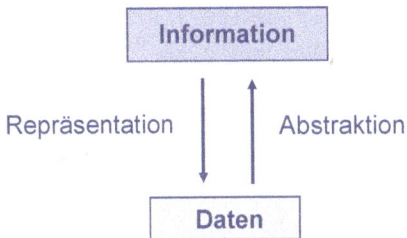

Information

Repräsentation | Abstraktion

Daten

Abb. 1.1. Information und Daten

1.2.1 Bits

Ein *Bit* ist die kleinstmögliche Einheit der Information. Ein Bit ist die Informationsmenge in einer Antwort auf eine Frage, die zwei Möglichkeiten zulässt

- ja oder nein,
- wahr oder falsch,
- schwarz oder weiß,
- hell oder dunkel,
- groß oder klein,
- stark oder schwach,
- links oder rechts.

Zu einer solchen Frage lässt sich immer eine Codierung der Antwort festlegen. Da es zwei mögliche Antworten gibt, reicht ein Code mit zwei Zeichen, ein so genannter *binärer Code*. Man benutzt dazu die Zeichen

0 und 1.

Eine solche Codierung ist deswegen nötig, weil die Information technisch dargestellt werden muss. Man bedient sich dabei etwa elektrischer Ladungen

0 = ungeladen,
1 = geladen,

oder elektrischer Spannungen

0 = 0 Volt,

1 = 5 Volt,

oder Magnetisierungen

0 = unmagnetisiert,

1 = magnetisiert.

So kann man etwa die Antwort auf die Frage

Welche Farbe hat der Springer auf F3?

im Endeffekt dadurch repräsentieren bzw. auffinden, indem man prüft,

– ob ein Kondensator eine bestimmte Ladung besitzt,

– ob an einem Widerstand eine bestimmte Spannung anliegt oder

– ob eine bestimmte Stelle auf einer Magnetscheibe magnetisiert ist.

Da es uns im Moment aber nicht auf die genaue technische Realisierung ankommt, wollen wir die Übersetzung physikalischer Größen in Informationseinheiten bereits voraussetzen und nur von den beiden möglichen Elementarinformationen 0 und 1 ausgehen. Mit $\bar{0} = 1$ und $\bar{1} = 0$ bezeichnet man die jeweils komplementären Bits.

1.2.2 Bitfolgen

Lässt eine Frage mehrere Antworten zu, so enthält die Beantwortung der Frage mehr als ein Bit an Information. Die Frage etwa, aus welcher Himmelsrichtung, Nord, Süd, Ost oder West, der Wind weht, lässt 4 mögliche Antworten zu. Der Informationsgehalt in der Beantwortung der Frage ist aber nur 2 Bit, denn man kann die ursprüngliche Frage in zwei andere Fragen verwandeln, die jeweils nur zwei Antworten zulassen:

1. Weht der Wind aus einer der Richtungen Nord oder Ost (ja/nein)?
2. Weht der Wind aus einer der Richtungen Ost oder West (ja/nein)?

Eine mögliche Antwort, etwa *ja* auf die erste Frage und *nein* auf die zweite Frage, lässt sich durch die beiden Bits

```
1 0
```

repräsentieren. Die Bitfolge 10 besagt also diesmal, dass der Wind aus Norden weht. Ähnlich repräsentieren die Bitfolgen

```
0 0 = Süd
0 1 = West
1 0 = Nord
1 1 = Ost.
```

Offensichtlich gibt es genau 4 mögliche Folgen von 2 Bit. Mit 2 Bit können wir also Fragen beantworten, die 4 mögliche Antworten zulassen. Lassen wir auf dieselbe Frage

(Woher weht der Wind?) auch noch die Zwischenrichtungen *Südost, Nordwest, Nordost* und *Südwest* zu, so gibt es 4 weitere mögliche Antworten, also insgesamt 8. Mit einem zusätzlichen Bit, also mit insgesamt 3 Bits, können wir alle 8 möglichen Antworten darstellen. Die möglichen Folgen aus 3 Bits sind

    000, 001, 010, 011, 100, 101, 110, 111.

und die möglichen Antworten auf die Frage nach der Windrichtung sind

    Süd, West, Nord, Ost, Südost, Nordwest, Nordost, Südwest.

Jede beliebige eindeutige Zuordnung der Himmelsrichtungen zu diesen Bitfolgen können wir als Codierung von Windrichtungen hernehmen, zum Beispiel

    000 = Süd
    100 = Südost
    001 = West
    101 = Nordwest
    010 = Nord
    110 = Nordost
    011 = Ost
    111 = Südwest

Offensichtlich verdoppelt jedes zusätzliche Bit die Anzahl der möglichen Bitfolgen, so dass gilt
   Es gibt genau 2^n verschiedene Bitfolgen der Länge n.

1.2.3 Hexziffern

Ein Rechner ist viel besser als ein Mensch in der Lage, mit Kolonnen von Bits umzugehen. Für den Menschen wird eine lange Folge von Nullen und Einsen bald unübersichtlich. Es wird etwas einfacher, wenn wir lange Bitfolgen in Gruppen zu 4 Bits anordnen. Aus einer Bitfolge wie 0100111101100001011011000110110 wird dann

    0100 1111 0110 0001 0110 1100 0110 1100

Eine Gruppe von 4 Bits nennt man auch *Halb-Byte* oder *Nibble*. Da nur $2^4 = 16$ verschiedene Nibbles möglich sind, bietet es sich an, jedem einen Namen zu geben. Wir wählen dazu die Ziffern „0" bis „9" und zusätzlich die Zeichen „A" bis „F". Jedem Halb-Byte ordnet man auf natürliche Weise eine dieser so genannten *Hexziffern* zu

    0000=0 0100=4 1000=8 1100=C
    0001=1 0101=5 1001=9 1101=D

```
0010=2 0110=6 1010=A 1110=E
0011=3 0111=7 1011=B 1111=F.
```

Damit lässt sich die obige Bitfolge kompakter als Folge von Hexziffern darstellen:

```
4 F 6 1 6 C 6 C.
```

Die Rückübersetzung in eine Bitfolge ist ebenso einfach, wir müssen nur jede Hexziffer durch das entsprechende Halb-Byte ersetzen.

So wie sich eine Folge von Dezimalziffern als Zahl im Dezimalsystem deuten lässt, können wir eine Folge von Hexziffern auch als eine Zahl im Sechzehner- oder Hexadezimal-System auffassen. Den Zahlenwert einer Folge von Hexziffern erhalten wir, indem wir jede Ziffer entsprechend ihrer Ziffernposition mit der zugehörigen Potenz der Basiszahl 16 multiplizieren und die Ergebnisse aufsummieren. Ähnlich wie die Dezimalzahl 327 für den Zahlenwert

$$3 \times 10^2 + 2 \times 10^1 + 7 \times 10^0$$

steht, repräsentiert z.B. die Hexzahl 1AF3 den Zahlenwert 6899, denn

$$1 \times 16^3 + A \times 16^2 + F \times 16^1 + 3 \times 16^0 = 1 \times 4096 + 10 \times 256 + 15 \times 16 + 3 = 6899.$$

Die Umwandlung einer Dezimalzahl in eine Hexzahl mit dem gleichen Zahlenwert ist etwas schwieriger, wir werden darauf eingehen, wenn wir die verschiedenen Zahldarstellungen behandeln. Da man das Hex-System vorwiegend verwendet, um lange Bitfolgen kompakter darzustellen, ist eine solche Umwandlung selten nötig.

Die Hex-Darstellung wird von Assembler-Programmierern meist der Dezimaldarstellung vorgezogen. Daher findet man oft auch die ASCII-Tabelle (siehe Abb. 1.2), welche eine Zuordnung der 256 möglichen Bytes (s.u.) zu den Zeichen der Tastatur und anderen Sonderzeichen festlegt, in Hex-Darstellung. Für das ASCII-Zeichen 'o' (das kleine „Oh", nicht zu verwechseln mit der Ziffer „0") hat man dann den Eintrag 6F, was der Dezimalzahl $6 \times 16 + 15 = 111$ entspricht. Umgekehrt findet man zu dem 97-sten ASCII-Zeichen, dem kleinen „a", die Hex-Darstellung 61, denn $6 \times 16 + 1 = 97$.

Allein aus der Ziffernfolge „61" ist nicht ersichtlich, ob diese als Hexadezimalzahl oder als Dezimalzahl aufzufassen ist. Wenn eine Verwechslung nicht ausgeschlossen ist, hängt man zur Kennzeichnung von Hexzahlen ein kleines „h" an, also 61h. Gelegentlich benutzt man die *Basiszahl* des Zahlensystems auch als unteren Index, wie in der folgenden Gleichung

$$97_{10} = 61_{16} = 01100001_2.$$

Programmiersprachen verlangen oft, Hexzahlen durch Voranstellen von **0x** zu kennzeichnen. Beispielsweise gibt man in Java die Hexzahl 61h als 0x61 an.

1.2.4 Bytes und Worte

Wenn ein Rechner Daten liest oder schreibt, wenn er mit Daten operiert, gibt er sich nie mit einzelnen Bits ab. Dies wäre im Endeffekt viel zu langsam. Stattdessen arbeitet er immer nur mit Gruppen von Bits, entweder mit 8 Bits, 16 Bits, 32 Bits oder 64 Bits. Man spricht dann von 8-Bit-Rechnern, 16-Bit-Rechnern, 32-Bit-Rechnern oder 64-Bit-Rechnern. In Wahrheit gibt es aber auch Mischformen – Rechner, die etwa intern mit 32-Bit-Blöcken rechnen, aber immer nur Blöcke zu 64 Bits lesen oder schreiben. Stets jedoch ist die Länge eines Bitblocks ein Vielfaches von 8. Eine Gruppe von 8 Bits nennt man ein *Byte*. Ein Byte besteht infolgedessen aus zwei Nibbles, man kann es also durch zwei Hex-Ziffern darstellen. Es gibt daher $16^2 = 256$ verschiedene Bytes von 0000 0000 bis 1111 1111. In Hexzahlen ausgedrückt erstreckt sich dieser Bereich von 00h bis FFh, dezimal von 0 bis 255.

Für eine Gruppe von 2, 4 oder 8 Bytes sind auch die Begriffe Wort, Doppelwort und Quadwort im Gebrauch, allerdings ist die Verwendung dieser Begriffe uneinheitlich. Bei einem 16-Bit Rechner bezeichnet man eine 16-Bit Größe als Wort, ein Byte ist dann ein Halbwort. Bei einem 32-Bit Rechner steht „Wort" auch für eine Gruppe von 4 Bytes.

1.2.5 Dateien

Eine *Datei* ist eine beliebig lange Folge von Bytes. Dateien werden meist auf Festplatten, USB-Sticks oder anderen Datenträgern gespeichert. Jede Information, mit der ein Rechner umgeht, Texte, Zahlen, Musik, Bilder, Programme, muss sich auf irgendeine Weise als Folge von Bytes repräsentieren lassen und kann daher als Datei gespeichert werden.

Hat man nur den Inhalt einer Datei vorliegen, so kann man nicht entscheiden, welche Art von Information die enthaltenen Bytes repräsentieren sollen. Diese zusätzliche Information versucht man durch einen geeigneten Dateinamen auszudrücken. Insbesondere hat es sich eingebürgert, die Dateinamen aus zwei Teilen zusammenzusetzen, einem Namen und einer Erweiterung. Diese beiden Namensbestandteile werden durch einen Punkt getrennt. Beispielsweise besteht die Datei mit Namen „FoxyLady.wav" aus dem Namen „FoxyLady" und der Erweiterung „wav". Die Endung „wav" soll andeuten, dass es sich um eine unkomprimierte Musikdatei handelt, die mit einer entsprechenden Software abgespielt werden kann. Nicht alle Betriebssysteme verwenden diese Konventionen. In UNIX ist es z.B. üblich den Typ der Datei in den ersten Inhalts-Bytes zu kennzeichnen.

1.2.6 Datei- und Speichergrößen

Unter der *Größe einer Datei* versteht man die Anzahl der darin enthaltenen Bytes. Man verwendet dafür die Einheit B. Eine Datei der Größe 245B enthält also 245 Byte. In einigen Fällen wird die Abkürzung B auch für ein Bit verwendet, so dass wir es vorziehen, bei Verwechslungsgefahr die Einheiten als Byte oder als Bit auszuschreiben. Dateien von wenigen hundert Byte sind äußerst selten, meist bewegen sich die Dateigrößen in Bereichen von Tausenden, Millionen oder gar Milliarden von Bytes. Es bietet sich an, dafür die von Gewichts- oder Längenmaßen gewohnten Präfixe kilo- (für tausend) und mega- (für million) zu verwenden. Andererseits ist es günstig, beim Umgang mit binären Größen auch die Faktoren durch Zweierpotenzen 2, 4, 8, 16, ... auszudrücken. Da trifft es sich gut, dass die Zahl 1000 sehr nahe bei einer Zweierpotenz liegt, nämlich

$$2^{10} = 1024.$$

Daher stehen in vielen Bereichen der Informatik das Präfix *kilo* für 1024 und das Präfix *mega* für

$$2^{20} = 1024 \times 1024 = 1048576.$$

Die Abkürzungen für die in der Informatik benutzten Größenfaktoren sind daher

$$
\begin{aligned}
k &= 2^{10} \quad (k = kilo) \\
M &= 1024 \times 1024 = 2^{20} \quad (M = mega) \\
G &= 1024 \times 1024 \times 1024 = 2^{30} \quad (G = giga) \\
T &= 1024 \times 1024 \times 1024 \times 1024 = 2^{40} \quad (T = tera) \\
P &= 1024 \times 1024 \times 1024 \times 1024 \times 1024 = 2^{50} \quad (P = peta) \\
E &= 1024 \times 1024 \times 1024 \times 1024 \times 1024 \times 1024 = 2^{60} \quad (E = exa)
\end{aligned}
$$

Die obigen Maßeinheiten haben sich auch für die Angabe der Größe des Hauptspeichers und anderer Speichermedien eingebürgert. Allerdings verwenden Hersteller von Festplatten, DVDs, und Blu-ray-Discs meist G (Giga) für den Faktor 10^9 statt für 2^{30}. So kann es sein, dass der Rechner auf einer 500 GByte Festplatte nur 465 GByte Speicherplatz erkennt. Dies liegt daran, dass folgendes gilt:

$$500 \times 10^9 \approx 465 \times 2^{30}$$

Die IEC (International Electrotechnical Commission) schlug bereits 1996 vor, die in der Informatik benutzten Größenfaktoren, die auf den Zweierpotenzen basieren, mit einem kleinen „i" zu kennzeichnen, also ki, Mi, Gi, etc. und die Präfixe k, M, G für die Zehnerpotenzen zu reservieren. Dann hätte obige Festplatte 500 GB, aber 465 GiB (ausgesprochen: Gibibyte). Dieser Vorschlag hat sich aber bisher nicht durchgesetzt.

Anhaltspunkte für gängige Größenordnungen von Dateien und Geräten sind:

$\sim 200\,B$	eine kurze Textnotiz
$\sim 4\,kB$	dafür benötigter Platz auf der Festplatte
$\sim 100\,kB$	formatierter Brief, Excel Datei, pdf-Dokument ohne Bildern
$\sim 4\,MB$	Musiktitel im mp3-Format
$\sim 40\,MB$	Musiktitel im wav-Format
$\sim 700\,MB$	CD-ROM Kapazität
$\sim 4\,GB$	DVD
$\sim 16\,GB$	PC Hauptspeicher – bis 64 GB
$25\,GB$	Blu-ray Disc (dual-layer – 50 GB)
$32\,GB$	USB-Stick, SD-Karten – bis 128 GB
$256\,GB$	Halbleiterspeichermedien (SSD = Solid State Disk) – bis 4 TB
$2\,TB$	Festplatten – bis 16 TB

Natürlich hängt die genaue Größe einer Datei von ihrem Inhalt, im Falle von Bild- oder Audiodateien auch von der Spieldauer und dem verwendeten Aufzeichnungsverfahren ab. Durch geeignete Kompressionsverfahren lässt sich ohne merkliche Qualitätsverluste die Dateigröße erheblich reduzieren. So kann man z.B. mithilfe des MP3-Codierungsverfahrens einen Musiktitel von 40 MB Größe auf ca. 4 MB komprimieren. Dadurch ist es möglich, auf einer einzigen CD den Inhalt von 10 – 12 herkömmlichen Musik-CDs zu speichern.

1.2.7 Längen- und Zeiteinheiten

Für Längen- und Zeitangaben werden auch in der Informatik dezimale Einheiten benutzt. So ist z.B. ein 2,6 GHz Prozessor mit $2,6 \times 10^9 = 2600000000$ Hertz (Schwingungen pro Sekunde) getaktet. Ein Takt dauert also $1/(2,6 \times 10^9) = 0,38 \times 10^{-9}$ sec, das sind 0,38 ns. Das Präfix n steht hierbei für *nano*, also den Faktor 10^{-9}. Die anderen Faktoren kleiner als 1 sind:

$$
\begin{aligned}
m &= 1/1000 = 10^{-3} \quad (m = milli) \\
\mu &= 1/1000000 = 10^{-6} \quad (\mu = mikro) \\
n &= 1/1000000000 = 10^{-9} \quad (n = nano) \\
p &= 1/1000000000000 = 10^{-12} \quad (p = pico) \\
f &= 1/1000000000000000 = 10^{-15} \quad (f = femto)
\end{aligned}
$$

Für Längenangaben wird neben den metrischen Maßen eine im Amerikanischen immer noch weit verbreitete Einheit verwendet. Für amerikanische Längenmaße hat sich nicht einmal das Dezimalsystem durchgesetzt.

1" = 1 in = 1 inch = 1 Zoll = 2,54 cm = 25,4 mm.

1.3 Informationsdarstellung

Als *Daten* bezeichnen wir die Folgen von Nullen und Einsen, die irgendwelche Informationen repräsentieren. In diesem Abschnitt werden wir die Repräsentation von Texten, logischen Werten, Zahlen und Programmen durch Daten erläutern.

1.3.1 Text

Um *Texte* in einem Rechner darzustellen, codiert man Alphabet und Satzzeichen in Bitfolgen. Mit einem Alphabet von 26 Kleinbuchstaben, ebenso vielen Großbuchstaben, einigen Satzzeichen wie etwa Punkt, Komma und Semikolon und Spezialzeichen wie „+", „&" und „%" hat eine normale Tastatur eine Auswahl von knapp hundert Zeichen. Die Information, wo ein Zeilenumbruch stattfinden oder wo ein Text eingerückt werden soll, codiert man ebenfalls durch spezielle Zeichen. Solche *Sonderzeichen*, dazu gehören das CR-Zeichen (von englisch *carriage return* = Wagenrücklauf) und das Tabulatorzeichen *Tab*, werden nie ausgedruckt, sie haben beim Ausdrucken lediglich die entsprechende steuernde Wirkung. Sie heißen daher auch Steuerzeichen oder nicht-druckbare Zeichen.

1.3.2 ASCII-Code

Auf jeden Fall kommt man für die Darstellung aller Zeichen mit 7 Bits aus, das ergibt $2^7 = 128$ verschiedene Möglichkeiten. Man muss also nur eine Tabelle erstellen, mit der jedem Zeichen ein solcher Bitcode zugeordnet wird. Dazu nummeriert man die 128 gewählten Zeichen einfach durch und stellt die Nummer durch 7 Bit binär dar.

Die heute fast ausschließlich verwendete Nummerierung ist die so genannte ASCII-Codierung. ASCII steht für *„American Standard Code for Information Interchange"*. Sie berücksichtigt einige Systematiken, insbesondere sind Ziffern, Großbuchstaben und Kleinbuchstaben in natürlicher Reihenfolge durchnummeriert.

Die in Abbildung 1.2 dargestellte Tabelle zeigt alle Zeichen mit ASCII-Codes zwischen 0 und 127, das sind hexadezimal 00h bis 7Fh. Die Ziffern 0 bis 9 haben die Codes 30h bis 39h, die Großbuchstaben bzw. die Kleinbuchstaben haben die Nummern 41h-5Ah bzw. 61h-7Ah.

Die Zeichen mit Nummern 21h bis 7Eh nennt man die druckbaren Zeichen. Zu ihnen gehören neben Ziffern und Buchstaben auch die verschiedenen Sonderzeichen:

! " # $ % & ' ( ) * + , - . / = ; < = > ? @ [\ ] ^ _ ` { | } ~.

Abb. 1.2. ASCII-Tabelle

Code	...0	...1	...2	...3	...4	...5	...6	...7	...8	...9	...A	...B	...C	...D	...E	...F
0...	NUL	SOH	STX	ETX	EOT	ENQ	ACK	BEL	BS	HT	LF	VT	FF	CR	SO	SI
1...	DLE	DC1	DC2	DC3	DC4	NAK	SYN	ETB	CAN	EM	SUB	ESC	FS	GS	RS	US
2...	SP	!	"	#	$	%	&	'	(	)	*	+	,	-	.	/
3...	0	1	2	3	4	5	6	7	8	9	:	;	<	=	>	?
4...	@	A	B	C	D	E	F	G	H	I	J	K	L	M	N	O
5...	P	Q	R	S	T	U	V	W	X	Y	Z	[	\	]	^	_
6...	`	a	b	c	d	e	f	g	h	i	j	k	l	m	n	o
7...	p	q	r	s	t	u	v	w	x	y	z	{	|	}	~	DEL

ASCII 20h repräsentiert das Leerzeichen SP (engl.: *space*). CR und LF (ASCII 0Dh und 0Ah) stehen für carriage return (Wagenrücklauf) und line feed (Zeilenvorschub). Hier handelt es sich um sogenannte Steuerzeichen, mit denen man früher Fernschreiber, also elektrisch angesteuerte Schreibmaschinen steuerte. In diese Kategorie gehören auch BS (backspace ASCII 08h), HT (horizontal tab = Tabulator) und FF (form feed = neue Seite). Diese Zeichen werden bei der Repräsentation von Texten auch heute noch in dieser Bedeutung verwendet. Allerdings verwendet man für eine neue Zeile unter Linux und Mac OS X nur das Zeichen LF (ASCII 0A), während Windows die Kombination CR LF erwartet.

Da der ASCII-Code zur Datenübertragung (*information interchange*) konzipiert wurde, vereinbarte man weitere Zeichen zur Steuerung einer Datenübertragung: STX und ETX (start/end of text), ENQ (enquire), ACK (acknowledge), NAK (negative acknowledge), EOT (end of transmission). Mit BEL (bell = Glocke) konnte man den Empfänger alarmieren.

Standardtastaturen haben je eine Taste für die meisten druckbaren Zeichen. Allerdings sind viele Tasten mehrfach belegt. Großbuchstaben und viele Satzzeichen erreicht man nur durch gleichzeitiges Drücken der Shift-Taste. Durch Kombinationen mit Ctrl, der Control-Taste, (auf deutschen Tastaturen oft mit Strg (Steuerung) bezeichnet) kann man viele Steuerzeichen eingeben. Zum Beispiel entspricht ASCII 07h (das Klingelzeichen) der Kombination Ctrl-G und ASCII 08h (backspace) ist Ctrl-H. Einige dieser Codes können in Editoren oder auf der Kommandozeile direkt benutzt werden. Die gebräuchlichen Tastaturen spendieren den wichtigsten Steuerzeichen eine eigene Taste. Dazu gehören u.a. Ctrl-I (Tabulator), Ctrl-H (Backspace), Ctrl-[(Escape = ASCII 1Bh) und Ctrl-M (Return).

Die 128 ASCII-Zeichen entsprechen den Bytes 0000 0000 bis 0111 1111, d.h. den Hex-Zahlen 00 bis 7F. Eine Datei, die nur ASCII-Zeichen enthält, also Bytes, deren erstes Bit 0 ist, nennt man ASCII-Datei. Oft versteht man unter einer ASCII-Datei auch einfach eine Textdatei, selbst wenn Codes aus einer ASCII-Erweiterung verwendet werden.

1.3.3 ASCII-Erweiterungen

Bei der ASCII-Codierung werden nur die letzten 7 Bits eines Byte genutzt. Das erste Bit verwendete man früher als Kontrollbit für die Datenübertragung. Es wurde auf 0 oder 1 gesetzt, je nachdem ob die Anzahl der 1-en an den übrigen 7 Bitpositionen gerade (*even*) oder ungerade (*odd*) war. Die Anzahl der 1-en in dem so aufgefüllten Byte wurde dadurch immer gerade (*even parity*). Wenn nun bei der Übertragung ein kleiner Fehler auftrat, d.h. wenn in dem übertragenen Byte genau ein Bit verfälscht wurde, so konnte der Empfänger dies daran erkennen, dass die Anzahl der 1-en ungerade war.

Bei der Verwendung des ASCII-Codes zur Speicherung von Texten und auch als Folge der verbesserten Qualität der Datenübertragung wurde dieses Kontrollbit überflüssig. Daher lag es nahe, nun alle 8 Bit zur Zeichenkodierung zu verwenden. Somit ergab sich ein weiterer verfügbarer Bereich von ASCII 128 bis ASCII 255. Der von IBM ab 1980 entwickelte PC benutzte diese zusätzlichen Codes zur Darstellung von sprachspezifischen Zeichen wie z.B. „ä" (ASCII 132), „ö" (ASCII 148) „ü" (ASCII 129) und einigen Sonderzeichen anderer Sprachen, darüber hinaus auch für Zeichen, mit denen man einfache grafische Darstellungen wie Rahmen und Schraffuren zusammensetzen kann. Diese Zeichen können über die numerische Tastatur eingegeben werden. Dazu muss diese aktiviert sein (dies geschieht durch die Taste „Num"), danach kann bei gedrückter „Alt"-Taste der dreistellige ASCII-Code eingegeben werden.

Leider ist auch die Auswahl der sprachspezifischen Sonderzeichen eher zufällig und bei weitem nicht ausreichend für die vielfältigen Symbole fremder Schriften. Daher wurden von der International Organization for Standardization (ISO) verschiedene andere Optionen für die Nutzung der ASCII-Codes 128-255 als sog. ASCII-Erweiterungen normiert. In Europa ist die ASCII-Erweiterung ISO Latin-1 verbreitet, die durch die Norm ISO 8859-1 beschrieben wird.

Einige Rechner, insbesondere wenn sie unter UNIX betrieben werden, benutzen nur die genormten ASCII-Zeichen von 0 bis 127. Auf solchen Rechnern sind daher Umlaute nicht so einfach darstellbar. Die Verwendung von Zeichen einer ASCII-Erweiterung beim Austausch von Daten, E-Mails oder Programmtexten ist ebenfalls problematisch. Benutzt der Empfänger zur Darstellung nicht die gleiche ASCII-Erweiterung, so findet er statt der schönen Sonderzeichen irgendwelche eigenartigen Symbole oder Kontrollzeichen in seinem Text. Schlimmstenfalls geht auch von jedem Byte das erste Bit verloren. Einen Ausweg bietet hier die Umcodierung der Datei in eine ASCII-Datei (z.B. mit dem Programm „uuencode") vor der Übertragung und eine Dekodierung beim Empfänger (mittels „uudecode"). Viele E-Mail Programme führen solche Umkodierungen automatisch aus.

1.3.4 Unicode und UCS

Wegen der Problematik der ASCII-Erweiterungen bei der weltweiten Datenübertragung entstand in den letzten Jahren ein neuer Standard, der versucht, sämtliche relevanten Zeichen aus den unterschiedlichsten Kulturkreisen in einem universellen Code zusammenzufassen. Dieser neue Zeichensatz heißt *Unicode* und verwendet eine 16-Bit-Codierung, kennt also maximal 65536 Zeichen. Landesspezifische Zeichen, wie z.B. ö, ß, æ, ç oder Ã gehören ebenso selbstverständlich zum Unicode-Zeichensatz wie kyrillische, arabische, japanische und tibetische Schriftzeichen. Die ersten 128 Unicode-Zeichen sind identisch mit dem ASCII-Code, die nächsten 128 mit dem ISO Latin-1 Code.

Unicode wurde vom Unicode-Konsortium (www.unicode.org) definiert. Dieses arbeitet ständig an neuen Versionen und Erweiterungen dieses Zeichensatzes. Die Arbeit des Unicode-Konsortium wurde von der ISO (www.iso.ch) aufgegriffen. Unter der Norm ISO-10646 wurde Unicode als Universal Character Set (UCS) international standardisiert. Beide Gremien bemühen sich darum, ihre jeweiligen Definitionen zu synchronisieren, um unterschiedliche Codierungen zu vermeiden. ISO geht allerdings in der grundlegenden Definition von UCS noch einen Schritt weiter als Unicode. Es werden sowohl eine 16-Bit-Codierung (UCS-2) als auch eine 31-Bit-Codierung (UCS-4) festgelegt. Die Codes von UCS-2 werden als *basic multilingual plane* (BMP) bezeichnet, beinhalten alle bisher definierten Codes und stimmen mit Unicode überein. Codes, die UCS-4 ausnutzen sind für potenzielle zukünftige Erweiterungen vorgesehen.

Die Einführung von Unicode bzw. UCS-2 und UCS-4 führt zu beträchtlichen Kompatibilitätsproblemen, ganz abgesehen davon, dass der Umfang von derart codierten Textdateien wächst. Es ist daher schon frühzeitig der Wunsch nach einer kompakteren Codierung artikuliert worden, die kompatibel mit der historischen 7-Bit ASCII Codierung ist und die den neueren Erweiterungen Rechnung trägt. Eine solche Codierung, mit dem Namen UTF-8, wurde auch tatsächlich in den 90er Jahren eingeführt. Sie wurde von der ISO unter dem Anhang R zur Norm ISO-10646 festgeschrieben und auch von den Internetgremien als RFC2279 standardisiert.

1.3.5 UTF-8

Die Bezeichnung UTF ist eine Abkürzung von UCS Transformation Format. Dadurch wird betont, dass es sich lediglich um eine andere Codierung von UCS bzw. Unicode handelt.

UTF-8 ist eine Mehrbyte-Codierung. 7-Bit ASCII-Zeichen werden mit einem Byte codiert, alle anderen verwenden zwischen 2 und 6 Bytes. Die Idee ist, dass häufig benutzte Zeichen mit einem Byte codiert werden, seltenere mit mehreren Bytes. Die Kodierung erfolgt nach den folgenden Prinzipien:

- Jedes mit 0 beginnende Byte ist ein Standard 7-Bit ASCII Zeichen.

– Jedes mit 1 beginnende Byte gehört zu einem aus mehreren Bytes bestehenden
  UTF-8 Code. Besteht ein UTF-8 Code aus $n \geq 2$ Bytes, so beginnt das erste (Start–)
  Byte mit n vielen 1-en, und jedes der $n - 1$ Folgebytes mit der Bitfolge 10.

Der erste Punkt garantiert, dass Teile eines Mehrbyte UTF-8 Zeichens nicht als 7-Bit-
ASCII Zeichen missdeutet werden können. Der zweite Punkt erlaubt es, Wortgrenzen
in einer UTF-8 codierten Datei leicht zu erkennen, was ein einfaches Wiederaufsetzen
bei einem Übertragungsfehler ermöglicht. Auch einfache syntaktische Korrektheits-
tests sind möglich.

UTF-8 kann die verschiedenen UCS-Codes auf einfache Weise repräsentieren:

– 1-Byte-Codes haben die Form `0xxx xxxx` und ermöglichen die Verwendung von
  7 (mit x gekennzeichneten) Bits und damit die Codierung von allen 7-Bit ASCII
  Codes.
– 2-Byte-Codes haben die Form `110x xxxx 10xx xxxx` und ermöglichen die Codierung aller 11-Bit UCS-2 Codes.
– 3-Byte-Codes haben die Form `1110 xxxx 10xx xxxx 10xx xxxx`. Mit den 16
  noch verfügbaren Bits können alle 16-Bit UCS-2 Codes dargestellt werden.
– 4-Byte-Codes der Form `1111 0xxx 10xx xxxx 10xx xxxx 10xx xxxx` ermöglichen die Verwendung von 21 Bits zur Codierung aller 21-Bit UCS-4 Codes.
– 5-Byte-Codes können alle 26-Bit UCS-4 Codes darstellen. Sie haben die Form:
  `1111 10xx 10xx xxxx 10xx xxxx 10xx xxxx 10xx xxxx`
– 6-Byte-Codes ermöglichen die Codierung des kompletten 31-Bit UCS-4 Codes:
  `1111 110x 10xx xxxx 10xx xxxx 10xx xxxx 10xx xxxx 10xx xxxx`

UTF-8 codierte Dateien sind also kompatibel zur 7-Bit ASCII Vergangenheit und verlängern den Umfang von Dateien aus dem amerikanischen und europäischen Bereich gar
nicht oder nur unwesentlich. Diese Eigenschaften haben dazu geführt, dass diese Co-
dierungsmethode der de facto Standard bei der Verwendung von Unicode geworden
ist. Bei den Webseiten des Internets wird UTF-8 immer häufiger verwendet – alternativ
dazu können in HTML-Dateien Sonderzeichen, also z.B. Umlaute wie „ä" durch so genannte Entities als „ä" umschrieben werden. Neben UTF-8 gibt es noch andere
Transformations-Codierungen wie UTF-2, UTF-7 und UTF-16, die allerdings nur geringe
Bedeutung erlangt haben.

Java erlaubte als erste der weit verbreiteten Sprachen die Verwendung beliebiger
Unicode Zeichen für Bezeichnernamen und in Zeichenketten. Somit können in jedem
Kulturkreis die vertrauten Namen für Variablen und Methoden vergeben werden. Allerdings sollte das Betriebssystem mit den verwendeten Zeichen auch umgehen können, insbesondere wenn Sonderzeichen in Dateinamen oder Klassennamen vorkommen.

1.3.6 Zeichenketten

Zur Codierung eines fortlaufenden Textes fügt man einfach die Codes der einzelnen Zeichen aneinander. Eine Folge von Textzeichen heißt auch *Zeichenkette* (engl. string). Der Text „Hallo Welt" wird also durch die Zeichenfolge

```
H, a, l, l, o, , W, e, l, t
```

repräsentiert. Jedes dieser Zeichen, einschließlich des Leerzeichens "␣", ersetzen wir durch seine Nummer in der ASCII-Tabelle und erhalten:

```
072 097 108 108 111 032 087 101 108 116
```

Alternativ können wir die ASCII-Nummern auch hexadezimal schreiben, also:

```
48 61 6C 6C 6F 20 57 65 6C 74
```

Daraus können wir unmittelbar auch die Repräsentation durch eine Bitfolge entnehmen:

```
01001000 01100001 01101100 01101100 01101111
00100000 01010111 01100101 01101100 01110100.
```

Viele Programmiersprachen markieren das Ende einer Zeichenkette mit dem ASCII-Zeichen NUL = 00h. Man spricht dann von nullterminierten Strings.

Es soll hier nicht unerwähnt bleiben, dass im Bereich der Großrechner noch eine andere als die besprochene ASCII-Codierung in Gebrauch ist. Es handelt sich um den so genannten EBCDI-Code (*extended binary coded decimal interchange*). Mit dem Rückgang der Großrechner verliert diese Codierung aber zunehmend an Bedeutung.

1.3.7 Logische Werte und logische Verknüpfungen

Logische Werte sind die *Wahrheitswerte Wahr* und *Falsch* (engl. *true* und *false*). Je nach Kontext kann man sie durch die Buchstaben T und F oder durch 1 und 0 abkürzen. Auf diesen logischen Werten sind die *booleschen Verknüpfungen* NOT (Negation oder Komplement), AND (Konjunktion), OR (Disjunktion) und XOR (exklusives OR) durch die folgenden Verknüpfungstafeln festgelegt.

Die AND-Verknüpfung zweier Argumente ist also nur dann T, wenn beide Argumente T sind. Die OR-Verknüpfung zweier Argumente ist nur dann F, wenn beide Argumente F sind. Die XOR-Verknüpfung zweier Argumente ist genau dann T, wenn beide Argumente verschieden sind. So gilt z.B. T XOR F = T , denn in der XOR-Tabelle findet sich in der Zeile neben T und der Spalte unter F der Eintrag T.

NOT	
F	T
T	F

AND	F	T
F	F	F
T	F	T

OR	F	T
F	F	T
T	T	T

XOR	F	T
F	F	T
T	T	F

Abb. 1.3. Logische Verknüpfungen

Da es nur zwei Wahrheitswerte gibt, könnte man diese durch die beiden möglichen Werte eines Bits darstellen, z.B. durch F = 0 und T = 1. Da aber ein Byte die kleinste Einheit ist, mit der ein Computer operiert, spendiert man meist ein ganzes Byte für einen Wahrheitswert. Eine gängige Codierung ist F = 0000 0000 und T = 1111 1111.

Man kann beliebige Bitketten auch als Folgen logischer Werte interpretieren. Die logischen Verknüpfungen sind für diese Bitketten als bitweise Verknüpfung der entsprechenden Kettenelemente definiert. So berechnet man z.B. das *bitweise Komplement*

$$\text{NOT } 01110110 = \overline{0}\,\overline{1}\,\overline{1}\,\overline{1}\,\overline{0}\,\overline{1}\,\overline{1}\,\overline{0} = 10001001$$

oder die bitweise Konjunktion

$$01110110 \text{ AND } 11101011 = 01100010.$$

1.3.8 Programme

Programme, also Folgen von Anweisungen, die einen Rechner veranlassen, bestimmte Dinge zu tun, sind im Hauptspeicher des Rechners oder auf einem externen Medium gespeichert. Auch für die Instruktionen eines Programms benutzt man eine vorher festgelegte Codierung, die jedem Befehl eine bestimmte Bitfolge zuordnet. Wenn Programme erstellt werden, sind sie noch als Text formuliert, erst ein Compiler übersetzt diesen Text in eine Reihe von Befehlen, die der Rechner versteht, die so genannten Maschinenbefehle. So repräsentiert z.B. die Bytefolge „03 D8" den PC-Maschinenbefehl „ADD BX, AX", welcher den Inhalt des Registers AX zu dem Inhalt von BX addiert.

1.3.9 Bilder und Musikstücke

Auch Bilder und Musikstücke können als Daten in einem Computer verarbeitet und gespeichert werden. Ein Bild wird dazu in eine Folge von *Rasterpunkten* aufgelöst. Jeden dieser Rasterpunkte kann man durch ein Bit, ein Byte oder mehrere Bytes codieren, je nachdem, ob das Bild ein- oder mehrfarbig ist. Eine Folge solcher Codes für Rasterpunkte repräsentiert dann ein Bild. Eine Konvention wie ein Bild (allgemeiner auch ein Film oder ein Musikstück) in eine Folge von Bytes übersetzt und in einer Datei gespeichert wird, heißt ein Format. Es gibt viele Standardformate für die Speicherung von Bildern, darunter solche, die jeden einzelnen Bildpunkt mit gleichem Aufwand speichern (dies nennt man eine Bitmap) bis zu anderen, die das gespeicherte Bild noch komprimieren. Dazu gehören das gif- und das jpeg-Format. Offiziell heißt dieses, von der *joint photographic expert group* (abgekürzt: *jpeg*) definierte Format jfif, doch die Bezeichnung jpeg ist gebräuchlicher. Das letztere Verfahren erreicht sehr hohe Kompressionsraten auf Kosten der Detailgenauigkeit – es ist verlustbehaftet, man kann die Pixel des Originalbildes i.A. also nicht wieder exakt zurückgewinnen.

Bei Musikstücken muss das analoge Tonsignal zunächst digital codiert werden. Man kann sich das so vorstellen, dass die vorliegende Schwingung viele tausend mal pro Sekunde abgetastet wird. Die gemessene Amplitude wird jeweils als Binärzahl notiert und in der Datei gespeichert. Mit der *mp3-Codierung*, die gezielt akustische Informationen unterdrückt, welche die meisten Menschen ohnehin nicht wahrnehmen, können die ursprünglichen wav-Dateien auf ungefähr ein Zehntel ihrer ursprünglichen Größe in mp3-Dateien komprimiert werden.

1.4 Zahlendarstellungen

Wie alle bisher diskutierten Informationen werden auch Zahlen durch Bitfolgen dargestellt. Wenn eine Zahl wie z.B. „4711" mitten in einem Text vorkommt, etwa in einem Werbeslogan, so wird sie, wie der Rest des Textes, als Folge ihrer ASCII-Ziffernzeichen gespeichert, d.h. als Folge der ASCII Zeichen für „4", „7", „1" und „1". Dies wären hier die ASCII-Codes mit den Nummern 34h, 37h, 31h, 31h. Eine solche Darstellung ist aber für Zahlen, mit denen man arithmetische Operationen durchführen möchte, unpraktisch und verschwendet unnötig Platz.

Man kann Zahlen viel effizienter durch eine umkehrbar eindeutige (eins-zu-eins) Zuordnung zwischen Bitfolgen und Zahlen kodieren. Wenn wir nur Bitfolgen einer festen Länge N betrachten, können wir damit 2^N viele Zahlen darstellen. Gebräuchlich sind $N = 8, 16, 32$ oder 64. Man repräsentiert durch die Bitfolgen der Länge N dann
– die natürlichen Zahlen von 0 bis $2^N - 1$, oder
– die ganzen Zahlen zwischen -2^{N-1} und $2^{N-1}-1$, oder
– ein Intervall der reellen Zahlen mit begrenzter Genauigkeit.

1.4.1 Binärdarstellung

Will man nur positive ganze Zahlen (natürliche Zahlen) darstellen, so kann man mit N Bits den Bereich der Zahlen von 0 bis 2^{N-1}, das sind 2^N viele, überdecken. Die Zuordnung der Bitfolgen zu den natürlichen Zahlen geschieht so, dass die Bitfolge der *Binärdarstellung* der darzustellenden Zahl entspricht. Die natürlichen Zahlen nennt man in der Informatik auch *vorzeichenlose Zahlen*, und die Binärdarstellung heißt demzufolge auch vorzeichenlose Darstellung.

Um die Idee der Binärdarstellung zu verstehen, führen wir uns noch einmal das gebräuchliche Dezimalsystem (Zehnersystem) vor Augen. Die einzelnen Ziffern einer Dezimalzahl stellen bekanntlich die Koeffizienten von Zehnerpotenzen dar, wie beispielsweise in

$$
\begin{aligned}
4711 &= 4 \times 1000 + 7 \times 100 + 1 \times 10 + 1 \times 1 \\
&= 4 \times 10^3 + 7 \times 10^2 + 1 \times 10^1 + 1 \times 10^0
\end{aligned}
$$

Für das Binärsystem (Zweiersystem) hat man anstelle der Ziffern 0 ... 9 nur die beiden Ziffern 0 und 1 zur Verfügung, daher stellen die einzelnen Ziffern einer Binärzahl die Koeffizienten der Potenzen von 2 dar. Die Bitfolge 1101 hat daher den Zahlenwert:

$$
\begin{aligned}
(1101)_2 &= 1 \times 2^3 + 1 \times 2^2 + 0 \times 2^1 + 1 \times 2^0 \\
&= 1 \times 8 + 1 \times 4 + 0 \times 2 + 1 \times 1 \\
&= 13
\end{aligned}
$$

Dies können wir durch die Gleichung $(1101)_2 = (13)_{10}$ ausdrücken, wobei der Index angibt, in welchem Zahlensystem die Ziffernfolge interpretiert werden soll. Der Index entfällt, wenn das Zahlensystem aus dem Kontext klar ist.

Mit drei Binärziffern können wir die Zahlenwerte von 0 bis 7 darstellen:

```
000 = 0, 001 = 1, 010 = 2, 011 = 3,
100 = 4, 101 = 5, 110 = 6, 111 = 7.
```

Mit 4 Bits können wir analog die 16 Zahlen von 0 bis 15 erfassen, mit 8 Bits die 256 Zahlen von 0 bis 255, mit 16 Bits die Zahlen von 0 bis 65535 und mit 32 Bits die Zahlen von 0 bis 4 294 967 295.

1.4.2 Das Oktalsystem und das Hexadezimalsystem

Neben dem Dezimalsystem und dem Binärsystem sind in der Informatik noch das *Oktalsystem* und das *Hexadezimalsystem* in Gebrauch. Das Oktalsystem stellt Zahlen zur Basis 8 dar. Es verwendet daher nur die Ziffern 0 ... 7. Bei einer mehrstelligen Zahl im Oktalsystem ist jede Ziffer d_i der Koeffizient der zugehörigen Potenz 8^i, also:

$$
(d_n d_{n-1} \dots d_0)_8 = d_n \times 8^n + d_{n-1} \times 8^{n-1} + \dots + d_0 \times 8^0 .
$$

Beispielsweise gilt: $(4711)_8 = 4 \times 8^3 + 7 \times 8^2 + 1 \times 8^1 + 1 \times 8^0 = (2505)_{10}$.

Ähnlich verhält es sich mit dem Hexadezimalsystem, dem System zur Basis 16. Die 16 Hexziffern 0,1,2,3,4,5,6,7,8,9,A,B,C,D,E,F drücken den Koeffizienten derjenigen

Potenz von 16 aus, der ihrer Position entspricht. Beispielsweise stellt die Hexadezimalzahl 2C73 die Dezimalzahl 11379 dar, es gilt nämlich:

$$(2C73)_{16} = 2 \times 16^3 + 12 \times 16^2 + 7 \times 16^1 + 3 \times 16^0 = (11379)_{10}.$$

Prinzipiell könnte man jede beliebige positive Zahl, sogar 7 oder 13, als Basiszahl nehmen. Ein Vorteil des Oktal- und des Hexadezimalsystems ist, dass man zwischen dem Binärsystem und dem Oktal- bzw. dem Hexadezimalsystem ganz einfach umrechnen kann. Wenn wir von einer Binärzahl ausgehen, brauchen wir lediglich, von rechts beginnend, die Ziffern zu Vierergruppen zusammenzufassen und jeder dieser Vierergruppen die entsprechende Hexziffer zuzuordnen. Die resultierende Folge von Hexziffern ist dann die Hexadezimaldarstellung der Binärzahl. So entsteht z.B. aus der Binärzahl 10110001110011 die Hexadezimalzahl 2C73, denn

$$(10110001110011)_2 = (10\ 1100\ 0111\ 0011)_2 = (2C73)_{16}.$$

Gruppieren wir jeweils drei Ziffern einer Binärzahl und ordnen jeder Dreiergruppe die entsprechende Oktalziffer zu, so erhalten wir die Oktaldarstellung. Mit dem Beispiel von eben:

$$(10110001110011)_2 = (010\ 110\ 001\ 110\ 011)_2 = (26163)_8.$$

Warum dies so einfach funktioniert, lässt sich leicht plausibel machen. Sei dazu eine Binärzahl $b_7 b_6 b_5 b_4 b_3 b_2 b_1 b_0$ gegeben. Wir füllen zunächst links mit Nullen auf, bis die Anzahl der Stellen ein Vielfaches von 3 ist. Von rechts nach links fassen wir nun jeweils drei Summanden zu einer Dreiergruppe zusammen und klammern Potenzen von $2^3 = 8$ aus. Danach summiert das Überbleibsel jeder Dreiergruppe zu einer Zahl zwischen 0 und 7, die wir als Oktalziffer repräsentieren können. Wir zeigen das am Beispiel 9-stelliger Binärzahlen:

$$
\begin{aligned}
(b_8 b_7 b_6 ... b_2 b_1 b_0)_2 &= b_8 \times 2^8 + b_7 \times 2^7 + b_6 \times 2^6 + ... + b_2 \times 2^2 + b_1 \times 2^1 + b_0 \times 2^0 \\
&= (b_8 \times 2^2 + b_7 \times 2^1 + b_6 \times 2^0) \times 2^6 + ... + (b_2 \times 2^2 + b_1 \times 2^1 + b_0 \times 2^0) \times 2^0 \\
&= (\quad z_2 \quad) \times 8^2 + ... + (\quad z_0 \quad) \times 8^0 \\
&= (z_2 z_1 z_0)_8.
\end{aligned}
$$

Genauso zeigt sich, dass die beschriebene Umwandlung zwischen Binärzahlen und Hexadezimalzahlen korrekt ist. Dabei muss man jeweils 4 Ziffern zusammenfassen und wachsende Potenzen von 16 ausklammern. Die Umwandlung, etwa vom Oktal- in das Hexadezimalsystem oder umgekehrt, erfolgt am einfachsten über den Umweg des Binärsystems. Als Beispiel:

$$(4711)_8 = (100\ 111\ 001\ 001)_2 = (1001\ 1100\ 1001)_2 = (9C9)_{16}.$$

1.4.3 Umwandlung in das Dezimalsystem

Die Umwandlung einer Binär-, Oktal- oder Hexzahl in das Dezimalsystem ist einfach, allerdings treten viele Multiplikationen auf, wenn man alle Potenzen der Basiszahl berechnet und mit den Ziffern multipliziert. Eine einfachere Methode beruht auf der Idee, aus den höherwertigen Stellen immer wieder die Basiszahl d auszuklammern. Wir zeigen dies nur am Beispiel der oben berechneten Oktalzahl:

$$
\begin{aligned}
(4711)_8 &= 4 \times 8^3 + 7 \times 8^2 + 1 \times 8^1 + 1 \\
&= (4{\times}8^2 + 7{\times}8^1 + 1){\times}8 + 1 \\
&= ((4{\times}8 + 7){\times}8 + 1){\times}8 + 1
\end{aligned}
$$

Einen solchen Ausdruck können wir von innen nach außen ausrechnen. Auf dieser Erkenntnis basiert die folgende Berechnungsmethode, die als *Horner-Schema* bekannt ist. Er erlaubt uns eine einfache Berechnung mit einem Taschenrechner. Die linke Spalte zeigt die Tastenfolge, die rechte die jeweilige Anzeige:

Tastenfolge :		*Anzeige* :
4	(=)	4
×8 + 7	(=)	39
×8 + 1	(=)	313
×8 + 1	(=)	2505

Das funktioniert für alle Zahlensysteme. Wir demonstrieren die Methode, indem wir erneut $(2C73)_{16}$ berechnen. Normale Taschenrechner erwarten natürlich die Eingabe „12" statt „C":

2	(=)	2
×16 + 12	(=)	44
×16 + 7	(=)	711
×16 + 3	(=)	11379

1.4.4 Umwandlung in das Binär-, Oktal- oder Hexadezimalsystem

Der etwas schwierigeren Umwandlung von Dezimalzahlen in andere Zahlensysteme, wollen wir eine, auch für spätere Kapitel wichtige zahlentheoretische Beobachtung vorwegschicken:

Wenn man eine natürliche Zahl z durch eine andere natürliche Zahl $d \neq 0$ exakt teilt, erhält man einen Quotienten q und einen Rest r. Beispielsweise gilt $39/8 = 4$ *Rest* 7. Die Probe ergibt: $39 = 4{\times}8 + 7$. Der Rest r ist immer kleiner als der Divisor d.

In der Informatik bezeichnet man die Operation des Dividierens ohne Rest mit *div* und die Operation, die den Divisionsrest ermittelt, mit *mod*. Im Beispiel haben wir also 39 *div* 8 = 4 und 39 *mod* 8 = 7. Der Rest ist immer kleiner als der Divisor, also und die Probe muss die ursprüngliche Zahl ergeben, also:

$$z = (z\ div\ d) \times d + (z\ mod\ d) \text{ wobei } 0 \le (z\ mod\ d) < d.$$

Für eine Zahl z im Dezimalsystem ist $(z\ mod\ 10)$ die letzte Ziffer und $(z\ div\ 10)$ erhält man durch Streichen der letzten Ziffer:

$$4711\ mod\ 10 = 1 \text{ und } 4711\ div\ 10 = 471.$$

Dies gilt analog für alle Zahlensysteme. Für eine beliebige Binärzahl z rechnen wir es nach:

$$
\begin{aligned}
z &= (b_n b_{n-1} \ldots b_1 b_0)_2 \\
&= b_n \times 2^n + b_{n-1} \times 2^{n-1} + \ldots + b_1 \times 2^1 + b_0 \times 2^0 \\
&= (b_n \times 2^{n-1} + b_{n-1} \times 2^{n-1} + \ldots + b_1 \times 2^0) \times 2 + b_0 \times 2^0 \\
&= (\qquad b_n b_{n-1} \ldots b_1 \qquad)_2 \times 2 + b_0
\end{aligned}
$$

Diese Darstellung zeigt, dass für eine beliebige Zahl $z = (b_n b_{n-1} \ldots b_1 b_0)_2$ gilt

$$
\begin{aligned}
z\ div\ 2 &= (b_n b_{n-1} \ldots b_1)_2 \\
z\ mod\ 2 &= b_0.
\end{aligned}
$$

Suchen wir die Binärdarstellung einer Zahl z, so erhalten wir also die letzte Ziffer b_0 als Rest $z\ mod\ 2$. Die Folge der ersten Ziffern $b_n b_{n-1} \ldots b_1$ ist die Binärdarstellung von $z\ div\ 2$. Als nächstes erhalten wir b_1 als letzte Ziffer von $z\ div\ 2$, etc. So finden wir also die Binärdarstellung einer beliebigen natürlichen Zahl z. Fortgesetztes Teilen durch 2 liefert nacheinander die Ziffern der Darstellung von z im Zweiersystem als Reste. Die Binärziffern entstehen dabei von rechts nach links. Wir zeigen dies beispielhaft für die Zahl $2017_{10} = 11111100001_2$:

Alles, was über Binärzahlen gesagt wurde, gilt sinngemäß auch in anderen Zahlensystemen. Verwandeln wir z.B. die dezimale Zahl 2017 in das Oktalsystem, so liefert fortgesetztes Teilen durch die Basiszahl 8 die Reste 1, 4, 7, 3

$$
\begin{aligned}
2017 &= 8 \times 252 + 1 \quad \rightarrow \text{Ziffer: } 1 \\
252 &= 8 \times 31 + 4 \quad \rightarrow \text{Ziffer: } 4 \\
31 &= 8 \times 3 + 7 \quad \rightarrow \text{Ziffer: } 7 \\
3 &= 8 \times 0 + 3 \quad \rightarrow \text{Ziffer: } 3
\end{aligned}
$$

Wir lesen an den Resten die Oktaldarstellung $(3741)_8$ ab. Ganz entsprechend erhalten wir die Hexadezimaldarstellung durch fortgesetztes Teilen durch 16. Die mögli-

Tab. 1.1. Binärzahlentwicklung von 2017

z	z div 2	z mod 2
2017	1008	1
1008	504	0
504	252	0
252	126	0
126	63	0
63	31	1
31	15	1
15	7	1
7	3	1
3	1	1
1	0	1

chen Reste 0 bis 15 stellen wir jetzt durch die Hex-Ziffern 0 ... 9, A ... F dar und erhalten

$$2017 = 16{\times}126 + 1 \;\; \rightarrow \text{Ziffer: } 1$$

$$126 = 16{\times}7 + 14 \;\; \rightarrow \text{Ziffer: } E$$

$$7 = 16{\times}0 + 7 \;\; \rightarrow \text{Ziffer: } 7$$

also die Hex-Darstellung 7E1. Zur Sicherheit überprüfen wir, ob beide Male tatsächlich der gleiche Zahlenwert erhalten wurde, indem wir vom Oktalsystem in das Binär- und von dort ins Hexadezimalsystem umrechnen:

$$(3741)_8 = (011\ 111\ 100\ 001)_2 = (0111\ 1110\ 0001)_2 = (7E1)_{16}$$

1.4.5 Arithmetische Operationen

Zwei aus mehreren Ziffern bestehende Binärzahlen werden addiert, wie man es analog auch von der Addition von Dezimalzahlen gewohnt ist. Ein an einer Ziffernposition entstehender *Übertrag* (engl.: *carry*) wird zur nächsthöheren Ziffernposition addiert. Ein Übertrag entsteht immer, wenn bei der Addition zweier Ziffern ein Wert entsteht, der größer oder gleich dem Basiswert ist. Bei Binärziffern ist dies bereits der Fall, wenn wir 1+1 addieren. Es entsteht ein Übertrag von 1 in die nächste Ziffernposition.

Abb.1.4 zeigt ein Beispiel für die schriftliche Addition zweier natürlicher Zahlen in den besprochenen Zahlensystemen, dem Binär-, Oktal- und Hexadezimalsystem. Es werden jedes Mal die gleichen Zahlenwerte addiert und die Probe zeigt, dass das Ergebnis immer das gleiche ist.

Auch Subtraktion, Multiplikation und Division verlaufen in anderen Zahlensystemen analog wie im Dezimalsystem. Wir wollen dies hier nicht weiter vertiefen, sondern stattdessen die Frage ansprechen, was geschieht, wenn durch eine arithmetische Ope-

Binär:	Oktal:	Hexadezimal:
1 1 1 0 1 0 1 0	3 5 2	E A
+ 1 0 1 1 0 0 1 1	+ 2 6 3	+ B 3
1 1 0 0 1 1 1 0 1	6 3 5	1 9 D

Abb. 1.4. Addition in verschiedenen Zahlensystemen

ration ein Zahlenbereich überschritten wird. Bei der Addition ist dies z.B. daran zu erkennen, dass in der höchsten Ziffernposition ein Übertrag auftritt. Hätte man im oberen Beispiel Zahlen durch Bytes, repräsentiert, so würde die erste Stelle des Ergebnisses der Addition nicht mehr in das Byte passen. Der vorderste Übertrag würde also unter den Tisch fallen. Der wahre Wert $(110011101)2 = 413$ würde von dem gefundenen Wert $(10011101)_2 = 157$ um $2^8 = 256$ abweichen. Die Differenz entspricht gerade dem Stellenwert des verschwundenen Übertrags.

Wenn ein Ergebnis einer arithmetischen Operation nicht in das gewählte Zahlenformat passt, rechnet der Prozessor klaglos mit dem abgeschnittenen falschen Ergebnis weiter. Der Programmierer ist selber dafür verantwortlich, dass das gewählte Zahlenformat so groß ist, dass kein Überlauf entstehen kann. Alternativ kann er auch direkt nach einer Operation prüfen, ob ein Überlauf stattgefunden hat. Zu diesem Zweck signalisiert der Prozessor immer in einem Status Bit, dem sogenannten Carry Flag, ob die Operation korrekt verlaufen ist. Bei der obigen Operation hätte der Prozessor das sogenannte *Carry Flag C* gesetzt. Bei einer anschließenden korrekt verlaufenen arithmetischen Operation wird es wieder zurückgesetzt.

1.4.6 Darstellung ganzer Zahlen

Als *ganze Zahlen* bezeichnet man die natürlichen Zahlen unter Hinzunahme der *negativen Zahlen*, also

```
...  −9 −8 −7 −6 −5 −4 −3 −2 −1 0 +1 +2 +3 +4 +5 +6 +7 ...
```

Für die Kenntnis einer ganzen Zahl ist also nicht nur der absolute Zahlenwert nötig, sondern auch noch das Vorzeichen, „+" oder „-". Für diese zwei Möglichkeiten benötigen wir ein weiteres Bit an Information. Zunächst bietet sich eine Darstellung an, in der das erste Bit das Vorzeichen repräsentiert (0 für „+") und (1 für „-") und der Rest den Absolutwert. Diese Darstellung nennt man die Vorzeichendarstellung. Stehen z.B. 4 Bit für die Zahldarstellung zur Verfügung und wird ein Bit für das Vorzeichen verwendet, so bleiben noch 3 Bit für den Absolutwert. Mit 4 Bit kann man also die Zahlen von –7 bis +7 darstellen. Wir erhalten:

```
0000 = + 0   0100 = + 4   1000 = - 0   1100 = - 4
0001 = + 1   0101 = + 5   1001 = - 1   1101 = - 5
0010 = + 2   0110 = + 6   1010 = - 2   1110 = - 6
0011 = + 3   0111 = + 7   1011 = - 3   1111 = - 7
```

Bei näherem Hinsehen hat diese Darstellung aber eine Reihe von Nachteilen. Erstens erkennt man, dass die Zahl 0 durch zwei verschiedene Bitfolgen dargestellt ist, durch 0000 und durch 1000, also +0 und −0. Zweitens ist auch das Rechnen kompliziert geworden. Um zwei Zahlen zu addieren, kann man nicht mehr die beiden Summanden übereinander schreiben und schriftlich addieren.

$$
\begin{array}{rcl}
-2 & = & 1010 \\
+ \quad +5 & = & 0101 \\
\hline
+3 & \neq & 1111
\end{array}
$$

Es ließe sich durchaus eine Methode angeben, mit der man solche Bitfolgen korrekt addieren kann. Es gibt aber eine bessere Darstellung von ganzen Zahlen, die alle genannten Probleme vermeidet und die wir im nächsten Abschnitt besprechen wollen.

1.4.7 Die Zweierkomplementdarstellung

Die *Zweierkomplementdarstellung* ist die gebräuchliche interne Repräsentation ganzer positiver und negativer Zahlen. Sie kommt auf sehr einfache Weise zu Stande. Wir erläutern sie zunächst für den Fall $N = 4$.

Mit 4 Bits kann man einen Bereich von $2^4 = 16$ ganzen Zahlen abdecken. Den Bereich kann man frei wählen, also z.B. die 16 Zahlen von −8 bis +7. Man zählt nun von 0 beginnend aufwärts, bis man die obere Grenze +7 erreicht, anschließend fährt man an der unteren Grenze −8 fort und zählt aufwärts, bis man die Zahl −1 erreicht hat.

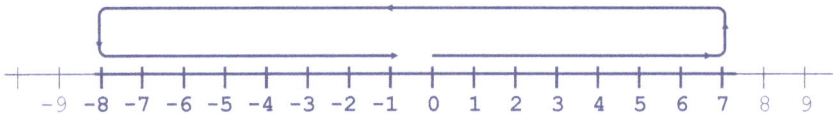

Abb. 1.5. Zweierkomplementdarstellung

Auf diese Weise erhält man folgende Zuordnung von Bitfolgen zu ganzen Zahlen:

```
0000 = +0   0100 = +4   1000 = -8   1100 = -4
0001 = +1   0101 = +5   1001 = -7   1101 = -3
```

```
0010 = +2   0110 = +6   1010 = -6   1110 = -2
0011 = +3   0111 = +7   1011 = -5   1111 = -1
```

Hier erkennt man, wieso der Bereich von −8 bis +7 gewählt wurde und nicht etwa bis +8. Bei dem bei 0 beginnenden Hochzählen wird bei der achten Bitfolge zum ersten Mal das erste Bit zu 1. Springt man also ab der achten Bitfolge in den negativen Bereich, so hat man die folgende Eigenschaft:

Bei den Zweierkomplementzahlen stellt das erste Bit das Vorzeichen dar.

Den so einer Bitfolge $b_n...b_0$ zugeordneten Zahlenwert wollen wir mit $(b_n...b_0)_z$ bezeichnen, also z.B. $(0111)_z = +7$ und $(1000)_z = -8$. Verfolgen wir die Bitfolgen und die zugeordneten Zahlenwerte, so sehen wir, dass diese zunächst anwachsen bis 2^{n-1} erreicht ist, alsdann fallen sie plötzlich um 2^n und wachsen dann wieder an bis zu $(1...1)_z = -1$.

Für die positiven Zahlen von 0 bis 2^{n-1} stimmen daher Zweierkomplementdarstellung und Binärdarstellung überein, d.h.: $(0b_{n-1}...b_0)_z = (0b_{n-1}...b_0)_2$. Für die negativen Werte gilt hingegen $(1b_{n-1}...b_0)_z = -2^n + (0b_{n-1}...b_0)_2$. Das erste Bit der Zweierkomplementdarstellung steht also für -2^n, die übrigen Bits haben ihre normale Bedeutung daher gilt:

$$
\begin{aligned}
(b_n b_{n-1}...b_0)_z &= b_n \times (-2^n) + b_{n-1} \times 2^{n-1} + ... + b_1 \times 2^1 + b_0 \\
&= b_n \times (-2^n) + (b_{n-1}...b_0)_2
\end{aligned}
$$

Abb. 1.6. Zweierkomplementdarstellung in einem Zahlenkreis

Aufgrund der bekannten geometrischen Formel

$$1 + 2 + 2^2 + \ldots + 2^{n-1} = 2^n - 1$$

folgt sofort, dass die nur aus 1-en bestehende Zweierkomplementzahl stets den Wert −1 repräsentiert, denn

$$
\begin{aligned}
(111\ldots11)_z &= (-2^n) + 2^{n-1} + \ldots + 2^1 + 2^0 \\
&= -2^n + (2^n - 1) \\
&= -1
\end{aligned}
$$

Diese Eigenschaft gibt den Zweierkomplementzahlen ihren Namen: Addiert man eine beliebige Ziffernfolge $b_n b_{n-1} \ldots b_1 b_0$ zu ihrem bitweisen Komplement (siehe S. 18), so erhält man stets 11...11, also die Repräsentation von −1. Mit dieser Beobachtung können wir zu einer beliebigen Zweikomplementzahl ihr Negatives berechnen:

Bilde das bitweise Komplement und addiere 1.

Beispielsweise erhält man die Zweierkomplementdarstellung von −6, indem man zuerst die Binärdarstellung von +6, also 0110 bildet, davon das bitweise Komplement 1001, und zum Schluss 1 addiert. Diese Operation nennt man *Zweierkomplement*.

$$-6 = (\bar{0}\bar{1}\bar{1}\bar{0})_z + 1 = (1001)_z + 1 = (1010)_z$$

Erneutes Bilden des Zweierkomplements liefert die Ausgangszahl zurück:

$$(\bar{1}\bar{0}\bar{1}\bar{0})_z + 1 = (0101)_z + 1 = (0110)_z = 6$$

Da das Negative einer Zahl so einfach zu bilden ist, führt man die Subtraktion auf die Negation mit anschließender Addition zurück.

1.4.8 Rechnen mit Zweierkomplementzahlen

Die Addition der Zweierkomplementzahlen $a = (a_n a_{n-1} \ldots a_0)_z$ und $b = (b_n b_{n-1} \ldots b_0)_z$ funktioniert wie die Addition von vorzeichenlosen Zahlen. Für die niedrigen Bitpositionen, $n-1$ bis 0 ist das klar. Sie haben in beiden Repräsentationen dieselbe Interpretation. Ob das Ergebnis gültig ist, kann nur von den höchsten Bits a_n und b_n und einem eventuellen Übertrag c von dem $(n-1)$-ten in das n-te Bit abhängen. Da dieser den Wert $c \times 2^n$ repräsentiert, a_n und b_n dagegen die Werte $a_n \times (-2^n)$ bzw. $b_n \times (-2^n)$, ist das Ergebnis genau dann gültig, wenn $(a_n + b_n - c) \in \{0, 1\}$ gilt. Ist dies nicht der Fall, so setzt der Prozessor das *Overflow-Flag*.

Was den Prozess der Addition angeht, spielt es keine Rolle, ob eine Bitfolge eine Binärzahl darstellt oder eine Zweierkomplementzahl. Der Prozessor benötigt also kein gesondertes Addierwerk für Zweierkomplementzahlen. Ob das Ergebnis jedoch gültig ist, das hängt sehr wohl davon ab, ob die addierten Bitfolgen als Binärzahlen oder als Zweierkomplementzahlen verstanden werden sollen. Als Summe von Binärzahlen ist die Addition genau dann gültig, wenn kein Übertrag C aus der n-ten Bitposition entsteht, wenn also $(a_n + b_n + c) \in \{0, 1\}$ gilt, und als Summe von Zweierkomplementzahlen ist es gültig, falls $(a_n + b_n - c) \in \{0, 1\}$ ist. Das ist aber gleichbedeutend mit $(a_n + b_n + c) \in \{2c, 2c + 1\}$, d.h. $(a_n + b_n + c)$ *div* $2 = c$, also $C = c$.

Im Beispiel der Abbildung 1.4 werden zwei 8-Bit Binärzahlen addiert. Als Addition vorzeichenbehafteter Zahlen ist das Ergebnis nicht gültig, da es einen Übertrag C aus der höchsten Stelle gab. Als Addition von 8-Bit Zweierkomplementzahlen war das Ergebnis korrekt, es gab einen Übertrag c in die höchste Bitposition und einen Übertrag C aus der höchsten Bitposition, so dass c = C ist, das Overflow Bit also nicht gesetzt wird. In der Tat wurden die Zahlen –22 und –77 addiert mit dem korrekten Ergebnis –99.

1.4.9 Formatwechsel

Wechseln wir jetzt den Zahlenbereich und betrachten 8-Bit große Zweierkomplementzahlen so erhalten wir die Zuordnung

```
0000 0000 =  0   1000 0000 = - 128
0000 0001 = +1   1000 0001 = - 127
. . . . . .
0000 1000 = +8   1000 1000 = - 120
0000 1001 = +9   1000 1001 = - 119
. . . . . .
0111 1110 = +126   1111 1110 = -2
0111 1111 = +127   1111 1111 = -1
```

Wandelt man also Zweierkomplementzahlen in ein größeres Format um, also z.B. von 4-Bit nach 8-Bit, so muss man bei positiven Zahlen vorne mit Nullen auffüllen, bei negativen aber mit Einsen. Beispielsweise ist $-7 = (1001)_z$ als 4-Bit Zahl, jedoch $(11111001)_z$ als 8-Bit-Zahl und $(1111111111111001)_z$ als 16-Bit Zahl. In beiden Fällen entsteht durch Addition von 6 die Zahl

$$-1 = (1111)_z = (1111\ 1111)_z = (1111\ 1111\ 1111\ 1111)_z$$

Es gibt noch eine einfachere Berechnung der Zweierkomplementdarstellung einer negativen Zahl. Dazu erinnern wir uns an die Gleichung

$$z = (z\ div\ d) \times d + (z\ mod\ d)$$

mit $0 \le (z\ mod\ d) < d$. Damit konnten wir bequem die Binärdarstellung einer positiven Zahl finden. Das funktioniert auch für negative Zahlen, wenn wir *div* und *mod* geeignet wählen.

Wir definieren auch auf negativen Zahlen $z\ div\ d$ als *„exakt teilen und abrunden"*, also

$$z\ div\ d := \lfloor z/d \rfloor.$$

Aus der Gleichung folgt dann $z\ mod\ d$ als Rest

$$z\ mod\ d := z - d * \lfloor z/d \rfloor.$$

Beispielsweise ist $-13 = (-7) \times 2 + 1$, also $-13\ div\ 2 = -7$ und $-13\ mod\ 2 = 1$. Im Falle $d = 2$ kann $z\ mod\ 2$ nur die Werte 0 oder 1 annehmen, und liefert, auch wenn z negativ ist, die letzte Ziffer der binären Darstellung von z. Die vorderen Ziffern werden analog aus $z\ div\ 2$ bestimmt. Wir zeigen dies am Beispiel $z = -13$.

Tab. 1.2. Binärentwicklung einer negativen Zahl

z	z div 2	z mod 2
-13	-7	1
-7	-4	1
-4	-2	0
-2	-1	0
-1	-1	1
-1	-1	1
...	...	...

Die Entwicklung einer negativen Zahl führt immer auf -1 und produziert dann nur noch Einsen. Somit hat also -13 die Binärdarstellung ...110011. So wie positive Zahlen vorne mit beliebig vielen Nullen aufgefüllt werden, beginnen negative Zahlen mit beliebig vielen Einsen und werden entsprechend dem gewählten Zahlenformat abgeschnitten. -13 lautet also als 1-Byte Zahl 1111 0011 und als 2-Byte Zahl 1111 1111 1111 0011.

Bedauerlicherweise gibt es in den gängigen Programmiersprachen ein großes Durcheinander was die Implementierung von *div* und *mod* für negative Zahlen angeht. *C* überlässt dies ganz dem Compilerbauer, *Ada* implementiert mehrere Varianten (*mod* und *rem*). Java besitzt die Operatoren / und %, die für positive z und d unserem *div* und *mod* entsprechen. Für negatives z kann aber $z\ mod\ d$ negativ werden und z/d ist exaktes Teilen und betragsmäßig abrunden. In Java gilt zwar immer noch

$$z = (z/d) \times d + (z\%d)$$

aber nur mit $0 \le |z\%d| < d$.

1.4.10 Standardformate ganzer Zahlen

Prinzipiell kann man beliebige Zahlenformate vereinbaren, in der Praxis werden fast ausschließlich Zahlenformate mit 8, 16, 32 oder 64 Bits eingesetzt. In den meisten Programmiersprachen gibt es vordefinierte ganzzahlige Datentypen mit unterschiedlichen Wertebereichen. Je größer das Format ist, desto größer ist der erfasste Zahlenbereich. Die folgende Tabelle zeigt Zahlenformate und ihre Namen, wie sie in der Programmiersprachen Java und in einigen anderen Sprachen vordefiniert sind. Durch die Wahl eines geeigneten Formats muss der Programmierer dafür sorgen, dass der Bereich nicht überschritten wird. Dennoch auftretende Überschreitungen führen häufig zu scheinbar gültigen Ergebnissen: So hat in Java die Addition 127+5 im Bereich byte das Ergebnis –124!

Tab. 1.3. Zahlenformate

Bereich	Format	Java Datentyp
-128 ... 127	8 Bit	byte
-32768 ... 32767	16 Bit	short
$-2^{31} ... 2^{31} - 1$	32 Bit	int
$-2^{63} ... 2^{63} - 1$	64 Bit	long

1.4.11 Gleitpunktzahlen: Reelle Zahlen

Für wissenschaftliche und technische Anwendung muss man in einem Rechner auch mit Kommazahlen (Mathematiker sagen: *reelle Zahlen*) wie z.B. 3.1415 oder 0.33 rechnen können. Statt des deutschen Kommas wird im Englischen (und daher in fast allen Programmiersprachen) der Dezimal*punkt* geschrieben. Wir werden das auch hier so halten.

Reelle Zahlen entstehen entweder, wenn man ganze Zahlen teilt (man nennt sie dann rational) oder als Grenzwert eines Limesprozesses. Rationale Zahlen sind zum Beispiel 3/4 = 0.75 oder 1/3 = 0.3333333333333333333333...

Bei *rationalen Zahlen* bricht die Folge der Nachkommastellen ab, oder sie wird periodisch: 123/12 = 10.25 aber 123/13 = 9.461538461538461538461538...

Nicht rationale Zahlen heißen irrational. Dazu gehören u.a. $\sqrt{2} = 1.4142135\ldots$ oder die Kreiszahl $\pi = 3.141592653589793238\ldots$.

Schon die Babylonier wussten, wie man Quadratwurzeln immer genauer berechnen konnte und den Griechen war klar, dass man den Umfang eines Kreises durch den Umfang des regelmäßigen n-Ecks approximieren und so π beliebig genau bestimmen kann, indem man n wachsen lässt. Heute sind mehr als die ersten 12 Billionen Stellen von π bekannt.

In den letzten Beispielen würde eine exakte Darstellung unendlich viele Stellen erfordern, daher kann man von einem Rechner bestenfalls erwarten, sie näherungsweise darzustellen. Ein wie auch immer gestaltetes Zahlenformat für reelle Zahlen muss dazu einen großen Bereich von Zahlen abdecken. Astronomen benötigen sehr große Zahlen, Physiker und Chemiker sehr kleine. Ein- und dasselbe Zahlenformat muss also u.a. folgende Werte darstellen können:

$$Sonnenmasse \;=\; 1989100000000000000000000000000 \; kg$$
$$1\,Lichtjahr \;=\; 9460730472580.0 \; km$$
$$abs.\,Nullpunkt \;=\; -273.15 \; ^{\circ}C$$
$$el.\,Feldkonst. \;=\; 0.0000000000885418781762 \; Fm^{-1}$$
$$Planck-Konst. \;=\; 0.00000000000000000000000000000000001054571628 \; Js$$

Solche Zahlen kann man in technisch-wissenschaftlicher Darstellung kompakter darstellen:

$$Sonnenmasse \;=\; 1.9891 \times 10^{30} \; kg$$
$$1\,Lichtjahr \;=\; 9.46073047258 \times 10^{12} \; km$$
$$abs.\,Nullpunkt \;=\; -273.15 \; ^{\circ}C$$
$$elektr.\,Feldkonst. \;=\; 8.85418781762 \times 10^{-12} \; Fm^{-1}$$
$$Planck-Konst. \;=\; 1.054571628 \times 10^{-34} \; Js$$

Der Exponent von 10 ist eine positive oder negative Zahl und besagt anschaulich, wie weit nach rechts bzw. nach links das Komma zu schieben ist. Die Darstellung ist nicht eindeutig, wir könnten den absoluten Nullpunkt auf mehrere Weisen schreiben, z.B. als

$$-2731.5 \times 10^{-1} = -273.15 \times 10^{0} = -27.315 \times 10^{1} = -2.7315 \times 10^{2} = -0.27315 \times 10^{3}$$

Normieren wir die Darstellung, so dass die erste Ziffer ungleich 0 direkt vor dem Komma zu stehen kommt, so erhalten wir für -2731.5 die *normierte Darstellung* -2.7315×10^{2}.

Alle anderen Beispiele sind schon normiert. Die Folge der Ziffern ohne führende Nullen, im obigen Beispiel 27315 nennt man *Mantisse*, die Potenz der Basiszahl, im Beispiel 2, heißt *Exponent*. Für eine derart normierte Zahl müssen wir also nur 3 Bestimmungsstücke speichern:

$$(Vorzeichen,\; Exponent,\; Mantisse).$$

Wir benötigen eine Stelle für das Vorzeichen, den Rest des Speicherplatzes müssen wir zwischen Exponent und Mantisse aufteilen. An den obigen Beispielen sieht man, dass der Exponent relativ klein gewählt werden kann. Die Länge der Mantisse entspricht der Messgenauigkeit der Zahl. Angenommen, wir reservieren zwei Ziffern für den Exponenten und sieben Ziffern für die Mantisse, so könnten wir die obigen physikalischen Konstanten in 10 Dezimalziffern speichern:

Tab. 1.4. Wissenschaftliche Darstellung der physik. Konstanten

Vorzeichen	Exponent	Mantisse
0	30	19891
0	12	9460730
1	2	27315
0	-12	8854187
0	-34	1054571

Selbstverständlich können nicht alle Zahlen exakt gespeichert werden, nicht einmal die Zahl 1/3, denn sie erhielte die Darstellung

$$(0, 0, 3333333).$$

Eine kleine Schwierigkeit verbirgt sich noch in dem für den Exponenten zusätzlich benötigten Vorzeichen. Wir umgehen das Problem aber einfach, indem wir zum Exponenten einen festen Verschiebewert (engl.: bias, gelegentlich auch deutsch: Exzess) addieren, der das Ergebnis in einen positiven Bereich schiebt. Im obigen Beispiel wäre z.B. 49 ein guter bias. Statt 30 würden wir also eine 79 im Exponenten speichern und statt -32 eine 17. Unser Format wäre also durch folgende Parameter gekennzeichnet:

Mantisse: 7 Stellen, **Exponent**: 2 Stellen, **bias**: 49.

1.4.12 Binäre Gleitkommazahlen

Nun übertragen wir das System auf die Binärdarstellung, mit der Computer rechnen. Jede reelle Zahl kann auch im Binärsystem als Kommazahl dargestellt werden. Sei also

$$b_n b_{n-1} \ldots b_1 b_0 . b_{-1} b_{-2} \ldots b_{-m}$$

eine binäre Kommazahl. Sie repräsentiert den Zahlenwert

$$(b_n \ldots b_0 . b_{-1} b_{-2} \ldots b_{-m})_2 = b_n \times 2^n + \ldots + b_0 \times 2^0 + b_{-1} \times 2^{-1} + b_{-2} \times 2^{-2} + \ldots + b_{-m} \times 2^{-m}$$

Beispielsweise gilt

$$(10.101)_2 = 1 \times 2^1 + 0 \times 2^0 + 1 \times 2^{-1} + 0 \times 2^{-2} + 1 \times 2^{-3} = 2 + 1/2 + 1/8 = 2.625$$

Für die umgekehrte Umwandlung einer (positiven) Dezimalzahl in eine binäre Kommazahl zerlegen wir die Dezimalzahl in den ganzzahligen Anteil und den Teil nach dem Komma. Diese können wir getrennt nach binär umwandeln und wieder zusammensetzen. Wie wir ganze Zahlen in Binärzahlen umwandeln, wissen wir schon, wir konzentrieren uns also auf den Nachkommateil. Sei $0.d_1...d_k$ die Dezimalzahl und $0.b_1...b_n$ die gesuchte binäre Kommazahl mit

$$(0.d_1...d_k)_{10} = (0.b_1...b_n)_2$$

Multiplizieren wir beide Seiten mit 2, so wandert in der binären Kommazahl rechts das Komma um eins nach rechts, während links eine neue Dezimalzahl $e.e_1...e_k$ entsteht. Es muss dann gelten:

$$(e.e_1...e_k)_{10} = (b_1.b_2...b_n)_2$$

Weil die Werte vor und nach dem Komma jeweils übereinstimmen müssen, folgt weiter $b_1 = e$ und $(0.e_1...e_k)_{10} = (0.b_2...b_n)_2$.

Wir erhalten also die erste Binärziffer b_1, indem wir die Dezimalzahl mit 2 multiplizieren und von dem Ergebnis die Ziffer vor dem Komma nehmen. Aus dem Wert nach dem Komma berechnen wir genauso die restlichen Binärziffern. Wir demonstrieren dies am Beispiel der Dezimalzahl 45.6875. Für die Stellen vor dem Komma erhalten wir $(45)_{10} = (101101)_2$. Für die Nachkommastellen 0, 6875 rechnen wir:

$$2 \times 0, 6875 = 1, 375 \qquad \rightarrow \text{Ziffer: } 1$$
$$2 \times 0, 375 = 0, 75 \qquad \rightarrow \text{Ziffer: } 0$$
$$2 \times 0, 75 = 1, 5 \qquad \rightarrow \text{Ziffer: } 1$$
$$2 \times 0, 5 = 1 \qquad \rightarrow \text{Ziffer: } 1$$

Es folgt:

$$45.6875 = (101101.1011)_2$$

Für einige der oben betrachteten Dezimalzahlen erhalten wir so:

$$1\,Lichtjahr = (1000100110101011111101111010101000100)_2\ km$$
$$abs.Nullpunkt = -(100010001.0010011001100110011001100011...)_2\ °C$$
$$\pi = (11.0010010000111111011010101000100001...)_2$$

In technisch wissenschaftlicher Binärnotation ist die normierte Darstellung daher

$$1 \, Lichtjahr \; = \; (1.0001001101010111111011110101010001)_2 \times 2^{45} \, km$$

$$abs.Nullpunkt \; = \; -(1.0001000100100110011001100110011...)_2 \times 2^8 \, °C$$

$$\pi \; = \; (1.1001001000011111101101010100010001000001...)_2 \times 2^1$$

Weil es sich um Binärzahlen handelt, steht nach der Normierung vor dem Dezimalpunkt nur eine 1. Es besteht eigentlich kein Grund, diese 1 zu speichern, da sie immer da ist. Infolgedessen speichert man nur die restlichen Ziffern der Mantisse. Die nicht gespeicherte 1 wird auch als *hidden bit* bezeichnet.

Zusammenfassend stellt also eine normierte binäre Gleitpunktzahl mit Vorzeichen V, Mantisse $m_1...m_n$ und Exponent E den folgenden Zahlenwert dar:

$$(-1)^V \times (1 + m_1 \times 2^{-1} + ... + m_n \times 2^{-n}) \times 2^E$$

Bei der Auswahl einer Darstellung von Gleitpunktzahlen in einem festen Bitformat, etwa durch 32 Bit oder durch 64 Bit, muss man sich entscheiden, wie viele Bits für die Mantisse und wie viele für den Exponenten reserviert werden sollen.

Die Berufsvereinigung *IEEE* (*Institute of Electrical and Electronics Engineers*) hat zwei Formate standardisiert. Eines verwendet 32 Bit und heißt *single precision* oder *short real*, das zweite verwendet 64 Bit und heißt *double precision* oder auch *long real*.

short real: Vorz.: 1 Bit, Exp.: 8 Bit, Mantisse: 23 Bit, bias 127
long real : Vorz.: 1 Bit, Exp.: 11 Bit, Mantisse: 52 Bit, bias 1023.

Allgemein gilt: Werden für die Darstellung des Exponenten e Bits verwendet, so wählt man als bias $2^{e-1}-1$. Als single precision Gleitkommazahl wird beispielsweise der absolute Nullpunkt -273.15 durch folgende Bitfolge gespeichert:

1 10000111 00010001001001100110011

- Das erste Bit ist das Vorzeichen, das anzeigt dass die Zahl negativ ist.
- Dann folgt der Exponent mit bias 127, also also $127 + 8 = 135 = (10000111)_2$.
- Die Mantisse (ohne das hidden Bit) ist 00010001001001100110011.

1.4.13 Rechenungenauigkeiten

Die Zahl 0 hat aufgrund der Annahme des hidden Bits keine exakte Repräsentation. Die Bitfolge, die nur aus Nullen besteht, repräsentiert die folgende Zahl:

$$Vorzeichen \; : \; 0$$
$$Exponent \; : \; -127$$
$$Mantisse \; : \; 00000000000000000000000$$

Da zur Mantisse noch das hidden Bit hinzukommt, erhalten wir 1.0×2^{-127}. Dies ist die betragsmäßig kleinste darstellbaren Zahl. Sie wird mit 0 identifiziert, ebenso ihr Negatives, -1.0×2^{-127}. Es gibt also +0 und −0.

Die Zahlen $1.0 \times 2^{+127}$ und $-1.0 \times 2^{+127}$ werden in vielen Programmiersprachen als *Infinity* (unendlich) bzw. *−Infinity* bezeichnet. Alle anderen Zahlen mit Exponent 128 mit *NaN* (not a number), denn ihr Inverses wäre nicht darstellbar.

Bereits beim Umrechnen dezimaler Gleitpunktzahlen in binäre Gleitpunktzahlen treten Rundungsfehler auf, weil wir die Anzahl der Stellen für die Mantisse beschränken. So lässt sich beispielsweise die dezimale Zahl 0.1 nicht exakt durch eine binäre Gleitpunktzahl darstellen. Wir erhalten nämlich:

$$
\begin{array}{llll}
2 \times 0.1 & = & 0.2 & \rightarrow \text{Ziffer: } 0 \\
2 \times 0.2 & = & 0.4 & \rightarrow \text{Ziffer: } 0 \\
2 \times 0.4 & = & 0.8 & \rightarrow \text{Ziffer: } 0 \\
2 \times 0.8 & = & 1.6 & \rightarrow \text{Ziffer: } 1 \\
2 \times 0.6 & = & 1.2 & \rightarrow \text{Ziffer: } 1 \\
2 \times 0.2 & = & 0.4 & \rightarrow \text{Ziffer: } 0 \\
& \dots \; etc. \; \dots
\end{array}
$$

Die binäre Gleitpunktdarstellung ist hier periodisch:

$$(0.1)_{10} = (0.0001100110011001100\dots)_2.$$

Brechen wir die Entwicklung ab, so wird die Darstellung ungenau. Im kurzen Gleitpunktformat hat die Dezimalzahl 0.1 die binäre Darstellung:

```
0 011 1101 1100 1100 1100 1100 1100 1101.
```

Nach dem Vorzeichen 0 folgen die 8 Bits 01111011 des Exponenten, welche binär den Wert 123 darstellen. Davon muss $127 = 2^7-1$ subtrahiert werden, um den tatsächlichen Exponenten −4 zu erhalten. Es folgen die Bits der Mantisse. Erstaunlich ist hier das letzte Bit. Es sollte eigentlich 0 sein. In Wirklichkeit rechnet die CPU intern mit einem 80 Bit Gleitpunktformat und rundet das Ergebnis, wenn es als float (short real) gespeichert wird. So wird ...0011 beim Verkürzen zu ...01 aufgerundet.

Zusätzliche Ungenauigkeiten entstehen bei algebraischen Rechenoperationen. Addiert man 0.1 zu 0.2, so erhält man in Java:

$$0.1 + 0.2 = 0.3000000000000004$$

Die Ungenauigkeit an der siebzehnten Nachkommastelle ist meist unerheblich, in einem Taschenrechner würde man sie nicht bemerken, weil sie in der Anzeige nicht mehr sichtbar ist.

Logische Entscheidungen, die auf dem Vergleich von Gleitpunktzahlen beruhen, sind jedoch sehr kritisch. Die Frage, ob $0.\dot{1}+0.2 = 0.3$ gilt, bekäme in Java die Antwort *false*. Vorsicht ist also beim Umgang mit Gleitpunktzahlen erforderlich, auch weil sich die Rechenungenauigkeiten unter Umständen verstärken können.

Arithmetische Operationen mit Gleitkommazahlen sind erheblich aufwändiger als die entsprechenden Operationen mit Binärzahlen oder Zweierkomplementzahlen. Früher musste der Prozessor für jede Gleitkommaoperation ein gesondertes Unterprogramm starten. Später wurden *Coprozessoren* als gesonderte Bauteile entwickelt, die den Hauptprozessor von solchen aufwändigen Berechnungen entlasten sollen. Heute ist in allen gängigen Prozessoren eine *FPU* (von engl. *floating point unit*) integriert.

1.4.14 Daten – Informationen

Daten sind Folgen von Bits. Wenn man Daten findet, so kann man längst noch keine Information daraus extrahieren. Eine Folge von Bits oder Bytes hat für sich genommen keine Bedeutung. Erst wenn man weiß, wie diese Bytes zu interpretieren sind, erschließt sich deren Bedeutung und damit eine Information.

Betrachten wir die Bitfolge

```
0100 0100 0110 0101 0111 0010 0010 0000 0100 0010
0110 0001 0110 1100 0110 1100 0010 0000 0110 1001
0111 0011 0111 0100 0010 0000 0111 0010 0111 0101
0110 1110 0110 0100 0010 1110,
```

so kann man diese zunächst als Folge von Bytes in Hex-Notation darstellen:

```
44 65 72 20 42 61 6C 6C 20 69 73 74 20 72 75 6E 64 2E.
```

Als Folge von 1-Byte-Zahlen im Bereich $-128...127$ bedeutet dieselbe Folge

```
68 101 114 32 ... ,
```

ist eine Folge von 2-Byte-Zahlen gemeint, so beginnt die gleiche Bitfolge mit

```
17509 29216 16993 ... .
```

Als Text in ASCII-Codierung interpretiert, lesen wir eine bekannte Fußballweisheit:

„Der Ball ist rund."

Wir stellen also fest, dass sich die Bedeutung von Daten erst durch die Kenntnis der benutzten Repräsentation erschließt. Betrachten wir Daten mithilfe eines Texteditors, so nimmt dieser generell eine ASCII-Codierung an. Handelt es sich in Wirklichkeit aber um andere Daten, etwa ein Foto, so wird manch ein Texteditor ebenfalls Buchstaben und Sonderzeichen anzeigen, es ist aber unwahrscheinlich, dass sich diese zu einem sinnvollen Text fügen. Nur ein Bildbetrachter interpretiert die Daten wie gewünscht.

Bytefolge   ASCII-Interpretation   jpg-Interpretation

Abb. 1.7. Die gleichen Daten ... verschieden interpretiert

1.4.15 Informationsverarbeitung – Datenverarbeitung

Die Interpretation von Daten nennt man, wie bereits ausgeführt, Abstraktion. Zu den elementaren Fähigkeiten, die der Prozessor, das Herz des Rechners, beherrscht, gehören das Lesen von Daten, die Verknüpfung von Daten anhand arithmetischer oder logischer Operationen und das Speichern der veränderten Daten im Hauptspeicher oder auf einem externen Medium. Die Tätigkeit des Rechners wird ebenfalls durch Daten gesteuert, nämlich durch die Daten, die die Befehle des Programms codieren.

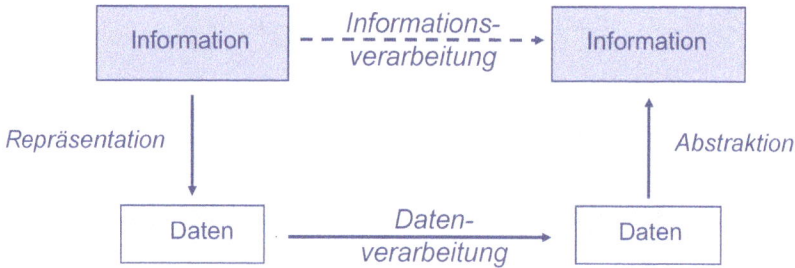

Abb. 1.8. Informationsverarbeitung und Datenverarbeitung

Information wird also durch Daten repräsentiert. Wenn wir Information verarbeiten wollen, müssen wir die informationsverarbeitenden Operationen durch Operationen auf den entsprechenden Daten nachbilden. Informationsverarbeitung bedeutet demnach, dass Information zunächst auf Daten abgebildet wird, diese Daten verändert werden und aus den entstandenen Daten die neue Information abstrahiert wird.

1.5 Geschichtliche Entwicklung

Hardware ist der Oberbegriff für alle materiellen Komponenten eines Computersystems. In diesem Kapitel werden wir uns zunächst der Geschichte von Computersystemen zuwenden und dann auf den grundsätzlichen Aufbau von Computersystemen eingehen. Die Frage, wie die Komponenten von Computersystemen selber aus Transistoren, Schaltern und Gattern aufgebaut sind, verschieben wir auf ein Kapitel im 2. Band dieser Buchreihe.

Als Vorläufer heutiger Computersysteme wird die *Analytical Engine* des britischen Mathematikprofessors Charles Babbage (1791 - 1871) angesehen. Eine Beschreibung seiner geplanten Maschine veröffentlichte Babbage erstmals 1837. Er setzte die Arbeit an diesem Entwurf bis zu seinem Lebensende fort. Einzelne Komponenten der Analytical Engine wurden auch tatsächlich gebaut, es gab aber nie ein vollständiges und funktionsfähiges Exemplar. Der Aufbau aus rein mechanischen Komponenten wäre extrem aufwändig gewesen und hätte einer Dampfmaschine für den Antrieb bedurft. Im Unterschied zu damals bereits bekannten mechanischen Rechenmaschinen für die Grundrechenarten wäre die Analytical Engine universell programmierbar gewesen. Ada Lovelace (1815 - 1852), eine britische Mathematikerin, die eine ausführliche Beschreibung der Analytical Engine verfasste, gab in diesem Rahmen auch ein Programm zur Berechnung der Bernoulli Zahlen an. Obwohl die Analytical Engine nie vollständig gebaut wurde und das Programm daher auch nie ausgeführt worden ist, gilt sie damit als erste Programmiererin der Welt.

Im Mai 1941 wurde der von Konrad Zuse (1910 - 1995) gebaute Rechner Z3 in Berlin Betrieb genommen. Dieser Rechner arbeitete mit elektromechanischen Relais, 600 für das Rechenwerk und 1600 für den Speicher. Die Z3 war für spezielle Rechenaufgaben konzipiert und daher kein universell programmierbarer Rechner. Insbesondere kannte er keine Sprungbefehle. Zuse entwickelte unter den schwierigen Bedingungen des 2. Weltkrieges das Nachfolgemodell Z4, das im März 1945 in Göttingen fertiggestellt wurde. Es handelte sich ebenfalls um einen elektromechanischen Rechner, der allerdings im Unterschied zur Z3 Sprungbefehle kannte und damit universell programmierbar war. 1950 war die Z4 der einzige funktionierende Rechner in Europa. Prof. Stiefel holte ihn 1950 an die ETH Zürich, wo er bis 1955 im Einsatz war. 1960 wurde die Z4 dem Deutschen Museum überlassen, wo sie seitdem ausgestellt wird. Zuse gründete 1949 die Zuse KG in Neukirchen Kreis Hünfeld und entwickelte den Nachfolgerechner Z22, den ersten in Westdeutschland entwickelten Röhrenrechner. Es wurden insgesamt 55 Exemplare gebaut und verkauft.

Das deutsche Militär erkannte das Potential von Zuses Rechnern nicht - deren Entwicklung wurde nur in geringem Umfang gefördert. Anders in den USA: Dort gab das Militär bereits 1942 einen Auftrag zur Entwicklung eines Computers an die University of Pennsylvania. J. Presper Eckert und John W. Mauchly entwickelten dort den Rechner ENIAC (Electronic Numerical Integrator and Computer). Er wurde allerdings erst nach Kriegsende, am 14.2.1946 der Öffentlichkeit vorgestellt. ENIAC arbeitete mit

Elektronenröhren an Stelle von elektromechanischen Relais und war damit wesentlich schneller als Zuses Rechner. Allerdings war die Zuverlässigkeit der Röhren nicht besonders gut: wenn eine der 17468 Röhren ausfiel, lieferte der Rechner falsche Ergebnisse. Während die Rechner von Zuse mit binären Gleitpunktzahlen arbeiteten, hatte ENIAC Rechenwerke für 10-stellige Dezimalzahlen - eine Vorgehensweise, die sich für Computersysteme nicht durchgesetzt hat. Die ursprüngliche Version von ENIAC konnte zwar frei programmiert werden, aber nur durch das Umstöpseln von Kabelverbindungen und durch Drehschalter. Auch diese Eigenart erscheint aus heutiger Sicht exotisch. In einer Ausbaustufe von 1948 erhielt der ENIAC einen Befehlsspeicher, war damit zwar langsamer, konnte aber wesentlich einfacher programmiert werden. Die Ideen dazu stammten von John von Neumann. Das Prinzip *speicherprogrammierbarer Rechner,* bei denen sowohl das auszuführende Programm als auch dessen Daten im Hauptspeicher vorhanden sind, wird häufig auch *von Neumann Architektur* genannt - obwohl John von Neumann nicht der einzige Urheber dieses Prinzips war. So hatte auch Zuse bereits vorher speicherprogrammierbare Rechner gebaut.

Abb. 1.9. Ansicht des ENIAC Rechners Quelle: Wikipedia

In den 50-er Jahren wurden weltweit mehrere Rechner entwickelt, die Elektronenröhren verwendeten. So wurde auch an der TH München (heute TU München) ein Rechner namens PERM (Programmierbare Elektronische Rechenanlage München) gebaut, dessen Register, Rechen- und Steuerwerk mit mehr als 2400 Röhren realisiert wurden. Der Hauptspeicher bestand aus 10240 Worten zu je 51 Bit, also knapp 64 kB. Aufgebaut war der Hauptspeicher teilweise als Magnettrommelspeicher (8192 Worte) und teilweise als Ferritkernspeicher (2048 Worte).

Abb. 1.10. PERM. Links: der Rechner mit Bedienpult. Rechts oben: Flip-Flops, Rechts unten: der Magnettrommelspeicher
Quelle: www.manthey.cc

Die PERM wurde noch bis 1974 an der TH München in Betrieb. Einer der Autoren hatte Gelegenheit ihn 1967 bei Übungen zu einem Programmierkurs bedienen zu lernen. Im Unterschied zu anderen frühen Rechnern konnte die PERM nicht nur mit Hilfe von Maschinenbefehlen programmiert werden sondern in der höheren Programmiersprache ALGOL 60, für die an der TH München ein Compiler entwickelt worden war. Mit Hilfe eines Fernschreibgerätes musste man sein Programm auf einen Lochstreifen schreiben. Dieser wurde dann von der PERM eingelesen und bearbeitet. Wenn man Glück hatte, keine Röhren zwischenzeitlich ausfielen und die PERM keine Programmfehler feststellte, erhielt man dann nach geraumer Zeit das Ergebnis des Programms auf einem Lochstreifen, den man dann mit Hilfe eines Fernschreibers lesen konnte. Seit 1987 wird die PERM im Deutschen Museum in München ausgestellt.

Die Störanfälligkeit der frühen Röhrenrechner führte dazu, dass Computer mit Hilfe von Transistoren aufgebaut wurden, sobald diese Technik verfügbar war. Der erste ausschließlich mit Halbleiter-Schaltkreisen konstruierte Rechner in Deutschland war der TR4 der Firma Telefunken. Mit passenden Peripheriegeräten kostete der Rechner etwa 5 Millionen DM. Bis 1967 wurden 23 Anlagen installiert, überwiegend an Universitäten und anderen wissenschaftlichen Einrichtungen, so auch an der TH München, an der Uni Hamburg, an der TH Stuttgart und an der Uni Marburg. Insgesamt wurden 35 Rechner diesen Typs ausgeliefert und 45 von dem Nachfolgemodell TR440.

In Amerika wurden auf der Basis von ENIAC neue Rechner entwickelt, die unter dem Namen UNIVAC bekannt wurden. Kommerziell erfolgreich wurden Compu-

tersysteme erstmals mit der von der Firma IBM vorgestellten Serie System /360. Diese
Rechner hatten eine neue allgemeine Architektur, die sich für den Einsatz in vielen
Bereichen, vor allem in der kommerziellen Datenverarbeitung eigneten. Der besondere Vorteil der Rechnerfamile System /360 war es, dass verschiedene Modelle angeboten wurden, die unterschiedlich leistungsfähig, aber dennoch kompatibel waren.
Damit konnten, je nach Bedürfnissen der Kunden, Systeme zu unterschiedlichen Prei-
sen konfiguriert werden. Ohne die Software neu entwickeln zu müssen, konnte man
auch jederzeit zu leistungsfähigeren Systemen übergehen. Das kleinste Modell verfüg-
te immerhin über 4 kB Arbeitsspeicher, das größte Modell konnte auf maximal 8 MB
ausgebaut werden. Der größte Designfehler dieser Rechner war die Adressbreite von
24 Bit, mit denen also maximal 16 MB adressiert werden konnten. Dies wurde zwar in
den Nachfolgeserien schrittweise erst auf 31 Bit Adressierung dann auf 64 Bit Adressierung erweitert, hatte aber viele Kompatibilitätsprobleme zur Folge. Die Nachfolgeserien wurden als System /370, System /390 und schließlich als System z bekannt.
Mindestens in der Zeit von 1965 bis Anfang der 2000er Jahre waren diese IBM Rechner
der de facto Standard für alle kommerziellen Rechenzentren. Auch heute noch werden
sie sehr häufig eingesetzt. Auch wenn ihr Preis/Leistungsverhältnis aus heutiger Sicht
nicht mehr günstig ist, wäre der Übergang von laufenden Softwaresystemen auf ggf.
neu zu entwickelnde Systeme für günstigere bzw. leistungsfähigere Rechner riskant
und teuer.

Abb. 1.11. IBM 360/20 mit abgenommener Frontplatte im Deutschen Museum in München.
Quelle: Wikipedia. Bild von: Ben Franske

Im technisch-wissenschaftlichen Bereich brillierten im internationalen Bereich zunächst die Rechner der Firma CDC (Control Data Corporation). Deren Chefentwickler Seymour Cray (1925–1996) gründete 1972 eine eigene Firma namens *Cray Research* und beherrschte mit seinen Rechnern fortan den technisch wissenschaftlichen Bereich. Für die Cray-Rechner wurde bald die Bezeichnung *Supercomputer* geprägt.

Abb. 1.12. Cray1 Supercomputer
Quelle: Wikipedia. Foto von Ed Toton, 15.4. 2007

Legendär war der erste Rechner der Firma, die Cray 1. Auffällig ist die Hufeisenform dieses Rechners. Diese Form sollte ermöglichen, dass alle Verbindungskabel kürzer waren als 1,2 m, um die Signallaufzeiten minimal zu halten. 1976 erhielt das *Los Alamos National Center* der USA die erste Cray 1 zum Preis von 8,8 Millionen Dollar für Berechnungen zu Kernwaffentests. Die Cray 1 war erstmalig ein sogenannter Vektorrechner. In einem Vektorregister konnte eine Rechenoperation gleichzeitig auf bis zu 64 Datenwörter angewendet werden. Die Wortbreite der Cray 1 war 64 Bit, die Adressbreite erstaunlicherweise nur 24 Bit. Der Hauptspeicher bestand aus 1 Million Wörtern, dies entspricht etwa 8 Megabyte. Die Taktfrequenz des Rechners betrug für die damalige Zeit sagenhafte 80 Megahertz. Der Rechner wog einschließlich des Kühlsystems 5,5 Tonnen und verbrauchte 115 kW/h an elektrischer Leistung. Dieser Rechner ist heute in zahlreichen Museen zu bewundern, unter anderen im Deutschen Museum in München und im *Computer History Museum* in Mountain View (Kalifornien).

Sowohl die kommerziellen Rechner von IBM als auch die technisch wissenschaftlichen Rechner von Cray konnten nur mit Hilfe der Infrastruktur von Rechenzentren benutzt werden. Daneben wurden schon frühzeitig kostengünstige Rechner entwickelt, die von Privatpersonen zuhause betrieben werden konnte. Exemplarisch gehen wir hier auf drei Rechner dieser Art ein: den Apple II, den Commodore 64 und den IBM PC.

Steve Wozniak und Steve Jobs entwickelten zunächst den Rechner Apple I, der aber nur in geringer Stückzahl gebaut wurde und bald von dem Apple II abgelöst wurde. Dieser Rechner wurde im April 1977 vorgestellt und war einer der ersten erfolgreichen Computer auf Mikroprozessorbasis. Kernstück war der 8 Bit Mikroprozessor 6502 von Motorola, der mit 1,020 MHz betrieben wurde. Der Arbeitsspeicher hatte mindestens 4 kB und maximal 64 kB. Er kostete je nach Ausstattung ab 1298 $. Er wurde in zahlreichen Varianten bis 1993 hergestellt. In dieser Zeit wurden über 2 Millionen Original Apple II Computer verkauft. Der Rechner bestand ausschließlich aus Standardbauelementen. Er konnte mit Hilfe von 8 freien Steckplätzen erweitert werden und war ein offenes System, d.h. alle Konstruktionsdetails und Schnittstellen wurden von Apple veröffentlicht. Dies führte allerdings dazu, dass zahlreiche Nachbauten (Clones) vor allem in Fernost und im damaligen Ostblock gebaut wurden. Der Apple II war als offenes System sehr erfolgreich - interessanterweise sind fast alle späteren Produkte der Firma Apple keine offenen Systeme.

Das linke Bild in Fig. 1.13 zeigt einen Apple II+ so wie er von Apple ab 1979 geliefert wurde. Es war ein leicht verbessertes Gerät. Die Mindestausstattung an Speicher war auf 48 kB erhöht. Fest eingebaut war ein vollwertiger Interpreter für die Programmiersprache Basic. Zum sinnvollen Betrieb benötigte man zusätzlich einen Bildschirm, sowie Speichermedien. Neben Kassetten kamen vor allem 5¼-Zoll-Disketten, sogenannte Floppy-Disks zum Einsatz.

Abb. 1.13. Links: Apple II Plus aus dem Jahr 1979. Quelle: engl. Wikipedia. Foto von Bilny
Rechts: Commodore C64 1982. Quelle: Wikipedia. Foto von Bil Bertram

Der Commodore C64 wurde von 1982 bis 1994 gebaut und war sogar noch erfolgreicher als der Apple II. Es gibt nur Schätzungen, wie viele Exemplare verkauft wurden, diese bewegen sich aber zwischen 12 und 30 Millionen. Technisch bot der C64 kaum mehr Möglichkeiten als der Apple II. Der verwendete Mikroprozessor 6510 von MOS Technology war weitgehend kompatibel zu dem 6502. Zusätzlich verwendete der C64 Spezialchips zur Grafik- und Audioausgabe. Dies machte ihn vor allem als Spielcomputer sehr populär. Er besaß volle 64 kB Arbeitsspeicher und wurde mit einem vollwertigen Basic Interpreter ausgeliefert, so dass er auch häufig zur Entwicklung eigener Programme genutzt wurde. Er kostete bei Markteinführung in den USA 595$ und in Deutschland 1495 DM. Allein schon dieser Preis machte ihn in den 80er Jahren zum erfolgreichsten Heimcomputer. Die Firma Commodore hatte wenig Erfolg bei der Entwicklung von Nachfolgeprodukten und musste 1994 Insolvenz anmelden.

IBM war 1980 der größte Hersteller von kommerziellen Computern. Neben den bereits erwähnten Rechnern der Serie /360 und deren Nachfolger stellte IBM 1980 auch kleinere Systeme, z.B. das System /32 her. Diese waren jedoch ausschließlich für den kommerziellen Markt gedacht. IBM wollte sich auch am Markt für Personal Computer beteiligen und entwickelt sehr schnell ein eigenes Modell. Es hatte die Typbezeichnung 5150 wurde aber meist als IBM PC bezeichnet. Spätere Modelle erhielten die Bezeichnung PC XT und PC AT. Abb. 1.14zeigt einenIBM PC mit Tastatur und Bildschirm. Im Gehäuse waren Floppy Disk Laufwerke eingebaut. Bei Markteinführung kostete ein solches System ab 3000$ und in Deutschland ab 8500 DM. IBM PCs waren damit deutlich teurer als die Systeme von Apple und Commodore, waren aber dennoch sehr erfolgreich, vermutlich weniger im privaten Bereich, sondern eher im Bürobereich. Insbesondere die weiter entwickelten IBM PCs wurden zu einem de facto Industriestandard für Personal Computer.

Abb. 1.14. Original IBM PC Typ 5150 aus dem Jahr 1981
Quelle: Wikipedia. Foto von Boffy

Die ersten Modelle waren mit dem Intel Mikroprozessor 8088 ausgestattet, einer Billigversion des 8086 mit einem externen auf 8-Bit reduzierten Datenbus. Die CPU war mit 4,77 MHz getaktet und wurde zu Beginn mit 16 oder 64 kB Arbeitsspeicher ausgeliefert. Die ursprünglichen Modelle hatten noch keine Festplatte. IBM hatte es sehr eilig mit der Markteinführung des PC, so eilig dass das Betriebssystem nicht selbst entwickelt wurde sondern bei einer kleinen bis dahin unbekannten Firma namens Microsoft eingekauft wurde. Microsoft wiederum kaufte auf dem Markt ein Betriebssystem 86-DOS (Disc Operating System für 8086), entwickelte es weiter und verkaufte es unter dem Namen PC-DOS zusammen mit einem Basic-Interpreter an IBM. Microsoft entwickelte das System unter dem neuen Namen MSDOS weiter. Später wurde darauf das Betriebssystem Windows aufgebaut. Mittlerweile hat der Umsatz von Microsoft den von IBM fast erreicht. Der erzielte Gewinn ist bereits erheblich höher.

In den frühen 80-er Jahren waren die Personal Computer für technisch-wissenschaftliche Anwendungen noch nicht leistungsfähig genug. Aus diesem Grund entstanden schnellere und besser ausgebaute Personal Computer, die erheblich teurer waren. Für diese Geräte wurde der Begriff *Workstation* geprägt. Die Entwicklung hatte eigentlich schon 10 Jahre vorher in den Palo Alto Labors von Xerox begonnen. Dort wurde der experimentelle Alto Computer gebaut, der als Vorläufer aller späteren Workstations gilt. Was heute selbstverständlich ist, war damals revolutionär: Grafikbildschirme mit „What you see is what you get (WYSIWIG), Bedienung mit einer Maus und Anschluss an ein lokales Netzwerk. Weitere Vorläufer heutiger Workstations waren die Lisp Machines des MIT (später von Symbolics vermarktet), der Xerox Star, PERQ von Three Rivers und andere. Ende der 80-er Jahre war die Blütezeit der Workstations. Computer von Sun Microsystems, Silicon Graphics, Apollo Computer, DEC, HP und IBM waren sehr populär. Steve Jobs, einer der Gründer von Apple Computers, schied nach einem internen Machtkampf 1985 aus der Firma aus und gründete die neue Firma NeXT Computer deren NeXT Cube workstation neue Maßstäbe setzte.

Abb. 1.15. Original NeXT Cube ausgestellt im Musee Bolo der EPFL Lausanne
Quelle: Wikipedia. Foto von Rama

Ende 1989 wurde der im Bild gezeigte NeXT Cube bei einem Verkaufspreis von anfänglich 9999$ vorgestellt, ein Jahr später die kleinere und günstigere NeXTstation, die auch *Pizza Box* genannt wurde. Das Design, das technische Konzept und die Technik der NeXT Computer waren wegweisend und hatten großen Einfluss auf die weitere Entwicklung von Personal Computern. Trotzdem war der Absatz von etwa 50000 NeXT Computern nicht ausreichend für den kommerziellen Erfolg des Unternehmens.

Wegweisend war das Betriebssysteme NeXTSTEP. Es handelte sich um eine objektorientierte UNIX Variante. 1996 kaufte Apple NeXT Computer für 400 Millionen \$. Steve Jobs kehrte zu Apple zurück und war von 1997 bis zu seinem krankheitsbedingten Ausscheiden in 2011 CEO von Apple. Apple übernahm NeXTSTEP und entwickelte es unter der Bezeichnung OS X weiter. Heute wird dieses Betriebssystem auf allen Apple Computern eingesetzt. Es diente sogar als Basis für die Entwicklung des iOS Betriebssystems für die iPhone und iPad Geräte. Von historischem Interesse ist auch, das Tim Berners-Lee auf einem NeXTcube ab 1989 die Grundlagen von HTML, des World Wide Webs und des ersten WebBrowsers entwickelte.

Basis heutiger Computer sind fast ausschließlich Mikroprozessoren - das sind Prozessoren, die komplett auf einem einzigen Chip untergebracht sind. Bereits in den 60er Jahren wurden hochintegrierte Schaltkreise (VLSI Very Large Scale Integrated Circuits) gefertigt, die viele Transistoren auf einem Chip vereinigten. Die Anzahl der Transistoren war anfänglich aber noch zu niedrig um damit Mikroprozessoren zu bauen. 1974 stellte Intel den 8-Bit Mikroprozessor 8080 mit 4500 Transistoren vor, ein Jahr später Motorola den 6502 mit 5000 Transistoren. Dieser wurde im Apple II und abgewandelt auch in den C64 Computern eingesetzt. Ab 1978 stellte Intel dann die 16-Bit Prozessoren 8086 und 8088 mit 29000 Transistoren her, die später im IBM PC eingesetzt wurden. 1985 folgte der 32-Bit Prozessor 80386 mit 275000 Transistoren. In den 90-er Jahren erreichte die Technik eine Integrationsdichte von 1 Million Transistoren, die um die Jahrtausendwende auf 100 Millionen und ab 2010 auf 1 Milliarde gesteigert werden konnte. Moderne Mikroprozessoren beinhalten mehr als 5 Milliarden Transistoren. Heutige Intel Mikroprozessoren beinhalten mehrere Recheneinheiten (CPU-Kerne) und sind als 64-Bit Prozessoren ausgelegt, die in der Leistung praktisch alle Supercomputer der 80er und auch 90er Jahre übertreffen. Neben den Intel Mikroprozessoren sind mittlerweile Prozessoren auf der Basis der ARM Architektur weit verbreitet. ARM steht für Acorn RISC Machines. Die britische Firma Acorn stellte 1983 ein Mikroprozessor-Design mit diesem Namen vor. Dabei steht RISC für ein damals modernes Konzept zur Verwendung kleiner Befehlssätze (Reduced Instruction Set Computer). Ab 1990 wurde die ARM Architektur von der Firma ARM Limited weiterentwickelt und vermarktet. Diese Firma stellt keine eigenen Mikroprozessoren her sondern vergibt Lizenzen an Chiphersteller. Bei der neuesten Generation der ARM Architektur handelt es sich erstmalig auch um 64-Bit Rechner.

Mikroprozessoren mit ARM Architektur zeichnen sich durch einen sehr geringen Stromverbrauch aus. Das machte sie attraktiv für den Einsatz in Mobiltelefonen, Smartphones und Tablet-Computern. Die modernsten dieser Rechnersysteme kombinieren eine 64-Bit-ARM-CPU mit einem Grafikprozessor und dem Hauptspeicher auf einem Chip und übernehmen somit die Funktionen eines kompletten herkömmlichen Personal Computer Mainboards.

Smartphones und Tablet Computer sind die heute am meisten verbreiteten Rechnersysteme. Daneben werden mehrere Klassen von Rechnern angeboten:

- einfache Rechner für weniger als 100 Euro, wie z.B. die Rechner von Raspberry, Arduino oder anderen Herstellern. Als Kern enthalten sie meist eine CPU der 7. Generation von ARM.
- Standard Personal Computer auf Basis von Intel CPUs. Diese werden von Apple als MacBook oder iMac in Kombination mit dem Betriebssystem OS X verkauft. Vergleichbare Geräte anderer Hersteller werden wahlweise mit den Windows Betriebssystemen von Microsoft oder diversen Unixvarianten betrieben. Wahlweise sind tragbare Geräte (Laptops, Netbooks) oder Schreibtisch-Geräte (Desktops) erhältlich. Mit Ausnahme der Rechner von Apple sind die Preise für derartige Standard Personal Computer auf unter 1000 Euro gefallen.
- Server: Dies sind Rechner, die in einem Netzwerk Dienste anbieten. Hierfür können Standard PCs verwendet werden oder ähnliche Systeme, die aber über spezielle CPUs verfügen, die leistungsfähiger sind, und oft wesentlich mehr Rechnerkerne beinhalten. Meist werden Server so gebaut, dass sie als Einschub in normierte Gestelle passen. Die Serverfarmen großer Anbieter im Internet können Hunderte, Tausende, oder gar Millionen solcher Einschübe enthalten.

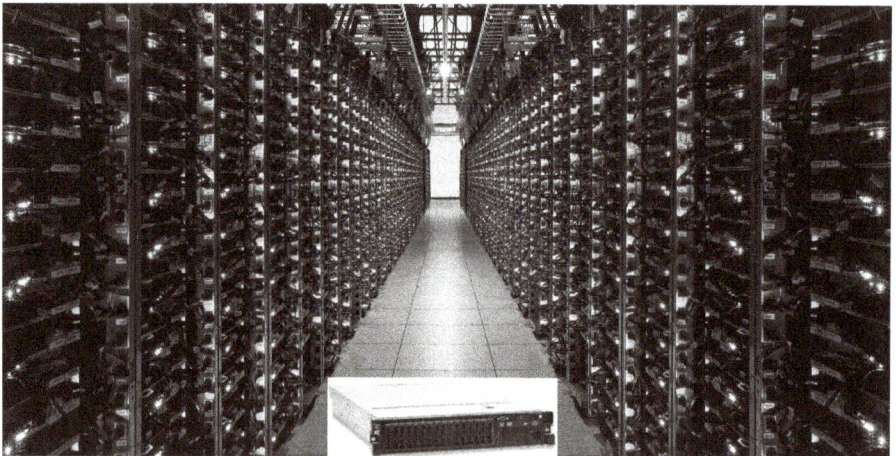

Abb. 1.16. Eine Serverfarm in einem Google Datacenter. In dem kleinen Bild ist ein einzelner Servereinschub zu sehen.

1.6 Aufbau von Computersystemen

Der prinzipielle Aufbau eines Rechners wird in Abb. 1.17 gezeigt. Das Herz des Rechners ist der Prozessor, auch CPU (*central processing unit*) oder Rechnerkern genannt. Hier werden die elementaren mathematischen Berechnungen wie addieren, multiplizieren, logische Operationen etc. ausgeführt. Verantwortlich dafür ist die ALU (*arithmetical logical unit*). Im Prinzip kann man sich diese wie einen besonders schnellen und leistungsfähigen Taschenrechner vorstellen. Werte für Zwischenberechnungen sind in sogenannten Registern – das sind besonders schnelle Speicherzellen – zwischengelagert.

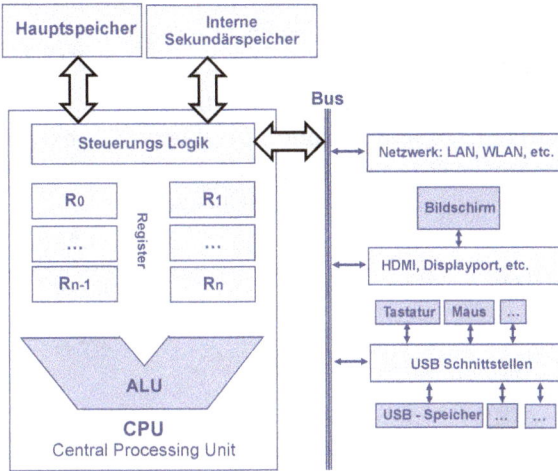

Abb. 1.17. Aufbau von Rechnern

Die Steuerungslogik bestimmt, geleitet von einem interenen Maschinenprogramm und den Resultaten der letzten ALU-Operationen, welchen Befehl die ALU jeweils ausführen soll, welche Daten aus dem Hauptspeicher in die Register befördert werden, und umgekehrt, welche Daten aus den Registern in den Speicher geschrieben werden sollen. Da die Kommunikation mit dem Hauptspeicher im Vergleich zu den ALU-Operationen langsam ist, beinhaltet die CPU eine Hierarchie von internen schnellen Zwischenspeichern. Statt direkt mit dem Hauptspeicher kommuniziert sie mit den Zwischenspeichern und nur bei Bedarf – wenn der Zwischenspeicher voll ist, oder wenn ein neuer Block von Daten aus dem Hauptspeicher benötigt wird – muss der Zwischenspeicher mit dem Hauptspeicher abgeglichen werden.

Heutige Rechner enthalten meist mehrere Prozessoren – entweder spezialisierte Prozessoren, die nur für die Graphik zuständig sind, oder einfach nur weitere CPUs, die gleichzeitig verschiedene Programme ausführen können. Selbst einfache Smartphones besitzen heutzutage schon 4 Kerne.

Über einen sogenannten Datenbus ist die CPU mit den Peripherieeinheiten verbunden. Vereinfacht betrachtet handelt es sich bei dem Bus um einen Strang paralleler Datenleitungen, zusammen mit einer Steuereinheit, die dafür sorgt, dass die Signale zwischen CPU und Peripherieeinheit zuverlässig übetragen werden, sich gegenseitig nicht stören und den gewünschten Adressaten erreichen. Die Peripherieeinheiten (oft auch Schnittstellen genannt) fassen jeweils verschiedene Typen von Geräten zusammen, die mit passenden Steckern an die entsprechende Schnittstelle angeschlossen werden können: Tastatur, Maus oder Externspeicher mit der USB-Schnittstelle, Bildschirme mit der HDMI-Schnittstelle und Netzwerk oder Router mit der LAN oder WLAN-Schnittstelle.

Im Arbeitsspeicher gespeicherte Daten bleiben nur erhalten, solange der Rechner in Betrieb ist. Ein weiterer Speicher wird benötigt, um Daten zu speichern, die auch dann erhalten bleiben, wenn der Rechner nicht in Betrieb ist. Traditionell war das die Aufgabe von mechanischen Festplatten. Heute wird diese Aufgabe häufig von speziellen Halbleiterspeichern übernommen, die als SSD (Solid State Memory) bezeichnet werden. Im folgenden Text werden wir die Bezeichnung *Festspeicher* verwenden, egal ob es sich um traditionelle Festplatten oder um Halbleiterspeicher handelt.

Abb. 1.18. Innenleben eines iPhone 6
Quelle: Techrepublic

Abb. 1.18 zeigt ein iPhone 6 von innen. Der Prozessor mit ALU, Registern, Steuerungslogik und Cache ist in einem einzigen Chip enthalten. Von außen kann man also die genannten Bestandteile nicht erkennen. Weitere Chips beinhalten den Hauptspeicher, Schnittstellen, Uhr, Kamera etc.. Sogar Smartphones enthalten die genannten Komponenten. Das bei weitem größte Bauteil ist der Akku. Daneben sind mehrere Chips zu erkennen. Einer davon ist der A9 SoC (System-on-a-Chip) der eine 64-Bit-ARM-CPU mit einem Grafikprozessor und einem 2 GB Hauptspeicher kombiniert. Der Festspeicher ist optional 16, 64 oder 128 GB groß. Weitere Chips beherbergen die übrigen Komponenten wie z.B. Kamera und Telefonie. Ein- und Ausgabe erfolgt mit Hilfe des berührungsempfindlichen Bildschirms des Gerätes.

Ein weiteres Beispiel für einen vollständigen Rechner ist der Raspberry PI 2, siehe Abb. 1.19. Dieser Rechner enthält einen SoC vom Typ Broadcom 2836. Darauf integriert sind eine 4 Kern (Quadcore) ARM Cortex A7 32-Bit CPU 1 GB Hauptspeicher, ein Grafikeinheit (GPU) und einen Signalprozessor (DSP). Auf der Platine des Raspberry findet sich ein Controller Chip der 4 USB 2.0 Anschlüsse und einen Ethernet Anschluss für lokale Netzwerke ermöglicht. Weiterhin ist eine HDMI Buchse für den Anschluss eines Bildschirms vorhanden, sowie ein MicroSD Kartenleser zum Anschluss handelsüblicher Speicherkarten als Festspeicher. Üblicherweise wird auf diesem Weg ein Betriebssystem geladen. Eine Tastatur, eine Maus ein WLAN-Modul sowie weiterer Festspeicher kann über die USB Schnittstellen angeschlossen werden.

Abb. 1.19. Raspberry PI 2
Quelle: Wikimedia Commons. Foto von Multicherry

Am oberen Rand des Bildes sind 40 einzelne Steckverbindungen (Pins) erkennbar. Es handelt sich dabei um eine frei programmierbare Schnittstelle (GPIO, General Purpose Input/Output). Über diese Schnittstelle können diverse Geräte, Sensoren, LEDs etc. angesteuert werden. In einem späteren Kapitel werden wir anhand konkreter Programmbeispiele zeigen, wie diese Schnittstelle genutzt werden kann.

Die Raspberry Foundation stellt den Nutzern von Raspberry-Computern unentgeltlich verschiedene Softwaresysteme zur Verfügung, insbesondere das Betriebssystem *Raspbian*, welches auf der Linuxvariante Debian 8 basiert. Das Betriebssystem wird üblicherweise auf eine MicroSD Karte übertragen und über den MicroSD Kartenleser gestartet. Zu Raspbian gehört auch eine grafische Benutzeroberfläche und ein Softwareentwicklungssystem für die Programmiersprache Python.

Die Raspberry Platine ist sehr klein (ca. $10 \times 7 \times 2$ cm), sehr leicht (ca. 20 g) und sehr billig. Die Platine des Raspberry PI2 kostet nur ca. 40 Euro, zusammen mit diversem Zubehör werden Bausätze meist für weniger als 100 Euro angeboten. Diese beinhalten typischerweise eine passende MicroSD Karte mit aufgespieltem Betriebssystem und einen USB-Stick mit WLAN Modul.

Wesentlich größer (ca. $25 \times 25 \times 5$ cm) und auch teurer sind Platinen für Standard Personal Computer. Meist werden sie als *Motherboard* bezeichnet. Abb. 1.20 zeigt links eine unbestückte Platine; rechts ist sie mit einer CPU, zwei Hauptspeichermodulen mit je 8 GB und einer Karte vom Typ M2 als 512 GB Festspeicher ausgestattet. Während beim Raspberry abgesehen von der verwendeten SD-Karte keine unterschiedlichen Konfigurationsmöglichkeiten gegeben sind, kann man bei der gezeigten Platine unterschiedliche Leistungsklassen zur Bestückung auswählen. Je nach Wahl kostet eine bestückte Platine dann zwischen 400 und 1000 Euro.

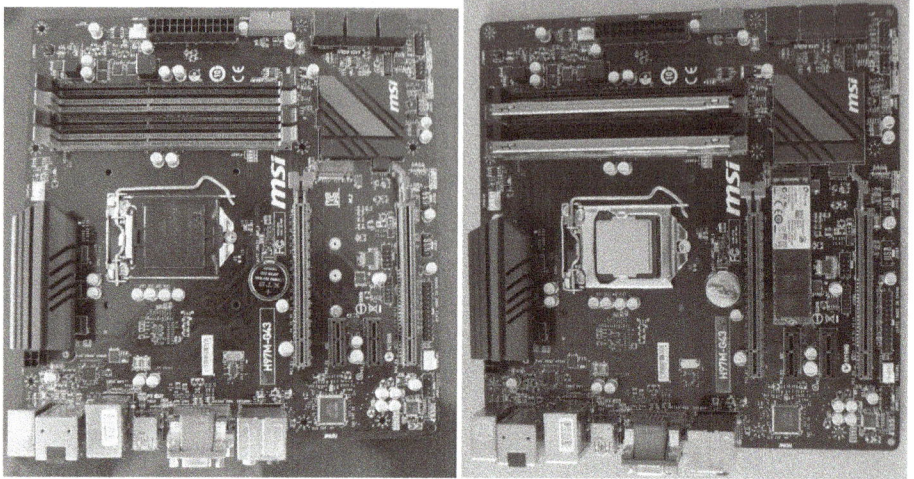

Abb. 1.20. Hauptplatine (Motherboard) eines Standard Personal Computers

Bei einem Standard Personal Computer steht dem Anwender wesentlich mehr Hauptspeicher zur Verfügung sowie sehr viel mehr und vor allem wesentlich schneller Festspeicher. Auch die verwendbaren CPU Bausteine sind leistungsfähiger. Es ist allerdings absehbar, dass mit fortschreitender Integration auch die in kleineren Geräten verwendeten CPU Bausteine nachziehen. Die Leistungsfähigkeit von CPU Bausteinen für Standard Personal Computer hat bereits technische Obergrenzen erreicht und steigert sich nur noch vergleichsweise langsam.

1.6.1 Der Prozessor (CPU)

Der Prozessor ist das Kernstück eines Computers. Er dient der Verarbeitung von Daten, die sich in Form von Bytes im Speicher des Rechners befinden. Daher rührt auch die Bezeichnung *CPU* (central processing unit). Heutige Prozessoren verfügen meist über mehrere CPUs. Zwei wesentliche Bestandteile einer CPU sind Register und ALU (arithmetical logical unit). Die ALU ist eine komplizierte Schaltung, welche die eigentlichen mathematischen und logischen Operationen ausführen kann. *Register* sind extrem schnelle Hilfsspeicherzellen, die direkt mit der ALU verbunden sind. Die ALU-Operationen erhalten ihre Argumente aus den Registern und liefern ihre Ergebnisse wieder in einem oder mehreren Registern ab. Auch der Datentransfer vom Speicher zur CPU läuft durch Register. Die Aufgabe einer CPU ist es, Befehle zu verarbeiten. Die meisten davon sind Datentransferbefehle und Operationen, also Befehle, die Registerinhalte durch arithmetische oder logische Operationen verknüpfen. Heutige CPUs für Standard Personal Computer haben ein Repertoire von einigen hundert Befehlen. ARM CPUs verarbeiten wesentlich weniger Befehle; dies liegt an der RISC-Architektur (Reduced Instruction Set Computer).

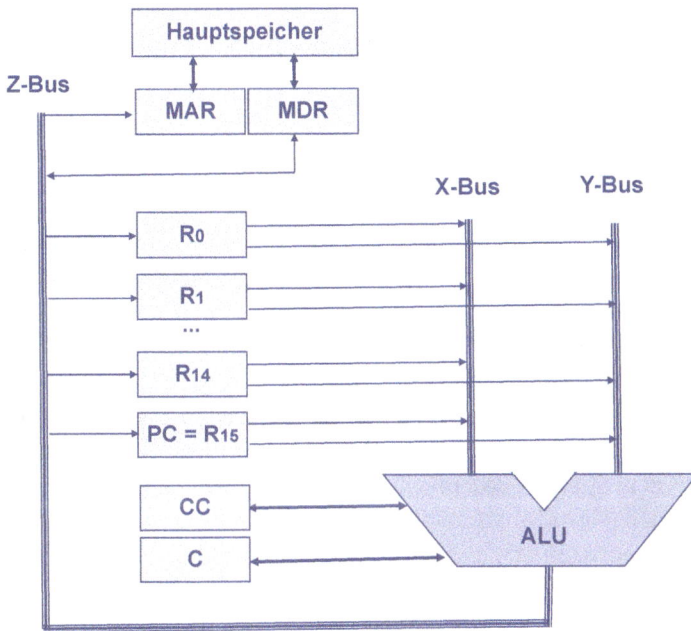

Abb. 1.21. Eine einfache CPU

Abbildung 1.21 zeigt das Schema einer einfachen CPU. Daten sind in den Mehrzweckregistern R_0 bis R_{14} mit jeweils 32 bzw. 64 Bit enthalten. Diese können über den X-Bus und den Y-Bus in die ALU gelangen. Über den Z-Bus wird das Ergebnis wieder in ein Register zurückgeschrieben. Ein Bus ist dabei ein System paralleler Leitungen zum Datentransport. Der Zugang zum Bus (schreiben bzw. Lesen) muss mit einer speziellen Controllerlogik geregelt werden.

Der Zugang zum Hauptspeicher läuft in dem vereinfachten Beispiel über zwei Register. Man kann sich die Speicherzellen durchnummeriert vorstellen. Das MAR (*memory address register*) dient dann zur Angabe der Speicheradresse, die gelesen oder geschrieben werden soll. Die Daten selber, die an der Adresse gefunden werden oder gespeichert werden sollen, werden im MDR (*memory data register*) abgelegt bzw. von dort abgeholt.

Die ALU kann einfache Operationen ausführen, etwa die beiden an dem X-Bus und dem Y-Bus anliegenden Zahlen addieren, vergleichen, bitweise verknüpfen, oder auch nur Daten zwischen dem Hauptspeicher und den Registern transportieren. Das Ergebnis wird über den Z-Bus in eines der Register geschrieben.

Bei der Verknüpfung der Daten können Sonderfälle auftreten, z.B. ein Überlauf, ein negatives Ergebnis, oder 0 als Ergebnis eines auf Subtraktion basierenden Vergleiches. Solche Zusatzinformationen können durch Setzen festgelegter Bits in einem Status- (oder Flag-) Register notiert werden - in der Abbildung (inspiriert durch den Raspberry Pi) durch ein C und ein CC genanntes Register symbolisiert. Aufgrund der Bits im Statusregister können Entscheidungen getroffen werden, die den Programmablauf verändern können.

1.6.2 Programmausführung

Vom Prozessor direkt ausführbare Programme bestehen aus einer spezifischen Folge von Befehlen, die in einer Datei in einem spezifischen Format als sogenannte OP-Codes gespeichert sind. Wenn ein Programm ausgeführt werden soll, wird es als Programmdatei in den Speicher geladen. Der *Befehlszähler PC* (Program Counter) ist ein spezielles Register das anzeigt, welcher der Befehle als nächster auszuführen ist. Nach dem Laden eines Programms wird der Befehlszähler auf den ersten auszuführenden Befehl gesetzt. Die Verarbeitung des Programms beginnt dann damit, dass die CPU den ersten Befehl aus dem Speicher liest und ausführt. Währenddessen wird der Befehlszähler schon auf den folgenden auszuführenden Befehl gesetzt. Die CPU durchläuft immer wieder den sogenannten *Load-Increment-Execute*-Zyklus:

- **LOAD** : Lade den Opcode, auf den der Befehlszähler zeigt
- **INCREMENT** : Erhöhe den Befehlszähler
- **EXECUTE** : Führe den Befehl aus, der zu dem Opcode gehört.

1.6.3 Maschinenbefehle und Maschinenprogramme

Die einzelnen Befehle besagen typischerweise, wie Daten, die in bestimmten Registern oder im Hauptspeicher liegen, miteinander verknüpft werden und in welchem Register sie abgelegt werden sollen. Elementar sind Befehle wie

```
add r1, r2
```

der den Inhalt von Register *r2* zu dem von Register *r1* addiert, oder

```
mov r4, 100h
```

der den Inhalt der Speicherzelle mit Adresse *100h* in das Register *r4* befördert. Das erste Argument eines Befehls ist meist das Ziel der Operation und das zweite Argument die Datenquelle. Als Ziel dient in den meisten Fällen ein Register, bei einigen Fällen auch ein Speicherplatz oder eine Datenleitung (*port*). Als Quelle können zusätzlich noch Zahlen- oder Bytekonstanten auftreten.

Damit Programme nicht einfach nur eine lineare Abfolge von Befehlen beschreiben, gibt es Befehle um den Befehlszähler gezielt zu verändern und auf diese Weise Sprünge an andere Stellen des Programms erzwingen. Solche Programmverzweigungen können von vorher eingetretenen Ereignissen abhängig gemacht werden. Die einfachsten dieser „Ereignisse" sind Ergebnisse von arithmetischen Operationen und Vergleichen. Beispielsweise kann das Ergebnis der letzten Operation 0 (Zero) gewesen sein, oder es kann ein Übertrag (Carry) aus der höchsten Bitposition entstanden sein. Zu diesem Zweck gibt es sogenannte „Flag-Register" in denen solche Ereignisse als Bitwert 0 oder 1 kurzzeitig registriert werden. Beispielsweise wollte man die Inhalte zweier Register vergleichen und hat diese daher subtrahiert:

```
sub r1, r2
```

Das Ergebnis an sich ist nicht interessant, sondern nur die Frage, ob es 0 war oder nicht. Diese Information wird als Nebeneffekt der Subtraktion im *Zero-Bit* des Flag-Registers festgehalten. Der nächste Befehl kann dann je nach Bitwert eines solchen Flagwertes z.B. (Zero=1) oder (Carry=1) sich unterschiedlich verhalten. Ein Beispiel eines solchen Befehls ist der Befehl „**b**ranch-if-**n**ot-**e**qual":

```
bne <marke>
```

Dieser prüft, ob das Zero-Bit gesetzt ist, also, ob das Ergebnis der letzten Operation 0 war. Wenn ja, tut er nichts, es geht also gleich mit dem folgenden Befehl weiter, wenn nein, setzt er den Befehlszähler auf den Wert, der als <marke> angegeben ist. Dort geht es mit dem Programm dann weiter. Statt also das Programm mit dem nächstfolgenden Befehl fortzusetzen, ist man also zu der durch <marke> gekennzeichneten Programmstelle „gesprungen".

Neben dem (beispielhaft ausgewählten) Befehl **bne** gibt es zahlreiche andere, die andere Flag-Werte oder Kombinationen derselben auswerten. In unserer Diskussion haben wir den **sub**-Befehl nur ausgeführt, um festzustellen, ob das Ergebnis 0 war oder nicht. Für solche Zwecke gibt es auch spezialisierte **cmp**-Befehle (cmp für *compare*). Wie **sub** r1, r2 setzt auch

```
cmp r1, r2
```

das Zero-Flag je nachdem, ob das Ergebnis 0 war oder nicht. Im Unterschied zu **sub** r1, r2 wird aber das Register *r1* nicht verändert, denn das Resultat der Subtraktion ist uninteressant.

Die genannten Befehle sind in ähnlicher Form und unter ähnlichen Namen für jeden Prozessortyp verfügbar. Spezielle Prozessoren kommen meist noch mit einem eigenen Satz an Befehlen, die typische Programmsituationen besonders effizient meistern können. Das folgende Beispiel zeigt ein Maschinenprogramm für den Raspberry-Pi, um den größten gemeinsamen Teiler zweier Zahlen – hier von 420 und 655 – auszurechnen. Die Befehle **subgt** und **sublt** sind eine Besonderheit des ARM-Prozessors. Auffällig sind die jeweils 3 Argumente, zwei für den Vergleich und eines für das Ergebnis. schleife ist hier eine Marke, zu der der letzte Befehl (bne) springen kann, wenn $r3 \neq r4$. Der Text nach dem Semikolon ist jeweils ein Kommentar, also eine Notiz des Programmierers.

```
     mov    r3, #420        ; Lade einen Beispielwert in r3
     mov    r4, #655        ; Lade einen Beispielwert in r4
schleife:
     cmp    r3, r4          ; Vergleiche die Inhalte von r3 und r4
     subgt  r3, r3, r4      ; wenn r3 > r4 dann r3 := r3-r4
     sublt  r4, r4, r3      ; wenn r3 < r4 dann r4 := r4-r3
     bne    schleife        ; falls r3 ungleich r4 zurück zu schleife:
                            ; sonst weiter mit dem nächsten Befehl
```

Diese stark vereinfachte Darstellung mag an dieser Stelle genügen. Normalerweise erfolgt die Verarbeitung eines Befehls in einer prozessorspezifischen Zeit, in einem Taktzyklus. Wenn eine CPU mit einer Frequenz von 1 GHz betrieben wird, dann ist diese Taktzeit 1 Nanosekunde. Es gibt allerdings Befehle, wie z.B. Multiplikation und Division, die mehrere Takte beanspruchen. Im Idealfall kann eine 1 GHz CPU also 1 Milliarde Befehle pro Sekunde ausführen.

Die Befehle, wie wir sie beispielhaft gesehen haben, sind jeweils spezifisch für eine bestimmte Prozessorfamilie. *Maschinenprogramme* sind Folgen solcher Befehle. Sie „laufen" nur auf dem Prozessortyp, der diese Maschinenbefehle so erwartet und verstehen kann. Programme in einer höheren Programmiersprache, wie z.B. *Python*, *Java* oder *C* sind demgegenüber universell. Sie sollen auf allen möglichen Rechnertypen laufen. Daher müssen sie vor ihrer Ausführung noch durch einen Compiler in Sequenzen von Maschinenbefehlen für den gewünschten Prozessor übersetzt werden.

1.6.4 Die Organisation des Hauptspeichers

Im Hauptspeicher oder Arbeitsspeicher eines Computers werden Programme und Daten abgelegt. Die Daten werden von den Programmen bearbeitet. Der Inhalt des Arbeitsspeichers ändert sich ständig – insbesondere dient der Arbeitsspeicher nicht der permanenten Speicherung von Daten. Fast immer ist er aus Speicherzellen aufgebaut, die ihren Inhalt beim Abschalten des Computers verlieren. Beim jedem Einschalten werden alle Bits des Arbeitsspeichers auf ihre Funktionsfähigkeit getestet und dann auf 0 gesetzt.

Die Bits des Arbeitsspeichers sind byteweise organisiert. Jeder Befehl kann immer nur auf ein ganzes Byte zugreifen, um es zu lesen, zu bearbeiten oder zu schreiben. Den 8 Bits, die ein Byte ausmachen, kann noch ein *Prüfbit* beigegeben sein. Mit dessen Hilfe überprüft der Rechner ständig den Speicher auf Fehler, die z.B. durch eine Spannungsschwankung oder einen Defekt entstehen könnten. Das Prüfbit wird also nicht vom Programmierer verändert, sondern automatisch von der Speicherhardware gesetzt und gelesen. Meist setzt diese das Prüfbit so, dass die Anzahl aller Einsen in dem gespeicherten Byte zusammen mit dem Prüfbit geradzahlig (engl. *even parity*) wird, daher heißt das Prüfbit auch *Parity-Bit*. Ändert sich durch einen Defekt oder einen Fehler genau ein Bit des Bytes oder das Parity Bit, so wird dies von der Speicherhardware erkannt, denn die Anzahl aller Einsen wird ungerade. Die Verwendung von Prüfbits verliert allerdings seit einiger Zeit wegen der höheren Zuverlässigkeit der Speicherbausteine an Bedeutung.

Jedes Byte des Arbeitsspeichers erhält eine Nummer, die als Adresse bezeichnet wird. Die Bytes eines Arbeitsspeichers der Größe 64 GB haben also die Adressen:

$$0, 1, 2, ... (2^{36}-1) = 0, 1, 2, ... 68.719.476.735.$$

Auf jedes Byte kann direkt zugegriffen werden. Daher werden Speicherbausteine auch RAMs genannt (*random access memory*). Dieser Name betont den Gegensatz zu Speichermedien, auf die nur sequentiell (Magnetband) oder blockweise (Festplatte) zugegriffen werden kann.

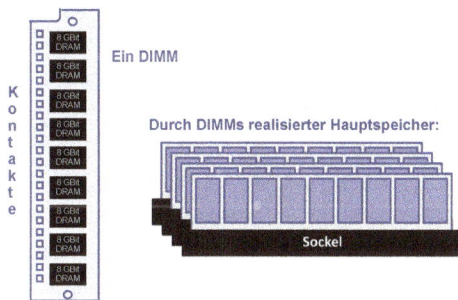

Abb. 1.22. Speichermodule (Schema)

Technisch wird der Arbeitsspeicher heutiger Computer aus speziellen Bauelementen, den Speicherchips, aufgebaut. Diese werden nicht mehr einzeln, sondern als Speichermodule angeboten. Dabei sind jeweils mehrere Einzelchips zu so genannten DIMM-Modulen (*dual inline memory module*) zusammengefasst. Das sind Mini-Platinen mit 168 bis 288 Pins, auf denen jeweils ggf. beidseitig gleichartige Speicherchips sitzen sowie zusätzlich einige Logikbausteine zur Ansteuerung. Im Handel sind DIMM Module mit bis zu 16 GByte pro Modul. In absehbarer Zeit wird sich das sicher auf 64 GByte pro Modul erhöhen. Auf einem Motherboard befinden sich meist Steckplätze für 4 DIMM-Module.

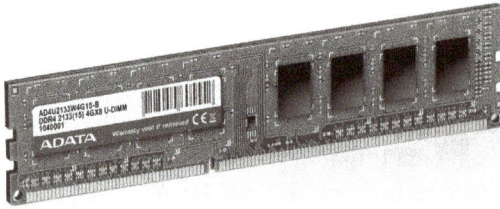

Abb. 1.23. DDR4 Speicher Modul
Quelle: Wikimedia Commons. Foto von Smial

Es gibt zwei Arten von Speicherzellen: DRAMs und SRAMs. Dabei steht das D für *Dynamic* und das S für *Static*. DRAMs sind langsamer als SRAMs, dafür aber billiger. Man verwendet daher häufig zwei Speicherhierarchien. DRAM für den eigentlichen Arbeitsspeicher und SRAM für einen Pufferspeicher zur Beschleunigung des Zugriffs auf den Arbeitsspeicher. Für diesen Pufferspeicher ist die Bezeichnung Cache gebräuchlich. Heute kommt meist eine verbesserte Version von DRAM, das so genannte SDRAM (synchronous dynamic RAM) zum Einsatz, dessen Taktrate optimal auf die CPU abgestimmt ist. Weiterentwickelt wurde dieser Speichertyp als DDR2-SDRAM (wobei DDR für Double Data Rate steht), als DDR3-SDRAM. und als DDR4-SDRAM. In Abb. 1.23 ist ein neueres DDR4-2133 Modul mit 4 GByte abgebildet..

CPU und Hauptspeicher sind durch einen eigenen internen *Bus* verbunden, der sich aus einem *Adressbus* und einem *Datenbus* zusammensetzt. Über den Adressbus übermittelt die CPU eine gewünschte Speicheradresse an den Hauptspeicher, über den Datenbus werden die Daten zwischen CPU und Hauptspeicher ausgetauscht. Der Datenbus der ersten IBM-PCs hatte 20 Adressleitungen. Jede Leitung stand für eine Stelle in der zu bildenden binären Adresse. Somit konnte man nur maximal 2^{20} verschiedene Adressen bilden, also höchstens 1 MByte Speicher adressieren. Heutige PCs haben typischerweise bis zu 64 GB Speicher, so dass eine Adressbreite von 36 Bit benötigt wird. Für den zukünftigen weiteren Ausbau des Speichers werden mehr als 36 Bit zur Adressierung benötigt. Man kann davon ausgehen, das Rechner demnächst eine Adressbreite von 48 oder sogar 64 Bit nutzen werden. Mit 64 Bits kann auf absehbare Zeit mehr als genug Speicher adressiert werden.

1.7 Speicher- und Anzeigemedien

Der Arbeitsspeicher eines Rechners verliert seinen Inhalt, wenn er nicht in regelmäßigen Abständen (z.B. alle 15 µs) aufgefrischt wird. Insbesondere gehen alle Daten beim Abschalten des Computers verloren. Zur langfristigen Speicherung werden daher andere Speichertechnologien benötigt. Für diese Medien sind besonders zwei Kenngrößen von Bedeutung – die Speicherkapazität und die Zugriffszeit. Darunter versteht man die Zeit zwischen der Anforderung eines Speicherinhaltes durch den Prozessor

und der Lieferung der gewünschten Daten durch die Gerätehardware. Da die Zugriffszeit von vielen Parametern abhängen kann, z.B. von dem Ort, an dem die Daten auf
dem Medium gespeichert sind, bei mechanischen Festplatten auch von der gegenwär-
tigen Position des Lesekopfes, spricht man lieber von einer mittleren Zugriffszeit.

Die ersten Personal Computer verwendeten Kassetten mit Magnetbändern und/o-
der Disketten als Datenträger. Im Laufe der Zeit wurden diese verdrängt von beschreib-
baren CDs und DVDs. Heute haben SD-Karten und USB-Sticks die vorgenannten Medien fast völlig verdrängt. Sie sind sehr billig und haben westlich höhere Speicherkapazitäten. Beide können in Buchsen gesteckt und auch wieder entfernt werden.

Im Gegensatz dazu sind Festspeicher dauerhaft in Computersysteme eingebaut.
Hier unterscheiden wir zwischen mechanischen Festplattenlaufwerken mit Magnet-
platten und neueren Halbleiterspeichern, die als SSD (Solid State Memory) bezeichnet
werden.

1.7.1 Magnetplatten

Prinzipiell sind Festplatten und Disketten sehr ähnlich aufgebaut. Eine Aluminium-
oder Kunststoffscheibe, die mit einem magnetisierbaren Material beschichtet ist,
dreht sich unter einem Lese-Schreibkopf. Durch Anlegen eines Stroms wird in dem
kleinen Bereich, der sich gerade unter dem Lese-Schreibkopf befindet, ein Magnetfeld
induziert, das dauerhaft in der Plattenoberfläche bestehen bleibt. Durch Änderung
der Stromrichtung und infolgedessen der Magnetisierungsrichtung können Daten
aufgezeichnet werden. Beim Lesen der Daten misst man den Strom, der in der Spule
des Lese-Schreibkopfes induziert wird, wenn sich ein magnetisierter Bereich unter
ihm entlangbewegt, und wandelt diese analogen Signale wieder in Bits um. Der Lese-
Schreibkopf lässt sich von außen zum Zentrum der rotierenden Platte und zurück
bewegen, so dass effektiv jede Position der sich drehenden Magnetscheibe erreicht
werden kann. Die Zugriffszeit einer Festplatte und auch eines Diskettenlaufwerkes
hängt also davon ab, wie schnell der Kopf entlang des Plattenradius bewegt und
positioniert werden kann, aber auch von der Umdrehungsgeschwindigkeit der Platte, denn nach korrekter Positionierung des Kopfes muss man warten, bis sich der
gewünschte Bereich unter dem Kopf befindet. Bei Diskettenlaufwerken sind 360 Um-
drehungen pro Minute (*rpm : rotations per minute*) üblich, Festplattenlaufwerke erreichen 15000 rpm. Für die exakte radiale Positionierung des Lese-Schreibkopfes war
früher ein Schrittmotor zuständig, heute verwendet man Spindelantriebe oder Tauch-
spulenaktuatoren. In jeder Position können während einer Umdrehung der Scheibe
Daten, die auf einer kreisförmigen Spur (engl. *track*) gespeichert sind, gelesen oder
geschrieben werden. Vor Inbetriebnahme muss eine Platte formatiert werden. Dabei
wird ein magnetisches Muster aufgebracht, das die Spuren und Sektoren festlegt. Die
Anzahl der Sektoren wird üblicherweise so gewählt, dass ein Sektor jeder Spur 512
Byte aufnehmen kann. Da ein Sektor auf einer äußeren Spur einem längeren Kreisbo-
gen entspricht als ein Sektor auf einer inneren Spur, werden die Daten innen dichter

aufgezeichnet als außen. Dies bewirkt, dass der zentrale Bereich der Platte nicht ausgenutzt werden kann. Moderne Festplatten bringen daher auf den äußeren Spuren
mehr Sektoren unter als auf den inneren. Da man auf diese Weise das Medium besser
ausnutzt, kann mit dieser *multiple zone recording* genannten Technik die Kapazität
der Platte um bis zu 25 % gesteigert werden. Eine weitere Kapazitätssteigerung erreicht man, wenn es gelingt, die Spuren enger beieinander anzuordnen. Man erreicht
heute Spurdichten bis zu 135000 *tpi (tracks per inch)*. Dabei muss die korrekte Position
des Kopfes kontinuierlich nachregelt werden. Hierzu dient ein magnetisches Muster,
das beim Formatieren zusätzlich auf der Platte aufgebracht wird und anhand dessen
man im Betrieb die korrekte Position des Kopfes erkennen und nachführen kann. Bei
der erwähnten Formatierung handelt es sich genau genommen um die physikalische
oder Low-Level Formatierung. Diese wird heute bereits in der Fabrik aufgebracht. Bei
der High-Level Formatierung, die der Besitzer der Festplatte vor ihrer ersten Benutzung durchführen muss, werden je nach Betriebssystem noch ein Inhaltsverzeichnis
angebracht und ggf. noch Betriebssystemroutinen zum Starten des Rechners von der
Magnetplatte. Folglich gehen bei der High-Level Formatierung vorher gespeicherte
Daten nicht wirklich verloren. Sie sind noch auf der Platte vorhanden. Da aber das
Inhaltsverzeichnis neu erstellt wird, ist es schwierig, die alten Datenbruchstücke
aufzufinden und korrekt zusammenzusetzen.

1.7.2 Festplattenlaufwerke

Festplattenlaufwerke enthalten in einem luftdichten Gehäuse einen Stapel von Platten, die auf einer gemeinsamen Achse montiert sind. Jede Platte hat auf Vorder- und
Rückseite jeweils einen Schreib-Lesekopf. Alle Köpfe bewegen sich synchron, so dass
immer gleichzeitig alle Spuren der gleichen Nummer auf den Vorder- und Rücksei-
ten aller physikalischen Platten bearbeitet werden können. Diese Menge aller Spuren gleicher Nummer wird auch als Zylinder bezeichnet. Die Aufzeichnungsdichte einer Festplatte hängt eng damit zusammen, wie nahe die Platte sich unter dem Kopf
entlangbewegt. Bei der so genannten Winchester-Technik fliegt ein extrem leichter
Schreib-Lesekopf aerodynamisch auf einem Luftkissen über der Plattenoberfläche.
Der Abstand zur Platte ist dabei zum Teil geringer als 0,1µm. Das ist wesentlich weniger als die Größe normaler Staubpartikel, die bei 1 bis 10 µm liegt. Der geringe Abstand
des Schreib-Lesekopfes von der Platte erfordert daher einen luftdichten Abschluss des
Laufwerkes in einem Gehäuse, das mit Edelgas gefüllt ist.

Den Flug des Schreib-Lesekopfes in der genannten Höhe könnte man mit dem
Flug eines Jumbojets in einer vorgeschriebenen Flughöhe von 40 cm vergleichen. Be-
rührt ein Kopf die Plattenoberfläche, so wird die Platte zerstört und alle Daten sind
verloren. Um einen solchen Plattencrash zu vermeiden, sollte die Platte, solange sie
in Betrieb ist, vor starken Erschütterungen bewahrt werden. Wenn die Platte nicht in
Betrieb ist, werden die Köpfe in einer besonderen Landeposition geparkt. Um den Abstand zwischen Kopf und Platte noch weiter zu verringern, was eine höhere Aufzeich-

nungsdichte zulässt, fertigt man neuerdings die Platten auch aus Glas statt aus Aluminium. Glasplatten lassen sich mit einer glatteren Oberfläche herstellen, allerdings ist die Brüchigkeit noch ein Problem. Die höhere träge Masse von Glas gegenüber Aluminium spielt keine Rolle, da eine Festplatte in einem stationären Rechner sich ohnehin ständig dreht. Nimmt man eine Festplatte in die Hand, so erkennt man, dass auf dem Gehäuse noch einiges an Elektronik untergebracht ist. Diese erfüllt teilweise die Funktionen eines Controllers, zusätzlich ist ein eigener Zwischenspeicher (Cache) integriert, um die mittlere Zugriffszeit zu verbessern. Eine weitere Aufgabe dieser Elektronik ist die Fehlerkorrektur. Dabei setzt man so genannte fehlerkorrigierende Codes (z.B. Reed Solomon Code) ein, wie sie in der mathematischen Codierungstheorie entwickelt werden. Mithilfe einer leicht redundanten Aufzeichnung kann man später beim Lesen geringfügige Fehler nicht nur erkennen, sondern auch korrigieren. Auch die Fehlerrate gehört zu den Charakteristika einer Festplatte.

1.7.3 Flash-Speicher

Bei einem Flash-Speicher werden Bits als elektrische Ladungen auf einem sogenannten Floating Gate eines Feldeffekttransistors gespeichert. Dieses ist durch eine sehr dünne Isolatorschicht von der Stromzufuhr getrennt. Ein einmal gespeicherter Ladungszustand bleibt erhalten. Eine Änderung kann nur durch Anlegen bestimmter relativ hoher Spannungen an die übrigen Elemente des Feldeffekttransistors erfolgen. Bei allen Flash-Speichern muss der Speicher vor einer Schreiboperation gelöscht werden. Dies ist nur jeweils für einen bestimmten Teil (z.B. 1/16) des gesamten Speichers möglich. Der Controller eines Flash-Speichers muss daher jeweils vor dem Löschen Speicherbereiche, deren Inhalt sich nicht ändern soll, auslesen und nach dem Löschen zusammen mit ggf. geänderten Daten wieder beschreiben.

Bei NAND-Flash Bausteinen sind die Speicherbereiche in größeren Gruppen hintereinandergeschaltet. Das ermöglicht relativ große Kapazitäten macht das Lesen und Schreiben aber aufwändiger. In NOR-Flash Bausteinen sind die Speicherbereiche parallel geschaltet. Das ermöglicht einen wesentlich effizienteren Lese- und Schreibzugriff, erlaubt aber nur geringere Speicherkapazitäten. Während sich NOR-Flash Bausteine vor allem für die Speicherung des Rechner-BIOS und für Controllerbausteine eignen, werden NAND-Flash Bausteine für SSDs, USB-Sticks, SD-Speicherkarten und Smartphones eingesetzt.

SSDs mit 512 GB Kapazität sind bereits ab ca. 150 Euro zu haben und werden daher immer häufiger als Ersatz für konventionelle Festplatten verwendet, da sie wesentlich schneller sind und keine mechanischen Bauteile enthalten. Der Preis richtet sich nach der Kapazität und der erreichbaren Datenübertragungsrate.

USB-Sticks sind zum Standard geworden, wenn Daten auf transportablen Medien gespeichert werden. Billige USB-Sticks unterstützen nur den USB 2.0 Standard. Solche mit dem neueren Standard 3.0 bzw. 3.1 bieten wesentlich höhere Datenübertragungsraten, sind aber heute noch etwas teurer - ca. 200 Euro kostet ein 256 GB stick mit USB 3.0 Standard.

In kleinen tragbaren Geräten, wie z.B. Kameras und Smartphones kann man SD-Karten (Secure Digital Memory Card) verwenden. Der Namensbestandteil *Secure* steht für die Absichtserklärung, dass der Controller der Karte zusätzliche Hardware-Funktionen für das Digital Rights Management (DRM) anbieten soll. Inwieweit diese Funktionen tatsächlich genutzt werden ist derzeit unklar.

Es gibt drei Bauformen unterschiedlicher Größe: SD, MiniSD und MicroSD. Für die Übertragungsgeschwindigkeit sind mehrere Geschwindigkeitsklassen definiert: Class2, 4, 6 und 10, UHS Class I und UHS Class II. (UHS: Ultra High Speed). Letztere bieten Übertragungsgeschwindigkeiten im Bereich von 50 bis 312 MBit/s.

Für die Speicherkapazität gibt es ebenfalls unterschiedliche Spezifikationen. Die Kapazität der ersten SD-Karten lag zwischen 8 MB und 2 GB. Die SDHC (SD 2.0 High Capacity) Spezifikation erweiterte diesen Bereich auf 4GB bis 32 GB und die neueste Spezifikation SDXC (SD 3.0 Extended Capacity) ermöglicht sogar 2 TB.

1.7.4 Vergleich von Speichermedien

Von den Registern im Inneren einer CPU bis hin zu optischen Platten existiert heute eine Hierarchie von Speichermedien, die wahlfreien Zugriff auf die gespeicherten Daten gewähren. Die Tabelle in Abb. 1.24 listet zusammenfassend wichtige Merkmale der verschiedenen Technologien innerhalb der heute üblichen Grenzen auf.

Medium	Kapazität Obergrenze	Mittlere Zugriffszeit	Erreichbare Datentransferrate In MByte/s
Register	128 Bit	0,1 ns	70000
Cache	64 MB	1 ns	40000
Arbeitsspeicher	256 GB	5 ns	10000
SD Karte (SDXC)	2 TB	1000 ns	312
USB 3.1	2 TB	500 ns	1212
Festplatte	10 TB	2500 ns	250
SSD	2 TB	250 ns	1000

Abb. 1.24. Vergleich von Speichermedien

1.7.5 Bildschirme

Mithilfe eines Bildschirmes können Texte, Bilder und grafische Darstellungen sichtbar gemacht werden. Verwendet werden die heute auch bei Fernsehgeräten üblichen Flüssigkristallanzeigen. Das Bild wird aus vielen einzelnen Punkten zusammengesetzt. Diese können schwarz-weiß oder mehrfarbig sein und werden Bildpunkte oder Pixel genannt. Der Begriff *Pixel* ist aus der englischen Entsprechung *picture elements* entstanden. Die Anzahl der Bildpunkte pro Fläche definiert die Auflösung eines Bildes. Computermonitore müssen feinere Details als Fernsehbildschirme darstellen; sie befinden sich viel näher am Auge des Betrachters. Sie haben, je nach Größe und Auflösung, bis zu 4.000.000 Pixel.

Bildschirmgrößen werden in Zoll angegeben, wobei die Diagonale des sichtbaren Bildes gemessen wird. Das Bild eines 24" Bildschirmes im 16:9 Format misst in der Diagonalen 61 cm. Fernsehbildschirme (4 k Format: 3480x2160) haben heute meist bis zu 7.516.800 Pixel, aber bei meist deutlich größeren Bildschirmdiagonalen.

Flüssigkristallanzeigen sind von Natur aus flimmerfrei, da ein Bildpunkt seine Farbe so lange aufrecht erhält, wie ein entsprechendes Signal anliegt. Sie haben Röhrengeräte mittlerweile völlig verdrängt. Üblich ist heute eine Technik, bei der jeder Bildpunkt aus drei Transistoren aufgebaut wird. Diese werden überwiegend in der so genannten TFT-Technik (*thin film transistor*) gefertigt. TFT Monitore mit einer Bildschirmdiagonalen von 21" bis 30" erlauben eine Auflösung von 1200x1600 bis 1600x2560 Pixel. High-End Monitore in Smartphones und Tablets verwenden neuerdings die OLED Technologie, bei der die Flüssigkristalle (LED) durch organische Halbleiter (*organic light emitting diode*) ersetzt werden. Diese haben den Vorteil, auch biegsame Monitore zuzulassen. Sony demonstrierte dies bereits mit einem aufrollbaren Display. AMOLED (active matrix OLED) Bildschirme liefern beeindruckend brilliante Bilder und haben im allgemeinen einen geringeren Stromverbrauch als LCDs. Allerdings sind großformatige OLED Bildschirme heute noch sehr teuer. Außerdem sollen die Farben unterschiedlich schnell altern, sogar der Stromverbrauch ist farbabhängig, so dass der Verbrauch beim Lesen von Dokumenten mit weißem Hintergrund sogar höher sein kann, als bei normalen LEDs.

1.8 Von der Hardware zum Betriebssystem

Bisher haben wir die Hardware und Möglichkeiten der Datenrepräsentation diskutiert. Ohne Programme ist beides aber nutzlos. Die Programme, die einen sinnvollen Betrieb eines Rechners erst möglich machen, werden als *Software* bezeichnet. Man kann verschiedene Schichten der Software identifizieren. Sie unterscheiden sich durch ihren Abstand zum menschlichen Benutzer bzw. zur Hardware des Computers.

Dazu stellen wir uns einmal einen „blanken" Computer vor, d.h. eine CPU auf einem Motherboard mit Speicher und Verbindung zu Peripheriegeräten wie Drucker und Plattenlaufwerk, aber ohne jegliche Software. Die CPU kann, wie oben dargelegt, nicht viel mehr als

- Speicherinhalte in Register laden,
- Registerinhalte im Speicher ablegen,
- Registerinhalte logisch oder arithmetisch verknüpfen,
- mit IN- und OUT-Befehlen Register in Peripheriegeräten lesen und schreiben.

In Zusammenarbeit mit den Controllern der Peripheriegeräte (Tastatur, Bildschirm, Plattenlaufwerk, Soundkarte) kann man auf diese Weise bereits

- ein Zeichen von der Tastatur einlesen,
- ein Zeichen an einer beliebigen Position des Textbildschirms ausgeben,
- ein Pixel an einer beliebigen Stelle des Bildschirms setzen,
- Festspeicherdaten lesen oder schreiben,
- einen Ton einer bestimmten Frequenz und Dauer erzeugen.

All diese Tätigkeiten bewegen sich auf einer sehr niedrigen Ebene, die wir als Hardwareebene bezeichnen wollen. Man müsste, um einen Rechner auf dieser Basis bedienen zu können, sich genauestens mit den technischen Details jedes einzelnen der Peripheriegeräte auskennen. Außerdem würde das, was mit dem Peripheriegerät eines Herstellers funktioniert, mit dem eines anderen Fabrikates vermutlich fehlschlagen.

Von solchen elementaren Befehlen ist es also noch ein sehr weiter Weg, bis man mit dem Rechner z.B. folgende Dinge erledigen kann:

- Briefe editieren und drucken,
- E-Mail bearbeiten und senden,
- Fotos und Grafiken bearbeiten und retuschieren,
- Musikstücke abspielen oder bearbeiten,
- Adventure-, Strategie- und Simulationsspiele ausführen.

Hier befinden wir uns auf der Benutzerebene, wo der Rechner als Arbeitsgerät auch für technische Laien dienen muss. Niemand würde einen Rechner für die genannten Tätigkeiten einsetzen, wenn er sich bei jedem Tastendruck überlegen müsste, an welchem Register des Tastaturcontrollers die CPU sich das gerade getippte Zeichen abholen muss, wie sie feststellt, ob es sich um ein Sonderzeichen („Shift", „Backspace", „Tab") oder um ein darstellbares Zeichen handelt; wie dieses gegebenenfalls in ein Register der Grafikkarte geschrieben und durch den Controller am Bildschirm sichtbar gemacht wird. Gar nicht auszumalen, wenn dabei noch alle Zeichen des bereits auf dem Bildschirm dargestellten Textes verschoben werden müssten, um dem eingefügten Zeichen Platz zu machen.

Zwischen dem von einem Anwender intuitiv zu bedienenden Rechner und den Fähigkeiten der Hardware klafft eine riesige Lücke. Wir werden, um diese zu überbrücken, zwei Zwischenebenen einziehen, von denen jeweils eine auf der anderen aufbaut, nämlich

- das Betriebssystem (Datei-, Prozess- und Speicherverwaltung sowie Werkzeuge),
- das grafische Bediensystem (Menüs, Fenster, Maus).

Jede Schicht fordert von der niedrigeren Schicht Dienste an. Diese wiederum benötigt zur Erfüllung der Anforderung selber Dienste von der nächstniedrigeren Schicht. Auf diese Weise setzen sich die Anforderungen in die tieferen Schichten fort, bis am Ende die Hardware zu geeigneten Aktionen veranlasst wird. Man kann es auch so sehen, dass jede Schicht der jeweils höherliegenden Schicht Dienste anbietet. Ein Programmierer muss daher nur die Schnittstelle zur direkt unter seiner aktuellen Ebene befindlichen Schicht kennen.

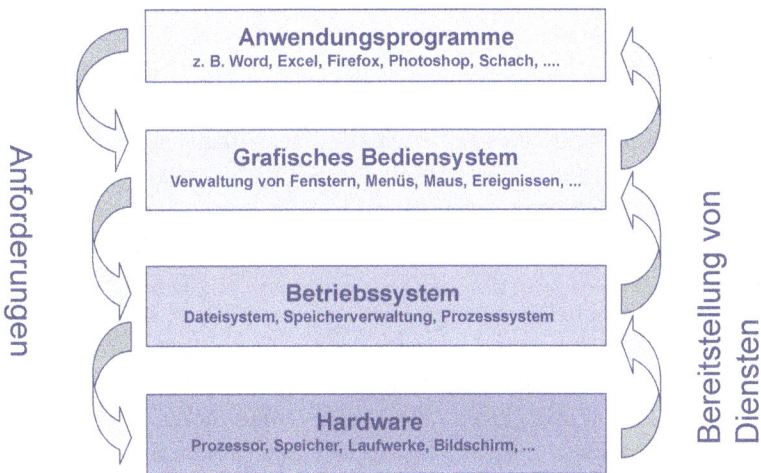

Abb. 1.25. Grafisches Bediensystem und Betriebssystem als Mittler zwischen Anwender und Hardware

1.8.1 Schnittstellen und Treiber

Wenn eine CPU mit den Endgeräten (z.B. den Laufwerken) verschiedener Hersteller zusammenarbeiten soll, dann muss man sich zunächst auf eine gemeinsame *Schnittstelle* verständigen. Eine Schnittstelle ist eine Konvention, die eine Verbindung verschiedener Bauteile festlegt. Man kann sich das an dem Beispiel der elektrischen Steckdose verdeutlichen. Die Schnittstellendefinition, die u.a. die Größe, den Abstand der Kontaktlöcher, die Lage der Schutzkontakte und die Strombeschaltung (230 Volt Wechselstrom) festlegt, eröffnet den Produzenten von Steckdosen die Möglichkeit, diese in verschiedenen Farben, Materialien und Varianten zu produzieren. Die Hersteller elektrischer Geräte wie Lampen, Bügeleisen, Toaster oder Computer-Netzteile können sich darauf verlassen, dass ihr Gerät an jeder Steckdose jedes Haushaltes betrieben werden kann.

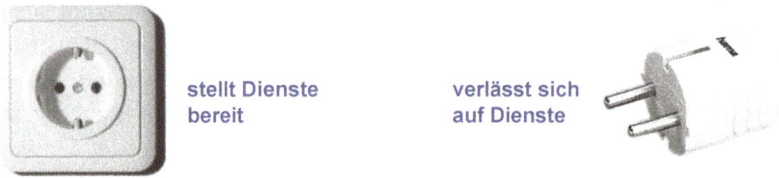

stellt Dienste bereit

verlässt sich auf Dienste

Abb. 1.26. Schnittstelle

Schnittstellen in der Informatik bestimmen nicht nur, wie Stecker und die passenden Dosen aussehen oder wie sie beschaltet sind (beispielsweise die Anschlüsse für Drucker, Monitor, Tastatur, Lautsprecher, etc.), sie können z.B. auch Reihenfolge und Konvention des Signal- und Datenaustausches festlegen. Daher spricht man z.B. auch von einer parallelen Schnittstelle statt von der „Gerätesteckdose". Jedes Gerät, das mit einem passenden Stecker ausgestattet ist und die entsprechende Konvention des parallelen Datenaustausches beherzigt, kann an eine parallele Schnittstelle angeschlossen werden.

Wenn wir einen Moment bei dem Beispiel des Druckers bleiben, so wird die Aktion des Druckkopfes, der Papiervorschub, oder der Einzug eines nächsten Blattes von Signalen gesteuert, die der Drucker auf bestimmten Leitungen von der parallelen Schnittstelle empfängt. Allerdings gibt es viele verschiedene Drucker, manche besitzen keinen Druckkopf, stattdessen einen Spiegel, der einen Laserstrahl ablenkt, andere simulieren nur einen Drucker, während sie in Wahrheit die Seite als Fax über das Telefon senden.

Ein Textverarbeitungsprogramm kann nicht im Voraus alle verschiedenen Drucker kennen, die es dereinst einmal bedienen soll. Wenn der Benutzer den Befehl „Drucken" aus dem Datei-Menü auswählt, soll der Druck funktionieren, egal welcher Drucker angeschlossen ist. Dazu bedient sich das Programm auch einer Schnittstelle, diesmal aber einer solchen, zu der kein physikalischer Stecker gehört. Diese Schnittstelle wird im Betriebssystem definiert und beinhaltet u.a. Befehle wie „Drucke ein kursives 'a' ", „Neue Zeile", „Seitenumbruch". Die Umsetzung dieser Befehle in Signale für einen bestimmten Drucker leistet ein Programm, das der Druckerhersteller beisteuert. Solche Programme nennt man Treiberprogramme, kurz auch Treiber.

Treiber sind allgemein Übersetzungsprogramme zur Ansteuerung einer Software- oder Hardware-Komponente. Ein Treiber ermöglicht einem Anwendungsprogramm die Benutzung einer Komponente, ohne deren detaillierten Aufbau zu kennen. Die Anforderungen eines Anwendungsprogramms an das zugehörige Gerät werden dann vom Betriebssystem an den entsprechenden Treiber umgeleitet, dieser wiederum sorgt für die korrekte Ansteuerung des Druckers.

1.8.2 Firmware

Die Hardware allein genügt nicht, um ein Computersystem betrieben zu können. Zusätzlich wird eine unterste Softwareschicht benötigt, die das System betriebsbereit macht. Diese wird *Firmware* genannt und ist auf praktisch allen Systemen mit elektronischen Komponenten zu finden. Sie ist meistens in einem Flash-Speicher gespeichert und wird vom Hersteller des Systems mitgeliefert. Spezielle Programme, die in der Regel vom Hersteller bezogen werden können, sind nötig, um neuere Versionen der Firmware zu installieren. Diese werden ebenfalls vom Hersteller zur Verfügung gestellt.

Die Firmware der meisten Computersysteme bietet zwei Grundfunktionen:
1. den Start des Computersystems, wenn es eingeschaltet wird
2. eine definierte Schnittstelle zur Ansteuerung von Ein- und Ausgabegeräten des Computersystems.

Die Firmware ist also eine Zwischenschicht zwischen der Hardware und dem Betriebssystem des Rechners. Betriebssysteme können meist auf vielen verschiedenen Rechnern einer bestimmten Rechnerfamilie laufen. Daher ist es nötig die gerätespezifischen Details der Ansteuerung von Ein- und Ausgabegeräten durch eine Firmwareschnittstelle zu verstecken.

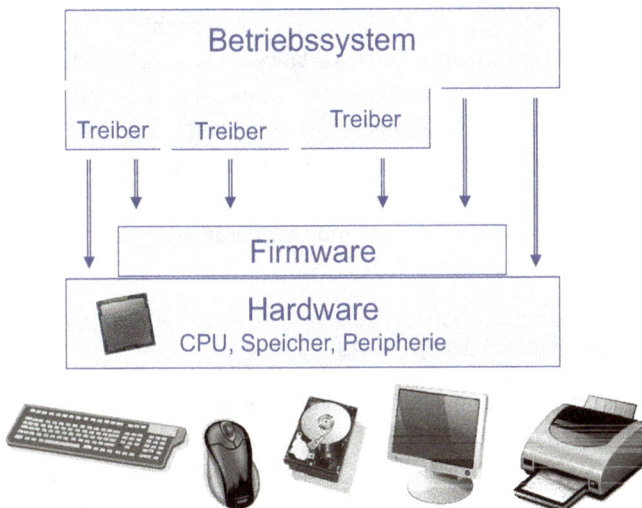

Abb. 1.27. Hardware und Betriebssystem

Auch beim Einschalten eines Raspberry Computers wird die Firmware aktiviert. Diese lädt einen Teil der Firmware in den Hauptspeicher und startet den *firststage bootloader* (das primäre Ladeprogramm). Dieses enthält bereits die notwendige Software um eine SD-Karte lesen zu können. Es lädt anschließend von der SD-Karte den *secondstage bootloader* (das sekundäre Ladeprogramm) und startet dieses. Dann wird von der SD Karte das Betriebssystem oder ein anderes *bootfähiges* Programm geladen. Um einen neuen Raspberry in Betrieb zu nehmen, benötigt man daher eine geeignet formatierte SD Karte, auf der das sekundäre Ladeprogramm sowie ein bootfähiges Programm vorinstalliert sind. In der Regel wird letzteres das Programm NOOBS (New out of the box Software) sein. Dieses erlaubt die einfache Installation eines Betriebssystems auf einem Raspberry Pi. Normalerweise wird das Betriebssystem Raspbian ausgewählt und auf der SD Karte installiert. Den gesamten Vorgang nennt man booten (von dem englischen Wort „bootstrapping" – Schuh schnüren).

Für die Firmware von Standard Personal Computern ist die Bezeichnung BIOS (Basic Input/Output System üblich geworden. Bei neueren PCs findet sich ein solches Programm in einem speziellen BIOS-Chip auf der Hauptplatine. Die Firmware von PCs ist wesentlich umfangreicher als die eines Raspberry, da üblicherweise auch wesentlich mehr Hardwarekomponenten zu bedienen sind. Auch ein PC BIOS enthält Programme, die nach dem Einschalten des Rechners ausgeführt werden. Dazu gehört eine Prüfung, welche Geräte angeschlossen sind, ein Funktionstest (z.B. des Speichers) und ein Laden des Betriebssystems von Festplatte, Netz, USB-Stift oder CD-ROM. Die rasche Entwicklung der Standard Personal Computer hat dazu geführt, dass die klassischen BIOS Programme mittlerweile als veraltet angesehen werden. Von einem Konsortium mehrerer Herstellern wurde daher eine neue Schnittstelle entwickelt: UEFI (Unified Extensible Firmware Interface). Als Vorteil wird die Möglichkeiten eines *Secure Boot* angepriesen, das nur vorher signierte Bootloader zulässt und so den Start von Schadsoftware beim Hochfahren des Rechners ausschließen soll. Allerdings wurden bald Sicherheitslücken und auch Fehler in den UEFI-Implementierungen entdeckt, die teilweise Notebooks unbrauchbar machen können. Zudem gibt es Kritik, da der Betrieb alternativer Betriebssysteme ausgeschlossen werde, wenn nicht vorher ein Schlüssel von Microsoft dafür erworben würde.

1.8.3 Die Aufgaben des Betriebssystems

Der Rechner mit seinen Peripheriegeräten stellt eine Fülle von Ressourcen zur Verfügung, auf die Benutzerprogramme zugreifen. Zu diesen Ressourcen gehören Prozessoren (CPUs), Hauptspeicher, Plattenspeicherplatz, externe Geräte (Maus, Tastatur, Netzwerk, Drucker, Scanner). Die Verwaltung dieser Ressourcen ist eine schwierige Aufgabe, insbesondere, wenn viele Benutzer und deren Programme gleichzeitig auf diese Ressourcen zugreifen wollen. Die zentralen Bestandteile eines Betriebssystems sind dementsprechend Prozessverwaltung, Speicherverwaltung, Dateiverwaltung.

1.8.4 Prozess- und Speicherverwaltung

Der Aufruf eines Programms führt oft zu vielen gleichzeitig und unabhängig voneinander ablaufenden Teilprogrammen. Diese werden auch *Prozesse* genannt. Ein Prozess ist also ein eigenständiges Programm mit eigenem Speicherbereich, der vor dem Zugriff durch andere Prozesse geschützt ist. Allerdings ist es erlaubt, dass verschiedene Prozesse Daten austauschen, man sagt kommunizieren. Zu den Aufgaben des Betriebssystems gehört es daher auch, die Kommunikation zwischen diesen Prozessen möglich zu machen, ohne dass die Prozesse sich untereinander beeinträchtigen oder gar zerstören. Das Betriebssystem muss also alle gleichzeitig aktiven Prozesse verwalten und ihnen einen Prozessor (eine CPU) zur Verfügung stellen, so dass einerseits keiner benachteiligt wird, andererseits aber kritische Prozesse mit Priorität behandelt werden. Das Betriebssystem erledigt diese Aufgabe dadurch, dass jeder Prozess immer wieder eine kurze Zeitspanne (wenige Millisekunden) an die Reihe kommt, dann unterbrochen wird, während andere Prozesse bedient werden. Nach kurzer Zeit ist der unterbrochene Prozess wieder an der Reihe und setzt seine Arbeit fort. Wenn die Anzahl der gleichzeitig zu bedienenden Prozesse sich im Rahmen hält, hat ein Benutzer den Eindruck, dass alle Prozesse gleichzeitig laufen. Ähnlich verhält es sich mit der Verwaltung des Hauptspeichers, in dem nicht nur der Programmcode, sondern auch die Daten der vielen Prozesse gespeichert werden. Neuen Prozessen muss freier Hauptspeicher zugeteilt werden und der Speicherplatz beendeter Prozesse muss wiederverwendet werden. Die Speicherbereiche verschiedener Prozesse müssen vor gegenseitigem Zugriff geschützt werden.

1.8.5 Dateiverwaltung

Die dritte wichtige Aufgabe des Betriebssystems ist die Dateiverwaltung. Damit ein Benutzer sich nicht darum kümmern muss, in welchen Bereichen eines Speichermediums noch Platz ist, um den gerade geschriebenen Text zu speichern, oder wo die Version von gestern gespeichert war, stellt das Betriebssystem das Konzept der Datei als Behälter für Daten aller Art zur Verfügung. Die Übersetzung von Dateien und ihren Namen in bestimmte Bereichen eines Speichermediums nimmt das Dateisystem als Bestandteil des Betriebssystems vor.

Moderne Dateisysteme sind hierarchisch aufgebaut. Mehrere Dateien können zu einem *Ordner* (engl. *folder*) zusammengefasst werden. Für diese sind auch die Bezeichnungen Katalog, Verzeichnis, Unterverzeichnis (engl. *directory, subdirectory*) in Verwendung. Da Ordner sowohl „normale" Dateien als auch andere Ordner enthalten können, entsteht eine hierarchische (baumähnlich verzweigte) Struktur. In Wirklichkeit ist ein Ordner eine Datei, die Namen und einige Zusatzinformationen von anderen Dateien enthält. Von oben gesehen beginnt die Hierarchie mit einem Wurzelordner, dieser enthält wieder Dateien und Ordner, und so fort. Jede Datei erhält einen Namen, unter der sie gespeichert und wiedergefunden werden kann. Der Dateiname ist im Prinzip beliebig, er kann sich aus Buchstaben Ziffern und einigen erlaubten Sonderzeichen zusammensetzen. Allerdings hat sich als Konvention etabliert, Dateinamen aus zwei Teilen zu bilden, dem eigentlichen Namen und der Erweiterung. Ein Punkt trennt den Namen von der Erweiterung. Beispiel: `Sum.java` Anhand des Namens macht man den Inhalt der Datei kenntlich, anhand der Erweiterung die Art des Inhaltes. In diesem Falle zeigt die Erweiterung *java* an, dass es sich um eine Datei handelt, die den Quelltext eines Java Programm enthält.

Es kann leicht vorkommen, dass zwei Dateien, die sich in verschiedenen Ordnern befinden, den gleichen Namen besitzen. Dies ist kein Problem, da das Betriebssystem eine Datei auch über ihre Lage im Dateisystem identifiziert. Diese Lage ist in einer baumartigen Struktur wie dem Dateisystem immer eindeutig durch den Pfad bestimmt, den man ausgehend von der Wurzel traversieren muss, um zu der gesuchten Datei zu gelangen. Den Pfad kennzeichnet man durch die Folge der dabei besuchten Unterverzeichnisse. Der Pfad, zusammen mit dem Dateinamen (incl. Erweiterung), muss eine Datei eindeutig kennzeichnen. Der Pfad zu der Datei `Sum.java` könnte in einem Windows System z.B. wie folgt aussehen:

```
D:\Buch Neu\BuchLyX\Kapitel 1\Progs\Sum.java
```

Auf einem Windows System kann man mehrere Verzeichnisbäume nutzen. Diese beginnen mit den Buchstaben `C:`, `D:`, `E:` usw.. Die Buchstaben `A:` und `B:` waren für (heute nicht mehr verwendete) Diskettenlaufwerke reserviert. Der Pfad ist durch das Wurzelverzeichnis „`D:`" und die Unterverzeichnisse „`Buch Neu`", „`BuchLyX`", „`Kapitel 1`" und „`Progs`" gegeben. Man erkennt, dass die einzelnen Unterordner durch das Trennzeichen „`\`" (backslash) getrennt wurden. In den Betriebssystemen der UNIX-Familie (Linux, SunOs, BSD) wird stattdessen „`/`" (slash) verwendet. Diese kennen auch nur ein systemweites Wurzelverzeichnis.

1.8.6 DOS, Windows und Linux

Frühere Betriebssysteme für Personal Computer waren eigentlich nur Dateiverwaltungssysteme. Dazu gehörte CPM und auch das daraus hervorgegangene DOS (Disk Operating System). Es konnte immer nur ein Programm nach dem anderen ausgeführt werden. Spätestens für die Realisierung einer grafischen Benutzeroberfläche mit Fenstern, Maus und Multimediafähigkeiten ist aber ein Betriebssystem mit effizientem Prozesssystem notwendig. Viele Prozesse müssen gleichzeitig auf dem Rechner laufen und sich dessen Ressourcen teilen. Sie dürfen sich aber nicht gegenseitig stören. So wurde zunächst an DOS ein Prozesssystem und ein Speicherverwaltungssystem „angebaut". Da aber bei der Entwicklung von Windows alle alten DOS-Programme weiter lauffähig bleiben sollten, war die Entwicklung von Windows als DOS-Erweiterung von vielen Kompromissen geprägt, die das Ergebnis in den Augen vieler zu einem Flickwerk geraten ließen, das zu groß, zu instabil und zu ineffizient war. Versionen dieser Entwicklungsreihe sind Windows 95, 98 und ME. Mit Windows NT wurde ein neuer Anfang gemacht, es folgten Windows 2000, Windows XP, Windows Vista und Windows 7 und 8. Die aktuelle Version ist Windows 10. Während Windows 98 und Windows ME vorwiegend auf den privaten Anwender-Markt zielten, sollte Windows NT, vom DOS-Ballast befreit, den Firmen- und Server-Markt bedienen. Das ab 2001 verfügbare Windows XP führte die beiden Linien von Windows wieder zusammen. Vista und dessen Nachfolger, Windows 7, Windows 8 und Windows 10 sind Weiterentwicklungen von XP. Sie sind einfacher zu bedienen und können besser mit den heutigen Sicherheitsproblemen im Internet umgehen als die Vorgänger.

Eine populäre Alternative zu Windows ist Linux. Dieses an UNIX angelehnte Betriebssystem wurde ursprünglich von dem finnischen Studenten Linus Torvalds entworfen und wird seither durch eine beispiellose weltweite Zusammenarbeit tausender enthusiastischer Programmierer fortentwickelt. Der Quellcode für Linux ist frei zugänglich. Mit einer Auswahl von grafischen Benutzeroberflächen ausgestattet, ist dieses System heute genauso einfach zu bedienen wie Windows, hat aber den Vorteil, dass es effizienter, schneller und stabiler ist als Windows und dazu kostenfrei aus dem Internet erhältlich. Verschiedene Versionen, jeweils zusammen mit vielen Anwendungsprogrammen zu einem Paket geschnürt (so genannte Distributionen), kann man sich aus dem Internet herunterladen. Auch im kommerziellen Bereich, insbesondere dort wo Stabilität und Effizienz im Vordergrund stehen, fasst Linux immer mehr Fuß. Insbesondere als Betriebssystem für Server ist Linux äußerst beliebt, vermehrt wird Linux sogar auf Mainframes eingesetzt.

Auf Standard Personal Computern kann man heute in ein anderes Betriebssystem wechseln auch ohne den Rechner herunterzufahren. *VMware Server*, *Virtual PC* und *VirtualBox* sind kostenlose Programme, die einen Standard PC simulieren. Auf diesem virtuellen PC kann man beliebige andere Betriebssysteme installieren. Dies eröffnet einen einfachen Weg, Programme in verschiedenen Betriebssystemumgebungen zu testen, oder gefahrlos im Internet zu surfen. Schadprogramme sind auf den Sandkasten des virtuellen Betriebssystems beschränkt und können diesen nicht verlassen.

Auch der Rasperry Pi wird meist mit einem Linux System betrieben. *Raspbian* ist eine Variante der Debian Distribution und kann als graphisches Linux-System auf einer bootfähigen Mikro SD Karte installiert werden. Die notwendige Software ist kostenlos von der Raspberry Foundation (www.raspberrypi.org) verfügbar. Alle wichtigen Werkzeuge und Programme – von Internet Browsern und Bürosoftware über wissenschaftliche Satzsysteme (LATEX), Programmiersprachen und Spiele – sind vorhanden.

1.8.7 Bediensysteme

Ein Bediensystem ist eine Schnittstelle des Betriebssystems zu einem Benutzer, der einfache Dienste über Tastatur, Maus oder einen berührungssensitiven Bildschirm anfordern kann.

Die einfachste Version eines solchen Bediensystems zeigt eine Kommandozeile in einem passenden Fenster. Der Benutzer tippt ein Kommando ein, das dann vom Betriebssystem sofort ausgeführt wird. Derartige Kommandointerpreter (engl. *shell*) sind sowohl in Windows als auch in UNIX Systemen enthalten. Startet man eine shell, so öffnet sich ein Fenster, das einen Textbildschirm simuliert. Darin kann man jetzt Kommandos eingeben. Um zum Beispiel die Namen aller Dateien im aktuellen Verzeichnis zu sehen, tippt man das Kommando `dir` bzw. `ls` ein. Programme werden durch Eingabe des Programmnamens, ggf. mit Argumenten, gestartet.

Allerdings ist diese Möglichkeit, ein Betriebssystem zu betreiben, wenig benutzerfreundlich. Der Benutzer muss die Kommandonamen kennen und fehlerlos eintippen. Ein erster Schritt zur Verbesserung der Benutzerfreundlichkeit von Betriebssystemen sind so genannte Menüsysteme. Die möglichen Aktionen werden dem Benutzer in Form von Kommandomenüs angeboten. Der Benutzer kann sich unter den angebotenen Kommandos das Passende aussuchen und mithilfe weiterer Menüs Einzelheiten oder Parameter eingeben.

Eine wesentliche Verbesserung der Bedienung von Computern wurde erst mithilfe von grafikfähigen Bildschirmen und der Maus als Zeigeinstrument möglich: fensterorientierte grafische Bediensysteme (engl.: graphical user interface oder GUI). Sie wurden bereits in den 70er Jahren in dem Forschungszentrum PARC (Palo Alto Research Center) der Firma Xerox in Kalifornien entwickelt. Ebenfalls aus dieser Denkfabrik stammt die so genannte „Desktop Metapher", die zum Ziel hat, die Werkzeuge eines Büros (Schreibmaschine, Telefon, Uhr, Kalender, etc.) als grafische Analogien auf dem Rechner nachzubilden, um so einerseits die Scheu vor dem Rechner zu mindern und andererseits einen intuitiveren Umgang mit den Programmen zu ermöglichen. Durch eine einheitliche Gestaltung der Bedienelemente gelingt es heute auch Laien, mit einfachen Programmen sofort arbeiten zu können, ohne vorher Handbücher zu wälzen oder Kommandos zu pauken. Besonders beliebt geworden sind mittlerweile auch GUI-Varianten mit berührungssensitiven Bildschirmen auf Smartphones und Tabletcomputern.

Historisch wurde das erste grafische Bediensystem von der Firma Xerox auf ihren Workstations (Alto, Dorado, Dolphin) angeboten. Der kommerzielle Durchbruch gelang erst 1984 mit den auf dem Xerox-Konzept aufbauenden Macintosh-Rechnern der Firma Apple. Nur langsam zog auch die Firma Microsoft nach. Nach einer gemeinsamen Entwicklung mit IBM entstand zunächst das Betriebssystem OS/2. Dann verließ Microsoft das gemeinsame Projekt und entwickelte, auf DOS aufbauend, Windows 3.1, danach Windows 95, 98 und ME sowie als separates, nicht mehr mit DOS verquicktes Betriebssystem, Windows NT, 2000, XP, Vista, sowie Windows 7, Windows 8 und Windows 10.

Unter Linux hat der Benutzer die Wahl zwischen verschiedenen grafischen Bediensystemen, dem CDE-clone „KDE", dem „GNOME"-System (GNU Object Model Environment) oder sogar einem Fenstersystem, das nahezu identisch aussieht und funktioniert wie das von Windows.

Grafische Bediensysteme präsentieren sich dem Benutzer in Fenstern. Es können stets mehrere Fenster aktiv sein, die nebeneinander, übereinander oder hintereinander angeordnet sind. Sie können in der Größe verändert, in den Vordergrund geholt oder ikonisiert, d.h. auf minimale Größe verkleinert und in den Hintergrund verdrängt werden.

Für den Raspberry und sein Betriebssystem Raspbian steht eine angepasste Version der grafischen Benutzeroberfläche LXDE(*Lightweight X11 Desktop Environment*) zur Verfügung. Abb. 1.28 zeigt einen LXDE Desktop mit einigen geöffneten Fenstern.

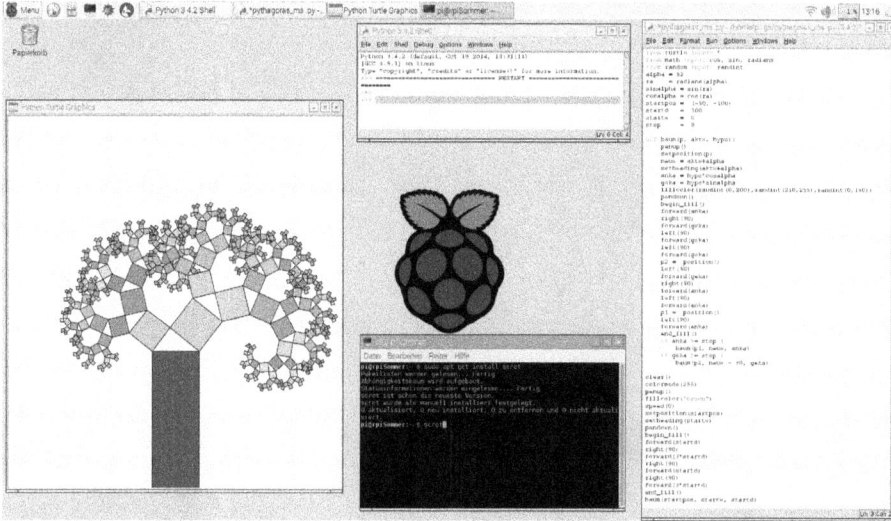

Abb. 1.28. LXDE Desktop

In der obersten Zeile des Bildschirms erkennen wir die für viele GUIs typische Kommando- und Statuszeile. Dem von Windows bekannten Startbutton entspricht das Raspberry- (engl.: *Himbeere-*) Symbol, daneben liegen Schnellstartbuttons für oft genutzte Programme und die Reiter die den gerade geöffneten Fenstern entsprechen. Im Bild sind dies ein Terminalfenster *(shell)*, die Python-Entwicklungsumgebung IDLE und die graphische Ausgabe eines Python-Programmes.

Kapitel 2

Grundlagen der Programmierung

2.1 Probleme und Algorithmen

Algorithmen sind konkrete Anweisungen zur schrittweisen Lösung von Problemen. Basis eines Algorithmus sind elementare Aktionen, die unmittelbar ausgeführt werden können, wie etwa die Addition zweier Zahlen, die Speicherung eines Wertes in einer Speicherzelle, oder das Setzen eines Pixels auf einem Bildschirm. Ausgehend von einem Vorrat solcher elementarer Aktionen beschreibt der Algorithmus, wie ein bestimmtes Problem durch Kombination dieser Aktionen gelöst werden kann. als

Einfache Algorithmen werden oft mit Kochrezepten verglichen, wenn man ausdrücken will, dass zur Ausführung des Algorithmus keine Inspiration oder Intuition erforderlich ist, sondern nur das sture Einhalten von Vorschriften. In diesem Kontext könnte man sich als elementare Aktion etwa vorstellen: bestimmte Zutaten (Mehl, Wasser, Milch, etc.) *hinzuzufügen, durch ein Sieb geben, rühren, auf den Herd stellen, kochen.* Diese Aktionen kann man auf mehrere Weise kombinieren

- *nacheinander ausführen*:
  - *erst* Mehl, *dann* kaltes Wasser hinzufügen, *dann* rühren
- *bedingt ausführen*:
  - *falls* Klumpen entstehen, *dann* durch ein Sieb geben
- *wiederholen, bis ein Ereignis eintritt*:
  - 10 min kochen, rühren *bis* der Teig sämig ist.

Ein Kochrezept besteht dann aus einer solchen Kombination von Anweisungen. Jeder, der diese elementaren Aktionen beherrscht, kann das Rezept ausführen.

Um einen Weg aus einem Labyrinth zu finden, könnten wir uns elementare Aktionen vorstellen wie *vorwärts gehen, nach links* oder *nach rechts drehen.* Diese könnte man

- *hintereinander ausführen*
  - drehe nach rechts *dann* gehe vorwärts

- *bedingt ausführen*
    - *falls* ein Pfad nach links existiert, *dann* biege nach links ab, *sonst* gehe nach vorne
- *wiederholen*
    - *bis* der Ausgang erreicht ist, führe eine komplexe Anweisung aus.

Abbildung 2.1 zeigt eine Beispielaufgabe (mit Lösung) aus dem Projekt *Blockly* (https://blockly-games.appspot.com) mit dem Kinder erste Schritte in der Informatik gehen können.

In der Figur, erkennt man links ein Labyrinth, das die Aufgabenstellung repräsentiert und rechts eine Arbeitsfläche. In der Mitte befindet sich das Lager für die vorhandenen Blöcke, die man rechts zu einem Programm zusammenfügen kann. Die dargestellte Person soll von ihrem Ausgangspunkt zu dem Marker finden. Dabei darf sie *vorwärts laufen*, nach *links* oder *rechts drehen*. Diese elementaren Aktionen kann man entweder nacheinander ausführen, indem man die Blöcke untereinander zusammenfügt oder in einen oder mehrere Kontrollblöcke einsetzen, so dass zusammengesetzte Aktionen entstehen. Als Kontrollblöcke sind zwei Varianten von Bedingungsblöcken vorhanden sowie ein Wiederholungsblock. Abhängig von einer Bedingung wird die eine oder andere Aktion ausgeführt bzw. die Aktion wiederholt. Diese Blöcke kann man durch Ziehen mit der Maus zu komplexeren Blöcken zusammenbauen, so dass ein Programm entsteht.

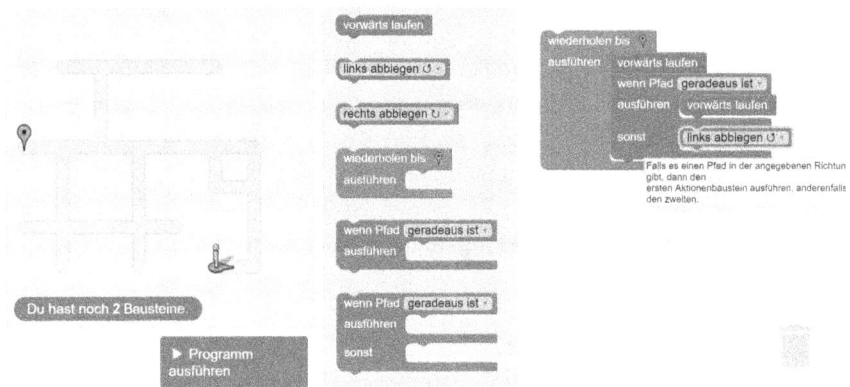

Abb. 2.1. Labyrinth-Aufgabe mit Lösung in Blockly

Die gezeigte Blockdarstellung ist nur eine Visualisierung für ein Programm in einer textuellen Programmiersprache, die im Hintergrund die Ausführung des zusammengestellten Programms übernimmt. Im vorliegenden Fall handelt es sich um Javascript. Das folgende Programm repräsentiert den äquivalenten *Javascript* Code. Die

```
while (notDone()) {
  moveForward();
  if (isPathForward()) {
    moveForward();
  } else {
    turnLeft();
  }
}
```

Abb. 2.2. Javascript Code hinter dem Blockly Programm

Einfügung von Programmteilen in Kontrollblöcke wird textuell durch Einrückung und durch Einklammerung in geschweiften Klammern dargestellt.

2.1.1 Algorithmen

Algorithmen erscheinen in vielen Ausprägungen. Sie können ein Ergebnis berechnen und dann terminieren, kontinuierlich technische Systems überwachen und steuern, mit Benutzern auf vielfältige Weise interagieren, oder in vorgegebener Zeit Entscheidungen treffen.

Input/Output-Algorithmen

Die bekanntesten Typen von Algorithmen starten mit gewissen Eingabewerten und produzieren irgendwann einen Ausgabewert. Sie müssen also irgendwann fertig werden, man sagt: *terminieren*. Wir werden uns hauptsächlich solchen Input-Output-Algorithmen widmen. Sie lassen sich meist in eine Funktion verpacken:

```
def f(x1,...,xn):
  ...
  return t
```

Hierbei stehen $x1, \dots, xn$ für die Eingabewerte, die folgenden Pünktchen „ ... " für die vom Algorithmus durchgeführten Aktionen und t für das Resultat, das von der Funktion geliefert wird. Während die mathematische Definition eine Funktion nur als Beziehung zwischen Eingabe- und Ausgabewerten festlegt, benennt ein Algorithmus auch die Schritte, die zur Berechnung der gewünschten Funktion führen.

Aus theoretischen Gründen gibt es mehr Funktionen als Algorithmen, so dass nicht jede mathematische Funktion berechenbar sein kann. Andererseits gibt es zu jeder algorithmisch berechenbaren Funktion immer viele Algorithmen, die die gleiche Funktion berechnen. Diese können bezüglich vieler Kriterien verglichen werden, wobei immer vorausgesetzt wird, dass der Algorithmus korrekt ist und terminiert:

– Die *Laufzeit* bestimmt, wie viele Schritte der Algorithmus benötigt bis er terminiert. Die Laufzeit muss selbstverständlich als ein von der Größe der Parameter abhängiger Wert gesehen werden. So wächst die Laufzeit einfacher Sortieralgorithmen quadratisch mit der Anzahl der zu sortierenden Objekte. Dies bedeutet dass z.B. eine Verzehnfachung der Anzahl der Eingabedaten einen 100 mal so großen Aufwand nach sich zieht. Clevere Sortieralgorithmen, wachsen nicht quadratisch, sondern *loglinear*, das bedeutet grob: bei einer Vergrößerung der Datenmenge um den Faktor 10 einen nur leicht mehr als 10-fachen Aufwand.

– Der *Speicherbedarf* des Algorithmus gibt an, wieviel Speicherplatz dieser benötigt, um Hilfsberechnungen durchzuführen und Zwischenwerte zu speichern. Gerade rekursiv formulierten Algorithmen kann bei unachtsamer Programmierung der zur Verfügung stehende Speicherplatz ausgehen, was zu einem Stack Overflow (Überlauf) führen kann. Gelegentlich kann man durch eine Erhöhung des zur Verfügung stehenden Speichers eine Beschleunigung des Algorithmus erreichen.

– *Klarheit* und *Eleganz* eines Algorithmus scheinen zunächst irrelevante Bewertungskriterien zu sein. Allerdings tragen sie nicht nur zum Verständnis des Algorithmus sondern auch zu dessen Korrektheit bei. Ein komplizierter verzwickter Algorithmus bietet weit mehr Fehlermöglichkeiten, von denen viele auch nach mehreren Tests unentdeckt bleiben können. Anthony Hoare hat es einmal so auf den Punkt gebracht:

„Es gibt zwei Methoden, Software zu entwickeln: Eine ist, sie so einfach zu machen, dass offensichtlich keine Fehler enthalten sind, die andere ist, sie so kompliziert zu machen, dass sie keine offensichtlichen Fehler enthält. Die erste Methode ist bei weitem schwieriger."

– Zudem sind klare und elegante Algorithmen erfahrungsgemäß auch besser zu verallgemeinern, indem sie mit allgemeineren Parametern ausführbar oder auch in andere Bereiche übertragbar sind. Ein eleganter und einfacher Algorithmus ist leichter zu verifizieren, als ein verzwickter Algorithmus mit vielen Sonderfällen.

Ereignisgesteuerte Algorithmen

Neben den Eingabewerten können auch externe Werte oder Signale einen Algorithmus steuern. Im einfachsten Fall wird ein Benutzer interaktiv nach einer Eingabe gefragt, die Antwort in einer Variablen gespeichert und mit dem erhaltenen Wert weiter gerechnet, beispielsweise:

```
vorname = input('Bitte geben Sie Ihren Namen ein :")
```

Das kann so weit gehen, dass Algorithmen komplett durch *Ereignisse* wie Eingaben, Mausklicks, Gesten oder Messungen kontrolliert werden. Meist geht es bei solchen *ereignisgesteuerten* Algorithmen auch nicht darum, ein Ergebnis zu produzieren, sondern ein gewünschtes interaktives Verhalten an den Tag legen. Derartige Algorithmen sollen normalerweise auch nicht von selbst, sondern nur aufgrund eines konkreten

Befehls terminieren. Standardbeispiele für diese Art von Algorithmen finden wir in Benutzeroberflächen, fensterbasierten Anwendungen, Spielprogrammen, etc..

Protokolle

Schließlich können Algorithmen statt mit menschlichen Benutzern auch mit anderen Algorithmen kommunizieren und aufgrund der empfangenen Antworten bestimmte Aktionen, Botschaften oder Interaktionen initiieren. Derartige Algorithmen nennt man auch *Protokolle*. Sie spezifizieren, was zu geschehen hat, wenn in bestimmten Situationen bestimmte Nachrichten empfangen werden, oder wie Datenpakete durch die unzähligen Knotenrechner im Internet ihr Ziel finden und dabei möglichst nicht unbefugt mitgelesen werden können.

Neuronale Netze

Ein ganz anderer Typus von Algorithmen wird durch *neuronale Netze* repräsentiert. Die Idee dabei ist, das menschliche Gehirn ansatzweise nachzubilden. Ein neuronales Netz besteht aus mehreren Schichten von Knoten, die einfache Nervenzellen simulieren sollen. Jeder Knoten einer Schicht ist mit allen Knoten der folgenden Schicht verbunden - die Stärke der Verbindungen sind aber unterschiedlich. Wird ein Knoten aktiviert, so leitet er dies an an alle Knoten der folgenden Schicht weiter. Je nach Stärke der Verbindung reicht das Signal, um bestimmte Knoten der nächsten Schicht zu aktivieren oder auch nicht. Die Knoten der ersten Schicht dienen als Inputknoten, die der letzten Schicht als Outputknoten.

Trainiert wird ein neuronales Netz rückwärts. Wenn für einen bestimmten Input die Outputknoten nicht das erwartete Ergebnis zeigen, werden die verantwortlichen Verbindungen abgeschwächt, im anderen Falle verstärkt. Außerdem können Schwellenwerte, die überschritten werden müssen, damit ein Neuron feuert, angepasst werden. Auf diese Weise „lernt" das Netz.

Neuronale Netze werden überall da angewendet, wo der genaue Zusammenhang zwischen Input und Output komplex und unverstanden ist. Bilderkennung, Handschriften- und Spracherkennung waren frühe Einsatzgebiete. Spektakulär war auch der Erfolg des auf neuronalen Netzen basierenden Go-Programms AlphaGo, das im Frühjahr 2016 den vormaligen Weltmeister *Lee Sedol* in 5 Spielen 4 mal schlug. Während 1997 IBM's Programm DeepBlue noch mit roher Rechenkraft und der Fähigkeit, weiter vorauszudenken als menschliche Spieler, zum Schachweltmeister wurde, reichte ein solches Vorgehen für das weitaus komplexere Go-Spiel nicht aus. AlphaGo war mit einer großen Datenbank von Profi-Spielen trainiert worden, außerdem lernte es von unzähligen Spielen gegen sich selber. Auf diese Weise überraschte es im Spiel gegen den Weltmeister mit einigen unkonventionellen Spielzügen, auf die in den gut zweitausend Jahren in denen Go in Asien gespielt worden ist, noch kein menschlicher Spieler gekommen war.

Auch ein neuronales Netz wird durch einen Algorithmus implementiert und repräsentiert selber einen Algorithmus. Dieser kann aber zu komplex sein, um noch im Detail verstanden zu werden, nicht einmal von seinen Schöpfern, wie bei dem erwähnten AlphaGo.

Insgesamt sehen wir, dass Algorithmen viele unterschiedlichen Ausprägungen annehmen können. In diesem Kapitel wollen wir uns nur der erstgenannten Familie von Algorithmen widmen, die mit einer Folge von Eingabewerten starten und nach einer gewissen Zeit einen Ausgabewert produzieren, also eine klar definierte mathematische Funktion berechnen.

2.1.2 Spezifikationen

Um ein Problem zu lösen, muss man es vorher möglichst genau beschreiben oder *spezifizieren*. Bevor man einen Lösungsweg sucht, muss klar sein, welche Grundoperationen zur Verfügung stehen und wie man diese Grundoperationen zu komplexeren Operationen kombinieren darf. Am einfachsten lässt sich dies bei den eingangs erwähnten Input-Output-Algorithmen darstellen. Diese beschreiben meist eine mathematische Funktion, so dass eine Spezifikation festlegen muss:
- welche Eingabewerte sind erlaubt,
- welche Ergebnisse werden erwartet.

Daher kann man Spezifikationen oft durch ein Paar (P, Q) bestehend aus Vorbedingung P und Nachbedingung Q formulieren:
- die Vorbedingung P legt die relevanten Bedingungen an die Eingabedaten fest,
- die Nachbedingung Q beschreibt das erwartete Ergebnis.

Ein einfaches Beispiel könnte die Berechnung des größten gemeinsamen Teilers (ggT) zweier Zahlen m und n sein. $ggT(m, n)$ ist die größte Zahl, welche sowohl m als auch n ohne Rest teilt. Beispielsweise ist 12 der größte gemeinsame Teiler von 60 und 148.
- Als *Vorbedingung P* könnte man formulieren, dass m und n positive ganze Zahlen sind, also $m > 0$ und $n > 0$.
- Am Ende wollen wir in einer Programmvariablen z das gewünschte Ergebnis haben. Die *Nachbedingung Q*, also die Situation, die direkt nach Ablauf des Programms vorliegen soll, ist:
  - z teilt m und z teilt n
  - für jede andere Zahl k, die sowohl m als auch n teilt, gilt $k \leq z$.

Viele Programme lassen sich so spezifizieren, auch solche, die nicht einen Wert berechnen, sondern nur einen Zustand verändern. Beispielsweise könnten wir ein Sortierprogramm so spezifizieren:
Vorbedingung : die Liste l enthält beliebige ganze Zahlen,
Nachbedingung: l ist sortiert und enthält die gleichen Zahlen wie zu Beginn.

Jedes Sortierprogramm würde diese Spezifikation erfüllen. Wie man „nachrechnen"
kann, ob ein Programm *S* eine Spezifikation (*P*, *Q*) erfüllt erläutern wir näher in Abschnitt 2.11.

2.1.3 Fallstudie: Euklidischer Algorithmus

Für ein- und dasselbe Problem kann es mehrere algorithmische Lösungen geben. Als
Standardbeispiel betrachten wir die schon angesprochene Bestimmung des größten
gemeinsamen Teilers zweier Zahlen *m* und *n*, also der größten Zahl, die sowohl *m* als
auch *n* teilt.

Nehmen wir die elementaren Operationen *addieren*, *subtrahieren*, *multiplizieren*,
dividieren und *vergleichen* zweier Zahlen als elementar an, so können wir viele verschiedene Algorithmen zur Bestimmung des größten gemeinsamen Teilers zweier
Zahlen *m* und *n* angeben. Diese unterscheiden sich vor allem in dem erforderlichen
Aufwand.

Triviallösungen

Der erste Algorithmus probiert einfach alle Zahlen *k* von 1 bis zum Minimum von *m*
und *n* durch, ob *k* sowohl *m* als auch *n* teilt. Das *größte* so gefundene *k* ist das Ergebnis.
Dieser Algorithmus ist zwar korrekt, aber noch sehr ineffizienzt.

Geschickter ist es, die Zahlen ab dem Minimum von *m* und *n* in absteigender Reihenfolge zu überprüfen. Die erste Zahl, die wir antreffen welche sowohl *m* als auch
n teilt, muss der gesuchte größte gemeinsame Teiler sein. In diesem Fall können wir
schon vorzeitig abbrechen.

Beide Algorithmus sind noch nicht sehr intelligent und schon Euklid kannte (um
300 v.Chr) eine bessere Methode.

Der Algorithmus

Schreibe die Zahlen nebeneinander als erste Zeile einer Tabelle mit den Überschriften
m und *n*. Um jeweils die folgende Zeile zu berechnen, überprüfen wir, ob *m* > *n* oder
m < *n* ist. Im ersten Fall ersetzen wir den Wert in Spalte *m* durch *m* − *n* und behalten
den Wert in Spalte *n* bei, im zweiten ersetzen wir den Wert in Spalte *n* durch *n* − *m*
und behalten *m* bei. Wir wiederholen dies so lange, bis in beiden Spalten der gleiche
Wert steht. Dies ist der größte gemeinsame Teiler der ursprünglichen Zahlen.

Abb. 2.3 zeigt als Beispiel die Berechnung des *ggT* mittels einer Tabelle und daneben
bereits, wie man den Algorithmus als Programm in der Sprache Python formulieren
kann:

*Solange m und n (also der Wert in der linken und in der rechten Spalte) nicht über-
einstimmen, wird der kleinere vom größeren abgezogen. Falls also m > n ist, wird m − n
zum neuen Wert von m, ansonsten wird n − m zum neuen Wert von n.*

m	n
112	42
70	42
28	42
28	14
14	14

```
def ggT1(m,n):
    while not m == n :
        if m > n : m = m - n
        else     : n = n - m
    return m
```

Abb. 2.3. Euklidischer Algorithmus

Dieser Algorithmus ist deutlich schneller als die vorigen. Seine Korrektheit beruht
auf folgender mathematischen Einsicht: Eine Zahl k teilt m und n genau dann, wenn
sie $(m - n)$ und n teilt. Wir verändern zwar die Zeilen in der Tabelle, nicht aber deren
gemeinsame Teiler. Das machen wir so lange bis m und n gleich geworden sind und
damit auch gleich dem *ggT* der ursprünglichen Zahlen sind.

Beginnen wir mit positiven m und n so bleiben auch in jeder folgenden Zeile die
Zahlen stets positiv. Aus diesem Grund kann die Tabelle nicht ewig wachsen, es muss
also irgendwann $m = n$ sein.

Berechnung mit *div* und *mod*

Falls m deutlich größer als n ist, beispielsweise $m = 100$ und $n = 7$, so muss wiederholt n von m subtrahiert werden - genau gesagt m/n oft, wobei m/n der ganzzahlige
Quotient von m und n ist. Was schließlich von m übrigbleibt, ist der Rest der beim
Teilen von m und n entsteht. Diesen bezeichnen Mathematiker als $(m \bmod n)$, in Programmiersprachen hat sich die Notation $(m\%n)$ etabliert. Statt also immer wieder n
von m zu subtrahieren, bis $m\%n$ übrigbleibt, kann man auch gleich m durch $(m\%n)$
ersetzen, falls $m > n$ ist und n durch $n\%m$, falls $n > m$. Allerdings kann dabei eine
0 entstehen, nämlich dann, wenn die eine Zahl durch die andere ohne Rest teilbar
ist. In diesem Fall ist die kleinere der gesuchte ggT. Dieser Algorithmus spart in unserem kleinen Beispiel nur eine Tabellenzeile, im Allgemeinen kann man aber von einer
deutlich größeren Einsparung ausgehen.

Beschleunigung

Diese letzte Version unseres Algorithmus lässt sich durch eine weitere Beobachtung
noch verbessern. Wenn $m \geq n$ ist, ersetzen wir m im nächsten Schritt durch $m\%n$, was
auf jeden Fall kleiner als n ist. Die anschließende Überprüfung, welches der beiden
Argumente jetzt größer ist, können wir uns eigentlich sparen. Es muss n sein. Dies ist

m	n
112	42
28	42
28	14
0	14

```
def ggT2(m,n):
    while not m == 0 and not n == 0 :
        if m >= n : m = m % n
        else      : n = n % m
    return m+n
```

Abb. 2.4. Euklidischer Algorithmus mit modulo

in der Tabelle des Beispiels auch gut zu erkennen. Vertauschen wir einfach die Rollen von m und n, so ist in der ersten Spalte der Tabelle immer das größte Element. Mit anderen Worten ergeben sich m und n jeder Folgezeile als n und $m\%n$ der Vorgängerzeile. Dies wird in der folgenden Tabelle deutlich:

m	n
112	42
42	28
28	14
14	0

```
def ggT3(m,n):
    while not n == 0:
        m, n = n, m % n
    return m
```

Abb. 2.5. Verbesserter Euklidischer Algorithmus

Interessanterweise funktioniert dieser Algorithmus auch, wenn wir mit $0 \le m < n$ starten. Dann ist $m\%n = m$, so dass im ersten Schleifendurchlauf nur m und n vertauscht werden.

Alle betrachteten Varianten des Algorithmus erfüllen die vorgegebene Spezifikation, wenn wir sie in der Form $z = ggT(m, n)$ aufrufen. Wie verlangt wird der ggT von m und n berechnet und das Ergebnis in z gespeichert. Wir erkennen also, dass eine Spezifikation viele alternative Lösungen zulassen kann und somit dem Programmierer viele Freiräume übriglässt.

2.2 Programmiersprachen

Alles was ein Computer machen kann, wird durch Programme gesteuert. Ein *Programm* ist eine Textdatei, in der in einer bestimmten Sprache beschrieben ist, welche Aktionen ein Rechner ausführen soll. Programme werden von Menschen geschrieben und sollen daher gut lesbar sein. Andererseits müssen sie von einem Rechner ausgeführt werden, sie müssen daher eindeutig vorgeben, was in jeder möglichen Situation zu tun ist.

Auf der niedrigsten Ebene versteht ein Rechner nur die sogenannten Maschinenbefehle, die Instruktionen für die CPU Instruktionen codieren. Solche Instruktionen sind eigentlich ganz einfach, wie z.B.

load lade den Wert aus Speicherplatz m in Register k
add addiere den Wert aus Speicherplatz m zu Register k
store speichere den Inhalt von Register k in Speicherplatz m.

Solche Instruktionen gruppiert man nach Bedarf zu einem Programm, das man Maschinenprogramm nennt. Die Instruktionen sind durchnummeriert und werden normalerweise nacheinander abgearbeitet, wäre da nicht eine Instruktion, die den Lauf der Dinge stört, aber die Sache eigentlich erst interessant macht:

jumpZero n springe zur n-ten Instruktion, falls das Ergebnis der letzten Operation 0 war.

Mit solch einfachen Instruktionen könnte man prinzipiell alle Aufgaben lösen, für die Rechner jemals eingesetzt werden können. Allerdings ist diese Art der Programmierung extrem mühsam und fehleranfällig. Daher haben sich Informatiker Sprachen ausgedacht, mit deren Hilfe sich Anweisungen an einen Rechner bequemer und anschaulicher formulieren lassen. Die bekanntesten dieser Sprachen sind Java, C, C++, C#, Python, PHP, BASIC, Pascal etc. Ein in einer solchen Sprache formuliertes Programm muss vor seiner Ausführung zunächst in ein Maschinenprogramm, das heißt in eine Reihe von elementaren Befehlen wie oben angegeben, übersetzt werden. Diese Aufgabe erledigt im Allgemeinen ein *Compiler* oder ein *Interpreter*.

Compiler und Interpreter

Ein *Compiler* übersetzt ein in einer höheren Programmiersprache geschriebenes Programm in ein äquivalentes Programm in Maschinencode. Für jede Sprache L und für jede Maschine M gibt es einen speziellen Compiler $_LC_M$, der Programme, die in der Sprache L geschrieben sind, in ein Maschinenspracheprogramm übersetzt, das der Rechnertyp M versteht. Er nimmt ein fertiges Programm entgegen und liefert ein fertiges Maschinenprogramm ab. Um dieses dann auszuführen, wird der Compiler nicht mehr gebraucht.

Im Gegensatz dazu kann ein *Interpreter* ein Programm Zeile für Zeile übersetzen und gegebenenfalls schon stückweise ausführen. Die Programmentwicklung mit Interpretern ist daher interaktiver und für Anfänger oft weniger frustrierend. Manche Sprachen, dazu gehört auch Python, können sowohl interpretativ ausgeführt als auch compiliert werden.

Für große Projekte, an denen viele Programmierer weitgehend unabhängig voneinander arbeiten, bevorzugt man meist compilierte Sprachen. Bei diesen gibt es gelegentlich mehr Einschränkungen, etwa dass für jede benutzte Variable vorher festgelegt werden muss, welche Art von Daten sie speichern kann und welche nicht. Auf diese Weise kann ein Compiler bereits Inkonsistenzen entdecken und melden bevor das Programm ausgeführt wird. Man spricht in diesem Zusammenhang von der *Compilezeit* und von der *Laufzeit*. Ziel ist es, dass möglichst viele Fehler bereits zur Compilezeit vom Programmierer entdeckt werden, statt zur Laufzeit beim Kunden.

Interpretierte Sprachen werden selbstverständlich auch bereits vom Programmierer getestet, indem dieser sie mit Testdaten füttert und das Ergebnis mit dem erwarteten Ergebnis vergleicht. Allerdings ist die Wahrscheinlichkeit, dass ein Fehler „durchrutscht" bei interpretierten Sprachen größer.

Der Sprachenzoo

Die Sprachen in denen Programme heute geschrieben werden, sind so vielfältig, dass man von einem Zoo von Programmiersprachen spricht. Viele der Sprachen haben ihre ganz eigenen Vorzüge. Während die oben erwähnten Sprachen als *imperative Sprachen* bezeichnet werden – damit meint man, dass man sie verwendet, um dem Rechner auf bequemere Weise als oben beschrieben Befehle zu erteilen – gibt es als Kontrast auch sogenannte *deklarative Sprachen*. Das sind Sprachen, die nicht vordringlich den Rechner und seine Instruktionen im Blick haben, sondern das Problem, welches gelöst werden soll. Zu diesen Sprachen gehören viele funktionale Sprachen – wie z.B. *F#*, *Erlang* und *Haskell* – und logische Sprachen mit *Prolog* als bekanntestem Vertreter. Um zu illustrieren, wie verschieden Programme aussehen können, die im Endeffekt den gleichen Effekt erzielen, nachdem sie in Maschinensprache übersetzt sind und damit auf der CPU ausgeführt werden, zeigen wir, wie in diesen Sprachen ein einfaches Problem gelöst werden kann.

Die Aufgabe sei, vom Benutzer 10 Zahlen entgegenzunehmen und die Summe dann auszudrucken. Hier zunächst ein Java-Programm, das diese Aufgabe erledigt:

```java
import java.util.Scanner;
public class Sum {
  public static void main(String[] args){
    int acc = 0;
    Scanner in = new Scanner(System.in);
    for (int k = 10; k > 0 ; k--)
      acc += in.nextInt();
    System.out.println(acc);
  } // Test
}
```

Listing 2.1. Summieren in Java

Nun ein Python Programm für exakt die gleiche Aufgabe. Hier braucht man deutlich weniger „Verpackung". Statt Klammerungen { ... } verwendet Python Einrückungen:

```
def main():
  acc = 0
  for k in range(10):
    acc = acc + eval(input())
  print(acc)
main() ## test
```

Listing 2.2. Summieren in Python

Auch das folgende Pascal-Programm ist kurz und schmerzlos. Die Pascal Syntax unterscheidet nicht zwischen Groß- und Kleinschreibung. Statt Klammerpaaren { ... } verwendet man hier das Wortpaar **BEGIN ... END** :

```
PROGRAM sum;
VAR acc,z : Integer;
BEGIN
  FOR k := 10 DOWNTO 1 DO
  BEGIN
    readln(z);
    acc := acc + z;
  END
  Print(acc)
END.
```

Listing 2.3. Summieren in Pascal

Ganz anders sieht ein entsprechendes Haskell-Programm aus:

```
main    = f 10 0
f 0 acc = print acc
f k acc = do z <- getLine
             f (k-1) (acc + read z)
```

Listing 2.4. Summieren in Haskell

und wieder anders ein äquivalentes Prolog-Programm:

```
sum(0,Acc) :- write(Acc) ,!.
sum(K,Acc) :- read(Z), !, Acc1 is Acc+Z, K1 is K-1, sum(K1,Acc1).
:- sum(10,0).
```

Listing 2.5. Summieren in Prolog

Für Kinder und Programmieranfänger ist die Sprache *Blockly* entworfen, die Programmbestandteile graphisch wie Lego-Steine darstellt, die man am Bildschirm zusammensetzen kann. Bausteine für Anweisungen besitzen links oben eine kleine Ein-

buchtung und links unten eine passende „Nase" so dass sie an- oder ineinander passen und damit gemeinsam eine neue Anweisung ergeben. Der mit „repeat" beschriftete Wiederholungsblock kann selber Anweisungen umschließen, die dann entsprechend oft wiederholt werden. Links erkennt man ein Menü aus dem man Blöcke verschiedener Typen auswählen kann. Unser Summierungsprogramm in *Blockly* zeigt Abb.
2.6. Rechts wird der äquivalente Programmcode in Python angezeigt.

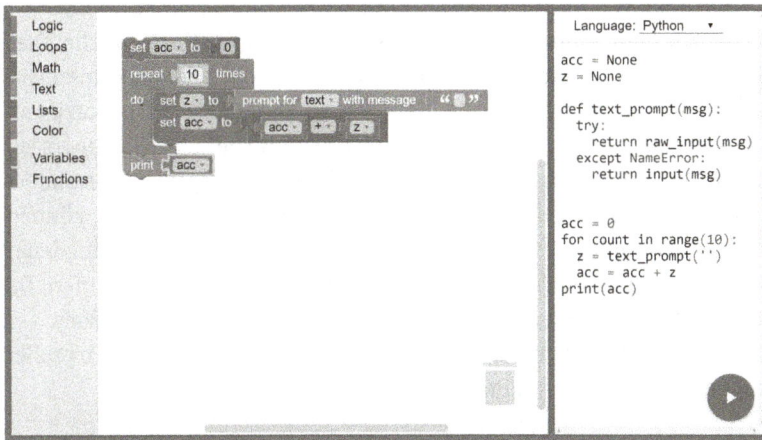

Abb. 2.6. Summieren in Blockly

2.2.1 Python

Wir werden die Grundlagen des Programmierens anhand der Sprache *Python* einführen. Dies hat eine Reihe von Gründen:

Erstens ist Python ist leicht zu erlernen. Man kann direkt loslegen, Python Befehle
eintippen und sofort das Ergebnis sehen. Python Programme müssen nicht compiliert werden.

Zweitens kann man in Python viele Programmierstile ausprobieren:
- imperatives Programmieren wie oben erläutert
- funktionales Programmieren analog zu Haskell
- objektorientiertes Programmieren analog zu Java.

Drittens ist Python praxistauglich und vielfältig einsetzbar. Es gibt unzählige Bibliotheken mit nützlichen Python-Funktionen für die verschiedensten Zwecke. Im Internet gibt es viele Firmen, die Schnittstellen zu ihren Produkten in der Sprache
Python bereitstellen. So lassen sich auf einfache Weise die Karten und Geodaten
von Google aus Python heraus verwenden. Wir werden dazu ein Beispiel besprechen.

Viertens ist Python an zahlreichen Universitäten (darunter renommierte Ivy-League Universitäten MIT, Stanford, Rice, CMU) die erste Sprache, welche Informatikstudenten bzw. Naturwissenschaftler erlernen. Dieser Trend setzt sich auch bei den virtuellen Universitäten (Udacity, Coursera, edx) fort.

Selbstverständlich gibt es auch Nachteile bei der Verwendung einer Sprache wie Python, die auf einen Compiler verzichtet und den Programmtext *interpretiert*, d.h. jeweils Zeile für Zeile übersetzt und ausführt.

Erstens erreicht Python nicht die Geschwindigkeit einer compilierten Sprache. Dies ist für die meisten Zwecke unerheblich, aber für zeitkritische oder datenintensive numerische Berechnungen würde man vielleicht ein Sprache wie C bevorzugen, die näher an der Maschinensprache, also der „Muttersprache" eines Rechners ist.

Zweitens können Compiler viele Fehler bereits zur Übersetzungszeit, insbesondere vor dem ersten Testlauf, erkennen. Fehler, die erst spät erkannt werden, können sehr teuer sein. Oft handelt es sich um einfache Typfehler: Werte verschiedener Typen sollen durch eine nicht für sie geeignete Operation verknüpft werden. Da Python nicht compiliert wird, erkennt man einen Typfehler erst zur Laufzeit.

Drittens fehlen Python überzeugende Möglichkeiten, die das Programmieren großer Anwendungen durch Teams von Programmierer erleichtern.

Dennoch und aus all den oben genannten guten Gründen werden wir für die *Einführung in das Programmieren* Python benutzen. Später, für das Thema Algorithmen und Datenstrukturen, ist es sinnvoll auf eine in der Industrie gut verankerte Sprache wie Java zu wechseln. Der Übergang von Python auf Java ist aber nicht schwierig – wir können auf viele in diesem Kapitel gelernte Konzepte zurückgreifen.

2.2.2 Welches Python?

Beim Herunterladen und Installieren von Python stößt man schnell auf die Frage, welche Version von Python man sich laden solle. Obwohl derzeit Python bereits in der Version 3.5 vorliegt, wird auch noch Version 2.7.10 angeboten. Der Grund ist, dass mit Version 3.0 die Syntax von Python etwas aufgeräumt wurde, so dass einige alte Programmbibliotheken nicht mehr ohne weiteres funktionierten. Viele Benutzer sind daher bei bei dem „alten" Python 2 geblieben. Da Python 2 aber in Zukunft nicht mehr gepflegt werden wird, sollten Neueinsteiger auf jeden Fall die modernere Version „Python 3" wählen. Dies werden wir auch in diesem Buch tun. Die Unterschiede zwischen Python 2 und Python 3 sind klein. So gibt es z.B. in Python 2 einen eigenen „print"-Befehl, der ohne Parameter aufgerufen wird:

```
print "1+2 = " , 1+2
```

Ab Python 3 ist `print` eine ganz normale Funktion, die ihre Parameter in Klammern erwartet:

```
print("1+2 = ",1+2)
```

Ähnliche kleine Unterschiede gibt es auch bei den Input-Funktionen, mit denen Daten eingelesen werden.

2.2.3 Installation

Auf vielen Rechnern ist Python bereits von Hause aus installiert. Das betrifft die meisten Linux-Installationen und auch alle Apple-Rechner. Allerdings muss diese Installation nicht immer die aktuellste Version beinhalten – auf den Apple-Rechnern ist meist eine ältere Version von Python 2 installiert. In diesen Fällen lohnt sich die Installation einer neueren Version, die man auf der Seite `www.python.org/downloads/` findet.

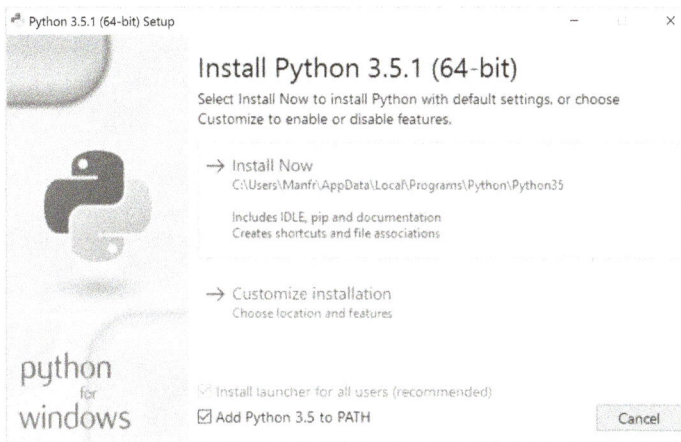

Abb. 2.7. Python Installationsfenster (Windows)

Das Häkchen, das wir bei „Add Python 3.5 to PATH" gesetzt haben, sorgt u.a. dafür, dass der Name `Python` als Kommando systemweit bekanntgemacht wird. Man kann Python (und auch das Entwicklungssystem *IDLE*) somit aus jedem Terminalfenster (Kommandozeile) aufrufen. Alternativ reicht es, den Namen `Python` in das Suchfenster oberhalb des *Start-Buttons* einzutippen und mit der Eingabe-Taste (Return-Taste) zu beenden. Es erscheint ein Fenster mit der Python-Shell, auch als IDLE bekannt, in dem man Python Befehle testen und ganze Programme entwickeln kann.

2.2.4 Entwicklungsumgebungen

Jeder Python-Installation ist eine einfache, aber für unsere Zwecke mehr als ausreichende Entwicklungsumgebung beigefügt, die offiziell *Python Shell* heißt, inoffiziell aber als *IDLE* bekannt ist. Abb. 2.8 zeigt diese Oberfläche. Hinter der durch „>>>" gekennzeichneten Eingabeaufforderung haben wir einen arithmetischen Ausdruck 2+3 eingegeben. Auf der folgenden Zeile erscheint dann sofort das Ergebnis.

Anschließend haben wir eine Funktion *fact* definiert, welche zu einer gegebenen Zahl *n* ihre Fakultät berechnet: $fact(n) = 1 * 2 * 3 * \ldots * n$. Die Definition der Funktion erstreckt sich über 4 Zeilen. Erst die Eingabe einer leeren Zeile beendet die Funktionsdefinition. Interessant ist, dass bei der Eingabe der Folgezeilen der Editor automatisch den folgenden Text eingerückt hat. Solche Einrückungen sind wichtig für Python. Sie ersetzen die Klammerungen durch „{" und „}", wie sie z.B. für Java typisch sind, und sie sind im vorliegenden Programm notwendig.

Nach Ende der Definition wechselt der Prompt wieder zu „>>>". Dies signalisiert uns, dass Python die neue Funktion `fact` gelernt hat. Daher können wir sie sofort benutzen, um z.B. die Fakultät von 100 zu berechnen. Das Ergebnis ist eine riesige Zahl und einige Leser mögen überrascht sein, dass Python ohne weiteres mit derart großen (theoretisch beliebig großen) Zahlen umgehen kann.

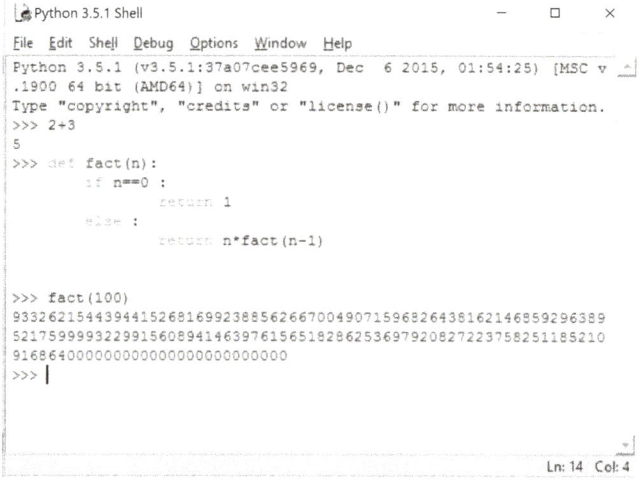

Abb. 2.8. Die Python-Entwicklungsumgebungen IDLE

Selbstverständlich gibt es auch für *eclipse* einen Python-Modus ebenso für den universellen Texteditor *Notepad++*, den man ebenfalls leicht als Python-Entwicklungsumgebung konfigurieren kann.

2.3 Daten und Operationen

Rechner können nicht nur Zahlen, sondern auch andere Arten von Daten manipulieren. Dazu gehören u.a. Zeichen, Texte, Wahrheitswerte (*True*, *False*), oder durch den

Programmierer selbst definierte Daten, wie etwa Farben, Personen, Aufträge, Konten, etc. Von Hause aus stellt jede Programmiersprache zumindest folgende Datentypen bereit: *Zahlen*, *Texte* und *Wahrheitswerte*. Python ist da keine Ausnahme.

2.3.1 Zahlen

In der Schule lernt man zunächst die *natürlichen Zahlen* $\mathbb{N} = \{0, 1, 2, 3, …\}$, mit denen man Dinge zählen kann. Dann die negativen Zahlen $\{-1, -2, -3, …\}$, welche zusammen mit den natürlichen Zahlen die *ganzen Zahlen* $\mathbb{Z} = \{…, -2, -1, 0, 1, 2, …\}$ bilden. Ganze Zahlen lassen sich einfach und exakt in einem Rechner speichern und manipulieren.

Daneben gibt es auch noch die *Messzahlen*, mit denen man Abstände, Gewichte, Volumen messen kann. Schon die alten Griechen wussten, dass dazu die Ganzen Zahlen nicht ausreichten, nicht einmal die Bruchzahlen, weil schon die Diagonale eines Quadrates mit Seitenlänge 1 nicht als Bruch darstellbar ist. Es bedurfte der Kommazahlen, wie z.B. 3,1415927... wobei die Genauigkeit der Darstellung davon abhängt, wieviele Nachkommastellen man aufführt. Solche Zahlen können in einem Rechner nur approximativ gespeichert werden, indem man einfach die Nachkommastellen ab einer Position abschneidet. Daher werden Ganze Zahlen und Kommazahlen verschieden gespeichert und verknüpft.

2.3.2 Ganze Zahlen

Python bezeichnet diese als *int,* was als Abkürzung des englischen Begriffs *integer* gedacht ist. Für ganze Zahlen gibt es die Vorzeichen + und – , wobei das Vorzeichen + eigentlich überflüssig ist. Die gleichen Zeichen werden auch als Operationen plus (+) und minus (–) gebraucht, wenn sie zwischen den Argumenten stehen. In dem Ausdruck –3 – 4 ist das erste – ein Vorzeichen und das zweite die Operation der Subtraktion. Folgen von Operatoren mit gleicher Bindungsstärke, wie z.B. – und + werden von links nach rechts ausgewertet:

```
>>> -3-4+5
-2
```

Selbstverständlich kann man ganze Zahlen auch multiplizieren und Python beachtet dabei die aus der Grundschule bekannten Regeln: Punktrechnung vor Strichrechnung. Vornehmer sagt man, dass die Multiplikation * stärker bindet als – oder +. Außerdem darf man wie gewohnt auch Klammern verwenden, allerdings nur die runden Klammern „(" und „)". Neben der Multiplikation besitzt Python auch noch die Operation der Exponentiation, die man mit zwei Sternchen ** schreibt. Aufgrund der aus der Mathematik bekannten Exponentiationsregel

$$(a^b)^c = a^{b \cdot c}$$

würde es keinen Sinn machen, eine Folge von Exponentiationen von links nach rechts auszuwerten. $a**b**c$ wäre dann sinnvoller als $a**(b*c)$ ausdrückbar. Insofern ist es durchaus vernünftig den Ausdruck $a** b**c$ als a^{b^c} zu verstehen, und so macht es Python. Die Exponentiation bindet noch stärker als die Multiplikation, wie das folgende Beispiel demonstriert:

```
>>> 5+4*3**2+1
42
```

Bereits in der Grundschule lernt man das Teilen mit Rest. Dies beherrscht Python, wie übrigens alle Programmiersprachen. Während in vielen Sprachen, darunter auch Java dafür das Bruchzeichen „/" verwendet wird, benötigt man in Python den Operator „//". Der Grund ist, dass das Zeichen „/" für das Teilen von Dezimalzahlen verwendet wird. Schreibt man einfach 22/7 so werden 22 und 7 als Kommazahlen 22.0 und 7.0 aufgefasst und das Ergebnis als Kommazahl dargestellt. Für die Berechnung des Restes benutzt man das Zeichen „%" als Operator:

```
>>> 22 / 7
3.142857142857143
>>> 22 // 7
3
>>> 22 % 7
1
```

Für beliebige ganze Zahlen a und b ist $a//b$ der ganzzahlige Quotient von a und b und $a\% b$ ist der Rest, der bleibt, wenn man a durch b teilt. Mathematiker bezeichnen den ganzzahligen Quotienten von a und b als $a \ div \ b$ und den Rest als $a \ mod \ b$. Somit gilt in Python $a // b = a \ div \ b$ und $a \% b = a \ mod \ b$.

Die bekannte „Probe", ob richtig gerechnet wurde, verlangt, dass die Rückmultiplikation plus Rest die ursprüngliche Zahl ergeben soll, also mathematisch

$$(a \ div \ b) * b + (a \ mod \ b) = a.$$

Zusätzlich sollte der Rest $(a \ mod \ b)$ kleiner als b ausfallen, also

$$|a \ mod \ b| < |b|$$

darüber sind sich fast alle Programmiersprachen einig. Allerdings gibt es Differenzen darüber, ob beim Teilen von negativen Zahlen der Rest auch negativ sein darf. In Python ist dies der Fall. Schließlich muss man beachten, dass das Teilen durch 0 verboten ist. Sowohl $x // 0$ als auch $x \% 0$ führen zu einer entsprechenden Fehlermeldung.

Zusammenfassend können wir für den Datentyp der Ganzen Zahlen in Python also folgendes festhalten:

Grundmenge:
die üblichen ganzen Zahlen $\mathbb{Z} = \{..., -3, -2, -1, 0, 1, 2, 3, ...\}$.

Operationen:

Tab. 2.1. Datentyp int in Python

Symbol	Namen	Beispiel	Ergebnis
–	Negation/Vorzeichen	–17	–17
+	Addition	4 + 17	21
–	Subtraktion	4 – 17	–13
*	Multiplikation	4 * 17	68
**	Exponentiation	17 ** 4	83521
//	ganzzahlige Division	17 // 4	4
%	Divisionsrest	17 % 4	1
/	Division	17 / 4	4.25

+, – : einstellig (Vorzeichen)

+, –, *, ** : zweistellig (Addition, Subtraktion, Multiplikation, Exponentiation)

//, % : zweistellig (*div*, *mod*), undefiniert wenn für 0 im zweiten Argument.

In Python gibt es keine Größenbeschränkung für Ganze Zahlen. Die Anzahl der Stellen einer ganzen Zahl ist unbeschränkt. In Python kann man z.B. 2**2**2**2 exakt berechnen. Diese Zahl ist bereits so groß, dass ihre Darstellung mehrere Bildschirme füllt.

2.3.3 Dezimalzahlen

Dezimalzahlen sind Kommazahlen, wobei allerdings statt des Kommas immer ein „Dezimalpunkt" verwendet wird. Wir haben dies oben bei der Berechnung von $22/7 = 3.142857142857143$ schon gesehen. Dezimalzahlen bestehen also aus
- einem Vorzeichen
- einer Folge von Dezimalziffern $z \in \{0, 1, 2, 3, 4, 5, 6, 7, 8, 9\}$
- einem Dezimalpunkt.

Im Falle von $22/7 = 3.142857142857143$ ist das Vorzeichen +, die Ziffernfolge 3 1 4 2 8 5 7 1 4 2 8 5 7 1 4 3 und der Dezimalpunkt sitzt an der 1. Position nach dem Komma.

Die Dezimalzahlen sollen die mathematischen reellen Zahlen $\mathbb{R}$ repräsentieren. Allerdings wird man in dieser Hinsicht einige Kompromisse machen müssen, wie wir gleich sehen werden.

Die arithmetischen Operationen: +, –, *, /, ** funktionieren wie erwartet. Auch die Operationen // und % sind definiert, so dass $a//b$ immer eine (als Dezimalzahl dargestellte) ganze Zahl liefert und die obigen Proben(un)gleichungen erfüllt sind.

Im Unterschied zu den ganzen Zahlen sind viele reelle Zahlen $r \in \mathbb{R}$ nur näherungsweise repräsentierbar. Die Repräsentation entspricht der in Kapitel 1 vorgestellten Gleitkommadarstellung von double-precision Zahlen, wie sie auch in Java verwendet werden. Damit einhergehend können

–   bei der Umwandlung von Dezimalzahlen in binäre Gleitkommazahlen und zurück
–   bei der Ausführung von Operationen
–   bei Vergleichen

kleine Ungenauigkeiten auftreten, so dass z.B. $0.1 + 0.2 = 0.30000000000000004$ ist und insbesondere $0.1 + 0.2 \neq 0.3$. In Python heißt dieser Zahlentyp *float*, als Kurzform für *floating point numbers*.

2.3.4 Konversionen

Mathematisch sind ganze Zahlen spezielle Dezimalzahlen: Zwischen der ganzen Zahl 3 und der Dezimalzahl 3.0 gibt es demnach keinen mathematischen Unterschied. Programmiersprachen unterscheiden dagegen zwischen den ganzen Zahlen, mit ihrer exakten Arithmetik und den Dezimalzahlen mit ihren approximativen Berechnungen. Programmierer können die beiden Zahlendarstellungen explizit ineinander überführen. Dazu stehen die Systemfunktionen *int* und *float* bereit. *float* wandelt eine ganze Zahl in eine Dezimalzahl um und *int* schneidet von einer Dezimalzahl die Kommastellen ab. Alternativ kann man eine eine Dezimalzahl auch mit der Funktion *round* zur nächsten int-Zahl runden:

```
>>> round(-4.7)
-5
```

Viele Konversionen geschehen automatisch, etwa wenn man ganze Zahlen (*int*) und Dezimalzahlen (*float*) verknüpft, wie etwa 2*3.5. Dabei entsteht immer eine float-Zahl, hier 7.0, selbst wenn das Ergebnis (zufällig) als ganze Zahl dargestellt werden könnte.

In Python führt die Division ganzer Zahlen immer zu einer float-Zahl, so ergibt zum Beispiel 6/3 die float-Zahl 2.0. Dies ist eine Besonderheit von Python ab Version 3.0. In manchen Sprachen, darunter Java und auch Python 2.x, wird das Zeichen / auf ganzen Zahlen als ganzzahliges Teilen interpretiert, entsprechend der Python-Operation //. Wegen der automatischen Konversionen sieht man selten eine Verwendung der Funktion *float* in Python Programmen, denn *float*(x) ist z.B. gleichbedeutend mit $x * 1.0$.

2.3.5 Komplexe Zahlen

Komplexe Zahlen sind Paare (x, y) von zwei „normalen" Zahlen. Python benutzt dafür die bei Ingenieuren übliche Notation x+y**j**. Dabei heißt x der *Realteil* und y der *Imaginärteil*. Die arithmetischen Operationen +, –, *, /, ** sind auch auf den komplexen Zahlen erklärt, z.B:

$$(x_1 + y_1\mathbf{j}) + (x_2 + y_2\mathbf{j}) \quad := \quad (x_1 + x_2) + (y_1 + y_2)\mathbf{j}$$
$$(x_1 + y_1\mathbf{j}) \star (x_2 + y_2\mathbf{j}) \quad := \quad (x_1 \star x_2 - y_1 \star y_2) + (x_1 \star y_2 + x_2 \star y_1)\mathbf{j}$$

Damit erfüllen die komplexen Zahlen die von den reellen Zahlen gewohnten Rechenregeln. Die reellen Zahlen kann man als spezielle komplexe Zahlen mit Imaginärteil 0 auffassen, d.h. $x = x + 0\mathbf{j}$. Damit folgt $j \star j = (0 + 1j) \star (0 + 1j) = (-1) + 0j = -1$, also $j = \sqrt{-1}$, und dies begründet umgekehrt auch die Definition der Multiplikation.

```
>>> (1+2j)*(3+4j)
(-5+10j)
>>> 1j*1j
(-1+0j)
```

In der Mathematik ist die Schreibweise $x + \mathbf{i}y$ geläufiger. Im Zusammenhang mit einer Programmiersprache wäre diese Notation ungünstig, da z.B. i42 als Name einer Variablen missverstanden werden könnte, 42j aber nicht. Ist y keine Konstante, sondern ein Variablenname, so bleibt die Verwechslungsmöglichkeit: yj wird als Variablenname aufgefasst. Hier schreibt man einfach: x+y*1j.

Nur wenige Programmiersprachen bieten die komplexen Zahlen als eingebauten Datentyp an, da es leicht ist, sie z.B. als Datentyp *Complex* selber zu implementieren oder über Programmbibliotheken verfügbar zu haben. Allerdings muss man dann z.B. Complex(2,3) schreiben statt der lieb gewordenen Notation 2+3j .

2.3.6 Strings

Als *String* bezeichnet man einen beliebigen Text. Dabei könnte es sich um einen langen Text, wie eine Masterarbeit handeln oder um einen kurzen Gruß wie *„Hallo Welt"*, einen ein-Buchstabigen Text wie *„Z"* oder sogar den leeren Text „ ". Texte werden in Python durch Zitierung, also Einrahmen in einfache oder doppelte Ausführungszeichen – ' oder " – kenntlich gemacht, wie z.B. 'Hallo Python' oder "Hallo Python". Ein Ausdruck in einem Text bleibt stehen wie er ist und wird nicht ausgerechnet, wie z.B. "17+4". Ohne die Ausführungszeichen wäre 17+4 nur eine andere Schreibweise für 21.

Die freie Auswahl der Stringbegrenzer, entweder ' oder ", ist besonders nützlich, wenn eines dieser Zeichen in dem String vorkommen soll, beispielsweise in

'He said: "Hello Python"' oder "The Gruffalo's child".

Die wichtigste Verknüpfung auf Strings ist die *Verkettung* oder *Konkatenation*. Dabei werden zwei Strings aneinandergehängt und es entsteht ein neuer String. Das Verkettungszeichen ist „+":

```
>>> 'Apfel' + 'Baum'
ApfelBaum
```

Für jeden Datentyp gibt es eine Standard-Umwandlung zu einem String – schließlich will man das Ergebnis als Zeichenfolge ausdrucken. In vielen Fällen geschieht dies implizit, ansonsten muss man die Konversionsfunktion *str* explizit aufrufen:

```
"17 + 4 = " + str(17+4)
```

liefert den String "17 + 4 = 21". Der erste Teil des Strings, inklusive des Gleichheitszeichens und der Leerzeichen wird wörtlich übernommen, da er in den Anführungszeichen eingeschlossen ist, der zweite Teil wird berechnet. Aus 17+4 wird 21 und diese Zahl wird in den String, bestehend aus den Ziffern „2" und „1" umgewandelt. Das „+" vor dem Aufruf von *str* fügt die beiden Teile "17 + 4 =" und "21" zu dem fertigen String zusammen.

Das Zeichen „+" wird offensichtlich in zwei Bedeutungen verwendet – als Additionszeichen für Zahlen und als Konkatenationszeichen für Strings. Man sagt, dass das Zeichen mit zwei Bedeutungen *überladen* ist. Der Compiler muss anhand des Kontextes in dem es verwandt wird, erkennen, was gemeint ist. Trifft er auf einen Ausdruck der Form $t_1 + t_2$, so muss er wissen, welchen Typ t_1 und t_2 haben, um sich für die richtige Bedeutung von „+" zu entscheiden.

Für die Eingabe von der Tastatur gibt es die Funktion *input*. Wir können ihr einen String mitgeben, der als Aufforderung angezeigt wird. Anschließend wartet Python bis eine Eingabe von der Tastatur erfolgt ist – beendet durch die Return-Taste.

```
>>> int(input("Wie alt bist Du? "))
Wie alt bist Du?
```

Das Ergebnis der Eingabe ist dann der String, der vom Benutzer eingegeben wurde. Wurde eine Zahl eingegeben, so ist das von der Tastatur empfangene Datum dennoch ein *String*, dessen Bestandteile zufällig Ziffernzeichen sind. Um eine Zahl daraus zu machen, mit der man weiter rechnen kann, müssen wir eine Konversionsfunktion *int* oder *float* aufrufen, die daraus einen Zahlenwert erzeugt. Falls die Eingabe keine Zahl war, wird die Konversionsfunktion scheitern und mit einem Fehler abbrechen.

2.3.7 Vergleichsoperationen

Für den Vergleich zweier beliebiger Python-Objekte gibt es generell die Operationen „ == " und „ != ". Wichtig ist, dass in Python Programmen das doppelte Gleichheitszeichen „ == " verwendet wird, denn das einfache Gleichheitszeichen „ = " werden wir weiter unten als Zuweisungszeichen kennen lernen. Die Kombination „ != " dient als Ersatzdarstellung für das nicht auf der Tastatur vorhandene Ungleichheitszeichen ≠. Das Ergebnis eines Vergleichs ist immer ein Wahrheitswert, entweder *True* oder *False*.

Im Falle von *int*- oder *float*-Zahlen sind auch die üblichen Größenvergleiche möglich. Hier dienen die Kombinationen „ <= " und „ >= " als Ersatzdarstellungen für ≤ und ≥. Komplexe Zahlen kann man nicht der Größe nach vergleichen, da der Wert einer komplexen Zahl von zwei Komponenten abhängt, dem Real- und dem Imaginärteil.

Tab. 2.2. Vergleichsoperationen

Python-Symbol	Bezeichnung	Beispiel	Ergebnis
==	Identität	17%4==1	*True*
!=	nicht identisch	0.1 + 0.2 != 0.3	*True* [1]
<	echt kleiner bzw. Präfix	'an' < 'anton'	*True*
<=	kleiner (bzw. Präfix) oder gleich	4 <= −17	*False*
>	größer	17**4 > 4**17	*False*
>=	größer oder gleich	'Anton' >= 'ton'	*False*
in	in bzw. Substring	'ton' in 'Anton'	*True*

Interessant ist, dass man zwei Strings durchaus vergleichen kann. Auf Strings wird $\le$ als lexikographische Ordnung interpretiert: Man vergleicht die Buchstaben zweier Strings s_1 und s_2 von links nach rechts, bis man zur ersten Position kommt, an der sie sich unterscheiden. Die Ordnung dieser Buchstaben in der ASCII-Tabelle legt dann die Ordnung zwischen den Strings fest. Falls einer der Strings, z.B. s_1, aufgebraucht ist und noch kein Unterschied aufgetreten ist, so ist s_1 ein Anfangsstück von s_2. Auch in diesem Fall setzt man $s_1 \le s_2$. Auch <, > und $\ge$ sind auf Strings auf naheliegende Weise definiert.

Neben den genannten Vergleichsoperationen gibt es weitere, die wir später noch kennenlernen bzw. selber programmieren werden. An dieser Stelle sei nur die Operation „in" erwähnt, die die Frage beantwortet, ob ein Element Teil einer Ansammlung ist. Im Falle von Strings heißt dies, ob ein String ein Teilstring eines anderen ist.

```
>>> 'Anton' <= 'Antonia'
True
>>> 'Anton' > 'ton'
False
>>> 'ton' in 'Antonia'
True
>>> 'Anton' != 'anton'
True
```

2.3.8 Vergleichsketten

In der Mathematik ist es üblich, Vergleichsoperationen zu verketten. Der Ausdruck $0 \le y < n$ drückt auf kompakte Weise aus, dass sowohl $0 \le y$ als auch $y < n$ gelten. Hier werden die Relationen $\le$ und < verkettet.

In den meisten Programmiersprachen ist eine solche verkürzte Schreibweise nicht erlaubt. In Java müsste man die obige Bedingung schreiben als: `0 <= y && y < n` wobei '&&' der Java-Operator für die logische Konjunktion *and* ist. Der dazu äquivalente Python-Ausdruck wäre `0 <= y and y < n`. Diese Schreibweise ist umständlich, so dass in Python auch die an die mathematische Praxis angelehnte Verkettung beliebiger zweistelliger Vergleichsoperationen erlaubt ist.

```
>>> 1 < 2 < 3 <= 4
True
>>> 'non' < 'ton' in 'Anton' < 'Emil'
True
```

2.3.9 Boolesche Werte und Boolesche Operationen

Die Ergebnisse der Vergleichsoperationen liefern entweder *True* oder *False*. Diese sind Objekte mit eigener Identität, welche absolut nichts mit den Strings 'True' und 'False' zu tun haben. Man nennt sie auch Wahrheitswerte, oder *Boolesche Werte* zu Ehren von George Boole, der in seinem Werk „*An investigation into the laws of thought*" zum ersten Mal den Umgang und insbesondere die Verknüpfung von Wahrheitswerten mit logischen Operationen *und, oder, nicht, wenn ... dann ...* beschrieben hat.

Wenn man informell über Wahrheitswerte redet, ersetzt man *True* und *False* gelegentlich auch durch *T* und *F* oder im Deutschen durch *W* und *F* bzw. *Wahr* und *Falsch*. In der Mathematik sind auch die Ersatzdarstellungen 0 für *False* und 1 für *True* gängig. In gewissem Rahmen versteht auch Python einige Ersatzdarstellungen. Solche werden wir in Abschnitt 2.3.11 noch erläutern.

Der Datentyp *bool* hat somit als Grundmenge $\{True, False\}$. Interessant sind die logischen Verknüpfungen dieser Werte mit Hilfe der logischen Kombinatoren *and, or* und *not*.

not liefert den negierten Wert: d.h. *not True = False*, *not (2==3) = True*,

t_1 **and** t_2 ist *True*, falls sowohl t_1 als auch t_2 *True* sind, *False* sonst,

t_1 **or** t_2 ist *True*, falls mindestens eine Argument *True* ist, *False* sonst. Es ist also durchaus erlaubt, dass beide Argumente *True* sind. Beispielsweise ist (x >= y **or** x > 0) auch wahr, für $x = y = 1$.

Boolesche Werte werden selten direkt hingeschrieben, sie entstehen bei Vergleichsoperationen: 2 < 3 ist *True* bzw. (2 > 3 *and* 3 < 4) ist *False*.

2.3.10 Kurze Auswertung

Rechnet man das letzte Beispiel, (2 > 3 *and* 3 < 4) von links nach rechts aus, so könnte man nach dem ersten Ausdruck bereits aufhören. Da 2 > 3 schon *False* ist, kann das Ergebnis von 2 > 3 *and* ... nur *False* sein, egal was noch folgt. Analog liefert 2 < 3 *or* .... auf jeden Fall *True*. In der Tat geht Python bei der Berechnung boolescher Ausdrücke so vor, dass die Auswertung abgebrochen wird, sobald klar ist, was das Ergebnis sein muss. Das kann man experimentell bestätigen, indem man nacheinander z.B. die Ausdrücke (1 < 2 *or* 1/0 == 0) bzw. (1/0 == 0 *or* 1 < 2) auswertet. Im ersten Fall erhalten wir *True*, im zweiten Fall bricht die Auswertung mit einem Fehler „*division by zero*" ab.

Tab. 2.3. Boolesche Operationen

Operation	Bezeichnung	Beispiel	Ergebnis
not	**Negation**	*not* 1+1==2	*False*
and	**Konjunktion**	2<3 *and* 'y' *in* 'Python'	*True*
or	**Disjunktion**	1 <= 2 *or* 1/0==17	*True*

2.3.11 Boolesche Ersatzwerte und Ersatzoperationen

Überall wo in Python eine Bedingung ausgewertet wird, erlaubt Python auch *Ersatzwerte* für die eigentlichen Wahrheitswerte *True* und *False*. Python akzeptiert einfach jedes Datum, das als Bitfolge durch lauter 0-en repräsentiert wird, als Ersatz für *False* und jedes andere als Ersatz für *True*. So stehen z.B.

- 0 für *False* und jede andere Zahl für *True*,
- ' ' (der leere String) für *False* und jeder andere String für *True*,
- [ ] (die leere Liste) für *False* und jede andere Liste für *True*.

Sind x und y Zahlen, so könnte man daher statt `if x != y : ...` auch schreiben: `if x-y : .....`

Ist *s* ein String so ist `if s != ' ' : ...` gleichbedeutend mit `if len(s) : ...` und dieses wiederum mit `if s : ...`.

Solche „Programmiertricks" üben besonders auf angehende Programmierer eine große Faszination aus. Im Sinne der Lesbarkeit von Programmen, was gerade bei einer Zusammenarbeit im Team wichtig ist, halten wir solche Tricks für problematisch. Man sollte sie sich nicht angewöhnen, auch deswegen, weil sie in statisch getypten Programmiersprachen, wie z.B. Java, nicht erlaubt sind.

Eine weitere Gefahr liegt darin die bitweisen Operationen „&" und „|" statt der logischen Verknüpfungen *and* bzw. *or* zu verwenden. Verknüpft man nur die Wahrheitswerte *True* und *False* mit & bzw. |, so verhalten sich diese Operationen wie die logischen Operationen *and* und *or*. Verwendet man aber Ersatzdarstellungen, z.B. 0 für *False* und 1 bzw. 2 für *True*, so erhalten wir 1 & 2 == 0. Dies aber als *True and True = False* zu interpretieren, macht keinen Sinn.

Das folgende Beispiel demonstriert eine weitere Gefahr, die aus der Benutzung von „&" und „|" anstelle von *and* und *or* erwächst. Der Programmierer wollte sich in dem folgenden Fragment vergewissern, dass $m \neq 0$ und $n \neq 0$ gilt:

```
>>> if m != 0 & n != 0 : ....
```

Leider wird die Prüfung immer *False* ergeben, egal welchen Wert *m* und *n* haben. Der bitweise Operator „&" bindet nämlich stärker als der Vergleichsoperator „ != ". Daher wird die Bedingung als die Vergleichskette „m != (0&n) != 0" gelesen, was zu „m != 0 != 0" auswertet und daher immer *False* ergibt.

2.4 Typen, Variablen und Terme

2.4.1 Typen

Wir haben bisher mehrere Arten von Daten kennengelernt: Ganze Zahlen, Dezimalzahlen, Komplexe Zahlen, Strings und Boolesche Werte. Auf ihnen sind charakteristi-
sche Operationen definiert wie: +, *, -, ** für Zahlen, // und % für ganze Zahlen, / für
Dezimalzahlen, + für Strings und * für die Verknüpfung eines Strings mit einer ganzen Zahl, *not*, *and* und *or* für Boolesche Werte. Die Multiplikation eines Strings mit
einer Dezimalzahl ist dagegen nicht definiert, sogar 'Hallo'*3.0 führt zu einer Fehlermeldung.

Um solche fehlerhaften Anwendungen von Operationen erkennen zu können,
wird jedem Datenelement ein Typ zugeordnet. Der Typ ist die Datenmenge aus der der
Wert stammt. Wir haben bis jetzt die folgenden Typen kennengelernt:

int der Typ der ganzen Zahlen,

float der Typ der Dezimalzahlen,

complex der Typ der komplexen Zahlen,

str der Typ der Strings.

In sogenannten *statisch* getypten Sprachen wie *Java* oder *C* ist der Typ aller Variablen
und aller Ausdrücke, die in dem Programm vorkommen, bereits zur Compilezeit bekannt. Python überprüft die Typen der Daten erst zur Laufzeit, wenn sie verknüpft
werden sollen.

2.4.2 Variablen

Eine *Variable* ist ein Name für ein konkretes Objekt, das irgendwo im Speicher abgelegt
ist. Der Name der Variablen kann dabei vom Programmierer frei gewählt werden. Er
sollte mit einem Buchstaben beginnen, danach sind auch Ziffern oder der Unterstrich
„_" erlaubt. Als Variablennamen sind z.B. möglich: *x, y1, betrag, kontoStand, R2_D2*
oder *zwischen_summe*. In einer Variablen kann man einen Zwischenwert speichern
und diesen Wert beliebig oft abfragen. Man darf den Wert der Variablen später wieder
ändern. Mit einer *Zuweisung* erhält eine Variable ihren Wert:

```
>>> betrag = 10000
>>> zinssatz = 3.15
```

Anschließend kann man mit der Variablen arbeiten, statt mit dem konkret gespeicherten Wert. Beispielsweise könnte man ausrechnen, welchen Wert das Ersparte in
10 Jahren (mit Zinseszins) haben wird:

```
>>> betrag * (1+zinssatz/100)**10
13636.167369428656
```

Ein wichtiges Merkmal einer Variablen ist der Typ des Wertes, den sie speichert. Den Typ kann man direkt bei Python erfragen, indem man die Funktion *type()* aufruft. In objektorientierten Sprachen, zu denen auch Python gezählt werden kann, werden Typen durch sogenannte Klassen (engl.: *class*) modelliert, das soll uns an dieser Stelle aber noch nicht stören. Jedenfalls erkennen wir, dass *betrag* den Typ *int* hat:

```
>>>type(betrag)
<class 'int'>
```

In statisch typisierten Sprachen ist der Typ eine Eigenschaft der Variablen, und der darf sich in einem festen Kontext nicht ändern. Im Gegensatz dazu kann Python jederzeit Werte beliebiger Typen in einer Variablen speichern. In der zweiten Zuweisung des folgenden Beispiels hat die Variable *x* auf der rechten Seite einen Wert vom Typ *int* und auf der linken Seite einen Wert vom Typ *str*:

```
>>> x = 7
>>> x = "The answer is " + str(x*6)
>>> x
'The answer is 42'
```

2.4.3 Terme

Wie von der Schule gewohnt, kann man mit Variablen genauso rechnen wie mit konkreten Werten. Jede „vernünftige" Kombination von Variablen, Konstanten und Operationen heißt *Term,* oft wird auch der englische Begriff *expression* verwendet. Was eine vernünftige Kombination ist, wird einerseits durch die *Syntax* der Operationszeichen bestimmt, etwa dass das Multiplikationszeichen zwischen den Argumenten steht, oder dass jede öffnende Klammer durch eine entsprechende schließende Klammer ergänzt wird. Zusätzlich dürfen auch nur Werte verknüpft werden, für die das entsprechende Operationszeichen definiert ist. Beispielsweise ist für Strings zwar die Operation „+" definiert, nicht aber „ - " oder „ * ". Eine entsprechende Berechnung, etwa 'Hallo'*'Welt' würde zu einer Fehlermeldung führen.

Um zu erkennen, ob ein Term korrekt gebildet ist, benötigen wir also die Information, welchen Typ seine Bestandteile haben. Falls zum Beispiel t_1 den Typ *str* hat und t_2 den Typ *int*, so ist $t_1 * t_2$ ein syntaktisch korrekter Term vom Typ *str*. Falls sowohl t_1 als auch t_2 vom Typ *str* sind, so ist zwar $t_1 + t_2$ syntaktisch korrekt, nicht aber $t_1 * t_2$.

Als *Syntax* bezeichnet man die Regeln, die bestimmen, ob ein Ausdruck korrekt gebildet ist. Im Falle von Programmiersprachen kommt man fast immer mit sehr einfachen Regeln aus, die man durch eine *kontextfreie Grammatik* beschreiben kann. Für jede syntaktische Einheit gibt man an, wie sie aus einfacheren Bestandteilen zusammengebaut werden darf. Beispielsweise könnte man die Syntax für int-Terme, also für Terme, die eine Integerzahl liefern, so aufschreiben:

$$
\begin{array}{rcl}
intTerm & ::= & intConst \\
& | & intVar \\
& | & -intTerm \\
& | & intTerm + intTerm \\
& | & intTerm * intTerm \\
& | & intTerm * * intTerm \\
& | & intTerm \,// \, intTerm \\
& | & intTerm \, \% \, intTerm \\
& | & (\,intTerm\,)
\end{array}
$$

Jede Zeile der Tabelle beschreibt eine erlaubte Bildungsregel für ganzzahlige Ausdrücke. Auf der linken Seite steht der Begriff, der definiert wird, und jede rechte Seite gibt eine erlaubte Bildungsregel an. Das Zeichen „ ::= " benutzt man gerne als Definitionszeichen, und das Zeichen „ | " trennt die verschiedenen Alternativen. Vorausgesetzt, wir wissen schon, dass *intConst* für eine Integerkonstante (wie z.B. 3, -17, 42, ...} steht und *intVar* für eine Variable vom Typ *int*, dann kann man die Zeilen der Grammatik von links nach rechts so lesen:

Ein *intTerm* ist entweder
- eine int-Konstante
- oder eine int-Variable
- oder ein Minuszeichen „−" gefolgt von einem *intTerm*
- oder einer der Operatoren +, −, **, //, % mit zwei *intTerm*en als Argumenten
- oder ein geklammerter *intTerm*.

Dies könnte man als analytische Leseweise bezeichnen. So geht man vor, wenn im Programmtext ein *intTerm* erwartet wird und man analysieren soll, ob es sich tatsächlich um einen solchen handelt. Auffallend ist die Selbstbezüglichkeit der Definition: Das was definiert werden soll (*intTerm*) wird in der Definition schon benutzt. Dies ist kein Problem, solange mindestens ein Basisfall vorhanden ist.

Wollen wir z.B testen, ob $betrag * (1 + zinssatz/100) * *10$ ein *intTerm* ist, reicht es nach der 5. Regel, zu zeigen, dass sowohl $betrag$ als auch $(1 + zinssatz/100) *$ $*10$ *intTerm*e sind. Damit sind zwei einfachere Fragen entstanden. Gehen wir davon aus, dass $betrag$ schon als int-Variable eingeführt wurde, führt die zweite Frage, ob $(1 + zinssatz/100) * *10$ ein *intTerm* ist, in Verbindung mit der 6. Definitionszeile auf die nächsten zwei Fragen, nämlich ob $(1 + zinssatz/100)$ und 10 *intTerm*e sind, und so weiter. In dem vorliegenden Beispiel werden wir irgendwann scheitern, da irgendwann die Frage auftaucht, ob $zinssatz/100$ ein *intTerm* ist. Leider haben wir keine Zeile, die auf diesen Fall passt, daher ist diese Frage und damit auch die ursprüngliche Frage, ob $(1 + zinssatz/100) * *10$ ein *intTerm* ist, zu verneinen. Hätten wir den

Operator „ // “ statt „ / “ verwendet, so wäre $(1 + zinssatz // 100) ** 10$ ein (syntaktisch korrekter) *intTerm*.

Diese analytische Vorgehensweise nennt man auch *Syntaxanalyse*. Sie ist die Voraussetzung für die korrekte Auswertung eines Ausdruckes.

Eine Syntaxdefinition wie die obige kann man aber auch von rechts nach links lesen. Dann kann man sie als *Konstruktionsprinzip* verstehen:

- Jede int-Konstante ist ein *intTerm*,
- jede int-Variable ist ein *intTerm*,
- ein Minuszeichen „–“ gefolgt von einem *intTerm* ist ein *intTerm*
- zwei *intExpr* verbunden durch eine der Operatoren +, +–, *, **, //, % liefern einen *intTerm*.
- ein geklammerter *intTerm* ist wieder ein *intTerm*.

Diese Leseweise entspricht einer *induktiven Definition* wie sie in der Mathematik üblich ist. Um den obigen *intTerm* $(1 + zinssatz/100) ** 10$ zu konstruieren, beginnen wir z.B. mit den Integerkonstanten 1, 100, 10. Aufgrund der ersten Zeile sind diese auch *intTerm*e, ebenso, aufgrund der zweiten Zeile, die Variablen *zinssatz* und *betrag*. Es folgt aufgrund der anderen Zeilen, dass auch $zinssatz // 100$ ein *intTerm* ist, dann auch $1 + zinssatz // 100$, $(1 + zinssatz // 100)$, $(1 + zinssatz // 100) ** 10$ und schließlich $betrag * (1 + zinssatz // 100) ** 10$.

2.4.4 Evaluierung

Jeder Term hat einen Wert, und die Berechnung des Wertes bezeichnet man als *Evaluierung*. Betrachten wir beispielsweise den obigen Term

$$betrag * (1 + zinssatz/100) ** 10.$$

Dessen Evaluierung geschieht in den folgenden Schritten: Zunächst wird die Struktur dieses Ausdrucks erkannt: Es handelt sich um eine Multiplikation $t_1 * t_2$ zweier Terme. Dabei steht t_1 für die Variable *betrag* und t_2 für den Term $(1 + zinssatz/100)^{**} 10$. Erst nachdem t_1 und t_2 ausgewertet sind, kann das Ergebnis durch Multiplikation ermittelt werden. Die Evaluierung von t_1, hier der Variablen *betrag*, geschieht durch Aufsuchen des gespeicherten Wertes im Speicher: $eval(t_1) = 10000$. Die Evaluierung von t_2 führt zu dem Unterproblem, den Term $(1 + zinssatz/100)^{**} 10$ zu evaluieren. Wir greifen einfach mal voraus und stellen fest, dass dies den Wert 1.3636167369428656 liefern wird. Wir erhalten also:

$$
\begin{aligned}
eval(betrag * (1 + zinssatz/100)^{**} 10) &= eval(betrag) * eval((1 + zinssatz/100)^{**} 10) \\
&= 10000 * 1.3636167369428656 \\
&= 13636.167369428656
\end{aligned}
$$

Die Evaluierung von $t_2 = (1 + zinssatz/100)^{**}10$ geschieht ähnlich wie die Evaluierung des ganzen Terms: Es handelt sich um eine Exponentiation $t_2 = t_3^{**}t_4$ wobei $t_3 = 1 + zinssatz/100$ ist und $t_4 = 10$. Für die Evaluierung berechnen

$$eval(1 + zinssatz/100)^{**}10) \ = \ eval(1 + zinssatz/100)^{eval(10)}$$
$$= \ eval(1 + zinssatz/100)^{10}$$
$$= \ 13636.167369428656$$

Die *Evaluierungsregel* für einen Term ist also einfach:
- Variablen werden nachgeschlagen (engl.: *lookup*),
- Konstanten werden direkt als Argumente verwendet,
- Operationszeichen bewirken die Ausführung der entsprechenden mathematischen Operation.

2.5 Anweisungen und Kontrollstrukturen

Die große Masse der gängigen Programmiersprachen, so auch Python, gehört zur Familie der *imperativen Sprachen*. Der Name legt nahe, dass man in der Sprache Befehle oder *Anweisungen* formuliert, welche die CPU bzw. der Rechner oder seine Peripherie ausführen sollen. Ist eine Anweisung ausgeführt, kommt die nächste, und die nächste, etc. bis alle abgearbeitet sind. Die Sprache stellt insbesondere Mittel zur Verfügung, die auszuführenden Anweisungen zu formulieren und weiter sogenannte *Kontrollstrukturen*, um die Anweisungen zu gruppieren und deren Ablauf zu organisieren. Insbesondere kann eine Gruppe von Anweisungen nur bei Vorliegen einer bestimmten Bedingung ausgeführt werden oder auch nach Bedarf mehrmals wiederholt werden, man spricht dann von einer Befehlsschleife.

Neben den imperativen Sprachen gibt es auch noch die sogenannten *deklarativen Sprachen*, mit den funktionalen und den logischen Sprachen als wichtigste Vertreter. Die gängigsten funktionalen Sprachen sind derzeit *Haskell*, *Erlang*, *F#*, *ML* und *LISP* bzw. *Scheme* oder *Clojure*. In diesen Sprachen wird das Programmierproblem als Ergebnis eines schrittweise entwickelten Ausdruckes formuliert. Damit ist man der mathematischen Denkweise nahe, weil insbesondere der zeitliche Ablauf von Berechnungen weitgehend ausgeblendet wird. Insbesondere kann nicht mitten in einer Berechnung eine Variable ihren Inhalt wechseln, so wie dies für imperative Sprachen üblich ist. So kann man sich auf das Problem konzentrieren, nicht auf die Organisation der Abläufe im Computer. Zu den deklarativen Sprachen gehören auch die logischen Sprachen, deren bekanntester Vertreter *Prolog* heißt. Hier formuliert man ein Programm durch eine Menge mathematischer Axiome und Bedingungen, die die zu lösende Problematik beschreiben und lässt dann den Rechner eine mögliche Lösung finden.

So streng getrennt wie dies zunächst klingt, manifestieren sich die Konzepte allerdings nicht. Die meisten imperativen Sprachen, darunter natürlich auch Python, erlauben und unterstützen auch einen funktionalen Programmierstil. Funktionale Sprachen, wie z.B. ML erlauben auch befehlsorientierte Bestandteile und logische Sprachen, wie z.B. Prolog ermöglichen es durch nicht-logische Konzepte direkten Einfluss auf den Ablauf der Lösungssuche auszuüben. Sinnvoll ist es, eine Sprache auszusuchen, die möglichst undogmatisch mehrere Programmierstile erlaubt. Die Engstelle sind meist die Programmierer, die Schwierigkeiten haben, gedanklich von dem einen in den anderen Programmierstil zu wechseln, um so immer die geeigneten Mittel entsprechend der vorliegenden Problemlage auszuwählen.

2.5.1 Elementare Anweisungen in Python

Anweisungen sind Befehle an den Python Interpreter. Bisher haben wir Python im interaktiven Modus betrieben. Wir haben einen Ausdruck eingegeben, Python hat diesen ausgerechnet und das Ergebnis angezeigt. In einem Programm werden unterwegs viele Ausdrücke als Zwischenergebnisse ausgerechnet und niemand will alle diese Zwischenergebnisse auf dem Bildschirm sehen. Einem laufenden Python-Programm muss man daher explizit die Anweisung erteilen, etwas zu drucken. Dazu gibt es den „print"-Befehl:

print(e_1,...,e_n) zeigt das Ergebnis der Ausdrücke e_1, ..., e_n im Terminalfenster an. Dazu wird zunächst jeder der Ausdrücke e_1, ..., e_n ausgerechnet. Die Ergebnisse werden jeweils in Strings umgewandelt und, mit einem Leerzeichen getrennt, ausgegeben.

```
>>> print("The","answer is",2*3*7.0)
The answer is 42.0
```

In diesem Falle ist e_1 ='The', e_2 ='answer is' und e_3 = 2 * 3 * 7.0.

2.5.2 Zuweisungen

Meist verbindet man Speichern und Abfragen von gespeicherten Werten. Die allgemeine Form der Zuweisung ist dann

$$v = t$$

wobei v ein Variablenname ist und t ein Term. Zunächst wird der Term t ausgerechnet (evaluiert), das Ergebnis wird danach in der Variablen v gespeichert. Dabei ist es durchaus erlaubt, dass die Variable v auch in t vorkommt, wie in

```
>>> betrag = betrag * (1+zinssatz/100)
```

In diesem Falle wird der alte *betrag* mit (1 + *zinssatz*/100) multipliziert. Das Ergebnis wird sodann als neuer Wert in der gleichen Variablen *betrag* gespeichert. Als mathematische Gleichung darf mein eine solche Zuweisung nicht betrachten und die

Wahl des Zeichens „=" als Zuweisungsoperator ist in der Tat unglücklich. Mathematisch müsste man zwischen dem „alten Wert" einer Variablen v und dem neuen Wert v' von v unterscheiden und bekäme dann die mathematisch korrekte Gleichung

$$v' = t$$

im gerade gesehenen Beispiel also $betrag' = betrag*(1+zinssatz/100)$. Alle anderen Variablen ändern ihren Wert bei einer solchen Zuweisung nicht, insbesondere hätten wir im Beispiel: $zinssatz' = zinssatz$.

Erhält eine Variable bei einer Zuweisung einen neuen Wert, so wird der alte Wert durch den neuen Wert ersetzt, er wird „überschrieben". Durch gezielte Zuweisungen kann man Berechnungen realisieren: Angenommen, wir wollten Artikelpreise unserer Einkaufsliste 2.99, 0.79, 1.98, 0.39 addieren. Dazu initialisieren wir zunächst eine Variable *summe* mit 0 und addieren zu dem jeweiligen alten Wert der Variablen den Kaufpreis, um den jeweils neuen Wert zu erhalten.

2.5.3 Python-Programmentwicklung

Obwohl man Ausdrücke, Anweisungen und ganze Programme in der interaktiven Python-Shell ausprobieren könnte, wird diese Methode für größere Beispiele schnell unpraktisch. Hier ist es sinnvoller, alle Befehle erst einmal zu einem Programmtext zusammenzustellen. Diesen kann man in einer Datei speichern, editieren und dem Python-Interpreter zur Ausführung übergeben - man sagt: *ausführen* oder *ablaufen* lassen. Ist z.B. `test.py` die Datei, die die Anweisungen des Programms enthält, so kann man dieses ausführen, indem man den Befehl

```
python test.py
```

auf der Kommandozeile des Betriebssystemms (`cmd.exe` unter Windows, `sh`, `ksh`, `bash`, oder `csh` unter Linux) eingibt. Dieser Befehl ruft den Python-Interpretierer (in Windows: `python.exe`) mit dem Dateinamen, welcher das Programm enthält, als Argument. Noch einfacher geht es von der graphischen Oberfläche aus. Speichert man den Programmtext in einer Datei, deren Namen mit '.py' endet, so kann man das Programm durch einfachen Doppelklick starten. Dies hat unmittelbar den oben erwähnten Aufruf zur Folge.

Zur Erstellung eines Python-Programms starten wir die IDLE genannte Entwicklungsumgebung. Dort können wir einen Programmtext erstellen, den wir mit dem Menüeintrag „Run" direkt ausführen können.

Zunächst wählen wir aus dem File-Menü *New-file* und erhalten eine leere Seite. Mit *Save as* können wir der neuen Datei einen Namen geben. Die Endung '.py' wird vom System automatisch angehängt. Wir editieren unser Programm und können es durch Drücken der Funktionstaste „F5" gleich in der Python-shell testen. Falls wir den Text noch nicht gespeichert haben, werden wir dazu aufgefordert. Die Ausgaben des Programms sowie etwaige Fehlermeldungen erscheinen in der Python shell. Nach (eventuell mehrmaligen) Korrekturen von aufgetretenen Fehlern und erneutem Drücken von F5 läuft irgendwann tatsächlich das Programm so wie gewünscht. Für das folgende Programm

```
summe = 0.0
summe = summe + 2.99
summe = summe + 0.79
summe = summe + 1.98
summe = summe + 0.39
print(summe) ## Ergebnis ist: 6.1499999999999995
```

erscheint dann in der Python-Shell das Ergebnis und mit dem Prompt >>> das Angebot zur weiteren Interaktion:

```
6.1499999999999995
>>>
```

Idle kennt die Python Syntax und hilft dem Entwickler auf vielfältige Weise bei der Programmerstellung: Schlüsselworte werden farblich hervorgehoben, Kommentare erkannt und eingefärbt, Text zwischen passenden Klammerpaaren markiert und beim Eintippen eines Funktionsnamens werden die benötigten Parameter angezeigt.

2.5.4 Hintereinanderausführung und Blöcke

Wie in dem obigen Beispiel gesehen, kann man mehrere Anweisungen der Reihe nach ausführen. Man spricht von einem Anweisungsblock. Wir haben jede Anweisung auf einer neuen Zeile begonnen. Dabei ist es in Python ganz wichtig, darauf zu achten, dass diese Anweisungen auf derselben Spalte beginnen. Man darf also z.B die auf die erste Anweisung folgenden Anweisungen nicht einfach einrücken. Wir werden später noch sehen, dass in Python die Schachtelung von Anweisungen durch Einrücken kenntlich gemacht wird. Auf jeden Fall werden die Anweisungen eines Blockes der Reihe nach ausgeführt. Man spricht von einer *Hintereinanderausführung*.

Es gibt (selten) die Situation, dass man mehrere kurze Anweisungen auf einer Zeile schreiben möchte. Das ist durchaus möglich, man muss dann aber die einzelnen Anweisungen jeweils durch Semikola trennen.

```
x = 4 ; y = 7 ; x = x+y
```

Die obige Anweisungsfolge ist äquivalent zu dem Block

```
x = 4
y = 7
x = x+y
```

Die Reihenfolge der Anweisungen in einem Block ist wichtig für das Ergebnis. Das folgende Programmstück soll den Inhalt der Variablen x und y vertauschen. So etwas kommt oft vor, insbesondere, wenn man eine Gruppe von Daten sortieren will. Das naive Programm funktioniert nicht:

```
x = y
y = x
```

In der ersten Anweisung erhält *x* den gleichen Wert wie *y*. Damit ist schon der alte Wert von *x* verschwunden - man sagt: überschrieben. In der zweiten Anweisung erhält *y* dann den neuen Wert von *x*, also den alten Wert von *y*. Somit ändert sich *y* nicht. Für die Vertauschung zweier Variableninhalte benötigt man folglich eine Hilfsvariable als Zwischenspeicher. Dort wird der alte Wert von *x* zwischengespeichert, bevor *x* überschrieben wird. *y* erhält schließlich seinen neuen Wert aus diesem Zwischenspeicher:

```
temp = x
x = y
y = temp
```

Man kann sich leicht überzeugen dass keine andere Reihenfolge dieser Zuweisungen das gewünschte leistet, nämlich die Inhalte von x und y zu vertauschen.

2.5.5 Mehrfachzuweisungen

In Python gibt es die Möglichkeit, das gerade besprochene Problem auf eine besonders elegante Weise ohne Hilfsvariable zu lösen, indem man *parallele Zuweisungen* nutzt. Hierbei können einer Reihe von Variablen $v_1, ..., v_n$ gleichzeitig Werte $t_1, ..., t_n$ zugeordnet werden. Die *Mehrfachzuweisung* lautet dann:

$$v_1, ..., v_n = t_1, ..., t_n.$$

Den Inhalt der Variablen *x* und *y* kann man auf diese Weise durch eine einzige Mehrfachzuweisung und ohne weitere Hilfsvariable austauschen:

```
x,y = y,x
```

Solche Mehrfachzuweisungen sieht man häufig in Python. Sie sind eigentlich nur Spezialfälle für ein viel allgemeineres Konzept, bei dem links ein Muster mit Variablen steht und rechts ein dazu passender Ausdruck. In vielen Programmiersprachen sind solche parallelen Zuweisungen noch nicht möglich, man muss für den gleichen Effekt umständlich temporäre Hilfsvariablen einsetzen.

2.5.6 Bedingte Anweisungen

Mit Bedingungen können wir die Ausführung von Anweisungen kontrollieren. Als Bedingung eignet sich jeder Boolesche Ausdruck. Falls die Bedingung erfüllt ist, wird die Anweisung ausgeführt, sonst nicht. Bedingte Anweisungen beginnen mit dem Schlüsselwort *if* . Darauf folgt die Bedingung und ein Doppelpunkt „:" trennt die Bedingung von der Anweisung, welche ausgeführt werden soll, falls die Bedingung erfüllt war. Wichtig ist, dass diese Anweisung eingerückt wird - sie ist ein Bestandteil der *if*-Anweisung und wird von dieser kontrolliert. Sollen mehrere Anweisungen von der

Bedingung kontrolliert werden, so muss man sie zu einem Block zusammenfassen, und das bedeutet in Python einfach, sie linksbündig untereinander zu schreiben.

Im folgenden Beispiel wird geprüft, ob x negativ ist. Wenn ja, wird eine Botschaft ausgedruckt und x wird negiert, so dass es positiv wird. War x nicht negativ, so passiert nichts.

```python
if x < 0 :
  print("Oh, ", x ," ist negativ")
  x = -x
```

Die bedingte Anweisung sagt nur für den Erfolgsfall aus, was zu erledigen ist. Falls die Bedingung nicht erfüllt ist, wird keinerlei Aktion ausgeführt. Dennoch können wir durch Hintereinanderausführung bedingter Anweisungen schon halbwegs interessante Sachen erledigen. Das folgende Beispiel zeigt, wie man einen bestimmten Betrag als Wechselgeld mithilfe von 50 €, 20 € und 10 €-Scheinen herausgeben kann. Beträge unter 10 Euro betrachten wir als Trinkgeld:

```python
rest = int(input("Wie hoch ist der Betrag? "))
if rest >= 50 :
  print(rest // 50, " Scheine zu 50 €")
  rest = rest % 50
if rest >= 20 :
  print(rest // 20, " Scheine zu 20 €")
  rest = rest % 20
if rest >= 10 :
  print(rest // 10, " Scheine zu 10 €")
  rest = rest % 10
if rest > 0 :
  print(rest, " € Trinkgeld")
```

2.5.7 Alternativanweisungen

Bedingte Anweisungen sehen nur für den Erfolgsfall, falls die Bedingung wahr ist, bestimmte Aktionen vor. Falls die Bedingung falsch ist, hat die bedingte Anweisung keinen Effekt. In vielen Anwendungen möchte man aber je nach Gültigkeit der Bedingung die eine oder die andere Anweisungsfolge ausführen. Dazu dient die *Alternativanweisung* if ... elif .... else , die es gestattet, mehrere Bedingungen der Reihe nach zu testen, jeweils die richtigen Aktionen auszuführen und auch für den Fall, dass keine der Bedingungen greift, einen sonstigen Fall zu definieren. Die Syntax geben wir als Programmfragment an, in dem die durch spitze Klammern eingerahmten Teile eingefügt werden müssen:

```python
if <Bedingung1> :
<Block1>
elif <Bedingung1> :
<Block2>
```

```
...
else :
<Block>
```

Als Semantik (Bedeutung) einer solchen Anweisung ist festgelegt, dass nacheinander die Bedingungen *Bedingung*1, *Bedingung*2, etc. getestet werden. Sobald eine Bedingung zu *True* auswertet, wird nur noch der zugehörige Block ausgeführt, falls keine der Bedingungen wahr ist, der zum abschließenden else: gehörende Block.

Im folgenden Beispiel wird das Alter und die Größe einer Person zu Rate gezogen, um den Preis für eine Kinokarte zu ermitteln:

```
if size < 100 or age < 6:
  status = "Kinder"
  cost = 6
elif age >= 65 :
  status = "Senioren"
  cost = 9
else:
  status = "Erwachsene"
  cost = 10
print(status + "ticket ",cost,"€")
```

Ist z.B. *size* = 180 und *age* = 42, so druckt das Programm: „Erwachsenenticket 10 €". Insgesamt sehen wir einen Block mit zwei(!) Anweisungen. Die erste Anweisung ist eine Alternativanweisung if..elif..else und die zweite eine *print*-Anweisung. Verschachtelt in die Zweige der Alternativanweisung sind weitere Blöcke zu jeweils zwei Anweisungen.

Die *Einrückung* ist in Python semantisch relevant. Das bedeutet, dass durch Einrückungen im Programmtext die Bedeutung des Programms verändert werden kann. Würde beispielsweise die letzte *print*-Anweisung eingerückt, so würde sie nur zu dem abschließenden *else*-Fall gehören. Es würde also nur für Erwachsene, die zudem größer als 100 cm sind, ein Ticket ausgedruckt, nie für Senioren oder Kinder.

2.5.8 Schleifen

Schleifen dienen zur mehrfachen Wiederholung von Anweisungen oder Anweisungsblöcken. Der Programmteil, der wiederholt ausgeführt werden soll, heißt dann der *Körper* der Schleife. Im einfachsten Fall gibt man eine Zahl *n* an und bestimmt, dass der Körper *n*-mal ausgeführt werden soll, wie in

```
for i in range(n):
  print('Hallo Welt')
```

Der Körper der Schleife besteht aus einer einzigen *print*-Anweisung. Diese wird *n*-mal wiederholt, das Programm druckt den Gruß also *n* mal. Die Variable *i* ist in diesem

Beispiel eigentlich irrelevant. Sie durchläuft alle Zahlen von 0 bis $(n-1)$. Dabei wird jedes Mal die Anweisung `print('Hallo Welt')` ausführt.

Im Körper der Schleife können wir diese Laufvariable benutzen, so dass der Anweisungsblock von dem jeweils aktuellen Wert von i abhängen darf. Das folgende Programm druckt alle Quadrate der Zahlen von 0 bis 9:

```
for i in range (10):
  print(i*i)
```

Seltsam erscheint auf den ersten Blick, warum i die Zahlen von 0 bis 9 durchlaufen soll und nicht die von 1 bis 10. In vielen Fällen ist es rechnerisch vorteilhaft, Dinge mit 0 beginnend durchzunummerieren. Insbesondere können sich mathematische Formeln, mit denen man einen Bereich bestimmt, dadurch oft vereinfachen. Auch die Array-Indizes in Java, C und fast allen modernen Sprachen werden mit 0 beginnend durchgezählt. Wir müssen uns einfach daran gewöhnen, dass mit $range(n)$ die Zahlen $\{0, 1, 2, ..., n-1\}$ gemeint sind. Zum Glück sind das n viele.

Der Körper einer Schleife kann ein beliebiger Python-Programmblock sein. Dieser wird nach der Kopfzeile `for i in range(n):` wie in Python üblich, eingerückt. Insbesondere kann der Körper selber auch wieder eine Schleife sein.

Als Beispiel wollen wir das berühmte Pascal'sche Dreieck ausdrucken, dessen n-te Zeile aus den Koeffizienten der binomischen Formel für $(a + b)^n$ besteht. Die dritte Zeile, das ist die Zeile mit $n = 2$, lesen wir die Koeffizienten des bekannten binomischen Lehrsatzes $(a + b)^2 = 1 \cdot a^2 + 2 \cdot ab + 1 \cdot b^2$ ab, aus der folgenden: $(a + b)^3 = 1 \cdot a^3 + 3 \cdot a^2 b + 3 \cdot ab^2 + 1 \cdot b^3$, etc. Abbildung 2.9 zeigt das Pascalsche Dreieck bis $n = 4$:

```
            1
         1     1
      1     2     1
   1     3     3     1
1     4     6     4     1
```

Abb. 2.9. Pascalsches Dreieck

Als Vorübung wollen wir zunächst ein Programm schreiben, das das Dreieck in der gezeigten Form ausgibt, wobei statt der Zahlen nur das Zeichen '*' erscheint. Das ist schon deswegen nicht ganz einfach, weil die Spitze des Dreiecks nicht am linken Rand, sondern in der Zeilenmitte beginnen soll. Das könnten wir erreichen, indem wir zunächst entsprechend viele Leerzeichen ausdrucken bevor wir die Reihe der „*"-Zeichen beginnen. Da wir später beabsichtigen, die „*"-Zeichen durch Zahlen zu ersetzen, ist es günstiger, statt Leerzeichen Tabulatorzeichen zu verwenden.

```
      *
    *   *
  *   *   *
 *  *   *   *
*   *   *   *   *
```

Unsere äußere Schleife ist für die *r* vielen Zeilen *n* = 0, 1, ..., *r* – 1 zuständig. Ihr Körper besteht aus drei Anweisungen:

1. einer *for*-Schleife, die mit *r* – *n* vielen unsichtbaren Tabulatoren die Schreibmarke richtig positioniert.
2. einer zweiten *for*-Schleife, die *n* + 1 viele '*'-chen getrennt jeweils von zwei Tabulatoren ausdruckt
3. einem *print*()-Kommando, das eine Leerzeile einschiebt.

```
for n in range(r):
  for k in range(r-n):
    print('\t',end='')
  for k in range(n+1):
    print('*','\t\t',end='')
  print()
```

Der otionale Parameter der print-Funktion, `end = ''`, sorgt dafür, dass diese keinen Zeilenumbruch verursacht, sondern, dass ein folgender `print`-Aufruf auf der gleichen Zeile weitermacht. Der default-Wert für `end` ist `'\n'`, also Zeilenvorschub.

Um statt der „ * -chen" die in Abb. 2.9 gezeigten Zahlen auszugeben, werden wir später in diesem Programm lediglich den String „ * " durch den Aufruf *binomi*(*n*, *k*) oder *binomi*[*n*, *k*] ersetzen müssen. Letzteren Ausdruck werden wir wir im Abschnitt 2.7.11 über „Dictionaries" erläutern.

2.5.9 while-Schleifen

Die oben gezeigten *for*-Schleifen zeichnen sich dadurch aus, dass die Anzahl der Schleifendurchläufe zu Beginn der ersten Iteration schon festliegt. While-Schleifen sind in dieser Hinsicht allgemeiner. Vor jedem Durchgang wird eine Bedingung überprüft. Falls diese erfüllt ist, wird der Schleifenkörper ausgeführt. Dann beginnt das Spiel von vorne. Es endet erst, wenn bei der Überprüfung der Bedingung diese einmal zu *False* auswertet. Eine *while*-Schleife hat die folgende recht einfache Syntax:

```
while <Bedingung> :
    <Block>
```

Als Bedingung kommt jeder Boolesche Ausdruck in Frage. Ist diese nicht erfüllt, so ist nichts zu tun. Ansonsten wird der Block, welcher den Körper der Schleife bildet, ausgeführt und anschließend wieder von vorne begonnen. Typischerweise kommen in der Bedingung Variablen vor, die im Körper verändert werden. Auf diese Weise kann die kontrollierende Bedingung nach mehreren Iterationen falsch werden, was die Schleife dann beendet.

In dem folgenden Beispiel werden Dezimalzahlen eingelesen und diese addiert, bis zum ersten Mal eine 0 oder eine negative Zahl eingegeben wird. Dann wird die akkumulierte Summe ausgedruckt. Die Bedingung der *while*-Schleife ist also $z > 0$ und ihr Körper besteht aus zwei Zuweisungen, die den zuletzt eingegebenen Wert zur *summe* addieren und den nächsten Wert einlesen.

```python
print("Bitte Zahlen eingeben \n")
summe = 0.0
z = int(input("Die erste Zahl bitte "))

while z > 0 :
  summe = summe + z
  z = int(input("und die nächste "))

print("Die Summe ist ",summe)
```

Die while-Schleife im obigen Beispiel wurde von der Eingabe des Benutzers kontrolliert. Wann und ob sie terminiert, hängt vom Durchhaltewillen der Person ab, die die Daten eingibt.

Häufig gibt es auch einen Zähler, der bei jedem Schleifendurchlauf verändert wird. Die Bedingung fragt jeweils diesen Zähler ab und veranlasst dann ggf. den Abbruch der Schleife. So könnten wir beispielsweise die Summe aller Zahlen von 1 bis n bestimmen:

```python
n, summe = 100, 0
while n >= 1:
  summe = summe + n
  n = n-1
print(summe)
```

Hier fungiert *n* als Zähler, der bei 100 beginnt und bis 1 herabzählt. In der While-Schleife müssen wir diese (als Zähler gedachte) Variable explizit durch die Zuweisung $n = n - 1$ dekrementieren.

Das folgende Beispiel zeigt eine while-Schleife, deren Körper eine Alternativanweisung enthält. Eine Zahl *n* wird getestet, ob sie durch *p* teilbar ist. Wenn ja, wird *n* durch *p* geteilt und *p* ausgedruckt, ansonsten wird *p* erhöht. Das Programm stoppt, wenn $p > n$ ist. Auf diese Weise werden alle Prim-Teiler von *n* gefunden:

```python
n,p = 2017,2
while p <= n:
  if n % p == 0:
    print(p)
    n = n // p
  else:
    p = p+1
```

Mit Hilfe einer while-Schleife lassen sich auch Programme schreiben, die endlos laufen. Das ist der Fall, wenn die Bedingung, die die Schleife kontrolliert, immer wahr bleibt. Solche Programme sind durchaus nützlich. Die bekannte Kommandozeile (*shell*) nimmt Befehle vom Benutzer entgegen, und führt sie aus. Ein Stoppen ist nicht vorgesehen. Wir demonstrieren dies an dem folgenden kleinen Programm, das einen Text entgegennimmt, diesen als Python-Befehl interpretiert und mit Hilfe der Funktion *exec* ausführt und dann bereitsteht für den nächsten Befehl:

```
while True :
  befehl = input("Dein Befehl, Meister : ")
  exec(befehl)
```

Eine simple Interaktion mit diesem Programm könnte dann z.B. so aussehen:

```
Dein Befehl, Meister : x ,y = 4, 3
Dein Befehl, Meister : print(x+y)
7
Dein Befehl, Meister :
```

2.5.10 Terminierung

Während in den obigen Beispielen die Frage, ob eine *while*-Schleife und damit das ganze Programm zum Halten kommt, jeweils einfach zu beurteilen ist, gibt es Fälle, wo dies beliebig schwierig sein kann. Das folgende Programm implementiert ein einfaches Spiel:
- Beginne mit einer beliebigen natürlichen Zahl n.
    - Ist n gerade, so wird n halbiert, ist n ungerade so multiplizieren wir n mit 3 und addieren 1.
    - Mit der neuen Zahl geht das Spiel dann weiter.
- Stoppe, wenn $n = 1$ erreicht ist.

Das folgende Beispiel zeigt, was passiert, wenn wir mit $n = 7$ beginnen:

    7 22 11 34 17 52 26 13 40 20 10 5 16 8 4 2 1

Es ist ein immer noch ungelöstes mathematisches Problem, ob unabhängig von der Startzahl n stets die Zahl 1 erreicht wird. Das Problem wurde von dem Mathematiker Lothar Collatz im Jahr 1950 zum ersten Mal verbreitet. Trotz hunderter von Veröffentlichungen ist die allgemeine Frage bis heute ungeklärt. Dies bedeutet, dass es unbekannt ist, ob das folgende Programm unabhängig von der eingegebenen Zahl n immer hält, oder nicht:

```
n = int(input("Bitte eine positive Zahl eingeben: "))
while n > 1:
  print(n)
  if n % 2 == 0 : n = n // 2
  else : n = 3*n+1
```

Wenn eine Schleife regulär terminiert, dann ist die Schleifenbedingung dafür verantwortlich. Direkt nach Beendigung einer While-Schleife muss also die Negation ihrer Bedingung gelten. Wir wissen nicht, ob das Collatz-Programm terminiert. Falls es dies aber tut wissen wir, dass für die Variable n gilt: $not(n > 1)$, also $n \leq 1$.

2.5.11 Schachtelung von Schleifen

Der Körper einer Schleife ist ein Block, der seinerseits aus mehreren Anweisungen bestehen kann. Darunter kann sich auch wieder eine *while*-Anweisung, also eine Schleife, befinden. In diesem Falle spricht man von einer *geschachtelten Schleife*. Im folgenden Beispiel sollen alle Primzahlen von 2 bis 100 ausgedruckt werden. Die äußere Schleife durchläuft dabei alle Zahlen n von 2 bis 100. In der inneren Schleife wird jeweils getestet, ob n eine Primzahl ist. Dazu werden alle Zahlen p von 2 bis n-1 getestet, ob sie n teilen. Die äußere Schleife terminiert, wenn n = 100 ist.

Wenn die innere Schleife terminiert, ist (p < n) **and** (n%p != 0) falsch, also gilt (p >= n) oder (n%p==0). Im ersten Fall ist n eine Primzahl im zweiten Fall nicht. Die *if*-Anweisung testet, welcher der beiden Fälle zum Abbruch der Schleife geführt hat und druckt dann ggf. n aus.

```
n = 2
while n < 100:
  p = 2
  while (p < n) and (n%p != 0) :
    p = p+1
  if p >= n:
    print(n)
  n = n+1
```

Mit Zuweisungen, Hintereinanderausführungen (Blöcken), Alternativanweisungen und Schleifen haben wir die fundamentalen Bestandteile imperativer Programmiersprachen jetzt schon kennengelernt. Im Prinzip könnten wir jede berechenbare Funktion, d.h. jede mathematische Funktion, die überhaupt programmierbar ist, mit diesen Mitteln realisieren. Das ist ein theoretisches Ergebnis, welches insbesondere besagt, dass alle Rechner, die diese elementaren Fähigkeiten realisieren, aus mathematischer Sicht gleich mächtig sind. Allerdings benutzt dieses Ergebnis die Tatsache, dass man prinzipiell jede Art von Daten (beispielsweise auch Bilder und Videos) in natürlichen Zahlen codieren kann. Die Bearbeitung der Daten kann man dann durch die entsprechende Bearbeitung der sie codierenden Zahlen ersetzen und nach Beendigung das Ergebnis wieder entsprechend zurück codieren.

2.6 Strukturiertes Programmieren

Wenn man theoretisch mit den bisher eingeführten Kontrollstrukturen auch jeden Algorithmus formulieren könnte, so würde das Ergebnis oft ein undurchschaubares Gewirr von verschachtelten Konstruktionen darstellen. Ein derartiger Code wäre schwer durchschaubar, schwer zu pflegen, und erst recht nicht in einem Team zu entwickeln. Daher muss es darum gehen, die Programmieraufgabe in sinnvolle Bestandteile zu zerlegen, diese Bestandteile einzeln zu programmieren und sodann zu einem übersichtlichen Programm zusammenzusetzen. Auf diese Weise kann man Teile des Codes einzeln entwickeln und testen und die Teile für andere Zwecke wiederverwenden. Zudem möchte man Namen, die nur lokale Bedeutung haben, verstecken, so dass sie auch nur dort wo sie wichtig sind gesehen werden und nicht versehentlich anderswo gelesen oder verändert werden. Das mächtigste Strukturierungskonzept in klassischen Programmiersprachen ist der Begriff einer Funktion.

2.6.1 Funktionen

Mit Funktionen kann man Programme in sinnvolle und wiederverwendbare Teile zerlegen. Statt großer monolithischer Programme mit vielen geschachtelten Blöcken kombiniert man Funktionen die jede für sich eine wohldefinierte Aufgabe erledigen. Funktionen können über ihre Namen aufgerufen werden. Dabei können über Parameter Daten übergeben werden.

Der Benutzer weiß nur, was die Funktion leisten soll und verlässt sich auf ihre Spezifikation. Derselbe oder ein anderer Programmierer kann die Funktion gemäß der Spezifikation implementieren.

Als Beispiel betrachten wir die Funktion, die zu zwei positive Zahlen m und n den größten gemeinsamen Teiler berechnet. Der Aufruf $ggT(124, 76)$ sollte den Wert 4 liefern Die Funktion ggT hat zwei Parameter, m und n, die beim Aufruf mit Zahlen versorgt werden. Die Anweisung *return* liefert das Ergebnis der Funktion nach außen:

```
def ggT(m,n):
  while m != n :
    if m > n :
      m = m-n
    else :
      n = n-m
  return m
```

Das Schlüsselwort *def* leitet die Definition der Funktion ein. Es folgt der frei gewählte Name der Funktion, eine Liste von Parameternamen, der Doppelpunkt und ein eingerückter Block, den man als Funktionskörper (engl.: *body*) bezeichnet. Die Syntax für eine *Funktionsdefinition* ist also:

```
def <Name> ( <Parameter> ) :
<Block>
```

Ein *Aufruf* der Funktion besteht aus dem Namen der Funktion und Termen an den Parameterpositionen.

```
<Name> ( <Terme> )
```

Aufrufe der Funktion *ggT* können dann überall dort vorkommen, wo ein *intTerm* erwartet wird, also beispielsweise in einer *print*-Anweisung wie $print(ggT(123, 456))$ oder auf der rechten Seite einer Zuweisung wie $x = ggT(x - y, y)$.

Da der Körper einer Funktion ein Block von Anweisungen ist, bewirkt der Aufruf der Funktion die Ausführung dieser Anweisungen. Dabei werden die Parameter wie lokale Variablen behandelt, die beim Aufruf ihren Wert erhalten haben. Der Aufruf $ggT(x - y, x)$ entspricht somit der parallelen Zuweisung

```
m, n = x-y, y
```

gefolgt von der *while*-Anweisung, aus der obigen Definition der *ggT*-Funktion.

Was das erwartete Ergebnis eines Funktionsaufrufs angeht, so gibt es zwei Möglichkeiten: Entweder liefert die Funktion ein Ergebnis, wie in dem Beispiel der *ggT*-Funktion, oder sie erzielt einen Effekt, indem sie z.B. etwas auf den Bildschirm schreibt, ein Video abspielt, oder eine Mail versendet.

Im ersten Fall benötigt die Funktion eine *return*-Anweisung,

```
return <Term>
```

bestehend aus dem Schlüsselwort `return` und einem Term, dessen Ergebnis den Funktionswert liefert. Sobald die Berechnung bei der *return*-Anweisung angelangt ist, wird der zugehörige Term ausgewertet und als Ergebnis des Funktionsaufrufs abgeliefert. Damit wird die Funktion sofort verlassen. Die *return*-Anweisung muss also nicht unbedingt am Ende des Funktionskörpers stehen.

Falls eine Funktion kein *return* verwendet, so wird sie als Anweisung verstanden und kann überall dort aufgerufen werden, wo eine Anweisung erwartet wird. Sie führt die gewünschten Aktionen aus, liefert aber keinen (Rückgabe-)Wert.

2.6.2 Kommentare

Kommentare sind Notizen, des Programmierers im Programmtext, die sich aber in keiner Weise auf den Programmlauf auswirken. Sie dienen vorwiegend der Dokumentation des Programms, sowohl als Erklärung für einen Benutzer als auch als Hinweis für einen Programmierer, der die Funktion später noch einmal modifizieren muss.

Eine Pythonfunktion, die nicht nur eine lokale Hilfsfunktion zu einer anderen Funktion ist, sollte auf jeden Fall mit einem *docstring* beginnen. Das ist ein in dreifache Ausführungszeichen eingeschlossener Text, der kurz beschreibt, was die Funktion machen soll. In Python hat sich die Konvention herausgebildet, diesen docstring direkt nach dem Funktionskopf und vor dem Rumpf zu platzieren.

Zeilenkommentare beginnen mit einem #-Zeichen und erstrecken sich bis zum Zeilenende. Sie nehmen entweder eine Zeile ein, oder sie können auch auf der gleichen Zeile wie eine Anweisung stehen, um diese zu kommentieren.

```python
def fast_ggt(m,n):
    """
    Berechnet den ggT(m,n)
    Voraussetzung: 0 < m,n ganze Zahlen
    """
    while m != 0 and n != 0:
        # m und n werden verändert,
        # ohne dass sich ggt(m,n) ändert.
        if m >= n:
            m = m % n    # m kann 0 werden !!
        else:
            n = n % m    # n analog ...

    # jetzt ist m == 0 oder n == 0
    return m+n
```

2.6.3 Lokale und globale Variablen

Funktionen können eigene Hilfsvariablen definieren und verwenden. Dabei kann es absichtlich oder versehentlich vorkommen, dass ein Variablenname benutzt wird, welcher außerhalb der Funktion bereits vorgekommen ist. Im Körper einer Funktion ist jede Variable außerhalb, die vorher verwendet wurde, sichtbar. Das bedeutet, dass ihr Inhalt gelesen, nicht aber verändert werden kann.

Innerhalb einer Funktion können eigene Variablen eingeführt und benutzt werden. Während in einigen Sprachen dazu eine gesonderte Deklaration nötig ist, erfolgt diese automatisch durch die erste Zuweisung. Dazu betrachten wir das folgende Beispiel

```python
x,y = 4,1

def test():
    x = 0
    z = x+y
    return z+1

print(x,test())
```

Zwei Variablen, x und y sind bereits vorhanden. In der Funktion *test*() werden zwei weitere Variablen, x und z verändert. Deren Gültigkeitsbereich ist nur der Körper der Funktion. Sie sind lokal zur Funktion *test*. Insbesondere hat das x innerhalb der Funktion *test* nichts mit dem äußeren x zu tun.

Die *print*-Anweisung befindet sich außerhalb des Funktionskörpers. Weder das x noch das y von innerhalb der Funktion sind hier sichtbar. Die Variable x in der Anweisung `print(x,test())` meint daher die äußere Variable *x* mit unverändertem Wert 4. Das Ergebnis der print-Anweisung ist daher 4 2.

Allgemein wird eine Variable, welcher innerhalb des Funktionskörpers ein Wert zugewiesen wird, als lokal angenommen, eine Variable, die nur gelesen wird als global. Würde man in der Funktion *test* die Zeile x = 0 entfernen oder auskommentieren, so wäre das Ergebnis des Programms 4 6. Da x nur gelesen wird, aber innerhalb der Funktion keinen Wert erhält, muss es als global angenommen werden. Die Zuweisung z = x+y hinterlässt 4+1=5 in der Variablen z. Die *return*-Anweisung liefert 6 und das Ergebnis der print-Anweisung ist 4 6.

Es gibt gelegentlich Situationen, in denen eine Funktion auch ein globale Variable verändern möchte. In diesen Fällen muss man diese mit dem Schlüsselwort global deklarieren. Angenommen wir programmieren eine Simulation, in der eine Variable *time* die abgelaufene Simulationszeit speichert.

Wir wollen nun eine Funktion *tick()* programmieren, deren einzige Aufgabe es ist, nach jeder Runde die Systemzeit zu erhöhen. Dazu müssen wir die Variable zeit als global deklarieren.

```
zeit = 1000
def tick():
    global zeit
    zeit = zeit+1
```

Ohne die Deklaration `global` zeit würde Python einen Fehler melde *„local variable 'zeit' referenced before assignment"*. Weil die Variable *zeit* verändert wird, würde sie von Python als lokale Variable verstanden. Die Zuweisung z=z+1 würde versuchen sie zu inkrementieren bevor sie einen Ausgangswert erhalten hat.

2.6.4 Lokale Funktionen

Im Unterschied zu C und Java erlaubt Python auch lokale Funktionen zu deklarieren. Für eine funktionale Sprache ist so etwas selbstverständlich, da Funktionen auch wieder Daten sind, die ähnlich erzeugt, gespeichert oder verändert werden können, wie andere Daten auch. Eine Funktionsdefinition wie z.B.

```
def quadrat(x):
    return x*x
```

ist nur syntaktischer Zucker für eine Variablendefinition

```
quadrat = lambda x : x*x
```

wobei man das Wort *lambda* übersetzen könnte mit *„Die Funktion, welche ..."* Im Beispiel ist also: *„quadrat* ist die Funktion welche einem *x* den Wert *x* * *x* zuordnet".

Die Schachtelung von Funktionen dient vor allem der Übersicht, um Bestandteile einer Aufgabe beieinanderzuhalten. Das folgende Beispiel zeigt, wie eine Liste von Objekten, die mit „<" verglichen werden können, geordnet werden kann. Der Algorithmus heißt *bubblesort* und wird im Zusammenhang mit Datenstrukturen noch näher beleuchtet.

Die Python Version ist eleganter als die Java-Version. Ein Grund dafür ist insbesondere die lokal definierte *order*-Funktion. Wäre sie nicht lokal zur Funktion *bubblesort* definiert, so würde sie eine Liste *lst* als zusätzlichen Parameter benötigen. Zudem nutzen wir die Möglichkeiten der parallelen Zuweisung für den Austausch zweier Listenelemente.

```python
def bubblesort(lst):

    def order(i,j):
        a,b = lst[i],lst[j]
        if not (a <= b):
            lst[i],lst[j] = b,a

    for j in reversed(range(len(lst))):
        for i in range(j):
            order(i,i+1)
```

Die Funktion *reversed* sorgt dafür, dass die Elemente einer Kollektion, hier eines Intervalls, in umgekehrter Reihenfolge durchlaufen werden. Dies hätte man alternativ auch mit einem negativen *step* Wert erreichen können:

```python
    for j in range(len(lst)-1,1,-1): ...
```

2.6.5 Optionale, benannte und Positions-Parameter

Eine Funktion kann keinen, einen oder mehrere Parameter besitzen. Eine Funktion ohne Parameter sollte stets denselben Wert liefern, außer wenn sie globale Namen, wie z.B. die Systemzeit referenziert. Auch wenn eine Funktion keinen Parameter hat, benötigt sie trotzdem das Paar von Klammern das die nicht vorhandenen Parameter umschließt.

Ist eine Funktion mit formalen Parametern $x_1, ..., x_k$ definiert als $def\ f(x_1, ..., x_k):$ ..., so müssen den formalen Parameterwerten $x_1, ..., x_n$ beim Aufruf die entsprechenden konkreten Werte zugeordnet werden. Dies geschieht im Normalfall über die Position der Argumente. Jeder Aufruf der Funktion benötigt k Parameterwerte, muss also von der Form $f(t_1, ..., t_k)$ sein. Die Zuordnung zwischen formalen und aktuellen Parametern entspricht der parallelen Zuweisung

$$x_1, ..., x_k = t_1, ..., t_k$$

bevor der Körper der Funktion f ausgeführt wird.

Fast alle Programmiersprachen folgen dieser Konvention. Allerdings haben viele Bibliotheksfunktionen, insbesondere solche, die vom Betriebssystem bereitgestellt werden, oder solche, die bei der Programmierung ereignisgesteuerter Anwendungen benötigt werden, mehr Möglichkeiten, als die die wir in der täglichen Arbeit benötigen. Exemplarisch betrachten wir die Systemfunktion print. In der Python-Dokumentation finden wir:

```
print(*objects, sep=' ', end='\n', file=sys.stdout, flush=False)
```

Diese Funktion kann beliebig viele Argumente entgegen nehmen. Ein Aufruf

```
print('Hallo',2,True)
```

bindet den Parameter objects an das Tupel ('Hallo',2,True).

Damit wird dann der Körper der der *print*-Funktion ausgeführt. Wie kann man aber die zusätzlichen Parameter sep, end, file und flush benutzen? Bereits im Funktionskopf erhalten sie Standardwerte sep=' ', end='\n', file=sys.stdout, flush=False. Wenn der Benutzer mit den Standardwerten zufrieden ist, kann er diese zusätzlichen Parameter ignorieren.

Alternativ kann er einigen davon über ihre Parameternamen andere Werte zuweisen. Nehmen wir z.B. an, dass in einer Schleife eine Reihe von Personen ausgedruckt werden sollen. Für jede Person will man man name, vorname und alter durch einen Tabulatorschritt getrennt ausdrucken. Nach jeder Person soll eine horizontale Zeile gezeichnet werden. Hier würde ein Aufruf

```
print(name,vorname,alter,end='\n------------------',sep='\t')
```

das Gewünschte leisten und im konkrete Fall z.B. ausgeben:

```
Meier   Oskar 37
---------------
Müller Emil 7
---------------
```

Im konkreten Fall der print-Funktion ergeben die Default-Werte der Parameter ein Verhalten, das der Java-Methode System.out.println() entspricht. Für eine Ausgabe ohne Zeilenvorschub wählt man also einfach end=' '.

2.7 Kollektionen und Iterationen

Neben den „einfachen Datentypen, wie Zahlen und Boolesche Werte, stellt Python dem Benutzer auch nützliche Datentypen bereit, mit denen er seine Daten organisieren kann. Diese *zusammengesetzten* Typen, sind aus einfacheren Bestandteilen zusammengesetzt und es gibt Funktionen um solche zusammengesetzten Daten zu erzeugen, sie zu kombinieren oder wieder in ihre Einzelteile zu zerlegen. Die meisten dieser Datentypen lassen sich als Behälter auffassen, deren Elemente andere Daten sind. Wir nennen diese Behälter auch *Kollektionen*. Es sind unterschiedliche Kollektionen realisierbar - solche, die die Elemente in einer bestimmten Reihenfolge bewahren, andere bei denen die Reihenfolge der Elemente aus Sicht des Benutzers völlig unbestimmt ist.

Ein anderes Kriterium für solche Behälter ist, ob die enthaltenen Daten verändert werden können, oder nicht. Man unterscheidet zwischen *veränderlichen* (*mutable*) Typen und *unveränderlichen* (*immutable*) Typen, die wir kurz *Werttypen* nennen wollen. Listen sind veränderlich, wir können Elemente einer Liste verändern, entfernen oder neue Elemente einfügen. Strings dagegen sind Werttypen - sie sind unveränderlich, aber es steht uns unbenommen neue Strings zu erzeugen, die gewünschte Veränderungen widerspiegeln.

Gemeinsam haben alle Kollektionen, dass es einfach ist, über alle ihre Elemente mittels einer **for**-Schleife zu iterieren. Charakteristisch für eine dynamisch typisierte Sprache wie Python ist, dass die Elemente in einem Behälter nicht alle vom selben Typ sein müssen, allerdings fällt damit auch ein gewisses Sicherheitsnetz gegen Laufzeitfehler weg.

2.7.1 Intervalle

Intervalle sind Bereiche von ganzen Zahlen. Im einfachsten Falle bezeichnet $range(n)$ das Intervall der natürlichen Zahlen von 0 bis $n-1$. Sind allgemeiner $a < b$ ganze Zahlen, so ist $range(a, b)$ die Folge der Zahlen $a, a + 1, ..., b - 1$. Somit ist also $range(n) = range(0, n)$. Die untere Grenze des Intervalls gehört zu dem Intervall, die obere Grenze nicht mehr. Mathematisch würde man dies als halboffenes Intervall [a,b) bezeichnen. Mit dem Operator *in* können wir prüfen, ob eine Zahl k in dem Intervall liegt:

```
>>> 0 in range(5)
True
>>> -1 in range(-4,5)
True
>>> 5 in range(-4,5)
False
```

Noch ein bisschen allgemeiner können wir eine Schrittweite *step* definieren. Für positives *step* ist *range(from,to,step)* die Folge der Zahlen *from*, (*from* + *step*), (*from* + 2 * *step*), ..., (*from* + *k* * *step*),

wobei *k* die größte Zahl ist mit *from* + *k* * *step* < *to*, also z.B. `range(-3,7,2)` = -3,-1,1,3,5.

Falls *step* negativ ist und *from* > *to*, steigt die Folge ab, solange *from*+*k**step* > *to* ist. Beispielsweise gilt `range(20,11,-3)` = 20,17,14.

2.7.2 Iterationen

Iterationen sind Schleifen, die eine Kollektion von Daten durchlaufen sollen. Für jedes dabei gefundene Datenelement wird der Rumpf der Schleife ausgeführt. Die allgemeine Form einer Iteration ist:

```
for <Variable> in <Kollektion> :
    <Block>
```

Ein *range*(*n*) ist auch eine Kollektion, nämlich das Intervall von 0 bis *n* – 1. Daher ist die bereits in Abschnitt 2.5.8 diskutierte *for-Schleife* schon ein Beispiel für eine Iteration.

Iterationen haben den Vorteil, dass man die Laufvariable nicht selber verwalten muss. Um die Zahlen von 1 bis *n* zu addieren können wir den `range(n+1)` durchlaufen und den Wert der Laufvariablen jeweils zur Variablen `summe` addieren. Zuvor initialisieren wir `summe` mit 0:

```
summe, n = 0, 100
for x in range(n+1):
    summe = summe + x
print(summe)
```

Mit einem absteigenden *range* könnten wir das Problem genauso lösen. In der folgenden Iteration läuft *n* absteigend von *100* bis *1*:

```
summe, n = 0, 100
for x in range(n,0,-1):
    summe = summe + x
print(summe)
```

Iterationen haben den großen Vorteil, dass die Anzahl der Wiederholungen des Schleifenkörpers durch die Größe der Kollektion beschränkt ist, über die iteriert wird. Diese ist von vornherein absehbar. Somit kann ein Programm, das keine *while*-Schleifen, sondern nur Iterationen besitzt, eigentlich nicht endlos laufen.

2.7.3 Iterationen in anderen Sprachen

While-Schleifen werden von allen imperativen Programmiersprachen in ähnlicher Weise angeboten. Was *for*-Schleifen angeht, so unterscheiden sich die Sprachen allerdings deutlich. Während die For-Schleife in Pascal eine Iteration über ein Zahlenintervall zulässt, ist die *for*-Schleife von C oder von Java eigentlich nur eine syntaktische Variante einer *while*-Schleife. Nach dem Schlüsselwort `for` folgen in einer Klammer drei Ausdrücke: eine Initialisierung, eine Bedingung und eine Aktualisierungsanweisung. Der Programmierer muss die Laufvariable explizit aktualisieren und entscheiden, ob abgebrochen werden soll.

Daher kann man in C und in Java die *for*-Schleife gegen die *while*-Schleife austauschen und es ist gängige Praxis unter C-Programmierern, statt einer *while*-Schleife die syntaktische Variante der *for*-Schleife zu benutzen. Das folgende Beispiel zeigt, wie man in Java die Summe der Zahlen von 1 bis 100 berechnen würde. Beachte, dass Java verlangt, jeder neu eingeführten Variablen ihren Typ voranzustellen. Außerdem muss jede Zuweisung mit einem Semikolon beendet werden. Dies betrifft hier insbesondere die Zuweisung `summe += i;` welche eine syntaktische Abkürzung von `summe = summe + i;` ist.

```
// for-Schleife in Java zur Berechnung von 1 + ... + 100
int summe = 0;
for (int i=0; i <= 100; i++){
    summe += i;
}
```

Das Programm ist äquivalent zu dem folgenden *while*-Programm. Man erkennt deutlich die Bestandteile der *for*-Anweisung wieder, aus denen die *while*-Schleife zusammengebaut wurde:

```
// while-Schleife in Java zur Berechnung von 1 + ... + 100
int summe = 0;
int i = 0;
while (i <= 100) {
    summe += i;
    i++ ;
}
```

Auch in Java wurde mit Version 1.5 eine zweite Variante einer *for*-Schleife eingeführt, mit der man ebenso wie in Python über Kollektionen iterieren kann.

2.7.4 Strings als zusammengesetzte Datentypen

Die Bestandteile der Strings sind die Buchstaben. Während die meisten Programmiersprachen diese als eigenen Datentyp *char* oder *character* behandeln, sind für Python die Buchstaben einfach nur Strings der Länge 1. Die Länge eines Strings *s* liefert die Funktion *len()*.

Die Positionen der Buchstaben in einem String *s* nummeriert man mit $0 \ldots len(s-1)$ durch. Ist *p* eine gültige Position, also $0 \leq p \leq len(s - 1)$, so ist $s[p]$ der Buchstabe an der Position *p*.

Allgemeiner lässt sich mit der Notation s[von:bis] ein Abschnitt (engl.: *slice*) von s bezeichnen, der an Position von beginnt und an Position (bis-1) endet. Somit entspricht die Python-Notation [a:b] auch wieder dem halb-offenen Intervall, das Mathematiker mit [*a,b*) bezeichnen würden, um zu kennzeichnen, dass die linke Grenze *a* dazugehört, die rechte Grenze *b* aber nicht mehr.

Fehlt in s[von:bis] einer der Werte von oder bis, so wird automatisch von=0 und bis=len(s) angenommen. Daher gilt immer s = s[:len(s)] = s[0:] = s[:].

```
>>> stadt = 'Berlin'
>>> len(stadt)
6
>>> stadt[0]
'B'
>>> stadt[0:2]
'Be'
>>> stadt[0:2]+stadt[2:4]
'Berl'
>>> stadt[:2]+stadt[4:]
'Bein'
```

Da Strings Folgen von Zeichen sind, können wir über die Zeichen in einem String iterieren. Jedes mal wird dabei der Block ausgeführt. Als Beispiel wollen wir alle Zeichen im String „Marburg" ausdrucken:

```
for x in "Marburg": print(x)
```

Die Nummerierung der Elemente eines Strings, beginnend mit 0, ist anfangs gewöhnungsbedürftig. Sie bringt aber eine Reihe von Vorteilen, weshalb sie sich in der Informatik durchgesetzt hat. Auch die Indizes von Arrays in Java beginnen bei *0* und laufen bis *length-1* das wäre gerade *range(length)* in der Terminologie von Python.

Strings sind *unveränderliche* (engl.: *immutable*) Datentypen. Es ist nicht möglich, in einem String einen oder mehrere Buchstaben zu verändern, zu entfernen oder einzufügen. Stattdessen kann man, wie in dem gezeigten Beispiel, jeweils neue Strings erzeugen, die die gewünschte Modifikation realisieren.

2.7.5 Listen

Listen sind endliche Folgen beliebiger Daten. Beispiele für Listen sind

```
[3,5,-7,3,6,8,8],
['München','Berlin','Frankfurt'],
[],
['Marburg',17,[2,42,4]].
```

Das erste Beispiel ist eine Liste von Zahlen, das zweite eine Liste von Strings, und das dritte ist die leere Liste. Die vierte Liste enthält drei verschiedenartige Objekte: einen String, eine Zahl und eine Liste von Zahlen.

Im Unterschied zu vielen anderen Sprachen (insbesondere Java) kann Python ohne weitere Umstände Daten verschiedenster Typen in einer Liste versammeln. Schon die Notation legt eine Verwandtschaft mit Mengen nahe, wie sie in der Mathematik verwendet werden. Allerdings gibt es einige deutliche Unterschiede: Zunächst darf ein Element in einer Liste mehrfach vorkommen, wie z.B. die 3 und die 8 in dem ersten Beispiel, sodann ist die Reihenfolge der Elemente in einer Liste relevant. Zwei Listen sind gleich, wenn sie gleich lang sind und sich an jeder Position wieder gleiche Elemente befinden. Insbesondere gilt:

$$[1, 2, 1] \neq [1, 1, 2] \neq [1, 2] \neq [2, 1] \neq [[2], [1]].$$

Python stellt eine Fülle von Operationen bereit, mit denen wir Listen erzeugen, verändern und kombinieren können. Die Operationen auf Listen und die benötigten Notation entsprechen weitestgehend denen, die wir schon von Strings kennen. In der Tat kann man sich Strings als Listen von Buchstaben vorstellen. Auch für Listen können wir mit der Funktion `len` die Länge bestimmen, die gültigen Positionen in der Liste `lst` sind dann 0,...,`len(lst)-1`. Mit + können wir Listen aneinanderhängen und mit der Abschnittsnotation `lst[von:bis]` erhalten wir die Teilliste der Elemente `lst[von]`,....,`lst[bis-1]`.

Texte sind zwar nichts anderes als lange Strings, vorwiegend aus Buchstaben, Satzzeichen und Leerzeichen zusammengesetzt. Oft möchte man einen langen Text in Worte zerlegen. Ist z.B. *s* =`'Der Ball ist rund.'` ein solcher Text, so liefert der Aufruf *s.split*() eine Liste von Worten, im Beispiel:

```
s.split()=['Der', 'Ball', 'ist', 'rund.']
```

Im Unterschied zu Strings sind Listen in Python *veränderliche Datentypen*. Wir können Elemente ersetzen, entfernen, oder einfügen. Dabei können wir einen beliebigen Abschnitt der Liste auswählen und angeben, durch welche andere Liste er ersetzt werden soll. Ist z.B. obst=['Apfel','Banane','Kirsche','Traube'] so können wir mit obst[1:3] =['Birne','Himbeere','Heidelbeere'] den Abschnitt bestehend aus 'Banane' und 'Kirsche' durch die angegebene Liste ersetzen, wie unsere Interaktion zeigt. Anschließend fügen wir noch 'Brombeere' an Position 2 der Liste ein und entfernen zum Schluss die 'Birne', indem wir den entsprechenden Abschnitt durch die leere Liste [] ersetzen:

```
>>> obst = ['Apfel','Banane','Kirsche','Traube']
>>> obst[1:3] = ['Birne','Himbeere','Heidelbeere']
>>> obst
['Apfel', 'Birne', 'Himbeere', 'Heidelbeere', 'Traube']
>>> obst[2] = 'Brombeere'
```

```
>>> obst[1:2] = []
>>> obst
['Apfel', 'Brombeere', 'Heidelbeere', 'Traube']
```

Listen sind auch Kollektionen, so dass wir leicht über die Elemente einer Liste iterieren können – im einfachsten Fall um die Elemente auszudrucken:

```
obst = ['Apfel','Banane','Kirsche']
for x in obst:
  print(x)
```

2.7.6 Variablen und veränderliche Datentypen

Solange Variablen einfache Werte wie Zahlen oder Boolesche Werte bezeichnen, kann man sie als Ersatz für den gespeicherten Wert ansehen. Variablen werden oft mit einer Schachtel verglichen, in der der bezeichnete Wert liegt.

Variablen, die ein komplexes Objekt bezeichnen, besitzen nicht das Objekt selber, sondern nur einen Zeiger, der auf dieses Objekt im Speicher zeigt. Durch eine einfache Zuweisung erreicht man nur, dass zwei Variablen, x und y, auf das gleiche im Hauptspeicher repräsentierte Objekt zeigen, etwa:

```
>>> x = [23, 42, 56]
>>> y = x # x und y zeigen jetzt auf dieselbe Liste
>>> y
[23, 42, 56]
```

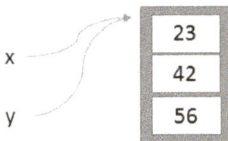

Abb. 2.10. Variablen für zusammengesetzte Objekte

In diesem Falle heißt y auch *alias* für x und ebenso ist x ist ein alias für y. Wird in dem Objekt, auf das x und y zeigen, etwas verändert, so bemerkt jede Variable, die auf das Objekt zeigt, diese Veränderung.

```
>>> y[0]=7   # die Liste, auf die y  zeigt, wird verändert
>>> x        # x und y zeigen immer noch auf dieselbe Liste
[7, 42, 56]
```

Hätte man oben der Variablen *y* nur einen Bereich der Liste *x* zugeordnet, so wäre davon eine Kopie erzeugt worden und kein alias entstanden:

```
>>> y = x[1:]      # y erhält Kopie vom Rest der Liste
>>> x[1] = 1000    # davon wird y jetzt nichts merken
>>> y
[42,56]
```

Im Falle von Listen kann man daher durch die Zuweisung

```
x = y[ : ]
```

erreichen, dass *x* eine Kopie von *y* erhält.

2.7.7 Arrays vs. Listen in Python

Eine der grundlegendsten Datenstrukturen in fast allen Programmiersprachen ist das *Array* - im Deutschen oft als *Feld* oder als *Matrix* bezeichnet. Ein Array *a* ist eine indizierte Reihe von Datenobjekten gleichen Typs. Die Anzahl *n* der Elemente eines Arrays ist von Anfang an festgelegt, man bezeichnet diese auch als *Länge* des Arrays. Die einzelnen Elemente eines Arrays werden daher mit den Zahlen von 0 bis $n-1$ indiziert. Für *i* mit $0 \le i < n$ bezeichnet $a[i]$ das *i*-te Element, die gespeicherten Werte sind also $a[0], ..., a[n-1]$. Den Ausdruck $a[i]$ bezeichnet man auch als indizierte Variable. Mit solchen kann man umgehen wie mit gewöhnlichen Variablen – man kann sie lesen, schreiben oder verändern, wie z.B. in

```
a[i] = (a[i-1] + a[i+1])/2.0
```

Arrays sind deswegen so populär und waren seit Beginn der Informatik in fast allen Programmiersprachen verfügbar, weil sie so einfach und effizient zu implementieren sind. Die Elemente werden einfach an fortlaufenden Positionen im Hauptspeicher abgelegt: Ist *p* die Speicheradresse für $a[0]$, also für das erste Element und braucht jedes Datenelement *b* Bytes, dann finden wir $a[i]$ an der Speicheradresse $p + i * b$. Mehrdimensionale Arrays sind auch kein Problem wenn man sich vor Augen führt, dass man eine $m \times n$-Matrix *a*, also eine Tabelle mit *m* Zeilen und *n* Spalten, als ein Array der Länge *m* von Zeilen auffassen kann. Jede Zeile ist jeweils wieder ein Array der Länge *n*. Das Matrixelement in Zeile *i* und Spalte *j* ist somit das $j - te$Element von $a[i]$, also $a[i][j]$. Wenn wieder jedes Datenelement der Matrix *b* Bytes benötigt und die Matrix ab Speicherposition *p* abgespeichert wird, findet sich das Element $a[i][j]$ an Speicherposition $p + i * (n * b) + j * b$.

Python hat von Hause aus keine Arrays, denn alles was man mit Arrays machen kann, lässt sich in Python auch mit Listen erledigen, sogar die Syntax für den Zugriff auf (und die Änderung von) Listenelementen ist die gleiche, selbst bei mehrdimensionalen Arrays. Eine $m \times n$ Matrix speichert man einfach als eine Liste von Listen. So repräsentiert etwa die Liste $a = [[5, 9, -3][-7, 6, 8]]$ die 2 × 3-Matrix

$$\begin{pmatrix} 5 & 9 & -3 \\ -7 & 6 & 8 \end{pmatrix}$$

und z.B. mit $a[1][0] = 7$ kann man aus der −7 eine +7 machen.

Niemand zwingt den Programmierer, nur rechteckige Matrizen zu verwenden, nicht einmal gleichartige Datentypen sind vorgeschrieben. So repräsentiert beispielsweise auch $[['p', 1], [3.14, [1, 2, 3], True]]$ die „Matrix".

$$\begin{pmatrix} 'p' & 1 \\ 3.14 & [1, 2, 3] & True \end{pmatrix}$$

Diese größere Flexibilität wird allerdings durch Einbußen an die Effizienz erkauft – die Speicherposition des Elements in der i-ten Zeile und j-ten Spalte lässt sich nicht mehr so einfach ermitteln - einmal, weil die Zeilen verschieden lang sein können und zum Anderen, weil jedes einzelne Datenelement unterschiedlichen Platzbedarf hat.

Kurz gesagt, verwendet man üblicherweise in Python keine Arrays und ersetzt diese stattdessen durch Listen, bzw. Listen von Listen, etc. . Für die meisten Anwendungen ist dies auch kein Problem. Für numerisch intensive Programme bietet der Modul *numpy* (numerical python) effizientere Array-Implementierungen an. In der Standard-Distribution besitzt Python 3 einen Modul *array*, der Arrays für numerische Datentypen bereitstellt. Bei der Erzeugung eines Arrays muss man durch Angabe eines Kürzels für das gewünschte Zahlenformat festlegen, welche numerischen Daten im Array gespeichert werden sollen. So erzeugen wir mit

```
from array import *
a = array('f', [1.0001, 5.7, 3.14159])
```

einen Array der Länge 3 für float-Zahlen. Syntaktisch gehen wir danach mit diesen Arrays genauso um wie gewohnt, wie etwa:

```
a[0] = a[1]**2 * a[2]
```

2.7.8 Tupel

Es gibt auch eine unveränderliche Version von Folgen, nämlich *Tupel*. Man erzeugt ein Tupel, indem man die eckigen Listenklammern durch runde Klammern ersetzt, oder ggf. diese ganz weglässt:

```
t = (3,5,7) oder t = 3,5,7
```

Tupel kann man mit '+' konkatenieren und man kann mit der von Strings und Listen bekannten *slice*-Notation auf Elemente oder Abschnitte von Tupeln zugreifen. In vieler

Hinsicht verhalten sich Strings wie Tupel von Zeichen. Wie von Strings gewohnt, kann man auch Tupel nicht nachträglich verändern. Will man z.B. das Tupel $t = (3, 5, 7)$ um 9 und 13 ergänzen, so erzeugt man einfach das neue Tupel t + (9,13). Der Wert von t bleibt der alte, denn eine direkte Veränderung eines Tupels ist unmöglich. Natürlich kann man t anschließend den neuen Wert zuweisen:

```
t = t + (9,13).
```

Ein-elementige Tupel benötigen eine besondere Syntax, z.B. (a,) für das einelementige Tupel mit Komponente a. Dies ist notwendig um zwischen einem Element in Klammern und dem einelementigen Tupel zu unterscheiden, etwa wenn man ein Element an ein Tupel anhängen will, wie in t = t + (a,).

In einem Tupel wie z.B. $t = (3, 5, 7, 9, 13, 17, 19)$ die vierte Komponente, 9, durch 11 zu ersetzen ist nicht möglich. Man kann sich lediglich ein neues Tupel zusammenbauen und dann an t zuweisen:

```
t = t[0:3]+(11,)+t[4:].
```

Die Umwandlungsroutinen von Tupeln zu Listen (*list*()) und von Listen zu Tupeln (*tuple*()) arbeiten wie erwartet: *list*((1, 2, 3)) = [1, 2, 3] und *tuple*([1, 2, 3]) = (1, 2, 3).

2.7.9 Mengen

Eine Menge ist nach Cantor eine „Zusammenfassung bestimmter, wohlunterschiedener Objekte ... zu einem Ganzen", wobei eine Reihenfolge weder vorgegeben ist, noch beachtet wird. Mengen werden mit geschweiften Klammern notiert, wie z.B. $\{2, 7, {'abc'}\}$. Dies ist die gleiche Menge wie $\{7, {'abc'}, 2\}$ oder $\{2, {'abc'}, 2, 7, {'abc'}\}$. Wichtig ist nur, ob ein gegebenes Element in der Menge ist oder nicht. Wie oft es eingefügt wurde, spielt keine Rolle.

Die üblichen Mengen-Operationen wie Vereinigung, Durchschnitt und Differenz werden mit den Operationszeichen |, & und ^ notiert. Die Konversionsfunktion *set* kann man auf Listen, Strings, oder Tupel anwenden. Im folgenden verschaffen wir uns zwei Mengen von Buchstaben, testen ob der Buchstabe 'i' in einer der Mengen vorkommt, bilden den Durchschnitt (&) um die Vokale in der er zweiten Menge zu finden und die Differenz (^), um die Konsonanten der gleichen Menge zu erzeugen.

```
>>> vokale = {'a','e','i','o','u'}
>>> spruch = set('Der Ball ist rund')
>>> 'i' in spruch
True
>>> vokale & spruch
{'e', 'u', 'i', 'a'}
>>> spruch ^ vokale
{'o', 'l', 's', 'B', 'n', 'D', 'r', 'd', ' ', 't'}
```

Wie man sieht, werden die Elemente der letzten Menge in einer kaum nachvollziehbaren Reihenfolge ausgedruckt. Genauso unbestimmt ist die Reihenfolge, wenn wir die Elemente einer beliebigen Menge mit einer *for*-Schleife durchlaufen: Eine Reihenfolge für die Elemente einer Menge ist nicht definiert.

2.7.10 Komprehensionen

Als *Komprehension* oder *Aussonderung* bezeichnet man die Bildung einer Menge S durch Auswahl derjenigen Elemente x aus einer vorgegebenen Menge M, die eine bestimmte Eigenschaft p erfüllen. So entsteht zum Beispiel die Menge aller geraden Zahlen durch Auswahl der Elemente x aus $\mathbb{N}$, die die Eigenschaft $x\%2 == 0$ erfüllen. Die allgemeine Notation ist

$$\{x \in X \mid p(x)\}.$$

Ein bisschen allgemeiner können wir noch jedes x durch eine Funktion f transformieren, bevor wir die Ergebnisse in eine Menge packen, also

$$\{f(x) \mid x \in M, p(x)\}.$$

Die Menge aller Quadrate der Primzahlen bis 40 wäre z.B.:

$$\{x^2 \mid 1 < x < 40, prim(x)\}.$$

Eine solche Notation lässt sich mittels Ersetzung von '|' und ',' durch 'for' und 'if' sofort nach Python übersetzen:

```
{ f(x) for x in M if p(x) }
```

oder an einem konkreten Beispiel:

```
>>> { x**2 for x in range(2,40) if istPrim(x) }
{289, 961, 4, 1369, 9, 169, 361, 841, 49, 529, 121, 25}
```

Listen-Komprehensionen entstehen, wenn man die geschweiften (Mengen-) Klammern durch eckige (Listen-) klammern ersetzt:

```
>>> [ x**2 for x in range(2,40) if istPrim(x) ]
[4, 9, 25, 49, 121, 169, 289, 361, 529, 841, 961, 1369]
```

2.7.11 Dictionaries

Ein *dictionary* ist eine Zuordnung von endlich vielen Argumenten zu ihren Werten. Als namensgebendes Beispiel könnte ein deutsch-englisches Wörterbuch dienen:

```
deutsch = {'stack':'Stapel', 'key':'Schlüssel', 'value':'Wert'}
```

oder ein Verzeichnis der Einwohnerzahlen einiger Städte

```
einwohner = {'Marburg':80000, 'Berlin: 3500000, 'Prag':1240000}
```

Wir erkennen eine Menge von Paaren *k:v* wobei *k* ein Schlüssel ist und *v* der zugehörige Wert. Im ersten Beispiel sind die Schlüssel englische Wörter und die Werte die deutschen Übersetzungen, im zweiten sind die Schlüssel einige Städte und die Werte ihre Einwohnerzahlen.

Zu jedem Schlüssel kann man den Wert ermitteln, z.B. liefert `deutsch['stack']` den Wert `'Stapel'`. Um neue Schlüssel-Wert-Paare einzutragen, benutzt man die Syntax, die wir schon von Zuweisungen kennen:

```
deutsch['dictionary'] = 'Wörterbuch'
```

Falls in dem Wörterbuch zu dem Schlüssel schon ein Wert existierte, wird dabei der alte Wert überschrieben. Auf diese Weise repräsentiert ein dictionary immer eine eindeutige Abbildung von Schlüsseln zu Werten.

Als Schlüssel kann jeder einfache Datentyp, auch Strings, Zahlen, Paare, etc., verwendet werden, man kann diese auch mischen. Falls zu einem Schlüssel kein Wert eingetragen ist, liefert das dictionary den Wert *None*. Auf diese Weise kann man auch testen, ob zu einem Schlüssel schon ein Wert existiert:

```
if deutsch[x] == None : ...
```

Das folgende Programmstück trägt die Binominalkoeffizienten in ein dictionary *binomi* ein. Dies sind genau die Zahlen in dem vorhin schon gesehenen Pascalschen Dreieck in Abb. 2.8.7. *binomi(n, k)* ist die *k*-te Zahl der *n*-ten Zeile, wobei wir die Durchzählung von Zeilen und Spalten jeweils mit 0 beginnen. Mathematiker haben sich eine eigene Notation für *binomi(n, k)* ausgedacht, nämlich $\binom{n}{k}$.

Es ist einfach zu sehen, wie dieses Dreieck zustande kommt: Die oberen Ränder haben den Wert 1, jede innere Position hat als Wert die Summe der beiden Zahlen in der vorhergehenden Reihe. Die Ränder sind die Positionen, an denen $k = 0$ ist (der linke Rand) oder $k = n$ (der rechte Rand). Für alle anderen Positionen (n, k) ergibt sich *binomi(n, k)* als Summe der darüberstehenden Zahlen *binomi(n − 1, k − 1)* und *binomi(n − 1, k)*.

```
binDic ={}
for n in range(5):
  for k in range(n+1):
    if k==0 or k==n :      # linker oder rechter Rand
      binDic[n,k] = 1
    else :                 # innere Position
      binDic[n,k] = binDic[n-1,k-1] + binDic[n-1,k]
```

Leser, die bereits das Prinzip der rekursiven Funktion kennen, seien gewarnt. Würde man aus der Gleichung

$$binomi(n, k) = binomi(n - 1, k - 1) + binomi(n - 1, k)$$

direkt ein ein rekursives Programm gewinnen, so würde schon die Berechnung von $binomi(30, 15)$ extrem lange dauern, da alle Werte $binomi(x, y)$ für kleine x, y immer und immer wieder neu berechnet werden müssten. Hier könnte man die Technik der *Memoisierung*, auch als *dynamische Programmierung* bekannt, anwenden, die wir später (Seite 143) noch erklären. Das obige dictionary bis zu einer beliebigen Position $[n, k]$ auszufüllen, dauert jedoch nur eine kaum messbare Zeit.

2.7.12 Dateiverarbeitung

Auch eine Text-Datei kann man als Kollektion von Zeilen auffassen und entsprechend mit einer for-Schleife durchlaufen. Bevor man sie aber lesen oder schreiben kann, muss man mit dem Befehl *open* ein Dateiobjekt erzeugen. Als Parameter von *open* wird der Name der Datei als String erwartet.

```
f = open('C:/Test/Brief.txt')
```

Das Ergebnis der Funktion *open* ist ein Dateiobjekt *f*, das den Inhalt der Datei als Folge von Textzeilen repräsentiert. Die wichtigsten Methoden dieses Dateiobjektes sind *read* um den kompletten Text als String zu lesen sowie *readline,* um nur jeweils die nächste Textzeile einzulesen. Statt explizit *readline*-Befehle auszuführen, kann man das Dateiobjekt auch als Kollektion von Zeilen behandeln, über die man wie gewohnt iterieren kann:

```
for lines in f:
  print(lines,end='')
```

Als optionalen zweiten Parameter erlaubt *open* ein Kürzel, das angibt, ob die Datei gelesen oder geschrieben werden soll. Dabei steht '*r*' für *read* (= *lesen*), '*w*' für *write* (= *schreiben*) und '*a*' für *append* (an eine bestehende Datei anhängen).

```
g = open('./Test/kopie.txt','w')
for line in f:
  g.write(line)
g.close()
```

Verglichen mit den internen Speicherzugriffen ist das Einlesen und Auslagern von Daten in externe Dateien sehr langsam. Daher werden Dateien immer *blockweise* gelesen und geschrieben. Dies bedeutet, dass jede echte Dateioperation immer einen großen Block von Daten aus der Datei in den Hauptspeicher oder zurück bewegt. Solange die durch das Programm angeforderten Daten sich in diesem Block befinden, braucht keine weitere physikalische Leseoperation durchgeführt zu werden. Wenn die

Daten sich nicht in dem zuletzt gelesenen Block befinden, muss ein neuer Block gelesen werden.

Beim Schreiben werden zuerst die Daten in den internen Puffer geschrieben. Erst wenn dieser voll ist, wird er physikalisch auf die externe Datei ausgelagert. Bricht man nun ein Programm ab, so könnte es vorkommen, dass der interne Puffer noch nicht ausgelagert wurde und sich die Ausgabedatei in einem unfertigen Zustand befindet. In diesem Fall bewirkt der Befehl *close()*, dass alle Daten im Puffer, auch wenn dieser nicht voll ist, ausgelagert werden.

Aus dem gleichen Grunde sollte man auch einen USB-Stick nicht einfach aus dem Rechner entfernen, nachdem dieser Daten darauf verändert hat. Man sollte explizit ein Programm aufrufen, das alle Schreiboperationen geordnet zu einem Abschluss bringt. In Python erledigt dies der Befehl `close()`.

2.7.13 Veränderliche Typen und Werttypen

Charakteristisch für das imperative Programmieren ist die schrittweise Veränderung von Datenobjekten, bis irgendeine gewünschte Eigenschaft erreicht ist. In dem Summierungsprogramm wurden zu einer Variablen *summe* der Reihe nach die Zahlen von 1 bis *n* addiert, bis *summe* den gewünschten Wert repräsentierte. Einige Datentypen unterstützen diese Programmiertechnik dadurch, dass Bestandteile eines Datenobjektes gezielt verändert werden können. Ein Beispiel, das wir bereits kennengelernt haben, stellen Listen dar.

```
>>> nums = [3,5,7]
>>> nums.append(9)
>>> print(nums)
```

Hier begannen wir mit einer Liste *nums* und hängten ein Element an. Der Name *nums* bezeichnet immer noch dieselbe Liste, doch diese hat sich verändert. Der *print*-Befehl erzeugt die Ausgabe `[3,5,7,9]`. Ähnlich kann man einfach ein Element in einer Liste ersetzen, z.B. das dritte Element von *nums* durch 8 wie in `nums[3] = 8`.

Listen sind in Python *veränderliche* Datentypen. Im Englischen bezeichnet man solche Datentypen als *mutable*. Im Gegensatz dazu sind Zahlen oder Strings unveränderliche (engl.: *immutable*) *Werttypen*. Man kann eine Zahl oder ein Stringobjekt nicht verändern. Stattdessen konstruiert man ein neues Objekt mit den gewünschten Eigenschaften. Will man z.B. an den String *s = "Bahn"* den String *t = "hof"* anhängen, so geht das nur über den Umweg, dass man einen neuen String *s + t* konstruiert und anschließend *s* den neuen String zuordnet:

```
>>> s = 'Bahn'
>>> s = s + 'hof'
```

Auf die einzelnen Zeichen eines Strings kann man zwar lesend zugreifen, man kann sie aber nicht verändern. Der Versuch `s[4] = 'H'` erzeugt eine Fehlermeldung.

Werttypen sind typisch für das *Funktionale Programmieren*. Dort möchte man möglichst nur Werte berechnen und Seiteneffekte vermeiden, weil diese die mathematische Beschreibung des Programms erschweren. Veränderliche Typen passen zum *imperativen Programmieren*, wo die Aufgabe eines Programms ist, einen Zustand solange zu verändern bis eine gewünschte Situation eingetreten ist.

2.8 Funktionales Programmieren in Python

Das bisher gesehene Imperative Programmieren orientiert sich begrifflich stark an den Gegebenheiten eines physikalischen Rechners. Dieser hat einen Hauptspeicher, aufgeteilt in Speicherzellen, in denen sich Werte befinden. Diese können gelesen, verknüpft und wieder neu geschrieben werden. Die grundlegende Aktion ist damit eine Zuweisung v = t. Sie beinhaltet die Berechnung des Terms t, und die Speicherung an einer Stelle die der Variablen v zugeordnet ist. Diese Aktionen werden durch die Kontrollstrukturen der Programmiersprache *Hintereinanderausführung, if-else, while, for* und *Funktionsdefinitionen* zu einem Programm organisiert.

Funktionales Programmieren verfolgt einen deklarativen Ansatz, der sich stärker auf die Analyse und Beschreibung des Problems konzentriert und weniger auf die Umsetzung in existierende Hardware. Das ist die Aufgabe des Interpreters oder des Compilers. Charakteristisch dafür ist, dass deklarative Sprachen gänzlich ohne den Begriff der Zuweisung auskommen. Es gibt zwar Variablen, diese dienen aber nur als Abkürzungen für komplexere Ausdrücke. Variablen erhalten einmal einen Wert, der sich aber in einem Kontext (z.B. innerhalb einer Funktion) nicht mehr ändert. Es gibt also kein update.

Ein Beispiel ist die Berechnung des Abstandes zweier Koordinatenpunkte auf der Erde mittels der *haversin-Formel*:

$$abstand = 2r\,arcsin(\sqrt{sin^2(\frac{\varphi_2 - \varphi_1}{2}) + cos(\varphi_1)cos(\varphi_2)sin^2(\frac{\lambda_2 - \lambda_1}{2})})$$

Dabei sind φ_1, λ_1 und φ_2, λ_2 jeweils die geographische Breite und Länge der zwei Orte, ausgedrückt im Bogenmaß, und r der Erdradius. Die folgende Funktion implementiert diese Formel, allerdings werden vorher noch die geographische Länge und Breite der Orte ins Bogenmaß umgewandelt.

```python
from math import pi, cos, sin, sqrt, asin   ## asin = arcsin

def distance(loc1, loc2):
    """
    Berechnet den Abstand zweier Orte loc1,loc2
    jeweils gegeben als Koordinatenpaar (lat,long)
    """
    (phi1,lam1) = loc1              # loc1 = (breite,länge)
```

```
(phi2,lam2)  = loc2              # loc2 dto.
rad          = pi/180            # Umrechnung in Bogenmaß
r            = 6371             # Erdradius in km
sinDeltaPhi  = sin((phi2 - phi1)/2 * rad)
sinDeltaLam  = sin((lam2 - lam1)/2 * rad)
a            = sphi**2 + cos(phi1*rad)*cos(phi2*rad) * slam**2
return 2 * r * asin(sqrt(a))

# Einige Orte zum Spielen:
marburg   = (50.8075,8.72222)
melbourne = (-37.8,144.95)

print('Nach Melbourne : ',distance(marburg,melbourne),'km')
```

Listing 2.6. Distanzberechnung mit der haversin-Formel

Die benötigten trigonometrischen Funktionen und die Wurzelfunktion befinden sich in einer Python-Bibliothek `math` und müssten im Programm eigentlich mit `math.pi`, `math.sin`, etc. bezeichnet werden. Die *import*-Anweisung hat den Effekt, diese Funktionen mit den Kurznamen `pi`, `sin` etc. verfügbar zu machen. Mit dem Wildcard-Zeichen * hätte man auch *alle* Funktionen der *math*-Bibliothek „importieren" können:

> `from` math `import` *

Trotz des Schlüsselwortes `import` wird also nichts geladen, es wird lediglich ein Namensraum geöffnet.

Orte wollen wir als Tupel, bestehend aus geographischer Länge und Breite verwalten. Tupel sind Kollektionen und wir können auf die Bestandteile so zugreifen, wie wir es schon von Listen und Strings her gewohnt sind, `marburg[0]`, `marburg[1]` sind also die Komponenten des aus geographischer Breite und Länge bestehenden Tupels `marburg`. Andererseits können wir die Komponenten eines Tupels (und vieler anderer Datenstrukturen) auch durch *pattern matching* zur Verfügung stellen. Das Muster `(phi1,lam1)` wird mit dem Objekt `loc1` in Übereinstimmung gebracht (engl.: *to match*). Dabei erhalten die Variablen `phi1`, `lam1` die Werte der entsprechenden Komponenten des Objekts auf der rechten Seite. Die Zuweisung `(phi1,lam1) = loc1` ist daher identisch mit der parallelen Zuweisung `phi1,lam1 = loc1[0],loc1[1]`.

Die Winkel werden im Bogenmaß (Radiant) benötigt, so dass wir uns praktischerweise den Umrechnungsfaktor $rad = \pi/180$ bereithalten

Alle Variablen werden, wie versprochen, nur einmal – als Abkürzungen für Bestandteile der Formel – verwendet, es handelt sich also um Namen. Die Zuweisungen sind somit nur Abkürzungen, die das Programm lesbarer und verständlicher machen.

2.8.1 Rekursion

Eine Strategie, ein komplexes Problem zu lösen ist, dieses auf ein oder mehrere einfachere Probleme zurückzuführen. Mit den neuen Problemen geht man genauso vor, bis man auf Probleme stößt, deren Lösung unmittelbar klar sind.

Die Erstellung eines Programms als Python-Funktion können wir als prototypisches Beispiel eines Problems ansehen. Einfachere Probleme können dann Hilfsfunktionen sein, die wir kombinieren, um die gewünschte Funktion zu erstellen.

Rekursion ist die Rückführung einer Aufgabe auf eine einfachere *gleichartige* Aufgabe. Eine Funktionsdefinition

```
def f(a):
  <Funktionskörper>
```

heißt *rekursiv*, wenn im Körper bereits ein Aufruf `f(b)` erscheint. Dieser Aufruf muss in irgendeiner Weise einfacher sein, als das originale `f(a)`. Die rekursiven Aufrufe müssen irgendwann in einen Basisfall münden, der keine rekursiven Aufrufe mehr enthält.

Als Beispiel wollen wir die Funktion *gauss(n)* rekursiv programmieren, welche die Summe der Zahlen von 1 bis *n* berechnen soll. Zweifellos ist das Problem *gauss(n −* 1), die Summe der Zahlen von 1 bis bis *n* − 1 zu berechnen, einfacher. Wenn wir dies gelöst haben, brauchen wir nur noch *n* zu addieren. Kurz:

$$gauss(n) = gauss(n - 1) + n.$$

So wird *gauss(n)* auf *gauss(n − 1)* zurückgeführt, dieses auf *gauss(n − 2)*, etc., so lange bis *gauss*(0) berechnet werden soll. Dies können wir sofort lösen, denn

$$gauss(0) = 0.$$

Diese Analyse liefert sofort die fertige Funktion

```
def gauss(n):
  if n==0:
    return 0
  else:
    return gauss(n-1) + n
```

Ein andere bekannte rekursiv definierte Funktion ist die *Fibonacci*-Funktion. Angeblich kann man damit die Anzahl der neugeborenen Kaninchenpaare nach *n* Jahren bestimmen, wenn man gewisse mathematische Annahmen an deren Fortpflanzungsverhalten macht, so etwa, dass in jedem Jahr die ein- und die zweijährigen genau ein Paar Nachkommen zeugen:

Am Anfang, im Jahre 0, beginnt es mit einem Kaninchenpaar. Im Jahre 1 hat dieses Paar 1 Paar Nachkommen. Im folgenden Jahr haben diese und auch die Eltern je ein

Paar Nachkommen, insgesamt werden also 1+1=2 Paar geboren. Ein Jahr später haben diese und auch ihre Eltern je ein Paar Nachkommen. Die Großeltern sind inzwischen in Rente und nicht mehr fortpflanzungswillig. Es werden also 1+2=3 Paare geboren. So entsteht die mit 1, 1, 2, 3, 5, 8, 13, 21, 34, 55, 89, 144, ... beginnende Folge, die nach Leonardo von Pisa, dem Sohn (lat.: *filius*) von Bonacci, kurz Fibonacci, benannt ist. Der Funktionskörper hat hier zwei rekursive Aufrufe:

```
def fibonacci(n):
  if n <= 2:
    return 1
  else:
    return fibonacci(n-2)+fibonacci(n-1)
```

So einfach die Funktionsdefinition ist, so ineffizient ist die Berechnung der gezeigten Implementierung für große Argumente. Die Berechnung von `fibonacci(40)` benötigt auf einem handelsüblichen PC schon fast eine Minute. Der Grund ist, dass ein Aufruf mit genügend großem Argument immer zu zwei neuen Aufrufen führt, diese jeweils zu zwei erneuten Aufrufen etc. *fibonacci*(5), beispielsweise, ruft *fibonacci*(3) und *fibonacci*(4) auf, *fibonacci*(3) ruft *fibonacci*(1) und *fibonacci*(2), und *fibonacci*(4) ruft erneut *fibonacci*(3) und *fibonacci*(2). Einige Ausdrücke werden also immer wieder neu berechnet.

Wir werden in Abschnitt 2.8.7 eine Methode kennenlernen, wie man dieses Problem auf elegante Weise umschifft.

2.8.2 Wechselseitige Rekursion

Wechselseitige Rekursion liegt vor, wenn im Körper einer Funktion f ein Aufruf von g vorkommt und im Körper von g ein Aufruf von f. Beispielsweise könnte man die Funktionen *even* (gerade) und *odd* (ungerade) wechselseitig definieren:

```
def even(n):
  if n == 0 : return True
  else:        return odd(n-1)

def odd(n):
  if n == 0 : return False
  else:        return even(n-1)
```

Selbstverständlich können in einer wechselseitigen Rekursion sogar mehr als zwei Funktionen involviert sein. Notwendigerweise muss eine der Funktionen sich auf eine andere beziehen, die erst später im Programmtext erscheint.

2.8.3 Rekursion in imperativen Programmen

Rekursion ist nicht auf funktionale Programme beschränkt. Auch imperative Programme können rekursiv oft einfacher und klarer formuliert werden. Angenommen, wir wollten eine Zahl n in ihre Binärdarstellung umwandeln und ausgeben. Die Idee ist ganz einfach: Die letzte Ziffer der Binärdarstellung ist $n \% 2$, also 0 falls n gerade ist und 1 sonst. Die vorderen Ziffern sind die Binärdarstellung von $n // 2$.

Beispielsweise gilt $4713 = (1001001101001)_2$. Dabei besagt die letzte Ziffer 1, dass 4713 ungerade ist. Die ersten Ziffern sind die Binärdarstellung von $4713//2 = 2356 = (100100110100)_2$.

Diese Analyse liefert zuerst die letzte Ziffer der Binärdarstellung, dann die vorletzte, etc. Jedenfalls erscheinen die Ziffern in der falschen Reihenfolge. Die naheliegende, aber umständliche Art wäre, sie irgendwie zu speichern und dann in umgekehrter Reihenfolge auszugeben? Eine rekursive Lösung ist, wie oft, deutlich einfacher:

```
def binString(n):
  if n<2:
    print(str(n))
  else:
    binString(n//2)
    print(n%2)
```

Im Basisfall $n = 0$ oder $n = 1$ ist n bereits binär dargestellt und kann ausgedruckt werden. Ansonsten wird $binString(n//2)$ aufgerufen. Wenn dieser Aufruf abgearbeitet ist, liegt noch die Ausgabeanweisung $print(n \% 2)$ an. Das muss sich das Laufzeitsystem von Python mit Hilfe eines „Stacks" irgendwie merken, wie, das braucht normalerweise den Programmierer nicht zu kümmern. Die Expansion des Codes und die Abarbeitung für einen konkreten Fall, hier $n = 6$ verläuft dann folgendermaßen:

$$
\begin{aligned}
binString(6) &= binString(3)\,;\, print(0) \\
&= binString(1)\,;\, print(1)\,;\, print(0) \\
&= print(1)\,;\, print(1)\,;\, print(0)
\end{aligned}
$$

und resultiert in dem Ergebnis '110'. So wie hier besprochen werden die Ziffern noch untereinander geschrieben. Ist die Ausgabe auf einer Zeile gewünscht, so sind die *print*-Aufrufe im Programm um den optionalen Parameter end=' ' zu ergänzen.

2.8.4 Die Türme von Hanoi

Hinter rekursiven Algorithmen steht immer die Idee, ein Problem auf ein gleichartiges, aber einfacheres Problem zurückzuführen. Wir zeigen hier, wie man dieses Prinzip auf eine einfache Knobelaufgabe, die als Problem der „Türme von Hanoi" bekannt ist, anwenden kann.

Aus einem Stapel von N Scheiben verschiedener Durchmesser sei ein Turm aufgeschichtet. Der Durchmesser der Scheiben nimmt nach oben hin kontinuierlich ab. Der Turm steht auf einem Platz A und soll zu einem Platz C bewegt werden, wobei ein Platz B als Zwischenlager benutzt werden kann. Dabei müssen zwei Regeln eingehalten werden:

Abb. 2.11. Turm von Hanoi - Ausgangsposition

- Es darf immer nur eine Scheibe bewegt werden.
- Es darf nie eine größere auf einer kleineren Scheibe liegen.

Wir wollen uns vorstellen, wir hätten bereits eine Lösung gefunden, wenn N nur um 1 kleiner wäre. Dann könnten wir sicher auch die Rollen der Plätze B und C vertauschen, wir könnten also einen Turm aus $(N-1)$ Scheiben von A nach B transportieren und C als Zwischenlager benutzen. Die obersten $(N-1)$ Scheiben des Turmes auf A können wir so nach B transportieren. Die unterste, größte Scheibe von A stört dabei nicht. Die Situation ist jetzt:

Abb. 2.12. Turm von Hanoi - einfacherer Fall

Die übriggebliebene Scheibe auf A transportieren wir anschließend nach C. Wenn wir erneut unsere Lösung für Türme der Höhe $(N-1)$ bemühen, diesmal den Turm der Höhe $(N-1)$ von B nach C transportieren, mit A als Zwischenlager, so ist das ursprünglich gestellte Problem gelöst. Wir haben also die Aufgabe, einen Turm der Höhe N zu bewegen, auf die einfachere und gleichartige Aufgabe zurückgeführt, zweimal einen Turm der Höhe $(N-1)$ und eine einzelne Scheibe zu bewegen. Die Lösung des Problems hängt also von 4 Parametern ab:
- der Turmhöhe (bzw. der Anzahl der Scheiben) N,
- dem Ausgangsplatz,
- dem Zwischenspeicherplatz und
- dem Zielplatz.

Dies führt unmittelbar zu einem rekursiv definierten Programm *hanoi* mit vier Parametern:

```
def hanoi(n, ausgang,zwischen,ziel):
  if n==1:
    zieheScheibe(ausgang, ziel)
  else :
    hanoi(n-1, ausgang, ziel, zwischen)
```

```
zieheScheibe(ausgang, ziel)
hanoi(n-1, zwischen, ausgang, ziel)
```

Man beachte, wie sich die Rolle der Plätze verändert: Für die inneren Aufrufe wird von der äußeren Prozedur einmal die Zielposition, das zweite Mal die Ausgangsposition als Zwischenlager benutzt.

Konkret führt also der Aufruf `hanoi(5,'A','B','C')` zu den inneren Aufrufen `hanoi(4,'A','C','B')` und `hanoi(4,'B','A','C')`.

zieheScheibe könnte man jetzt als Grafikroutine implementieren, die die Bewegung einer Scheibe animiert (in diesem Fall müsste auch die Scheibengröße als Parameter ergänzt werden), oder man schreibt lediglich eine Aufforderung, etwa in der Art:

```
def zieheScheibe(von, nach):
    print("Scheibe von ",von," zu ",nach)
```

2.8.5 Endrekursion und Iteration

Eine rekursive Funktion heißt *endrekursiv* (engl.: *tail recursive*), falls jeder rekursive Aufruf die letzte Aktion im Ablauf des Programms ist. Der rekursive Aufruf ersetzt damit den Originalaufruf der Funktion. Allgemein ist eine endrekursive Definition einer Funktion f von der Bauart:

$$f(x) := g(x) \text{ falls } P(x), \text{ sonst } f(r(x)),$$

wobei g, r und P bereits vorhandene Funktionen sind. Statt $f(x)$ wird $f(r(x))$ berechnet, jedenfalls solange nicht $P(x)$ gilt. Das Argument x von f wird dann durch $r(x)$ ersetzt. Wenn der Prozess stoppen soll, muss irgendwann $P(x)$ gelten. Sodann wird das Ergebnis $g(x)$ geliefert. Eine endrekursiv definierte Funktion lässt sich daher leicht durch ein *while*-Programm implementieren:

```
while not P(x):
    x = r(x)
return g(x)
```

Die obige Definition von *endrekursiv* lässt sich erweitern auf den Fall, dass x ein Tupel von Parametern ist, bzw. dass die Alternative weitere Zweige besitzt. Damit ist auch die folgende Definition der *ggT*-Funktion endrekursiv:

```
def ggTRek(m,n):
    if(m==n):    return m
    elif m > n:  return ggTRek(m-n,n)
    else :       return ggTRek(m,n-m)
```

In zwei Zweigen der Alternativanweisung ruft sich *ggTRek* selber auf. Die rekursiven Aufrufe sind jeweils die letzte Aktion des Originalaufrufs, was man in Python deutlich an dem unmittelbar vorausgehenden *return* erkennt. Die Probleme *ggTRek(m-n,n)* bzw. *ggTRek(m,n-m)* ersetzen also jeweils das Originalproblem. Die Umsetzung in ein *while*-Programm haben wir bereits im Abschnitt 2.6.1 gesehen.

Einige Programmiersprachen besitzen Compiler, die Endrekursionen erkennen und automatisch entfernen, indem sie diese durch Schleifen ersetzen. Dies gilt zum Beispiel für die Sprache *Scala*, allerdings nicht für für Python. Die Entfernung der Rekursion kann der Programmierer ggf. wie oben gezeigt, selber durchführen.

2.8.6 Akkumulierende Parameter

Die Definition der Funktion *gauss* aus Abschnitt 2.6.1 ist nicht endrekursiv. Der rekursive Aufruf `gauss(n-1)` erfolgt in dem Ausdruck

```
return gauss(n-1) + n
```

und ist somit *nicht* die letzte Aktion der Originalfunktion. Auch eine Umstellung in `return n + gauss(n-1)` würde dieses Problem nicht beseitigen. In beiden Fällen ist die letzte Aktion die Addition des Ergebnisses von *gauss*(*n* − 1) und *n*.

Mit einem einfachen Trick lässt sich *gauss* aber dennoch endrekursiv berechnen. Dazu führen wir eine Hilfsfunktion *gaussAux* mit einem zusätzlichen Parameter *akk* ein, in dem wir den Wert von *gauss*() akkumulieren. Bei jedem rekursiven Aufruf von *gaussAux*(*n*) erhöhen wir den Wert von *akk* um *n*. Die Erhöhung erfolgt bei der Parameterübergabe:

```
gaussAux(n,akk) = gaussAux(n-1,akk+n) .
```

Der erste Parameter von *gaussAux* wird also um 1 vermindert und der zweite um *n* erhöht. Wenn der erste Parameter bei 0 angekommen ist, sollte sich im zweiten Parameter das gesuchte Ergebnis akkumuliert haben. Die neue Version von *gauss*(*n*) ruft lediglich *gaussAux*(*n*, 0) wobei der akkumulierende Parameter mit 0 initialisiert wird. *gaussAux* ist offensichtlich endrekursiv.

```
def gauss(n):

  def gaussAux(n,akk):
    if(n==0): return akk
    else:     return gaussAux(n-1,akk+n)

  gaussAux(n,0)
```

Durch zusätzliche Parameter lassen sich also rekursive Funktionen oft effizienter berechnen. Die Umwandlung in eine iterative Version sollte ein guter Compiler eigentlich von selber erledigen können. Die Bestandteile kann man sofort dem Programmtext entnehmen. Das Resultat ist eine *while*-Schleife, die durch die die Negation von $n == 0$ kontrolliert wird, und deren Körper aus der parallelen Zuweisung: $n, akk = n - 1, akk + n$ besteht. Die Hilfsvariable akk wird mit 0 initialisiert.

Wir demonstrieren die Technik der akkumulierenden Parameter auch am Beispiel der Fibonacci-Funktion. Diese hatte zwei rekursive Aufrufe und wir benötigen zwei zusätzliche Parameter – einen, in dem der aktuelle Wert bewahrt wird und einen, in dem wir den nächsten Wert berechnen. Diesmal beginnen wir mit der iterativen Version. Ein Trick ist, sich vorzustellen, wie wir die Funktion mit Hilfe einer Excel-Tabelle berechnen würden, bei der jede Spalte aus der vorangehenden Spalte berechnet wird. Die Zeilen der Tabelle entsprechen gerade den Parametern der erweiterten Funktion. Eine Tabellenberechnung von *fibonaccci(n)* könnte folgendermaßen aussehen: In der ersten Zeile zählen wir n hinunter bis 1, in der zweiten und in der dritten Zeile halten wir den aktuellen und den folgenden Wert der Fibonacci-Folge. Die folgende Spalte ergibt sich jeweils aus den Parametern der vorangehenden als `fibAux(n-1,folg,aktuell+folg)`:

n	$= n - 1$
aktuell	$= folg$
folg	$= aktuell + folg$

n	7	6	5	4	3	2	1
aktuell	1	1	2	3	5	8	13
folg	1	2	3	5	8	13	21

Abb. 2.13. Excel-Spezifikation von fibonacci und Beispiel für $n = 7$

Falls $n = 1$ ist, befindet sich in der zweiten Zeile das Ergebnis. Offensichtlich ist die Funktion jetzt endrekursiv und damit iterativ berechenbar.

```
def fibIter(n):

    def fibAux(n,aktuell,folg):
        if n==1:   return aktuell
        else:      return fibAux(n-1,folg,aktuell+folg)

    return fibAux(n,1,1)
```

Das gleiche als imperatives Programm, wobei wir wieder die Parameterübergabe durch eine parallele Zuweisung simulieren:

```
def fibImp(n):
    aktuell, folg = 1,1
    while n != 1:
        n,aktuell,folg = n-1,folg,aktuell+folg
    return aktuell
```

2.8.7 Dynamisches Programmieren

Das Phänomen, dass eine rekursive Funktion einige Werte immer wieder erneut berechnen musste, hatten wir schon bei der Binominalfunktion angetroffen. Das Problem verschwand, als wir die Werte von $binomi(n, k)$ für kleine n und k in einem dictionary speicherten. Diesen Trick können wir in vergleichbaren Fällen immer anwenden. Wenn ein Funktionswert berechnet wird, speichern wir ihn in einem dictionary. Jeden rekursiven Aufruf leiten wir um, so dass zunächst im dictionary nachgefragt wird, ob der Wert schon einmal berechnet wurde. Wenn nicht, dann wird er eingefügt. Diesen Programmierstil nennt man wahlweise „dynamisches Programmieren" oder „memoization". Ein großer Vorteil dieser Methode ist, dass der ursprüngliche Programmcode nur geringfügig geändert werden muss - die Programmlogik bleibt erhalten.

Wir beginnen mit der direkten Definition der *fibonacci-Funktion*. Diese ist hoffnungslos ineffizient, da viele Werte immer wieder erneut berechnet werden, so dass schon die Berechnung von `fibonacci(40)` = 165580141 sehr lange dauern wird:

```
def fibonacci(n):
  if n < 2:
    return 1
  else:
    return fibonacci(n-2)+fibonacci(n-1)
```

Die 'memoisierende' Variante benutzt ein dictionary, zusammen mit einer Hilfsfunktion *fib* mit einem Argument x.

```
def fibo(n):
  memo = {0:1,1:1}

  def fib(x):
    if memo.get(x) == None:
      memo[x] = fib(x-2)+fib(x-1)
    return memo[x]

  return fib(n)
```

Der Aufruf von *fibo* verzweigt in die lokale Hilfsfunktion *fib*. Diese prüft zunächst, ob der Wert für das Argument n bereits gespeichert ist. Wenn ja, wird dieser ausgelesen und zurückgegeben, andernfalls wird er gemäß der Definition der Fibonacci-Funktion berechnet und in *memo* gespeichert. Dieses Prinzip funktioniert genauso für andere rekursiven Funktionen und ist besonders dann von Vorteil, wenn die Funktion nicht linear rekursiv ist, wenn also in einem Zweig mehrere rekursive Aufrufe verknüpft werden müssen.

Noch schöner wäre es, wenn wir den Prozess der Memoisierung automatisieren könnten. In der Tat ist dies möglich. Die folgende Funktion *memoize* liefert für eine beliebige (einstellige) Funktion f eine memoisierende Variante von f. Es handelt sich bei *memoize* somit somit um eine Funktional, also eine Funktion, die eine Funktion entgegennimmt und eine neue (und effizientere) Funktion als Ergebnis liefert:

```
def memoize(f):
  memo = {}     # dictionary für bereits berechnete Werte
```

```
def fct(n):
  if n not in memo:
    memo[n] = f(n)
  return memo[n]
return fct
```

```
fibonacci = memoize(fibonacci)
```

Wenn wir jetzt *fibonacci(40)* ausrechnen, geschieht dies in Bruchteilen einer Sekunde. Selbst große Argumente sind wie der Blitz berechnet:

```
>>> fibonacci(800)
112102381301657019753922131204008107032943249802439891737799
110960964241768702427146724197190900100092843317401601220268
0530522970872221529030444060066932447425629634426
```

Diese Methode funktioniert genauso bei mehrstelligen Funktionen. Die Binominalkoeffizienten, mit denen wir das Pascalsche Dreieck (Abb. 2.9) füllen wollten, sind rekursiv folgendermaßen definiert:

```
def binomi(n,k):
  if k==0 or n==k:
    return 1
  else:
    return binomi(n-1,k-1)+binomi(n-1,k)
```

Wir modifizieren die Funktion *memoize* zu *memoize2* so dass sie zweistellige Funktionen erwartet und liefert:

```
def memoize2(f):
  memo = {}
  def fct(x,y):
    if (x,y) not in memo:
      memo[x,y] = f(x,y)
    return memo[x,y]
  return fct
```

Aus der für große Parameterwerte hoffnungslos langsamen Funktion *binomi* gewinnen wir jetzt eine blitzschnelle Variante durch:

```
binomi = memoize2(binomi)
```

Ein Test bestätigt dies:

```
>>> print(binomi(400,200))
102952500135414432972975880320401986757210925381
077648234849059575923332372651958598336595518
9764929515640485975067741203
```

Für noch größere Argumente kommt uns die voreingestellte maximale Rekursionstiefe des Python Interpretierers in die Quere. Diese soll verhindern, dass der für den internen Stack vorgesehene Bereich überschritten wird. Mit dem Befehl *sys.setrecursionlimit(n)* aus dem Modul *sys* können wir aber die maximale Rekursionstiefe auf einen gewünschten Wert *n* setzen und somit auch noch größere Werte von *fibonacci* oder *binomi* berechnen.

2.8.8 Funktionale Parameter

Wie bereits erwähnt, zeichnen sich Funktionale Sprachen dadurch aus, dass Funktionen als normale Datenobjekte behandelt werden, die erzeugt, gespeichert oder als Parameter übergeben werden können. Funktionen, die funktionale Parameter verwenden, heißen oft auch Funktionale. Ein bekanntes Beispiel eines Funktionals ist die Integralfunktion: $integral(f, a, b)$ sollte das Integral der Funktion f zwischen a und b liefern, also die Fläche unter der Kurve von f zwischen a und b. Wir gehen zunächst davon aus, dass $a \leq b$ ist. Dann teilen wir das Intervall in n kleine Teile der Breite $dx = \frac{b-a}{n}$ und berechnen jeweils die Fläche $F(i)$ des i-ten Rechtecks mit Basis dx unter der Funktion f. Wir könnten, z.B. mit einer Schleife die Summe aller dieser Rechtecke für $i \in range(n)$ berechnen. Neben f, a und b benötigen wir noch die Entscheidung, in wieviele Teile n das Intervall unterteilt werden soll, oder alternativ die gewünschte Rechteckbreite $dx = \frac{b-a}{n}$. Je kleiner dx d.h. je größer n gewählt wird, desto genauer wird das Ergebnis.

Die rekursive Lösung ist aber noch einfacher. Sie basiert auf der folgenden simplen Idee: Um $\int_a^b f(x)dx$, also die Fläche unter f von a bis b, zu berechnen, ermitteln wir zunächst die Fläche des ersten Rechteckes mit Breite dx, das ergibt $f(a) * dx$ und addieren dann dazu das Integral $\int_{a+dx}^b f(x)dx$ also die Fläche unter f von $(a + dx)$ bis b.

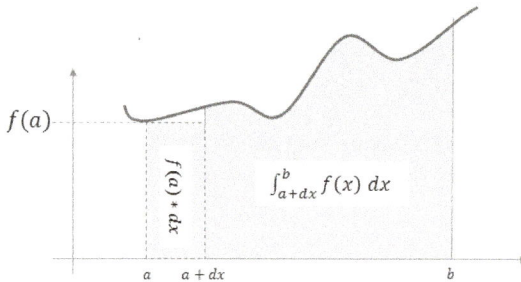

Abb. 2.14. Integralberechnung

Die folgende rekursive Python-Funktion setzt genau diese Idee um. Der Abbruchfall ist erreicht, wenn $a \geq b$ ist. Das Integral ist dann 0.

```
def integral(f,a,b,dx):
  if a >= b:
    return 0
  else:
    return f(a)*dx + integral(f,a+dx,b,dx)
## Ein Aufruf
print(integral(math.sqrt,0,1,0.01)) ## liefert 0.661462...
```

2.8.9 Lambda Terme

Wir können unsere Integralfunktion natürlich sofort testen und dazu beispielsweise Funktionen aus der math-Bibliothek, wie *sqrt*, *sin*, etc. verwenden. Wollen wir aber einen beliebigen Ausdruck integrieren, wie z.B. $x^2 + x + 1$ oder $sinx/x$ so müssen wir bisher zunächst eine entsprechende Funktion definieren und diese dann dem Integral übergeben. Das wird bei häufiger Benutzung umständlich.

Wir hatten früher versprochen, dass funktionale Programme auch Funktionen erzeugen können. Bisher kennen wir nur eine Möglichkeit, neue Funktionen zu erzeugen, nämlich als Funktionsdefinition `def <name>(<parameter>): <body>` im Quellprogramm. Die wesentlichen Bestandteile einer Funktion sind also
- die Parameterliste
- der Funktionskörper.

Der Funktionskonstruktor, der aus diesen beiden Bestimmungsstücken eine Funktion baut heißt traditionellerweise *lambda*.

```
lambda <parameter>: <body>
```

ist daher die Funktion, die einer Liste von Parametern den Wert zuweist, der sich aus der Evaluierung des body's ergibt. Beispiele für solche Lambda-Terme sind

```
lambda x   : x**2+x+1
lambda x   : (sin x)/x
lambda x,y : (x+y)**2
```

Dies sind Ausdrücke, die jeweils eine Funktion beschreiben. Wir können sie überall benutzen, wo eine Funktion erwartet wird. Das bedeutet, dass wir sie auf Argumente anwenden,

```
>>> (lambda x : x**2 + x + 1)(3)
13
```

als Argumente übergeben

```
>>> integral(lambda x : x**2 + x + 1,-1,1,0.01)
2.6567
```

oder in einer Variablen speichern können.

```
>>> f = lambda x: 1/(1+x)
>>> f(2)
0.3333333333333333
```

Die Zuweisung des Lambda-Terms zur Variablen f läuft auf dasselbe hinaus, wie die entsprechende Funktionsdefinition

```
def f(x):
  return 1/(1+x)
```

Ein weiteres Beispiel für die Nützlichkeit von Lambda-Termen erkennen wir, wenn wir eine allgemeine Sortierfunktion schreiben. bubblesort auf Seite 120 ging von einer bestimmten Ordnung <= auf den Daten aus und sortierte aufsteigend. Man könnte stattdessen ein beliebiges Sortierkriterium als Parameter krit der Funktion mitgeben und den Test not a <= b) durch not krit(a,b) ersetzen:

```
def bubblesort(lst,krit ):

    def order(i,j):
    a,b = lst[i],lst[j]
    if not krit(a,b) :
      lst[i],lst[j] = b,a

    for j in reversed(range(len(lst))):
      for i in range(j):
        order(i,i+1)
```

Ein Sortierkriterium ist eine Funktion, die einem Paar (x, y) von Daten einen Wahrheitswert zuordnet, also letztendlich eine zweistellige Funktion mit Booleschem Ergebnis. Wir können nun bubblesort benutzen, um eine Liste *lst* von Daten
- aufsteigend zu sortieren: bubblesort(lst,lambda x,y: x <= y)
- absteigend zu sortieren: bubblesort(lst,lambda x,y: y <= x)

eine Liste *persons* von Personen, jeweils gegeben durch (name,vorname, alter)
- absteigend nach dem Alter zu sortieren
    bubblesort(persons,lambda p,q: q[2] <= p[2])
- nach Namen zu sortieren, bei gleichem Namen nach dem Alter:
    sort(persons,lambda p,q: p[0]<q[0] or p[0]==q[0] and p[2] <= q[2])

2.8.10 Map, filter und Komprehensionen

Zwei wichtige Funktionale, die wir hier besprechen werden, sind *map* und *filter*. Auf ihnen basiert unter anderem das bekannte *MapReduce* Framework der Firma Google, mit dem gigantische Datenmengen parallel bearbeitet und analysiert werden können. Typisch für eine Massenverarbeitung von Strömen kontinuierlich ankommender Daten sind zwei Verarbeitungsschritte:

- Filtern, Aufbereiten und Bearbeiten der einkommenden Daten
- Zusammenfassung der bearbeiteten Daten zu einem Ergebnis.

map wendet eine Funktion auf jedes Element einer Kollektion an. Ähnlich kann man *filter* verwenden, um aus einer Kollektion nur solche Elemente herauszufiltern die eine bestimmte Eigenschaft erfüllen. Die so bearbeiteten Elemente liegen zunächst als sogenannter *Generator* vor. Dies ist ein Objekt, das nach Bedarf die transformierten oder herausgefilterten Elemente liefert. Wir können diese wieder in eine Kollektion verpacken oder weiterverarbeiten.

Im folgenden Beispiel starten wir mit einer Liste von Zahlen, berechnen jeweils deren Quadratwurzeln und liefern die Menge der Ergebnissse:

```
>>> set(map(sqrt,[4,100,25,36,49,100,25,4]))
{2.0, 10.0, 5.0, 6.0, 7.0}
```

Wollten wir statt der Wurzel (*math.sqrt*) die Quadrate der Zahlen der ursprünglichen Liste, so hätten wir ein kleines Problem, denn wir haben keine Quadrat-Funktion zur Hand. Sie extra zu definieren wäre umständlich. Aber die Quadrat-Funktion ist doch nichts anderes, als die Funktion, die einer Zahl x den Wert $x**2$ zuordnet, also als Lambda-Term *lambda x : x**2* ausdrückbar. So können wir einfach schreiben:

```
>>> set(map(lambda x: x**2,[4,100,25,36,49,100,25,4]))
{16, 10000, 2401, 625, 1296}
```

Filter funktioniert analog. Eine Eigenschaft, also eine Boolesche Funktion wird auf alle Elemente einer Kollektion angewendet. Heraus kommt ein Generator, der genau diejenigen Elemente x liefert, welche die Eigenschaft $p(x)$ erfüllen. Im folgenden Beispiel bestimmen wir die Menge aller Großbuchstaben, die in einem kurzen Text vorkommen, indem wir diejenigen x herausfiltern, die 'a' ≤ x ≤ 'z' erfüllen:

```
>>> set(filter(lambda x: 'a' <= x <= 'z','Hallo Welt'))
{'e', 'a', 't', 'l', 'o'}
```

Die Kombination von *map* und *filter* liefert genau die Mengennotation, die uns aus der Mathematik vertraut ist. Mengen konstruiert man üblicherweise in der folgenden Form, wobei S eine Menge ist, $P(x)$ eine Eigenschaft für ein Element x und $f(x)$ das Ergebnis der Anwendung einer Funktion f:

$$\{f(x) \mid x \in S, P(x)\}.$$

Man filtert zunächst also alle Elemente x aus S heraus, die $P(x)$ erfüllen und wendet auf die verbleibenden jeweils die Funktion f an. In Python verwendet man statt '|' und ',' die Schlüsselworte `for` und `if` :

```
f(x) for x in S if P(x)
```

Das Ergebnis eines solchen *Generatorausdrucks* kann man dann in eine Menge oder eine Liste packen:

```
{ f(x) for x in S if P(x) } oder [ f(x) for x in S if P(x) ]
```

Dies liefert uns die bereits auf Seite 131 angeschnittenen Komprehensionen. Als Beispiel betrachten wir die Menge aller Quadrate von Primzahlen unter 100, die wir mathematisch so hinschreiben:

$$\{x^2 \mid 0 \le x < 100, \, isPrim(x)\}$$

S ist hier $\{0, ..., 99\}$, $P = istPrim$, und $f = lambda \, x : x**2$ die Quadratfunktion. Funktionale Programmierer würden diese Menge folgendermaßen formulieren, falls die Funktion *istPrim* bereits vorhanden ist.:

```
set(map(lambda x: x**2 , filter(istPrim,range(100)).
```

Mit Hilfe der Set-Komprehension in Python können wir einfach schreiben:

```
{x**2 for x in range(100) if istPrim(x)}.
```

2.8.11 Exists, forall, any

Eine Zahl ist prim, wenn sie durch keine kleinere Zahl größer als 1 teilbar ist. Mathematisch schreibt man das:

$$istPrim(n) : \iff \forall x.1 < x < n \Rightarrow n \bmod x \ne 0.$$

Allquantor $\forall$ und Existenzquantor $\exists$ können leicht durch Funktionale *forall* und *exists* simulieren. *forall* prüft, ob eine Bedingung für alle Elemente einer Kollektion gilt, *exists*, ob sie für mindestens ein Element gilt und *find* liefert ein Element mit gewünschter Eigenschaft, falls ein solches existiert, ansonsten das spezielle Objekt *None*. Solche Funktionale können wir selbstverständlich selber erstellen und gleich für die Primzahlbestimmung verwenden.

```
def forall(coll,prop):
  for x in coll:
    if not prop(x) :
      return False
  return True
```

Auf diese Weise lässt sich die logische Notation

$$istPrim(n) : \iff \forall x \in range(2, n). \, n \bmod x \ne 0$$

unmittelbar als Python-Programm ausführen:

```
def istPrim(n) :
  return forall(range(2,n),lambda x: n % x != 0)
```

Analog könnte man das Funktional *exists* definieren:

```
def exists(coll,prop):
  for x in coll:
    if prop(x) :
      return True
  return False
```

oder alternativ und entsprechend der logischen Äquivalenz $\exists x.P(x) \iff \neg\exists y.\neg P(y)$:

```
def exists(coll,prop):
  return not forall(coll,lambda x: not prop(x))
```

Die vermeintlich kürzere Definition

```
def exists?(coll,prop):
  return not forall(coll,not prop)   ## Fehler !!
```

wäre fehlerhaft, denn *not* ist auf Booleschen Werten definiert, nicht aber auf Funktionen.

Eng verwandt mit den logischen Funktionalen ist die in der Informatik geläufigere Suchfunktion *find*. Sie sucht in der Kollektion ein Element, das eine bestimmte Eigenschaft erfüllt. Falls kein derartiges Element vorhanden ist, geben wir die für solche Zwecke vorgesehene Python-Konstante *None* zurück. (Selbstverständlich gehen wir davon aus, dass *None* nicht zur Kollektion *coll* gehört.)

```
def find(coll,prop):
  for x in coll:
    if prop(x) :
      return x
  return None
```

Exists und *forall* lassen sich auf offensichtliche Weise auf *find* zurückführen, insofern ist *find* mit dem in der Logik verwendeten Hilbertschen $\in -Operator$ verwandt:

```
def exists(coll,prop):
  return find(coll,prop) != None
```

```
def forall(coll,prop):
  return not find(coll,lambda x : not prop(x))
```

Die Funktionale *exists* und *forall* sind in Python 3.5 nicht vordefiniert. Stattdessen soll man die Funktionen *any* und *all* verwenden, die in Zusammenhang mit einem Generatorausdruck prüfen, ob ein oder alle Elemente einer Kollektion *True* sind, etwa ob unter den kommenden Jahreszahlen ein Primzahlzwilling existiert:

```
any(istPrim(x) for x in range(2017,2027,2) if istPrim(x+2))
```

2.8.12 Spielstrategien als rekursive Prädikate – Backtracking

Weitergehende Möglichkeiten, die sich durch den Einsatz von rekursiven Prozeduren erschließen, wollen wir anhand eines Programms für ein abstraktes 2-Personen-Spiel demonstrieren. Wir wollen einen möglichst optimalen Zug finden, um das Spiel am Ende zu gewinnen. Wir gehen davon aus, dass zwei Spieler gegeneinander spielen. Das Spiel ist durch eine Menge *state* von möglichen Situationen oder Positionen gegeben. Eine Situation wäre z.B. eine beliebige Platzierung der Figuren auf einem Schachbrett oder eine Kartenverteilung beim Skatspiel.

Die Regeln des Spieles beschreiben, welche Folgepositionen von einer gegebenen Position aus erlaubt sind. Zu jeder Situation *s* sei *moves(s)* die Kollektion aller Situationen zu denen man von *s* aus mit einem legalen Spielzug gelangen kann und *lost(s)* sei wahr, falls in Situation *s* der Spieler, der am Zug wäre, verloren hat.

Wir schreiben nun ein einfaches rekursives Prädikat *isWinPos(s)*, welches uns sagen soll, ob der Spieler, der am Zug ist, in einer Situation *s* eine Gewinnstrategie hat: *Wir sind in einer Gewinnsituation, falls wir noch nicht verloren haben und ein legaler Zug in eine Situation existiert, die (für den Gegner) keine Gewinnsituation ist:*

```
def isWinPos(s):
    return not lost(s) and not forall(moves(s),isWinPos)
```

Die Funktion *isWinPos* reicht schon aus, um den optimalen Zug zu finden, der uns dem unweigerlichen Sieg näher bringt, sofern unsere Ausgangssituation eine Gewinnposition ist:

```
def findMove(s):
    return find (moves(s), lambda x: not isWinPos(x))
```

Wir suchen also in den durch einen Spielzug erreichbaren Folgezuständen nach einem, der keine Gewinnposition ist – für den der dann am Zug ist. In diesen Folgezustand ziehen wir, um unseren Gegner seinem (unausweichlichen) Schicksal zu überlassen.

Für ein konkretes Spiel müssen wir nur noch Funktionen *moves* und *lost* bereitstellen. Wir demonstrieren dies an einer Variante des NIM-Spieles: Zwei Spieler starten mit einer Anzahl *N* von Münzen. In jedem Zug darf ein Spieler entweder 3 oder 5 oder 11 Münzen entfernen. Ein Spieler hat verloren, wenn er nicht mehr ziehen kann. Eine Spielsituation ist bereits durch eine Zahl, die Anzahl der noch vorhandenen Münzen, gegeben.

```
nums = [3,5,11]

def lost(s):                 ## s ist Verlustsituation
    return moves(s) == []    ## wenn kein Zug mehr bleibt

def moves(n):                ## Mögliche Folgesituiationen
    return [ n-k for k in [3,5,11] if n-k >= 0]
```

Listen wir jetzt zum Beispiel alle Zahlen zwischen 1 und 50, die keine Gewinnpositionen sind, liefert unser Programm: 1 2 8 9 10 16 17 18 24 25 26 32 33 34 40 41 42 48 49 50.

Wenn wir am Zug sind, versuchen wir, eine dieser Zahlen zu erreichen. Wenn dies uns einmal gelingt, wird es uns immer wieder gelingen, egal was der Gegner macht, und wir werden das Spiel gewinnen.

Die obigen Überlegungen illustrieren den mathematischen Satz, dass ein endliches 2-Personen-Spiel, das nicht unentschieden enden kann, determiniert ist, d.h. einer der Spieler hat von Anfang an eine Gewinnstrategie. Wenn er die Strategie konsequent verfolgt, hat der Gegner von vornherein keine Chance.

Im Beispiel des 3-5-11-Spieles kann man dies leicht verfolgen. Für gewisse Anfangswerte hat der erste Spieler, für andere hat der zweite Spieler eine Strategie. Kennt man diese, so wird das Spiel langweilig.

2.8.13 Fazit

Funktionales Programmieren in Zusammenhang mit Rekursion und funktionalen Parametern erlaubt elegante Lösungen zu schwierigen Lösungen zu finden. Numerische Integration ist ein einfaches Programm, das die zu integrierend Funktion einfach als Argument erhält. Notation und Denkweise beim funktionalen Programmieren greifen die in der Schule gelernte mathematische Praxis auf - Programmieren wird zu mathematischem Problemlösen. Funktionale Programme sind kurz, klar und verständlich, lediglich über die Effizienz bei der Ausführung muss der Programmierer zusätzlich nachdenken. Zeitkritische Funktionen kann man, wenn nötig, mit einfachen Methoden in endrekursive Funktionen umwandeln.

Besonders attraktiv ist das Potential der parallelen Ausführung von Programmteilen. Funktionale Programme, die auf Seiteneffekte verzichten, können weitgehend automatisch parallelisiert werden, so dass mehrere Prozessoren gemeinsam an dem gleichen Problem arbeiten. Gerade in einer Zeit in der die lange gewohnte Geschwindigkeitssteigerung mit jeder neuen Prozessorengeneration nicht mehr zu erwarten ist, stattdessen stets mehr Prozessoren zur Verfügung stehen, wächst der Wunsch, die vorhandenen Prozessorkerne einzuspannen. Funktionale Programme sind für solche Zwecke eindeutig besser geeignet, als imperative Programme.

2.9 Objektorientiertes Programmieren

Beim Funktionalen Programmieren stehen Funktionen im Mittelpunkt. Daten sind aus deren Sicht eher langweilige Geschöpfe, die höchstens als Argumente und Ergebnisse von Funktionen in Erscheinung treten. Ein funktionales Programm beginnt mit dem Aufruf einer Funktion, die seinerseits viele Hilfsfunktionen aufruft, bis das Ergebnis berechnet ist.

Objektorientiertes Programmieren stellt dies auf den Kopf. Hier liegt der Schwerpunkt auf den Datenobjekten. Funktionen degradieren zu Methoden, welche zu den Objekten gehören und von diesen zur Verfügung gestellt werden.

Das Paradigma des Objektorientierten Programmierens ist eng verknüpft mit der Einführung der graphischen Benutzeroberflächen, die Ende der siebziger Jahre des vorigen Jahrhunderts ihren Anfang nahm. Programme beschreiben Interaktionen zwischen einem Benutzer und Dingen, die auf der graphischen Oberfläche, dem Desktop herumliegen. Der Benutzer zeigt mit der Maus auf ein Objekt - z.B. einen Ordner oder einen Brief - und dieses Objekt bietet dem Benutzer verschiedene Aktionen an, zu denen es fähig ist. Ein Brief kann zum Beispiel geöffnet werden, in einen Aktenschrank den Papierkorb, den Drucker oder in ein Postfach verschoben werden. Ein Foto kann angezeigt, bearbeitet, versandt, oder gelöscht werden.

In der Desktop-Umgebung stellt ein Objekt seine Methoden zur Auswahl, wenn man die (rechte) Maustaste betätigt. Die verfügbaren Methoden zeigen sich in einem Aufklappmenü. Deutet man z.B. auf einen Brief, der auf dem Desktop liegt und betätigt die rechte Maustaste, so könnte das Menü folgendes Angebot machen: „bearbeiten", „löschen", „umbenennen", „drucken", „versenden".

Alles dies sind *Methoden*, das bedeutet Funktionen, die das betreffende Objekt als impliziten Parameter haben. Einige der Methoden benötigen weitere Parameter. Wählt man zum Beispiel die Methode „versenden", so muss mindestens noch der Empfänger angegeben werden. Dies könnte z.B. durch direkte Tastatureingabe geschehen, alternativ erscheint ein neues Objekt, etwa ein Adressbuch, welches seinerseits Methoden anbietet, um bestimmte Empfänger auszuwählen.

Im Zusammenhang mit graphischen Benutzeroberflächen ist die objektorientierte Denkweise sehr natürlich. Objektorientierte Programmiersprachen erheben nun das *Objekt-Methode-Paradigma* zum Prinzip. Hier ist jedes Datenobjekt, vom Schreibtisch bis hin zu einer einfachen Zahl ein *Objekt*, das gewisse Methoden versteht: Die Zahl 42 ist ein Objekt, welches u.a. die Methoden +, −, *, etc. versteht. Selbstverständlich benötigen die gerade erwähnten Methoden je ein weiteres Zahlenobjekt als Argument, um schließlich als Ergebnis ein neues Zahlenobjekt zu liefern.

Smalltalk war die erste Sprache, die bereits 1980 ein durchdachtes und außergewöhnlich weit fortgeschrittenes objektorientiertes System mit graphischer Benutzeroberfläche anbot. Es dauerte noch 10-15 Jahre, bis das Konzept sich durchgesetzt hatte und auf dem Weg über die Sprache *Java* die Massen erreichte.

2.9.1 Objekte in Python

Objekte kann man sich als Kapseln vorstellen, die mehrere Dinge zusammenfassen
- *Datenfelder*, die den Zustand oder den Wert eines Objekts beschreiben
- *Methoden*, mit denen man das Objekt bearbeiten oder Informationen über dieses gewinnen kann.

Die Tatsache, dass in der objektorientierten Methodologie das Objekt im Mittelpunkt steht, wird auch syntaktisch durch die sogenannte *Punktnotation* deutlich: Ist o ein Objekt mit Datenfeld d und Methode m(), so wird mit o.d auf das Datenfeld zugegriffen und mit o.m() die Methode m des Objekts o aufgerufen.

Wir sind in Python schon mehrfach Objekten begegnet, ohne es zu bemerken. Nehmen wir etwa einen String wie "Python". Wollen wir den String s in Großbuchstaben, so erhielten wir diesen mit s.upper(). Hier ist s das Objekt und upper() die Methode die zu jedem string-Objekt gehört.

Analog sind Listen auch Python-Objekte, für die wir in der Dokumentation u.a. die folgenden Methoden finden:

```
list.reverse()
list.index(x)
list.insert(pos,x)
list.sort(key=None,reverse=False)
```

Die Darstellung mit dem vorangestellten Klassennamen, hier list, verdeutlicht, dass die Methoden **reverse**, **index**, **insert** und **sort** Methoden der Klasse **list** sind. Offenbar können Methoden auch Parameter benutzen, sogar default-Parameter, wie das Beispiel der **sort**-Methode verdeutlicht.

Idle unterstützt den Programmierer unaufdringlich dabei, die richtigen Methoden auszuwählen. In der Abbildung haben wir eine Liste mit den Namen von Freunden zusammengestellt und die Methoden **insert** und **sort** ausprobiert. Nach der Eingabe des Objekts *friends* und des Punktes haben wir etwas gezögert. Schon zeigt uns Idle in einer Auswahlbox die für *friends* verfügbaren Methoden an.

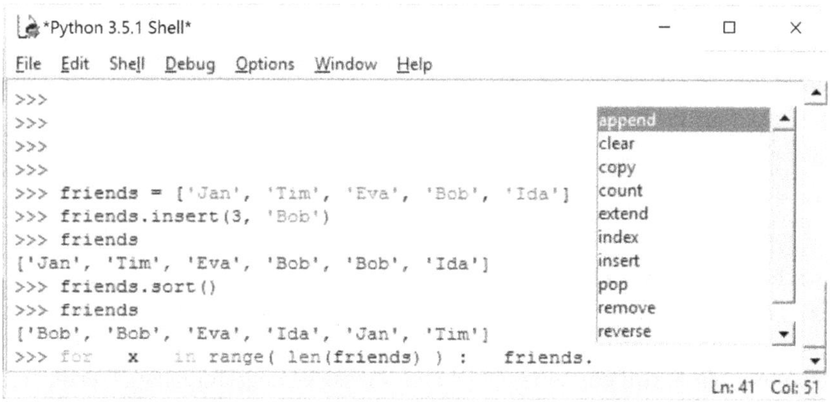

Abb. 2.15. Ein Listenobjekt mit seinem Angebot an Methoden von IDLE dargestellt

2.9.2 Klassen

Klassen kann man sich wahlweise als Menge gleichartiger Objekte vorstellen, oder als Bauplan für gleichartige Objekte. Um ein konkretes Objekt der Klasse zu erzeugen kann man meist den Namen der Klasse mit geeigneten Parametern aufrufen.

Listen sind Objekte der Klasse *list*, Strings sind Objekte der Klasse *str* und komplexe Zahlen sind Objekte der Klasse *complex*. Daher liefert *list*() ein Objekt der Klasse *list*, in diesem Fall die leere Liste. Für jede Kollektion *c* von Elementen, sei es ein Intervall, ein String als Kollektion von Buchstaben, oder eine Menge, liefert *list*(*c*) eine Liste mit allen Elementen aus *c*. Ebenso liefert *str*() den leeren String und allgemeiner haben fast alle Objekte *o* eine String-Repräsentation, die man mit *str*(*o*) erzeugen kann und die insbesondere von dem interaktiven Interpreter genutzt wird, um die Ergebnisse einer Berechnung auszudrucken:

```
>>> list()
[]
>>> list(range(1,20,2))
[1, 3, 5, 7, 9, 11, 13, 15, 17, 19]
>>> list("Marburg")
['M', 'a', 'r', 'b', 'u', 'r', 'g']
>>> str(list("Marburg"))
"['M', 'a', 'r', 'b', 'u', 'r', 'g']"
>>> complex(3,4)
(3+4j)
```

2.9.3 Konstruktion eigener Klassen

Wie jede objektorientierte Programmiersprache gestattet Python dem Programmierer, eigene Klassen zu entwickeln und zu benutzen. Im einfachsten Fall bietet eine Klasse einen eigenen Namensraum an. Wir könnten zum Beispiel eine Klasse `freund` für Kindergartenfreunde definieren, wobei jeder `freund` aus einem Namen und dem Alter besteht. Die Datenstruktur `freund` könnten wir dann z.B. so deklarieren:

```
class freund:
    name = ""
    alter = 0
```

Das Schlüsselwort `class` leitet die Klassendefinition ein. In diesem Falle besteht die Klasse `freund` nur aus den Feldern `name` und `alter`. Sobald die Klasse vorhanden ist, können wir den Namen der Klasse (hier `freund`) auch als Funktion verwenden, die bei jedem erneuten Aufruf ein neues Objekt der Klasse erzeugt. Im Beispiel erzeugen wir zwei Objekte, p und q. Für jeden der Freunde p und q können wir auf die Felder `name` und `alter` mit der Punktnotation `p.name`, `p.alter` schreibend und lesend zugreifen.

```
p = freund()
p.name = "Tim"
p.alter = 6

q = freund()
q.name = "Ida"
q.alter = p.alter -1
```

Methoden eines Objektes sind Funktionen, die das Objekt selber manipulieren können. Jede Methode erhält daher automatisch als ersten Parameter einen Verweis auf das Objekt, von welchem es aufgerufen wurde. Typischerweise nennt man diesen Parameter `self`. Mit seiner Hilfe können wir die eigenen Felder lesen und verändern. Wollten wir zum Beispiel eine Methode `geburtstag()` einführen, um das Alter eines Freundes zu erhöhen, so könnten wir diese in der Klasse `freund` deklarieren als:

```
def geburtstag(self):
    self.alter += 1
```

Ruft ein Objekt p die Methode `geburtstag()` auf, die Syntax ist `p.geburtstag()`, so führt dies einfach zu dem Funktionsaufruf `freund.geburtstag(p)`. Aus diesem Grund ist der Parameter self in der Funktionsdefinition notwendig, beim Aufruf derselben Funktion als Methode eines Objektes erhält er seinen Wert von dem aufrufenden Objekt. Wir werden später sehen, dass dies in Java einfacher ist. Den Parameter self lässt man dort sowohl in Methodendefinitionen als auch in Referenzen auf Felder einfach weg.

Die Erzeugung von Freunden war bisher noch etwas umständlich. Bequemer wäre es, wenn wir einfach schreiben könnten

```
p = freund("Tim") bzw. q = freund("Ida",6) .
```

Dazu müssen wir eine neue Methode einführen, um Freunde zu erzeugen. Eine solche Methode können wir schreiben, sie muss allerdings stets `__init__` heißen. Die Unterstriche sind notwendig - allgemein kennzeichnet man in Python *private Methoden*, also solche, die nur intern als Hilfsfunktionen der Klasse verwendet werden können, aber nicht von außen, mit zwei führenden Unterstrichen: „__". In unserem Falle fügen wir der Klasse `freund` also noch hinzu:

```
def __init__(self, name="", alter=0):
    self.name = name
    self.alter = alter
```

Bemerkenswert ist, dass die Variablen `name` und `alter` in zwei Bedeutungen im Funktionstext auftauchen: `self.name` und `self.alter` bezeichnen die Felder des Objektes (des Freundes), der erzeugt wird, während `name` und `alter` ohne das vorgestellte *self* die Parameter der Methode bezeichnen. Diese gleichnamige Benennung von Parametern mit den Feldern, welche die Parameter aufnehmen, ist unter Python-Programmierern üblich.

Die Klasse Würfel

Als zweites Beispiel einer selbstgemachten Datenstruktur wollen wir einen Würfel programmieren. Ein Würfel hat eine Seitenzahl (meist 6) und einen Wert, das ist eine Augenzahl zwischen 1 und der Seitenzahl. Mit dem Würfel kann man würfeln und man kann seinen Wert ablesen. Zum Würfeln benötigen wir eine Zufallszahlengenerator, der uns einen zufälligen Wert zwischen 1 und der größten Augenzahl liefert. Ein solcher ist als Funktion `randint` in dem Modul `random` vorhanden, den wir gleich zu Beginn importieren.

```python
import random
class wuerfel:
    """ Implementiert einen Wuerfel
      mit frei wählbarer Seitenzahl (Default: 6).
    """
    ## Felder - könnte man hier auch weglassen
    seiten=6
    wert=1

    ## Methoden
    def __init__(self,seiten = 6):
        self.seiten = seiten
        self.wuerfele()

    def wuerfele(self):
        self.wert = random.randint(1,self.seiten)

    def wert(self):
        return self.wert

    def __str__(self):
        return "W" +str(self.seiten)+ "(" +str(self.wert)+ ")"
```

In den Feldern *seiten* und *wert* sind die Anzahl der Seiten (default: 6) und die aktuelle Augenzahl gespeichert. Da diese bereits als Resultat der __init__-Methode gesetzt werden, ist die gesonderte Feld-Deklaration eigentlich nicht notwendig. Bei der Initialisierung eines `wuerfel`-Objekts wird bereits die Methode `wuerfele` ausgeführt, um eine zufällige Augenzahl zu erzeugen. Die spezielle Methode __str__ erzeugt eine Standard-Repräsentation eines Würfels als String, die auch von der *print*-Funktion genutzt wird.

2.9.4 Vererbung

Eine Attraktion des Objekt-Orientierten Programmierens ist die Möglichkeit, vorhandene Klassen zu erweitern. Die neue Klasse erbt von der vorhandenen Klasse die Felder und Methoden und fügt neue hinzu so dass eine nützlichere oder dem Problem besser angepasste Klasse entsteht. Auf diese Weise muss auch ein Programmierer nicht immer wieder bei Null beginnen, sondern kann vorhandene Klassen für seine Zwecke geeignet erweitern. Wir demonstrieren dies an dem Beispiel einer Klasse *konto* mit Unterklasse *sparkonto*. Ein Konto hat einen *inhaber*, den wir einfach als String modellieren und einen *stand*. Die Methoden *einzahlen* und *abheben* erhöhen und erniedrigen den Stand.

```
class konto:
  inhaber = ""
  stand = 0

  def __init__(self,inhaber):
    self.inhaber = inhaber
    self.stand = 0

  def einzahlen(self,n):
    if n > 0 :
      self.stand += n

  def abheben(self,n):
    if self.stand > n:
      self.stand -= n
```

Die Methode *überweisen* benötigt ein zweites *konto* als Parameter. Eine Überweisung besteht aus einer Abhebung vom eigenen Konto (*self*) und einer Einzahlung in das *konto* des Empfängers:

```
  def ueberweisen(self,konto,betrag):
    if betrag <= self.stand:
      self.abheben(betrag)
      konto.einzahlen(betrag)

  def anzeigen(self):
    print("Inhaber: ",self.inhaber,"KtStand: ",self.stand)
```

Ein *sparkonto* ist auch ein *konto*, es hat aber zusätzlich einen *zinssatz* und eine Methode *verzinsen()*, mit der am Jahresende die Zinsen auf den *stand* aufgeschlagen werden können. Der Parameter *konto* in der Klassendefinition definiert *sparkonto* als Unterklasse von *konto*, sodass ein *sparkonto* alle Methoden wie *einzahlen*, *abheben*, *ueberweisen* und *anzeigen* von der Klasse *konto* erbt.

Das zusätzliche Feld *zinssatz* müsste man nicht ausdrücklich aufführen, es würde durch die Anweisung *self.zinssatz = zins* der *init*-Methode automatisch angelegt. Allerdings macht die explizite Einführung aller Felder in der Klassendefinition den Code überschaubarer.

Als zusätzliche Methode kommt bei Sparkonten die Methode *verzinsen* hinzu. Will man eine Methode in der Unterklasse modifizieren, wie etwa *überweisen* oder *anzeigen*, so kann man sie in der Unterklasse einfach neu definieren, man sagt *überschreiben*. Im Englischen benutzt man meist den Begriff *„override"*. Im Falle unseres Sparkontos Zinsen wollen wir die Methode *ueberweisen* verbieten und überschreiben sie einfach, so dass sie eine Fehlermeldung ausgibt.

Im Falle der Methoden *__init()__* und *anzeigen()* wollen wir zunächst die Funktionalität die aus der Oberklasse (*konto*) geerbt wird, ausnutzen. Dazu rufen wir zunächst explizit die Methoden der Oberklasse *konto.__init()__* bzw. *konto.anzeigen()* auf, um dann noch zusätzliche Anweisungen einzubauen.

```python
class sparkonto(konto):
    """
    Unterklasse von konto
    """
    zinssatz = 0

    def __init__(self,inhaber,zins):
        konto.__init__(self,inhaber)
        self.zinssatz  = zins

    def verzinsen(self):
        self.stand = self.stand*(1+self.zinssatz/100.0)

    def ueberweisen(self,konto,betrag):
        print("Überweisungen vom Sparkonto leider unmöglich")

    def anzeigen(self):
        konto.anzeigen(self)
        print("Zinssatz: ",self.zinssatz)
        print()
```

Ein kleines Testprogramm legt jetzt ein *konto* für Anna und ein *sparkonto* für Bob an, zahlt 1000 in Annas *konto* ein, worauf diese gleich einen Kredit von 500 an Bob überweist. Dieser verzinst den Betrag und will ihn wieder an Anna zurücküberweisen. Dies muss aber fehlschlagen, da von einem Sparkonto aus keine Überweisungen getätigt werden dürfen. Die Konteninformationen werden zum Schluss noch ausgedruckt:

```python
k1 = konto("Anna")
k2 = sparkonto("Bob",3)

k1.einzahlen(1000)
k1.ueberweisen(k2,500)

k2.verzinsen()
k2.ueberweisen(k1,500)

k1.anzeigen()
k2.anzeigen()
```

2.10 Module und Bibliotheken

Klassen können im einfachsten Fall auch dazu genutzt werden, einen Namensraum zu definieren. Die in einer Klasse definierten Variablen und Funktionen können (innerhalb oder außerhalb der Klasse) nur verwendet werden, wenn man ihnen den Namen der Klasse voranstellt. Auf diese Weise kann man Namen wiederverwenden bzw. gleichlautende Namen unter einem gemeinsamen Dach gruppieren. Das folgende Programm beinhaltet zwei Klassen, *a* und *b*, die beide je eine Funktion *func()* und eine Hilfsfunktion *hier()* definieren. Funktionen mit den gleichen Namen können außerhalb der Klassen erneut definiert werden.

```
class a:
  name = "a"

  def func(x):
    return x + " aus Klasse " + a.name
# Ende von class a

name = "toplevel"

def func(x):
  return x + " vom " + name

print(a.func("Hallo"))
print(func("Hallo"))
```

Das Ergebnis ist, wie erwartet:

```
Hallo aus Klasse a
Hallo vom toplevel
```

Das Präfix „a." bei dem Aufruf von *a.func()* und bei der Referenz auf *a.name* ist jeweils notwendig. Ohne dieses würde jeweils auf die gleichnamigen Objekte außerhalb der Klasse verwiesen. Grundsätzlich muss beim Zugriff auf eine in der Klasse enthaltene Funktion dieser der Klassenname vorangestellt werden. Das gilt auch bei Zugriffen von innerhalb der Klasse.

An dieser Stelle unterscheiden sich Module von Klassen. Module dienen dazu, zusammengehörende Python-Objekte, dazu gehören insbesondere auch Funktionen und Klassen, in einer gemeinsamen Datei zusammenzufassen. Module werden oft auch als Programmbibliotheken verwendet. In der oben dargestellten Klasse *wuerfel* haben wir beispielsweise aus der vorhandenen Bibliothek *random* die Funktion *randint* benutzt. Bei der Bibliothek *random* handelt es sich um eine normale Python-Datei *random.py*. In dieser Datei finden sich viele mittels *def* definierte Funktionen, einige Klassen, z.B. die Klasse *Random* und weitere Objekte, z.B. ein Objekt *_inst* als Instanz der Klasse *Random*. Mit der Anweisung

```
import random
```

wird diese Klasse geladen. Dies bedeutet, dass sie ausgeführt wird, fast so, als ob ihr Programmtext an der import-Stelle in unser Programm eingefügt worden wäre, wobei alle Funktionsdefinitionen ausgeführt, alle Variablen und alle Objekte erzeugt worden wären. Allerdings erhalten diese den Namen der Datei als Präfix. Daher müssen wir auf die Funktion *randint*() mit dem Namen *random.randint*() zugreifen. Mit der Variante

```
from random import randint, gauss
```

importieren wir nur die Funktionen *randint* und *gauss* und können diese anschließend ohne das Präfix *random.* verwenden. Analoges gilt für die Variante

```
from randint import *
```

wobei alle Objekte aus *random* importiert werden. Schließlich ist es auch noch möglich, importierte Objekte gezielt umzubenennen:

```
from random import randint as zufallszahl, gauss as carlFriedrich
```

Einen Modul zu schreiben ist also keine Kunst, es handelt sich nur um eine Sammlung von Objektdefinitionen und ggf. auch Anweisungen. Ein Modul kann sogar mehrfach importiert werden. Allerdings werden die darin enthaltenen Anweisungen nur beim ersten Import ausgeführt.

Als Beispiel wollen wir eine Bibliothek „mathe" schreiben und diese dann importieren. Zunächst legen wir eine Datei *mathe.py* an, in der wir wie gewohnt eine oder mehrere Funktionen, z.B. *fakt*(*n*) definieren. Zur Illustration fügen wir auch noch ein print-Kommando ein:

```
print('Bibliothek mathe wird geladen')
```

Nachdem wir die Datei an einem Ort gespeichert haben, wo Python sie findet, können wir die Funktionen *fakt* verwenden:

```
import mathe
print("Fakultät(6) = ", mathe.fakt(6))
```

Einige wichtige Bibliotheken sind in den Standardinstallationen von Python bereits vorhanden, andere muss man sich aus dem Netz herunterladen. Zu diesem Zweck ist ein Kommando von der Kommandozeile (*shell*) des Betriebssystems zu starten. Unter Linux (beispielsweise Ubuntu oder Debian) wird der Paket-Installierer aufgerufen:

```
$ sudo apt-get install python-numpy python-matplotlib
```

Unter Windows existiert dazu das Hilfsprogramm *pip* (Python installation process), das sich in dem Verzeichnis *Scripts* der Python-Installation befindet. Es wird von der Kommandozeile (*cmd.exe*) aus aufgerufen.

```
C:\Users\gumm> pip install numpy
C:\Users\gumm> pip install matplotlib
```

Falls der Befehl *pip* nicht gefunden wird, sollte man der Windows-Umgebungsvariablen *path* noch den Pfad zu dem *Script*-Verzeichnis hinzufügen. Alternativ kann man diesen Pfad auch dem Befehl *pip* voranstellen. In unserem Fall wäre das dann

```
C:\Users\gumm\AppData\Local\Programs\Python\Python35-32\Scripts\pip.
```

In jedem Fall werden die gewünschten Bibliotheken aus dem Netz heruntergeladen und installiert. Anschließend können sie benutzt werden. Wir demonstrieren dies am Beispiel eines *Plots* (also der graphischen Darstelllung eines Funktionsgraphen) bei der wir zunächst das Plot-Fenster festlegen und die Anzahl der Stützstellen an denen die Funktionen berechnet werden sollen. Anschließend definieren wir uns einige „Funktionen" (F1, F2, F3) und „plotten" diese.

Der Anschein, dass F1, F2, F3 Funktionen seien, trügt. X ist ein n-dimensionaler array (*ndarray*) wie er in *numpy* erklärt ist, in unserem Falle ein eindimensionaler Array (Tabelle) mit 256 Stützstellen zwischen $-\pi$ und π. Auf *ndarrays* der gleichen Form sind die üblichen mathematischen Funktionen (arithmetisch, trigonometrisch, etc.) elementweise definiert und liefern einen *ndarray* der gleichen Form, bestehend aus den y-Werten zu den x-Werten in X. Die Listen mit den x- und den y-Werten übergeben wir dann dem Plotter. Das Ergebnis ist in der folgenden Abbildung zu bewundern.

```
from numpy import *
from matplotlib.pyplot import plot,show

# Plotfenster:
X = linspace(-pi, pi, 256)
F1, F2, F3 = X*sin(X), X*X*sin(X), 1/sin(1/X)

plot(X, F1); plot(X, F2); plot(X, F3); show()
```

2.11 Korrektheit

Jeder Programmierer macht Fehler. Viele dieser Fehler sind einfach zu erkennen, weil es sich um syntaktische Fehler handelt. Moderne Programmierumgebungen lokalisieren den Ort eines syntaktischen Fehlers, der entsprechende Programmtext erscheint

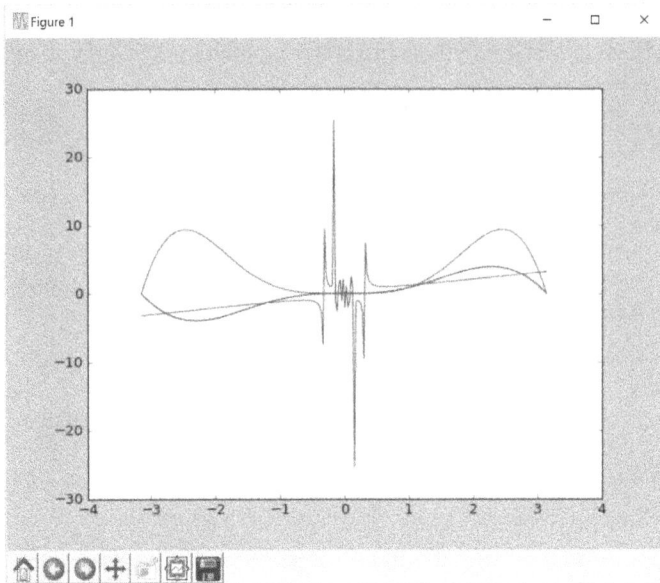

Abb. 2.16. Ein Plot mit matplotlib und numpy

in einem Editor, eine Erklärung des Fehlers wird angezeigt, und die Schreibmarke befindet sich dort, wo die Verbesserung des Fehlers erwartet wird.

Syntaktische Fehler sind also leicht zu finden und zu verbessern. Ein Programm ohne syntaktische Fehler ist dennoch nicht fehlerfrei. Selbst wenn es einwandfrei compiliert, können zur Laufzeit Fehler auftreten, die aus Bereichsüberschreitungen entstehen:

– das Resultat einer arithmetischen Operation kann den zulässigen Bereich über- oder unterschreiten,
– Zeiger können auf undefinierte Daten zeigen, oder
– Operationen können Argumente erhalten, für die sie nicht definiert sind (beispielsweise Division durch Null).

Solche Fehler sind normalerweise schwerer zu finden, sie treten erst zur Ausführungszeit auf und können, je nach Eingabedaten, auftreten oder unterbleiben. Immerhin haben sie die Eigenschaft, dass sie im Fall ihres Auftretens vom Rechner angezeigt werden.

Programmierer versuchen, sich gegen solche Fehler zu wappnen, indem sie ihre Programme mit verschiedenen Eingabedaten testen. Insbesondere wird versucht, mit extremen Kombinationen von Eingabedaten einen Fehler, falls vorhanden, in der Testphase sichtbar zu machen.

Die bis jetzt angesprochenen Fehler machen sich noch eindeutig bemerkbar. Kritischer wird es, wenn ein Programm unbeabsichtigt in eine Endlosschleife gerät, wenn es also nicht terminiert. Am Verhalten des Programms ist dies oft nicht eindeutig zu erkennen, nicht einmal durch Inspektion des Programmcodes – man denke etwa an das sehr kurze Programm *collatz*, von dem bis heute niemand weiß, ob es für alle Eingabewerte terminiert:

```
def collatz(n):
  while n > 1:
    if n%2==1:
      n=3*n+1
    else:
      n=n/2
```

Zu guter Letzt kommen wir zu einer Sorte von Fehlern, die nicht allein den Programmcode betreffen, sondern die Vorstellung, die der Programmierer mit dem Programm verbindet. Das Programm wird compiliert und läuft ohne Beanstandung, es tritt kein Laufzeitfehler auf und es terminiert für alle Eingabewerte. Dennoch erledigt es nicht die Aufgabe, die es lösen sollte. Ist die Anforderung, die Spezifikation, eindeutig beschrieben, so kann man mit formal mathematischen Methoden eindeutig klären, ob das Programm die Spezifikation erfüllt oder nicht. Dafür hat Sir Tony Hoare einen nach ihm benannten Kalkül entwickelt, mit dem man die Korrektheit von Programmen mathematisch sauber herleiten kann. Die Behandlung des Hoare Kalküls und seiner praktischen Anwendungen wollen wir auf den dritten Band dieser Serie verschieben. In diesem Kapitel werden wir zwar auch die fundamentalen Begriffe dieses Kalküls wie *Vorbedingung*, *Nachbedingung* und *Invariante* verwenden, dabei die Programme aber nicht formal mathematisch verifizieren, wohl aber systematisch mit Tests versehen.

Zunächst aber wollen wir einige der praktischen Methoden zur Fehlervermeidung ansprechen.

2.11.1 Vermeidung von Fehlern

Fehler verhindert man dadurch, dass man keine Fehler macht. Zu diesem Zweck sollte man zuallererst gute und vernünftige Werkzeuge benutzen. Dazu gehören eine dem Problem angemessene Sprache und gute, zuverlässige Compiler.

Als Nächstes sollte man die Maxime „Erst überlegen, dann programmieren" beherzigen. Das Programm, die Module, die Datenstrukturen sollten vorher geplant sein. Wenn das Design nicht stimmt, kann das Programm später sehr kompliziert werden, und je komplizierter ein Programm ist, um so höher ist seine Fehleranfälligkeit. Früh begangene Fehler rächen sich später, und je später ein Fehler gefunden wird, desto mehr Kosten verursacht er.

Als dritter Punkt ist ein sauberer, klarer Programmierstil wichtig. Der Versuchung, durch undurchsichtige Tricks noch ein Quentchen Effizienz hervorzukitzeln, sollte unbedingt widerstanden werden. Erst nachdem ein Programm korrekt läuft, ist es angebracht, mit Werkzeugen wie Profilern die Stellen herauszufinden, wo sich eine Effizienzsteigerung auswirken würde, und diese Stellen punktuell zu optimieren. Zu einem guten Programmierstil gehört natürlich auch, das Programm verständlich und übersichtlich zu halten. Unabdingbar sind eine gute Dokumentation, ein Zerlegen in überschaubare Teilaufgaben, die Vermeidung von globalen Variablen und Seiteneffekten.

Auch dem gewissenhaftesten Programmierer unterläuft trotz aller Vorsichtsmaßnahmen gelegentlich ein Fehler. Um solche Fehler zu finden und ggf. zu vermeiden, bietet der Compiler gewisse Möglichkeiten: Durch Schalter (*switches*) lassen sich Prüfroutinen in den Code einbinden, die Bereichsüberschreitungen, Stack-Überlauf und falsche Eingabewerte abfangen. Erst wenn auf diese Weise das Vertrauen in die Software gestärkt wurde, stellt man die Schalter so, dass die Prüfroutinen weggelassen werden.

2.11.2 Zwischenbehauptungen

Auch ohne Hilfsmittel kann der Programmierer das interne Verhalten des Programms diagnostizieren. Durch *print*-Befehle können Inhalte von Variablen, Parametern und Zwischenwerten ausgegeben werden. Allerdings führt dies oft zu einer unüberschaubaren Serie von Ausgaben. Vor Auslieferung muss man Sorge tragen, alle im Endprodukt ungewollten *print*-Befehle wieder zu löschen.

Viel sinnvoller ist es, an kritischen Stellen im Programm *Zwischenbehauptungen* (engl.: *assertions*) einzufügen. Diese können bei jedem Programmlauf getestet werden. Für solche Zwischenbehauptungen besitzt Python eine eigene Anweisung. Mit

```
assert <Eigenschaft>
```

lässt sich eine beliebige Boolesche Eigenschaft testen, von der der Programmierer überzeugt ist, dass sie an dieser Stelle erfüllt sein sollte. Ist sie erfüllt, passiert nichts weiter, ist sie nicht erfüllt, führt dies zu einer Ausnahme, die (ohne weitere Vorkehrungen) die Programmausführung mit einer Fehlermeldung beendet. Alle neueren Programmiersprachen besitzen bereits eine *assert*-Anweisung, die das obige leistet.

Vorbedingung

Für jede selbstprogrammierte Funktion bieten sich zwei Positionen an, wo eine Assertion sinnvoll ist:
- als *Vorbedingung* (engl.: *precondition*): das ist eine Bedingung, die beim Aufruf der Funktion für die Parameter gelten soll,
- als *Nachbedingung* (engl.: *postcondition*): diese beschreibt eine Eigenschaft, welche wir vom Funktionsergebnis erwarten.

Unsere Funktion $binomi(n, k)$ von Seite 145 erwartet als Argumente positive ganze Zahlen mit $n \geq k$. Daher fügen wir als neue erste Zeile des Funktionskörpers ein:

```
assert 0 <= k <= n
```

Diese Bedingung wird nun bei jedem Aufruf getestet. Sollte sie einmal nicht erfüllt sein, so wird das Programm mit einem *AssertionError* abgebrochen. Um dem Programmierer noch zusätzliche Informationen mitzuteilen, erlaubt *assert*, nach einem Komma einen weiteren Ausdruck anzugeben. Möchte man z.B., dass die Fehlermeldung auch *n* und *k* ausgibt, kann man diese als Zahlenpaar zusammenfassen. Auch eine textuelle Erklärung wäre möglich, wie z.B. in

```
assert 0 <= k <= n , 'binomi mit n=' + str(n) + 'und k= ' + str(k)
```

Nachbedingung

Die Verwendung einer Assertion als Nachbedingung demonstrieren wir an dem Quicksortprogramm, das eine Liste von Daten sortieren soll. Es handelt sich um ein rekursives Programm, das sehr schnell ist, wenn die Daten in der Liste verbleiben und keine Kopien der Liste angefertigt werden. Wir werden in Kapitel 4 noch einmal die Java-Version diskutieren:

```
def qSort(a,lo,hi):
  assert 0 <= lo <= hi < len(a)
  if hi > lo:
    p = partition(a,lo,hi)
    qSort(a,lo,p-1) ; qSort(a,p+1,hi)
  assert ordered(a[lo:hi+1])
```

Die Vorbedingung erwartet, dass *lo* und *hi* gültige Indizes der Liste *a* sind mit $lo \leq hi$. Da eine Funktionsdefinition in Python nicht den Typ der Parameter festlegt, könnte man zusätzlich, oder in einer zweiten assertion, noch garantieren, dass *a* eine Liste (und kein Tupel oder Menge) ist. Dazu kann man die Funktion *type* verwenden, die jedem Python Objekt seinen Typ zuordnet:

```
assert type(a) == type([])
```

Interessanter an diesem Beispiel ist die Nachbedingung, die garantiert, dass das Ergebnis der Sortierung auch geordnet ist. Dazu haben wir *ordered* definiert als:

```
def ordered(a):
  return all(a[i] <= a[i+1] for i in range(len(a)-1))
```

Die Hilfsfunktion *partition* muss nur dafür sorgen, dass ein Element aus dem ursprünglichen Array an seine endgültige Position *p* gebracht wird, sodass
- für alle Indizes $i < p$ gilt: $a[i] < a[p]$
- für alle Indizes $i > p$ gilt $a[i] \geq a[p]$

Fügen wir diese Information noch direkt nach dem Aufruf von *partition*(*a*, *lo*, *h*) als Assertions in das Sortierprogramm ein, so erfüllen diese zusätzlich noch eine nützliche Funktion als Dokumentation:

```
assert all(a[i] <  a[p] for i in range(lo,p))
assert all(a[i] >= a[p] for i in range(p+1,hi+1))
```

Aufgrund dieser Information ist es schon klar dass der Algorithmus funktionieren muss. Wie letztendlich die Funktion *partition* implementiert wird, ist unerheblich, solange sie die obigen Assertions als Nachbedingung erfüllt.

Wir haben allerdings unterstellt, dass bei der Manipulation der Liste *a* keine Daten verlorengehen oder neu geschaffen werden. Dies wird normalerweise dadurch gesichert, dass die Operationen, die *a* verändern, nur die Plätze vorhandener Elemente vertauschen. Wäre dem nicht so, könnte man z.B. testen, ob die alte Liste und die neue Liste als Menge die gleichen Elemente enthalten:

```
assert set(a) = set(a_old)
```

Dazu muss man natürlich vorsorglich zu Beginn der Funktion in der Variablen *a_old* eine *Kopie* von *a* angelegt haben (siehe Seite 127):

```
a_old = a[:]
```

Eine Variable wie *a_old*, die nur zum Zwecke der Verifikation eingeführt wird, nennt man auch Gespenstervariable (*ghost variable*).

Wenn wir endlich das Programm mit 10000 zufällig erzeugten (und verschieden langen) Listen von Zahlen testen und keine *assertion* anschlägt können wir schon ein bisschen beruhigt sein:

```
from random import *
for k in range(10000):
  a = [ randint(-100,100) for x in range(randint(2,20)) ]
  qSort(a,0,len(a)-1)
```

2.11.3 Invarianten

Invarianten sind Assertions in einer Schleife. Bei jedem Schleifendurchgang werden sie erneut überprüft. Sie müssen also beliebig viele Schleifendurchläufe überleben. Daher kann man argumentieren, dass sie direkt nach der Terminierung der Schleife noch wahr sind, gleichgültig wie oft die Schleife durchlaufen wurde. Ist also eine Assertion
- zu Beginn der Schleife wahr und
- überlebt sie einen beliebigen Schleifendurchlauf,
- dann ist sie auch nach Beendigung der Schleife wahr.

Auf diese Weise kann man Informationen über das Programm gewinnen, die am Ende der Schleife zur Verfügung stehen. Als einfaches Beispiel betrachten wir ein Programm *polEval*, aus der Liste $a = [a_0, \ldots, a_n]$ von Koeffizienten und einem x-Wert, den Wert des Polynoms $a_0 + a_1 x + \ldots + a_n x^n$ berechnen soll:

```
def polEval(a,x):
    e = 0
    for i in range(len(a)):
        e = e + a[i]*x**i
    return e
```

Diese Berechnung ist einfach, kann aber durch Anwendung des Horner-Schemas verbessert werden, so dass insgesamt nur n Multiplikationen und Additionen stattfinden. Das Programm ist kurz, aber wir haben es schon mit assertions ausgestattet:

```
def horner(a,x):
    i = len(a)-1
    val = a[i]
    assert val == polEval(a[i:],x)        # Invariante
    while i > 0:
        val = val*x+a[i-1]
        i = i-1
        assert val == polEval(a[i:],x)    # Invariante
    assert val == polEval(a[i:],x) and i <= 0   # Schleifenende
    return val
```

Die Schleifeninvariante `val == polEval(a[i:],x)` ist direkt vor der While-Schleife erfüllt und am Ende jedes Schleifendurchlaufs. Daher ist sie auf jeden Fall am Ende der While-Schleife richtig, selbst wenn diese nie betreten wurde. Zusätzlich wissen wir, dass nach Beendigung der Schleife die Bedingung i > 0 falsch sein muss. Wir schließen also, dass am Schleifenende für den Rückgabewert *val* von *horner*(a, x)

```
val == polEval(a[i:],x) and i <= 0
```

gilt. Das reicht noch nicht ganz, um zu sehen, dass *horner*(a, x) = *val* = *polEval*(a, x) ist. Aber wir haben die noch fehlende Information $i \geq 0$ liegen lassen. Sie ist ebenfalls eine Invariante, und wir könnten sie z.B. mit *and* unserer bestehenden Invariante hinzufügen. Am Schleifenende hätten wir dann

```
val == polEval(a[i:],x) and i==0
```

woraus sofort die gewünschte Information folgt:

```
horner(a,x) == val == polEval(a,x)
```

2.11.4 Klasseninvarianten

Als *Klasseninvarianten* bezeichnet Zusammenhänge, die stets zwischen den Werten einiger Felder in den Objekten einer Klasse bestehen sollen. In der Klasse *Konto* könnte man beispielsweise eine Invariante einfügen, die garantiert, dass der Kontostand nie negativ wird.

```
def invariant():
    kontoStand >= 0
```

Jede Methode, die ein Konto erstellt bzw ein solches verändert, könnte man dann mit einer *assertion* abschließen, die die Klasseninvariante überprüft:

```
assert invariant()
```

Für eine Klasse die rationale Zahlen als Paare bestehend aus `zaehler` und `nenner` repräsentiert, würde man entsprechend die Invariante verlangen, dass der `nenner` nicht 0 ist und `zaehler` und `nenner` in gekürzter Darstellung vorliegen:

```
def invariant():
    nenner > 0 and ggT(zaehler,nenner)==1
```

Alle in diesem Abschnitt betrachteten Methoden sind Testmethoden. Sie sind einfach durchzuführen, führen schnell zum Ziel und sind auch bei beliebig komplexen Programmen anwendbar. Leider sind Testmethoden unzuverlässig, weil man nie alle möglichen Eingabedaten testen kann. Ein Zitat von E. Dijkstra bringt dies auf den Punkt:

Durch Testen kann man die Anwesenheit, nie aber die Abwesenheit von Fehlern zeigen.

Dem wollen wir im dritten Band dieser Buchreihe mit der *Formalen Verifikation* eine Methode entgegensetzen, mit der die Korrektheit von Programmen formal bewiesen werden kann. Die Methode ist nicht schwierig, aber dennoch aufwändiger als das Testen. Daher lohnt sie sich nur bei Anwendungen, deren absolute Zuverlässigkeit gewährleistet sein muss. In Analogie zur Mathematik werden wir dort feststellen, dass sich das Testen von Programmen zur Verifikation von Programmen verhält wie das Ausprobieren von mathematischen Sätzen zu deren Beweis.

2.11.5 Zusammenfassung

Wir haben in diesem Kapitel Grundlagen des Programmierens anhand der Sprache Python kennengelernt. Dabei haben wir mit drei wichtigen Programmierparadigmen Bekanntschaft gemacht -

–   Imperatives Programmieren verändert den Zustand von Variablen und Datenstrukturen bis eine gewünschte Situation vorliegt

–   Funktionales Programmieren versteht ein Programm als Funktion und produziert einen Wert als Ergebnis. Dabei wird möglichst vermieden, Seiteneffekte zu erzeugen, damit eine mathematische Interpretation der Programme als Funktionen möglich wird.

–   Objektorientiertes Programmieren stellt die Datentypen mit ihren Methoden in den Mittelpunkt. Es eignet sich besonders gut für das ereignisgesteuerte Programmieren.

Da wir in diesem Kapitel nur kleinstmögliche Programmstückchen zur Erläuterung der wichtigsten Begriffe und Konzepte verwendet haben, wollen wir im folgenden Kapitel einige Python-Programme vorstellen, mit denen man alltägliche Aufgaben erledigen kann, wie etwa, Informationen aus dem Web zu gewinnen und Ergebnisse darzustellen, und interessante graphische Ausgaben zu erzeugen. Einen etwas breiteren Raum wird die Programmierung des Kleinstrechners Raspberry Pi mit Hilfe von Python einnehmen, den man als Universalrechner für alle denkbaren größeren und kleineren Anwendungen, ob zur Haussteuerung und -überwachung oder im Labor, einsetzen kann.

Kapitel 3

Einige Python Projekte

Im letzten Kapitel findet sich eine Einführung in die Programmierung mit Python. In diesem Kapitel werden wir einige spezielle Python Projekte vorstellen. Das erste Projekt ist ein Beispiel für die Programmierung mit Turtle-Grafik. Dieses Projekt ist in allen Python Programmierumgebungen ablauffähig. Es folgen einige Raspberry-spezifische Projekte, die die GPIO Schnittstelle des Raspberry nutzen.

3.1 Turtle-Grafik

Mit Hilfe der Turtle-Grafik kann man Bilder auf einfache, spielerische Weise erzeugen. Zugrunde liegt die Vorstellung einer Schildkröte (engl.: *turtle*), die über ein Blatt Papier läuft und sich vorwärts oder rückwärts bewegt und ihre Bewegungsrichtung um einen bestimmten Winkel ändern kann. Dabei hinterlässt sie eine Spur auf dem Papier. Wir haben einen Zeichenstift (*pen*), den wir mit den Befehlen *forward(l)* und *backward(l)* um den Wert *l* vor- oder zurückbewegen können. Mit *right(w)* bzw. *left(w)* drehen wir die Laufrichtung der turtle um den Winkel *w*, mit *penup()* oder *pendown()* bestimmen wir, ob sie einen Strich auf der Zeichenfläche hinterlässt, oder nicht.

Um die Turtle zu benutzen, importieren wir einfach alle Befehle aus dem Modul *turtle*. Dann definieren wir eine Funktion *quadrat(l)*, welche ein Quadrat mit Seitenlänge *l* zeichnet:

```
from turtle import *
def quadrat(l):
  for i in range(0,4):
    forward(l)
    right(90)
```

Die Turtle kann auch mit Farben umgehen. Wählen wir den *colormode(255)*, so können wir Farbwerte im RGB-Modus als Tripel *(red,green,blue)* angeben, wobei die Werte von *r*, *g* und *b* zwischen 0 und 255 gewählt werden müssen. Das folgende Programm zeichnet ein gefülltes Quadrat, dessen Füllfarbe wir durch zufällig gewählte

RGB-Werte bestimmen. Für die gewünschten Blautöne beschränken wir die Farbwerte durch $0 \leq red \leq 80$, $0 \leq green \leq 175$ und $225 \leq blue \leq 255$. Der Füllbefehl besteht aus zwei Anweisungen: *begin_fill()* und *end_fill()*, die wie ein Klammerpaar die auszufüllende Figur, unser Quadrat von eben, umfassen:

```
from random import randint as rint
def blaeulichesQuadrat(l):
  colormode(255)
  fillcolor(rint(0,80),rint(0,175),rint(225,255))
  begin_fill()
  quadrat(l)
  end_fill()
```

Das folgende Program demonstriert die Mächtigkeit rekursiver Funktionen. Es generiert einen Pythagorasbaum, so wie er auch den Einband dieses Buches ziert. Dieser besteht aus einem Stamm und je zwei Ästen, die selber wieder Pythagorasbäume sind. Mit solchen selbstähnlichen Strukturen lassen sich recht gut auch Farne, Gräser, Bäume und Wälder für Landschaftssimulationen generieren. Allerdings muss man die Regelmäßigkeit der Strukturen durch kleine zufällige Störungen aufbrechen. Erst dann beginnt die Szene natürlich zu wirken.

Der Pythagorasbaum entsteht aus einem Quadrat, indem wir dessen Oberkante als Hypothenuse eines rechtwinkligen Dreiecks verwenden. Über den Katheten dieses Dreiecks errichten wir wieder passende Quadrate, die ihrerseits als Ausgangsquadrate für je einen kleineren, entsprechend geneigten, Pythagorasbaum dienen. Dies ist ein rekursiver Prozess, den wir stoppen, wenn die Kantenlänge des Ausgangsquadrates unter einen bestimmten Minimalwert (z.B. $minl = 8.0$) fällt. Der einfachste Pythagorasbaum ist somit ein Quadrat. In der nächsten Generation erkennt man ein rechtwinkliges Dreieck mit Quadraten über den Seiten. Diese Illustration des pythagoräischen Lehrsatzes gibt dem Baum seinen Namen.

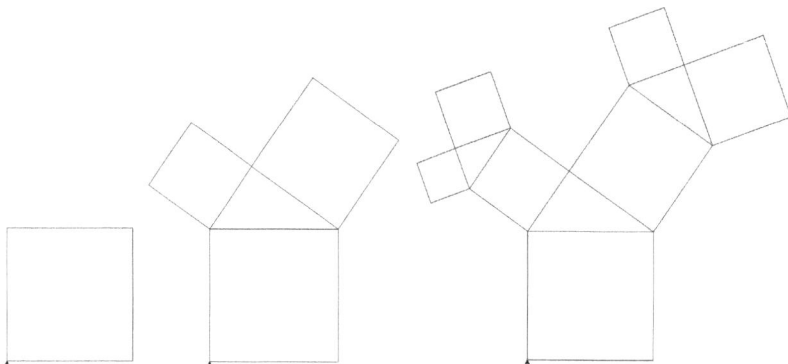

Abb. 3.1. Pythagoras Baum: Die ersten drei Generationen

Ganz wichtig für das Funktionieren des Algorithmus ist, dass wir darauf achten, dass am Ende die Turtle wieder am Ausgangspunkt angelangt ist und auch wieder in die gleiche Richtung zeigt, wie am Anfang. Dies ist eine Invariante des Algorithmus. Nur durch Einhaltung dieser Invariante können wir wissen, wo die Turtle sich befindet und wohin sie deutet, nachdem der linke Ast gezeichnet ist, nämlich an der linken Ecke des ersten Dreiecks.

Die Form des rechtwinkligen Dreiecks ist durch den Winkel an der linken Ecke festgelegt (z.B. *winkel* = 55). Von dort laufen wir einfach entlang der linken Kathete (mathematisch: *Ankathete*), drehen uns um 90 Grad und errichten den Pythagoras-baum über der rechten Kathete (math.: *Gegenkathete*). Anschließend laufen wir an den Ausgangspunkt zurück, um die Invariante zu erfüllen.

```
def pythagorasBaum(l):
  blaeulichesQuadrat(l)
  if l > minl:
    anKathete = l*cos(radians(winkel))
    ggKathete = l*sin(radians(winkel))
    # positionieren und linken Baum zeichne
    forward(l)
    left(winkel)
    pythagorasBaum(anKathete)
    # positionieren und rechten Baum zeichnen
    right(90)
    forward(anKathete)
    pythagorasBaum(ggKathete)
    # zurück zur Ausgangsstellung
    backward(anKathete)
    left(90-winkel)
    backward(l)
```

Interessant an dem Code ist, dass die Befehlspaare *forward(l)...backward(l)* und die Drehungen *left(winkel)...right(90)...left(90-winkel)* wie Klammern wirken, um die Einhaltung der Invariante zu garantieren.

Als Abbruchbedingung haben wir die Blattgröße gewählt. Alternativ könnte man auch die oben erwähnten Generationen zählen und nach der *n*-ten Generation abbrechen. In diesem Fall müsste man der Funktion *pythagorasBaum* zusätzlich die Generation als Parameter mitgeben

```
def randomPythagorasBaum(l,generation,winkel)
```

und diese bei jedem Aufruf um eins vermindern. Um das eingangs angedeutete Zufallselement ins Spiel zu bringen, könnte man den Winkel des rechtwinkligen Dreiecks in gewissem Rahmen zufällig variieren lassen. Die Änderungen sind einfach auf Basis des obigen Codes realisierbar. Die Abbruchbedingung wird zu *if generation > 0:* und der rekursive Aufruf z.B.:

```
randomPythagorasBaum(anKathete,generation-1,randint(20,70)).
```

Hier verschwinden übrigens auch die vorigen Schönheitsfehler, dass *minl* und *winkel* globale Variablen waren. Abb. 3.2 zeigt das Ergebnis des gerade besprochenen Programmbeispiels:

Abb. 3.2. Pythagoras Baum

3.1.1 Pflanzendarstellung

Der Pythagorasbaum ist natürlich eine Spielerei, aber sie deutet eine nützliche Anwendung an, nämlich die Erzeugung von natürlich aussehenden Landschaften und Pflanzen für Animationen und Spielfilme. Die Idee ist, dass viele Pflanzen in einem gewissem Bereich selbstähnlich sind - ein Ast sieht aus wie ein kleiner Baum, ein Zweig wie ein kleiner Ast, etc.. Dies legt eine rekursive Darstellung eines Baumes mittels der Turtlegraphik nahe: Um einen Baum zu zeichnen, zeichne einen Stamm, anschließend einige davon abzweigende kleine Bäume und kehre zum Ausgangspunkt zurück. Das ist ein rekursiver Prozess, den wir abbrechen, wenn die Unterbäume eine gewisse Größe unterschreiten.

Wir spendieren jedem Baum einen Stamm der Länge *d* und zwei Äste, die in den Winkeln *l* nach links bzw. *r* nach rechts herauswachsen. Schließlich müssen wir uns noch entscheiden, um wieviel kleiner ein Ast ist im Vergleich zu dem Baum aus dem er herauswächst. Wir wählen den Faktor 0.8 und erhalten sofort das folgende Python-Programm:

```
def baum(distance,l,r):
  if distance > 5:
    pen(pensize=distance/8)
    forward(distance)        # der Stamm
    left(l)
    baum(distance*0.8,l,r)   # linker Ast
    right(l+r)
    baum(distance*0.8,l,r)   # rechter Ast
    left(r)
    back(distance)           # zurück zum Anfang
```

Das Ergebnis ist schon ganz brauchbar, allerdings ist es zu perfekt, um einigermaßen echt zu wirken. Dies kann aber leicht behoben werden, indem wir einige zufällige Störungen einbauen. Am einfachsten gelingt uns das mit der folgenden Funktion *circa*(), die ihr Argument mit einer Zufallszahl zwischen 0.8 und 1.2 multipliziert.

```
def circa(x):
  return x*randint(80,120)/100.0
```

In den rekursiven Aufrufen der obigen Funktion ersetzen wir alle Parameter einfach durch ihre circa-Werte:

```
baum(circa(distance)*0.8,circa(l),circa(r))
```

Abb. 3.3 zeigt das Ergebnis des Aufrufs *baum(30,20,25)*, links als „idealer" Baum und rechts mit den eingebauten zufälligen Störungen.

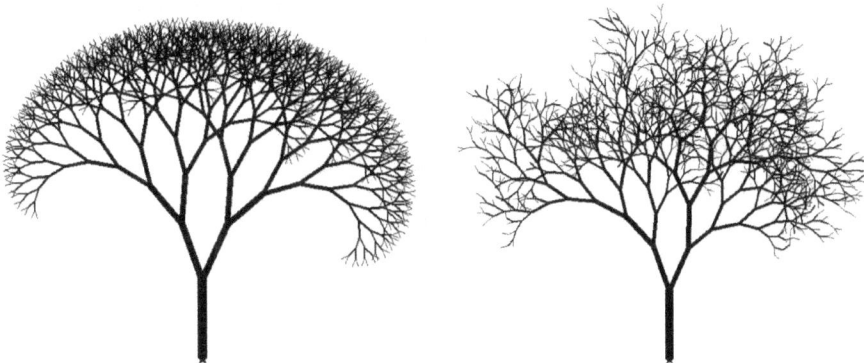

Abb. 3.3. Idealer Baum und Baum mit zufälligen Störungen

3.2 Aktienkurse aus Webseiten „kratzen"

Das nächste Beispiel ist schon etwas realistischer. Es beschreibt, wie mit Python automatisiert aus dem Internet Daten gewonnen werden. Dazu besuchen wir Webseiten, um daraus Informationen zu gewinnen, diese zu akkumulieren und ggf. zu analysieren. Da dies oft nicht von dem Anbieter der Webseite so gewollt ist, dieser das aber auch nicht verhindern kann, weil der komplette Inhalt einer Webseite im Klartext im Format HTML (hypertext markup language) übertragen wird, nennt man das Verfahren auch „Website scraping". Man „kratzt" also aus Webseiten Informationen heraus, um diese irgendwie weiterzuverwenden. So gibt es z.B. Programme, die Webseiten besuchen, um email-Adressen zu finden und diese dann gebündelt weiterzuverkaufen, oder selber zum Spam-Versand nutzen. Insofern hat „website scraping" erst einmal einen negativen Geruch, aber man kann es auch für nützliche Zwecke benutzen.

Als Beispiel nehmen wir an, dass wir einige Aktien besitzen, deren Wert wir jederzeit durch Knopfdruck ermitteln wollen. Die Übersicht soll nur für die von uns gehaltenen Aktien die aktuellen Kurse und den daraus sich ergebenden Gesamtkurs in unserem Depot anzeigen. Unsere Aktien halten wir in einem Python-Dictionary vor, welches zu jeder Aktie die von uns gehaltene Stückzahl an Aktien liefert, beispielsweise:

```
{'Daimler':200,'BASF':10,'Siemens':10,'SAP':15,
 'Fresenius':30, 'Volkswagen':10}
```

Unser Programm antwortet darauf, dass es für jede der Aktien eine Webseite aufsucht, aus dem Quelltext der Seite den Kurs unserer Aktie gewinnt und dann alle Aktien mit aktuellen Werten, und die Gesamtbewertung unseres Depots liefert. Die Ausgabe unseres Programms könnte dann z.B. so aussehen wie in Abb. 3.4.

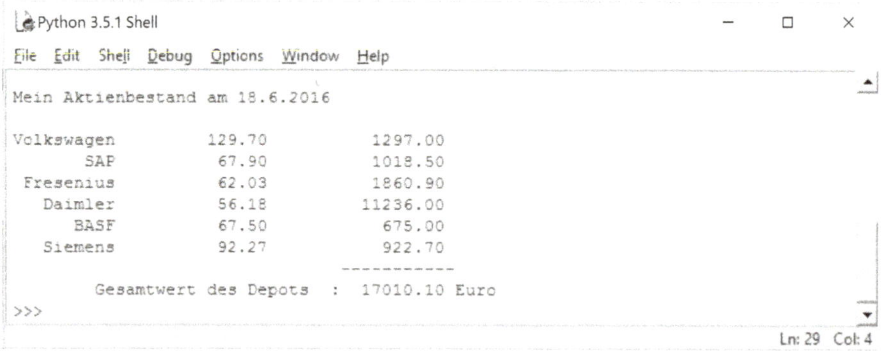

```
Python 3.5.1 Shell                                    —   □   ×
File  Edit  Shell  Debug  Options  Window  Help

Mein Aktienbestand am 18.6.2016

Volkswagen         129.70           1297.00
       SAP          67.90           1018.50
  Fresenius         62.03           1860.90
    Daimler         56.18          11236.00
       BASF         67.50            675.00
    Siemens         92.27            922.70
                                -----------
     Gesamtwert des Depots  :   17010.10 Euro
>>>
                                          Ln: 29  Col: 4
```

Abb. 3.4. Aktienbestand am 18.6.2016

Zunächst schauen wir uns nach Quellen im Internet um, aus denen wir aktuelle Aktienkurse gewinnen können. Auf Deutsch gibt es z.B. die Seite *„www.finanzen.net"*. Sie besitzt ein Eingabefeld in das man den Namen einer Aktie oder alternativ deren Wertpapierkennnummer (WKN) oder aber deren ISIN-Nummer eingeben kann. Darauf erscheint eine weitere Seite mit Werbung und einer Liste von Aktien, die auf die Eingabe passen könnten. Durch Anklicken wählt man eine davon aus und gelangt schließlich auf eine weitere Seite, in der unter neben weiterer Werbung und weiteren Informationen auch der Kurs der Aktie dargestellt ist.

Da unser Programm automatisiert ablaufen soll, möchten wir möglichst nicht selber eingreifen müssen und anhand des Namens der Aktie direkt auf die Seite gelangen, welche deren Kurs enthält. Die Adresszeile des Browser verrät uns bei der BASF-Aktie: „http://www.finanzen.net/aktien/BASF-Aktie". Dies sieht nach einer sehr einfachen Systematik aus: die Seite der Aktie Xyz findet sich also unter „http://www.finanzen.net/aktien/Xyz-Aktie". Das ist sehr einfach. Als nächstes schauen wir uns den Quelltext der Seite an. Anhand des aktuellen Kurses von „69,01" durchsuchen wir die Seite nach dem Auftreten dieser Information. Es gibt vier Fundstellen, einmal in dem Kontext

```
<td class="textRight" colspan="2">69,01 EUR <span class="green">,
```

den wir uns für unsere weiteren Experimente aussuchen. Bis auf den aktuellen Kurswert scheint der Rest der Zeile statisch, also jedes mal gleich zu sein.

Unsere Strategie ist jetzt klar: Für eine gegeben Aktie *Xyz* öffnen wir die Seite *„www.finanzen.net/aktien/Xyz/"*. In dem Quelltext dieser Seite suchen wir nach einem String der auf das Muster

```
<td class="textRight" colspan="2">x...x,xx EUR
```

passt. Der mit x...x und xx gekennzeichnete Teil stellt den Aktienwert als String dar, den wir nur noch in eine Zahl umwandeln müssen. Vorsicht: die Darstellung verwendet ein Komma, wie es im Deutschen üblich ist, nicht einen Dezimalpunkt. Dies müssen wir bei der Umwandlung eines Strings wie '69,01' in eine Zahl 69.01 beachten.

Für die Umsetzung unseres Plans benötigen wir Hilfsmittel aus drei Python Modulen:

urllib.request für die Öffnung von Webseiten über das Internet
datetime um das aktuelle Datum zu finden und in (*year*, *month*, *date*) zu zerlegen
re Bibliothek für reguläre Ausdrücke. Das sind Muster, um in Texten nach bestimmten Inhalten zu suchen.

Die letztere Bibliothek ist die umfangreichste und wir werden nur die elementarsten Features benutzen. Insbesondere suchen wir nach einem Text der mit `'<td class="textRight" colspan="2">'` beginnt und mit `' EUR'` endet. Dazwischen soll der Aktienkurs in der Form `x...x,xx` stehen, wobei jedes `x` für eine Ziffer aus {0,...,9} steht. Der reguläre Ausdruck, der dieses Muster beschreibt, beginnt mit einer beliebig langen Folge von Ziffern. Als regulären Ausdruck schreibt man eine Ziffer als [0-9] und eine nichtleere Folge von Ziffern durch [0-9]+. Es folgt ein Komma und danach 1 oder 2 Ziffern: [0-9]{1,2}. Das Muster

```
'<td class="textRight" colspan="2">[0-9]+\,[0-9]{1,2} EUR'
```

beschreibt genau, was wir im Quelltext der Webseite suchen. Mit *re.compile* übersetzen wir dieses in einen *Automaten*, das ist ein tabellengesteuertes Programm, mit dessen Hilfe man einen String sehr effizient nach genau diesem Muster durchsuchen kann.

Da wir aber nicht an dem vorderen Teil des Strings interessiert sind, er soll nur als Indikator dienen, wo wir den gewünschten Kurs finden, fassen wir diesen in eine Gruppe (?<= ...) ein. Dies bewirkt, dass der vordere Teil nicht als Teil des Suchergebnisses erscheint:

```
anfang  = '<td class="textRight" colspan="2">'
pattern = re.compile('(?<=' + anfang + ')([0-9]+\,[0-9]{1,2}) EUR')
```

Mit *re.findall*(*pattern*, *zeile*) können wir dann später alle Vorkommen des gesuchten Patterns in einer Zeile finden und in einer Liste speichern.

Nach diesen Vorarbeiten kann das Programm beginnen. Wir durchlaufen alle Aktien in unserem Dictionary. Für jede erzeugen wir uns die passende *url* und fordern diese mittels *urlopen*() aus dem Internet an. Der Server liefert die Datei als Sammlung von Zeilen mit bytestrings. Jede Zeile wandeln wir in einen Textstring um und suchen unser pattern mit *findall*.

```
depotwert = 0
for aktie in meineAktien:
  xml = urlopen(webseite + aktie + '-Aktie')
    for bline in xml:
      findVal = re.findall(pattern,str(bline))
```

Sobald wir eins gefunden haben, extrahieren wir daraus den String bestehend aus dem Kursbetrag und dem String EUR. Mit wiederholten *split()*- Operationen gelingt schließlich der Zugriff auf die Bestandteile der Dezimaldarstellung des Kurses.

```
    if findVal != []:                  # z.B.['546,78 EUR', ... ]
      preisStr  = findVal[0].split()[0]   # '546,78'
      euro,cent = preis.split(',')        # ('546','78')
      kurs     = int(euro)+int(cent)/100.0  # 546.78
      wert     = kurs*meineAktien[aktie]
```

```
print("%10s \t %8.2f \t%10.2f" %(aktie,kurs,wert))
depotwert   += wert
```

Der Rest ist simpel: eine Berechnung unseres Aktienwertes aufgrund des Kurswertes und der Anzahl der gehaltenen Aktien, sowie eine formatierte Ausgabe. Die Ausgabe besteht jeweils aus einem Formatstring und Werten:

```
print("%10s \t %8.2f \t%10.2f" %(aktie,kurs,wert)).
```

Der Formatstring "%10s \t %8.2f \t%10.2f" bestimmt das Layout. Die einzusetzenden Werte besitzen im Formatstring also Ersatzmuster %10s , %8.2f oder %10.2f. Diese Formate reservieren an den betreffenden Stellen im String Platz für
– einen String der Länge 10
– eine Dezimalzahl mit 8 Stellen, davon 2 Nachkommastellen,
– eine Dezimalzahl mit 10 Stellen und 2 Nachkommastellen.

Die Werte der betreffenden Platzhalter folgen nach einem weiteren %-Zeichen. Das vollständige Programm ist auf der Webseite *www.informatikbuch.de* zu finden.

3.3 Edbebenkarten

Dieses Projekt demonstriert, wie man im Internet frei verfügbare Daten nutzen, auswerten und mit Hilfe von Web-APIs wie Google-Maps darstellen kann. Die Idee verdanken wir Prof. A. Moshier von der Chapman University in Orange, California.

Ziel

Unser Ziel ist die automatische Gewinnung von Erdbebendaten und deren Visualisierung. Das Programm lädt aus dem Netz die täglich aktualisierten und frei verfügbaren Daten über die aktuelle weltweite Erdbebenaktivität und stellt diese mit Hilfe der Google-Map-API grafisch wie in dem folgenden Bild dar. Dieses zeigt die Position der Erbeben im Umkreis von 600 km um Los Angeles im Monat Mai 2016. Die Größe und Farbe der Marker visualisieren jeweils die Tiefe und die Stärke eines Bebens.

Datengewinnung

Als erstes müssen wir uns die von den Messstationen gelieferten Rohdaten im Netz besorgen. Diese finden wir in verschiedenen Formaten bei dem *US Geological Survey(USGS)* unter der Adresse „http://earthquake.usgs.gov/earthquakes/feed/“. Wir entscheiden uns für das *Spreadsheet*-Format und haben die Auswahl unter verschiedenen Datenfiles: Alle Erdbeben, oder nur solche über einer bestimmten Stärke, die vom letzten Tag, der letzten Woche oder dem letzten Monat.

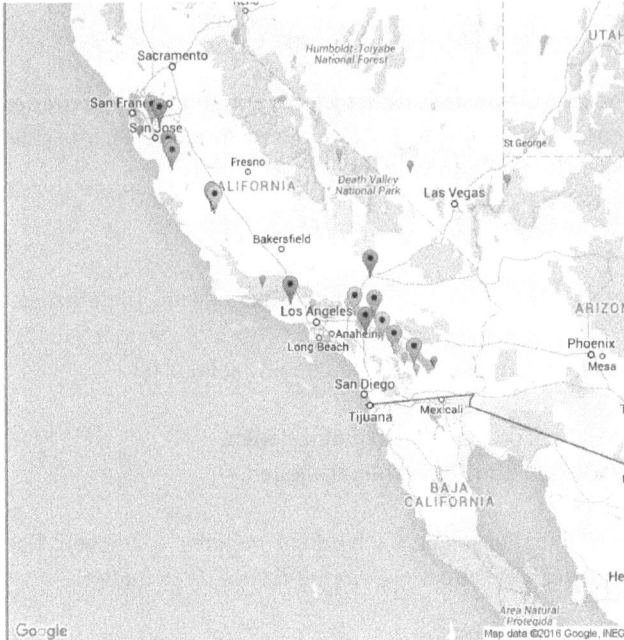

Abb. 3.5. Erdbeben im Umkreis von 600 km um L.A.

Die angebotenen Dateinamen enden auf „.csv", es handelt sich also um ein Textformat das von Tabellenkalkulationen geschrieben und gelesen werden kann. 'csv' steht für *comma-separated values*, was bedeutet, dass jede Zeile aus (meist gleich vielen) durch Kommata getrennten Datenwerten besteht, kurz einer Zeile in einer Tabelle. Die erste Zeile enthält die Spaltenüberschriften, die folgenden Zeilen jeweils die zugehörigen Werte. In unserem Beispiel beginnt die erste Zeile mit

```
time,latitude,longitude,depth,mag,magType,...
```

und die folgenden sind von der Art

```
2016-06-01T10:22:23.030Z,33.9985008,-117.1653366,13.18,1.34,ml,...
```

Als erstes muss unser Python-Programm die gewünschte Datei „all_month.csv" von der angegebenen Webadresse besorgen. Analog zu dem *open*-Befehl für Dateien findet sich in dem Modul *urllib.request* der Befehl *urlopen*. Damit öffnen wir die Datei, so wie wir auch Textdateien öffnen, wenn sie auf unserem lokalen Rechner liegen. Unsere Datei ist nun eine Kollektion von Zeilen, wobei wir die erste Zeile mit den Tabellenüberschriften ignorieren wollen. Dazu dient der Befehl `quakefile.readline()`.

```
url = "http://earthquake.usgs.gov/earthquakes/feed/v1.0/summary/
    all_month.csv"
quakefile = urlopen(url)
quakefile.readline()              # überspringe erste Zeile
```

Jede folgende Zeile ist eine Byte-Folge (class *'bytes'*), welche wir als String im *utf-8* Format decodieren. Anschließend entfernen wir das Zeilen-Ende Zeichen '\n' und spalten den String an den Kommata auf in eine Liste von Werten. Jede solche Liste repräsentiert ein Erdbeben (quake).

```
for bline in quakefile:
  line  = bline.decode("utf-8")    # decode, clean und split
  quake = line.rstrip('\n').split(",")
```

Für jedes *quake* sind wir an drei Werten interessiert: dem geographischen Ort (*qloc*), bestehend aus Breite (*qlat*) und und Länge (*qlon*), sowie der Tiefe(*depth*) und der Stärke(*strength*) des Bebens. Diese Information befindet sich in Abschnitt [1:5] der Liste, die das Beben repräsentiert. Diese Daten müssen zunächst noch von *string* nach *float* konvertiert werden. Mit

```
qlat, qlon, depth, strength = map(float,quake[1:5])
```

gelingt uns die Konvertierung, Extraktion und Zuweisung elegant auf einen Schlag. Aus den so gewonnenen Informationen generieren wir mit einer einfachen Hilfsfunktion *marker()* die textuelle Beschreibung eines Markers, der später ggf. in der Karte das Beben symbolisiert, sofern dieses im gewählten Umkreis um das Kartenzentrum liegt und eine bestimmmte Mindeststärke überschreitet.

```
qlat, qlon, depth, strength = map(float,quake[1:5])
qloc = (qlat,qlon)
if distance(center,qloc) < radius and strength > 1.0:
    markers += marker(strength,depth,qlat,qlon)
```

Da wir Abstände zwischen zwei durch ihre geographische Länge und Breite gegebenen Punkten handelt, verwenden wir selbstverständlich die haversin-Formel, die wir auf Seite 135 schon vorbereitet haben.

Ausnahmen

Die Rohdaten, aus denen wir die Informationen über ein Erdbeben gewinnen, sind nicht immer perfekt. Gelegentlich kommt es vor, dass in einem Datensatz einige Felder leer geblieben sind. Zwischen einem Komma und dem nächsten steht dann ggf. der leere String oder auch ein Datum, das sich nicht in ein float konvertieren lässt. Sofern dies in dem vorderen Bereich, also innerhalb der ersten 5 Datenfeldern, aus denen wir unsere relevanten Informationen gewinnen, passiert, kann dies bei der Konvertierung nach *float* zu einem Fehler führen. So wie es steht, würde unser Programm dann mit einer Fehlermeldung abbrechen.

Sinnvoller wäre es, in einem solchen Fall den Datensatz einfach zu ignorieren und mit dem nächsten weiterzumachen. Das können wir leicht mit dem *try-except*-Mechanismus von Python erreichen. Falls wie besprochen eine *float*-Konversion fehlschlägt, wird ein *ValueError* erzeugt. Falls dieser nicht vom Programm behandelt wird, muss dieses abbrechen.

Der Weg, einen Fehler zu behandeln ist, den Teil des Codes, der den Fehler möglicherweise erzeugen kann, in einen *try-except-Block* einzufügen. Der Code im *try*-Block wird zunächst ganz normal ausgeführt. Falls dabei allerdings ein Fehler erzeugt wird, und falls dieser Fehler in einer zugehörigen *except*-Marke abgefangen wird, wird der dort befindliche Ersatzcode ausgeführt.

Die Syntax ist folgendermaßen:

```
try:
    <Block>              ## normaler code ...
except <errorTyp> :
    <Block>              ## Ersatzcode ...
```

In unserem Falle ist die Logik ganz einfach: Das obige Programmstück, in dem bei der Konvertierung nach *float* ein *ValueError* erzeugt werden könnte, wird als normaler Code zwischen den durch `try:` und `except ValueError:` begrenzten Block eingefügt. Im Falle, dass ein Fehler aufgetaucht ist, wollen wir keine Markerinformation erzeugen, der Ersatzcode lautet einfach: `pass`. Dies ist die leere Anweisung, es wird also nichts gemacht, insbesondere kein marker-code erzeugt. Der aktuelle Datensatz wird somit einfach ignoriert. Das komplette Programmstück lautet also:

```
try:                                    # normaler Code
  qlat, qlon, depth, strength = map(float,quake[1:5])
  qloc = (qlat,qlon)
  if distance(center,qloc) < radius and strength > 1.0:
    markers += marker(strength,depth,qlat,qlon)
except ValueError:                      # Ersatzcode bei ValueError
  pass                                  # ignoriere aktuellen Datensatz
```

Darstellung

Nachdem die Daten gewonnen wurden, geht es an die Darstellung in einer Karte. Fast beliebige Kartenausschnitte werden von Google unter der Web-Adresse

```
http://maps.googleapis.com/maps/api/staticmap?
```

zur Verfügung gestellt. Diese URL ist aber noch nicht vollständig – das Fragezeichen signalisiert, dass sie noch um Parameter ergänzt werden soll. Diese Parameter bestimmen, welche Karte gezeigt werden soll, das Zentrum der Karte (center), die Vergrößerung (zoom) und die Größe des erzeugten Bildes in Höhe und Breite. Für die komplette

url einer Karte von Europa im Format 784 x 1024 mit Zentrum in Marburg und Vergrö-
ßerungsstufe 4 müssen wir dem obigen url noch anfügen:

```
size=1024x1024&zoom=4&center=50.8075,8.72222
```

Offensichtlich ist die Syntax also: *Parametername=ParameterWert* mit Trennzeichen
„&" zwischen den Parametern. Dieser Text wird von unserer Funktion *mapUrl()* erzeugt.

Jeden Marker beschreiben wir zusätzlich durch den Parameter *markers*, dessen
Wert wir als Tupel, bestehend aus *size*, *color* und *ort*, angeben. Ein konkreter Marker
könnte dann so lauten:

```
markers=size:small|color:orange|50.8075,8.72222
```

Für unsere Zwecke generieren wir mit der Hilfsfunktion *marker* je einen solchen Marker pro Erdbebenereignis und hängen auch seine Beschreibung an die Kartenurl an:

```
markers += marker(strength,depth,qlat,qlon)
```

Bei ca 50 Zeichen pro Marker kann der url schnell mehrere Tausend Zeichen lang werden. Wenn er fertig ist, wird er einem Web-Browser übergeben, der damit bei Google
die fertige Karte abholt und im default Browser darstellt:

```
webbrowser.open(mapUrl(size,zoom,center) + \
                quakeMarkers(quakeUrl,center,radius,strength))
```

Das vollständige Programm ist, wie alle anderen Programme in diesem Buch, über die
Webseite „www.informatikbuch.de" erhältlich.

3.4 Messen und Steuern

Die folgenden Projekte beschreiben Beispiele von Steuerungen des bereits mehrfach
erwähnten Raspberry Pi. Diesmal geht es nicht nur um Software sondern auch um
die Ansteuerung externer Geräte über die Schnittstelle GPIO(General Purpose In-
put/Output). In der folgenden Abbildung erkennt man die GPIO an der oberen Kante
des Boards als eine Leiste mit 40 Pins. An diese können wir externe Sensoren oder
Aktuatoren anschließen um alle möglichen Steuerungs- und Auswertungsaufgaben
auszuführen. In der folgenden Figur haben wir diese Leiste vergrößert dargestellt ist
und mit einem Nummerierungsschema ausgestattet auf das wir uns im folgenden
beziehen wollen:

Von den 40 zur Verfügung stehenden Pins liefern einige +5 V, andere +3,3 V oder
0 V (Gnd). Die folgenden 26 Pins können für Ein- und Ausgabe genutzt werden: 3,
5, 7, 8, 10 - 13, 15, 16, 18, 19, 21 - 24, 26, 29, 31 - 33, 35 - 38 und 40. Da man die GPIO

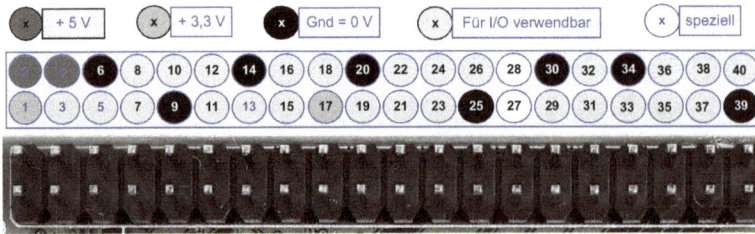

Abb. 3.6. Raspberry GPIO Schnittstelle

Schnittstelle nur als Superuser ansprechen kann, muss zu diesem Zweck auch die Python Programmierumgebung mit Superuser Rechten aus einer Linux shell aufgerufen werden: `sudo idle3`

3.4.1 Steuerung von LEDs

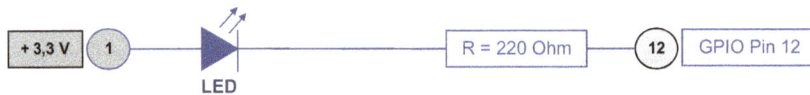

Abb. 3.7. Eine LED an einem GPIO Pin

Wir wollen in diesem Abschnitt LEDs an die GPIO Pins eines Raspberry anschließen. Das obige Bild zeigt schematisch den Anschluss einer LED an den Pin 12. LEDs wie sie in den üblichen Bausätzen zum Raspberry geliefert werden, können mit 10 bis 20 mA betrieben werden. Würde man sie direkt an 3,3 Volt und an Gnd anschließen, würde ein zu hoher Strom fließen, der LED und womöglich sogar den Raspberry beschädigen könnte. Es muss ein Widerstand von ca. 200 Ohm vorgeschaltet werden, der den Strom in geeigneter Weise begrenzt. Vernachlässigt man den Innenwiderstand der LED würde bei 3,3 Volt und 220 Ohm tatsächlich 15 mA fließen.

Man kann an den Pins des Raspberry direkt etwas anschließen. Das ist aber umständlich und kann zu Fehlschaltungen führen, die das Gerät ggf. beschädigen können. Besser benutzt man ein Extension-Board für GPIO Experimente. Derartige Boards gibt es in unterschiedlichen Größen. Die folgende Abbildung zeigt eines mit 30 Reihen.

Ein solches Board besteht aus vielen kleinen Löchern in denen Drähte oder Pins gesteckt werden können. Die beiden äußeren Blöcke sind jeweils mit + und - gekennzeichnet und sind zur Stromversorgung gedacht z.B. unten mit 3,3 Volt und oben mit 5 Volt. In der Mitte sehen wir 30 Reihen, die unabhängig voneinander sind. Jeweils die 5 unteren Löcher sind mit mit a, b, ... , e und die 5 oberen sind mit f, g, ..., j gekennzeichnet und jeweils untereinander verbunden. Mit einem Flachbandkabel kann man die GPIO Pins des Raspberry mit einem Steckaufsatz verbinden. Dieser wird links auf das

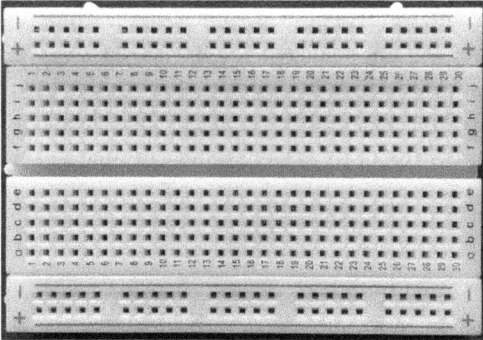

Abb. 3.8. Ein GPIO Extension-Board

Board aufgesteckt, verbindet die Stromführenden Pins mit den äußeren Blöcken und macht die Pins des Raspberry über die ersten 20 Reihen zugänglich. Die verbleibenden 10 Reihen sind frei verfügbar.

Im unteren Bild sehen wir ein Beispiel für die Nutzung eines solchen Boards. Die Raspberry Pins mit den Nummern 12, 16 und 18 sind in den Reihen 6, 8 und 9 im oberen Teil des Board erreichbar. Mit einem roten, gelben und grünen Verbindungsdraht verbinden wir diese mit den Reihen 23, 26 und 30 des Board. Den oberen Teil dieser Reihen verbinden wir jeweils mit einem 220 Ohm Widerstand mit dem unteren Teil. Die LEDs haben einen kürzeren und einen längeren Anschlussdraht. Den kürzeren verbinden wir jeweils mit einem der Widerstände den längeren, die Anode, mit + 3,3 Volt.

Abb. 3.9. LEDs an GPIO Pins

In dem folgenden Programm bringen wir drei LEDs, die an den Pins 12, 16, und 18 angeschlossen sind, abwechselnd zum Leuchten. Dazwischen wird jeweils eine Pause von 2 Sekunden eingelegt. Eine LED leuchtet, wenn der Pin, an den sie angeschlossen ist, den Wert *False* hat. Zu Beginn erklären wir mit dem *setmode*-Befehl, dass wir die Pins über ihre Nummern, wie in dem obigen Bild dargestellt, ansprechen wollen. Dann bestimmen wir mit dem *setup*-Befehl die Pins 12,16 und 18 zu output pins. Anschließend starten wir die Endlos Schleife, in der die LEDs abwechselnd ein- und ausgeschaltet werden:

```
from RPi import GPIO
import time

def ein(pin): GPIO.output(pin, False)
def aus(pin): GPIO.output(pin, True)

GPIO.setmode(GPIO.BOARD)
for pin in [12,16,18]:
        GPIO.setup(pin, GPIO.OUT)
        aus(pin)
while True:
        aus(18); ein(12); time.sleep(2)
        aus(12); ein(16); time.sleep(2
        aus(16); ein(18); time.sleep(2)
```

3.4.2 Sensoren

Es gibt zahlreiche handelsübliche Sensoren, die bestimmte Ereignisse mit einem Signalwechsel von 0 auf 1 melden, z.B. Bewegungsmelder, Hindernisdetektoren, Rauchmelder, Gasmelder, Flammendetektoren usw. Mit dem Raspberry können wir an einigen GPIO Pins solche Signale erfassen und an anderen Pins eine Folgereaktion auslösen. Im nächsten Beispiel verwenden wir einen Flammendetektor und ein Relais mit dem wir ein 230 Volt Gerät für eine bestimmte Zeitdauer einschalten können, z.B. eine Alarmsirene. Das folgende Bild zeigt eine solche Schaltung.

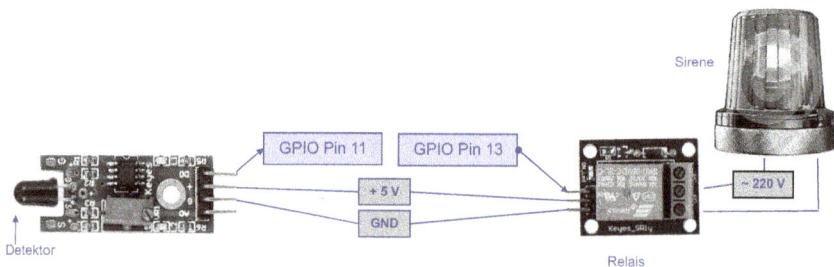

Abb. 3.10. Flammendetektor, Relais und Alarmsirene

Im linken Teil des Bildes ist der Flammendetektor zu erkennen. Dieser reagiert auf Infrarotstrahlen in einem bestimmten Frequenzbereich. Der obere Pin der Detektorplatine steigt auf 1 an, sobald eine Flamme erkannt wird. Das Relais im rechten Teil des Bildes hat links einen Signaleingang und rechts drei Anschlüsse zum Betrieb von 230 Volt Geräten. Der mittlere Anschluss ist ein 230 Volt Eingang. Dieser ist im Ruhezustand mit dem oberen Anschluss verbunden. Wenn das Eingangssignal 1 ist, wird der Eingang mit dem unteren Anschluss verbunden, schaltet also im Bild die Sirene an.

Das folgende Programm übernimmt die Steuerung des Flammendetektors, wartet auf das Ansteigen des Signals auf Pin 11 und schaltet das Relais für 10 Sekunden an. Ein Input Pin hat nach dem Einschalten des Raspberry einen undefinierten Wert, es sei denn er wird explizit initialisiert, oder es ist eine Schaltung angeschlossen, die dafür sorgt, das der Pin einen bestimmten Wert hat. Eine Initialisierung mit 0 bzw. 1 bewirkt der bereits bekannte setup-Befehl mit dem optionalen Parameter *pull_up_down*, dessen Wert wir mit 0 (GPIO.PUD_DOWN) oder 1 (GPIO.PUD_UP) initialisieren. Nach der Registrierung der *alarm*-Funktion als callback für das Ereignis GPIO.FALLING auf Pin 11 (FlammenPin) bleibt das Programm in einer endlos-Schleife, bis eine Taste gedrückt wird.

```python
import RPi.GPIO as GPIO
import time
FlammePin = 11
RelaisPin = 13

def init():
    GPIO.setmode(GPIO.BOARD)
    GPIO.setup(FlammePin, GPIO.IN, pull_up_down=GPIO.PUD_UP)
    GPIO.setup(RelaisPin, GPIO.OUT)
    GPIO.output(RelaisPin, 0)

def alarm():
    print("Flamme entdeckt !")
    GPIO.output(RelaisPin, 1)
    time.sleep(10)
    GPIO.output(RelaisPin, 0)

def schleife():
    GPIO.add_event_detect(FlammePin, GPIO.FALLING, callback=alarm)
    while True:
        pass

def destroy():
    GPIO.output(RelaisPin, 0)
    GPIO.cleanup()

init()
```

```
try :
    schleife ()
except KeyboardInterrupt :
    destroy ()
    print ('Und Tschüss ... ')
```

3.4.3 Temperaturmessung

Ein Thermistor ist ein Widerstand der seinen ohmschen Widerstand temperaturabhängig ändert. Das Wort ist zusammengesetzt aus *thermal* und *resistor*. In dem folgenden Bild sehen wir ganz links einen solchen Thermistor. Dieser ist auf eine kleine Platine gelötet, auf dem sich noch weitere normale Widerstände befinden. Über drei Leitungen ist die Platine mit dem Extension Board des Raspberry verbunden. Zwei der drei Zuleitungen sind für die Stromversorgung, an der dritten Leitung kann eine elektrische Spannung gemessen werden, deren Wert abhängig ist von dem Widerstandswert, den der Thermistor gerade hat. Diese Leitungen können beliebig lang sein, um eine Temperaturmessung an verschiedenen Orten zu ermöglichen.

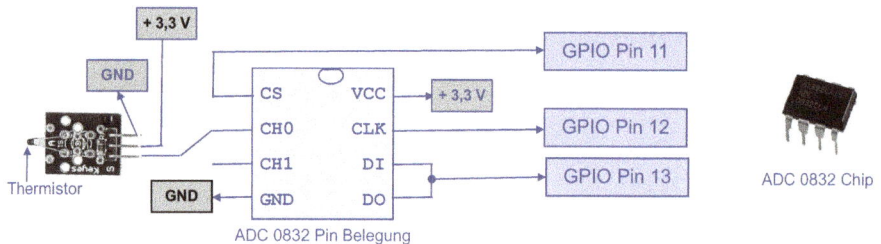

Abb. 3.11. Thermistorschaltung

Die gemessene Spannung ist ein analoges Signal und kann in dieser Form nicht direkt mit dem Raspberry ausgewertet werden. Mit Hilfe eines Analog Digitalwandlers (ADC) können wir den Messwert als digitalen 1 Byte Messwert codieren. In dem Beispiel benutzen wir einen ADC0832-Chip zur Digitalisierung des Messwertes. Wir verwenden einen der beiden möglichen Eingangkanäle des Chips: *Channel0*. Über drei weitere Pins ist dieser mit drei GPIO Pins des Raspberry verbunden. Einer davon *CS* (*Chip Select*) wird benutzt, um den Start der Übertragung eines Messwertes zu veranlassen. Während der Übertragung sollte er 0 sein, ansonsten 1. Zunächst wird ein Bitmuster an die DIO Pins (DI und DO) gesendet, das spezifiziert, was der Chip senden soll. Dann können 8 Bits von diesen Pins ausgelesen werden. Die Übertragung in beiden Richtungen wird jeweils bitweise durch einen Wechsel des *CLK* (*Clock*) Pins gesteuert. Der folgende Python Modul ADC0832 stellt eine Routine zum Abrufen eines digitalen Messwertes von dem Chip zur Verfügung, sowie Routinen zum Initialisieren bzw. Beenden der Messungen.

```python
import RPi.GPIO as GPIO

import time
ADC_CS  = 11      # PIN Zuordnung GPIO und ADC0832
ADC_CLK = 12
ADC_DIO = 13

def setup():
    GPIO.setwarnings(False)
    GPIO.setmode(GPIO.BOARD)
    GPIO.setup(ADC_CS, GPIO.OUT)
    GPIO.setup(ADC_CLK, GPIO.OUT)

def destroy():
    GPIO.cleanup()

def setDIO(val):
    GPIO.output(ADC_CLK, 0)
    GPIO.output(ADC_DIO, val)
    GPIO.output(ADC_CLK, 1)

def getResult():
    GPIO.setup(ADC_DIO, GPIO.OUT)
    GPIO.output(ADC_CS, 0) # Chip Select
    setDIO(1); setDIO(1); setDIO(0); setDIO(1)    #MUX Addr
    GPIO.setup(ADC_DIO, GPIO.IN)
    dat = 0
    for i in range(0, 8):
        GPIO.output(ADC_CLK, 1);
        GPIO.output(ADC_CLK, 0);
        dat = dat << 1 | GPIO.input(ADC_DIO)
    GPIO.output(ADC_CS, 1) # Chip Unselect
    return dat
```

In einem Beispielprogramm werden wir nun jede Sekunde einmal die Temperatur messen. Von dem AD Wandler erhalten wir einen 1 Byte Messwert im Bereich 0 bis 255, der eine Spannung in im Bereich von 0 bis 3,3 Volt repräsentiert. Dieser Messwert wird zunächst in das Intervall 0 bis 3,3 skaliert. Dann wird daraus der aktuelle ohmsche Widerstand Rt des Thermistors abgeleitet. Die Umwandlung in eine Temperatur erfolgt näherungsweise mit Hilfe einer verkürzten Version der Steinhart-Hart Gleichung. Demzufolge gilt mit passenden Koeffizienten a_0, a_1 und a_3 folgender Zusammenhang zwischen Widerstand und Temperatur T:

$$\frac{1}{T} = a_0 + a_1 \times lr + a_3 \times lr^3$$

mit $lr = ln(Rt)$. Näherungsweise werden die Terme mit a_2, a_4 sowie alle Folgenden weggelassen. Die Werte der Koeffizienten sind spezifisch für den jeweils verwendeten Thermistor. Sie können vom Hersteller bezogen, oder aus kalibrierenden Messungen mit Hilfe eines linearen Gleichungssystems gewonnen werden. Benutzt wird der gerade besprochene Modul ADC0832.

```python
import ADC0832
import time
import math
a0 = 0.001129148; a1 = 0.000234125; a3 = 0.0000000876741

def tempablesen():
    while True:
        messwert = ADC0832.getResult()
        Vr = 3.3 * float(messwert) / 255
        Rt = 10000 * Vr / (3.3 - Vr)
        lr1 = math.log(Rt); lr2 = lr1*lr1; lr3 = lr2*lr1
        temp = a0 + a1*lr1 + a3*lr3
        temp = (1/temp) - 273.15
        print('Temperatur = ', round(temp,1), ' C')
        time.sleep(1)

ADC0832.setup()
ADC0832.getResult() # Ersten Wert überlesen
try:
    tempablesen() # bis Ctrl c eingegeben wird
except KeyboardInterrupt:
    ADC0832.destroy()
    print('Und Tschüss...')
```

Das Ergebnis ist ein Temperaturwert in Kelvin, der noch in einen Celsius Wert umgerechnet wird. Auf dem folgenden Bild sehen wir einen Raspberry mit dem gerade eine Temperaturmessung durchgeführt wird.

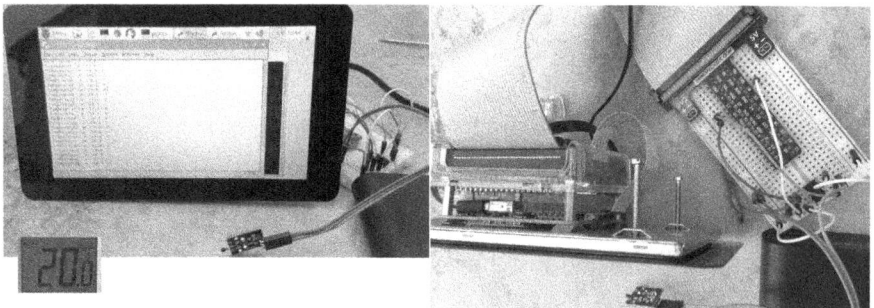

Abb. 3.12. Temperaturmessung mit einem Thermistor

Links auf dem Bild sehen wir ein zu dem Raspberry passendes LCD Display. Auf dem Bildschirm erkennen wir die gerade abgelesenen Temperaturen. Die letzte Messung ergab 19,9 Grad. Eingeblendet ist ein Ausschnitt eines konventionellen Thermometers mit der Anzeige 20 Grad. Eine gute Übereinstimmung!

Unten auf beiden Bildern ist die Platine mit dem Thermistor erkennbar. Auf dem rechten Bild sehen wir das Extension Board auf dem der AD Wandler und die oben beschriebene Schaltung zu finden sind. Der Raspberry selbst ist an die Rückseite des Displays angeschraubt. In der rechten unteren Ecke auf beiden Bildern sieht man einen Teil eines Akku, der zur „mobilen Stromversorgung" von Raspberry und Bildschirm genutzt wird.

Bisher erfolgte die Temperaturmessung analog mit einem Thermistor. Die gemessenen Daten wurden dann digitalisiert und an den Raspberry übertragen. Es gibt Bauelemente, die alle diese Schritte in einer Schaltung zusammenfassen. Sehr populär ist der Baustein DS1820 der Firma Dallas, den es in mehreren Versionen gibt. In unserem Beispiel kommt die Version DS18B20 zum Einsatz. Die erforderliche Schaltung ist sehr einfach:

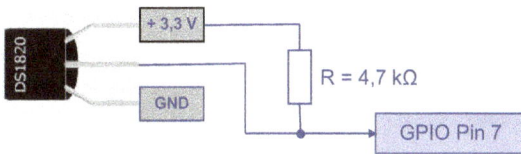

Abb. 3.13. Schaltung mit einem DS18B20

Benötigt wird neben der Versorgungsspannung lediglich ein Widerstand und ein GPIO Pin. Der Baustein überträgt seine Daten mit dem 1-Wire Protokoll an den Raspberry über den Pin. Raspbian beherrscht dieses Protokoll und stellt die übertragenen Daten Benutzern in einer Datei zur Verfügung. In der Konfigurationsdatei des Betriebssystems muss die Zeile „dtoverlay=w1-gpio" eingefügt werden, um Raspbian zu veranlassen, das 1-Wire Protokoll auf einem der Pins abzuwickeln. Standardmäßig wird der Pin 7 dafür verwendet. Es ist auch möglich, mehrere DS18B20 Bausteine parallel an denselben GPIO Pin anzuschließen.

Das Betriebssystem erzeugt in dem Verzeichnis /sys/bus/w1/devices für jeden erkannten Baustein ein Unterverzeichnis mit einem eindeutigen Namen, in unserem Fall ist das „28-00000763ce4e". Dabei kennzeichnen die ersten beiden Ziffern Bausteine vom Typ DS18B20, die Ziffern am Ende sind eine vom Hersteller definierte Nummer, die diesen Chip kennzeichnet. Diese Nummer wird in einem ersten Schritt aus dem Baustein per 1-Wire Protokoll ausgelesen. In jedem der angelegten Unterverzeichnisse findet sich eine Datei mit dem aktuell gemessenen Datensatz. In unserem Fall ist das

„/sys/bus/w1/devices/28-00000763ce4e/w1_slave". Der Inhalt dieser Datei war zum Zeitpunkt einer Ablesung:

```
71 01 4b 46 7f ff 0f 10 56 : crc=56 YES
71 01 4b 46 7f ff 0f 10 56 t=23062
```

Beide Zeilen beginnen mit den übertragenen Rohdaten. In der ersten Zeile findet sich ein vom Chip berechneter CRC-Wert und ein nach der Übertragung errechneter CRC-Wert. Wenn beide übereinstimmen, erscheint der Hinweis „YES". Am Ende der zweiten Zeile findet sich der aus den Rohdaten errechnete Wert in Tausendstel Grad Celsius, in unserem Fall also 23,062 Grad. Die Genauigkeit der Messung ist allerdings nur etwa ein Zehntel Grad. Um die aktuell gemessene Temperatur abzulesen, benötigen wir ein Programm, das in dem Verzeichnis „/sys/bus/w1/devices" nach Unterverzeichnissen sucht, deren Namen mit „28" beginnen. Anschließend müssen wir dann aus der jeweiligen w1_slave-Datei den Textteil nach „t=" extrahieren, in eine Zahl umwandeln und durch 1000 teilen.

```python
import time, os, Anzeige
ds18b20data = "no file"

def tempLesen():
    tf = open(ds18b20data)
    first, second = tf.readlines()
    tf.close()
    tempdat = second.split("t=")[1]
    temp = float(tempdat)/1000
    return temp

def schleife():
    while True:
        temp = tempLesen()
        Anzeige.zahlen(temp)
        time.sleep(1)

ds18b20data = "no file"
for dn in os.listdir("/sys/bus/w1/devices"):
    if dn.startswith("28"):
        ds18b20data = "/sys/bus/w1/devices/" + dn + "/w1_slave"
if ds18b20data == "no file":
    print("keine Daten gefunden")
else:    Anzeige.setup()
    try:
        schleife()     # bis Ctrl c eingegeben wird
    except KeyboardInterrupt:
        print('Und Tschüss...')
    Anzeige.beenden()
```

Wir müssen etwas vorsichtig sein, da das Betriebssystem manchmal etwas Zeit braucht, bis es den DS18B20 erkennt und die Daten bereitstellt. Falls noch keine Daten bereit gestellt wurden, wird das als Fehlermeldung ausgegeben. Das Programm muss dann später nochmals gestartet werden. Falls das Unterverzeichnis des DS18B20 gefunden wurde wird der entsprechend Dateiname der w1_slave-Datei in der Variablen ds18B20data gespeichert und kann von der Funktion *tempLesen* eingelesen und ausgewertet werden. Wir nutzen die Betriebssystemfunktion *os.listdir* um das fragliche Unterverzeichnis zu durchsuchen. Dazu müssen wir den Modul os importieren, ebenso wie den selbstgeschriebenen Modul Anzeige mit dessen Hilfe wir den in der Schleife jede Sekunde gemessenen Temperaturwert mit Hilfe von zwei 7-Segmentanzeigen darstellen. Das folgende Bild zeigt den Aufbau der gesamten Schaltung.

Abb. 3.14. DS18B20 Messung und Anzeige

Unten rechts erkennt man den DS18B20, der zur Temperaturmessung genutzt wird. Seine drei Anschlüsse führen zu dem Erweiterungsboard und sind wie in der obigen Schaltung angeschlossen. Fast alle sichtbaren Verbindungen werden für die Anzeige benötigt. Beide 7-Segmentanzeigen sind rechts zu sehen und zeigen auf dem Bild 24 Grad an. Jedes Segment einer solchen Anzeige muss an- oder abgeschaltet werden. Insgesamt wären das 14 GPIO Anschlüsse am Raspberry. Zur Reduktion der zum Raspberry führenden Leitungen wird jeweils ein 8 Bit Schieberegister verwendet. Diese sind links von den Anzeigeelementen zu sehen. Es folgt eine Darstellung der Schaltung für eine der Register/Anzeige Kombinationen.

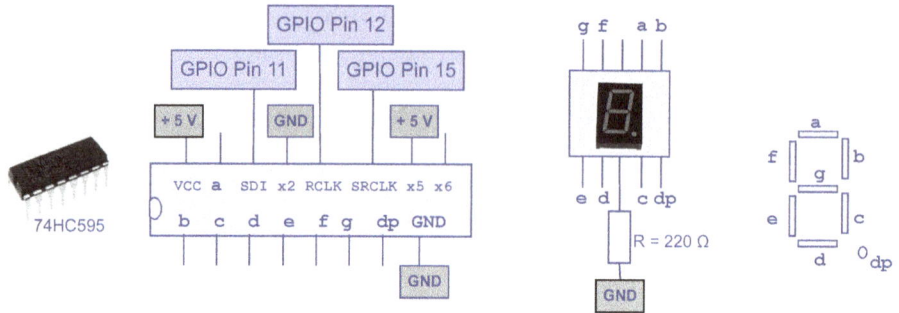

Abb. 3.15. 7-Segmentanzeige: Schaltung mit Schieberegister 74HC595

In der Abbildung ganz rechts erkennen wir eine Zuordnung der Buchstaben a, ..., g zu den sieben Segmenten des Display. Der Punkt rechts unten wird als 8. Segment betrieben und mit dp (Dezimalpunkt) bezeichnet. In der Mitte ist die Verdrahtung eines solchen Displaybausteins zu sehen. Es sind 10 Pins vorhanden. Die mittleren oben und unten sind miteinander verbunden und werden über einen Widerstand an GND angeschlossen. Die übrigen bewirken das anschalten der jeweiligen Segmente. Links im Bilde ist die Pinbelegung des verwendeten Schieberegisters vom Typ 74HC595 erläutert. Die mit den Buchstaben a, ..., g und dp bezeichneten Pins müssen mit den ebenso bezeichneten Pins des Displaybausteins verbunden werden. Für den Anschluss an den Raspberry werden drei freie GPIO Pins benötigt. Im Beispiel sind das 11, 12 und 15. Über diese Pins werden jeweils 8 Bits sequentiell an das Register übertragen und definieren damit die Anzeige des Displays. Um z.B. eine 2 zu zeigen müssen die Segmente a, ..., g und dp mit den Werten 1101 1010 besetzt sein. Um dies zu erreichen, muss man sie in der umgekehrten Reihenfolge an das Schieberegister schicken, also 0101 1011. Hexadezimal ist das der Wert 0x5b. Für die Ziffern 0 bis 9 benötigt man die Codes 0x3f, 0x06, 0x5b, 0x4f, 0x66, 0x6d, 0x7d, 0x07, 0x7f, 0x6f

Für die Darstellung von zweistelligen Ziffern mit 2 Segmenten eignet sich der folgende Modul:

```
import time, RPi.GPIO as GPIO

SDI1   = 11; SDI2   = 31
RCLK1  = 12; RCLK2  = 32
SRCLK1 = 15; SRCLK2 = 33
segCode = [0x3f,0x06,0x5b,0x4f,0x66,0x6d,0x7d,0x07,0x7f,0x6f]

def setup():
    GPIO.setmode(GPIO.BOARD)
    GPIO.setup(SDI1,   GPIO.OUT, initial=GPIO.LOW)
    GPIO.setup(RCLK1,  GPIO.OUT, initial=GPIO.LOW)
    GPIO.setup(SRCLK1, GPIO.OUT, initial=GPIO.LOW)
    GPIO.setup(SDI2,   GPIO.OUT, initial=GPIO.LOW)
```

```
    GPIO.setup(RCLK2, GPIO.OUT, initial=GPIO.LOW)
    GPIO.setup(SRCLK2,GPIO.OUT, initial=GPIO.LOW)

def beenden(): GPIO.cleanup()

def hc595_1_shift(dat):
    for bit in range(0, 8):
        GPIO.output(SDI1, 0x80 & (dat << bit))
        GPIO.output(SRCLK1, GPIO.HIGH)
        time.sleep(0.001)
        GPIO.output(SRCLK1, GPIO.LOW)
    GPIO.output(RCLK1, GPIO.HIGH)
    time.sleep(0.001)
    GPIO.output(RCLK1, GPIO.LOW)

def hc595_2_shift(dat):
    for bit in range(0, 8):
        GPIO.output(SDI2, 0x80 & (dat << bit))
        GPIO.output(SRCLK2, GPIO.HIGH)
        time.sleep(0.001)
        GPIO.output(SRCLK2, GPIO.LOW)
    GPIO.output(RCLK2, GPIO.HIGH)
    time.sleep(0.001)
    GPIO.output(RCLK2, GPIO.LOW)

def zahlen(z):
    z2 = int(z) // 10
    z1 = int(z) % 10
    hc595_2_shift(segCode[z2])
    hc595_1_shift(segCode[z1])
```

3.4.4 Funkfernsteuerung

Die Verwendung von Frequenzen zur Übertragung von Funksignalen ist streng reglementiert. So sind z.B. viele Frequenzbereiche für die Übertragung von Rundfunk- und Fernsehsendungen reserviert. Bestimmte Frequenzbereiche sind auch für WLAN vorgesehen, andere stehen mehr oder weniger zur allgemeinen Nutzung frei zur Verfügung. Einer davon ist das Frequenzband von 433,05 bis 434,79 MHz – es wird kurz als *433 MHz Band* bezeichnet. Dieser Bereich wird von mehr und mehr Haushaltsgeräten genutzt: Babyphon, Funk-Thermometer, Funk-Rauchmelder, Funk-Kopfhörer, Funk-Klingelanlagen, Autoschlüssel, Funkschalter, etc.. Die maximal erlaubte Sendeleistung ist auf 10 mW begrenzt, damit die Anwendungen sich möglichst wenig stören. Die Details über die genutzten Frequenzen innerhalb des 433 MHz Bandes, die Codierung der Funksignale und die Sicherheitsvorkehrungen (z.B.bei Autoschlüsseln) sind meist Herstellerspezifisch und nicht ohne Spezialgeräte zu ermitteln.

Bei einigen einfachen Anwendungen, z.B. bei Funk-Thermometern und bei Funk-schaltern, kann man die notwendigen Informationen oft im Netz finden. Als Beispiel wählen wir Funkschalter zur Steuerung von Steckern. Mit Hilfe derartiger Stecker, kann man angeschlossene Geräte, meist Lampen, an- oder ausschalten. Oft werden 4 Stecker zusammen mit einer Fernbedienung geliefert. Mit dieser kann man die Stecker schalten. Interessant ist aber eine Schaltung der Steckdosen zu bestimmten Zeiten, in bestimmten Abständen etc. zum Beispiel um die Beleuchtung einer Wohnung im Falle von Abwesenheit zu steuern. Dafür kommt eine manuelle Fernbedienung natürlich nicht in Frage. Im folgenden Beispiel werden wir daher Funkstecker eines bestimmten Typs mit einem Raspberry Programm an- bzw. ausschalten.

Dazu benötigen wir einen Sender für das 433 MHz Band. Von Elektronikfirmen werden Sets mit Empfänger und Sender preiswert angeboten. Im folgenden Bild sehen wir ein solches Set sowie einen Funk-Stecker.

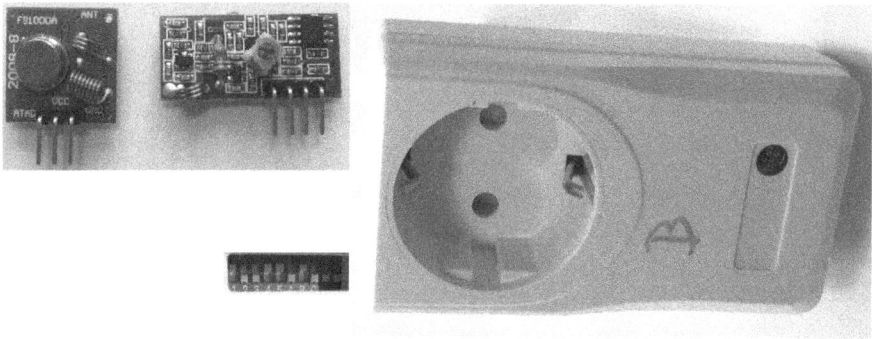

Abb. 3.16. 433 Mhz Sender und Empfänger, Funkstecker und DIP Schalter

Mit dem Empfangsteil kann man versuchen herauszufinden, welche Signale von anderen Geräten gesendet werden. Da es aber verschiedene Codierungen und Sendeprotokolle gibt, bleibt es eine komplexe Aufgabe, eintreffende Sendungen zu analysieren bzw. zu decodieren. Mit dem Empfangsteil werden wir uns daher in diesem Kapitel nicht befassen. Wir werden ein Programm diskutieren, das Signale zum Schalten von Funksteckern eines bestimmten Typs senden kann. Die Codierung der Signale und das Sendeprotokoll findet man im Internet.

In jedem der Funkstecker findet sich eine Leiste mit 10 DIP Schaltern. Diese sind in zwei Gruppen zu je 5 DIP Schaltern unterteilt und definieren damit jeweils ein Bit-muster aus 5 Bits. Die erste Gruppe bestimmt einen Gruppencode, die zweite Gruppe einen Gerätecode. Üblicherweise werden die Geräte mit A, B, C, D, E bezeichnet. Um Funkstecker dieses Typs anzusprechen muss man eine Folge von 12 Bits senden. Die ersten 10 Bits müssen mit den eingestellten Codes für die Gruppe und das Gerät über-einstimmen. Danach folgen zwei Bits für *an* bzw. *aus*. Diese sind mit 0,1 bzw. mit 1,0

codiert. Um ein Gerät B in einer Gruppe mit dem Code 10011 anzuschalten, muss man
also folgende 12 Bits senden:

```
10011 01000 01
```

Jetzt müssen wir nur noch herausfinden wie die Bits zu codieren sind und welches
Sendeprotokoll anzuwenden ist. Der Sender wird mit einem der GPIO Pins verbunden
z.B. mit Pin 11. Die anderen beiden Anschlüsse des Senders werden mit 5V und mit
GND verbunden. Der Sender kann zwei verschiedene Signale senden, je nachdem ob
eine 0 oder eine 1 anliegt. Leider ist es nicht so einfach, dass auf diese Weise bereits
Bits gesendet werden können. Dazu ist eine bestimmte Codierung erforderlich. Um
ein Bit zu übertragen müssen 8 Takte gesendet werden, die jeweils 300 Mikrosekun-
den lang sind und durch eine 0 bzw. 1 an dem Pin 11 definiert werden. Die verwendeten Taktmuster werden in der folgenden Abbildung gezeigt. Eine solche indirekte
Codierung der Werte 0 und 1 gehört zur Familie der Manchestercodierungen. Die Not-
wendigkeit hierfür ergibt sich aus den Gegebenheiten der Funkübertragung: Signale
sind gestört oder werden nicht im selben zeitlichen Abstand des Senders empfangen.
Daher ist es sicherer derartige Folgen von Signalwechseln zur Codierung zu verwenden. Man könnte die Codierung auch als „kurz - lang" für die 0 bzw. „kurz - kurz" für
die 1 bezeichnen.

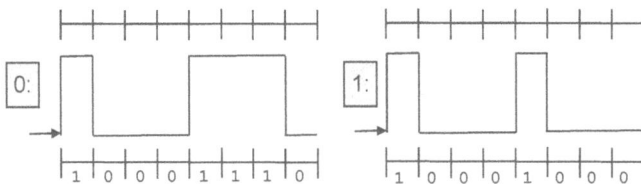

Abb. 3.17. Codierung von 0 und 1 in Wellenform

Bleibt die Frage des Sendeprotokolls. Gesendet wird jeweils ein Block bestehend
aus 128 Takten. Es können also bis zu 16 Bitwerte in einem solchen Block codiert werden. Werden weniger Bits übertragen wird der Block mit einem Taktmuster 100.... aufgefüllt. Vor der Sendung des Blockes muss der Sendepegel auf dem Nullniveau sein.
Um zufälliges Schalten in Folge von Störungen zu vermeiden, muss der Block mindestens 4 mal gesendet werden.

Der folgende Programmabschnitt definiert eine Sendefunktion, die zu gegebenem
Gruppen- und Gerätecode einen dazu passenden Funkstecker ein- oder ausschaltet.

```python
import time
import RPi.GPIO as GPIO

pin = 11 # GPIO Pin Nummer Anschluss an Senders
```

```
GPIOMode = GPIO.BOARD
wieder = 4   # Anzahl Sendewiederholungen
sendedauer = 300 #Mikrosekunden

def init():
    GPIO.setwarnings(False)
    GPIO.setmode(GPIOMode)
    GPIO.setup(pin, GPIO.OUT)
def senden(SchalterAn, GruppenCode, GeraeteCode):
    sende1 = [1,0,0,0,1,0,0,0]
    sende0 = [1,0,0,0,1,1,1,0]
    restblock = [1, 0, 0, 0, 0, 0, 0, 0, 0, 0, 0, 0, 0, 0, 0, 0, 0,
     0, 0, 0, 0, 0, 0, 0, 0, 0, 0, 0, 0, 0, 0, 0]
    sendeBits = GruppenCode
    sendeBits.extend(GeraeteCode)
    if SchalterAn:
        sendeBits.extend([0,1])
    else:
        sendeBits.extend([1,0])
    sendeliste = []
    for i in range(12):
        if sendeBits[i]:
            sendeliste.extend(sende1)
        else:
            sendeliste.extend(sende0)
    sendeliste.extend(restblock)
    GPIO.output(pin, 0)
    for w in range(wieder):
        for b in sendeliste:
            GPIO.output(pin, b)
            time.sleep(sendedauer/1000000.0)
```

Wir können diese Funktion mit folgendem Programmabschnitt testen:

```
def schleife():
    while True:
        senden(True, [1,0,0,1,1], [1,0,0,0,0])
        time.sleep(2)
        senden(True, [1,0,0,1,1], [0,1,0,0,0])
        time.sleep(2)
        senden(False, [1,0,0,1,1], [1,0,0,0,0])
        time.sleep(2)
        senden(False, [1,0,0,1,1], [0,1,0,0,0])
        time.sleep(2)
init()
try:
    schleife()   # bis Ctrl c eingegeben wird
except KeyboardInterrupt:
    print('Und Tschüss...')
GPIO.cleanup()
```

Es werden Funkstecker mit dem Gerätecode A und C abwechselnd ein- und ausgeschaltet. Dabei muss beachtet werden, das mit einem Sendeblock jeweils nur ein
Gerät angesprochen werden kann.

3.5 Zusammenfassung

Python ist eine Sprache, mit der man schnell und ohne viel Aufhebens Lösung für beliebige Fragestellungen programmieren kann. Zahlreiche Programmbibliotheken unterstützen den Programmierer dabei.

Allerdings haben dynamisch getypte Sprachen auch einen Nachteil: Fehler im
Programm zeigen sich oft erst bei Probeläufen, also sehr spät. Statisch getypte Programmiersprachen, wie z.B. Java oder Scala versuchen, häufig auftretende Fehler bereits zur Compilierungszeit, also schon wenn aus dem Programmtext ein lauffähiger
Code wird, Fehler zu erkennen. Sie verpflichten den Programmierer, alle Variablen
vor der Benutzer zu deklarieren und sie garantieren, dass auch bei ungünstigem Pro-
grammverlauf kein Typfehler zur Laufzeit auftreten darf. Dieser Programmierstil engt
den Programmierer subjektiv etwas ein, aber er garantiert andererseits, dass schon
beim ersten Testlauf eine häufige Fehlerquelle ausgeschlossen ist. Diese Sicherheit
erstreckt sich auch über Programm- und Modulgrenzen hinweg, so dass statisch typisierte Programmiersprachen in der professionellen Programmentwicklung eine größere Rolle spielen.

Kapitel 4

Die Programmiersprache Java

Im letzten Kapitel haben wir die Grundlagen der Programmierung anhand der dynamisch typisierten Sprache Python diskutiert. Jetzt werden wir mit „Java" eine statisch getypte Programmiersprache kennen lernen, die auch für große Projekte, die von Teams kooperativ erstellt werden, geeignete sprachliche und infrastrukturelle Möglichkeiten bereitstellt.

Java wurde ab 1991 von einem kleinen Team unter Leitung von James Gosling bei SUN unter dem Arbeitstitel OAK (Object Application Kernel) entwickelt. Ursprünglich wollte man eine Programmiersprache entwerfen, die sich zur Programmierung von elektronischen Geräten der Konsumgüterindustrie eignen sollte – also von Kaffeemaschinen, Videogeräten, Decodern für Fernsehgeräte etc. 1993 wurde die Zielrichtung des Projektes geändert: Eine Programmiersprache zu entwickeln, die sich zur Programmierung verschiedenster Rechnertypen im Internet eignen sollte. Als neuer Name wurde *Java* gewählt. Java, die Hauptinsel Indonesiens, galt an der amerikanischen Westküste als Synonym für guten Bohnenkaffee. Der Name hat also keinen direkten Zusammenhang mit den Zielen des Projektes.

Seit 1995 stellt SUN kostenlos den Kern eines Programmiersystems JDK (Java Development Kit) und eine Implementierung des Java-Interpreters (Java Virtual Machine) zur Verfügung. Seitdem hat Java sich schneller verbreitet als jede andere neue Programmiersprache der letzten Jahre. Einige Ursachen dafür sind:

–   Java ist ein modernisiertes C++. Diese Sprache hatte sich zuvor zum *Industriestandard* entwickelt, daher gab es von Anfang an viele Programmierer, die ohne großen Aufwand auf Java umsteigen konnten. Java ist weniger komplex als C++, verbietet den unkontrollierten Umgang mit Zeigern und verkörpert moderne Konzepte objektorientierter Programmierung.
–   Java Programme sind portabel, sie können also ohne jede Änderung auf unterschiedlichen Rechnern eingesetzt werden, sofern auf diesen ein Java-Laufzeitsystem *JRE (Java Runtime Environment)* installiert ist.

- Java hat sich schnell an Universitäten verbreitet, weil in dieser Sprache viele der Konzepte enthalten sind, die Sprachen wie Pascal, Modula und Oberon für die Lehre so populär gemacht haben. Anders als die vorgenannten Sprachen konnte sich Java aber auch in der Praxis durchsetzen.
- Java Entwicklungsumgebungen von hoher Qualität sind zum Teil kostenlos verfügbar. Zunächst benötigt man das *Java Development Kit (JDK)* mit dem Java Compiler *javac*, dem Java-Interpreter *java*, und zahlreichen zusätzlichen Programmen und Bibliotheken. Seit Mitte 2016 ist die Version 8 des JDK aktuell, die lange erwartete neue Konzepte (u.a. Lambda-Ausdrücke) einführt, auf die wir in Abschnitt 4.9 eingehen.

Hinter Java stand zunächst die Firma SUN Microsystems, ein bedeutender Hersteller von Servern und Workstations. Mittlerweile wurde SUN von der Firma Oracle übernommen. Das Laufzeitsystem JRE und auch das Entwicklungssystem JDK werden von SUN/Oracle gepflegt und im Internet bereitgestellt.

Derzeit sind kostenlos erhältliche Programmierumgebungen wie *NetBeans, IntelliJ* und *Eclipse* populär – es handelt sich um sehr große und umfangreiche Systeme, die auch je in einer Version erhältlich sind in der das benötigte Java-System bereits enthalten ist. Für den Einstieg und auch für die Lehre ist besonders das *BlueJ* System zu empfehlen. Möglich ist auch die Integration des Java-Compilers in manche frei erhältliche Editoren, wie z.B. *NotePad++*.

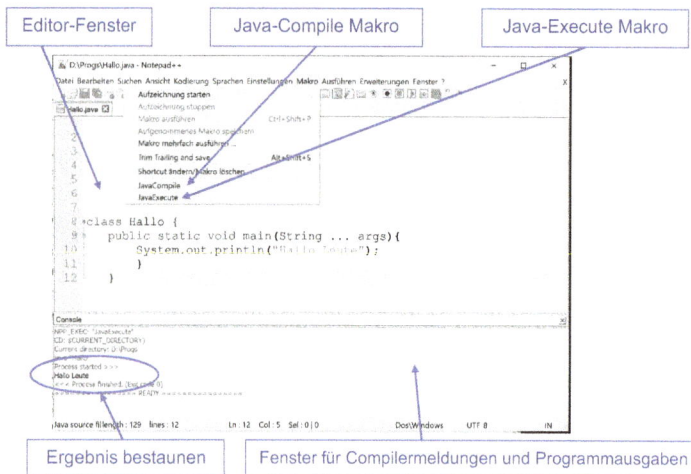

Abb. 4.1. Entwicklung von Java Programmen mit NotePad++

Den vielen Vorteilen von Java steht allerdings auch ein kleiner Nachteil gegenüber: Die *Portabilität* wird durch eine interpretative Programmausführung erreicht.

Das bedeutet einen Verzicht auf optimale Programmlaufzeiten. Die Messergebnisse für die Laufzeit von Sortieralgorithmen im nächsten Kapitel belegen jedoch, dass dieser Nachteil auf modernen Prozessoren geringer ausfällt als vermutet.

Microsoft hat der Sprache Java und der zugehörigen Bibliotheks-Infrastruktur eine eigene Sprache, C# mit der sogenannten .NET-Platform, gegenübergestellt. Für den Benutzer sind Java und C# zunächst sehr ähnliche Sprachen, allerdings ist die Weiterentwicklung von Java in den letzten Jahren merklich ins Stocken geraten, so dass gegenwärtig C# viele moderne Konzepte implementiert, die Java noch fehlen.

4.1 Die lexikalischen Elemente von Java

Die meisten Programmiersprachen basieren auf dem weit verbreiteten ASCII-Zeichensatz. Landesspezifische Zeichen, wie z.B. ö, ß, æ, ç oder Ã, sind dabei nicht zugelassen. Da alle ASCII-Zeichensätze 7 oder 8 Bit für die Darstellung eines Zeichens verwenden, ist die Anzahl der codierbaren Zeichen auf 256 beschränkt.

Java legt den neueren Zeichensatz *Unicode* zugrunde, der praktisch alle weltweit geläufigen Zeichensätze vereint. Die einzelnen Zeichen von Unicode werden durch *Attribute* als *Buchstaben* oder *Ziffern* klassifiziert. Aufbauend auf dieser Klassifikation kann man folgende Java-spezifische lexikalische Elemente definieren:

- **Buchstaben**: Alle in Unicode zulässigen Buchstaben sowie der Unterstrich „ _ " und das Dollarzeichen „$".
- Die **Ziffern** von 0 bis 9.
- **Zeilenende**: Eines der Zeichen Wagenrücklauf (CR=carriage return: ASCII-Wert 13) oder Zeilenwechsel (LF=line feed: ASCII-Wert 10) oder deren Kombination CR LF.
- **Leerzeichen** (**Whitespace**): Das Leerzeichen selbst (SP=space: ASCII-Wert 32), eines der folgenden Steuerzeichen: Tabulator (HT=horizontal tabulator: ASCII-Wert 9), Formularvorschub (FF=form feed: ASCII-Wert 9) oder ein Zeilenende.
- **Trennzeichen**: ( ) { } [ ] ; , . -> ...
- **Operatoren**: = > < ! ~ ? : == <= >= != && || ++ -- + - * / & | ^ % << >> >>> += -= *= /= &= |= ^= %= <<= >>= >>>=
- **Kommentare**, **Bezeichner** und **Literale**.

4.1.1 Kommentare

Java kennt drei Arten von Kommentaren. Die erste Form beginnt mit // und erstreckt sich bis zum Ende der Zeile:

```
// Dieser Kommentar endet automatisch am Zeilenende
```

Die zweite Form des Kommentars kann sich über mehrere Zeilen erstrecken. Er besteht aus allen zwischen den Kommentarbegrenzern /* und */ stehenden Zeichen. Kommentare dieser Form dürfen nicht geschachtelt werden:

```
/*  Die folgende Methode berechnet
eine schwierige Funktion
auf die ich sehr stolz bin */
```

Eine Variante beginnt mit /** und endet mit */. Solche Kommentare werden von dem Zusatzprogramm javadoc erkannt, und in eine standardisierte Dokumentation übernommen. Durch zusätzliche Marken wie z.B. @param, @result sowie beliebige HTML-Formatierungsanweisungen kann der Benutzer die Strukturierung der Dokumentation beeinflussen. Die Dokumentation der Java-API (siehe Abb. 4.2) ist auf diese Weise automatisch erzeugt.

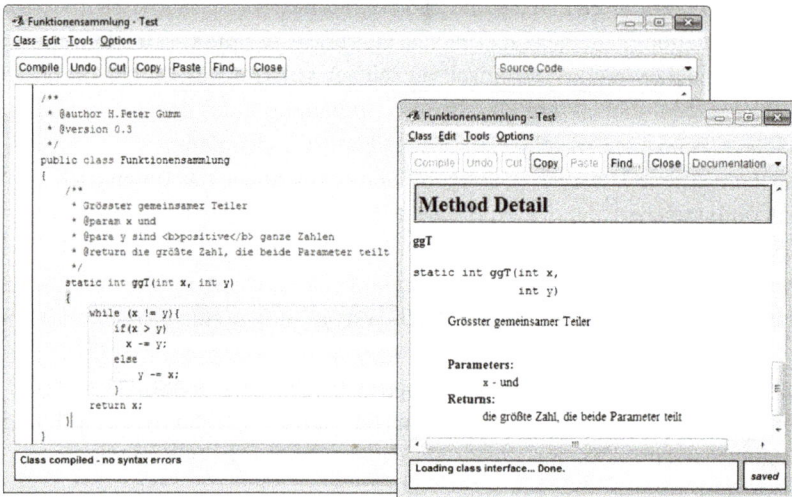

Abb. 4.2. JavaDoc-Kommentar und Teil der erzeugten HTML-Dokumentation (in BlueJ)

4.1.2 Bezeichner

Bezeichner beginnen mit einem Java-Buchstaben. Darauf können weitere Java-Buchstaben, Ziffern und Unterstriche folgen. Die Länge eines Bezeichners ist nur durch die maximal verwendbare Zeilenlänge begrenzt. Beispiele sind:

```
x y meinBezeichner Grüße Üzgür l_halbe ellas èlmùt_çôl
```

Tab. 4.1. Java Schlüsselwörter

abstract	assert	boolean	break	byte	case
catch	char	class	const	continue	default
do	double	else	enum	extends	final
finally	float	for	goto	if	implements
import	instanceof	int	interface	long	native
new	package	private	protected	public	return
short	static	strictfp	super	switch	synchronized
this	throw	throws	transient	try	void
volatile	while				

Einige der Bezeichner haben eine besondere, reservierte Bedeutung und dürfen in keinem Fall anders verwendet werden. Dazu gehören die Schlüsselwörter der Programmiersprache Java und drei spezielle konstante Werte (Literale):

```
null, false, true.
```

Drei weitere besondere Bezeichner sind Namen vordefinierter Klassen:

```
Object, String, System.
```

Technisch gesehen könnte man diese Bezeichner auch mit einer anderen Bedeutung verwenden. Man sollte das aber vermeiden.

4.1.3 Schlüsselwörter

Die folgenden Bezeichner sind Schlüsselwörter der Programmiersprache Java:
Die Schlüsselwörter, `const` und `goto`, sind zwar reserviert, werden aber in den aktuellen Versionen von Java nicht benutzt.

4.1.4 Literale

Literale sind unmittelbare Darstellungen von Elementen eines Datentyps. 112, –31 und 32767 sind Beispiele für Literale vom Typ *int*. Insgesamt gibt es folgende Arten von Literalen:
- Ganzzahlige Literale,
- Gleitpunkt-Literale,
- Boolesche Literale: `false` und `true`,
- die Null-Referenz: `null`,
- Literale für Zeichen und Zeichenketten.

Ganzzahlige Literale

Für ganze Zahlen verwendet Java die Datentypen *byte* (8 Bit), *short* (16 Bit), *int* (32 Bit) und *long* (64 Bit). Für *ganzzahlige Literale* sind neben der Standardschreibweise auch noch die oktale und die hexadezimale Schreibweise erlaubt. Letztere wird mit den Zeichen 0x eingeleitet, danach können normale Ziffern (0,...,9) oder hexadezimale Ziffern (A,...,F oder a,...,f) folgen. Als Beispiel wird in der Java-Literatur gerne die dezimale Zahl −889275714 hexadezimal als 0xCafeBabe oder als 0xCAFEBABE notiert.

Ganzzahlige Literale bezeichnen normalerweise Werte des Datentyps *int*. Will man sie als Werte des Datentyps *long* kennzeichnen, so muss man das Suffix L (oder l) anhängen. Beispiele für ganzzahlige Literale sind:

```
2 17 -3 32767 0x1FF 4242424242L 0xC0B0L
```

Gleitpunkt-Literale

Die Datenformate für reelle Zahlen in Java sind *float* (floating point number, 32 Bit) und *double* (double precision number, 64 Bit). Gleitpunkt-Literale werden als Dezimalzahlen mit dem im Englischen üblichen Dezimalpunkt notiert. Optional kann ein ganzzahliger Exponent folgen. Gleitpunkt-Literale bezeichnen normalerweise Werte des Datentyps *double*. Durch Anhängen eines der Suffixe F oder D (bzw. f oder d) spezifiziert man sie explizit als Werte der Datentypen float oder double. Beispiele für Gleitpunkt-Literale des Datentyps *double* sind:

```
3.14 .3 2. 6.23e-10 3.7d 1E+137
```

Beispiele für Gleitpunkt-Literale des Datentyps float:

```
3.14f .3f 2.f 6.23e-10f 3.7F 1E+38F
```

Zeichen-Literale

Ein *Zeichen-Literal* ist ein einzelnes, in einfache Apostrophe eingeschlossenes Unicode-Zeichen. Falls das eingeschlossene Zeichen selbst ein Apostroph oder ein \ sein soll, muss eine der folgenden Ersatzdarstellungen, auch Escape-Sequenzen genannt, verwendet werden:
–   \b für einen Rückwärtsschritt (BS=backspace: ASCII-Wert 8)
–   \t für einen horizontalen Tabulator (HT)
–   \n für einen Zeilenwechsel (LF)
–   \f für einen Formularvorschub (FF)
–   \r für einen Wagenrücklauf (CR)
–   \" für ein "
–   \' für ein '

- \\ für ein \
- \uxxxx für ein Unicode-Zeichen. xxxx steht dabei für 4 hexadezimale Ziffern.

Beispiele für Zeichen-Literale sind:

```
'a' '%' '\t' '\\' '\"' '\u03a9' '\uFFFF' '\177' 'a'
```

Zeichenketten-Literale

Zeichenketten-Literale (meist *String-Literale* genannt) sind Folgen von Unicode-Zeichen, die in doppelte Anführungszeichen eingeschlossen sind. Falls ein Zeichen des Strings selber ein doppeltes Anführungszeichen oder ein \ sein soll, verwendet man eine der oben angegebenen Ersatzdarstellungen. Ein String-Literal muss auf der gleichen Zeile beginnen und enden. Längere Strings erhält man durch Konkatenation (Verkettung) von Strings mit dem +-Operator:

```
"Hallo Welt !"
"Erste Zeile \n zweite Zeile \n dritte Zeile."
"Dieser String passt nicht in eine Zeile, daher"
+ "wurde er mit \"+\" aus zwei Teilen zusammengesetzt."
```

4.1.5 Syntaktische Regeln

Während die lexikalischen Regeln die zulässigen „Wörter" festlegen, aus denen Java-Programme aufgebaut werden dürfen, beschreiben syntaktische Regeln, wie man aus diesen Wörtern korrekte Programme bilden darf. Eine einfache grafische Darstellung der Syntax von Programmen bieten so genannte Syntaxdiagramme. Ein Syntaxdiagramm erklärt einen syntaktischen Begriff. Es besteht aus Rechtecken, Ovalen und Pfeilen.

- In den Rechtecken stehen Begriffe, die anderswo durch eigene Syntaxdiagramme erklärt werden, sogenannte Nonterminale.
- In den Ovalen stehen lexikalische Elemente, also Symbole und Namen, so genannte Terminale. Diese sind wörtlich in den Programmtext zu übernehmen.
- Pfeile führen von einem Sprachelement zu einem im Anschluss daran erlaubten Sprachelement.
- Jedes Syntaxdiagramm hat genau einen Eingang und genau einen Ausgang.

Im Englischen heißen diese Diagramme auch *railroad diagrams*. Wenn man sich einen Zug vorstellt, der vom Eingang zum Ausgang den Pfeilen folgt, so hat er auf seiner Reise die besuchten Sprachelemente in einer syntaktisch zulässigen Reihenfolge passiert. Wir beschreiben mit den folgenden Syntaxdiagrammen exemplarisch einige Teile der Syntax von Java.

Abb. 4.3. Syntaxdiagramm für Anweisungsblock

Das Syntaxdiagramm eines Anweisungsblockes (Abb. 4.3) zeigt zwei Ovale mit geschweiften Klammern und dazwischen ein mit *Anweisung* beschriftetes Rechteck. Wegen der Umleitungspfeile über dem Rechteck könnte man das Rechteck umgehen und lediglich unter Aufnahme der geschweiften Klammern vom Eingang zum Ausgang gelangen. Die einfachste Form eines Anweisungsblockes ist also ein leerer Block bestehend aus einem Paar geschweifter Klammern: { }.

Man kann aber auch einmal durch das Rechteck laufen oder mittels der unteren Pfeile zurückkehren und erneut eine oder mehrere Anweisungen aufnehmen. Das Diagramm besagt also nichts anderes als das, was wir sprachlich so ausgedrückt haben:

„*Ein Anweisungsblock hat die Form* $\{A_1 A_2 \dots A_n\}$ *mit Anweisungen* A_i .“

Dieses Syntaxdiagramm demonstriert, wie man eine – möglicherweise leere – Liste von gleichartigen Dingen beschreiben kann. Für eine nichtleere Liste braucht man nur die obere Umleitung wegzulassen. In Pascal, wo die einzelnen Anweisungen durch ein Semikolon getrennt werden müssten, würde man in den rückwärtsführenden Pfeil ein Oval mit einem „ ; “ einfügen.

Die Rechtecke in einem Syntaxdiagramm stehen für Begriffe, die entweder durch ein weiteres Syntaxdiagramm oder erläuternden Text beschrieben sind. Im obigen Falle können wir den Begriff einer Anweisung durch eine weiteres Syntaxdiagramm definieren.

Abb. 4.4. Syntaxdiagramm einer Anweisung

Eine Anweisung kann also eine von vier alternativen Formen haben (in Java gibt es noch mehr Möglichkeiten, die wir hier auslassen). Interessant ist vor allem das Auftreten des Anweisungsblockes. Offenbar sind die obigen Syntaxdiagramme schon wech-

selseitig rekursiv. Wir wissen bereits, dass ein Anweisungsblock eine Folge von Anweisungen ist, aber eine Anweisung kann auch wieder ein Anweisungsblock sein. Daher
können wir Anweisungsblöcke beliebig schachteln.

Auch Alternativanweisung und Schleifen enthalten wieder Anweisungen. Im Falle der Alternativanweisung wird sichtbar, dass man den else-Zweig auch überspringen
kann. Man spricht dann von einer Bedingten Anweisung. Nur wenn die Bedingung erfüllt ist, wird die Anweisung ausgefüllt. Eine Bedingung muss ein Ausdruck vom Typ
boolean sein.

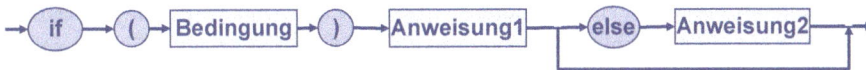

Abb. 4.5. Die Syntax von if-Anweisungen

Eine while-Schleife hat eine ganz ähnliche Syntax wie eine bedingte Anweisung.
Man muss nur das Schlüsselwort *if* durch das Schlüsselwort *while* ersetzen.

Die Semantik, also die Bedeutung ist natürlich fundamental anders, da die Anweisung so lange, bzw. so oft ausgeführt wird, wie die Bedingung wahr bleibt.

Abb. 4.6. Die Syntax von while-Anweisungen

Es fehlt noch die grundlegende Anweisung, nämlich eine *Zuweisung.* Ihr Syntaxdiagramm ist einerseits ganz einfach, andererseits verweist es auf die Definition von
Ausdruck, die wiederum eine Anzahl von Syntaxdiagrammen erforderlich macht. Auf
diese wollen wir hier aber nicht weiter eingehen.

Abb. 4.7. Syntaxdiagramm einer Zuweisung

Auch die Variable müsste man noch genauer erklären. Dies ist ein selbstgewählter
Name, ein sogenannter Bezeichner (engl.: *identifier*), der natürlich verschieden von
den Schlüsselwörtern der Sprache gewählt werden muss. Fast alle Sprachen erlauben
aber auch indizierte Variablen zur Zuweisung an Array-Elemente, deren Index durch
einen Ausdruck angegeben werden kann, wie z.B. in `tabelle[i+1]`.

Syntaxdiagramme sollten immer zu Rate gezogen werden, wenn eindeutig zu klären ist, was in einer Programmiersprache erlaubt ist und was nicht. Ob beispielsweise der Text `{{}{x=1;}{}}` eine gültige, wenn auch ungewöhnliche Anweisung darstellt, lässt sich mithilfe der obigen Diagramme leicht entscheiden, auch, dass „`{}`" die kürzeste korrekte Java-Anweisung ist; diese wird auch als *Skip* bezeichnet. Zur Überprüfung nimmt man den vorgelegten Text, etwa einer Anweisung, und verwendet das entsprechende Syntaxdiagramm wie die Karte einer Eisenbahnstrecke. Man überprüft die Übereinstimmung des Textes mit den in den Ovalen dargestellten Zeichen. Trifft man auf ein Rechteck, so ersetzt man es vorübergehend durch die in dem Rechteck genannte Karte. Hat man das entsprechende Syntaxdiagramm erfolgreich von Anfang bis Ende durchlaufen, macht man mit dem vorigen weiter. Gelingt so ein kompletter Durchlauf, war das Programm zumindest syntaktisch korrekt.

4.2 Datentypen und Methoden

Wie bei vielen höheren Programmiersprachen gibt es auch in Java einfache und strukturierte Datentypen. Die strukturierten Datentypen werden auch als Referenz-Datentypen bezeichnet.

Einfache Datentypen sind *boolean, char* und alle numerischen Datentypen (*byte, short, int, long, float, double*).

Referenz-Datentypen sind alle *Array-, Class-* und *Interface-Datentypen.*

Einfache Datentypen werden so repräsentiert und abgespeichert wie im ersten Kapitel besprochen: *byte, short, int* und *long* als Zweierkomplementzahlen, *float* und *double* als Gleitkommazahlen, *boolean* durch ein Byte, *char* als ein Unicode-Zeichen. Referenz-Datentypen werden als Referenz (Zeiger, Adresse) auf einen Speicherbereich, in dem die Komponenten abgelegt sind, repräsentiert.

4.2.1 Statische Typisierung

Im Unterschied zu Python ist Java eine statisch typisierte Sprache.
– Jede Variable hat einen Typ, der vor ihrer ersten Benutzung festgelegt werden muss. Der Typ kann sich nicht ändern, solange die Variable gültig ist.
– Der Compiler muss in der Lage sein, den Typ jedes Ausdrucks zu überprüfen, der im Programm vorkommt, insbesondere muss er feststellen können welche Variable an welcher Stelle im Programm welchen Typ hat. Da dies bereits zur Compile-Zeit geschehen muss, kann der Typ einer Variablen nicht von Berechnungsergebnissen und erst recht nicht von Input-Operationen abhängig sein.
– Bei jeder Funktionsdefinition muss zusätzlich festgelegt werden, welche Typen die Parameter haben müssen und von welchem Typ das Ergebnis sein soll. Für jeden Aufruf der Funktion im Programm muss schon zur Compile-Zeit festgestellt werden können, dass die Parameter den erwarteten Typ haben.

Was beispielsweise in Python locker möglich war: „x = 5 ; x = true" oder „if x==x+1 : y = 5 **else:** y = true" ist in Java verboten. Was sich an dieser Stelle noch einfach anhört kann im Zusammenhang mit Arrays und Behälterdatentypen durchaus zu Schwierigkeiten führen; so ist es nicht ohne weiteres möglich, Daten verschiedener Typen in eine Liste oder in einem Array zu speichern.

Statische Typisierung kann dem Programmierer deutlich mehr Mühe machen, als dynamische Typisierung wie von Python und anderen Script-Sprachen gewohnt. Allerdings gelingt es durch statische Typisierung viele typische Fehlerquellen schon vor der Laufzeit des Programms auszuschließen. Zudem sind Fehler, die erst zur Laufzeit auftreten, tückischer:
- sie sind schwer zu lokalisieren, weil sie evtl. nur bei speziellen Inputkombinationen auftreten
- sie sind teurer zu korrigieren, insbesondere wenn sie in einem Programm auftreten, das bereits an Kunden ausgeliefert ist.

Die statische Typisierung macht es dem einzelnen Programmierer vielleicht schwerer – für die Erstellung großer professioneller Softwaresysteme, insbesondere solcher, die in einem Team entwickelt werden, dominiert ganz klar der Gebrauch statisch getypter Sprachen, wie Java, C++, etc..

4.2.2 Variablen

Variablen eines Datentyps sind Behälter für genau einen Wert eines einfachen Datentyps oder für genau eine Referenz auf ein Speicherobjekt.

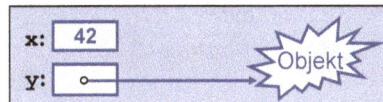

```
int x = 42;

Object y = new Object();
```

Abb. 4.8. Einfache und Referenz-Variable im Programm und im Speicher

Variablen müssen vor ihrer Benutzung *deklariert* worden sein. Dazu stellt man dem Namen einer oder mehrerer Variablen den Datentyp voran. Optional kann man eine Variable auch gleich mit einem Anfangswert initialisieren:

```
int x,y,z;
double r = 7.0 ;
boolean fertig = false ;
```

Variablen können gelesen und geschrieben werden. Ein Lesen der Variablen ist notwendig, wenn sie auf der rechten Seite einer Zuweisung auftaucht. So werden in

```
x = x+y;
```

die Variablen x und y gelesen, ihre Summe berechnet und als neuer Wert in die Variable x geschrieben. Den ersten schreibenden Zugriff auf eine Variable nennt man *Initialisierung.*

Nach ihrer Deklarierung haben Variablen einen undefinierten Wert. Vor ihrer ersten Benutzung, d.h. bevor eine Variable zum ersten Mal gelesen wird, muss sie *initialisiert* worden sein. Diese Vorgabe wird statisch, d.h. zur Übersetzungszeit, vom Compiler durch eine Datenflussanalyse überprüft. Dabei geht der Compiler auf „Nummer Sicher". So würde direkt nach der obigen Deklaration die folgende Anweisung zu einer Fehlermeldung führen, obwohl das Ergebnis 0 weder von x noch von y abhängt:

```
if (x==x) return 0; else return y;
```

Der Compiler stellt nur fest, dass x für die Auswertung der Bedingung gelesen werden muss und dass im zweiten Ast der Anweisung auf y zugegriffen werden könnte. Die semantische Information, dass nämlich x==x nie false sein kann, und somit der *else*-Zweig nie betreten wird, berücksichtigt der Compiler nicht.

Default-Werte

Für jeden Java-Typ existiert ein Standard-Wert, auch *default* genannt. Im Einzelnen sind dies:
– 0 für die numerischen Datentypen,
– false für *boolean*
– \u0000 für *char* und
– null für alle Referenztypen.

Objekte oder Arrays werden durch expliziten Aufruf des *new*-Operators initialisiert. Dabei werden auch alle enthaltenen Komponenten initialisiert – wenn nicht anders festgelegt, mit dem Standard-Wert.

4.2.3 Referenz-Datentypen

Die strukturierten Datentypen werden in Java als *Referenz-Datentypen* bezeichnet, da man auf diese Daten nur indirekt über einen Zeiger zugreifen kann – eine Referenz. Eine solche Referenz kann entweder mit dem Default-Wert null initialisiert werden

```
int[] x = null;
```

oder es wird durch Aufruf des *new*-Operators ein entsprechendes Objekt geschaffen und ein Zeiger auf dieses neu angelegte Objekt zurückgegeben, wie z.B. in

```
Object p = new Object();
int [ ] lottoZahlen = new int[6];
```

Im letzten Fall wird ein Array mit 6 Feldern angelegt, die alle mit 0 initialisiert sind.

Initialisierungen mit `null` sind gefährlich, weil formal zwar das Objekt, nicht aber seine Komponenten initialisiert werden. Sie hebeln daher die vorgenannte statische Überprüfung, ob eine Variable vor ihrer Benutzung initialisiert wurde, aus. So würde nach obiger „Initialisierung" von `x` der folgende Code compilieren:

```
x[0]=x[0]+1;
```

Zur Laufzeit würde das Programm aber mit einer *NullPointerException* abbrechen, weil zwar `x` mit `null` initialisiert wurde, das Array `x` und damit auch `x[0]` nicht existieren.

4.2.4 Arrays

Zu jedem beliebigen Datentyp `T` kann man einen zugehörigen Array-Datentyp `T[ ]` definieren. Ein `T`-Array der Länge n ist immer eine von 0 bis n−1 indizierte Folge von Elementen aus `T`.

Array-Elemente:	17	-5	42	47	99	-33	42	19	-42	191
Indizes:	0	1	2	3	4	5	6	7	8	9

Abb. 4.9. Ein Array mit 10 Elementen vom Typ int

Es gibt zwei Möglichkeiten, Objekte eines Array-Datentyps zu erzeugen. Eine Möglichkeit besteht in der expliziten Aufzählung der Komponenten:

```
int[] int1Bsp = { 17, -5, 42, 47, 99, -33, 42, 19, -42, 191};
char[] char1Bsp = {'A', 'a', '%', '\t', '\\', '\"', '\u03a9'};
double[] double1Bsp = { 3.14, 1.42, 234.0, 1e-9d};
```

Die andere Methode ist, ein Array-Objekt mithilfe des *new*-Operators zu erzeugen. Dabei muss die Anzahl der Elemente, die das Array haben soll, angegeben werden. Der *new*-Operator reserviert Speicherplatz für ein neues Array-Objekt mit der gewünschten Zahl von Elementen und gibt eine Referenz auf dieses zurück.

Da die Speicherplatzreservierung erst zur Laufzeit des Programms erfolgt, kann die Anzahl der Komponenten durch einen beliebigen arithmetischen Ausdruck bestimmt werden, dessen Wert erst zur Laufzeit ausgewertet wird. Man sagt, dass die Erzeugung von Arrays, allgemeiner von Objekten, dynamisch erfolgt. Bei dieser Gelegenheit erhalten die einzelnen Elemente des neuen Array-Objekts Standardwerte. Die Größe des Array-Objekts kann danach nicht mehr verändert werden.

```
char[] asciiTabelle = new char[256];
float[] tagesTemperatur = new float[365];
int orte = 100;
int[] distanzen = new int[orte*(orte-1)/2];
```

Ist n die Anzahl der Komponenten eines Arrays, dann werden die einzelnen Elemente mit Indizes angesprochen, deren Wertebereich das Intervall 0 bis $n-1$ ist. Mit

```
tagesTemperatur[17] = tagestemperatur[16] + 1.5 ;
```

setzen wir die Temperatur des 18. Tages um `1.5` Grad höher als die des Vortages. (Da die Zählung mit 0 beginnt, ist `tagesTemperatur[17]` das 18. Arrayelement !)

Jedes Array-Objekt besitzt ein Feld `length`, das die Anzahl der Elemente des Arrays speichert. Daher kann man zum Durchlaufen eines Arrays *for*-Schleifen folgender Art benutzen:

```
for (int i=0; i < distanzen.length; i++){ distanzen[i]=0 ; }
```

Wie bereits in Abschnitt 2.7.3 auf Seite 123 besprochen, muss die *for*-Schleife in Java ihre Zählervariable selber verwalten: *deklarieren* und *initialisieren* sowie *inkrementieren*.

Java kennt keine abkürzende Schreibweise für mehrdimensionale Arrays. Solche werden als Arrays aufgefasst, deren Komponenten selbst wieder einen Array-Datentyp haben. Der zum Datentyp `T[ ]` gehörende Array-Datentyp ist konsequenterweise: `T[ ][ ]`. Die Größe eines Arrays ist nicht Bestandteil des Typs. Daher sind auch nicht-rechteckige Arrays möglich:

```
int[][] int4Bsp = new int[42][42];
int[][] binomi = {{ 1 }, {1, 1}, {1, 2, 1}, {1, 3, 3, 1} };
binomi[n][k] = binomi[n-1][k-1] + binomi[n-1][k];
```

4.2.5 Methoden

Methoden sind Algorithmen zur Manipulation von Daten und Objekten. Methoden umfassen und ersetzen die in anderen Programmiersprachen üblichen Begriffe wie *Unterprogramm*, *Prozedur* und *Funktion*. Methoden sind immer als Komponenten eines Objektes oder einer Klasse definiert. Eine Methodendeklaration hat die folgende Syntax:

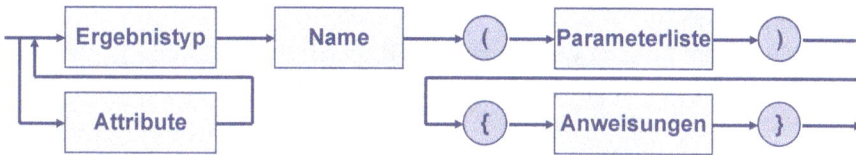

Abb. 4.10. Die Syntax von Methoden

Der Ergebnistyp kann ein beliebiger Java-Datentyp sein, dann handelt es sich um eine Funktion, die ein Ergebnis produzieren muss, oder es kann der *leere Datentyp* sein: void. Dann handelt es sich um eine Prozedur, die kein Ergebnis berechnet.

Jeder Parameter wird durch Angabe seines Datentyps und seines Namens definiert. Mehrere Parameterdefinitionen werden durch Kommata getrennt. Wenn die Parameterliste leer ist, muss man dennoch die öffnende und die schließende Klammer hinschreiben.

Auf die Parameterliste folgt ein *Block*, der aus einer in geschweifte Klammern „{" und „}" eingeschlossenen Folge von Java-Anweisungen besteht. Das Ergebnis einer Methode muss mit einer *return*-Anweisung zurückgegeben werden. Diese beendet die Methode sofort. In einer statischen Analyse überprüft der Compiler, dass garantiert jeder Zweig des Programms mit einer *return*-Anweisung beendet wird. Da void-Methoden keinen Wert zurückliefern, dürfen diese auf eine *return*-Anweisung verzichten.

Beispiel: Eine Funktion zur Berechnung der Fakultät. Diese Methode hat einen Parameter *n* vom Typ *int* und gibt ein Funktionsergebnis des gleichen Typs zurück.

```
int fak(int n){
  if (n <= 0) return 1;
  else return n*fak(n-1); }
```

Beispiel: Eine Prozedur zur Berechnung des größten gemeinsamen Teilers zweier Zahlen. Diese Methode hat zwei Parameter x und y vom Typ *int* und gibt kein Funktionsergebnis zurück, sondern schreibt ihr Ergebnis in das Standardausgabefenster.

```
void showGGT(int x, int y){
  System.out.print("ggT von "+ x + " und " + y + " ist: ");
  while (x != y)
    if ( x > y) x -= y;
    else y -= x;
  System.out.println(x); }
```

Java-Methoden können auch Variablen deklarieren und ihnen einen Wert zuweisen. Diese Variablen sind in dem Block gültig, in dem sie definiert sind und in allen darin geschachtelten Blöcken. Es ist in Java nicht erlaubt, in einem inneren Block eine Variable zu definieren, die den gleichen Namen trägt, wie eine Variable eines umgebenden Blockes.

Beispiel: Eine Prozedur zum Vertauschen von Elementen eines Array. Die Elemente an den Positionen *i* und *k* werden unter Verwendung der lokalen Variablen *temp* vertauscht. Es wird unterstellt, dass *i* und *k* gültige Indizes sind.

```java
void swap(int[] a, int i, int k){
  int temp = a[i];
  a[i] = a[k];
  a[k] = temp;
}
```

Methoden können auch eine variable Anzahl von Argumenten haben. Der formale Parameter wird als Array aufgefasst und in der Deklaration durch „..." gekennzeichnet. Eine Funktion, die beliebig viele Zahlen akzeptiert und deren Summe berechnet, können wir jetzt wie folgt programmieren:

```java
int sum(int ... args){
  int sum=0;
  for(int i : args) sum+=i;
  return sum;
}
```

Ein Aufruf könnte z.B. in einer Ausgabeanweisung so erfolgen:

```java
System.out.println(sum(12,42,-17,3,8,26));
```

Ausschließlich der letzte Parameter einer Methode darf eine variable Argumentanzahl haben, da sonst die aktuellen Parameter nicht eindeutig den formalen Parametern zugeordnet werden könnten.

4.2.6 Klassen und Instanzen

Eine *Klasse* ist eine Ansammlung gleichartiger Objekte – diese sind die *Instanzen* der Klasse. Die Klassendefinition legt die Komponenten fest, aus denen jedes ihrer Objekte bestehen soll.

Soweit könnte man unter einer Klasse *K* auch einen Datentyp *K*, etwa von Tupeln, verstehen und unter Instanz jede Variable vom Typ *K*. Zusätzlich können für die Komponenten einer Klasse aber nicht nur Werte, sondern auch *Methoden* spezifiziert werden. Die Klasse definiert für ihre Objekte also sowohl die Datenfelder, über deren Inhalte sich die einzelnen Instanzen voneinander unterscheiden, als auch die Methoden, mit denen sie mit anderen Objekten ggf. anderer Klassen interagieren können. Die Methoden sind für jedes Objekt einer Klasse gleich. Wir merken uns also:

$$Klasse = Felder + Methoden.$$

Im folgenden Beispiel wird eine Klasse Punkt mit den Feldern x und y (jeweils vom Typ *int*) und eine Klasse Kreis mit den Feldern radius (vom Typ *int*) und mitte (vom Typ *Punkt*) sowie der Methode flaeche definiert. Letztere hat den Ergebnistyp *double*.

```
class Punkt {
  int x;
  int y;
  }
class Kreis{
  int radius;
  Punkt mitte;
  double flaeche( ){ return 3.14*radius*radius; }
  }
```

Klassendefinitionen haben (vereinfacht) die syntaktische Struktur wie in Abb.4.11.

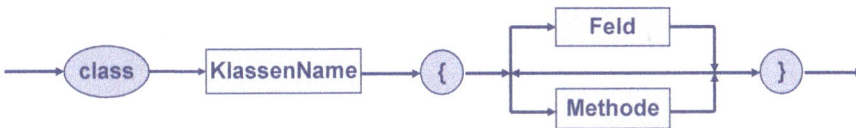

Abb. 4.11. Die Syntax einer Klassendefinition

Um ein Objekt einer Klasse zu erhalten, reicht es nicht aus, Variablen dieses Typs zu deklarieren, man muss mit dem Operator new zunächst Instanzen der Klasse *erzeugen* und kann diese dann den Variablen zuweisen:

```
Kreis a = new Kreis();
Kreis b = new Kreis();
Punkt p = new Punkt();
Kreis c = null;
Kreis d = a;   // d und a bezeichnen jetzt das gleiche Objekt!
```

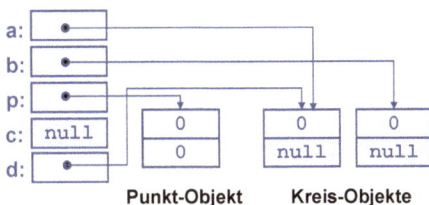

Abb. 4.12. Referenzen auf Punkte und Kreise

Hierbei ist das Ergebnis von „new Kreis()" eine Referenz auf ein neu *erzeugtes* Objekt der Klasse Kreis. Seine Felder radius und mitte besitzen Standardwerte 0 bzw. null.

```
Kreis a = new Kreis();
```

erklärt a als Variable vom Typ Kreis und speichert darin nicht das Objekt selber, sondern dessen Adresse. Im Programmtext wird, anders als bei vielen Sprachen, nicht zwischen der Adresse eines Objektes und dem Objekt selber unterschieden. Dies erledigt der Compiler.

Der Zugriff auf die Felder eines Objekts folgt der Syntax *objektname.feldname*. Ist zum Beispiel a eine Instanz von Kreis, so kann man mit

```
a.radius
```

auf die radius-Komponente von a zugreifen, etwa um ihr neue Werte zuzuweisen.

```
p.x = 1; // x-Komponente und
p.y = 2; // y-Komponente des Punktes p
b.radius = 5;
b.mitte = p;
a.radius = 6;
d.mitte = new Punkt(); // a und d zeigen immer noch
a.mitte.x = 3; // auf das gleiche Kreis-Objekt
a.mitte.y = 4;
System.out.printf("%8.3f %n", a.flaeche());
System.out.printf("%8.3f %n", b.flaeche());
```

Die beiden letzten Anweisungen erzeugen als Ausgabe 113,040 bzw. 78,500. Den Effekt der Anweisungen stellt die folgende Abbildung dar:

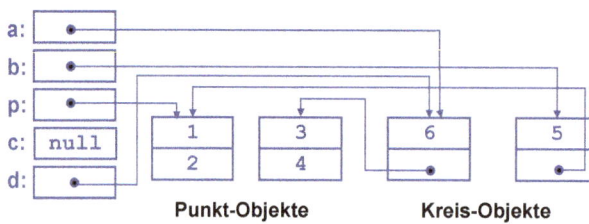

Abb. 4.13. Punkte und Kreise nach Ausführung der Anweisungen

4.2.7 Objekte und Referenzen

Da Variablen von Referenz-Datentypen immer nur einen Zeiger auf das wirkliche Objekt speichern, wird bei einer Zuweisung auch nur ein Zeiger kopiert. In unserem obigen Beispiel bewirkt die Anweisung

```
Kreis d = a;
```

dass fortan d und a denselben Kreis bezeichnen – sie enthalten Zeiger auf das gleiche Objekt. Eine Änderung eines Feldes von d, etwa

```
d.mitte = new Punkt();
```

wirkt sich gleichermaßen auf a aus – und umgekehrt. Möchte man in d eine eigenständige und unabhängige Kopie von a speichern, so muss man ein neues Objekt erzeugen und alle Felder kopieren:

```
d = new Kreis();
d.radius = a.radius;
```

Bei der folgenden Zuweisung

```
d.mitte = a.mitte;
```

wird aber auch wieder nur eine Referenz – diesmal auf das gleiche *Punkt*-Objekt – kopiert. Um a und d auch jeweils eigene Mittelpunkte zu geben, muss man einen neuen Punkt erzeugen und auch dessen Felder kopieren:

```
d.mitte = new Punkt();
d.mitte.x = a.mitte.x;
d.mitte.y = a.mitte.y;
```

Bei dem Test auf Gleichheit zweier Objekte wird entsprechend auch nur getestet, ob die Referenzen gleich sind, ob sie also auf dasselbe Objekt zeigen. Zum Test auf inhaltliche Gleichheit muss man die Methode *equals* benutzen (oder ggf. definieren).

Man muss also genau unterscheiden zwischen einem Objekt und einer Variablen, die einen Zeiger auf dieses Objekt enthält. Dennoch wird diese Differenzierung sprachlich meist unterdrückt. Man spricht in dem obigen Falle von „dem Kreis a" statt „der Referenz a auf einen Kreis". Da die Dereferenzierung bei Feldzugriffen syntaktisch nicht mehr sichtbar ist (a.radius statt a^.radius wie bei Pascal), wird diese Identifizierung nahegelegt. Wir werden dieser Sprechweise auch folgen.

4.2.8 Objekt- und Klassenkomponenten

Die Felder x und y der Klasse *Punkt*, wie auch die Felder radius und mitte der Klasse *Kreis* können für jede Instanz der Klasse andere Werte tragen. Sie können daher auch nur in Verbindung mit einem vorhandenen Objekt abgefragt werden, wie in a.radius oder b.mitte.x, wobei a und b Objekte der Klasse *Kreis* sein müssen. Ebenso verhält es sich mit den Methoden, so etwa mit flaeche(). So soll a.flaeche() die Fläche von a zurückgeben und b.flaeche() die Fläche von b.

Manchmal benötigt man aber Komponenten, die unabhängig von den Objekten einer Klasse sind oder – und das ist eine äquivalente Sichtweise – die für alle Instanzen der Klasse den gleichen Wert haben sollen. Beispielsweise könnte die Klasse *Kreis* eine zusätzliche Komponente besitzen, in der die Kreiszahl π gespeichert ist, etwa als

```
float pi = 3.14;
```

Diese sollte aber für alle Instanzen der Klasse immer den gleichen Wert haben, insofern sollte sie eine Komponente der Klasse sein. Solche Klassenkomponenten kann man durch das vorangestellte Attribut *static* festlegen:

```
static float pi = 3.14;
```

Damit wird pi von außen entweder direkt über den Namen der Klasse ansprechbar als Kreis.pi oder, falls eine Instanz a von *Kreis* zur Verfügung steht, auch als a.pi.

Funktionen, die unabhängig von Instanzen einer Klasse verwendet werden sollen, deklariert man ebenfalls als static. Sie dürfen daher intern keine Felder von Instanzen der Klasse verwenden, da man dafür ja eine konkrete Instanz der Klasse benötigen würde.

So enthält das Java System immer eine Klasse *Math*, in der nützliche mathematische Funktionen wie *sin, cos, max, min, random*, etc. deklariert sind, etwa als

```
static double random(){ ... }.
```

Man ruft sie über den Klassennamen auf, ohne eine Instanz von *Math* zu erzeugen:

```
double zufall = Math.random();
```

Klassenkomponenten werden in Java also mit dem Attribut *static* deklariert und infolgedessen als *statische Komponenten* bezeichnet. Die Komponenten der Instanzen heißen im Gegensatz dazu *dynamisch*. Aber der Name trügt – statische Felder sind keineswegs so statisch wie der Name vermuten lässt – über jede Instanz a der Klasse *Kreis*, oder direkt über den Klassennamen können wir auch statische Felder beliebig verändern, etwa wie im Folgenden:

```
a.pi = 3.1416;
Kreis.pi = a.pi-0.00001;
```

Um solches zu verhindern, kann man Komponenten als *final* deklarieren. Finale Variablen erhalten ihren Wert bei der Initialisierung und können nicht mehr verändert werden, sie sind also konstant. Die Attribute können auch kombiniert werden. So enthält z.B. die Klasse *Math* wichtige mathematische Konstanten, wie e oder π.

Der C-Konvention folgend notiert man Konstanten gänzlich in Großbuchstaben:

```
static final double E = 2.718281828459045;
static final double PI = 3.141592653589793;
```

4.2.9 Attribute

Neben den Attributen *static* und *final* erlaubt Java auch Attribute, die die *Sichtbarkeit* und damit die Zugriffsmöglichkeit auf eine oder mehrere Komponenten festlegen. Hier werden nur zwei Attribute kurz erwähnt. Im Abschnitt 4.5.6 werden wir genauer darauf eingehen.
- Das Attribut *private* bewirkt, dass die entsprechende Komponente nur innerhalb der Klasse angesprochen werden darf.
- Das Attribut *public* macht die entsprechende Komponente *öffentlich*. Für Komponenten mit diesem Attribut gibt es keine Zugriffsbeschränkungen.

Eine *Felddeklaration* kann mit einer Reihe von Attributen beginnen. Es folgen Typ und Name des Feldes und optional ein Ausdruck, der den Anfangswert bestimmt. Wenn ein solcher nicht definiert worden ist, erhalten die Felder einen *Standardanfangswert*. Die Syntax einer Felddeklaration ist:

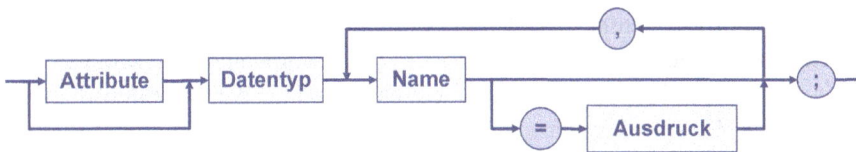

Abb. 4.14. Die Syntax von Felddeklarationen

In einer einzigen Felddeklaration können offenbar mehrere Felder gleichen Typs deklariert werden, manche initialisiert, andere nicht, wie z.B. in

```
private int tag, monat = 1, jahr = 2011;
```

In dem folgenden Beispiel wird eine Klasse `Datum` mit drei Feldern `jahr`,`monat`,`tag` jeweils vom Typ *int* und mit einigen Methoden definiert. Alle Felder haben das Attribut *private* und Anfangswerte. Wenn eine Instanz der Klasse `Datum` erzeugt wird, repräsentiert diese zunächst den 15. 7. 2012 Die Felder `jahr`, `monat` und `tag` können durch die in derselben Klasse definierten Methoden verändert werden – nicht aber von Methoden außerhalb der Klasse.

```java
class Datum{
 private int jahr = 2012,
        monat = 7,
        tag = 15;
 public int getJahr(){ return jahr;}
 public int getMonat(){ return monat;}
 public int getTag(){ return tag;}
 public void setJahr(int j){ jahr = j;}
 public void setMonat(int m){ monat = m;}
 public void setTag(int t){ tag = t;}
 public void addMonate(int m){
   monat += m;
   while(monat > 12){jahr++; monat -= 12;}
   while(monat < 1) {jahr--; monat += 12;}
   }
 public String toString(){
   return "Jahr: " +jahr+ "\tMonat: " +monat+ "\tTag: "+tag;
   }
}
```

Typisch für die objektorientierte Programmierung ist die *Datenkapselung*. Diese wird in dem Beispiel durch das Attribut *private* der Felder Jahr, Monat und Tag erreicht. Auf diese Felder kann man von außen nur indirekt, nämlich über die öffentlichen Zugriffsmethoden getJahr(), setJahr(int j) usw. zugreifen.

Die Methode addMonate(int m) erlaubt es, zu dem Datum, das durch ein Objekt einer Klasse vom Typ Datum repräsentiert wird, Monate zu addieren. Es gibt keine Einschränkung hinsichtlich des Wertebereiches der zu addierenden Anzahl von Monaten. Auch negative Zahlen sind zulässig. Wir müssen daher darauf achten, dass der sich ergebende Monat im Bereich 1 bis 12 liegt.

Durch Definition einer Methode toString kann man zu jeder Klasse eine Standard-Stringrepräsentation definieren. Diese erlaubt es, Objekte dieser Klasse z.B. mit den Standard-Ausgaberoutinen (u.a. *println*) zu bearbeiten.

4.2.10 Überladung

Wenn der gleiche Bezeichner unterschiedliche Dinge bezeichnet, spricht man von Überladung (engl. *overloading*). In einer Klasse dürfen mehrere Methoden mit dem gleichen Namen definiert sein. Sie müssen dann aber unterschiedliche *Signaturen* besitzen. Dabei versteht man unter der Signatur einer Methode die Folge der Typen ihrer

Parameter. Zwei Signaturen sind verschieden, wenn sie verschiedene Längen haben oder sich an mindestens einer Position unterscheiden. Der Ergebnistyp der Methode bleibt dabei unberücksichtigt. Ebenso sind die Namen der Parameter unerheblich.

In der Klasse *Datum* könnten wir statt oder zusätzlich zu der Methode

```
public void addMonate(int m)
```

die folgenden Methoden definieren:

```
public void add(int tage){ ... }
public void add(int tage, int monate){ ... }
public void add(int tage, int monate, int jahre){ ... }
```

Es wäre allerdings nicht möglich, eine zusätzliche Methode

```
public void add(int monate)
```

hinzuzufügen, da diese die gleiche Signatur hat wie eine bereits vorhandene. Unproblematisch ist eine zusätzliche Funktion mit einer variablen Anzahl von Parametern

```
public void add(int ... xs){ ... }
```

Sie wird nur ausgeführt, wenn add mit null oder mehr als drei Argumenten aufgerufen wird.

4.2.11 Konstruktoren

Die einzige Möglichkeit, Objekte einer Klasse zu erzeugen, besteht in der Anwendung des *new*-Operators. Das Argument dieses Operators ist immer ein *Konstruktor*, d.h. eine Klassenmethode, die beschreibt, wie ein Objekt der Klasse zu erzeugen ist. Der Name eines Konstruktors ist immer identisch mit dem Namen der Klasse.

Wenn, wie in der Klasse Datum, kein Konstruktor explizit definiert worden ist, wird nur der parameterlose *Standard-Konstruktor* (*Default-Konstruktor*) ausgeführt, der Speicherplatz für das Objekt reserviert und die Zuweisung der Standardwerte an die Felder erledigt. Im folgenden Programmausschnitt wird mit dem Default-Konstruktor Datum() ein Objekt der Klasse Datum erzeugt. Es wird ausgedruckt, verändert und erneut ausgedruckt:

```
Datum d = new Datum();
System.out.println(d);
d.addMonate(42);
System.out.println(d);
```

Das Resultat ist:

```
Jahr: 2012 Monat: 7 Tag: 15
Jahr: 2016 Monat: 1 Tag: 15
```

Die obige Klasse `Datum` hatte explizite Anfangswerte spezifiziert. Der üblichere Weg wäre, Konstruktoren zu definieren, mit deren Hilfe Objekte vom Typ `Datum` initialisiert werden.

Syntaktisch sind Konstruktoren Methoden mit einigen speziellen Eigenschaften:
– ihr Name muss mit dem Namen der Klasse übereinstimmen,
– sie dürfen keinen Ergebnistyp, auch nicht void, haben,
– sie werden mit dem *new*-Operator aufgerufen werden und erzeugen ein Objekt der Klasse.

Ansonsten verhalten sich Konstruktoren wie andere Methoden der Klasse. Insbesondere kann es mehrere Konstruktoren der gleichen Klasse geben. Diese müssen natürlich verschiedene Signaturen haben. Daher hätten wir die Klasse *Datum* auch wie folgt definieren können:

```
class Datum{
 int jahr, monat, tag;
 Datum(){ jahr = 2012; monat = 7; tag = 15;
 Datum(int j){ jahr = j; monat = 1; tag = 1;}
 Datum(int j,int m){jahr = j; monat = m; tag = 1;}
 Datum(int j,int m,int t){jahr = j; monat = m; tag = t;}
 }
```

Die Klasse verfügt über vier Konstruktoren. Der erste ist parameterlos und initialisiert das Datum mit demselben Tag wie die konstruktorlose Version. Der zweite hat einen Parameter und erzeugt ein Datum mit dem gewünschten Jahr. Allen nicht explizit initialisierten Felder der Klasse geben wir den Wert 1. Analog gibt es Konstruktoren mit zwei und drei Parametern. So können wir ein ganzes Array verschiedener Daten konstruieren:

```
Datum[] datumsListe = { new Datum(), new Datum(2013),
                        new Datum(2013,9), new Datum(2013,9,9) };
```

In einer *for-Schleife*, deren genaue Syntax wir später erklären werden, drucken wir alle d der `datumsListe` aus:

```
for(Datum d : datumsListe) System.out.println(d);
```

Der Programmausschnitt produziert das folgende Resultat:

```
Jahr: 2012 Monat: 7 Tag: 15
```

```
Jahr: 2013 Monat: 1 Tag: 1
Jahr: 2013 Monat: 9 Tag: 1
Jahr: 2013 Monat: 9 Tag: 9 3.2.11
```

4.2.12 Aufzählungstypen

Ein Aufzählungstyp in Java ist eine Klasse mit einer fest vorgegebenen endlichen Menge von Elementen. Eine solche Klasse wird durch eine *enum*-Anweisung erzeugt, in der alle möglichen Werte aufgelistet werden, wie in:

```
enum Farbe {Rot, Grün, Blau, Weiss, Schwarz}
enum Ampel {Grün, Gelb, Rot, GelbRot}
enum Wochentag {Mo, Di, Mi, Do, Fr, Sa, So}
```

Wochentag ist nun eine Klasse mit genau 7 Objekten, weitere können nicht erzeugt werden. Daher fehlt in der folgenden Zuweisung der gewohnte *new*-Operator:

```
Wochentag tag = Wochentag.Mi;
```

Die Elemente der Klasse verhalten sich offenbar wie statische Objekte der Klasse. Objekte verschiedener enum-Typen sind natürlich nicht kompatibel, selbst wenn sie gleiche Namen tragen. Der folgende Vergleich muss somit zu einem Typfehler führen:

```
Farbe.Grün == Ampel.Grün
```

Enum-Klassen können benutzerdefinierte Felder und Methoden erhalten. Selbst Konstruktoren sind möglich. Damit kann man zwar keine neuen Objekte erzeugen, wohl aber vorhandene Objekte geeignet initialisieren. In dem folgenden Beispiel ergänzen wir die Klasse *Wochentag* um ein Feld *istArbeitsTag* und um eine gleichnamige Methode. Mit dem Konstruktor initialisieren wir in den (bereits vorhandenen) Objekten die Variable *istArbeitsTag* :

```
enum WochenTag {
  Mo(true), Di(true), Mi(true), Do(true), Fr(true), Sa(false), So(
    false);
  private boolean istArbeitsTag;
  boolean istArbeitsTag(){ return istArbeitsTag; }
  WochenTag(boolean mussArbeiten){ // Konstruktor
    istArbeitsTag = mussArbeiten;
    }
}
```

Die statische Methode `values()` liefert für jede Aufzählungsklasse einen Behälter mit allen Objekten der Klasse, diese kann man dann z.B. mit einer *for*-Schleife aufzählen:

```
for(WochenTag t : WochenTag.values())
   if(t.istArbeitsTag()) System.out.println(t);
```

Eine weitere nützliche Methode `ordinal` liefert die Nummer jedes Enum-Objektes, beginnend mit 0. Daher hätten wir *istArbeitsTag* auch einfacher definieren können:

```
boolean istArbeitsTag(){ return this.ordinal() <= 4; }
```

4.3 Ausführbare Java-Programme

Manche Programmiersprachen, wie z.B. C++, *erlauben* die Verwendung von Klassen in Programmen. Java-Programme *bestehen* nur aus Klassen. Auch ausführbare Programme werden in Java mithilfe von Klassen definiert. Eine Klasse kann als Programm gestartet werden, wenn sie eine spezielle Klassenmethode *main* mit folgender Signatur enthält:

```
public static void main(String[] args) { ... }
```

Der `String[]`-Parameter der Methode *main* enthält die Liste der Kommandozeilenparameter mit denen das Programm aufgerufen wurde. So können wir das traditionell erste ausführbare Programm schreiben:

```
class HalloWelt {
 public static void main(String[] args) {
   System.out.println("Hallo Java-Welt!");
     }
 }
```

Bereits dieses kurze Programm benutzt weitere Klassen. Zum Sprachumfang von Java gehört die vordefinierte Klasse *System*. Diese enthält ein Feld *out* vom Typ *PrintStream*. Die Klasse *PrintStream* wiederum definiert Methoden zur Standardausgabe von Text in Dateien, auf Druckern und in einfachen Bildschirmfenstern, die auf die zeilenweise Ausgabe von Texten spezialisiert sind. *PrintStream* enthält insbesondere die Methoden *print*, *println* und *printf* zur Ausgabe von einfachen Datentypen und von Strings. *println* gibt zusätzlich zu *print* noch einen Zeilenvorschub aus. Mit *printf* kann man formatiert ausgeben. Das Feld *out* der Klasse *System* definiert die Ausgabe in ein Standard-Ausgabefenster.

Das obige Programm kann mit einer der am Anfang dieses Kapitels genannten Java-Programmierumgebungen problemlos getestet werden. Man kann es auch „von Hand" testen, indem man es von der Kommandozeile aus zunächst compiliert

```
> javac HalloWelt.java
```

und dann das erzeugte ausführbare Programm ausführt

```
> java HalloWelt
```

Einzelne Klassen kompilieren, testen und untersuchen kann man besonders einfach mit dem *BlueJ*-System (*www.bluej.org*). Klassen werden darin als beschriftete rechteckige Felder dargestellt. Mit der rechten Maustaste kann man neue Objekte erzeugen, Methoden von Klassen und Objekten auswählen und starten. Objekte können „inspiziert" und Veränderungen direkt beobachtet werden.

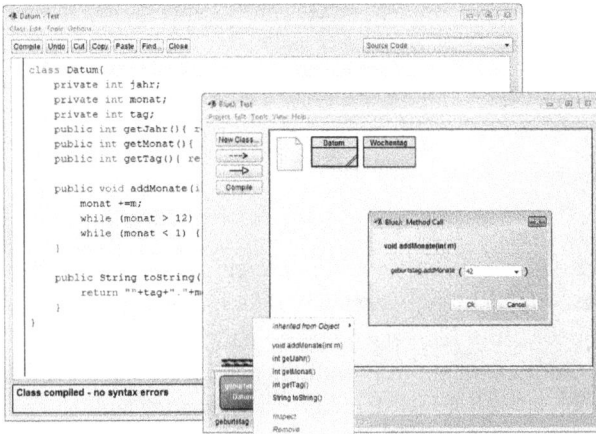

Abb. 4.15. Erstellen und Testen einer Java-Klasse im BlueJ-System

In den traditionellen Java-Entwicklungsumgebungen kann man Klassen nur testen, indem man sie in einem Rahmenprogramm, d.h. in einer Klasse mit einer *main*-Methode benutzt. Die Klasse Datum, die wir im letzten Abschnitt vorgestellt haben, kann z.B. aus dem folgenden Rahmenprogramm getestet werden. Datum.java und DatumTest.java können getrennt kompiliert werden.

```java
class DatumTest {
  public static void main(String[] args) {
    Datum d = new Datum();
    System.out.println(d);
    d.addMonate(42);
    System.out.println(d);
  } }
class Datum {
  private int jahr = 2012;
}
```

Der Aufruf von der Kommandozeile lautet dann:

```
java DatumTest
```

4.3.1 Java-Dateien – Übersetzungseinheiten

Eine zu kompilierende Java-Datei ist eine Textdatei mit dem Suffix `.java`. Offiziell bezeichnet man eine solche Datei auch als *Übersetzungseinheit*. Sie kann den Quelltext einer oder mehrerer Java-Klassen enthalten.

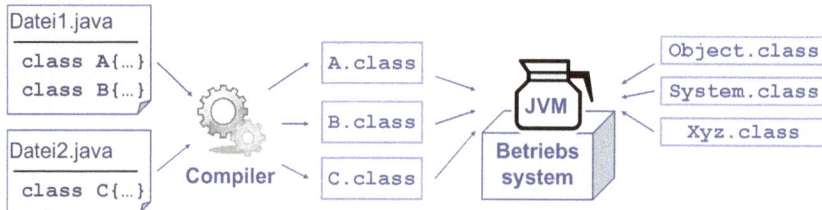

Abb. 4.16. Übersetzung und Ausführung von Java-Programmen

Bei erfolgreicher Übersetzung mit einem Java-Compiler entstehen in dem Verzeichnis, das die Übersetzungseinheit enthält, Dateien mit der Endung `.class`, und zwar eine pro übersetzter Klasse. Diese *Klassendateien* enthalten alle zur Ausführung der Klasse notwendigen Informationen, insbesondere den Java-Byte-Code, der von der virtuellen Maschine JVM ausgeführt wird. In einer Übersetzungseinheit darf höchstens eine Klasse das Attribut *public* haben. Wenn dies der Fall ist, muss deren Name der Dateiname der Übersetzungseinheit sein.

4.3.2 Programme

Die Ausführung von Java-Programmen beginnt mit einer Klasse, die eine wie oben spezifizierte Methode *main* enthält. Diese wollen wir *Hauptprogramm-Klasse* nennen. Sie kann andere Klassen benutzen, jene wieder andere Klassen etc. Die benutzten Klassen können in derselben Übersetzungseinheit definiert sein, oder in anderen Übersetzungseinheiten beliebiger Dateiverzeichnisse. Klassen dürfen sich auch wechselseitig rekursiv benutzen.

Das Gesamtprogramm besteht aus der Hauptprogramm-Klasse und allen benutzten Klassen. Diese werden *geladen*, wenn sie in einem übersetzten Programm zum ersten Mal angesprochen werden. Danach kann man auf alle Felder und Methoden dieser Klasse, die das Attribut *static* haben, über den Namen der Klasse zugreifen. Alle anderen Felder und Methoden kann man nur über dynamisch erzeugte Objekte der jeweiligen Klasse ansprechen. In dem obigen Programmausschnitt bewirkt die Zeile

```
System.out.println(d1);
```

dass die Klasse System geladen wird, denn out ist ein statisches Feld der Klasse *System*. Es enthält ein Objekt der Klasse *PrintStream*, in der die Instanzmethode *println* definiert ist. All diese Information und mehr findet man in der HTML-Dokumentation der Java-Klassen.

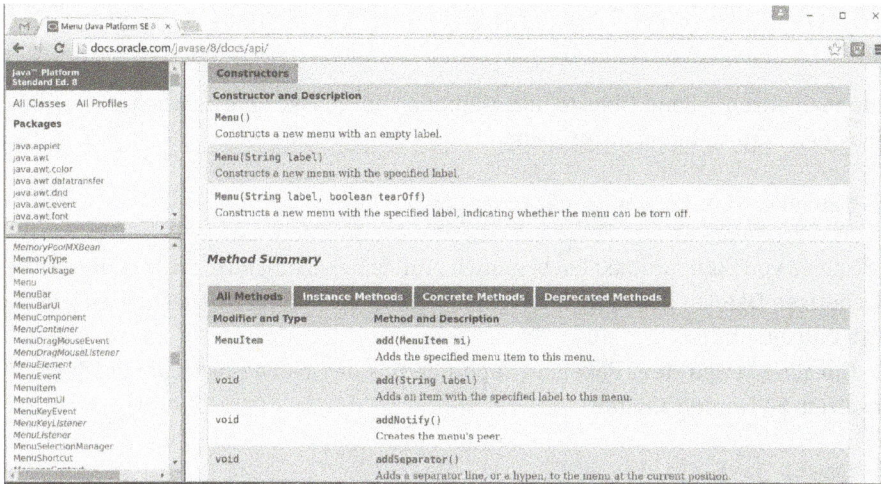

Abb. 4.17. Blick in die Java-API Dokumentation

4.3.3 Packages

Pakete (engl.: *packages*) sind Zusammenfassungen von Java-Klassen für einen bestimmten Zweck oder einen bestimmten Typ von Anwendungen. Das wichtigste Paket, `java.lang` enthält alle Klassen, die zum Kern der Sprache Java gezählt werden. Daneben enthält das JDK eine Unmenge weiterer Pakete, z.B. `java.awt` mit Klassen zur Programmierung von Fenstern und Bedienelementen, `java.net` mit Klassen zur Netzwerkprogrammierung, `java.util` mit Klassen wie *Calendar*, *Date*, *ArrayList* und Schnittstellen *Collection*, *List*, *Iterator*, sowie einer Klasse *Scanner* zum bequemen Input von der Kommandozeile.

Pakete können in irgendeinem Verzeichnis auf dem eigenen Rechner liegen. In frühen Java-Versionen wurde propagiert, sie könnten auch auf einem Rechner irgendwo im Internet sein. Davon ist man aus Sicherheitsgründen, und um die Konsistenz von Versionen besser kontrollieren zu können, abgekommen.

Um eine Klasse eines Paketes anzusprechen kann man grundsätzlich die Paketadresse dem Namen voranstellen, etwa

```
java.util.Arrays.copyOf(meinArray, 4711);
java.util.Calendar.getInstance();
```

Einfacher ist es, wenn man eine sogenannte *import*-Anweisung benutzt. Damit können eine oder alle Klassen eines Paketes direkt angesprochen werden, ohne ihnen jeweils die Paket-Adresse voranzustellen. Nach einer Import-Anweisung wie

```
import java.util.Calendar;
```

kann man anschließend Objekte und Methoden der Klasse *Calendar* benutzen, ohne den vollen Pfad zu ihnen anzugeben:

```
Calendar c = Calendar.getInstance();
```

Die Namen von Standardpaketen beginnen grundsätzlich mit *java*, *javax* oder *sun*. Die zugehörigen Dateien liegen im Java-System. Compiler und Interpreter wissen wie sie diese Dateien finden.

Um alle Klassen eines Pakets zu importieren, kann man das *wildcard*-Zeichen „*" einsetzen. So werden z.B. mit

```
import java.util.*;
```

sämtliche Klassen des Pakets *util* importiert. Allerdings ist die Bezeichnung „importieren" irreführend, da nichts importiert wird, es werden im Programm angesprochene Klassen lediglich an den bezeichneten Stellen aufgesucht.

Um auch statische Felder und Methoden einer Klasse zu importieren ist eine gesonderte *import-static*-Anweisung erforderlich. Diese ermöglicht den unqualifizierten Zugriff auf statische Felder und Methoden einer Klasse. Man sollte von dieser Möglichkeit aber mit Vorsicht Gebrauch machen. Dazu in kurzes Beispiel:

```
import static java.lang.Math.*;
import static java.lang.System.*;
class TestImportStatic {
 public static void main(String[] args) {
   out.println(sqrt(PI + E));
   }
}
```

Damit Java weiß, in welchem Verzeichnis des eigenen Rechners nach Paketen zu suchen ist, gibt es eine Umgebungsvariable CLASSPATH, die Dateipfade zu Java-Paketen enthält. Über ihren Inhalt kann man sich z.B. mit folgender Anweisung informieren:

```
System.getProperty("java.class.path");
```

Wenn auf dem lokalen Rechner ein Paket im Pfad D:\Buch\Kap3\Test\MeinPaket gesucht wird und wenn D:\Buch\Kap3 Teil des Klassenpfades ist, dann darf auch

`Test.MeinPaket` als legaler Paketname in einem Java Programm verwendet werden.

Man kann selber Pakete erzeugen und die Klassen einer Java-Datei einem solchen Paket zuordnen. Dies erreicht man mit einer *package*-Anweisung am Anfang der Übersetzungseinheit:

```
package PaketName;
```

4.3.4 Standard-Packages

Java-Programme können vordefinierte *Standard-Pakete* benutzen, die auf jedem Rechner mit einer Java-Programmierumgebung zu finden sein müssen.

Kern der Standard-Pakete ist *java.lang* (*lang* steht für *language*.) Dieses Paket enthält die wichtigsten vordefinierten Klassen. Einige haben wir bereits kennen gelernt oder erwähnt: *System*, *String* und *Object*. Daneben sind Klassen mit vordefinierten Methoden für die meisten primitiven Datentypen definiert: *Boolean*, *Character*, *Number*, *Integer*, *Long*, *Float* und *Double*. Die Klasse *Math* mit mathematischen Standardfunktionen wie z.B. *sin*, *cos*, *log*, *abs*, *min*, *max*, Methoden zur Generierung von Zufallszahlen und den Konstanten *E* und *PI* haben wir bereits erwähnt.

Alle Klassen im Paket *java.lang* können ohne Verwendung von qualifizierten Namen benutzt werden. Die Anweisung

```
import java.lang.*;
```

wird also vom Compiler automatisch jedem Programm hinzugefügt. Für alle anderen Standard-Pakete muss man entweder *import*-Anweisungen angeben oder alle Namen voll qualifizieren. Die folgenden Standard-Pakete gehören zum Sprachumfang von Java:
- *java.io*: Enthält Klassen für die Ein- und Ausgabe.
- *java.util*: Neben nützlichen Klassen wie *Date*, *Calendar* etc. finden sich hier vor allem Klassen und Schnittstellen für Behälterklassen.

Nützlich ist auch die Klasse *Scanner*, mit deren Methoden *next* und *nextInt* man auf einfache Weise von dem Konsolenfenster lesen kann, wie folgendes kleine Testprogramm zeigt:

```
import java.util.*;
public class Test{
  public static void main (String ... args){
    Scanner s = new Scanner(System.in);
    System.out.print("Dein Vorname bitte: ");
    String name = s.next();
    System.out.println("Hallo "+name+"\nWie alt bist Du ?");
    int value = s.nextInt();
```

```
    if (value > 30) System.out.println ("Hallo alter Hase");
    else System.out.println ("Noch lange bis zur Rente ...");
    s.close ();
    }
  }
```

Weitere Standard-Pakete gehören zwar nicht zum Sprachumfang von Java, sie werden aber von praktisch allen Java-Programmierumgebungen angeboten. Mit jeder neuen Version des JDK kommen neue hinzu. Einige ausgewählte Standard-Pakete sind:

– *java.net*: Dieses Paket ist nützlich zum Schreiben von Internet-Anwendungen.
– *java.applet*: definiert Klassen zur Programmierung von *Applets*
– *java.awt:* (*abstract windowing toolkit*) Klassen für grafische Benutzerschnittstellen
– *java.awt.color*: Unterpaket von awt zur Farbdarstellung
– *java.awt.image*: zum Erzeugen und Modifizieren von Bildern
– *java.awt.font*: zur Bearbeitung von Schriftarten
– *java.awt.print*: zur Druckausgabe
– *javax.swing*: Erweiterung und Modernisierung der awt-Klassen
– *javax.sql*: Klassen für Datenbank Anbindung.

4.4 Ausdrücke und Anweisungen

Ausdrücke dienen dazu, Werte, also Elemente von Datentypen, zu berechnen. Ausdrücke können aus *Literalen*, *Variablen* oder *Feldern*, *Methodenaufrufen*, *Operatoren* und *Klammern* aufgebaut sein. Variablen und Felder können auch indiziert sein, also z.B. a[i]. Die Namen von Variablen und Feldern können zusammengesetzt sein. Mit der Punktnotation wird dabei auf Komponenten verwiesen, also beispielsweise kreis1.mittelpunkt.xKoordinate. An jeder Stelle eines Programms, an der ein Wert eines bestimmten Datentyps erwartet wird, darf auch ein Ausdruck verwendet werden, der zum Zeitpunkt der Übersetzung des Programms oder aber zur Laufzeit zu einem entsprechenden Wert ausgewertet werden kann.

4.4.1 Arithmetische Operationen

Die gebräuchlichsten Operatoren sind die zweistelligen arithmetischen Operationen *Addition*, *Subtraktion*, *Multiplikation*, *Division* und *Modulo*. Diese sind für alle numerischen Datentypen definiert:

```
+ - * / %
```

Plus (+) und *Minus* (–) sind auch als einstellige Vorzeichen-Operationen definiert. *Division* (/) ist auf den Real-Datentypen die normale Division, auf den ganzzahligen

Datentypen die Division ohne Rest. Der Modulo-Operator (%) liefert den Divisionsrest.

Alle Operatoren haben die übliche Präzedenz (Punktrechnung vor Strichrechnung) und sind linksassoziativ. (Insbesondere gilt z.B. 3 - 2 - 1 = 0.) Will man davon abweichen, so muss man Klammern verwenden.

Der +-Operator wird auch zur *Konkatenation*, d.h. zur Verkettung, von Strings benutzt. Konkateniert man einen String mit einer Zahl, so wird letztere in einen String umgewandelt. Insbesondere gilt z.B.

```
"1" + 1      == "11"
"1" + 1 + 1  == "111"
"1" + (1 + 1)== "12"
```

4.4.2 Vergleichsoperationen

Die Vergleichsoperationen sind ==, !=, >, >=, < und <=. Das Ergebnis aller Vergleichsoperationen ist entweder *false* oder *true*, also ein Wert des Datentyps *boolean*.

Die ersten beiden Operationen testen ihre Operanden auf Gleichheit bzw. Ungleichheit. Sie können auf alle Datentypen angewendet werden. Bei Referenztypen prüfen sie aber nur, ob die Referenzen gleich sind, nicht, ob die Objekte den gleichen Inhalt haben! Dazu muss man die Methode *equals* verwenden (und ggf. definieren). Die restlichen Vergleichsoperationen sind nur auf numerischen Datentypen und auf *char* definiert.

Fallstricke

Der Vergleichsoperator ist „==" und nicht etwa „=". Der =-Operator dient als Zuweisungsoperator. Die Verwechslung dieser beiden Operatoren ist eine der häufigsten Fehlerquellen der Programmiersprachen C, C++ und Java. In dem Beispielfragment

```
if(x=0){ ... }
```

wird nicht etwa geprüft, ob x den Wert 0 enthält, stattdessen wird der Wert 0 an x zugewiesen. Als Resultat ergibt sich der neue Wert von x, also der Zahlenwert 0 und keineswegs ein boolescher Wert, wie in einer Bedingung erwartet. Daher erkennt der Java-Compiler dies als Typfehler. Wäre allerdings x eine Variable vom Typ boolean so würde ein vermeintlicher Vergleich, der fälschlich als

```
if(x=true){ ... }
```

geschrieben wurde, vom Compiler nicht als Fehler erkannt. Der Vergleich von Objekten, so zum Beispiel auch von Strings und Arrays, mittels „==" testet nur auf gleiche

Referenzen. Wann aber Objekte neu entstehen oder bereits bestehende wiederverwendet werden ist nicht immer klar. Beispielsweise gilt nach der Deklaration

```
String s1 = "a", s2 = "b";
```

zunächst wie erwartet

```
s1 == "a" : true
"a"+"b" == "ab" : true
```

aber

```
s1+s2 == "ab" : false!
```

4.4.3 Boolesche Operationen

Auf den booleschen Werten *true* und *false* sind die booleschen Operatoren:

!	Negation
&	*Konjunktion* (logisches *und*)
|	*Disjunktion* (logisches *oder*)
&&	*Konjunktion* (verkürzt ausgewertet)
||	*Disjunktion* (verkürzt ausgewertet).

erklärt. && und || werden *verkürzt* ausgewertet (*short circuit evaluation*), wie dies für boolesche Werte sinnvoll ist. Daher kann man das folgende Programmfragment gefahrlos ausführen:

```
if ((nenner != 0) && (zaehler / nenner > 1)) ...
```

Der zweite Teilausdruck wird nur ausgewertet, wenn der erste Teilausdruck den Wert *true* liefert, wenn *nenner* also tatsächlich von 0 verschieden ist.

4.4.4 Bitweise Operationen

Die bitweisen Operatoren beruhen auf den Darstellungen von Werten der einfachen Datentypen als Bitfolgen. Sie sind für Werte des Datentyps *char* und für alle ganzzahligen Datentypen definiert. Die ersten vier Operatoren führen die booleschen Operationen bitweise aus und sind auch auf dem Datentyp *boolean* erlaubt.

~	*Komplement* (bitweise Negation)
&	*Konjunktion* (bitweises `and`)
|	*Disjunktion* (bitweises `or`)
^	*Exclusives Oder* (bitweises `xor`).

Andere bitweise Operationen schieben (engl. *to shift*) die Bits nach links bzw. rechts. Die Anzahl der Positionen, um die geschoben wird, bestimmt der zweite Operand.

- `<<`   Links-Shift. Rechts wird mit 0 aufgefüllt
- `>>`   Rechts-Shift. Links wird mit Vorzeichenbit aufgefüllt (*arithmetic shift*)
- `>>>`   Rechts-Shift. Links wird mit 0 aufgefüllt (*logical shift*).

4.4.5 Zuweisungsausdrücke

Java erbt von C die semantische Vermischung von *Ausdrücken* und *Anweisungen* :
- viele Ausdrücke haben nicht nur einen Wert, sondern auch Seiteneffekte,
- viele Anweisungen haben nicht nur einen Effekt, sondern auch einen Wert.

Wie in C ist auch hier das Gleichheitszeichen = als *Zuweisungsoperator* definiert. Für eine Variable v und einen Ausdruck (engl.: *expression*) e ist daher

$$v = e$$

der *Zuweisungsausdruck.* Er bewirkt die Berechnung des Wertes von e und dessen Zuweisung an die Variable v. Sein Wert ist der Wert von e. Ein Zuweisungsausdruck wird meist nur wegen seines Seiteneffektes benutzt. Weil $v = e$ syntaktisch ein Ausdruck ist, ist auch eine Mehrfachzuweisung wie im folgenden Beispiel mit $v := x$ und $e := (y = x+5)$ legal:

```
x = y = x+5;
```

Da = als *rechtsassoziativ* definiert ist, wird der Ausdruck von rechts nach links abgearbeitet. Die Zuweisung `y = x+5` liefert den Wert von `x+5`. Dieser wird `x` zugewiesen.

Die anderen Zuweisungsoperatoren sind alle von der Form `op=`, wobei `op` ein Operator ist:

```
+= -= *= /= &= |= ^= %= <<= >>= >>>=
```

Für jeden Operator $\circ$ ist $v \circ = e$ eine Kurzschreibweise für $v = v \circ e$, jedoch erfolgt dabei nur ein einziger Zugriff auf v. Dieses bietet gelegentlich einen Effizienzvorteil, insbesondere wenn v eine indizierte Variable ist und die Berechnung der Indexposition zeitaufwändig:

```
a[ findIndex() ] += 5 ;
```

Allerdings wäre ein derartiges Problem auch mit einer Hilfsvariablen lösbar, etwa durch:

```
{ int temp = findIndex(); arr[temp] = arr[temp] + 5; }
```

Weitere populäre Kurzschreibweisen für Zuweisungen ermöglichen die Autoinkre-
mentoperatoren ++ und --. Es gibt sie in einer Präfix- und einer Postfixversion. Diese
unterscheiden sich durch den Zeitpunkt, an dem das Ergebnis des Ausdrucks ermittelt wird – vor oder nach dem Inkrementieren, bzw. Dekrementieren. Für eine Variable
v sind äquivalent:

```
++v mit v += 1 sowie --v mit v -= 1.
```

Als Postfixoperatoren liefern die Autoinkremente den ursprünglichen Variablenwert
zurück:

    v++ hat den Wert von v aber den Effekt von v += 1.
    v-- hat den Wert von v aber den Effekt von v -= 1.

Wenn Ausdrücke mit Seiteneffekt benutzt werden, kann das Ergebnis auch von
der Reihenfolge der Auswertung der Teilausdrücke eines Ausdrucks abhängen. Daher
definiert Java für die Auswertung von Ausdrücken eine *Standardreihenfolge*. Nach den
Anweisungen

```
int[] a = {1,2};
int i = 0;
```

hat (a[i] * ++i) den Wert 1, aber (++i * a[i]) den Wert 2. Ähnlich mysteriös ist:

```
int i = 42;
System.out.println(i + " " + ++i + " " + i++ + " " + i);
System.out.println(i + " " + --i + " " + i-- + " " + i);
```

Dieses Programmfragment produziert als Ergebnis:

```
42 43 43 44
44 43 43 42
```

4.4.6 Anweisungsausdrücke

In C kann man aus jedem Ausdruck eine Anweisung machen, indem man ihm ein Se-
mikolon „;" nachstellt. In Java geht das nur mit bestimmten Ausdrücken, man nennt
sie *Anweisungsausdrücke*. Dazu zählen:
- Zuweisungsausdrücke (also z.B. auch Autoinkrementausdrücke wie v++).
- Methodenaufrufe (wie z.B. fact(5) oder a.fläche() oder auch a.init())
- Instanzerzeugungen durch den *new*-Operator (wie z.B. in new Datum()).

4.4.7 Sonstige Operationen

Neben den bisher vorgestellten gibt es in Java eine Reihe weiterer Operatoren:
Typumwandler (casts): In einigen Fällen erfolgt eine implizite *Typumwandlung*.
Dies ist immer möglich, wenn ein Typ ausgeweitet wird. Dies ist bei

$$char \rightarrow int$$

der Fall und ebenso bei den numerischen Typen in der Richtung:

$$byte \rightarrow short \rightarrow int \rightarrow long \rightarrow float \rightarrow long \rightarrow double.$$

In der umgekehrten Richtung ist eine automatische Konvertierung nicht möglich,
da durch die Umwandlung ein Teil des Wertes abgeschnitten oder verfälscht werden
kann. Wenn der Programmierer sicher ist, dass die Umwandlung im Einzelfall korrekt
funktioniert, darf er eine explizite Typumwandlung spezifizieren. Dabei wird der gewünschte Typ in Klammern vor den umzuwandelnden Ausdruck gestellt. Dies nennt
man auch *cast* (engl. je nach Kontext *Rollenbesetzung* oder *Abguss* oder in unserem
Fall *Typumwandlung*).

```
int a = 42;
float f = a; // automatische Typumwandlung
int neu = (int) f; //explizite Typumwandlung erforderlich!
```

Allgemein gibt es zu jedem Datentyp einen expliziten Typumwandlungsoperator (*type
cast*). Er hat den gleichen Namen wie der Datentyp, muss aber in runde Klammern
eingeschlossen werden, hat also die Form

```
(Datentyp)
```

Die Anwendung eines solchen Operators auf einen Ausdruck kann zur Compilezeit
oder auch zur Laufzeit zu einer Fehlermeldung führen, wenn die geplante Umwandlung nicht zulässig ist. Wenn Zahlen abgeschnitten werden, führt dies nicht zu Fehlermeldungen. Der Programmierer hat die Typumwandlung ja selbst gewollt. Zulässig
ist daher z.B.:

```
double d = 123456E300;
int neu = (int) d;
```

Der Wert von neu nach der Umwandlung ist in diesem Fall der maximale Wert des Typs
int. Ob das für den Programmierer Sinn macht ist eine andere Frage.

4.4.8 Bedingte Ausdrücke

Diese kann man mit dem Operator „ ?: " bilden, dem einzigen Operator mit drei Operanden:

```
<op1> ? <op2> : <op3>
```

Der erste Operand muss ein Ergebnis vom Typ *boolean* liefern. Wenn dieses *true* ist, wird der zweite Operand ausgewertet und bestimmt das Ergebnis des Ausdrucks. Andernfalls ist das Ergebnis des bedingten Ausdruckes gleich dem Wert des dritten Operanden. Es handelt sich also um eine Art *if-then-else* auf Termebene, das einen von zwei Werten liefert. Als Beispiel können wir die *Fakultätsfunktion* von Seite 217 kürzer formulieren:

```
int fakt(int n){
    return (n <= 0) ? 1 : n*fakt(n-1);
}
```

Der *instanceof*-Operator wird hier nur der Vollständigkeit halber erwähnt. Er testet, ob ein Objekt einen bestimmten Klassen-Datentyp hat. Sinnvolle Beispiele für diesen Test werden wir erst in einem der folgenden Abschnitte formulieren können.

4.4.9 Präzedenz der Operatoren

Der Wert eines Ausdruckes, in dem mehrere Operatoren vorkommen, kann von der Reihenfolge abhängen, in der diese ausgewertet werden. Durch geeignete Klammerung lässt sich jede beliebige Auswertungsreihenfolge erzwingen, ansonsten wird diese von der Präzedenz und der Assoziativität der Operatoren bestimmt. Operatoren mit höherer Präzedenz werden zuerst ausgewertet. So legt man z.B. für Multiplikation und Division eine höhere Präzedenz fest als für Addition und Subtraktion („Punktrechnung vor Strichrechnung"). Bei Operatoren gleicher Präzedenz wird von links nach rechts ausgewertet, es sei denn, ein Operator ist explizit als rechtsassoziativ erklärt. In Java sind nur die Zuweisungsoperatoren „=", „+=", etc. rechtsassoziativ. Sie sind gleichzeitig die Operatoren mit der niedrigsten Präzedenzstufe, wie die folgende Tabelle zeigt, die alle Java Operatoren nach fallender Präzedenz auflistet. Es fällt auf, dass auch die eckigen Klammern in Array-Ausdrücken und die runden Klammern in Parameterleisten als Operatoren angesehen werden. Sie haben die höchste Präzedenz. So ist z.B. „x+a[i]" zu verstehen als „x+(a[i])" und nicht etwa als „(x+a)[i]".

4.4.10 Einfache Anweisungen

Bei den einfachen Anweisungen zeigen sich wichtige Unterschiede zwischen Java und Pascal. Anweisungen sind auch Ausdrücke und Ausdrücke sind Anweisungen. Wie

Tab. 4.2. Präzedenz von Java-Operatoren

Einstellige Postfix Operatoren	`[] . (Parameter) ++ --`
Einstellige Präfix Operatoren	`+ - ! ~ ++ --`
new und cast	`new (Datentyp)`
Multiplikative Operatoren	`* / %`
Additive zweistellige Operatoren	`+ -`
Schiebe-Operatoren	`<< >> >>>`
Vergleiche	`< > >= <= instanceof`
Test auf Gleichheit	`== !=`
Bitweises Und	`&`
Bitweises Exklusives-Oder	`^`
Bitweises Oder	`|`
Logisches Und	`&&`
Logisches Oder	`||`
Bedingter Ausdruck	`? :`
Zuweisungsoperatoren	`= += -= *= /= &= |= ^= %= <<= >>= >>>=`

bereits erwähnt, ist eine Zuweisung

$$v = e$$

ein sogenannter *Zuweisungsausdruck* und liefert als Wert den Wert des Ausdrucks *e*. Als Seiteneffekt wird dieser in der Variablen *v* gespeichert. Beendet man einen Zuweisungsausdruck mit einem Semikolon „ ; ", so wird daraus eine Anweisung. Ein einzelnes Semikolon „ ; " ist daher ein *„skip"*, also eine *leere Anweisung*. Meist dient das Semikolon aber dazu, einen Anweisungsausdruck in eine Anweisung zu verwandeln. Allgemein hat eine *einfache Anweisung* die Form:

```
<Anweisungsausdruck> ;
```

Eine *Variablendeklaration* ist ebenfalls eine einfache Anweisung. Eine oder mehrere Variablen des selben Datentyps werden deklariert und können optional Anfangswerte erhalten. Eine *Variablendeklaration* kann mitten in einer Berechnung auftauchen, überall dort wo eine Anweisung erlaubt ist.

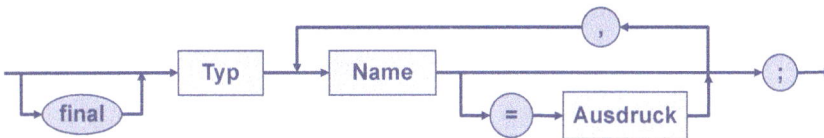

Abb. 4.18. Die Syntax von Variablendeklarationen

Im Unterschied zur Syntax einer Felddeklaration ist in einer Variablendeklaration nur das Attribut *final* erlaubt. Dieses signalisiert, dass der Variablen genau einmal ein Wert zugewiesen werden darf bzw. muss.

Zu den einfachen Anweisungen gehört auch die *return*-Anweisung. Sie beendet einen *Methodenaufruf*. Das Ergebnis des Methodenaufrufs ist der Wert des *return-Ausdruckes*. Bei einer Methode mit Ergebnistyp `void` entfällt dieser. *Die return-*Anweisung hat also die Form `return` *Ausdruck* `;` oder einfach nur `return` `;`.

4.4.11 Blöcke

Ein *Block* ist eine Anweisung, die aus einer in geschweifte Klammern eingeschlossenen Folge von Anweisungen besteht. Wird in einem Block eine Variable deklariert (eine solche nennt man *lokale Variable*), so erstreckt sich deren Gültigkeit vom Ort der Definition bis zum Ende des Blocks.

```
{ <Anweisung_1>
  ...
  <Anweisung_n>
}
```

Die scheinbar fehlenden Semikola „ ; “ sind Bestandteile der Anweisungen. Da die Anweisungen auch wieder Blöcke sein dürfen, ergibt sich eine Blockschachtelung und damit eine Schachtelung von Gültigkeitsbereichen der darin deklarierten Variablen. Allerdings ist es verboten, eine lokale Variable in einem inneren Block erneut zu definieren.

Der äußere Block im folgenden Beispiel enthält eine Variablendeklarationsanweisung, einen Block und einen Methodenaufruf. Der innere Block enthält eine Deklaration mit Initialisierung der Variablen `temp`,und zwei Zuweisungen. Im inneren Block sind `i`, `j` und `temp` zugreifbar, im äußeren nur `i` und `j`. Insgesamt werden die Inhalte von `i` und `j` vertauscht.

```
{ int  i =0, j =1;
  { int temp = i ;
    i = j ;
    j =temp;
  }
  System . out . println ( " i : "+i+" j : "+j ) ;
}
```

Wenn an einer Stelle syntaktisch eine Anweisung verlangt ist, man aber mehrere Anweisungen benutzen möchte, so muss man diese zu einem Block gruppieren. Da dies fast der Regelfall ist, verwendet man in in Programmfragmenten häufig die Notation { ... } um anzudeuten, dass an der bezeichneten Stelle eine oder mehrere Anweisungen stehen können.

4.4.12 Alternativ-Anweisungen

Die zwei Formen der bedingten Anweisung sind

```
if ( <Bedingung> ) <Anweisung>
```

und

```
if ( <Bedingung> ) <Anweisung1> else <Anweisung2>
```

Anders ausgedrückt ist der *else*-Zweig optional siehe auch Figur (4.5). *Bedingung* steht für einen Ausdruck mit Ergebnistyp *boolean*. Je nachdem, ob die *Bedingung* erfüllt ist oder nicht, wird *Anweisung1* oder *Anweisung2* ausgeführt.

Bei der Schachtelung von bedingten Anweisungen entsteht auch in Java das bekannte *dangling-else-Problem*, dass der Ausdruck

```
if ( B1 ) if ( B2 ) A1 else A2
```

auf zwei Weisen gelesen werden kann. Wie üblich, verwendet man auch hier die Regel: „*Ein else ergänzt das letzte unergänzte if.*" Die obige Anweisung ist damit gleichbedeutend mit

```
if ( B1 ) { if ( B2 ) A1 else A2 }.
```

4.4.13 Switch-Anweisung

Wenn in Abhängigkeit von dem Ergebnis eines Ausdruckes eine entsprechende Anweisung ausgeführt werden soll, kann man diese in der *switch*-Anweisung zusammenfassen.

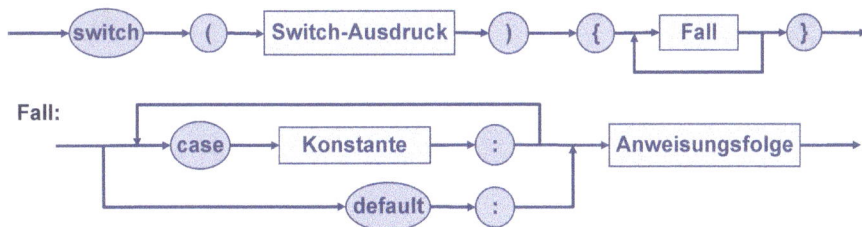

Abb. 4.19. Die Syntax von switch-Anweisungen

Der Typ des *switch*-Ausdrucks muss *char*, *byte*, *short*, *int* oder ein *enum*-Typ sein. Seit Java 7 ist auch der Typ *String* erlaubt. Für alle möglichen Ergebniswerte dieses Ausdruckes kann jeweils ein *Fall* formuliert werden. Dieser besteht immer aus einer

Konstanten und einer Folge von Anweisungen. Schließlich ist noch ein *default-Fall* möglich. Wenn der *switch*-Ausdruck den Wert eines der Fälle trifft, so wird die zugehörige Anweisungsfolge und die aller folgenden Fälle (!) ausgeführt, ansonsten wird, falls vorhanden, der Default-Fall und alle folgenden Fälle (!) ausgeführt.

Die *switch*-Anweisung ist gewöhnungsbedürftig und führt häufig zu unbeabsichtigten Fehlern. Die Regel, dass nicht nur die Anweisung eines getroffenen Falles, sondern auch die Anweisungen aller auf einen Treffer folgenden Fälle ausgeführt werden, ist ein Relikt von C. Wenn man möchte, dass immer nur genau ein Fall ausgeführt wird, so muss man jeden Fall mit einer *return*-Anweisung oder mit einer *break*-Anweisung enden lassen. Mit letzterer verlässt man den durch die s*witch*-Anweisung gebildeten Block.

Im folgenden Beispiel endet jeder Fall mit einer *return*-Anweisung. Hier erweitern wir die Klasse *Datum* um eine Methode, die die Anzahl der Tage eines Monats bestimmt:

```
static int tageProMonat(int j, String m){
 switch (m){
   case "Januar": case "März": case "Mai": case "Juli":
   case "August": case "Oktober": case "Dezember": return 31;
   case "Februar": return (schaltjahr(j))? 29 : 28;
   default: return 30;
   }
 }
```

Auch für enum-Typen, die in Wirklichkeit spezielle Klassen darstellen, kann man *switch* verwenden. Im folgenden Beispiel definieren wir den *enum*-Typ *Wochentag* mit einer Methode, die feststellt, ob ein Wochentag ein Werktag ist:

```
enum Wochentag { Mo, Di, Mi, Do, Fr, Sa, So;
 boolean istWerktag(){
   switch(this){ // 'this' bezeichnet das Objekt selber
     case Sa: case So: return false;
     default: return true;
     }
   }
 }
```

4.4.14 Schleifen

Bei der *while*-Schleife wird die Schleifenbedingung vor jeder Iteration getestet. Semantisch unterscheidet sie sich nicht von der while-Schleife in anderen Programmiersprachen.

Die *do-while*-Schleife dagegen testet ihre Bedingung nach jeder Iteration. Ihr Rumpf wird daher immer mindestens einmal ausgeführt. Von C sind auch zwei syntaktische Eigenarten der *do-while*-Schleife übriggeblieben:

– sie wird explizit mit einem Semikolon beendet, und

Abb. 4.20. Die Syntax von while-Anweisungen

– zwischen do und while steht eine Anweisung, nicht eine Anweisungsfolge.

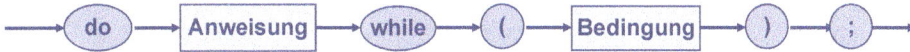

Abb. 4.21. Die Syntax von do-while-Anweisungen

Typisch für eine *do-while*-Anweisung ist eine Eingabeaufforderung, die mindestens einmal ausgeführt und dann so lange wiederholt wird, bis der Benutzer den gewünschten Input liefert. Im folgenden Beispiel verwenden wir ein Eingabefenster aus `javax.swing.JOptionPane`:

```
String input;
do
 input = JOptionPane.showInputDialog("Passwort bitte");
while (!input.equals("Geheim"));
System.out.println("Willkommen, Meister!");
```

4.4.15 Die for-Anweisung

Die *for*-Schleife als iterierende Anweisung ist mächtiger als das Äquivalent bei vielen anderen Programmiersprachen. Sie kann sogar die *while*- und die *do-while*-Schleifen ersetzen. Dafür ist sie auch unstrukturierter, insbesondere muss eine *for*-Schleife nicht terminieren!

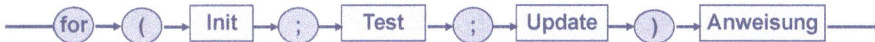

Abb. 4.22. Die Syntax von for-Anweisungen

Init und *Update* stehen für (möglicherweise leere) Folgen von Anweisungsausdrücken. In diesem Falle ist die Schleife

```
for ( Init_1 , ... , Init_m ; Test ; Update_1 , ... , Update_n )
    Anweisung
```

äquivalent zu

```
{ Init_1; ... Init_m ;
    while ( Test ) {
        Anweisung ;
        Update_1 ; ... Update_n;
    }
}
```

Statt der Initialisierungsausdrücke darf man auch eine Variablendeklaration verwenden. Offensichtlich definiert die *for*-Anweisung einen Block, so dass eine eventuell in dem Init-Abschnitt deklarierte lokale Variable in ihrer Gültigkeit auf die *for*-Schleife beschränkt bleibt.

Wir haben von der letzteren Form der *for*-Schleife bereits früher in diesem Kapitel Gebrauch gemacht. Insbesondere eignet sie sich zur Iterierung durch ein Array:

```
for( int i=0; i<lottoZahlen.length; i++ )
    lottoZahlen[i] = (int)(1+49*Math.random());
```

Hier wird eine Schleifen-Variable i deklariert und initialisiert. In der Update-Anweisung wird sie inkrementiert. Für jede Indexposition würfeln wir eine Lottozahl und tragen sie in das Array ein. Ernsthafte Zocker sollten das Programm aber noch dahingehend verbessern, dass eine Zahl nicht zweimal gezogen werden kann!

Wie andere Anweisungen, so kann man auch for-Schleifen schachteln. Jede Iteration der äußeren Schleife ruft einen kompletten Durchlauf der inneren Schleife auf. Im folgenden Beispiel prüfen wir für alle Paare i < j, ob die i-te Lottozahl verschieden von der j-ten ist. Falls zwei gleiche gefunden werden, wird eine Fehlermeldung gedruckt und die Methode vorzeitig mit *return* beendet. Falls dagegen die *for*-Schleifen bis zum Ende laufen, ohne dass eine Gleichheit entdeckt wurde, drucken wir eine OK-Meldung.

```
void  pruefe(){
 for(int  i=0;i<lottoZahlen.length;i++)
   for(int  j=i+1;j<lottoZahlen.length;j++)
     if(lottoZahlen[i]==lottoZahlen[j]){
       System.out.println("Ungültig");
       return;
     }
 System.out.println("Alles o.k.");  }
```

Die obigen Formen der *for*-Anweisung entsprechen den *for*-Schleifen in Pascal und anderen klassischen Sprachen mit dem Unterschied, dass Java keine automatische Inkrementierung oder Dekrementierung der Laufvariablen vornimmt. Andererseits sind *for*-Anweisungen in Java allgemeiner einsetzbar, sie können sogar *while*-Schleifen ersetzen. Dabei lässt man den *Init*- und den *Update-Teil* weg:

```
for ( ; Test ; ) Anweisung
```

Mit Version 1.5 des JDK wurde eine neue Variante der for-Anweisung eingeführt, mit der man bequem alle Elemente eines sogenannten *Behälter-Datentyps* durchlaufen kann. Man nennt sie auch *foreach*-Schleife. Ihre Syntax zeigt die folgende Abbildung:

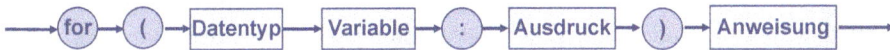

Abb. 4.23. Die Syntax erweiterter for-Anweisungen

Ein Beispiel für eine derartige *foreach*-Schleife ist:

```
for(int z: lottoZahlen) System.out.print(z+" ");
```

Der *Ausdruck* muss einen Behälter liefern, der Werte des genannten *Datentyps* enthält. In unserem Falle ist das Array `lottoZahl` ein Behälter für Zahlen. Die *Variable*, im Beispiel `z`, durchläuft alle Elemente des Behälters. Für jedes Element wird die *Anweisung* ausgeführt.

Behälter-Datentypen sind u.a. Arrays, Aufzählungstypen oder allgemeiner beliebige Datenstrukturen, die die vordefinierte Schnittstelle *Iterable* erfüllen. Siehe dazu auch S. 264.

Jeder *enum*-Datentyp ist in Wirklichkeit eine Klasse, die u.a. eine Methode *values*() besitzt, welche einen Behälter mit allen Werten des Aufzählungstyps liefert. Daher kann man die neue *for*-Schleife auch hier anwenden, siehe auch S. 227.

Bei aller scheinbaren Eleganz sollte man die neue Variante der *for*-Schleife nicht überbewerten. Da nur die Inhalte des Behälters, nicht aber ihre Position geliefert werden, ist es unmöglich, mit dieser *for*-Schleife z.B. irgendetwas am Inhalt des Behälters zu verändern. Selbst die obige Prüfroutine für Lottozahlen, in der nichts verändert werden soll, kann nicht ohne weiteres mit solchen *for*-Schleifen formuliert werden.

4.4.16 break- und continue-Anweisungen

Die *break*-Anweisung haben wir bereits benutzt, um *switch*-Anweisungen zu verlassen. Auf ähnliche Weise kann man mit einer *break*-Anweisung auch beliebige Schleifen vorzeitig beenden. In einer geschachtelten Schleife beendet ein *break* nur die unmittelbar umgebende Schleife. Im folgenden Beispiel benutzen wir eine break-Anweisung, um alle Elemente, die in beiden Array-Parametern enthalten sind, auszugeben. Sobald ein Element aus `a` auch in dem Array `b` gefunden wurde, kann die innere Schleife abbrechen.

```
static void gemeinsam(int[] a, int[] b){
  for (int x : a)
```

```
    for(int y : b)
      if(x==y){
        System.out.print(x + " ");
        break;
      }
  }
```

Die Anweisung `continue ;` beendet nur den aktuellen Schleifendurchlauf. Die Schleife wird also mit dem nächsten Wiederholungstest fortgeführt. Man kann auch mehrere ineinander geschachtelte Schleifen beenden. Dazu muss man die Schleifen geeignet markieren. Da diese Form selten benutzt wird, gehen wir nicht näher darauf ein.

4.5 Klassen und Objekte

Eine *Klasse* ist in Java ein vorhandener oder selbstdefinierter Datentyp. *Objekte* sind konkrete Werte oder Instanzen eines Klassen-Datentyps. Eine Klasse definiert *Felder* und *Methoden* für ihre Objekte, zusammenfassend *Komponenten* genannt. Beispielsweise könnte eine Klasse `Punkt` die Felder x und y als *int*-Werte für die x- und y-Komponenten ihrer Punkte definieren. Jedes mal, wenn durch `new Punkt(...)` eine Instanz p der Klasse `Punkt` erzeugt wird, wird für dieses Objekt p Speicherplatz für die Komponenten p.x und p.y angelegt.

Daneben kann eine Klasse auch Felder definieren, die für alle Objekte den gleichen Wert haben. Diese Felder sind als Felder der Klasse anzusehen und werden durch das vorangestellte *Attribut* `static` als solche gekennzeichnet. Die Klasse `Punkt` könnte beispielsweise noch die Felder `dicke` und `radius` besitzen, die bestimmen, wie Punkte gezeichnet werden sollen – als kleine Kreise mit Halbmesser `radius` und Linienstärke `dicke`. Sind diese Felder mit dem Attribut `static` deklariert so sind sie für alle Punkte identisch, sie werden auch nur einmal, bei der Klasse, gespeichert. Der Name *static* ist irreführend, denn statische Felder sind durchaus veränderbar. Daher bevorzugen wir den Begriff *Klassenfelder*.

Die x- und y-Koordinaten sind für jeden Punkt anders – es handelt sich um Objektfelder. Im Gegensatz zu den Klassenfeldern werden sie auch *dynamisch* genannt.

Wenn eine Klasse in einem Programm zum ersten Mal angesprochen wird, wird sie *geladen*. Bei dieser Gelegenheit wird ein Speicherbereich für die statischen Felder angelegt. Jedes mal wenn mit dem *new*-Operator eine Instanz der Klasse erzeugt wird, wird Speicherplatz für die dynamischen Felder einer neuen Instanz angelegt. Statt *Instanz* der Klasse sagt man auch *Objekt* der Klasse: Objekte sind also *Instanzen* von Klassen.

Man kann explizit neue Objekte erzeugen – es gibt aber keine Möglichkeit diese wieder zu zerstören! Stattdessen besitzt der Java-Interpreter eine automatische Speicherbereinigung (engl. *garbage collection*). Ein Objekt kann dem Abfall-Sammler

Klasse: Punkt	
radius	dicke

Speicherbereich für
Klassenfelder (static)

Punkt:p		Punkt:q		Punkt:r	
x	y	x	y	x	y

Speicherbereiche für Objektfelder

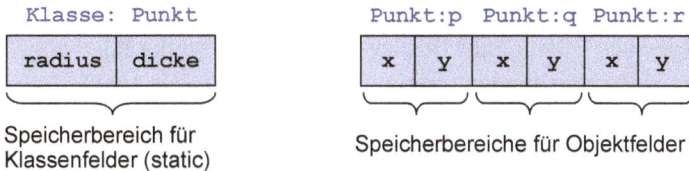

Abb. 4.24. Statische und dynamische Felder

übergeben werden, sobald keine Referenz mehr auf dieses Objekt existiert. Die Freigabe von Objekten kann man beispielsweise durch Zuweisung von null-Referenzen explizit unterstützen.

Wenn ein Feld mit einer Initialisierungsanweisung spezifiziert worden ist, so wird diese unmittelbar nach dem Anlegen der Speicherbereiche durchgeführt. Bei statischen Feldern geschieht dies beim Laden der Klasse, bei dynamischen Feldern beim Ausführen des new-Operators. Zusätzlich zu den Initialisierungen der Felder können spezielle Konstruktor-Methoden angegeben werden. Es gibt namenlose, *statische* Konstruktoren, die beim Laden der Klasse ausgeführt werden und es gibt Konstruktoren, die den Namen der Klasse tragen und beim Ausführen des new-Operators aufgerufen werden können.

In diesem Kapitel werden wir ein kleines Grafikpaket entwickeln. Zunächst definieren wir eine Klasse *Punkt*:

```
class Punkt {
  private int x; private int y;
  Punkt() {}
  Punkt(int px, int py) { x= px; y= py; }
  Punkt(Punkt p) { x= p.x; y= p.y; }
  int getX () { return x; }
  int getY () { return y; }
  void verschieben (int dx, int dy) { x+= dx; y+= dy; }
  void verschieben (int delta) { verschieben(delta, delta); }
  public String toString(){ return "X: " + x+ " Y: " + y;}
}
```

- *x* und *y* sind Felder, die mit dem Standardwert 0 initialisiert werden,
- *Punkt* ist überladen mit drei Konstruktor-Methoden: der erste ist der Standard-Konstruktor und der dritte konstruiert einen neuen Punkt als Kopie des im Argument übergebenen,
- *getX* und *getY* sind Methoden, mit denen von außen (d.h. mit Methoden, die nicht in der Klasse *Punkt* definiert sind) die ansonsten privaten Felder *x* und *y* gelesen werden können,
- *verschieben* ist überladen mit zwei Methoden – mit der ersten Methode verschiebt man um einen Vektor *(dx,dy)*, mit der zweiten entlang der Diagonale um Vektor *(delta,delta)*.

- *toString* ist eine öffentliche Methode, um eine Standardrepräsentation eines Ortes als String zu erzeugen. Die für alle Objekte vordefinierte Standardmethode *toString* wird dabei für Punkte überdefiniert.

Wenn wir das Grafikpaket um Klassen für Punkte mit grafischen Eigenschaften bzw. um Klassen für Kreise, Linien, Rechtecke etc. erweitern wollen, ist es nützlich, die Definitionen der obigen Klasse wiederverwenden zu können. Dazu dient die Vererbung.

4.5.1 Vererbung

Fasst man eine Klasse als Menge aller möglichen Instanzen dieser Klasse auf, so ergibt sich auf natürliche Weise eine Hierarchie von ineinander enthaltenen Klassen. Eine Klasse *B* ist in einer Klasse *A* enthalten, wenn jedes Objekt von *B* auch zu *A* gehört. Man spricht auch von einer „*is-a*"-Beziehung, was ausdrücken soll: „*Jedes Element von B ist auch ein Element von A (each B is an A)*". *B* ist dann *Unterklasse* von *A*, was gleichbedeutend damit ist, dass *A Oberklasse* von *B* ist.

Technisch liegt folgende Kennzeichnung nahe: Wenn eine Klasse *B* aus einer Klasse *A* durch Hinzufügung neuer Felder und Methoden hervorgeht, so kann jedes Objekt der Klasse *B* auch als Objekt der Klasse *A* betrachtet werden – man muss bloß die zusätzlichen Felder ignorieren. Diese technische Definition legt man in der Programmiersprache Java zugrunde. Erweitert man eine Klasse um zusätzliche Felder und Methoden, so spricht man von einer *Unterklasse*. Die Objekte der Unterklasse behalten alle Felder und Methoden der alten Klasse (man nennt dies *Vererbung*), sie können aber neue Felder und neue Methoden hinzugewinnen.

Der technische Begriff der Unterklasse erfasst nicht immer das intuitive Konzept – er kann sogar irreführend sein. Demnach wären die komplexen Zahlen nämlich als Unterklasse der reellen Zahlen anzusehen, denn zusätzlich zu ihrem Realteil haben sie noch einen Imaginärteil. Ebenso wären die gebrochenen Zahlen eine Teilklasse der ganzen Zahlen, denn sie besitzen zusätzlich noch einen Nenner. Beides widerspricht der üblichen Sichtweise, in der die Unterklassenbeziehung gerade in der umgekehrten Richtung besteht. Zweckmäßiger und logischer wäre es, im Folgenden den Begriff *Erweiterungsklasse* zu verwenden anstelle von *Unterklasse*, doch hat sich dieser Begriff in Java verfestigt. Immerhin wird das Wort „*extends*" verwendet, um eine neue Klasse B als Unterklasse einer vorhandenen Klasse A zu definieren:

```
class B extends A
```

Hierfür sind folgende Sprechweisen möglich:
- *B erweitert A* bzw. *B ist Erweiterungsklasse von A*.
- *A* ist *Oberklasse* (engl. *superclass*) von *B*.
- *B* ist *Unterklasse* (engl. *subclass*) von *A*.

Wenn eine Klasse keine andere Oberklasse hat, wird *Object* als Oberklasse angenommen. *Object* ist eine vordefinierte Klasse.

```
class B
```

ist daher äquivalent zu

```
class B extends Object.
```

Eine Unterklasse darf man erneut erweitern. So entstehen ganze Hierarchien von Klassen. Diese bilden stets einen Baum, dessen Wurzel die Klasse *Object* ist. *Object* enthält Methoden, die für alle Objekte nützlich sind, zum Beispiel die Methode *toString* zur Darstellung von Objekten als Zeichenkette.

Wir können als Beispiel eine Klasse *GraPunkt* definieren. Diese soll die oben definierte Klasse Punkt erweitern. Zuvor kann es allerdings notwendig werden, die Klasse Punkt etwas abzuändern. Da die Felder x und y das Attribut *private* haben, können sie nicht vererbt werden. Trotzdem wollen wir die Felder nicht gleich öffentlich machen. Es gibt ein weiteres Attribut, das die Vorteile des Attributes *private* in einer Hierarchie von Klassen weitgehend erhält. Es ist das Attribut *protected*. Komponenten mit diesem Attribut können nur in der Klasse selbst und in allen Unterklassen sowie in Klassen des gleichen Pakets verwendet werden. In unserem Beispiel haben wir allerdings für die benötigten Komponenten *Zugriffsfunktionen* definiert und können daher auf das Attribut *protected* verzichten.

Die Klasse *GraPunkt* erweitert die Klasse *Punkt* um Felder und Methoden, die ggf. für eine grafische Darstellung von Punkten benötigt werden. Um die Farbe eines Punktes definieren zu können, importieren wir die Klasse *Color* des im Abschnitt 4.10 erwähnten Paketes `java.awt`.

```
import java.awt.Color;

class GraPunkt extends Punkt {
  private boolean sichtbar = false;
  private int dicke = 1;
  private Color farbe = Color.black;
  GraPunkt() {} GraPunkt(int px, int py) { super(px, py); }
  GraPunkt(int px, int py, boolean ps, int pd, Color pf) {
    this(px, py);
    sichtbar = ps;
    dicke = pd;
    farbe = pf; }

  GraPunkt(GraPunkt p) {
    super(p);
    sichtbar = p.sichtbar;
    dicke = p.dicke;
    farbe = p.farbe; }
```

```
void malen(){ System.out.println("Malen eines Punktes.");}
void loeschen(){ System.out.println("Löschen eines Punktes.");}
void verschieben (int dx, int dy) { loeschen (); super.verschieben
  (dx, dy); malen (); }

public String toString(){
  String s1 = sichtbar ? " sichtbar " : " nicht sichtbar ";
  String s2 = " Dicke: " + dicke;
  String s3 = " Farbe: " + farbe;
  return super.toString() + s1 + s2 + s3;
} }
```

In der Klasse *Punkt* sind definiert:
- die privaten Felder *x* und *y*,
- die öffentlichen Methoden *getX* und *getY*.

Mit den öffentlichen Zugriffsfunktionen *getX* und *getY* können wir auch in der Klasse *GraPunkt* auf die Felder *x* und *y* von *Punkt* zugreifen. In der Klasse *GraPunkt* sind zusätzlich definiert:
- die privaten Felder sichtbar, *dicke* und *farbe*
- die öffentlichen Methoden *malen* und *loeschen*.

Die Methoden *verschieben* und *toString* kommen in beiden Klassen vor, sind aber unterschiedlich implementiert. Die neuen Definitionen in der Klasse *GraPunkt* ersetzen die älteren Definitionen in der Klasse *Punkt*. In einer Hierarchie von Klassen können also unterschiedliche Methoden gleichen Namens vorkommen. Dies bezeichnet man als *Polymorphie*.

In den Konstruktoren von *GraPunkt* nutzen wir bereits definierte andere Konstruktoren dieser Klasse und ihrer Oberklasse. Der Zugriff erfolgt über die Schlüsselwörter `this` und `super` gefolgt von einer passenden Parameterliste. this bezeichnet das gegenwärtige Objekt einer Klasse, super das der unmittelbaren Oberklasse. Auf diese Weise können wir in der Klasse *Punkt* die Methoden *verschieben* und *toString* der Oberklasse aufrufen. Wir könnten dies außerdem nutzen, um Namenskonflikte aufzulösen. Wir hätten die Methode *verschieben* von *Punkt* z.B. auch so definieren können:

```
void verschieben (int x, int y) {
    this.x += x;
    this.y += y;
}
```

Im Rumpf dieser Methode bezeichnen x und y die Parameter. Um auf die gleichnamigen Objektfelder zugreifen zu können ist es notwendig, diese mit `this.x` und `this.y` zu kennzeichnen.

Wir wollen an dieser Stelle nicht auf all diese Klassen eingehen. Als Beispiel stellen wir nur die beiden Klassen für Kreise vor. Die Klassen *Kreis, Linie, Dreieck,* etc. sind in Abb. 4.25 in einer Oberklasse namens *GeoKlasse* zusammengefasst. Diese ist vorläufig leer und könnte daher weggelassen werden. Wir werden sie aber in dem späteren Abschnitt über *abstrakte Klassen* benötigen und fügen sie daher bereits an dieser Stelle als *Zusammenfassung* grafischer Klassen ein.

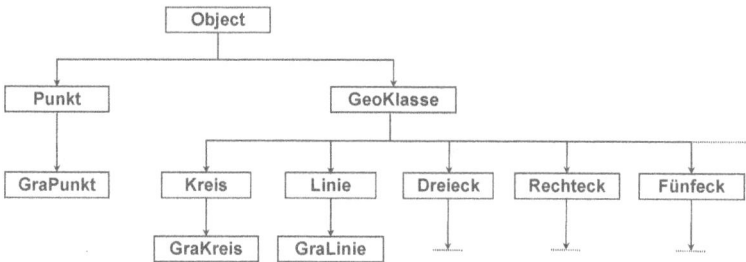

Abb. 4.25. Grafische Objekte

Die Klasse *Kreis* könnte als Erweiterung der Klasse *Punkt* definiert werden, da sie mindestens ein Feld für den Mittelpunkt und zusätzlich ein Feld für den Radius benötigt. Technisch kann man das mithilfe der Programmiersprache Java auch so implementieren. Eine derartige Implementierung widerspräche aber den Prinzipien des objektorientierten Entwurfs von Software. Diese legen es nahe, eine Erweiterungsklasse B einer Klasse A nur dann zu definieren, wenn man sagen kann, dass die Objekte von B spezialisierte Objekte vom Typ der Klasse A sind (*„jedes B ist ein A“*; engl. *IsA-Relationship*). In diesem Sinne sind Objekte der oben definierten Klasse *GraPunkt* Punkte mit speziellen grafischen Eigenschaften und damit insbesondere auch vom Typ der zugrunde liegenden Klasse *Punkt*. Wenn wir Kreise aber als Erweiterung der Klasse *Punkt* definieren würden, dann hätten wir hier einen Verstoß gegen das genannte Prinzip, denn Kreise *sind* sicher keine speziellen Objekte vom Typ Punkt, *haben* aber einen Punkt als Mittelpunkt (engl. *HasA-Relationship*).

```
class GeoKlasse { }

class Kreis extends GeoKlasse {
  private Punkt pM;
  private int radius;

  int getRadius(){ return radius;}

  Kreis() {super(); pM = new Punkt(); }

  Kreis(int x, int y, int r){ super(); pM = new Punkt(x, y); radius
    = r; }
```

```
Kreis(Punkt p, int r){ ... }

void verschieben(int dx, int dy){pM.verschieben(dx, dy);}
void verschieben (int delta) { verschieben(delta, delta); }
double umfang() { return Math.PI * radius * 2; }
double flaeche() { return Math.PI * radius * radius; }

public String toString(){
  return "Kreis mit Radius: " + radius
    + " und Mittelpunkt " + pM.toString()
    + " und Fläche " + flaeche(); }

Kreis getMax (Kreis k) {
  if (k.radius > radius) return k; else return this;
    }

static Kreis getMax (Kreis k1, Kreis k2) {
  if (k1.radius > k2.radius) return k1; else return k2;
  }
}
```

Die Klasse *Kreis* besitzt zwei Felder für den Mittelpunkt und den Radius. Neben den schon von der Klasse *Punkt* bekannten Methoden zum Verschieben definieren wir zusätzliche Methoden zur Berechnung von Umfang und Fläche. Weiter definiert diese Klasse zwei zusätzliche Methoden zum Vergleich von Kreisen: *getMax*. Die erste vergleicht einen als Parameter übergebenen Kreis mit dem, den das Objekt this repräsentiert. Diese Referenz wird daher auch ggf. als Ergebnis zurückgegeben. Dies demonstriert eine weitere sinnvolle Anwendung von this. Die andere Methode vergleicht zwei als Parameter übergebene Kreise. Sie benutzt keinerlei dynamische Felder der Klasse *Kreis* und kann daher mit dem Attribut *static* versehen werden.

Die Klasse *GraKreis* erweitert die Klasse *Kreis* um Felder und Methoden, die ggf. für eine grafische Darstellung von Kreisen benötigt werden. Wir benötigen nunmehr zwei Farben für den Rand und das Innere des Kreises.

```
class GraKreis extends Kreis {

private boolean sichtbar = false;
private int dicke = 1;
private Color randFarbe = Color.black;
private Color innenFarbe = Color.white;

GraKreis() {super();}
GraKreis(int x, int y, int r) { super(x, y, r); }
GraKreis(Punkt p, int r) { super(p, r); }
GraKreis(Punkt p, int r, boolean pS, int pD, Color pFR, Color pFI)
  {
  this(p, r);
  sichtbar = pS;
```

```
  dicke = pD;
  randFarbe = pFR;
  innenFarbe = pFI;
  }
void malen(){System.out.println(" Malen von Kreis.");}
void loeschen(){System.out.println("Löschen von Kreis.");}

void verschieben (int dx, int dy) {
  loeschen ();
  super.verschieben(dx, dy);
  malen ();
  }
public String toString(){
  String s1 = sichtbar ? " sichtbar " : " nicht sichtbar ";
  String s2 = " Dicke: " + dicke;
  String s3 = " Rand-Farbe: " + randFarbe;
  String s4 = " Innen-Farbe: " + innenFarbe;
  return super.toString()+"\n...gra:"+s1 + s2 + s3 + s4;
  }
}
```

4.5.2 Dynamische (späte) Bindung von Methoden

Angenommen, eine Klasse *A* definiert eine Methode *m* und diese Methode wird in einer Unterklasse *B* redefiniert. Da jede Variable vom Typ *A* zur Laufzeit auch ein Objekt der Unterklasse *B* enthalten darf :

```
A a = new B();
```

erhebt sich die Frage, welche Methode a.m bezeichnet
–   die Methode *m*, wie sie in *A* definiert wurde, oder
–   die Methode *m* wie sie in *B* redefiniert wurde?

Die erste Lösung heißt *statische Bindung*, da der Compiler sich schon anhand des Typs von *a* für eine Methode entscheiden kann. Die zweite Möglichkeit heißt *dynamische Bindung*, und das ist die Lösung, die in Java implementiert ist. Erst zur Laufzeit weiß man, welchen konkreten Typ das Objekt hat, das in *a* gespeichert ist. Dessen Methode wird dann aufgerufen.

Im Beispielprogramm des vorigen Abschnittes tritt diese Frage anhand der Methode *verschieben* auf, die sowohl in *Kreis* als auch in *GraKreis* implementiert wurde. Ein bisschen unmittelbarer ist vielleicht folgendes Beispiel einer Klasse *Obst* mit Unterklassen *Banane* und *Kirsche*. Die Methode farbe() von Obst liefere den String "grün", die von Kirsche liefere "rot" und die von Banane natürlich "gelb". Wir packen eine Obstkiste:

```
Obst[] kiste = { new Banane(), new Obst(), new Kirsche()};
```

und lassen uns die Farben anzeigen:

```
for( Obst o: kiste ) System.out.print(o.farbe() + " ");
```

Zur Compilezeit kann man hier nur wissen, dass in o ein Stück Obst gespeichert ist. Statische Bindung müsste hier also liefern: grün grün grün. Dynamische Bindung entscheidet erst zur Laufzeit, wenn das konkrete Objekt o vorhanden ist, dass dessen Methode aufgerufen ist. Dies nennt man auch späte Bindung (engl.: *late binding*) und das ist die Lösung, die in Java implementiert ist. Als Ergebnis erhalten wir in unserem Beispiel tatsächlich

```
gelb grün rot
```

und die Antwort ist tatsächlich plausibler als ein statisches grün grün grün. Methoden, die mit der Semantik *späte Bindung* aufgerufen werden, nennt man in anderen Programmiersprachen (z.B. in C++) auch *virtuelle Methoden*.

4.5.3 Statische Bindung von Feldern

Felder werden im Gegensatz zu Methoden statisch gebunden. In dem Beispiel des vorigen Abschnittes hätten wir statt der Methode String farbe() auch ein Feld String farbe verwenden können, das wir entsprechend in den Unterklassen redefinieren. Mit der gleichen Obstkiste erhalten wir bei der entsprechenden Traversierung

```
for( Obst o: kiste ) System.out.print(o.farbe + " ");
```

jetzt aber die unschöne Antwort

```
grün grün grün.
```

Methoden werden in Java also dynamisch gebunden, Felder statisch.

Das ist unschön, denn einem Benutzer wird es meist gleichgültig sein, ob er eine Methode String farbe() aufruft oder ein Feld String farbe abfragt. Das Verhalten ist aber grundverschieden. Dies widerspricht dem für objektorientierte Programmiersprachen oft geforderten *uniform access principle*.

4.5.4 Getter und Setter

Wegen der Inkonsistenz der Bindungsstrategien bei Feldern und Methoden wird dem Programmierer empfohlen, möglichst die Felder von Objekten zu verstecken und sie nur über sogenannte *getter-* und *setter-*Methoden zugänglich zu machen. Im Beispiel der Klasse Obst würde man das Feld `farbe` als private erklären:

```
private String farbe;
```

Dann definiert man einen *getter*, der die Farbe liefert:

```
public String getFarbe(){ return this.farbe; }
```

und einen *setter*, um die Farbe ggf. zu verändern:

```
public void setFarbe(String farbe){ this.farbe = farbe;}
```

Leider entsteht auf diese Weise sehr viel langweiliger Code, hinter dem die eigentliche Logik des Programms kaum noch zu erkennen ist.

Ebenso uneinheitlich wie gerade geschildert verhält es sich mit der Semantik anderer Methoden- und Feldattribute. Mit dem Attribut *final* kann man verhindern, dass eine Methode in Unterklassen verändert wird. Eine finale Methode hat in der Klasse, in der das Attribut gesetzt wurde, ihre endgültige Implementierung erhalten und darf von Unterklassen zwar benutzt, aber nicht überschrieben werden.

Ein als *final* markiertes Feld dagegen darf in einer Unterklasse durchaus neu definiert werden. Hier bewirkt das Attribut *final* nur, dass das Feld in der aktuellen Klasse genau einmal einen Wert erhält, und zwar durch einen Initialisierungs-Ausdruck. Dieser Wert darf sich erst zur Laufzeit ergeben. Steht er aber bereits zur Übersetzungszeit fest, so reserviert der Compiler keinen Speicherplatz für das betreffende Feld, sondern setzt überall da, wo das Feld benutzt wird, diesen konstanten Wert ein.

Finale Felder ersetzen Konstanten, wie sie in anderen Programmiersprachen meist existieren. Insbesondere wird dies in der Klasse *Math* ausgenutzt, wo fundamentale mathematische Konstanten als finale statische Felder definiert werden, siehe S. 222.

4.5.5 Zugriffsrechte von Feldern und Methoden

Zugriffsrechte werden durch *Attribute* von Feldern und Methoden definiert. In den vorangegangen Abschnitten hatten wir bereits die Attribute *private* und *public* kennengelernt, im vorigen Abschnitt ist *protected* hinzugekommen. Es gibt noch ein weiteres Zugriffsrecht namens *package*. Dieses ist das voreingestellte Zugriffsrecht aller Komponenten. Wenn also kein Zugriffsrecht erwähnt ist, so ist dies gleichbedeutend mit *package*. Zusammengefasst sind die Regeln für Zugriffsrechte nun:
- *package*: Auf Komponenten ohne ein Zugriffsrecht-Attribut kann man von innerhalb des Paketes, das die Klasse enthält, zugreifen.
- *public*: Auf Komponenten mit diesem Zugriffsrecht kann man von überall dort zugreifen, wo man auf die Klasse zugreifen kann, in der sie definiert sind.

- *private*: Auf private Komponenten kann man nur innerhalb der Klasse zugreifen, in der sie definiert sind.
- *protected*: Auf solche Komponenten kann man innerhalb des Paketes, das die Klasse enthält, zugreifen, aber auch in Unterklassen, die möglicherweise in anderen Paketen definiert sind.

4.5.6 Attribute von Klassen

Auch für Klassen können Zugriffsrechte definiert werden:
- *package*: Klassen ohne ein Zugriffsrecht-Attribut kann man innerhalb des Paketes, das die Klasse enthält, benutzen.
- *public*: Auf Klassen mit diesem Zugriffsrecht kann man überall zugreifen, wo man auf das Dateiverzeichnis zugreifen kann, in dem sie definiert sind.

Die Zugriffsrechte *private* und *protected* machen für Klassen keinen Sinn.

In einer Übersetzungseinheit darf höchstens eine Klasse das Attribut *public* erhalten. Wenn `KlassenName` der Name dieser Klasse ist, muss der Name der Datei, die den Text der Übersetzungseinheit enthält, `KlassenName.java` sein. Für Klassen mit dem Attribut *final* können keine Erweiterungsklassen definiert werden.

4.5.7 Abstrakte Klassen

Abstrakte Klassen dienen dazu, Klassen mit gemeinsamen Eigenschaften zusammenzufassen. Diese Eigenschaften werden als *abstrakte Methoden* definiert – dies bedeutet, dass in der abstrakten Klasse ihr Name und ihre Signatur erscheint, dass sie aber erst in Unterklassen der abstrakten Klasse implementiert werden müssen. Jede Klasse, die eine abstrakte Methode enthält, muss selbst abstrakt sein.

Abstrakte Klassen dienen oft zur Implementierung von Summentypen. Besteht ein Typ aus mehreren Alternativen, so können in der abstrakten Klasse Gemeinsamkeiten festgeschrieben werden, in den Unterklassen werden sie jeweils in angemessener Weise implementiert. Als Beispiel betrachten wir Binärbäume, die ihren Inhalt in den Blättern speichern sollen. Jede Instanz eines solchen Baumes ist *entweder* ein Blatt mit Inhalt *oder* ein innerer Knoten. Folglich ist *Baum* die disjunkte Vereinigung der Klassen *Blatt* und *Knoten* – das heißt, ein *Summentyp*.

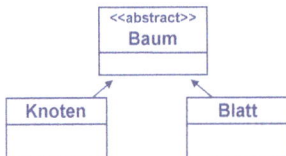

Abb. 4.26. Abstrakte Klasse Baum

Im Gegensatz zu *istKnoten* können wir die boolesche Methode *istBlatt* bereits in der Klasse Baum vollständig implementieren – als Negation von *istKnoten*. Um es ein bisschen interessanter zu machen, spezifizieren wir noch eine abstrakte Methoden *tiefe* für die Tiefe eines Baumes und eine Methode *jandl*[1], die zu einem Baum den *spiegelbildlichen* erzeugen soll, bei dem in allen Knoten *lechts* mit *rinks* vertauscht wurde.

```
abstract class Baum{
 abstract boolean istKnoten();
 abstract int tiefe();
 abstract Baum jandl();
 boolean istBlatt(){ return !istKnoten(); } }
```

Die abstrakten Methoden sind in den Unterklassen einfach zu implementieren. Zusätzlich benötigen die Unterklassen noch Datenfelder – entweder für den Inhalt der Blätter oder für die Söhne der Knoten – und schließlich auch noch Konstruktoren.

```
class Knoten extends Baum{
 Baum links;
 Baum rechts;
 Knoten(Baum l, Baum r){ links=l; rechts=r; }
 boolean istKnoten(){return true;}
 int tiefe(){ return 1+Math.max(links.tiefe(),rechts.tiefe()); }
 Baum jandl(){ return new Knoten(rechts.jandl(),links.jandl()); }
 }
```

In den Blättern werden schließlich Daten gespeichert. Wir müssen uns jetzt entscheiden, von welchem Typ die Daten sein sollen – *Integer*, *String*, *Object*, …? Zum Glück gibt es die Möglichkeit, sogenannte *generische Klassen* zu definieren. In unserem Fall könnte man den Datentyp für den Inhalt eines Blattes variabel lassen und ihn durch einen Parameter T ersetzen. Die Klasse heißt dann Blatt<T> :

```
class Blatt<T> extends Baum{
 T inhalt;
 Blatt(T i){ inhalt = i;}
 boolean istKnoten(){ return false;}
 int tiefe(){return 0;}
 Baum jandl(){ return this; }
}
```

Wir können später den Parameter T mit einer beliebigen Klasse instanziieren, um ein Blatt mit geeignetem Inhalt zu erzeugen, z.B. mit **new** Blatt<Integer>(); oder **new** Blatt<String>(); .

Es wäre durchaus sinnvoll gewesen, auch die Klassen Baum und Knoten durch generische Varianten Baum<T> und Knoten<T> zu ersetzen. Mit der Vererbung

```
class Knoten <T> extends Baum <T> { ... }
```

---

[1] „manche meinen/lechts und rinks kann man nicht velwechsern/werch ein illtum!" (Ernst Jandl)

```
class Blatt <T> extends Baum <T> { ... }
```

könnte man dann gewährleisten, dass alle Knoten den gleichen Typ T haben. Im Interesse der Lesbarkeit haben wir aber in unserer Darstellung darauf verzichtet. Auf generische Klassen gehen wir später, ab S. 271 ohnehin noch genauer ein.

4.5.8 Rekursiv definierte Klassen

Da Variablen immer nur Referenzen auf Objekte sind, gelingt eine rekursive Definition, ohne zusätzliche Pointertypen definieren zu müssen. Wir nutzen das im folgenden Beispiel, um eine Liste mit Objekten von beliebigem Typ T zu definieren – dabei verwenden wir bereits die Möglichkeiten generischer Klassen von Java 1.5.

Die induktive Definition
- *null* ist eine *T-Liste*,
- ist *e* ein Objekt der Klasse *T* und *rest* eine *T-Liste*, so ist *(e, rest)* eine *T-Liste*,

ließe sich sofort in eine Klassendefinition umsetzen, indem wir die leere Liste durch null repräsentieren und jede andere Liste durch ein Paar, bestehend aus dem ersten Element und einer Restliste. Allerdings hat diese direkte Umsetzung noch einen entscheidenden Nachteil, auf den wir gleich stoßen werden. Daher wollen wir bei dieser ersten Umsetzung nicht von einer Liste, sondern nur von einer *Kette* sprechen:

```
class Kette<T>{
  T elt ;
  Kette<T> rest ;
  Kette(T e, Kette<T> r){ elt = e; rest = r;}
}
```

Eine *T-Kette* besteht also aus einem ersten Element elt und einem Restglied rest. Die leere Kette wird durch die *null-Referenz* repräsentiert. Wir könnten jetzt die Kette auffüllen, indem wir z.B. nacheinander Werte einem Array entnehmen und in der Kette speichern:

```
String[] futter = { "ene", "mene", "muh"};
Kette<String> k = null;
for(String a : futter) k = new Kette<String>(a,k);
```

Wir wollen auch etwas sehen. Daher liegt es nahe die Methode *toString* für eine Kette zu implementieren. Anschließend sollte es möglich sein die Kette k mit einem

```
System.out.println(k.toString());
```

auszugeben. Der Versuch, *toString* in der Klasse *Kette* zu implementieren

```
public String toString(){
  if(this==null) return " ";
  else return elt.toString()+" "+rest.toString();
```

wird zwar vom Compiler klaglos implementiert, aber schon bei der ersten Benutzung frustriert uns das Laufzeitsystem mit der Fehlermeldung „*NullPointerException*". Der Grund ist, dass die rekursive Definition von *toString* immer mit der leeren Kette, der *null-Referenz* terminiert. null ist aber kein Objekt in Java, jeder Versuch eine Objekt-Methode (hier: *toString()*) auf null anzuwenden führt zu besagter Fehlermeldung. Ein Rettungsversuch

```
public String toString (){
 if(rest==null) return elt.toString ();
 else return elt.toString ()+" "+rest.toString (); }
```

löst das Problem für nichtleere Ketten. Eine vernünftige objektorientierte Implementierung von Listen muss aber auch die leere Liste als richtiges Objekt zur Verfügung stellen.

Die Lösung ist einfach – wir implementieren eine Liste einfach als Referenz auf eine Kette. Dann wird auch die leere Liste ein Objekt, selbst wenn in dem einzig vorhandenen Feld anfang der Wert null gespeichert ist. Auch unsere obige Methode toString für nichtleere Ketten tut ihren Dienst, da wir sie für nichtleere Listen in Anspruch nehmen:

```
class Liste <T>{
Kette<T> anfang;
public String toString (){
  if(anfang==null) return "";
  else return anfang.toString ();
  }
}
```

Natürlich fehlen noch nützliche Methoden und Konstruktoren. Da wir Zeigerstrukturen im folgenden Kapitel näher behandeln, wollen wir diese hier nicht implementieren, sondern in unserem kleinen Testprogramm auf die entsprechenden Konstruktoren für Ketten zurückgreifen:

```
class ListenTest{
public static void main(String ... args){
  String [] futter = { "muh", "mene", "ene"};
  Liste<String> l = new Liste ();
  for(String a : futter) l.anfang = new Kette<String>(a,l.anfang);
  System.out.println(l.toString ());
  }
}
```

Das Ergebnis auf dem Bildschirm ist selbstverständlich:

```
ene mene muh
```

4.5.9 Schnittstellen (Interfaces)

Viele Algorithmen, die wir in Java programmieren wollen, setzen gewisse Eigenschaften der zu verarbeitenden Daten voraus. Beispielsweise erwarten Sortieralgorithmen, dass auf den zu sortierenden Daten eine Ordnungsrelation erklärt ist. Die für eine Suchfunktion nützliche *foreach*-Schleife

```
for(T t : behälter){ prüfe(t); }
```

setzt voraus, dass die zu durchsuchenden Daten in Behältern gespeichert sind, die ihre Elemente der Reihe nach produzieren können.

Wie können wir Java-Methoden *sortiere* oder *suche* schreiben, die mit allen geeigneten Datentypen und nur mit solchen umgehen können. Erstrebenswert ist, dass der Compiler überprüft, ob die dem Sortieralgorithmus übergebenen Daten tatsächlich eine Ordnungsrelation besitzen bzw. ob das Objekt *behälter* tatsächlich eine geeignete Methode zur systematischen Präsentation all seiner Elemente besitzt.

Zu diesem Zweck gibt es in Java den Begriff des *interface*. Man kann es als *Schnittstelle* oder als Vertrag auffassen. Wenn eine Klasse sich verpflichtet, auf eine geeignete Weise eine Ordnungsrelation zu definieren, dann dürfen ihre Objekte von der Sortierfunktion verwendet werden. Der entsprechende Vertrag, das *interface*, sieht syntaktisch aus wie eine Klassendefinition. Es enthält lediglich die Signaturen einiger Funktionen, vielleicht auch noch einige Konstanten (d.h. Felder mit den Attributen *final* und *static*).

Den Vertrag für geordnete Daten könnten wir so formulieren:

```
interface Ordnung{
  boolean kleiner(Ordnung e);
}
```

Eine Datenklasse, die den Vertrag erfüllen will, kündigt dies durch das Schlüsselwort *implements* an. Der Compiler überprüft sodann, dass alle im interface festgelegten Methoden und Felder tatsächlich implementiert wurden. Im folgenden Beispiel lassen wir die Klasse Punkt das besagte interface implementieren:

```
class Punkt implements Ordnung {
  int x;
  int y;
  public boolean kleiner(Ordnung e){
    return x < ((Punkt)e).x && y < ((Punkt)e).y;
  }
}
```

Man beachte, dass der Parameter von *kleiner* nicht vom Typ *Punkt*, sondern vom Typ *Ordnung* sein muss – so ist es im interface festgelegt. Damit im Körper der Methode *kleiner* auf die x- und y-Komponente von e zugegriffen werden kann, muss e vorher mit einem *Cast* zu einem Punkt zurückverwandelt werden. An dieser Stelle wird deutlich, dass *Punkt* wie eine Unterklasse von *Ordnung* behandelt wird.

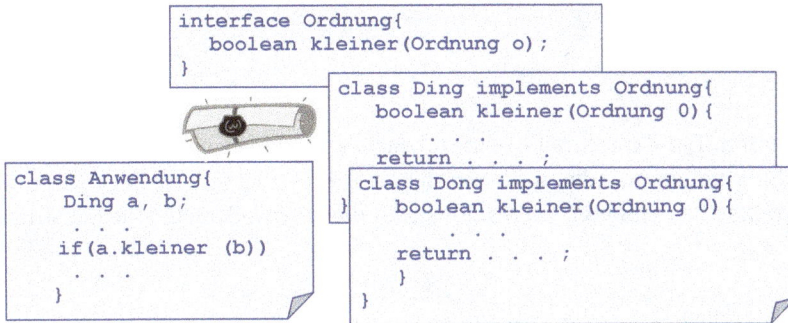

```
interface Ordnung{
    boolean kleiner(Ordnung o);
}
```

```
class Ding implements Ordnung{
    boolean kleiner(Ordnung 0){
        . . .
    return . . . . ;
}
```

```
class Anwendung{
    Ding a, b;
    . . .
    if(a.kleiner (b))
    . . .
}
```

```
class Dong implements Ordnung{
    boolean kleiner(Ordnung 0){
        . . .
    return . . . . ;
    }
}
```

Abb. 4.27. Schnittstelle als Vertrag

Eine Sortierroutine die mit beliebigen geordneten Daten umgehen kann, genauer mit allen, die das interface *Ordnung* implementieren, kann sich für den Vergleich zweier Elemente auf die vertraglich zugesicherte Funktion *kleiner* verlassen:

```
static void sortiere(Ordnung[] folge){
  for (int i=0; i<folge.length; i++)
    for (int j=i+1; j<folge.length; j++)
      if(folge[j].kleiner(folge[i])) swap(folge,i,j);
}
```

Wird irgendwo die Methode *sortiere* benutzt, so überprüft der Compiler, dass der Parameter ein Array von Elementen einer Unterklasse von *Ordnung* ist, die somit die Methode *kleiner* verstehen. Nicht überprüfen kann er jedoch, ob die Methode *kleiner* auch die Eigenschaften erfüllt, die man gemeinhin von einer Ordnung erwartet, etwa, dass mit (a.kleiner(b) && b.kleiner(c)) automatisch auch a.kleiner(c) wahr ist. Für unsere Klasse *Punkt* ist dies der Fall, allerdings ist hier die durch *kleiner* definierte Ordnung nicht *total*, d.h. es gibt verschiedene Punkte p und q, für die weder p.kleiner(q) noch q.kleiner(p) wahr ist.

Während es in den früheren Java Versionen verboten war, dass in interfaces schon einige Funktionen vor-implementiert wurden, so ist das seit der neuesten Version, Java 8, erlaubt. Im Beispiel des oben diskutierten interface *Ordnung* könnten wir z.B eine Methode *kleiner(x,y)* vordefinieren. Solche Methoden muss man als *default-Methoden* kennzeichnen:

```
interface Ordnung{
  boolean kleiner(Ordnung e);
  default boolean größer(Ordnung e){
    return !this.kleiner(e);
  }
}
```

```
}
```

Das Java-System bringt eine Vielzahl vordefinierter Klassen und Schnittstellen mit. Für geordnete Daten verwendet man meist das Interface *Comparable<T>*, das eine Methode

```
int compareTo(T o);
```

für Objekte *o* vom Typ *T* vorschreibt. Je nachdem ob a.compareTo(b) negativ, 0 oder positiv ist, interpretiert man dies als a<b, a=b oder a>b.

Die Schnittstelle *Iterable<T>* ist Grundlage für die *foreach*-Schleife. Die Konstruktion

```
for(T t: behaelter){ ... }
```

setzt voraus, dass behaelter zu einer Klasse gehört, die das interface *Iterable<T>* implementiert. Dieses verlangt einen *Iterator*, das ist eine Methode, die alle Elemente der Reihe nach produzieren kann:

```
public interface Iterable<T> { Iterator<T> iterator() }
```

Einen *Iterator* kann man sich als einen Führer vorstellen, der uns die Elemente des Behälters der Reihe nach zeigen kann. Das Interface *Iterator* verlangt drei Methoden:

```
public interface Iterator <E> {
boolean hasNext();
E next();
void remove();
}
```

Die Methode hasNext() soll *true* liefern, wenn bei der aktuellen Aufzählung der Elemente des Behälters noch weitere Elemente anstehen. Falls ja, produziert next() das nächste Element. Die Methode remove() entfernt das zuletzt mit next abgelieferte Element des Behälters. Diese Methode ist optional – d.h. sie kann auch weggelassen werden und führt dann ggf. zu einer Ausnahme, falls sie trotzdem aufgerufen wird.

Zur Beschreibung verschiedener Arten von Behältern ist im *Java Collections Framework* eine Hierarchie von Interfaces definiert, sowie Klassen, die diese implementieren. Dort finden sich verschiedene Arten von Listen, Warteschlangen, Mengen etc. Basis der Hierarchie ist eine Erweiterung des *Iterable*-Interfaces:

```
public interface Collection <E> extends Iterable <E> {

// Basic operations
int size();
boolean isEmpty();
boolean contains(Object element);
boolean add(E element); //optional
```

```
boolean remove(Object element); //optional
Iterator<E> iterator();

// Bulk operations
boolean containsAll(Collection<?> c);
boolean addAll(Collection<? extends E> c); //optional
boolean removeAll(Collection<?> c); //optional
boolean retainAll(Collection<?> c); //optional
void clear(); //optional

// Array operations
Object[] toArray();
<T> T[] toArray(T[] a);
}
```

Es ist erlaubt, dass eine Klasse mehrere *interfaces* implementiert. Beispielsweise könnte die Klasse *Punkt* noch ein weiteres interface *Verschiebbar* implementieren:

```
interface Verschiebbar{
void moveX(int d);
void moveY(int d);
}
```

Die Klasse Punkt würde dann eingeleitet mit

```
class Punkt implements Ordnung, Verschiebbar { ...
```

Auf diese Weise entsteht eine Mehrfachvererbung (engl. *multiple inheritance*) zwischen Klassen und Interfaces. In Programmiersprachen wie z.B. C++ ist Mehrfachvererbung auch zwischen beliebigen Klassen möglich. Java hat nur Einfachvererbung (engl. *single inheritance*) zwischen „normalen" Klassen. Infolgedessen besitzt jede Java-Klasse genau eine Oberklasse. Die Wurzel der Klassenhierarchie ist die Klasse *Object*.

Vieles, was in C++ mit Mehrfachvererbung erreicht wird, lässt sich in Java mithilfe von Schnittstellen erledigen. Allerdings dürfen in Schnittstellen nur abstrakte Methoden und Konstanten definiert werden. Das Attribut *abstract* wird angenommen, es braucht nicht explizit gesetzt zu werden. Ebenso haben alle Felder einer Schnittstelle implizit die Attribute *static* und *final*. Diese Felder müssen mit Werten initialisiert sein, die zur Übersetzungszeit berechnet werden können. Alle Felder und Methoden einer Schnittstelle haben implizit das Zugriffsrecht *public*. Jede implementierende Klasse muss den Methoden der Schnittstelle daher das Attribut *public* geben.

```
class Punkt implements Ordnung, Verschiebbar {
public void moveX(int d){ x=x+d; }
public boolean kleiner(Ordnung e){ ... }
... }
```

4.5.10 Wrapper-Klassen

In Java ist *Integer* ein Referenztyp, der dazu dient ein Element vom Typ *int* zu speichern. Zu jedem einfachen Typ in Java gibt es einen entsprechenden Referenztyp, man nennt diesen auch Wrapper-Typ (von engl.: *to wrap* = einwickeln).

Wrapper Klassen werden benötigt, weil Java auch auf Sprachebene primitive Typen und Referenztypen unterscheidet. Dies war eine eine frühe Designentscheidung, mit der man sich einen Effizienzgewinn erhoffte.

Leider können alle Behälterdatentypen, mit Ausnahme von Arrays, nur Referenztypen speichern. Auch die Typparameter der später eingeführten generischen Methoden und Klassen können nicht mit primitiven Typen instanziiert werden. Jeder primitive Typ, also jeder *int*, *double*, *char* etc. muss daher vor solcher Benutzung in einen entsprechenden Wrapper-Typ *Integer Double*, *Character* etc. eingepackt und später wieder ausgepackt werden.

In früheren Java-Versionen musste der Benutzer noch explizit mit einem Konstruktoraufruf die einfachen Typen in den Wrapper-Typ packen und konnte letztere mit einem Methodenaufruf `intValue()` wieder auspacken:

```
Integer theAnswer = new Integer(42);
int sechs = theAnswer.intValue()/7;
```

Mit der Version Java 1.5 entschloss man sich, dieses explizite Ein- und Auspacken vom Compiler erledigen zu lassen. Dieses „*Autoboxing*" genannte „*feature*" hält allerdings viele böse Überraschungen bereit. Zur Illustration hier nur eine davon:

```
Integer a=42, b=42, c=420, d=420;
System.out.println((a==b) +" "+ (c==d));
```

liefert das denkwürdige Ergebnis, das man eigentlich nur als eklatanten Fehler bezeichnen müsste:

```
true false.
```

4.5.11 Generische Klassen

Eine der interessantesten Neuerungen der Version 1.5 des JDK war die Einführung *parametrisierter Datentypen*, meist *generische Klassen* genannt. Parametrisierte Datentypen können von einem oder mehreren *Typ-Parametern* abhängen. Sowohl Klassen als auch Schnittstellen können parametrisiert definiert werden. Einige Beispiele haben wir bereits gesehen:

```
class Blatt<T> { ... }
interface Comparable<T>;
```

Besonders *Behälter-Datentypen*, wie z.B. *Listen, Bäume, Stacks, Queues, Heaps*, etc. werden meist genutzt, um Instanzen einer festen Klasse, bzw. eines bestimmten Typs *T* zu speichern. Ohne Typ-Parameter müssen wir aber für jeden Typ einen eigenen Behälter programmieren, also z.B. *IntegerListe, PunktListe, GeoListe*, etc. Da dies umständlich und aufwendig ist, haben Java-Programmierer früher Behälter für Instanzen vom Typ *Object* programmiert. Der Benutzer war dann selber verantwortlich, dass ein als *Object* eingefügtes Datenelement beim Entnehmen aus dem Behälter mittels einer Typumwandlung (*Cast*) wieder den richtigen Typ bekam. Dies ist aber eine unsaubere und unsichere Methode, da hierbei die statische Typprüfung effektiv ausgeschaltet wird.

In Java werden Typ-Parameter in spitzen Klammern angegeben, wie in

```
class Behälter<T>{ ... }
```

Bei der Erzeugung eines *Behälters* wird der Typ-Parameter instanziiert:

```
Behälter<String> sl = new Behälter<String>();
Behälter<Integer> il = new Behälter<Integer>();
```

Auch mehrfache Typparameter sind erlaubt. Eine Klasse Punkt<K,T> könnte man dann z.B. instanziieren durch

```
Punkt<String,Integer> p;
```

Eine verkette Liste für Objekte von festem aber beliebigem Typ erhalten wir durch

```
class Kette <T>{
 T element;
 Kette<T> rest;
 Kette(T e, Kette<T> r){ element = e; rest = r;}
}
```

Den Typ-Parameter T können wir jetzt, z.B. mit Objekten der *GeoKlasse*, instanziieren

```
Kette<GeoKlasse> gl = new Kette<GeoKlasse>(
            new Kreis(1, 2, 3), null);
```

oder einfach mit Objekten der Klasse *Integer*:

```
Kette<Integer> ik = new Kette<Integer>(0,
            new Kette<Integer>(8,
                new Kette<Integer>(15,null)));
```

4.5.12 Vererbung generischer Typen

Wann sollte eine Klasse *U* eine Unterklasse einer Klasse *V* sein? Die allgemeine Regel ist: *Wenn jedes Objekt von U auch ein Objekt von V ist, wenn also überall dort, wo ein Objekt der Klasse V erwartet wird, auch ein Objekt der Klasse U akzeptabel ist.*

Überall wo ein *Number*-Objekt erwartet wird, kann ein *Integer* verwandt werden und überall wo ein *Set* erwartet wird, kann auch ein *TreeSet* oder ein *HashSet* einspringen. So geht es auch bei generischen Varianten dieser Typen, das heißt, dass z.B. *HashSet<X>* und *TreeSet<X>* Unterklassen von *Set<X>* sind, kurz

$$U \text{ extends } V \;\Rightarrow\; U < X > \text{extends } V < X >.$$

Interessanter ist die Frage, ob Vererbung an der Parameterposition ebenfalls übertragbar sein soll, also ob z.B. die Klasse *Set<Integer>* eine Unterklasse von *Set<Number>* ist. Intuitiv erscheint dies klar, und es ist auch richtig, solange man die Objekte der Klassen nur liest und nicht verändert. Man spricht von *Kovarianz*, falls für Klassen *K, U, V* gilt:

$$U \text{ extends } V \;\Rightarrow\; K < U > \text{extends } K < V > \qquad (Kovarianz).$$

Will man die Objekte aber verändern, so erkennt man, dass Kovarianz fehl am Platze ist. In eine *ArrayList<Number>* kann man z.B. die Zahl 3.14 einfügen, in eine *ArrayList<Integer>* aber nicht, da 3.14 kein *Integer* ist. Wenn es also um das Einfügen geht, wäre wünschenswert, dass *ArrayList<Number>* eine Unterklasse von *ArrayList<Integer>* wäre, denn alles was man in eine *ArrayList<Integer>* einfügen kann, kann man auch in eine *ArrayList<Number>* einfügen. Die Ordnung dreht sich für das Verändern also um, man spricht von *Kontravarianz*:

$$U \text{ extends } V \;\Rightarrow\; K < V > \text{extends } K < U > \qquad (Kontravarianz).$$

Da man im allgemeinen Objekte sowohl lesen, als auch verändern will, kann der Java-Compiler sich weder auf Kovarianz, noch auf Kontravarianz festlegen. Auch wenn *U* extends *V* gilt, sind für Java die generischen Klassen *K<U>* und *K<V>* inkompatibel!

4.5.13 Typschranken

Als Typargumente *X* generischer Klassen *K<X>* sind beliebige Klassen zulässig. Will man aber beispielsweise in einer Klasse *Menge<X>* bestimmte Annahmen an die zugelassenen Elemente machen, etwa, dass es sich um Zahlen handelt, oder dass sie ein bestimmtes Interface implementieren, so kann man die Typvariable nach oben oder nach unten einschränken. Die Deklaration

```
class Menge <X extends Number> { ... };
```

erlaubt die Instanziierung der Typvariablen ausschließlich mit Unterklassen von *Number*, also etwa als *Menge<Double>*, *Menge<Integer>* oder *Menge<Number>*. In der Klasse *Menge* könnte man jetzt Methoden definieren, welche die Summe aller Elemente oder deren durchschnittliche Größe berechnen. In diesem Fall ist *Number* die obere Schranke der zugelassenen Elementtypen. Die erste der folgenden Zuweisungen ist daher erlaubt, die zweite nicht:

```
s = new Menge<Integer>; // erlaubt
s = new Menge<Object>; // Fehler
```

Interfaces können genauso als Typschranken vorkommen wie konkrete oder abstrakte Klassen. So sieht man recht häufig die Festlegung

```
class K <T extends Comparable<T>>
```

für Behälterklassen K, deren Elementtyp *T* das Interface *Comparable<T>* implementieren soll. Leider ist das keine befriedigende Lösung, denn Elementtypen *T*, die nicht selber *Comparable<T>* implementieren, sondern *Comparable<T1>* für eine *Oberklasse T1* von *T* bleiben damit außen vor. In diesem Fall muss man sogenannte *Wildcards* „?" verwenden, das sieht dann so aus:

```
class K <T extends Comparable <? super T>>
```

`<? super T>` steht für eine beliebige *T* umfassende Klasse, und analog `<? extends T>` für eine beliebige Unterklasse von *T*.

Mit Wildcards kann der Programmierer sogar Kovarianz und Kontravarianz generischer Klassen erzwingen, dies ist aber ziemlich trickreich und gehört in die Kategorie des fortgeschrittenen Programmierens.

4.6 Fehler und Ausnahmen

Bei der Programmentwicklung ist es eine wichtige (und oft nicht leichte) Aufgabe, Vorsorge für Situationen beim Programmablauf zu treffen, die nicht dem Normalfall entsprechen. Hilfreich ist die Unterscheidung von *Fehlern* und *Ausnahmen*.

Ein *Fehler* liegt vor, wenn der Programmablauf unerwartet (aus Gründen, die innerhalb oder außerhalb des Verantwortungsbereichs des Entwicklers liegen können) vom vorgesehenen Ablauf abweicht.

Ausnahmen (engl.: *exceptions*) sind Sonderfälle, mit denen der Programmierer bzw. das Programmiersystem aber rechnet. Zum sicheren (oft auch als defensiv bezeichneten) Programmieren gehört es, Ausnahmen so weit wie möglich abzufangen (engl.: to *catch*), d.h. mit ihrem Auftreten zu rechnen und Vorkehrungen dafür zu treffen.

Ausnahmen können durch *Laufzeitfehler* (Division durch 0, Versuch, in eine schreibgeschützte Datei zu schreiben) verursacht, sie können aber auch vom Programmierer bewusst veranlasst werden. Für das Auslösen einer Ausnahme verwendet man im Englischen den Begriff „*to throw an exception*".

Sowohl Laufzeitfehler als auch selbst ausgelöste Ausnahmen können abgefangen und gesondert behandelt werden. In Programmiersprachen ohne *Ausnahmebehandlung* muss beispielsweise das Ergebnis einer erfolglosen Suche durch einen vereinbarten Rückgabecode signalisiert werden. In dem folgenden Programmfragment ist das der Wert -1.

```
int suche(int[] a, int was){
  int n = a.length;
  for (int i = 0; i < n; i++)
    if (a[i] == was) return i;
  return -1;
}
```

4.6.1 Exceptions in Java

In Programmiersprachen mit Ausnahmebehandlung, zu denen Java gehört, kann eine erfolglose Suche als Ausnahme behandelt werden. An der Aufrufstelle kann man wesentlich eleganter zwischen einer erfolgreichen und einer erfolglosen Suche unterscheiden. Die Definition der obigen Methode beginnt dann mit

```
int suche(int[] a, int was) throws NichtGefunden
```

wobei ersichtlich ist, dass der Rückgabewert der Methode *Suche* entweder eine ganze Zahl (int) oder eine Ausnahme nichtGefunden sein wird.

Ausnahmen sind in Java als Klassen zu definieren. Eigene Ausnahmen können als Unterklassen der vordefinierten Klassen *Exception* und *Error* definiert werden.

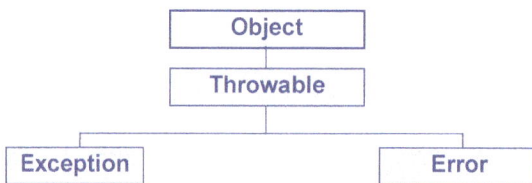

Abb. 4.28. Die Hierarchie der Ausnahmeklassen

Man sollte sich an die Konventionen halten: Unterklassen von *Exception* sollten verwendet werden, wenn es sich um behebbare „Ausnahmen" handelt, Unterklassen von *Error* nur, wenn es sich um Fehler handelt, die einen Abbruch des Programms erforderlich machen.

Als rudimentäre Ausnahme-Klasse für eine erfolglose Suche können wir etwa definieren:

```
class NichtGefunden extends Exception{ }
```

Mehr ist oft nicht erforderlich, weil wir, wie im folgenden Beispiel, beim Werfen der Exception (*throw new NichtGefunden()*) dieser keine Zusatzinformation mitgeben müssen und daher ihren Default-Konstruktor verwenden können:

```
int suche(int[] a, int was) throws NichtGefunden{
  for (int i = 0; i < a.length; i++)
    if (a[i] == was) return i;
  throw new NichtGefunden();
  }
```

Die Methode *suche* muss die Ausnahme, die sie eventuell auslöst, bereits in der Kopfzeile anmelden, denn die Ausnahme gehört zur Signatur der Methode. Man sagt, dass eine Ausnahme *geworfen* wird (engl.: *to throw*), daher das Schlüsselwort *throws*.

Falls die Suche erfolgreich war, wird *suche* mit einem *return* verlassen. Andernfalls wird mit *new NichtGefunden()* ein Objekt der Ausnahmeklasse erzeugt, welches *suche* mit dem Befehl *throw* auslöst. Die weitere Bearbeitung der Methode bricht damit ab.

Weil unser Testprogramm eine Methode aufruft, welche potenziell eine Ausnahme werfen kann, muss es eine Ausnahmebehandlung vorsehen:

```
void suchTest(int mal){
  int[] a = new int[100];
  for (mal=0; mal<100; mal++){
    for(int i=0; i<a.length;i++) // erzeuge
      a[i]=(int)(90*Math.random()); // Array mit Zufallszahlen
    try{
      System.out.println("An Position " + suche(a,42));
    }catch (NichtGefunden e){
      System.out.println("Pech gehabt");
    }
   }
  }
```

Basis der Behandlung von Ausnahmen ist die „versuchsweise" Ausführung von Programmteilen. In einem *try*-Block stehen die Anweisungen, die evtl. eine Ausnahme erzeugen können. In unmittelbar darauf folgenden *catch*-Blöcken können ein oder mehrere Ausnahmen abgefangen werden. Die von einem *catch*-Block behandelte Ausnahme ist als Parameter angegeben. Optional kann ein *finally*-Block mit Anweisungen, die in jedem Fall ausgeführt werden, folgen. Dies wird in den meisten Fällen zum *Aufräumen* genutzt werden, etwa um Dateien zu schließen etc. Die vollständige Syntax der Ausnahmebehandlung ist:

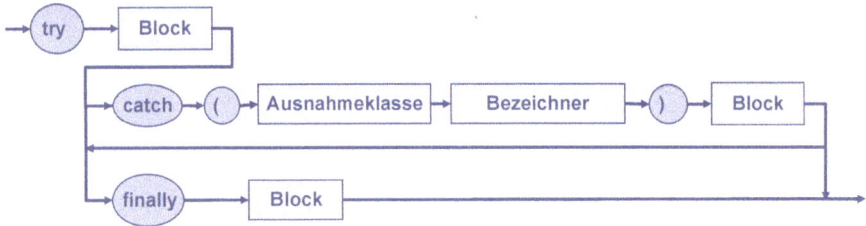

Abb. 4.29. Die Syntax von Ausnahmebehandlungen

Man kann auch auf eine Ausnahmebehandlung verzichten, wenn man die Methode, die die gefährliche Anweisung umgibt, mit einer *throws*-Klausel versieht, die die Ausnahme, die *weitergereicht* wird, benennt. Als Beispiel definieren wir eine zusätzliche Suchmethode, die keine eigene Ausnahmebehandlung vornimmt:

```
int spezialSuche(int[] a) throws NichtGefunden{
  return suche(a,42);
}
```

Alle Ausnahmen, die Unterklassen von *Exception* sind, müssen behandelt oder weitergereicht werden. Diese Regel hat eine Ausnahme: Alle Ausnahmen, die aus der Unterklasse *RuntimeException* (Laufzeit-Ausnahme) abgeleitet sind, können, brauchen nicht behandelt zu werden. Die Klasse *RuntimeException* und ihre Unterklassen sind zur Behandlung häufig vorkommender Laufzeitfehler gedacht. Es ist eine kleine Inkonsequenz von Java, diese nicht von vornherein als Unterklasse von *Error* zu definieren. Laufzeitfehler in diesem Sinne entstehen z.B. bei Division durch 0, wenn ein Array-Index nicht im zulässigen Bereich ist oder wenn versucht wird, einen Null-Pointer als Referenz auf ein Objekt zu verwenden. Diese Laufzeitfehler werden automatisch weitergereicht und, falls sie sonst nicht abgefangen werden, vom Java-Laufzeitsystem mit einer Standardfehlermeldung behandelt. Das Programm wird danach abgebrochen.

```
static double sq(int i) {
  if (i < 0) throw new ArithmeticException();
  return Math.sqrt((double) i);
}
```

Die Erzeugung der Ausnahme hätten wir uns in dem Beispiel sparen können, da sie von der Methode *Math.sqrt* ggf. bereits erzeugt wird. Wir variieren nun das letzte Beispiel, um darzustellen, wie man Ausnahmen auch mit Fehlertexten oder Warnhinweisen ausstatten kann:

```
class MeineAusnahme extends Exception{
 public MeineAusnahme(){super();}
 public MeineAusnahme(String s){super(s);}
 }


static double sq(int i) throws MeineAusnahme{
 if (i < 0) throw new MeineAusnahme("Fehler: Argument negativ !");
 return Math.sqrt((double) i);
 }
```

Wir können die Methode *sq* in folgendem Programmfragment testen:

```
for (int i = 6; i > -3; i--) {
 try {System.out.println(i+"\t"+sq(i));}
 catch (MeineAusnahme e){System.out.println(i+"\t"+ e);}
 finally {System.out.println("Geschafft.");}
 }
```

Wenn das Argument *i* negativ ist, wird die Ausgabeanweisung des *catch*-Blockes ausgeführt, andernfalls die des *try*-Blockes. Die Ausgabeanweisung des *finally*-Blockes wird in jedem Fall, also bei jedem Schleifendurchgang, ausgeführt. Das gilt sogar, wenn wir in den *catch*-Block eine *break*-Anweisung einbauen! Die Schleife wird erst abgebrochen, nachdem ein in ihr enthaltener *finally*-Block ausgeführt wurde. In dem folgenden Fall wird der Text „Geschafft." ausgegeben, bevor *break* die Schleife abbricht.

```
for (int i = 6; i > -3; i--) {
 try {System.out.println(i+"\t"+sq(i));}
 catch (MeineAusnahme e){
   System.out.println(i+"\t"+ e);
   break; }
 finally {System.out.println("Geschafft.");}
 }
```

4.6.2 Zusicherungen – Assertions

Während *Exceptions* spezielle Situationen, die zur Laufzeit ausnahmsweise auftreten können, abfangen und behandeln, dienen *Assertions* dazu das Programm gegen logische Fehler abzusichern. An beliebigen Stellen im Programmcode kann man testen, ob eine Eigenschaft erfüllt ist. Wenn ja, passiert nichts weiter, wenn nein, wird eine definierte Meldung ausgegeben.

Die *Syntax* einer Zusicherung ist denkbar einfach:

```
assert Bedingung : Meldung ;
```

Die *Semantik* besagt, dass die boolesche Bedingung getestet wird. Falls das Ergebnis *true* ist, läuft das Programm normal weiter, falls sie *false* ist, bricht es mit Ausgabe der

Meldung ab. Der letzte Teil kann auch ganz fehlen, dann vereinfacht sich die Syntax
zu

```
assert Bedingung;
```

In diesem Falle wird bei Nichterfüllung der Bedingung eine Standardmeldung erzeugt.

Eine Assertion ist eine ausführbare Zwischenbehauptung und drückt aus, dass
an dieser Stelle *eigentlich* die angegebene Bedingung gelten sollte. Die Assertion hilft
dem Programmierer; anfangs, um Fehler zu finden, später, um sicherzugehen, dass er
nichts übersehen oder missverstanden hat und dass seine im Kleinen und mit Spielda-
ten getesteten Methoden auch im Verbund mit anderen Klassen und Paketen korrekt
arbeiten.

Assertions sollen nur zur Entwicklungszeit ausgeführt werden, nicht nachdem
das fertige Programm an den Kunden ausgeliefert ist. Der Code der Assertions bleibt
zwar Teil der compilierten Klassen, er wird aber nur ausgeführt, wenn die Java-
Maschine explizit mit der Option „-ea" (*enable assertions*) aufgerufen wird:

```
java -ea myClass
```

Dies ist ein Merkmal, das Assertions von Exceptions unterscheidet. Exceptions sind
durchaus mögliche und vorhergesehene Sonderfälle und müssen im fertigen Programm berücksichtigt werden. Bei den Assertions geht der Programmierer davon aus,
dass ihre Bedingungen im fertigen Programm immer zu *true* auswerten. Das ausgelie-
ferte Programm kann also ohne die Option „-ea" gestartet werden und der Anwender
braucht keine Laufzeiteinbußen durch den Test von Assertions hinzunehmen.

Während der Entwicklungszeit kann der Programmierer an jeder Stelle des Programms mit Assertions testen, ob eine Bedingung so eingehalten wird, wie er sich das
vorstellt. So ist

```
assert(index < liste.length()): "Index"+i+"ausserhalb";
```

nicht nur kürzer und eleganter als eine entsprechende Ausgabeanweisung

```
if(index < liste.length()){
System.out.println("Index"+i+"ausserhalb");
System.exit(0);
}
```

Letztere müssen nach ein paar kleinen Tests auch wieder aus dem Programm gelöscht werden, während Assertions immer im Programm verbleiben können. Ohne
weiteres Zutun werden die Bedingungen der Assertions bei jedem Testlauf des aufrufenden Programms mitgetestet – sofern dies gewünscht ist. Es gibt auch die Möglichkeit, selektiv für gewisse Klassen oder Pakete Assertions ein- oder auszuschalten
„-da" (*disable assertion*):

```
java -ea buch... -da:buch.demopaket... -ea:SortierKlasse
```

Hier werden in allen Klassen im Paketpfad buch, außer im darin befindlichen demo-paket, wohl aber in der SortierKlasse die Assertions eingeschaltet (Die drei Punkte ... sind Teil der Syntax).

Selbstverständlich dürfen Assertions den sonstigen Programmablauf nicht beeinflussen, d.h. abgesehen evtl. von der Ausführungsdauer darf es keinen Unterschied machen, ob Assertions ein- oder ausgeschaltet sind. Dies setzt voraus, dass der Programmierer in den Bedingungen keine externen Felder oder Variablen verändert.

Vorbedingungen und Nachbedingungen

Ein Ort an dem man sinnvollerweise Assertions einsetzen kann, sind Nachbedingungen von Methoden. Wenn eine Funktion einen Wert mit einer bestimmten Eigenschaft liefern soll, kann dies im letzten Moment vor der Rückgabe dieses Wertes durch eine Assertion getestet werden. Die Bedingungen können beliebig komplex sein, oft ist es sogar angebracht dafür private Hilfsmethoden zu schreiben. Beispielsweise könnten wir für eine Sortiermethode sicherstellen wollen, dass zum Schluss tatsächlich alle Daten sortiert sind:

```
public bubbleSort(int [] daten){
    ...
    assert istSortiert(daten) : daten + "nicht sortiert";
}
```

Diese Assertion benötigt eine einfache Hilfsmethode *istSortiert*. Im Wissen, dass diese nicht in der Produktionsversion, sondern nur während der Programmtests laufen wird, brauchen wir uns um Effizienz überhaupt nicht zu kümmern – Korrektheit ist das einzige Gebot:

```
private boolean istSortiert(int[] daten){
  for(int i=0; i<daten.length() -1; i++)
    if (daten[i] > daten[i+1]) return false;
  return true;
}
```

Um Vorbedingungen *öffentlicher* Methoden zu testen, sind eher Exceptions angebracht, als Assertions. Wenn jemand z.B. den *ggT* mit negativen Zahlen aufruft, obwohl die Methode dafür nicht vorgesehen ist, sollte dies vorausgesehen und in einer Exception abgefangen werden, ohne dass das Programm abbrechen muss. Handelt es sich aber um eine *private* Methode, so können Assertions sehr wohl zur Prüfung der Parameter angebracht sein. Die falsche Verwendung der Methode ist dem Programmierer unterlaufen, und dies sollte vor Abgabe des Programms ausgemerzt sein.

Schleifeninvarianten

Ihre große Stärke zeigen Assertions als Invarianten von Schleifen. Invarianten drücken die Essenz einer Schleife aus – sie müssen am Eintrittspunkt einer *while*-Schleife stets erfüllt sein. Dies garantiert, dass sie auch am Ende der Schleife wahr sind und zusammen mit der Negation der *while*-Bedingung die gewünschte durch die Schleife erreichte Eigenschaft ausdrücken. Solche Invarianten auch als Assertions in den Programmcode aufzunehmen, dient nicht nur der Qualitätssicherung, sondern auch der Dokumentation. Wir werden dies auch anhand der Sortiermethoden im folgenden Kapitel verdeutlichen.

Klasseninvarianten

Viele Klassen gehen davon aus, dass zwischen den Feldern eines Objekts stets eine gewisse Beziehung erfüllt ist. Das Alter eines Studenten darf nie negativ sein, sein Geschlecht nicht *null*, seine Matrikelnummer muss 6-stellig sein. Ein Kreis darf keinen negativen Radius haben und ein Bruch nicht 0 im Nenner.

Solche Eigenschaften, die wir für alle Objekte einer Klasse garantieren wollen, nennt man *Klasseninvarianten*. Während der Bearbeitung eines Objektes dürfen sie zwar kurzzeitig verletzt werden, nach Beendigung einer Methode und vor Aufruf der nächsten müssen sie aber immer erfüllt sein. Sie ähneln Konsistenzbedingungen für Datenbanken.

Bleiben wir beim letztgenannten Beispiel und stellen uns eine Klasse *Rational* vor, die wir zur Arbeit mit exakten Brüchen (genannt rationale Zahlen) einsetzen wollen. Von einer rationalen Zahl wollen wir Zähler und Nenner speichern:

```java
class Rational{
 int zaehler, nenner;
   ...
 }
```

Nun wollen wir sichergehen, dass nie ein Nenner 0 ist. Außerdem wollen wir rationale Zahlen nur in gekürzter Form speichern, so dass der Vergleich zweier rationaler Zahlen sowie ihre Druckausgabe erleichtert wird und schließlich wollen wir, dass durch die arithmetischen Operationen Zähler und Nenner nicht unnötig groß werden. Wir können unsere Erwartung an eine rationale Zahl in einer Klasseninvarianten formulieren:

```java
private boolean classInv(){
 return nenner > 0 && ggT(zaehler,nenner)==1;
 }
```

Diese Invariante garantieren wir durch Assertions in jedem Konstruktor und in jeder Methode, die die Felder *zaehler* oder *nenner* verändert:

```java
Rational(int zaehler, int nenner){
```

```
    ...
    assert classInv() ;
    }
```

Im vorliegenden Falle, wo eine Normalformendarstellung rationaler Zahlen erwünscht ist, empfiehlt es sich, an den obengenannten Stellen konsequent eine Methode anzuwenden, die Brüche in Normalform bringt, und dies durch eine Assertion auch garantiert:

```
private void normalize(){
  if(nenner <0){ nenner = -nenner; zaehler = -zaehler: }
  int ggT = ggT(zaehler,nenner);
  zaehler = zaehler/ggT;
  nenner = nenner/ggT;
  assert classInv();
  }
Rational(int zaehler, int nenner){
  this.zaehler = zaehler;
  this.nenner = nenner;
  normalize() ;
  }
```

Assertions bieten eine simple aber wirkungsvolle Methode, um Korrektheit von Programmen zu garantieren und zu überwachen. Leider sind sie nur nachträglich und etwas halbherzig in Java eingebaut worden. Bessere Konzepte sind längst schon in der Sprache Eiffel erfolgreich getestet worden. Beispielsweise ist es mit Java-Assertions nicht möglich, die Anfangswerte der Parameter einer Methode in den Test, ob das Resultat korrekt ist, einzubeziehen. Am Ende der Methode *ggT* wäre es wünschenswert zu testen, ob das Ergebnis tatsächlich die übergebenen Parameter teilt. Da diese aber in dem Programm verändert werden, müsste man explizit die Anfangswerte in gesonderten Variablen aufheben und damit am Ende das Ergebnis testen.

```
int ggT(int x, int y){
  int X=x; Y=y; // Anfangswerte aufbewahren
  while(x!=y)
    if(x>y) x-=y; else y-=x;
  assert (X%x==0 && Y%x==0); // teilt x die Anfangswerte ?
  return x;
  }
```

Die nur für die Assertion eingeführten Variablen X und Y verbleiben im Programmcode, auch wenn Assertions abgeschaltet werden.

4.7 Dateien: Ein- und Ausgabe

Statt Ein- und Ausgabe mithilfe der Methoden *read* und *print* in einem Konsolenfenster zu erledigen, kann man auch aus beliebigen Dateien lesen bzw. in Dateien schreiben. In Java sind diese Methoden in Klassen definiert, die in den Paketen `java.io` und `java.nio` zusammengefasst sind. Wir werden hier nur eine kleine Auswahl der dort definierten Methoden kennen lernen, insbesondere werden wir zunächst auf die Bearbeitung von Textdateien eingehen. Dies sind Dateien, deren Inhalt typischerweise (aber nicht notwendig) Text ist, der in Zeilen organisiert ist. Am Ende einer Zeile steht jeweils ein Zeilenende-Zeichen (siehe auch: S. 205).

4.7.1 Öffnen und Schließen von Dateien

Dateien befinden sich im Allgemeinen auf Speichermedien (Festplatten, CDs, Flash-Speicher), die im Vergleich zum Hauptspeicher sehr langsam sind. Liest ein Programm Daten aus einer Datei, so wird physikalisch nicht nur das aktuell benötigte Datum gelesen, etwa eine Zahl oder ein Zeichen, sondern ein kompletter Datenblock in dem sich das gesuchte Datum befindet. Dieser Datenblock wird in einen Puffer im Hauptspeicher gebracht, in der Hoffnung, dass auch die folgenden Leseoperationen sich auf Daten beziehen, die sich schon in diesem Puffer befinden. Erst wenn das nicht mehr der Fall ist, muss ein weiterer Datenblock gelesen werden, der den aktuellen im Puffer dann verdrängt. Für jede zum Lesen geöffnete Datei legt das Betriebssystem also einen solchen Puffer an. Diese Tätigkeit nennt man das *Öffnen* der Datei. Der Programmierer muss die Einzelheiten nicht kennen, er muss nur wissen, dass eine Datei zum Lesen oder zum Schreiben „geöffnet" werden muss.

Öffnet man eine Datei zum Schreiben, so passiert analoges. Der Datei wird ein Puffer im Hauptspeicher zugeordnet. Jede Schreibe-Operation wird zunächst in dem Puffer ausgeführt. Erst wenn dieser voll ist, wird er auf das physikalische Speichermedium übertragen. Schließt man die Datei wieder, so wird der Puffer, auch wenn er nicht voll ist, auf das Medium geschrieben. Vergisst man, die Datei zu schließen, bevor man z.B. einen USB-Stift entfernt, so kann es sein, dass die letzten Daten noch nicht physikalisch geschrieben wurden.

4.7.2 Dateidialog

Um eine beliebige Datei zu lesen oder zu schreiben, benötigt man ihren Dateinamen, bzw. allgemein ein Objekt vom Typ *Path*. Dazu wird in graphischen Bediensystemen ein Dateiauswahlfenster angeboten, in dem man mit Maus und Tastatur zu dem gewünschten Verzeichnis mit der gesuchten Datei navigieren, oder sich eine neue Datei anlegen kann.

Im Paket `java.awt` findet sich eine Klasse `FileDialog`, deren Objekte solche graphischen Dateiauswahlfenster darstellen, mit denen man das Dateisystem erkunden und bearbeiten kann. Ein *Datei-Dialog* ist ein Spezialfall einer allgemeineren Dialogklasse, aus der im letzten Unterkapitel besprochenen grafischen Benutzerschnittstelle AWT. Die folgende Methode hat als Parameter einen Verweis auf einen Rahmen, in dem das Fenster mit dem Datei-Dialog eingepasst werden soll und eine Zahlkonstante, die den Modus – Lesen oder Schreiben – festlegt:

```
static Path getPfadName(Frame fr, int mode){
 FileDialog dlg = new FileDialog(fr,"Dateiauswahl",mode);
 dlg.setFile("*.txt");
 dlg.setVisible(true);
 return Paths.get(dlg.getDirectory(),dlg.getFile());
 }
```

Für den Modus sind in der Klasse `FileDialog` Konstanten mit offensichtlicher Bedeutung definiert: `FileDialog.LOAD` und `FileDialog.SAVE`

Mit `dlg.setFile` kann man filtern, welche Dateien gesucht werden sollen. Im obigen Fall suchen wir Dateien mit dem Suffix „`.txt`". Der Aufruf `dlg.setVisible(true)` lässt das Fenster auf dem Bildschirm erscheinen. Falls der Dialog erfolglos endet, wird null zurückgegeben, ansonsten ein Objekt aus dem man mit `getFile` den Dateinamen extrahiert und mit `getDirectory` den Namen des zugehörigen Verzeichnisses. Das Ergebnis unserer Methode ist also *null* oder ggf. ein Path-Objekt mit dem vollen Pfadnamen der Datei. Ob man in der oben beschriebenen Methode ein Path-Objekt oder einfach einen String zurückgibt hängt vom Kontext ab. Einige der Klassen zur Dateibearbeitung verlangen Path-Objekte, andere – vermutlich ältere – verlangen Dateinamen als String.

4.7.3 Textdateien schreiben und lesen

Zum Schreiben von Textdateien kann man ein Objekt der Klasse *PrintWriter* verwenden, das die Methoden *print* und *println* zum Schreiben in eine Datei anbietet. Wir verwenden einen *try-catch*-Block in Gestalt der ab Java SE7 erlaubten *try-with-ressources*-Anweisung. In runden Klammern nach dem Schlüsselwort *try* können eine oder mehrere durch Semikolon getrennte *Ressourcen* deklariert werden. Dies sind Klassen, die das Interface *AutoCloseable* implementieren. Mit Beginn der *try-with-ressources*-Anweisung werden die deklarierten Ressourcen geöffnet und am Ende des *try*-Blocks werden sie automatisch geschlossen. Wenn während der Bearbeitung ein Fehler auftritt, wird wie üblich der zugehörige *catch*-Block ausgeführt. Die Ressourcen werden auch in diesem Fall geschlossen. *PrintWriter* implementiert das Interface *AutoCloseable* und kann daher mit einer *try-with-resources*-Anweisung besonders einfach bearbeitet werden.

Die folgende Funktion schreibt einen `String[]` text Zeile für Zeile in eine Datei:

```
static void writeFile(String[] text, String dateiName){
 try (PrintWriter pw = new PrintWriter(dateiName)) {
   for (String s : text) pw.println(s);
 }catch (Exception ioe){ }
 }
```

Um eine Textdatei einzulesen und auf der Konsole auszugeben, nutzen wir die Funktion *newBufferedReader* der Klasse `java.nio.Files`, um einen *BufferedReader* zu erzeugen, den wir dann in einer *try-with-resources*-Anweisung verwenden.

```
static void readFile(Path dateiName){
  Charset cs = StandardCharsets.ISO_8859_1;
  try (BufferedReader reader = Files.newBufferedReader(dateiName, cs
    )) {
    String zeile = null;
    while ((zeile = reader.readLine()) != null)
      System.out.println(zeile);
  }catch (IOException ioe){ }
  }
```

Die Logik der Leseschleife ist etwas trickreich, aber bei Programmierern sehr beliebt: In der Bedingung der *while*-Schleife wird als Seiteneffekt die nächste Zeile gelesen und geprüft, ob eine solche existierte, also das Ergebnis des Lesens ungleich *null* war.

Die Klasse *Files* stellt zahlreiche Methoden für die Programmierung von Ein- und Ausgabe zur Verfügung. Allerdings sind viele davon sehr allgemein. So muss in dem obigen Beispiel ein Zeichensatz angegeben werden mit dem die einzelnen Zeichen codiert werden sollen. Wie man sieht, gibt es eine weitere Klasse, *StandardCharsets*, die die meistverwendeten Codes bereitstellt. Außerdem muss der Dateiname als Objekt vom Typ *Path* angegeben werden und nicht wie im letzten Abschnitt einfach als *String*. Allerdings kann man mit einer weiteren Hilfsklasse einen String in ein Path-Objekt umwandeln.

```
Path pn = Paths.get("NeuTest.txt");
```

Das Interface *Path* beschreibt allgemein und möglichst plattformunabhängig Methoden und Eigenschaften von vollständigen Dateinamen, also *Pfadnamen*. In der Klasse *Paths* sind Methoden zu finden um Objekte vom Typ *Path* aus verschiedenen Komponenten zusammenzusetzen. Die Methode *readAllLines* der Klasse *Files* bietet eine vereinfachte Möglichkeit, eine Textdatei komplett zu lesen:

```
static void readFile(Path dateiName){
  Charset cs = StandardCharsets.ISO_8859_1;
  List<String> Zeilen = null;
  try { Zeilen = Files.readAllLines(dateiName, cs); }
  catch (IOException ioe){System.out.println("Fehler:"+ioe );}
  for (String str : Zeilen) System.out.println(str);
  }
```

4.7.4 Objekte in Dateien schreiben und lesen

Einfache Datentypen, wie Zahlen, Zeichen, Boolesche Werte, können unmittelbar auch in Dateien geschrieben oder von Dateien gelesen werden. Um aber Objekte in eine Datei zu schreiben, müssen sie *Serializable* implementieren. Dieses Interface ist eigentlich leer, es enthält also weder Attribute noch Methoden. Es soll lediglich gewährleisten, dass alle Felder des zu speichernden Objekttyps entweder von einfachem Typ (Zahlen, Zeichen, boolesche Werte) sind, oder selber wieder *Serializable* implementieren. Falls das nicht der Fall ist, entsteht ein Laufzeitfehler.

Um beispielsweise eine Liste von Konten in einer Datei zu speichern, muss die Klasse Konto *Serializable* implementieren:

```
class Konto implements java.io.Serializable{...}
```

Zum Schreiben benötigt man einen ObjectOutputStream, aus dem package java.io. Diesen konstruiert man sich aus einem FileOutputStream zu einem Dateipfad. In den ObjectOutputStream kann man mit writeObject die gewünschten Objekte schreiben. Da eine Reihe von Exceptions (siehe dazu auch S.: 270) entstehen können, die uns hier nicht weiter interessieren, müssen wir die Dateioperationen in einen *try-catch* Block einschließen.

```
static void writeKonten(String datei, Konto[] konten){
  try( ObjectOutputStream out = new ObjectOutputStream( new
    FileOutputStream(datei)) ){
    for (Konto k : konten){ out.writeObject(k); }
  }catch (IOException e){ }
}
```

Zum Einlesen aus einer Datei wird mit readObject ein Objekt gelesen und dieses mittels eines cast (Konto) als Konto interpretiert. Das wiederholt man solange bis ein EOFException das Ende der Datei (*EOF=end of file*) signalisiert.

```
static void readKonten(String datei){
  try( ObjectInputStream in = new ObjectInputStream(new
    FileInputStream(datei)) ){
    while(true){
      Konto k = (Konto) in.readObject();
      System.out.println(k);
    }
  } catch(ClassNotFoundException e){ } //wg.readObject
    catch(EOFException e){ return;} //Dateiende
      catch(IOException e){ }
}
```

4.8 Threads

Threads sind Programmteile, die unabhängig voneinander ablaufen können. Wenn der Rechner mehrere Prozessoren hat, können sie gleichzeitig ausgeführt werden, ansonsten in irgendeiner beliebigen Reihenfolge, die man nicht vorhersagen kann. *Thread* ist ein Begriff, der im Zusammenhang mit Betriebssystemen noch einmal zur Sprache kommen wird. Wörtlich übersetzt bedeutet dieses Wort *Faden*. Gemeint sind *kleine Prozesse* (*lightweight processes*), die benutzt werden, um Programmteile in unabhängige Ausführungsfäden aufzuteilen. Der Programmablauf verläuft gemeinsam bis zu einem gewissen Punkt, dann teilt sich die Ausführung. Zu einem späteren Zeitpunkt wird das Programm dann wieder gemeinsam fortgesetzt.

4.8.1 Thread-Erzeugung

Java besitzt eine Klasse *Thread*, deren Objekte die Methoden *start* und *run* verstehen. *run* enthält die Anweisungen, die der Thread ausführen soll und *start* übergibt den Thread dem *Scheduler* (engl. für *Planer*) zur Ausführung. Die vorhandene Implementierung von *run* tut nichts nützliches, denn es ist beabsichtigt, dass der Benutzer die Methode überschreibt:

```
class HalliHallo extends Thread{
  public void run(){ System.out.println("HalliHallo");}
  }
```

Jetzt kann man Thread-Objekte erzeugen und starten:

```
HalliHallo hh = new HalliHallo();
hh.start();
```

Das Ergebnis ist, wie erwartet, die Bildschirmausgabe von „HalliHallo".

In der Praxis hat man typischerweise eine Klasse *K*, welche bereits Unterklasse anderer Klassen ist und daher nicht zusätzlich als Unterklasse von *Thread* deklariert werden kann, weil Java keine Mehrfachvererbung von Klassen zulässt. Ein Ausweg, den man in abgewandelter Form auch an anderen Stellen beschreitet, ist die Ausnutzung der erlaubten Mehrfachvererbung von Schnittstellen. Das geht im Falle von Threads folgendermaßen:

Die Schnittstelle *Runnable* spezifiziert die zu überschreibenden Methoden, hier nur *run*:

```
public interface Runnable {
  public abstract void run();
  }
```

Die Klasse *Thread* besitzt einen Konstruktor mit einem Parameter vom Typ *Runnable*:

```
Thread(Runnable r)
```

Wenn *K* das Interface *Runnable* implementiert, kann man mit diesem Thread-Konstruktor jetzt aus jedem beliebigen Objekt von *K* einen Thread erzeugen.

Damit wir verschiedene Thread-Objekte erzeugen und unterscheiden können, geben wir im folgenden Beispiel jedem Objekt seinen Namen mit, den es, als *Thread*, auf dem Bildschirm ausgeben soll:

```
class TicTacToe implements Runnable{
  String wer;
  TicTacToe(String name){ wer = name; }
  public void run(){
    System.out.println(wer);
    }
}
```

Nach einer Ankündigung konstruieren wir drei verschiedene Threads und starten sie:

```
System.out.println("Gleich gehts los");
Thread t1 = new Thread(new TicTacToe("Tic "));
Thread t2 = new Thread(new TicTacToe("Tac "));
Thread t3 = new Thread(new TicTacToe("Toe "));

t1.start();
t2.start();
t3.start();
System.out.println("Das wars");
```

Dieses Programmfragment könnte z.B. die folgende Ausgabe erzeugen:

```
Gleich gehts los
Tic
Das wars
Toe
Tac
```

Die Reihenfolge, in der die letzten vier Zeilen erscheinen, ist nicht deterministisch, d.h. wenn wir das Programmfragment nochmals starten, kann sich im Prinzip jede andere Reihenfolge ergeben. Bemerkenswert ist auch, dass das Hauptprogramm als vierter Thread weiterlief und seine Ausgabeanweisungen mitten im Ablauf der anderen Threads erledigen konnte.

4.8.2 Kontrolle der Threads

Will man erzwingen, dass die abschließende Botschaft des obigen Programms erst erscheint, nachdem die drei explizit gestarteten Threads beendet sind, so muss man die Ausführung des Hauptprogramm-Threads blockieren, bis die anderen drei Threads fertig sind. Zu diesem Zweck gibt es die Methode *join*, die allerdings eine *Interrupte-dException* werfen kann. Im obigen Fall würde man vor die letzte Ausgabeanweisung des Programms die Anweisung

```
try {
  t1.join();
  t2.join();
  t3.join();
} catch (InterruptedException e) {}
```

setzen. *t1.join* wartet auf das Beenden des Threads *t1*, *t2.join* auf *t2* etc. Auf diese Weise können wir garantieren, dass alle gestarteten Threads beendet sind, bevor die finale Ausgabeanweisung ausgeführt wird. Der Begriff *join* (engl. für *vereinigen*, *bei-treten*) drückt aus, dass der Thread wieder dem Ausführungsfaden des aufrufenden Programms „beitreten" soll.

Eine interessante Methode ist auch *sleep*, mit der man einen Thread für eine be-stimmte Anzahl von Millisekunden anhalten kann. Nach Ablauf der Zeit ist er wieder bereit, weiterzuarbeiten. Die Methode *yield* gibt freiwillig die Kontrolle an einen Pro-zess gleicher oder höherer Priorität ab. Wenn kein solcher lauffähig ist, ist sie äquiva-lent zu *sleep(0)*.

In früheren Versionen von Java fand sich auch eine Methode *stop*, um einen lau-fenden Thread gewaltsam zu stoppen. Diese Methode wurde aber verworfen, nachdem sich zeigte, dass sie zu *deadlocks* (Verklemmungen) führen konnte, weil sie zu un-vorhersehbaren Zeitpunkten der Thread-Ausführung ausgelöst werden kann. Da aber typischerweise die *run*-Methode eine *while*-Schleife (meist sogar eine Endlosschleife) ist, gibt es für solche Threads einen besseren Weg. Mit der Methode *interrupt* kann man einem Thread ein Unterbrechungssignal senden:

```
t1.interrupt();
```

Der Thread selber sollte periodisch, im Allgemeinen bei jedem Eintritt seiner Schleife, mit der booleschen Methode *isInterrupted* testen, ob ein Interrupt-Signal vorliegt, oder nicht:

```
void run() {
  while (!isInterrupted()) {
    System.out.println("Bei der Arbeit");
  }
  System.out.println("Ich soll aufhören");
}
```

4.8.3 Thread-Synchronisation

Üblicherweise sind mehr Threads aktiv als Prozessoren zur Verfügung stehen. Deswe-gen können Threads zu beliebigen, unvorhersehbaren Zeitpunkten unterbrochen und später wieder fortgesetzt werden. Wenn aber zwei Threads auf die gleichen Ressourcen, seien es Variablen oder externe Geräte, zugreifen, können unvorhergesehene Situationen entstehen. Wenn zwei *PrintThreads* jeweils einen Artikel auf dem gleichen Drucker ausdrucken, wird das Chaos schnell für jedermann sofort sichtbar sein. Wenn ein System mit vielen Threads aber tausendmal getestet wurde, kann beim 1001-ten Mal immer noch eine Situation eintreten, mit der niemand gerechnet hat.

Wir betrachten ein kleines Beispiel, in dem auf ein Konto Geld eingezahlt und abgehoben wird. Das Konto darf nicht überzogen werden, daher sind die Methoden zum Einzahlen und Abheben gut abgesichert: Es können nur positive Beträge eingezahlt werden und es kann nicht mehr abgehoben werden, als auf dem Konto verfügbar ist:

```
class Konto{
  int stand=0;
  void einzahlen(int betrag){
    if(betrag > 0) stand += betrag;
  }
  void abheben(int betrag){
    if(stand >= betrag) stand -= betrag;
  }
}
```

Jetzt bringen wir Konsumenten und Produzenten ins Spiel. Ein Konsument wartet darauf, dass das Konto mindestens 10€ hat und versucht dann, 10€ abzuheben. Ein Produzent zahlt 10€ ein, falls der Stand auf unter 30€ gefallen ist:

```
class Konsument extends Thread{
  public void run(){
    while(!isInterrupted()){
      if(myKonto.stand <10) yield();
      else myKonto.abheben(10);
      assert (myKonto.stand >= 0) : "Konto überzogen !!";
    }
  }
}
class Produzent extends Thread{
  public void run(){
    while(!isInterrupted()){
      if(myKonto.stand < 30 ) myKonto.einzahlen(10);
    }
  }
}
```

In der Klasse *Konsument* vergewissern wir uns mit einer *assert*-Anweisung, dass der Kontostand nie negativ ist. Weil er zu Beginn nicht negativ ist, kann er eigentlich auch später nie negativ werden, denn das Konto ist eigentlich doch gut abgesichert. Eigentlich ...

Der folgende Test mit einem Produzenten und zwei Konsumenten

```
Produzent otto = new Produzent();
```

```
Konsument anna = new Konsument();
Konsument eva = new Konsument();

otto.start();
anna.start();
eva.start();
```

scheint auch zufriedenstellend zu verlaufen, bis vielleicht erst nach Minuten oder gar Stunden ein Laufzeitfehler auftritt. Was ist passiert ?

Der Scheduler hat *otto* schon lange nicht mehr drangenommen. Das Konto ist auf 10€ gesunken. Jetzt kommt *anna* an die Reihe, vergewissert sich, dass noch genug Geld auf dem Konto ist und ... wird vom Scheduler unterbrochen, der nun *eva* ausführt. Prozess *eva* vergewissert sich, dass mindestens 10€ auf dem Konto sind und ... wird just da unterbrochen und ... *anna* darf ihre unterbrochene Anweisung fortsetzen. Sie hebt 10€ ab und ... jetzt kommt *eva* wieder dran. Auch sie setzt ihre vorhin angefangene Abhebung fort. Das Konto ist jetzt negativ!

Solch eine *„unglückliche und höchst unwahrscheinliche Verkettung von Umständen"* ist meist die Umschreibung für den Grund von Katastrophen. Es wird klar, dass sie durch Tests alleine nicht ausgeschlossen werden können.

Hier ist das Problem, dass die *if*-Anweisung, mit der beim Abheben getestet wird, ob genug Geld vorhanden ist, in Wirklichkeit aus vielen Assembler- bzw. Bytecode-Anweisungen bestehen. Die Prozessunterbrechung kann zwischen zwei beliebigen solcher Anweisungen stattfinden.

Eine Lösung des Problems besteht darin, jederzeit nur einem Thread Zugang zu dem Konto zu erlauben. Dies erreicht man, indem man die Methoden einer Klasse als *synchronized* erklärt, also:

```
synchronized einzahlen(int betrag){...}
synchronized abheben(int betrag){...}
```

Für ein Objekt kann immer nur eine als synchronized gekennzeichnete Methode aktiv sein. Wenn also ein Thread eine solche Methode eines Objekts ausführt, so blockieren alle anderen Threads, die ebenfalls eine synchronized Methode des gleichen Objektes aufrufen wollen, bis die erste Methode fertig ist.

Dies löst unser Problem, weil jetzt *eva* mit dem Abheben erst beginnen kann, wenn *anna* damit fertig ist, bzw. umgekehrt.

4.8.4 Deadlock

Wenn wir jetzt allerdings unser Kontenbeispiel durch eine Methode *überweisen* vervollständigen, stoßen wir bald auf ein zweites Problem, das typisch für Thread-Programmierung ist. Unsere Überweisungsroutine ist eigentlich ganz einfach:

```
synchronized void überweisen(Konto empfänger, int betrag){
```

```
if(stand > betrag && betrag > 0)
  this.abheben(betrag);
  empfänger.einzahlen(betrag);
}
```

Das sieht gut aus, allerdings kann jetzt folgende Anomalie auftreten: Buchhalter *otto* will Geld von *konto1* nach *konto2* überweisen und gleichzeitig will Buchhalterin *anna* Geld von *konto2* nach *konto1* überweisen. Beide haben die Abhebeanweisung schon ausgeführt und möchten auf das jeweils andere Konto einzahlen. Das ist aber nicht möglich, weil der jeweils andere Buchhalter gerade den exklusiven Zugriff auf sein Konto hat, und diesen auch nicht freigibt, bevor die Überweisungsroutine beendet ist. Beide können nicht weiter, weil jeder auf den anderen wartet, man spricht von einer *Verklemmung* (engl.: *deadlock*).

Eine Lösung für das Problem bestünde darin, ein beliebiges Objekt als gemeinsames Schloss (engl.: *lock*) für alle Methoden der Klasse Konto zu verwenden. Die Java-Anweisung

```
synchronized(lock){ ... }
```

führt ihren Block nur aus, wenn sie exklusiven Zugriff auf das Objekt *lock* hat. Wenn mehrere *synchronized*-Anweisungen das gleiche Schlossobjekt verwenden, kann immer nur eine ausgeführt werden.

Java-Methoden mit dem Attribut *synchronized* haben das aktuelle Objekt *this* als Schlüssel:

```
synchronized void abheben(int betrag){
  if (betrag >0) stand -= betrag;
  }
```

ist einfach nur eine Abkürzung für

```
void abheben(int betrag){
synchronized(this) {
  if (betrag > 0) stand -= betrag;
  }
}
```

Im Falle der Überweisung werden *locks* auf zwei Konten benötigt, für das des Empfängers und das des Zahlenden. Mit Gewalt könnte man die Methode absichern, wenn man ein lock auf ein statisches Objekt der Klasse benutzen würde. Allerdings können dann nie zwei Überweisungen gleichzeitig stattfinden, egal um welche Konten es sich handelt.

Threads können auch untereinander kommunizieren. Dazu stellt die Klasse *Object* die folgenden Methoden zur Verfügung:
- *wait*() wartet auf ein Signal von *notify*() oder von *notifyAll*(),
- *wait*(*longms*) ebenso, allerdings wird höchstens ms Millisekunden gewartet,
- *notify*() sendet ein Signal an den am längsten wartenden Thread und

– *notifyAll()* sendet ein Signal an alle wartenden Threads.

Thread-Programmierung ist sehr fehleranfällig, aber dennoch in Java einfacher als in vielen Vorläufersprachen. Im Zusammenhang mit *Transaktionen* werden wir dieser Thematik in einem späteren Kapitel noch einmal begegnen.

Wir haben mehrfach darauf hingewiesen, das Threads unabhängig voneinander ausgeführt werden können, also auch auf mehrere Prozessoren. Tatsächlich haben heutige PCs meist mehrere Prozessoren. Leider wurde die Implementierung von Threads auf der JVM zu einem Zeitpunkt vollzogen als das noch nicht absehbar war. Offenbar kann man die aktuelle Implementierung von Threads auch nicht ohne weiteres auf mehreren Prozessoren erweitern. Seit SE7 wird für die Nutzung mehrerer Prozessoren ein „fork/join Framework" angeboten. Zentrale Klassen dieser Erweiterung sind *ForkJoinPool* und *ForkJoinTask*. Wir werden im nächsten Kapitel sehen, wie man diese Klasse nutzen kann, um mit mehreren Prozessoren gemeinsam ein Array zu sortieren.

4.9 Lambdas, Ströme und Funktionale

Ströme und Funktionale sind die wichtigsten Erweiterungen von Java 8. Sie sind die Vorboten eines neuen Programmierstils, der sich im Zusammenhang mit verteilten und parallelen Anwendungen immer größerer Beliebtheit erfreut.

4.9.1 Lambda-Ausdrücke

Bei Lambda-Ausdrücken (oft verkürzt als „Lambdas" bezeichnet) handelt es sich schlicht um namenlose Funktionen. Ein Lambda-Ausdruck besteht aus einer Parameterliste und einem Funktionskörper. Dazwischen setzt man einen Pfeil ,->'. Beispiele für Lambdas in Java sind etwa

```
(int m, int n) -> m+n
(List l, List m) -> l.append(m.reverse())
() -> System.out.print("Hi")
() -> { System.out.println("Hallo"); return 42; }
x -> x*x
```

In jedem Fall erkennen wir zunächst eine normale Parameterliste, gefolgt von einem Pfeil -> und einem Funktionskörper. Im Falle eines einzelnen Parameters dürfen die Parameterklammern entfallen. Der Funktionskörper besteht entweder aus einem einfachen Ausdruck, oder aus einem Block. Im letzteren Fall muss der Körper eine *return*-Anweisung enthalten. Die Typen der Parameter müssen nicht angegeben werden. Dort wo der Lambda-Ausdruck benutzt wird, können die Typen nämlich *inferiert* werden, das bedeutet, dass der Compiler selber den passenden Typ herausfinden kann.

Um den Unterschied zwischen der bisherigen Vorgehensweise (bis Java 7.0) und der neuen Vorgehensweise (ab Java 8.0) zu verdeutlichen, betrachten wir ein einfaches Beispiel. Wir wollen einen Array *vorNamen* absteigend sortieren und dabei auf eine vorhandene Sortierroutine zurückgreifen. In der Klasse `Arrays` entdecken wir eine statische Methode

```
static <T> void sort(T[] a, Comparator<T> c).
```

Unser Aufruf sollte also lauten

```
Arrays.sort(vorNamen, vergleich)
```

wobei *vergleich* ein *Comparator* sein soll.

Bisherige Lösung (ohne Lambdas)

Die Java-API verrät uns, dass ein `Comparator<T>` ein Interface ist, das eine einzige Methode erwartet: `int compare(T x, T y)`. Das Resultat dieser Methode sollte negativ, 0 oder positiv sein, je nachdem ob *x* kleiner, gleich oder größer als *y* gelten soll. Also erfinden wir rasch eine Klasse, sagen wir `Absteigend`, die das geforderte Interface implementiert. Dabei nutzen wir aus, dass Strings bereits eine Methode `compareTo` besitzen. Indem wir das Resultat von `x.compareTo(y)` mit −1 multiplizieren, erhalten wir aus der aufsteigenden die absteigende Sortierung:

```
class Absteigend implements Comparator<String>{
  public int compare(String x, String y){
    return - x.compareTo(y);
  }
}
```

Jetzt brauchen wir noch ein Object *vergleich* dieser Klasse

```
Comparator<String> vergleich = new Absteigend();
```

und können damit endlich den obigen Sortieraufruf starten.

Das war ein beträchtlicher Aufwand, nur um eine schon vorhandene Sortierroutine nutzen zu können. Traurig ist es auch um die Klasse *Absteigend* und ihr einziges Objekt *vergleich* bestellt: Bestenfalls können wir sie als „Wegwerfware" bezeichnen, da weder *vergleich* noch die Klasse *Absteigend* jemals wieder benutzt werden.

Offensichtlich ist auch vielen Java-Programmierern soviel Aufwand peinlich. Es wird daher oft empfohlen, anonyme Klassen dort zu erzeugen, wo ein *Comparator* gebraucht wird. So spart man sich zumindest die Anlage und Taufe einer Klasse und ihres Elements, aber der Code wird kaum eleganter:

```
Arrays.sort(vorNamen,
    new Comparator<String>(){
```

```
    public int compare(String x, String y){
      return -(x.compareTo(y));
    }
  }
);
```

Lösung mit Lambdas

Das, worauf es ankommt, das Sortierkriterium, lautet offensichtlich: ‚

```
(x,y)  ->  -(x.compareTo(y)).
```

Der zusätzliche Code, inklusive des *Comparator-Interface*, und des vorgeschriebenen
Methodennamens „compare" dient offensichtlich nur dazu diese einfache Funktion in
eine Klasse zu verpacken, um ein die Funktion repräsentierendes Objekt zu erzeugen.
Java soll schließlich ja objektorientiert sein und nicht funktional. Von diesem Zwang
hat sich Java in Version 8 endlich gelöst. Neuerdings ist es erlaubt, mit Funktionen
in Form von Lambda-Ausdrücken umzugehen, ohne sie vorher in Objekte irgendwel-
cher „Wegwerfklassen" einpacken zu müssen. Für die absteigende Sortierung unseres
Vornamens-Arrays reicht nun der folgende Aufruf völlig aus:

```
Arrays.sort(vorNamen, (x,y) -> -(x.compareTo(y)));
```

Das ist alles. Es fällt auf, dass es nicht einmal notwendig ist, die Typen von *x* und *y*
anzugeben, geschweige denn den Rückgabetyp *int*. Parametertypen sind erlaubt, aber
überflüssig, da der Compiler bereits weiß, dass *vorNamen* eine Liste von String ist.
Daraus kann er schließen, dass *x* und *y* vom Typ String sein müssen. Diese Schluss-
folgerung nennt man auch *Typinferenz*.

4.9.2 Functional interfaces

Neben Comparator gibt es in Java viele weitere Beispiele von Klassen und Interfaces,
deren einziger Sinn es ist, eine Funktion in ein Objekt zu verpacken. Zu diesen SAM
(*Single Abstract Method*)-Interfaces gehören unter anderem *Runnable*, *ActionListener*,
Callable, *FileFilter*, etc..
    Überall wo ein Object einer SAM-Klasse benötigt wird, kann neuerdings statt-
dessen ein Lambda-Ausdruck übergeben werden, dessen Signatur zur Signatur der
Methode der SAM-Klasse passt. Java 8 benutzt statt des informalen Begriffs der
SAM_Klasse die Bezeichnung FunctionalInterface.
    Mit der Einführung von Lambda-Ausdrücken wird Java noch lange nicht zu einer
funktionalen Sprache. Funktionen sind keine gleichberechtigten Bürger (first-class-
citizen) wie in funktionalen Sprachen. Lambda-Terme sind einfach nur syntaktische
Hilfsmittel, um hässliche und umständliche Code-Aufblähungen, wie oben gesehen,

zu verstecken. Ein Lambda-Ausdruck bleibt immer nur eine Kurzschreibweise für ein Objekt einer Klasse, die ein *Functional Interface* implementiert. Daher kann ein Lambda-Ausdruck nur dort benutzt werden, wo eigentlich ein solches SAM-Interface erwartet wird, beispielsweise in einer Zuweisung:

```
IntFunction quadrat = x -> x*x;
```

oder in einem Funktionsaufruf wie im obigen

```
Arrays.sort(vorNamen, (x,y) -> -(x.compareTo(y)));
```

In jedem Fall wird ein bestimmtes *Funktional Interface* erwartet, und vom Programmierer stattdessen ein Lambda-Ausdruck mit passender Signatur geliefert. Der Compiler kann dann unter der Hand aus dem Lambda ein Objekt einer anonymen Klasse erzeugen, welches das geforderte Interface implementiert.

4.9.3 Programmieren mit Lambdas

Wir wollen nun eine Suchfunktion erstellen, die in einem Array ein Element mit einer vorgegebenen Eigenschaft suchen soll. Die Eigenschaft soll dabei als Boolesche Funktion spezifiziert werden. Beispielsweise wollen wir die Suchfunktion folgendermaßen benutzen:

```
findFirst(vorNamen, x -> x.endsWith("a") || x.lenght < 3)
findFirst(matrikelNummern, x -> 100000 < x && x < 200000)
```

Welche Signatur sollte *findFirst* erhalten? Da die Funktion mit beliebigen Arrays umgehen soll, sollte sie einen generischen Typ haben, also z.B.

```
T findFirst(T[] a, Kriterium p)
```

wobei `Kriterium` ein *FunctionalInterface* ist. Man könnte zu diesem Zweck selber ein *Functional Interface Kriterium* definieren, etwa so:

```
@FunctionalInterface
interface Kriterium<T>{
  boolean test(T elt);
}
```

Die Annotation `@FunctionalInterface` signalisiert dem Compiler, dass man intendiert, ein SAM-Interface zu schreiben. Dieser achtet darauf, dass das Interface tatsächlich nur eine einzige abstrakte Methode spezifiziert.

Es ist etwas umständlich, für jeden Lambda-Ausdruck zunächst ein passendes Functional Interface zu definieren. Zu diesem Zweck stellt Java 8 ein ganzes Paket `java.util.function` mit vordefinierten Funktionalen Interfaces bereit. Eigentlich

sollte man denken, dass man mit zwei bis drei Interfaces auskommen sollte, also
etwa

```
Function<T,R>       // Funktion mit Argumenttyp T und Werttyp R,
BiFunction<T,U,R>   // zwei Argumente der Typen T, U und Werttyp R
Supplier<R>         // kein Argument und Werttyp R.
```

In Wirklichkeit enthält das Paket aber *43* (!) verschiedene Interfaces, um möglichst
viele der Fälle abzudecken wo anstelle von T, U und R einfache Typen (`boolean`,
`int`, `double`, `void`, ...) gewünscht sind. Insbesondere für den Fall des Ergebnis-
typs `boolean` sind die Interfaces `Predicate<T>` und `BiPredicate<T,U>` vorgesehen.
Für den Fall wo einer der Parameter `void` sein sollte, gibt es `Consumer`, `BiConsumer`,
`Supplier`, und wie sie alle heißen.

Für unsere selbst zu erstellende Methode *findFirst* könnten wir somit unter Verwendung des Pakets `java.util.function` die folgende Signatur festlegen:

```
T findFirst(T[] a, Predicate<T> p){
  for (T x:a)
    if(p.test(x))
    return x;
  return null;
}
```

Man beachte hier, dass wir für den Test des Prädikats *p* nicht einfach *p(x)* schreiben durften, wie es für eine echte Funktion *p* angebracht gewesen wäre, sondern wir
mussten die im *Functional Interface* `Predicate<T>` spezifizierte Methode `test` aufrufen. Hier wird erneut deutlich, dass mit Lambda-Ausdrücken kein echtes Funktionales Programmieren in Java Einzug gehalten hat. Dennoch bringen Lambda-Ausdrücke
einen großen Fortschritt, was die Lesbarkeit von Java-Programmen angeht. Moderne
Benutzeroberflächen, wie z.B. *netbeans*, schlagen von selber Quelltexttransformatio-
nen vor, wenn sie erkennen, dass SAM-Interfaces auf die umständliche alte Art benutzt
wurden.

4.9.4 Optional

Was unsere *findFirst* Funktion angeht, so bleibt noch nachzutragen, dass die Konvention, ein *null* herauszugeben, wenn nichts gefunden wurde, sehr hemdsärmelig ist
und auch nicht mehr empfohlen wird. Es könnte ein legitimes Element *null* im Array gespeichert gewesen sein und dieses könnte die Bedingung *p* erfüllen. Dann wäre
findFirst erfolgreich gewesen, wir würden *null* aber fälschlicherweise als Hinweis auf
einen Fehlschlag interpretieren.

Dass die explizite Verwendung von *null* sehr problematisch ist, hat sich mittlerweile herumgesprochen. Sir Anthony (Tony) Hoare, der die null-Referenz 1965 zum

erstenmal eingeführt hatte, entschuldigte sich dafür 2009 in seiner Turing-Vorlesung und nannte dies seinen „*Billion-Dollar Mistake*".

Man könnte eine erfolglose Suche auch als *exception* bewerten, aber eine wirkliche Ausnahme stellt eine erfolglose Suche eigentlich nicht dar. Außerdem ist eine Ausnahmenbehandlung immer etwas umständlich und wird oft vergessen. Daher bietet Java ab der Version 8 die Klasse Optional<T> an. Intuitiv ist ein Optional<T> entweder eine Box, die ein Element vom Typ T enthält, oder ein leeres Objekt. Die Elemente von Optional<T> sind also entweder Optional.of(t) für jedes *t* vom Typ *T*, oder das Ausnahmeelement Optional.empty(). Um zu testen, ob ein vorgelegtes Optional<T> a vom ersten oder vom zweiten Typ ist, kann man die Testfunktion isPresent() verwenden. Falls a.isPresent() wahr ist, können wir das in a verpackte Element mittels Optional.get() aus der Box nehmen. Unser obiger Algorithmus lautet damit:

```
Optional<T> findFirst(T[] a, Predicate<T> p){
  for (T x : a)
    if(p.test(x)) return Optional.of(x);
  return Optional.empty;
}
```

Ist y ein durch *findFirst* gefundenes Objekt, z.B.

```
y = findFirst(a, x -> x%5 == 0);
```

dann können wir versuchen, auf den Inhalt zuzugreifen:

```
if (y.isPresent())
    System.out.println(Optional.get(y))
else System.out.println("Suche erfolglos").
```

4.9.5 Ströme

Ströme (engl.: *streams*) sind eine weitere Neuerung in Java 8 und wie wir sehen werden, verwendet die Stream-Programmierung intensiv die Lambda-Ausdrücke, die wir im letzten Abschnitt besprochen haben. Ströme gestatten einen neuen Programmierstil, der sich weniger am klein-klein von Anweisungen und lokalen Zustandsveränderungen orientiert, und stattdessen den gesamten Fluss von Daten im Auge hat. Ein *stream* entsteht irgendwie, wird auf vielfältige Weise transformiert und am Ende aufgesammelt, aggregiert oder ausgewertet.

Dieser Programmierstil war immer schon bei funktionalen Programmierern beliebt, auf ihm bauen die sogenannten Datenfluss-Sprachen, wie etwa *Lucid*, auf, die ausschließlich mit unendlichen Strömen arbeitet. Aber auch klassische Unix-Programmierer kennen Ströme als *pipes*. Als Beispiel möge das Kommando

```
cat dat1 dat2 | tr [a-z] [A-Z] | grep 'PYTHON' | head -n 20 | lpr
```

Hier wird mit dem Befehl `cat` aus zwei Dateien ein Strom gebildet. Dieser wird zuerst an den Befehl `tr` (*translate*) weitergereicht, welcher aufgrund der Parameter [a-z] [A-Z] alle Kleinbuchstaben in Großbuchstaben umwandelt. Dann geht es weiter zum Befehl `grep`. Dies ist ein Filter, der nur diejenigen Zeilen durchlässt, welche ein Muster, hier das Wort 'PYTHON' enthalten. Der nächste Filter, `head` möchte nur die ersten Zeilen, im Beispiel die ersten 20. Das Ergebnis wird schließlich an den Drucker geleitet, der somit die ersten 20 Zeilen im Text, welche das Muster enthalten, ausdruckt.

Der Begriff *pipe*, symbolisiert durch das Zeichen „|", steht für die Vorstellung, dass ein Strom durch eine Röhre fließt, in der er sukzessive bearbeitet und gefiltert wird, bis zum Schluss ein Ergebnis produziert wird. In unserem Fall wird der Strom mit `cat` erzeugt, mit `tr` transformiert, mit `grep` und `head` gefiltert und mit `lpr` das Ergebnis verarbeitet.

Idealerweise können die Prozesse, die den Strom bearbeiten, gleichzeitig laufen. Sobald `cat` die ersten Zeilen erzeugt hat, kann `tr` diese schon umwandeln, und `grep` kann die, die schon umgewandelt sind, bereits nach dem Muster durchsuchen. Nachdem die ersten Zeilen, die das Muster enthalten, gefunden wurden, kann der Drucker schon mit dem Drucken beginnen. Außerdem kann `head` im obigen Beispiel, nachdem die ersten 20 Zeilen angekommen sind, ein Signal senden, das alle vorherigen Phasen stoppt und sozusagen die Röhre verschließt. Alle vorherigen Stufen der Pipeline können dann stoppen. Allerdings setzt dies voraus, dass die beteiligten Prozesse keine Seiteneffekte erzeugen, also z.B. globale Variablen benutzen, oder etwas ausdrucken. In diesen Fällen könnte das Ergebnis von der Reihenfolge der Prozessaktivierungen abhängig sein. Seiteneffektfreie Programmierung ist das Credo funktionaler Sprachen und dies hat zur Folge, dass funktionale Sprachen und Sprachkonzepte sich für Parallele Programmierung anbieten.

Der Grund für die Wiederentdeckung von Strömen ist in der Entwicklung der Rechner-Hardware der letzten Jahre zu suchen. Prozessoren werden nicht mehr jedes Jahr schneller, wie es früher einmal war, dafür besitzt ein Standard-PC heute 4 oder gar 8 Prozessorkerne. Mit klassischer Programmiertechnik ist es sehr schwierig, umständlich und fehleranfällig, die vorhandene Rechenpower auszunutzen. Meist ist nur ein Prozessor beschäftigt, alle anderen laufen leer. Mit dem stream-basierten Programmieren kann es bei Beachtung weniger einfacher Prinzipien trivial sein, ein Programm zu parallelisieren - im einfachsten Fall muss man lediglich das Wörtchen „*stream*" durch „*parallelStream*" ersetzen – das ist alles.

Verzögerte Auswertung

Ströme können endlich oder unendlich sein. Selbstverständlich kann ein Rechner nur endlich viele Daten auf einmal speichern und die Prozesse der pipeline, in die wir den Stream einleiten können nicht warten, bis die vorherigen Stufen beendet sind – das sind sie nie – bevor sie selber an die Reihe kommen. Daher wird ein Strom intern geeignet repräsentiert, beispielsweise als ein Paar, wobei die erste Komponente das nächste Element des Stroms ist und die zweite Komponente die Vorschrift, wie der Rest des Stromes zu erzeugen ist. Dies gilt für unendliche wie auch für endliche Ströme. Beispielsweise liefert

```
IntStream collatz(int n){
  return IntStream.iterate(n,
         x -> { if(x%2==0)return x/2; else return 3*x+1;});}
```

den mit n beginnenden Strom der Collatz- (oder Ulam-) Zahlen als `IntStream`. Auch wenn man diesen Stream in einer Variablen speichern, ausdrucken oder als Parameter übergeben kann, wird im Speicher nur jeweils das erste Element gehalten, zusammen mit der Vorschrift, wie das nächste Element zu finden ist. Erst wenn Bedarf nach dem folgenden Element angemeldet wird, wird dieses tatsächlich ausgerechnet.

4.9.6 Quellen, Transformationen und Senken

Programme, die Ströme verwenden, sind meist als Kaskade aufgebaut. Zunächst wird ein Strom erzeugt, dieser wird mehrfach gefiltert und transformiert, um dann schließlich wieder aggregiert, akkumuliert oder sonstwie ausgewertet zu werden. Für die Erzeugung eines Stromes gibt es eine Reihe von Möglichkeiten: Jede Behälter-Klasse (Collection class) in Java besitzt eine Methode `.stream()`, die den Inhalt des Behälters als Strom aufbereitet. Weitere spezialisierte Stromerzeugende Methoden sind u.a.:

- die statische Methode `Stream.of(T... as)`, die aus einer Folge as von Argumenten oder einem `T[]` as direkt einen `Stream.of(as)` erzeugt
- die statische Methode `Files.lines` aus dem Paket `java.nio.file`
- die statische Methode `Stream.generate`, die einen `Supplier`, also eine Funktion mit 0 Argumenten in einen stream verwandelt
- die statische Methode `iterate` aus der Klasse `IntStream`, wie oben gesehen.

4.9.7 Filtern und Transformieren

Typischerweise werden aus einem Strom bestimmte Elemente herausgefiltert und diese dann weiter bearbeitet. Dies kann mehrfach wiederholt werden. Filtern bedeutet in diesem Zusammenhang, nur solche Elemente weiterzuleiten, welche eine bestimmte Bedingung erfüllen. Eine Bedingung ist dabei ein Prädikat, also eine Funktion, die für ein vorgelegtes Element entweder `true` liefert, falls die Bedingung erfüllt ist, `false` sonst. Java definiert das Functional Interface `Predicate<T>`, als Argumenttyp von `filter`, so dass wir in der Praxis einfach einen Lambda-Ausdruck übergeben können. Beispielsweise filtert `filter(x -> x%2 == 1)` die ungeraden Zahlen aus einem Int-Stream heraus, `filter(x -> istPrim(x))` alle Primzahlen, sofern `istPrim` geeignet definiert ist. Java 8-Prädikate besitzen zusätzlich Methoden `and`, `or`, `negate` um sie boolesch zu verknüpfen, allerdings kann man die Konjunktion von Filtern auch einfach durch Hintereinanderschaltung erreichen. Beispielsweise filtert `st.filter(x->x%2==1).filter(istPrim)` alle ungeraden Primzahlen aus dem Strom `st`.

Transformieren der Elemente eines streams bedeutet, auf jedes Element die gleiche Funktion anzuwenden. Statt „transformieren" sagt man aus historischen Gründen „map". Ist also $st = (s_0, s_1, s_2, \ldots)$ ein Strom und f eine Funktion so ist `st.map(f)` der Strom, der aus `st` entsteht, wenn man auf jedes Element die Funktion f anwendet, also $(s_0, s_1, s_2, \ldots).map(f) = (f(s_0), f(s_1), f(s_2), \ldots)$.

4.9.8 Einsammeln

Ströme sind kein Selbstzweck. Oft will man aus einem Strom einen endgültigen Wert *aggregieren*. Wenn es sich um endliche Ströme handelt könnte das beispielsweise die Summe sein, ein Durchschnittswert oder ein Maximum, oder man könnte den stream einfach in einen Behälter einfangen. Unendliche Ströme könnte man nach Erfüllung eines Kriteriums abschneiden und danach aggregieren. Diese letzte Phase der Stream-Bearbeitung heißt Aggregation oder Reduktion.

Das folgende Beispiel zeigt eine komplette Stream-Bearbeitung am Beispiel des oben gezeigten unendlichen Streams der Collatz-Folge. Zunächst werden nur diejenigen Zahlen herausgefiltert (dh. weitergeleitet), welche nicht durch 7 teilbar sind. Als Prädikat verwenden wir den Lambda-Ausdruck `m -> m%7 != 0`. Für den zweiten Filter benutzen wir zwei Prädikate, `istQuadrat` und `istPrim`, die wir vorher als anonyme Instanzen des Functional Interface `IntPredicate` definiert haben. So können wir diese mit der Methode `or` kombinieren. Wir zeigen hier nur die Implementierung von `istPrim` und überlassen `istQuadrat` dem geneigten Leser. Die alte Methode - vor Java 8 - wäre die Instanziierung einer anonymen Klasse:

```java
public IntPredicate istPrim = new IntPredicate(){
  public boolean test(int i){
    for (int k = 2; k < i; k++)
      if ((i % k) == 0) return false;
      return true;
  }
};
```

Da `IntPredicate` aber selber ein *Functional Interface* ist, können wir stattdessen der Variablen `istPrim` den entsprechenden Lambda-Ausdruck zuordnen:

```java
IntPredicate istPrim =
  p -> {  for (int k = 2; k < p; k++)
```

```
        if ((p % k) == 0) return false;
      return true;
    };
```

Sicher wäre es insgesamt einfacher gewesen, `istQuadrat` und `istPrim` als boolesche Funktionen zu schreiben und dann dem zweiten Filter den Lambda-Ausdruck `(x -> istQuadrat(x) || istPrim(x))` mitzugeben.

Nach dem Filtern wenden wir mit `map` auf jedes Element x die Funktion `intRoot` an und drucken vorher noch x aus. Neben der Berechnung von `intRoot` findet hier also noch ein Seiteneffekt statt, dass nämlich das ursprüngliche Element ausgedruckt wird. Im Allgemeinen sollte man bei der Bearbeitung von Strömen Seiteneffekte vermeiden, denn nur dann kann man sicher sein, dass eine parallele Bearbeitung eines Stroms das gleiche Ergebnis liefert wie eine sequentielle Bearbeitung.

Zum Schluss schneiden wir mit `limit` den fertigen IntStream nach einer bestimmten Anzahl von Schritten ab und bilden noch die Summe der jetzt übrigen Elemente.

```
int collatzAnalyze(int n){
  return
      collatz(n)
      .filter(m -> m%7 != 0)
      .filter(istQuadrat.or(istPrim))
      .map(x -> { System.out.println(x); return intRoot(x);})
      .limit(10)
      .sum();
}
```

Die Programmierung mit Datenströmen, war lange auf funktionale und Datenfluss-Sprachen beschränkt und galt eher als akademische Beschäftigung. Dies änderte sich spätestens als Google mit seinem *Map-Reduce-Framework*, eine Schnittstelle bereitstellte, um seine riesigen Datenmengen parallelisiert zu bearbeiten. Seither sind weitere Frameworks, insbesondere das quelloffene *Hadoop*-Framework an seine Stelle getreten.

Mathematisch gebildeten Menschen ist die Sichtweise sehr vertraut. Die bekannte mathematische Mengennotation

$$\{t(x) \mid x \in M,\ p(x)\}$$

kann man einfach ersetzen durch

$$M.filter(x \to p(x).map(x \to t(x))$$

Auf diese Weise spiegelt das Programm bis auf syntaktische Umstellungen die mathematische Spezifikation wieder.

4.9.9 Bedarfsgesteuerte Auswertung und parallele Ströme

Die Operationen einer Pipeline werden bedarfsgesteuert ausgewertet. Erst wenn das nächste Glied der Pipeline ein Element benötigt, wird dieses aus der vorherigen Phase geliefert. So gelingt es auch, unendliche Ströme zu verarbeiten. Im oben gezeigten Beispiel der Collatzfolge geht ein unendlicher Strom in die Pipeline, es werden aber nur so viele Elemente konkret berechnet wie von der letzten Phase benötigt werden. Die *map-Phase* kann parallelisiert bearbeitet werden, falls die für *map* verwendete Funktion *f zustandslos* bzw. Seiteneffektfrei ist. Die *reduce-Phase* ist zumindest im Falle assoziativen Operationen wie z.B. *sum*, *product*, *maximum* oder *minimum* einfach parallelisierbar.

4.9.10 Quantoren statt Schleifen

Eine Zahl p ist prim, wenn sie durch keine echt kleinere Zahl größer als 1 geteilt wird. Es geht also um die Implementierung des mathematischen Test

$$\forall_{1<x<p} . \, p \bmod x \neq 0.$$

Unsere obige Implementierung von *istPrim* beinhaltet demgegenüber einen willkürlichen Aspekt, nämlich die for-Schleife, und mit ihr Reihenfolge in der die kleineren Zahlen x getestet werden, ob sie vielleicht p teilen. Dieser Aspekt, obwohl mathematisch unerheblich, steht einer Parallelisierung im Wege, da der Compiler nicht wissen kann, ob er die Reihenfolge der Tests ändern darf. Für große Zahlen p ist es aber sinnvoll, die Folge aller Zahlen kleiner als p als parallelen Strom zu erzeugen und dann einfach alle diese ggf. parallel zu testen, ob sie p teilen.

Für die Auswertung der Quantoren $\forall$ (für alle) bzw. $\exists$ (es existiert) besitzen Java Ströme die Methoden *allMatch* bzw. *anyMatch* in Verbindung mit einem Prädikat, das angibt, was getestet werden soll. Für den Fall unseres Primzahltests erzeugen wir uns zunächst den Strom aller Zahlen von 2 bis $p - 1$. Dafür können wir z.B. die Methode *range(von,bisVor)* verwenden und sowohl der Primzahltest als auch der Test auf Quadratzahl werden zum Einzeiler und mithilfe der Methode `parallel()` sogar noch parallelisiert:

```
IntPredicate istPrim =
    p -> IntStream.range(2,p).parallel().allMatch(x -> p%x != 0);
IntPredicate istQuadrat =
    n -> IntStream.range(0,n+1).parallel().anyMatch(i -> i*i == n);
```

4.10 Grafische Benutzeroberflächen mit dem AWT

Unsere bisherigen Programme haben ihre Ein- und Ausgabe mithilfe der Methoden *Read* und *Print* in einem Standardfenster erledigt. Das reicht – solange es nur darum geht zu sehen, *welche Ergebnisse ein Programm produziert*. Um eine grafische Schnittstelle mit Fenstern, Menüs etc. zu programmieren, muss man eine Schnittstelle zu einem Betriebssystem nutzen, die Entsprechendes bietet. Solche Schnittstellen werden auch *GUI* genannt (*Graphical User Interface*). Beispiele hierfür sind die Microsoft Windows Systeme und die UNIX Fenstersysteme, wie z.B. X-Window. Für die Programmierung solcher GUIs – wie auch für viele andere Zwecke – stehen Programmierschnittstellen, so genannte *API*s (*application program interface*s) zur Verfügung. Die direkte Benutzung dieser Schnittstellen setzt stets gute Kenntnisse der jeweiligen Betriebssysteme voraus und hat einen wesentlichen Nachteil: Mit diesen Schnittstellen erstellte Programme sind nur auf der Plattform ablauffähig, auf der sie erstellt wurden. Sie können meist nur mit relativ großem Aufwand auf eine andere *Plattform* übertragen werden. Dabei fassen wir mit dem Begriff *Plattform* einen Rechnertyp, ein Betriebssystem und die von diesem unterstützte grafische Benutzerschnittstelle zusammen.

Einer der großen Vorteile von Java ist die Plattform-Unabhängigkeit. Dies verlangt eine integrierte grafische Benutzerschnittstelle, die auf allen Plattformen, auf denen Java implementiert ist, ohne jede Änderung benutzt werden kann. Bei den meisten anderen Programmiersprachen betraf eine eventuelle Plattform-Unabhängigkeit immer nur das Kernsystem, nicht aber grafische Benutzerschnittstellen.

Java´s grafische Programmierschnittstelle wird durch das Paket *java.awt* realisiert (AWT: *Abstract Windowing Toolkit*). In diesem Paket sind Klassen und Schnittstellen zum Arbeiten mit Fenstern, Menüs, Bedienknöpfen etc. zusammengefasst. Die grafische Ausgabe in Fenstern wird durch eine abstrakte Klasse beschrieben, in der wichtige grafische Ausgabefunktionen zu finden sind.

Mit neueren Versionen der Java Software (JDK) gibt es sogar eine Möglichkeit, den Stil der grafischen Programmierschnittstelle zu beeinflussen. Vordefinierte *Swing-Komponenten* ermöglichen die Verwendung der Stil-Familien „Java", „X-Window" und „Microsoft-Windows". Damit können Anwendungen dem *look-and-feel* der gewohnten Betriebssystemumgebung angepasst werden.

4.10.1 Ein erstes Fenster

Ein normales Fenster wird durch die Klasse *Frame* (engl. für *Rahmen*) modelliert. Es kann vergrößert, verkleinert und verschoben werden. Weil *Frame* eine Unterklasse von *Container* ist, kann jeder *Frame* Menüelemente und Schaltflächen (*buttons*) als *Komponenten* enthalten. Ebenso können in ihm grafische Ausgaben dargestellt werden. In dem folgenden Programm wird ein Fenster erzeugt, mit dem der Benutzer interagieren kann. Das Programm endet, wenn der Benutzer das Fenster schließt.

```
import java.awt.*;
class RahmenTest {
  public static void main(String[] args){
    Frame f = new Frame("Fenster zum Hof");
    f.setSize(250,150);
```

```
    f.setVisible(true);
  }
}
```

Wegen der *import*-Anweisung am Anfang können wir alle Namen des Paketes AWT direkt benutzen. Wir definieren ein Objekt der Klasse *Frame*. Dieses hat einen Konstruktor, der den übergebenen Text im Titelbalken des Fensters erscheinen lässt. Mit der Methode *setSize* wird die Größe unseres Frame-Objekts festlegt. Als letztes wird die Methode *setVisible* mit dem Parameter *true* aufgerufen. Dadurch wird das Frame-Objekt in einem Fenster sichtbar. Danach wartet das Programm auf irgendein Ereignis. Die Koordinaten von Fenstern beziehen sich auf ein Koordinatensystem mit einem Nullpunkt in der linken oberen Ecke. Die Koordinaten sind ganze Zahlen und beschreiben eine Position in Bildschirmpunkten (*Pixeln*).

Die Maximalwerte für x sind je nach Grafikkarte 640, 800, 1024, 1600 etc. Für y sind sie 480, 600, 768, 1200 etc. Unser Beispiel legt ein Fenster mit der Breite 250 und der Höhe 150 an.

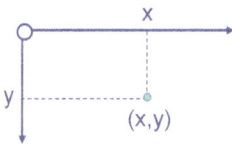

Abb. 4.30. Koordinatensystem eines Fensters

4.10.2 Ereignisse

Fenstersysteme werden von *Ereignissen* gesteuert, auf die das Programm in festgelegter Weise reagiert. Jede Mausbewegung, jeder Mausklick, jede Tastatureingabe ist ein Ereignis, das eine angemessene Reaktion verlangt. Auch Signale des Zeitgebers sind Ereignisse, und schließlich können auch Programmteile Ereignisse auslösen.

Zu jedem Zeitpunkt gibt es eine Menge von aktiven Fenstern. Dies sind mit dem new-Operator erzeugte und noch nicht deaktivierte Objekte von Fensterklassen. Primärer Adressat für ein Ereignis ist immer eines der aktiven Fenster. Durch einen Mausklick in eines der Fenster erhält dieses den Fokus für Mausereignisse. Innerhalb dieses Zielfensters kann das Ereignis eine Komponente dieses Fensters wie z.B. einen Button betreffen.

Ereignisse werden dem Fenster-Objekt, dessen Ziel sie sind, gemeldet. Sie können von einer Methode der zugehörigen Fensterklasse bearbeitet, an eine Komponente delegiert oder an eine Oberklasse weitergeleitet werden. Weitergeleitete Ereignisse werden spätesten in der Oberklasse *Frame* einer Standardbehandlung zugeführt. Ereignisse können nur dann bearbeitet werden, wenn für sie ein *Zuhörer* (engl. *listener*) angemeldet wird.

Das fortgesetzte Erzeugen, Verteilen, Bearbeiten und Warten auf Ereignisse nennt man Message Loop. Das Muster eines interaktiven Fenster-Programms sieht so aus:

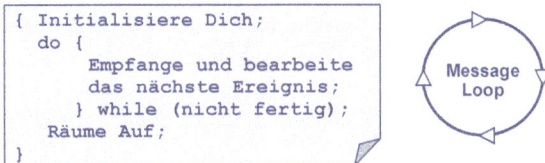

```
{ Initialisiere Dich;
  do {
      Empfange und bearbeite
      das nächste Ereignis;
      } while (nicht fertig);
  Räume Auf;
}
```

Abb. 4.31. Muster eines interaktiven Fenster-Programms

Die Behandlung von Ereignissen ist in verschiedenen Versionen des Paketes AWT unterschiedlich. Seit Java 1.1 wird ein Modell (*delegation event model*) angeboten, bei dem verschiedene Klassen von Ereignissen unterschieden werden. Für jede diese Ereignis-Klassen kann man einen Zuhörer definieren, der ein vordefiniertes Interface implementieren muss. Diese sind unterteilt in *elementare* und *höhere* Ereignisse.

Die elementaren Ereignisse sind:
- *ComponentListener*: Mit diesem Interface werden alle Ereignisse behandelt, die eine Komponente betreffen. Diese sind: Sichtbarmachen, Verstecken, Bewegen, Vergrößern und Verkleinern der Komponente.
- *ContainerListener*: Hinzufügen und Entfernen von Komponenten zu einem Container.
- *FocusListener*: Ereignisse, die mitteilen, ob eine Komponente den Eingabe-Fokus erhält oder verliert.
- *KeyListener*: Ereignisse zum direkten Arbeiten mit der Tastatur.
- *MouseListener* und *MouseMotionListener*: Mit diesen Schnittstellen werden alle Maus-Ereignisse behandelt. Diese werden später (auf S. 299) im Einzelnen erläutert.
- *WindowListener*: Ereignisse im Zusammenhang mit Fenstern: Öffnen und Schließen, Ikonisieren und Deikonisieren, Aktivieren und Deaktivieren.

Die höheren Ereignisse sind:
- *ActionListener*: Eine Komponente wurde aktiviert bzw. ausgewählt. Dies beinhaltet das Betätigen von Buttons, die Auswahl von Menüeinträgen etc.
- *AdjustmentListener*: Die Größe einer anpassbaren Komponente hat sich geändert.
- *ItemListener*: Der Zustand einer Komponente hat sich geändert: *selektierbar* oder *nicht selektierbar*.
- *TextListener*: Der Text einer editierbaren Textkomponente hat sich geändert.

4.10.3 Adapterklassen und anonyme Klassen

Man kann sich die Ereignisbehandlung in einem Fenster so vorstellen, dass die JVM regelmäßig die vom Betriebssystem erkannten Benutzerinteraktionen abfragt und beim Eintritt eines für das Fenster relevanten Ereignisses eine zugehörige Methode aufruft. Die Namen der Methoden sind in einem Interface *WindowListener* spezifiziert. Ein Anwender muss daher alle in *WindowListener* spezifizierten Methoden implementieren. In den meisten Fällen sind für ihn viele der möglichen Events uninteressant und daher ist es nur lästig, die entsprechenden Methoden in WindowListener implementieren zu müssen.

Daher gibt es eine Klasse *WindowAdapter*, die das Interface *WindowListener* mit einer Standardfunktionalität implementiert: Die Methoden vom Ergebnistyp *void* haben einfach einen leeren Rumpf. Der Benutzer muss nun nicht das ganze interface *WindowListener* implementieren, sondern kann einfach die Klasse *WindowAdapter* erweitern, indem er die für ihn interessanten Methoden überschreibt. Analog gibt es auch für die anderen der genannten Listener-Interfaces entsprechende Adapterklassen.

Im Allgemeinen ist eine Adapterklasse also einfach eine Standard-Implementierung eines Interfaces und somit ein sprachunabhängiges Konzept.

Anders verhält es sich mit den *anonymen* Klassen. Hier handelt es sich um eine echte Spracherweiterung die es gestattet, mit *new* ein Objekt einer vorher nicht explizit deklarierten Klasse zu erzeugen. Syntaktisch ergänzt man den Konstruktoraufruf zur Erzeugung eines Objektes einer vorhandenen Klasse *K* um eine Implementierung zusätzlicher Felder und Methoden mit der diejenigen aus *K* ergänzt oder überschrieben können.

```
K x = new K(){
   ...Felder und Methoden ...
 }
```

Beispielsweise kann man ad hoc einen *Thread* mit einer bestimmten *run*-Methode erzeugen, ohne zuvor eine Unterklasse und von dieser ein Objekt erzeugen zu müssen:

```
Thread t = new Thread(){
 public void run(){
   System.out.println("Ich laufe schon");
   }
 }
```

So ist also *t* ein Objekt einer namenlosen Unterklasse von *Thread*. In den Beispielen des folgenden Absatzes werden sowohl Adapterklassen als auch anonyme Klassen verwendet.

4.10.4 Beispiel für eine Ereignisbehandlung

Ein typisches Ereignis ist das Schließen eines aktiven Fensters. Dies geschieht meist durch Anklicken eines Feldes im Fensterrahmen. Zum Behandeln dieses Ereignisses definieren wir eine passende *Zuhörer-Klasse* und melden diese in der Fensterklasse als Zuhörer für Window-Ereignisse an. Die Zuhörer-Klasse ist als Unterklasse eines Adapters definiert. Wir brauchen daher nur das Ereignis zu behandeln, das uns derzeit interessiert: *windowClosing*. Im Gegensatz zu dem ersten Beispielprogramm in diesem Abschnitt kann die neue Version des Programms jetzt mit normalen Mitteln beendet werden. Wenn das Kästchen zum Schließen des aktiven Fensters angeklickt wird, wird das Ereignis *windowClosing* ausgelöst, der Zuhörer wird aktiviert und beendet das gesamte Programm mithilfe der Methode *exit* der Klasse *System*. Diese terminiert das aktuelle Programm. Der Parameter 0 ist per Konvention ein Code für *normale Beendigung*.

```java
import java.awt.*;
import java.awt.event.*;

class Wächter extends WindowAdapter{
  public void windowClosing(WindowEvent e){ System.exit(0); }
  }
class RahmenTest {
  public static void main(String ... args){
    Frame f = new Frame("Fenster zum Hof");
    f.setSize(250,150); f.setVisible(true);
    f.addWindowListener(new Wächter());
    }
}
```

Das Schließen des Fensters wird durch eine plattformabhängige Konvention zum Anklicken eines Kästchens im Rahmen des Fensters ausgelöst. Dieses Ereignis wird von der virtuellen Java Maschine erkannt und in ein plattformunabhängiges Ereignis umgesetzt. Wir könnten auch einen AWT-typischen Button vorsehen, der das Fenster schließt und das Programm beendet. Ein Beispiel hierfür findet sich im nächsten Abschnitt.

Die explizite Deklaration eines Zuhörers für ein Ereignis ist in den meisten Fällen nicht nötig. Es genügt, den Zuhörer als Objekt einer *anonymen Klasse* an Ort und Stelle zu definieren. Um das Programm übersichtlicher zu machen, haben wir die Methode zum Beenden des Fensters jetzt aber separat deklariert. Sie enthält einen Aufruf der Methode *dispose( )*, die von der Klasse Frame geerbt wird, dem Java-Interpreter Gelegenheit zum Aufräumen gibt, und das Programm beendet, wenn alle Fenster geschlossen wurden (was hier der Fall ist).

```java
import java.awt.*;
import java.awt.event.*;
```

```
class RahmenTest {
 public static void main(String ... args){
   Frame f = new Frame("Fenster zum Hof");
   f.setSize(250,150);
   f.setBackground(Color.lightGray);
   f.setVisible(true);
   f.addWindowListener(
     new WindowAdapter() {
       public void windowClosing(WindowEvent e) {
         dispose();
         System.exit(0);}
       }
         );
     }
 }
```

Das Fenster erhält in dieser neuen Fassung des Programms durch den Aufruf von *setBackground* eine definierte Hintergrundfarbe, in unserem Fall *hellgrau*.

In allen folgenden Beispielen wollen wir das Fenster um weitere Komponenten erweitern. Wir definieren daher jeweils eine Erweiterungsklasse der bisher benutzten Klasse Frame. Wir werden das Programm dann auch nicht mehr durch den Aufruf von *System.exit(0)* beenden, sondern durch den Aufruf der Methode *dispose()*, die die Klasse Frame von der Klasse *Window* erbt. Diese gibt dem Java-Interpreter Gelegenheit zum Aufräumen, und beendet das Programm, wenn alle Fenster geschlossen wurden (was jeweils der Fall ist).

4.10.5 Buttons

Ein Standardbedienelement von Fenstern sind *Buttons*. Das Wort *Button* wird oft mit *Schaltfläche* oder *Bedienknopf* übersetzt. Die Klasse *Button* modelliert das Verhalten von *Bedienknöpfen*. Wir fügen zwei Buttons zu unserer Fensterklasse hinzu. Der erste soll zum Schließen des Fensters und zum Beenden des Programms dienen, der zweite soll als Muster dienen. Wenn er angeklickt wird, soll in zukünftigen Versionen irgendetwas Sinnvolles passieren. Vorläufig ist als Platzhalter die Methode *tuWas()* vorgesehen, die einen Text ausgibt.

```
import java.awt.*;
import java.awt.event.*;

class Fenster extends Frame{
 private static Button stopButton = new Button("Stop Button");
 private static Button tuWasButton = new Button("TuWas");

 Fenster() {
   super("Fenster zum Hof");
   setLayout(new FlowLayout());
   stopButton.addActionListener(
```

```
  new ActionListener() {
    public void actionPerformed(ActionEvent event) {
      fensterBeenden(); }
    });
  add(stopButton);
  tuWasButton.addActionListener(
    new ActionListener() {
      public void actionPerformed(ActionEvent event) {
        tuWas(); }
      });
  add(tuWasButton);
  addWindowListener(
    new WindowAdapter() {
      public void windowClosing(WindowEvent e) {
        fensterBeenden(); }
      });
  setBackground(Color.lightGray);
  setSize(800, 600);
  setVisible(true);
  } // Ende des Konstruktors

void fensterBeenden() { dispose(); }

void tuWas(){
  Graphics g = getGraphics();
  g.setColor(Color.red);
  g.drawString("Tu was", 100, 250);
  }
}
```

Die Klasse Fenster hat zwei neue Felder mit jeweils einer Inschrift erhalten: *stop-Button* und *tuWasButton*. Sie werden im Konstruktor initialisiert. Dabei wird ihnen jeweils ein *ActionListener* zugeordnet, der reagiert, wenn der jeweilige Button gedrückt wurde. Buttons und andere Komponenten können in einem Fenster auf verschiedene Weise arrangiert werden. Zu diesem Zweck gibt es *Layout-Manager*. Wir wählen *Flow-Layout* als einfachste Möglichkeit, das Fenster zu verwalten. Die Komponenten werden dabei der Reihe nach in ihrer aktuellen Größe dem aktuellen Fenster hinzugefügt. Dabei versucht der Layout-Manager, zeilenweise von oben nach unten Platz für die Komponenten zu finden. In jeder Zeilen werden so viele Komponenten wie möglich mittig zentriert angeordnet.

Durch das Anklicken der Buttons werden Ereignisse ausgelöst. Für diese haben wir jeweils einen Zuhörer definiert. Die in dem Interface *ActionListener* vorgeschriebene Methode *actionPerformed* wird aufgerufen, wenn einer der beiden Bedienknöpfe angeklickt wird. Als Reaktion auf das Ereignis „StopButton angeklickt" wird das Fenster geschlossen und das Programm beendet. Als Reaktion auf das Ereignis „TuWasButton angeklickt" wird die Methode *tuWas* aufgerufen.

4.10.6 Grafikausgabe in Fenstern

In der Klasse *Graphics* sind alle wichtigen geräteunabhängigen Grafik-Methoden zusammengefasst. Um Grafik in einem Fenster auszugeben, benötigt man für dieses ein Objekt der Klasse *Graphics*. Man kann es mit der Methode *getGraphics* erzeugen. Die gelieferte Instanz von *Graphics* wird oft als *grafischer Kontext* (engl. *graphics context*) bezeichnet. Die einfachsten Methoden von *Graphics* sind:

- drawLine (int x1, int y1, int x2, int y2) zeichnet eine Linie von dem Punkt (x1, y1) zu dem Punkt (x2, y2).
- drawPolygon (int[] xPoints, int[] yPoints, int nPoints) erzeugt einen Polygonzug mit n Punkten.
- drawPolygon (Polygon p) ebenso, aber mit einem Parameter vom Typ Polygon.
- drawRect (int x, int y, int w, int h) malt ein Rechteck ausgehend von dem Punkt (x,y) mit Breite w und Höhe h. Varianten sind: draw3DRect, drawRoundRect, fillRect, fill3DRect und fillRoundRect.
- drawOval (int x, int y, int w, int h) malt eine Ellipse bzw. einen Kreis in einem Rechteck. Dieses ist wie bei drawRect definiert. Varianten sind: drawArc, fillArc und fillOval.
- drawString (String str, int x, int y) gibt einen String aus. Der Punkt (x,y) definiert Anfangsposition und Basislinie.
- setColor(Color c) setzt die Malfarbe.
- clearRect (int x, int y, int w, int h) löscht ein Rechteck. Diese Funktion bewirkt, dass die Malfarbe temporär auf die Hintergrundfarbe eingestellt und dann fillRect(x, y, w, h) ausgeführt wird.
- setFont (Font font) setzt den Zeichensatz (Font) für die String-Ausgabe.

Mit *Graphics2D* steht eine Klasse für die Ausgabe von Grafik zur Verfügung. Sie bietet eine wesentlich erweiterte Funktionalität und z.B. auch das Setzen der Linienstärke – allerdings ist das Malen einzelner Punkte (Pixel) auch hier keine *Basisoperation*.

Eine Erweiterung der Methode *tuWas* des letzten Abschnitts demonstriert die Verwendung der einfachen Grafikausgabe mit der Klasse *Graphics*:

```java
void tuWas(){
  Font font = new Font("CASTELLAR", Font.BOLD, 36);
  Graphics g = getGraphics();
  g.setColor(Color.magenta);
  g.setFont(font);
  g.drawString("Kilroy was here...", 10, 150);
  g.setColor(Color.red); g.fillOval(200, 200, 200, 150);
  g.setColor(Color.black);
  for (int i = 150; i >= 5; i -= 10)
    g.drawOval(200, 200, i + 50, i);
}
```

4.10.7 Maus-Ereignisse

Für die Bearbeitung von *Maus-Ereignissen* gibt es zwei vordefinierte Interfaces. Man kann auf Maus-Ereignisse reagieren, wenn man eine Zuhörer-Klasse schreibt, die eines oder beide dieser Interfaces implementiert. Man kann aber auch eine Unterklasse von *MouseAdapter* oder *MouseMotionAdapter* definieren und ggf. nur einige der Ereignisse behandeln.

Es folgt eine Liste der definierten Maus-Ereignisse. Wegen der von AWT angestrebten Plattformunabhängigkeit wurde ursprünglich nur eine Maustaste berücksichtigt. Diese Restriktion wurde in neueren Versionen des JDK fallen gelassen. Methoden zum Behandeln von Maus-Ereignissen haben einen Parameter vom Typ *MouseEvent*. Diese Klasse stellt Methoden zur Verfügung, um festzustellen, wo das Ereignis stattfand, welche Maustaste betätigt wurde, wie häufig ein Klick stattfand etc. Diese Methoden sind: *getButton* bzw. *getPoint* bzw. *getX* und *getY* bzw. *getClickCount* usw.

In der Schnittstelle *MouseListener* finden sich die folgenden Ereignisse:
- `mouseClicked (MouseEvent event)` - dieses Ereignis findet statt, wenn eine Komponente angeklickt wird. Über den Parameter kann man auch feststellen, ob es ein einfacher oder ein mehrfacher Klick war.
- `mouseEntered (MouseEvent event)` - der Mauszeiger hat das Fenster, für das der Zuhörer zuständig ist, betreten. Eintrittspunkt ist der Punkt, der über den Parameter gemeldet wird.
- `mouseExited (MouseEvent event)` - der Mauszeiger hat das Fenster, für das der Zuhörer zuständig ist, verlassen. Austrittspunkt ist der Punkt, der über den Parameter gemeldet wird.
- `mousePressed (MouseEvent event)` - wenn eine Maustaste gedrückt wird, wird dieses Ereignis gemeldet.
- `mouseReleased (MouseEvent event)` - eine gedrückte Maustaste, wird wieder losgelassen.

Die Schnittstelle *MouseMotionListener* beschreibt die Ereignisse:
- `mouseMoved (MouseEvent event)` - die Maus wurde bewegt, ohne dass eine Taste gedrückt ist.
- `mouseDragged (MouseEvent event)` - die Maus wurde mit gedrückter Maustaste bewegt.

Das folgende Beispiel zeigt, wie man Maus-Ereignisse nutzen kann. Das Programm hat außer dem Stop-Button drei weitere Bedienknöpfe erhalten. Mit diesen kann man auswählen, ob man Linien, Rechtecke und Ellipsen malen will. Ein weiterer Bedienknopf entscheidet, ob die Figuren gefüllt oder ungefüllt sein sollen. Dazu haben wir zunächst eine eigene Klasse namens *Figur* definiert. Der Konstruktor dieser Klasse erzeugt jeweils ein Objekt in dem die normalisierten Koordinaten gespeichert sind, welche Figur konstruiert werden soll und ob sie gefüllt oder ungefüllt sein soll. Die

Methode *draw* dieser Klasse zeichnet das Objekt in einem grafischen Kontext. In der Klasse Grafikfenster definieren wir ein Feld *figurListe* vom Typ *ArrayList<Figur>* in dem Figur-Objekte gespeichert werden sollen. Die eigentliche Arbeit übernimmt der Maus-Adapter. Jedesmal, wenn eine Maustaste gedrückt wird, merkt es sich die Position, an der das passiert ist. Wenn die Maustaste wieder losgelassen wird, ermittelt es die neue Position und konstruiert ein neues Figur-Objekt, mit einer der drei Figuren, je nachdem, welcher Knopf zuletzt betätigt wurde. Dieses Objekt wird dann mit seiner draw-Methode gezeichnet und zu der *figurListe* hinzugefügt.

```java
import java.awt.*;
import java.awt.event.*;
import java.util.*;

enum ZeichenModus {LINIE, RECHTECK, ELLIPSE};

class Figur{
 int x1, y1, x2, y2, x, y, w, h;
 ZeichenModus zModus;
 boolean gefüllt;

 Figur(ZeichenModus zm, boolean g, int px1, int py1, int px2, int
   py2){
   zModus = zm; gefüllt = g;
   x1 = px1; y1 = py1; x2 = px2; y2 = py2;
   w = Math.abs(px1 - px2);
   h = Math.abs(py1 - py2);
   x = Math.min(px1, px2);
   y = Math.min(py1, py2);
   }

 void draw(Graphics g){
   if (zModus == ZeichenModus.LINIE) g.drawLine(x1, y1, x2, y2);
   else if (zModus == ZeichenModus.RECHTECK)
     if (gefüllt)g.fillRect(x, y, w, h);
     else g.drawRect(x, y, w, h);
   else if (zModus == ZeichenModus.ELLIPSE)
     if (gefüllt)g.fillOval(x, y, w, h);
     else g.drawOval(x, y, w, h);
   }
 }

class GrafikFenster extends Frame{
 private static Button stopButton = new Button("Stop Button");
 private static Button linieButton= new Button("Linien malen");
 private static Button RechteckButton = new Button("Rechtecke malen
   ");
 private static Button ellipsenButton = new Button("Ellipsen malen"
   );
```

```
private static Button fillButton = new Button("Gefüllt ?");
private ZeichenModus zModus = ZeichenModus.LINIE;
private boolean gefüllt = false; private int xAlt, yAlt;

private ArrayList<Figur> figurListe = new ArrayList<Figur>();

GrafikFenster(String title, int breite, int höhe){
  super(title);
  setLayout(new FlowLayout());

  stopButton.addActionListener(new ActionListener() {
    public void actionPerformed(ActionEvent event) {
  fensterBeenden(); } });
  add(stopButton);

  linieButton.addActionListener(new ActionListener() {
    public void actionPerformed(ActionEvent event) {
      zModus = ZeichenModus.LINIE; } });
  add(linieButton );

  RechteckButton.addActionListener(new ActionListener() {
    public void actionPerformed(ActionEvent event) {
      zModus = ZeichenModus.RECHTECK; } });
  add(RechteckButton );

  ellipsenButton.addActionListener(new ActionListener() {
    public void actionPerformed(ActionEvent event) {
      zModus = ZeichenModus.ELLIPSE; } });
  add(ellipsenButton );

  fillButton.addActionListener(new ActionListener() {
    public void actionPerformed(ActionEvent event) { gefüllt = !
  gefüllt; } });
  add(fillButton );

  addMouseListener(
    new MouseAdapter(){
      public void mousePressed(MouseEvent e){ xAlt = e.getX();
  yAlt = e.getY(); }

      public void mouseReleased(MouseEvent e){
        int xNeu = e.getX();
        int yNeu = e.getY();
        Figur f = new Figur(zModus, gefüllt, xAlt, yAlt,xNeu, yNeu
  );
        Graphics g = getGraphics();
        g.setColor(new Color(130,135,185));
        f.draw(g);
        figurListe.add(f);
```

```
        }
    });
  addWindowListener(new WindowAdapter() {
    public void windowClosing(WindowEvent e) {
      fensterBeenden();
    }
  });
  setBackground(new Color(230,230,245));
  setSize(breite, höhe);
  setVisible(true);
} // Ende des Konstruktors

void fensterBeenden() { dispose(); }
}
```

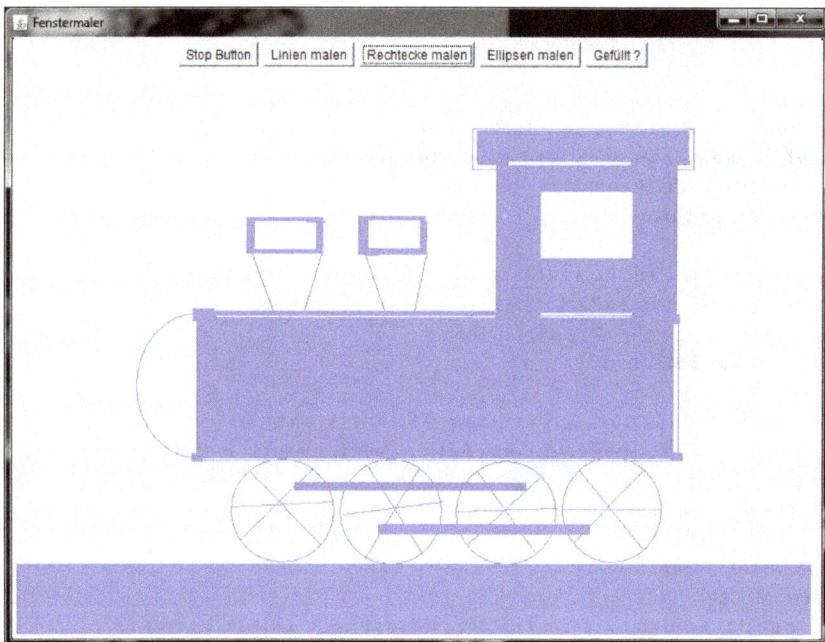

Abb. 4.32. Beispielsitzung mit dem Zeichenprogramm

4.10.8 Paint

Das letzte Programmbeispiel hat einen gravierenden Nachteil: Man kann zwar grafische Objekte malen – aber wenn man das Fenster vergrößert oder verkleinert, verschwinden diese wieder. Um dies zu vermeiden, muss man die vordefinierte Methode *paint* überschreiben.

paint wird immer dann aufgerufen, wenn das aktuelle Fenster neu gemalt wird. Dies ist z.B. der Fall, wenn es vergrößert, verkleinert oder verschoben wird. Was geschehen soll, wenn ein Fenster neu gezeichnet wird, das muss der Programmierer selbst bestimmen. Er muss passenden Code in der Methode *paint* hinterlegen. Diese ist wie folgt definiert:

```
public void paint(Graphics g) { ... }
```

Um die grafischen Objekte in der Methode *paint* erneut zeichnen zu können, haben wir sie bereits zwischengespeichert, naheliegenderweise in einer Liste der bisher gemalten grafischen Figuren. Mit Hilfe der Methode *draw* der Klasse Figur können wir alle Figuren der Liste malen. Daher können wir *paint* jetzt vervollständigen:

```
public void paint(Graphics g) {
g.setColor(Color.red);
for (Figur f: figurListe) f.draw(g);
}
```

Alle Figuren, die indirekt mit *paint* gemalt wurden, werden in der Farbe *rot* gemalt, im Unterschied zu direkt gemalten Figuren, deren Farbe *blau* sein soll.

4.10.9 Weitere Bedienelemente

Von besonderem Interesse ist die Gestaltung der Benutzerschnittstelle eines Programms. Zu diesem Zweck kann man mit folgenden typischen Bedienelementen operieren:

- *Menüs* bieten eine Auswahl aus einer vorgegebenen Liste von Möglichkeiten. Sie sind an einer Menüleiste befestigt, oder werden als *Popup-Menü* per Mausklick aktiviert.
- *Buttons* können an beliebiger Stelle in einem Fenster installiert werden. Sie haben eine Inschrift und werden durch Anklicken aktiviert.
- *Dialogboxen* bieten die Möglichkeit, Eingaben an Programme zu machen. Sie sind aus Elementen wie Check-Boxen, List-Boxen, Eingabefeldern etc. zusammengesetzt.
- *Werkzeugleisten* (*Toolbars*) bieten häufig benutzte Befehle und Abkürzungen für ganze Befehlssequenzen.

Die grafische Programmierschnittstelle AWT bietet die meisten dieser Bedienelemente an. Die Verwendung von Bedienknöpfen haben wir in diesem Abschnitt kennengelernt. Auf die Verwendung anderer Bedienelemente werden wir hier nicht näher eingehen.

Moderne Entwicklungsumgebungen für Java erlauben ein interaktives Erstellen von grafischen Benutzeroberflächen. Wie aus einem Baukasten entnimmt der Benutzer die benötigten Bedienelemente und setzt sie zu der gewünschten Benutzerschnittstelle zusammen. Der zugehörige Java-Code wird automatisch erzeugt.

4.10.10 Ausblick

Wir haben in diesem Kapitel Java kennengelernt. Sun hat die Weiterentwicklung der Sprache an den sogenannten *Java Community Process* delegiert. Das ist ein Gruppe von Interessierten, die in einem formalisierten Verfahren in sogenannten *JSR*s (*Java Specification Requests*) neue Features und Weiterentwicklungen der Sprache vorschlagen und diskutieren. In diesen JSRs findet man aktuell unter anderem Vorschläge zur Weiterentwicklung des package Systems (*superpackages*) zur *Typinferenz* und zu *Closures*. Es ist nicht klar, welche dieser JSRs am Ende in die Sprache aufgenommen werden.

Die Entwicklung von Java in den letzten Jahren zeigte eine Reihe von Schwächen auf, von denen einige im Konzept der Sprache liegen, andere im Prozess ihrer Fortentwicklung. Mit der Version 1.5 wurden in die Sprache *Generics* aufgenommen. Diese waren ursprünglich nicht geplant, so dass sie jetzt vom Compiler wieder entfernt werden, bevor der Code auf der urprünglichen JVM lauffähig ist. Ohne diesen *type erasure* genannten Prozess zu verstehen, sind einige Manipulationen und Vorschriften bei der Programmierung mit Generics unverständlich. So entsteht zu jeder generischen Klasse *K<X>* automatisch auch eine Klasse *K*, die wiederum von der Klasse *K<Object>* verschieden ist. In Konstruktor*deklarationen* muss der Typparameter entfallen, in Konstruktor*aufrufen* kann er scheinbar entfallen – es kommt aber etwas anderes heraus, wenn man ihn nicht schreibt. Immerhin gibt es gelegentliche Compilerwarnungen, aber man kann diese auch ignorieren, wie es vermutlich viele Programmierer tun.

Arrays, welche eigentlich das Beispiel par excellence für generische Datentypen darstellen, waren vor Generics in Java vorhanden und sind jetzt nicht nur syntaktisch, sondern auch semantisch anders zu behandeln als generische Datentypen. Logisch wäre es, wenn man sie als generische Klasse *Array<X>* hätte. Dann wäre es auch klar, dass man einem *Array<Number>* nicht ohne weiteres ein *Array<Integer>* zuweisen kann. So wie es ist, akzeptiert der Compiler klaglos folgenden Code, der erst zur Laufzeit zu einem Fehler führt:

```
Number[] numbers = new Integer[10];
numbers[0] = 3.14;
```

Der entsprechende Code mit *ArrayList* statt Arrays würde vom Compiler als falsch erkannt.

Die Aufnahme von *Lambda-Ausdrücken* in Java 8 ist sehr nützlich, wie wir demonstriert haben. Hätte man dies vorher erkannt, dann hätte man sich z.B. den verkürzten *for*-Loop sparen können. Eine Implementierung von *foreach* in der Collection

API, hätte das Problem gelöst. Leider sind echte Funktionstypen immer noch nicht in Java erlaubt. Zu wünschen wäre, dass man beispielsweise eine Sortierroutine für *int*-Arrays folgendermaßen spezifizieren könnte:

```
void sort(int [] arr, (int,int)boolean less)
```

Dies würde besagen, dass *less* eine zweistellige Funktion mit zwei *int*-Argumenten und booleschem Ergebnis sein muss, mit der beabsichtigten Bedeutung *less(x, y)* = *true* ⇔ $x \leq y$. Da eine Typ-Angabe wie `(int,int)boolean` in Java 8 nicht erlaubt ist, durchsucht man zuerst alle 43 (!) vorhandenen FunctionalInterfaces, um festzustellen, dass das gewünschte nicht vorhanden ist. So muss man sich ein solches definieren:

```
@FunctionalInterface
public interface BinaryIntRel{
    boolean rel(int x, int y);
}
```

und spezifiziert die Sortierroutine dann als

```
void sort(int [] arr, BinaryIntRel less).
```

Auch die Trennung von einfachen Datentypen und Objektdatentypen wird von vielen nachträglich als Fehler bewertet. Die Einführung von *Boxing* und *Autoboxing* hat das Problem für Programmierer etwas entschärft, allerdings führt die Kombination von Autoboxing mit Behälterdatentypen oft zu nicht leicht erklärlichem Programmverhalten. Es gibt mittlerweile ganze Bücher mit sogenannten „Java Puzzlers", in denen kurze Programmbeispiele vorgestellt werden, die meist nicht das tun, was ein unbedarfter Leser vermuten würde.

Die Schwerfälligkeiten, die Java an einigen Ecken hat, haben dazu geführt, dass Scriptsprachen wie *Ruby*, *Groovy* und *Clojure* in den letzten Jahren sehr populär geworden sind und im Zusammenspiel mit Java immer mehr verwendet werden. Allerdings sind diese Sprachen nicht statisch getypt, so dass viele Fehler erst zur Laufzeit erkannt werden.

Eine statisch getype moderne Java-ähnliche Sprache aus einem Guss mit allen diskutierten Konzepten hat die Gruppe um Professor M. Odersky seit einiger Zeit sehr erfolgreich mit ihrer Sprache *Scala* (*www.scala-lang.org/*) bereitgestellt. Alle hier besprochenen Konzepte, wie Objektorientierung, Generics und Closures sind selbstverständliche Bestandteile von Scala, und hier sind die Konzepte stimmig zusammengefügt. Daneben besitzt Scala weitere nützliche Konzepte, die ein Programmierer, der sie kennt bald nicht mehr missen möchte, wie z.B. *mixins*, *pattern matching* und *Typinferenz*. Mit Version 2.9 wurde die Scala-Collection API um parallele Collections erweitert, so dass eine Ausnutzung der Parallelität heutiger Standardhardware ein Kinderspiel ist. Dabei ist Scala interoperabel mit Java, das heißt, dass alle Java-Klassen in

Scala verwendet werden können, und dass der erzeugte Code auf jedem Java-fähigen Rechner läuft.

Kapitel 5

Algorithmen und Datenstrukturen

Algorithmen sind Verfahren zur schrittweisen Lösung von Problemen. Sie können abstrakt, d.h. unabhängig von konkreten Rechnern oder Programmiersprachen, beschrieben werden. Gute Algorithmen sind oft das Ergebnis wissenschaftlicher Intuition und mathematischer Herleitungen. Die Umsetzung eines Algorithmus in ein lauffähiges Programm ist für einen Programmierer, der seine Programmiersprache beherrscht, eine „handwerkliche" Tätigkeit.

Algorithmen bilden oft den Kern von Anwendungsprogrammen und sind entscheidend für dessen Güte. Kommerzielle Programme bestehen heute aber aus mehreren Komponenten:
–   einer Benutzerschnittstelle (Fenster, Menüs, Maussteuerung etc.),
–   einem Verwaltungsteil zum Lesen, Speichern und Aufbereiten von Daten,
–   einer Sammlung von Algorithmen zur Berechnung und Manipulation von Daten.

Während die ersten beiden Komponenten meist den größten Teil des Programmcodes beanspruchen, sind sie oft aus Bausteinen zusammengesetzt, die von der Programmierumgebung fertig angeboten werden. Auch in diesen Teilen sind Algorithmen verborgen - etwa zur Darstellung und Manipulation von grafischen Objekten oder zum Zugriff auf Datenbanken - der Programmierer übernimmt diese aber und verlässt sich auf die angebotene Implementierung.

Vom Umfang her ist der zuletzt erwähnte Teil in vielen Fällen der geringste - aber gerade an dieser Stelle entscheidet sich, wie gut oder schlecht ein Programm ist. Die sorgfältige Auswahl der Algorithmen kann die Laufzeit eines Programms häufig drastischer reduzieren als eine raffinierte Programmiertechnik. Die Güte eines Algorithmus hängt dabei vor allem von zwei Faktoren ab,
–   der Qualität der Ergebnisse und
–   der Laufzeit.

Beide Kriterien muss der Programmierer kompetent beurteilen können. Für einen Algorithmus, der zu gewissen Eingabedaten ein Ergebnis berechnet, muss gefordert werden, dass die Ergebnisdaten immer *korrekt* sind. Dies ist nicht allein durch Testen zu gewährleisten ist. Ein Algorithmus sollte verifiziert und dokumentiert sein. Komplizierte Stellen sollten zum Beispiel in Form von Kommentaren im Programmtext erklärt werden. Zu den kritischen Informationen gehören insbesondere Schleifeninvarianten und Überlegungen zur Terminierung.

Gewisse Probleme lassen sich in der Praxis nur näherungsweise lösen, dazu gehören viele numerische Aufgaben, aber auch Optimierungsprobleme, deren genaue Lösung unvertretbar lange dauern würde. Hier kann die Abweichung des gelieferten Ergebnisses von dem wahren Wert ein Qualitätskriterium sein. *Heuristische Algorithmen* verwenden „Daumenregeln" in der Hoffnung, für viele praktisch relevanten Probleme brauchbare Lösungen zu liefern. Hier kommen Gütekriterien ins Spiel, die sich nur in der Praxis bewähren können.

Das zweite Kriterium, die *Laufzeit* eines Algorithmus, muss ebenfalls vom Programmierer gut verstanden werden. Da Programmpakete während der Erstellung oft mit erdachten Beispieldaten getestet werden, kann ein Programm völlig versagen, wenn es zum ersten Mal mit den Datenmengen einer realen Anwendung konfrontiert wird. Aus diesem Grund muss der Programmierer vorab abschätzen können, wie sich eine Vergrößerung der zu bearbeitenden Daten auf die Laufzeit und auf den Speicherbedarf des Programms auswirkt.

Viele Programmierer verwenden unnötig viel Zeit auf sinnlose Optimierungen ihrer Programme, und verpassen dann den entscheidenden Punkt, der mehr als alles andere die Laufzeit bestimmt. Über Programmierkunststücke, wie jüngst gesehen:

```
while ( !(next=find(i++))) ;
```

kann man nur den Kopf schütteln. Wenn der Zeitvorteil dieser Konstruktion gegenüber einer klaren, einfachen Lösung überhaupt messbar sein sollte, er wird nie die Zeit wieder einbringen, die der Programmierer mit dem „Erfinden" dieser Monstrosität verschwendet hat - ganz zu schweigen von der Verwirrung für jeden, der solchen Code einmal pflegen muss. Sinnvoll wäre es, ein Programm sauber und klar zu schreiben, und zum Schluss mit geeigneten Werkzeugen, etwa einem *profiler* gezielt zu analysieren, an welchen Stellen sich eine Optimierung überhaupt lohnen könnte.

Algorithmen sind meist von der *Repräsentation* der Daten, also von ihrer Strukturierung, abhängig. Ob eine Kundenliste ungeordnet in einer Datei gespeichert ist, oder ob sie in einem Array im Hauptspeicher gehalten wird, hat entscheidenden Einfluss auf die Auswahl geeigneter Suchalgorithmen. Je nach Anwendung muss der Programmierer entscheiden, ob es sich lohnt, die Liste zu ordnen, bevor mehrere Such- oder Einfüge-Operationen vorzunehmen sind. Eventuell zahlt es sich sogar aus, die Liste nach mehreren Kriterien zu sortieren. Aus diesen Gründen kann man *Algorithmen* nur im Zusammenhang mit (passenden) *Datenstrukturen* behandeln. Für viele häufig wiederkehrende Probleme der Programmierpraxis sind gute Algorithmen und Datenstrukturen bekannt. Deren Kenntnis muss zum Repertoire jedes Informatikers gehören.

Glücklicherweise können wir uns bei vielen Problemstellungen an analogen Situationen des täglichen Lebens orientieren. Wie suche ich in einem Telefonbuch geschickt nach einem Teilnehmer? Wie ordne ich einen Stapel von Briefen nach ihrer Postleitzahl? Wie füge ich eine Spielkarte in eine bereits geordnete „Hand" ein? Oft hilft es, bekannte Strategien in ein Programm zu übernehmen. Darüber hinaus gibt es auch pfiffige Sortierstrategien, die kein Pendant in unserer täglichen Erfahrung besitzen. Ein Beispiel hierfür wird *heapsort* sein.

5.1 Suchalgorithmen

Gegeben sei eine Sammlung von Daten. Wir suchen nach einem oder mehreren Datensätzen mit einer bestimmten Eigenschaft. Dieses Problem stellt sich zum Beispiel, wenn wir im Telefonbuch die Nummer eines Teilnehmers suchen. Zur raschen Suche nutzen wir aus, dass die Einträge geordnet sind, z.B. nach

Name, Vorname, Adresse.

Wenn wir Namen und Vornamen wissen, finden wir den Eintrag von Herrn Müller sehr schnell durch *binäres Suchen*: Dazu schlagen wir das Telefonbuch in der Mitte auf und vergleichen den gesuchten Namen mit einem Namen auf der aufgeschlagenen Seite. Ist dieser zufällig gleich dem gesuchten Namen, so sind wir fertig. Ist er in der alphabetischen Ordnung größer, brauchen wir für den Rest der Suche nur noch die erste Hälfte des Telefonbuches zu berücksichtigen, ansonsten nur die zweite Hälfte.

$x <$ **Müller**   *Müller* $x \geq$ **Müller**

Abb. 5.1. *Suche in einem Telefonbuch*

Wir verfahren danach weiter wie vorher, schlagen also bei der Mitte der ersten Hälfte auf und vergleichen wieder den gesuchten mit einem gefundenen Namen und so fort. Dieser Algorithmus heißt *binäre Suche*. Bei einem Telefonbuch mit ca. 1000 Seiten Umfang kommen wir damit nach höchstens 10 Schritten zum Ziel, bei einem Telefonbuch mit 2000 Seiten, nach 11 Schritten. Noch schneller geht es, wenn wir die Anfangsbuchstabenmarkierung auf dem Rand des Telefonbuches ausnutzen. Diese Idee werden wir später unter dem Namen *Skip-Liste* wieder antreffen.

Wenn wir umgekehrt eine Telefonnummer haben und mithilfe des Telefonbuches herausbekommen wollen, welcher Teilnehmer diese Nummer hat, bleibt uns nichts anderes übrig, als der Reihe nach alle Einträge zu durchsuchen. Diese Methode heißt *lineare Suche*. Bei einem Telefonbuch mit 1000 Nummern müssen wir im Schnitt 500 Vergleiche durchführen, im schlimmsten Falle gar 1000. Müssen wir diese Art von Suche öfters durchführen, so empfiehlt sich eine zusätzliche Sortierung (einer Kopie) des Telefonbuches nach der Rufnummer, so dass wir wieder binär suchen können.

5.1.1 Lineare Suche

Allgemein lässt sich das *Suchproblem* wie folgt formulieren:

Suchproblem: *In einem Behälter A befinden sich eine Reihe von Elementen. Prüfe, ob ein Element e $\in$ A existiert, das eine bestimmte Eigenschaft P(e) erfüllt.*

„Behälter" steht hier allgemein für Strukturen wie: *Arrays, Dateien, Mengen, Listen, Bäume, Graphen, Stacks, Queues, etc.* Wenn nichts Näheres über die Struktur des Behälters oder die Platzierung der Elemente bekannt ist, dann müssen wir folgenden Algorithmus anwenden:

Entferne der Reihe nach Elemente aus dem Behälter, bis dieser leer ist oder ein Element mit der gesuchten Eigenschaft gefunden wurde.

Wir können diesen Algorithmus bereits programmähnlich formulieren, wenn wir folgende Grundoperationen als gegeben annehmen:
- Prüfen, ob der Behälter leer ist: *istLeer*,
- Ergreifen und Entfernen eines Elementes aus dem Behälter: *nimmEines* .

Wir nehmen an, dass diese Operationen in einer geeigneten Klasse definiert sind, die auch die Elemente verwaltet. Damit ergibt sich der folgende in Java formulierte Algorithmus für die Lineare Suche. Er gibt entweder ein Element mit der gesuchten Eigenschaft zurück oder die Null-Referenz, falls nichts zu finden war.

```java
class Behälter<Element> {
  boolean istLeer(){ ..... }
  Element nimmEines(){ ..... }
}

boolean P(Element e){ ... }

Element linSuche(Behälter<Element> beh){
  while(! beh.istLeer()){
    Element e = beh.nimmEines();
    if (P(e)) return e;
  }
    return null;
}
```

In diesem Programmfragment entnehmen wir dem Behälter der Reihe nach alle Elemente solange bis wir ein Element mit der gesuchten Eigenschaft gefunden haben. In der Praxis würde man die entnommenen Elemente natürlich nicht wegwerfen, sondern z.B. als entnommen markieren, in einen Hilfsbehälter bewegen, oder dergleichen.

Behälter Datentypen in Java entsprechen den Klassen des *Collection Framework*. Für diese und zusätzlich für alle Arrays ist die verkürzte *for*-Schleife anwendbar. Solche Behälter können daher mit dem dem folgenden Schema durchsucht werden:

```
boolean P(Element e){ ..... }

Element linSuche(Collection <E> beh){
      for(Element e : beh)
    if (P(e)) return e;
  return null;
}
```

Typischerweise will man aber nicht das Element selbst, sondern seine Position in dem Behälter. In manchen objektorientierten Sprachen (z.B. Smalltalk) verfeinert man die Collection Hierarchie noch zu der Unterhierarchie *„Indexed Collection"*. In Java muss man auf spezielle Klassen wie *ArrayList* oder auf Arrays zurückgreifen. Leider hilft uns hier die verkürzte *for*-Schleife nicht mehr, da sie nur die Elemente, nicht aber deren Indizes liefert.

Wenn das Element nicht gefunden wird können wir einen nicht existenten Index zurückgeben, für Java-Arrays bietet sich -1 an, oder wir erzeugen eine Ausnahme:

```
int linSuche(Element[] a)throws NichtGefunden{
    for (int i=0; i < a.length; i++)
      if (P(a[i])) return i;
    throw new NichtGefunden();
}
```

Schlimmstenfalls müssen wir den ganzen Behälter durchsuchen, bis wir das gewünschte Element finden. Hat dieser N Elemente, so werden wir bei einer zufälligen Verteilung der Daten erwarten, nach ca. $N/2$ Versuchen das gesuchte Element gefunden zu haben. In jedem Fall ist die Anzahl der Zugriffe proportional zur Anzahl der verschiedenen Elemente.

Arrays als Behälter werden in den folgenden Such- und Sortier-Algorithmen eine besondere Rolle spielen. In Java ist die Indexmenge eines Arrays a mit $n = a.length$ Elementen stets das Intervall $[0...n-1] = [0...a.length-1]$. Besonders für die rekursiven Algorithmen wird es sich als günstig herausstellen, wenn wir sie so verallgemeinern, dass sie nicht nur ein ganzes Array, sondern auch einen *Abschnitt* (engl. *slice*) eines Arrays sortieren können. Unter dem Abschnitt $a[lo...hi]$ verstehen wir dabei den Teil des Arrays a, dessen Indizes aus dem Teilintervall $[lo...hi]$ sind, also $a[lo], a[lo + 1], ..., a[hi]$. Wir setzen dabei $0 \leq lo \leq hi \leq a.length-1$ voraus. Ein Aufruf, z.B. einer Suchroutine, erhält dann als Parameter neben dem Array a auch die Abschnittsgrenzen, wie z.B. in

```
binSearch(a, lo, hi)
```

Das komplette Array wird mit dem Aufruf `binSearch(a,0,a.length-1)` durchsucht.

5.1.2 Exkurs: Runden, Logarithmen und Stellenzahl

Ist r eine reelle Zahl, so bezeichnet man mit $\lfloor r \rfloor$ die größte ganze Zahl, die kleiner oder gleich r ist, und mit $\lceil r \rceil$ die kleinste ganze Zahl größer oder gleich r, also z.B. $\lfloor 3.14 \rfloor = 3$ und $\lceil 3.14 \rceil = 4$. Meistens ist aufrunden das gleiche wie *abrunden* + 1, also $\lceil r \rceil = \lfloor r \rfloor + 1$, außer wenn r ganzzahlig ist, denn dann ist $\lceil r \rceil = r = \lfloor r \rfloor$.

Für eine Zahl n und eine Basiszahl d ist $(log_d n)$, der *Logarithmus von n zur Basis d*. Das ist diejenige reelle Zahl r mit $d^r = n$. Benötigt n bei Darstellung zur Basis d genau k Stellen, also $n = (z_{k-1}...z_0)_d$ mit $z_{k-1} \neq 0$, so folgt $d^{k-1} \leq n < d^k$, also $(k - 1) \leq log_d n < k$. Daraus folgt $\lfloor log_d n \rfloor + 1 = k$, so dass gilt:

$\lfloor log_d n \rfloor + 1$ ist die Anzahl der Stellen von n bei der Darstellung zur Basis d.

Außer wenn $log_d n$ ganzzahlig ist, also außer für $n = d^k$ kann man die Formel vereinfachen:

$\lceil log_d n \rceil$ ist die Anzahl der Stellen von n bei der Darstellung zur Basis d.

Das ist unabhängig von der Repräsentation, gilt also für Dezimalzahlen genauso wie für Binärzahlen, z.B. haben wir $log_{10} 5678 = 3,754$ und $log_2(110110)_2 = log_2 54 = (log_{10} 54)/(log_{10} 2) = 1,732/0,301 = 5,754$. Durch Aufrunden erhalten wir (fast) immer die exakte Anzahl der Stellen, also z.B.: $\lceil log_{10} 5678 \rceil = 4$, $\lceil log_2 (110110)_2 \rceil = 6$. Ausnahmen sind nur die exakten Potenzen: $\lceil log_{10} 999 \rceil = 3$, aber $\lceil log_{10} 1000 \rceil = 3$. Danach stimmt es wieder: $\lceil log_{10} 1001 \rceil = 4$, etc.

Der Logarithmus als Anzahl der Ziffern gibt uns eine gute Intuition für diese bei Schülern nicht gerade beliebte Funktion. Teilen wir eine Binärzahl durch 2, so verliert sie eine Stelle. Daher können wir eine beliebige Zahl n höchstens $\lceil log_2 n \rceil$ oft halbieren. Diese Überlegung ist auch wichtig für die folgende Diskussion der folgenden *binären Suche*.

5.1.3 Binäre Suche

Wenn auf dem Element-Datentyp eine Ordnung definiert ist und die Elemente entsprechend ihrer Ordnung in einem Array gespeichert sind, dann nennt man das Array geordnet oder sortiert. Genauer sei a ein Array, das n Elemente enthält, und „≤" eine

Ordnung, die auf dem Datentyp *Element* definiert ist. *a* heißt dann *geordnet* (bzw. *sortiert*), wenn gilt:

$$\forall i : 0 \le i < n-1 \Rightarrow a[i] \le a[i+1]$$

Für die Suche in solchen sortierten Arrays können wir die binäre Suche einsetzen, wie wir sie vom Telefonbuch her kennen. Dazu sei *x* das gesuchte Element. Wir fragen also nach einem Index *i* mit $a[i] = x$.

Wie bei der Namenssuche im Telefonbuch wollen wir den Bereich, in dem sich das gesuchte Element noch befinden kann, in jedem Schritt auf die Hälfte verkleinern. Dazu verallgemeinern wir das Problem dahingehend, dass wir *i* in einem beliebigen Indexbereich *[min...max]* des Arrays *a* suchen, angefangen mit *min* = 0 und *max* = *n–1*. Neben 0 ≤ *min* und *max* < *n* soll stets die folgende Invariante gelten:

$$(\exists i : 0 \le i \le n-1 \wedge a[i] = x) \Rightarrow \exists i : (min \le i \le max \wedge a[i] = x)$$

Mit anderen Worten: Wenn das gesuchte Element x überhaupt in dem Array vorhanden ist, dann muss es (auch) im Abschnitt *a[min...max]* zu finden sein. Der Algorithmus funktioniert folgendermaßen:

Wenn *min* > *max*, breche ab, *x* ist nicht vorhanden, ansonsten wähle irgendeinen Index *m* mit *min* ≤ *m* ≤ *max*:

- Falls $x = a[m]$ gilt, sind wir fertig; wir geben *m* als Ergebnis zurück;
- falls $x < a[m]$, suche weiter im Bereich *min...m–1*, setze also *max* = *m–1*;
- falls $x > a[m]$, suche weiter im Bereich *m + 1...max*, setze also *min* = *m + 1*.

Für den Index *m* zwischen *min* und *max* nimmt man am besten einen Wert nahe der Mitte, also z.B. *m* = (*min* + *max*)/2. Auf diese Weise halbiert sich in jedem Schritt der noch zu betrachtende Bereich, und damit der Aufwand für die Lösung des Problems.

Wenn der Bereich *min...max* aus *n* Elementen besteht, können wir den Bereich höchstens $\lceil log_2(n)\rceil$-mal halbieren. Um 1000 Elemente zu durchsuchen, genügen also $\lfloor log_2(1000)\rfloor$ = 10 Vergleiche. Wir illustrieren die Methode mit 19 Elementen:

Ob wir den Algorithmus in einer *while*-Schleife ausprogrammieren oder ihn stattdessen rekursiv formulieren, ist eine Frage des Geschmacks. Die rekursive Formulierung ist eleganter und für den geübten Programmierer einfacher. Zudem lässt sie sich sofort in alle gängigen Programmiersprachen übersetzen – insbesondere auch in funktionale und logische Sprachen, in denen kein „*while*" verfügbar ist.

Hier formulieren wir den Algorithmus als rekursive Methode in Java, wobei wir der Einfachheit halber annehmen, dass für je zwei Elemente e_1 und e_2 des Typs *Element* entweder $e_1 < e_2$ oder $e_1 = e_2$ oder $e_1 > e_2$ gilt. Wir suchen also in einem ganzzahligen geordneten Array *a* nach einem bestimmten Wert *x*. Wenn wir ihn finden, geben

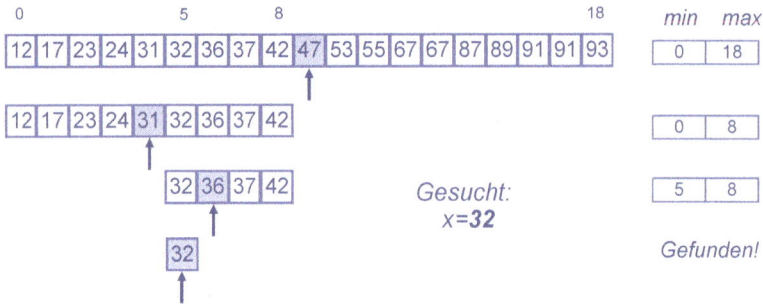

Abb. 5.2. Binäre Suche

wir seinen Index zurück. Wenn x nicht in a vorhanden ist, erzeugen wir, wie bei der linearen Suche, eine Ausnahme:

```
int rekBinSuche(Element[] a, Element x, int min, int max)
      throws NichtGefunden{
   if (min > max) throw new NichtGefunden();
   int m = (min + max)/2;
   Element am = a[m];
   if (x == am) return m;
   if (x < am) return rekBinSuche(a, x, min, m-1);
   else return rekBinSuche(a, x, m+1, max);
   }
int binSuche(Element[] a, Element x) throws NichtGefunden {
  return rekBinSuche(a, x, 0, a.length -1);
   }
```

5.1.4 Lineare Suche vs. binäre Suche

Die binäre Suche ist für große Datenmengen weit effizienter als die lineare Suche. Verdoppelt sich die zu durchsuchende Datenmenge, so wird sich auch der Aufwand für die lineare Suche verdoppeln – bei der binären Suche benötigen wir lediglich eine einzige zusätzliche Vergleichsoperation. Binäre Suche setzt allerdings eine geeignete Strukturierung der Daten voraus, nämlich dass

– in dem Behälter die Elemente an *Positionen* gespeichert sind,
– man über die Position direkt auf das dort befindliche Element zugreifen kann,
– eine Ordnung auf den Elementen definiert ist,
– die Elemente in den Positionen entsprechend der Ordnung platziert sind.

Diese Bedingungen treffen insbesondere auf sortierte Arrays zu. Wenn man in einem unsortierten Behälter häufig suchen muss, ist es zweckmäßig, die Elemente in ein Array zu kopieren und dieses vor den Suchvorgängen zu sortieren.

Kopiere alle Elemente in ein Array	⟹	Sortiere das Array	⟹	Wende binäre Suche an

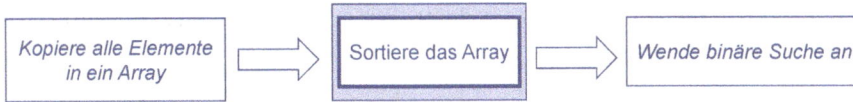

Abb. 5.3. Anwendung der binären Suche

5.1.5 Komplexität von Algorithmen

Unter der Komplexität eines Algorithmus versteht man grob seinen Bedarf an Ressourcen in Abhängigkeit vom Umfang der Inputdaten. Die wichtigsten Ressourcen sind dabei die Laufzeit und der Speicherplatz. In diesem Kapitel gehen wir davon aus, dass eine einfache Zuweisung oder ein Vergleich zweier Objekte eine Zeiteinheit in Anspruch nimmt. Auf dieser Basis können wir sehr gut verschiedene Algorithmen vergleichen.

Der Zeitbedarf der linearen Suche hängt im Wesentlichen davon ab, wie oft die *while*-Schleife durchlaufen wird:

```
while( !cont.istLeer() ){ ... }
```

Dabei nehmen wir an, dass das gesuchte Element vorhanden ist, und unterscheiden drei Fälle:
- *best case*: Im *günstigsten Fall* wird ein Element *e* mit *P(e)* beim ersten Versuch gefunden. Die Schleife wird nur einmal durchlaufen.
- *average case:* Im *Schnitt* kann man davon ausgehen, dass das Element etwa nach der halben Maximalzahl von Schleifendurchläufen gefunden wird.
- *worst case*: Im *schlimmsten Fall* wird das Element erst beim letzten Versuch oder überhaupt nicht gefunden. Die Maximalzahl der Schleifendurchläufe ist durch die Anzahl der Elemente begrenzt.

Bei der binären Suche benötigen wir im *worst case* $log_2(n)$ Schleifendurchläufe, bzw. rekursive Aufrufe – im *average case* kann man sich überlegen, dass man im vorletzten Schritt, also nach $log_2(n)-1$ Schritten erwarten kann, das Element zu finden. Tabelle 5.1 fasst die Situation nochmal zusammen:

Tab. 5.1. Aufwand von Suchalgorithmen

	best case	average case	worst case
lineare Suche	1	$n/2$	n
binäre Suche	1	$log_2(n)-1$	$log_2(n)$

Der genaue Zeitaufwand für den *worst case* der linearen Suche in einem Behälter mit *n* Elementen setzt sich zusammen aus einer Initialisierungszeit L_I, und aus dem Zeitbedarf für die *while*-Schleife, den wir mit $L_W \times n$ ansetzen können, wobei L_W die

Zeitdauer eines Schleifendurchlaufes bedeute. Wir erhalten für den Zeitbedarf $t_L(n)$ der linearen Suche also die Formel

$$t_L(n) = L_I + L_W \times n$$

Zum Vergleich berechnen wir den Zeitbedarf $t_B(n)$ für die binäre Suche. Auch hier haben wir eine konstante Initialisierungszeit B_I und eine konstante Zeit B_W für jeden Schleifendurchlauf, bzw. für jeden rekursiven Aufruf. Dies ergibt:

$$t_B(n) = B_I + B_W \times log_2(n)$$

Selbst wenn wir die genauen Werte der Konstanten L_I, L_W, B_I und B_W nicht kennen, wissen wir, dass n deutlich schneller wächst als $log_2(n)$. Dies bedeutet, dass auf jeden Fall ab einem gewissen n_0 die Funktion t_L die Funktion t_B überholen wird, oder, anders gesagt, dass t_B von t_L dominiert wird. Man schreibt dies unter Verwendung der sogenannten *O-Notation* als

$$t_B(n) = O(t_L(n))$$

und sagt dazu: $t_B(n)$ ist höchstens von der Ordnung $t_L(n)$.

Allgemein interessiert uns beim Laufzeitvergleich verschiedener Algorithmen nur das Verhalten *„für große n"*, wobei n die Inputgröße misst. Auf diese Weise können wir die Güte von Algorithmen beurteilen, ohne die exakten Werte der beteiligten Konstanten zu kennen. Für beliebige Funktionen $f, g : Nat \rightarrow Nat$ definiert man:
Definition: $f = O(g)$, falls eine Konstante C existiert, so dass $f(n) \le C \times g(n)$ für alle großen n gilt.

Statt *„für alle großen n"* kann man mathematisch präzise auch sagen: *„Für alle n ab einem gewissen n_0"*. In mathematischer Sprache ausgedrückt:

$$f = O(g) \; :\Longleftrightarrow \exists n_0 \in \mathbb{N}. \exists C \in \mathbb{R}. \forall n \ge n_0. f(n) \le c \times g(n).$$

Ab welchem n_0 die Funktion $C \times g$ also die Funktion f dominiert, und um welches C es sich handelt, ist für unsere Betrachtungen irrelevant. Diese Definition unterscheidet daher nicht zwischen Algorithmen, deren Aufwand nur um einen konstanten Faktor differiert. Insbesondere gilt sowohl $log(n) = O(log_2(n))$, als auch $log_2(n) = O(log(n))$, denn $log_2(n) = log_2(10) \times log(n)$. Andererseits gilt zwar $log(n) = O(n)$, aber nicht $n = O(log(n))$. Man schreibt daher $O(log_2(n)) = O(log(n))$, aber $O(log(n)) < O(n)$.

Ein einfaches Dominanz-Kriterium ist der Quotient $f(n)/g(n)$, wenn n gegen ∞ strebt. Wenn der Grenzwert $lim_{n \rightarrow \infty} f(n)/g(n)$ existiert, so gilt auf jeden Fall $f = O(g)$. Insbesondere folgt daraus, dass die polynomialen Komplexitätsklassen nur von der höchsten Potenz bestimmt sind. So gilt z.B. $O(n^2) = O(n \times (n-1)/2)$ und allgemein für Polynome:

$$O(c_k \times n^k + \cdots + c_1 \times n + c_0) = O(n^k)$$

Tabelle 5.2 zeigt einige Komplexitätsklassen mit ihren Bezeichnungen und der Anzahl von Rechenschritten für verschiedene Inputgrößen bei einen Werte von $C \sim 1$.

Tab. 5.2. Komplexitätsklassen

$k(n)$	Bezeichnung	$n = 10$	100	1000	10^4	10^5	10^6
1	konstant	1	1	1	1	1	1
$log(n)$	logarithmisch	3	7	10	13	17	20
$log^2(n)$		10	50	100	170	300	400
$\sqrt{n}$		3	10	30	100	300	1000
n	linear	10	100	1000	10^4	10^5	10^6
$n \times log(n)$	log-linear	30	700	10^4	10^5	2×10^6	2×10^7
$n^{3/2}$		30	1000	3×10^4	10^6	3×10^7	10^9
n^2	quadratisch	100	10^4	10^6	10^8	10^{10}	10^{12}
n^3	kubisch	1000	10^6	10^9	10^{12}	10^{15}	10^{18}
2^n	exponentiell	1000	10^{30}	10^{300}	10^{3000}	10^{30000}	10^{300000}

Wenn ein Algorithmus die Komplexität $k(n)$ hat und wenn der Zeitbedarf für einen Rechenschritt 1 Mikrosekunde beträgt, dann zeigt die folgende Tabelle, welche Datenmengen man in einer vorgegebenen Zeit verarbeiten kann. Auffallend sind die Unterschiede zwischen exponentiellem und polynomialem Laufzeitverhalten:

Tab. 5.3. Verkraftbare Datenmengen

$k(n)$	1 s	1 Tag	1 Jahr	100 Jahre
n	1000000	$86,4 \times 10^9$	$31,536 \times 10^{12}$	$3,1 \times 10^{15}$
$n \times log(n)$	62746	$2,7 \times 10^9$	$0,79 \times 10^{12}$	$0,675 \times 10^{15}$
n^2	1000	293938	5615692	55677643
n^3	100	4421	31593	146645
2^n	19	36	44	51

Komplexitätsbetrachtungen sind sehr wichtig, man darf aber nicht vergessen, dass sie nur etwas über das asymptotische Verhalten von Algorithmen aussagen. Für *kleine n* kann ein nach den obigen Kriterien besserer Algorithmus schlechter abschneiden als ein theoretisch aufwändiger.

Abb. 5.4 wurde mit dem Werkzeug *Geogebra* (*www.geogebra.org*) erstellt und zeigt graphisch das unterschiedliche Wachstum der verschiedenen Funktionen. Dargestellt sind von unten nach oben $log_{10}(x), log_2(x), \sqrt{x}, 10 \times log_2(x), x, x \times ln(x), x^2$. Obwohl der Faktor 10 die Funktion $10 \times \log_2(x)$ anfangs dramatisch wachsen lässt, verpufft der Effekt des Faktors für große x bald und wenn wir den Skalenbereich erweitern würden,

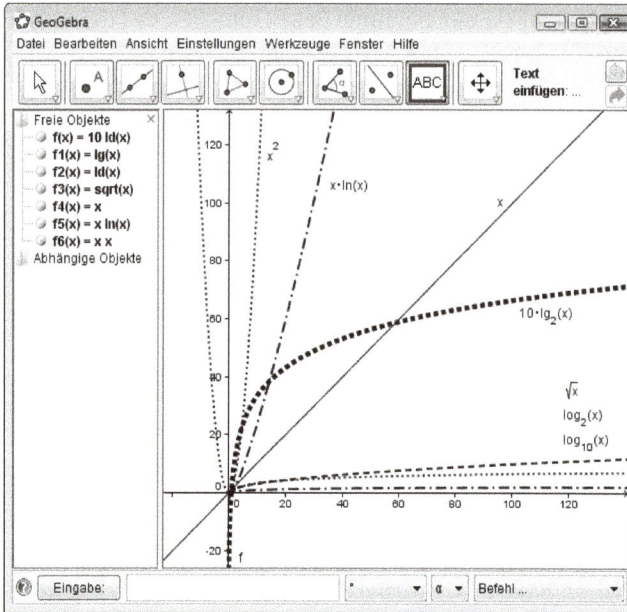

Abb. 5.4. Kurvenverlauf der wichtigsten Komplexitätsfunktionen – dargestellt in „Geogebra".

5.2 Einfache Sortierverfahren

Viele Sortieralgorithmen übernehmen Strategien, welche Menschen im täglichen Leben auch anwenden – zum Beispiel beim Sortieren von Spielkarten. Wenn wir Kartenspieler beim Aufnehmen einer „Hand" beobachten, können wir unter anderem folgende „Algorithmen" unterscheiden:

- Der Spieler nimmt eine Karte nach der anderen auf und sortiert sie in die bereits aufgenommenen Karten ein. Dieser Algorithmus wird *InsertionSort* genannt.
- Der Spieler nimmt alle Karten auf, macht eine *Hand* daraus und fängt jetzt an, die Hand zu sortieren, indem er benachbarte Karten solange vertauscht, bis alle in der richtigen Reihenfolge liegen. Dieser Algorithmus wird *BubbleSort* genannt.
- Bei Kartenspielen, bei denen die Karten zunächst aufgedeckt auf dem Tisch liegen können: Der Spieler nimmt die jeweils niedrigste der auf dem Tisch verbliebenen Karten auf und kann sie in der Hand links (oder rechts) an die bereits aufgenommenen Karten anfügen. Dieser Algorithmus wird *SelectionSort* genannt.

5.2.1 Datensätze und Schlüssel

In der Praxis werden nicht nur einfache Datentypen wie Zahlen oder Strings geordnet, sondern, wie etwa im Beispiel des Telefonbuches, auch Datensätze, die aus Namen, Adresse, Telefonnummer, Beruf etc. bestehen. Das Ordnungskriterium bezieht sich jedoch nur auf Teile des Datensatzes – diejenigen Bestandteile, nach denen später auch gesucht werden soll, man nennt sie auch *Schlüssel*. Im Beispiel des Telefonbuches wäre das Paar bestehend aus *Nachname* und *Vorname* ein Schlüssel.

In diesem wie auch in den meisten Fällen hat ein Datensatz also den Aufbau:

Schlüssel	Inhalt

Der *Schlüssel* kann aus einem oder mehreren Teilfeldern bestehen, für die eine sinnvolle Ordnung gegeben ist. Bei Textfeldern kann dies eine lexikographische Anordnung sein, bei Zahlen eine Anordnung entsprechend ihrer Größe. Natürlich kann man diese Kriterien auch kombinieren. Betrachten wir zum Beispiel Datensätze mit folgender Struktur:

```
class Student {
  String name;
  String vorname;
  long matrikelNr;
  short alter;
  short fachbereich;
}
```

Wir können diese nach beliebigen Feldern oder Feldkombinationen sortieren, etwa nach
- *matrikelNr,*
- *alter,*
- *fachbereich,*
- [*name, vorname, alter*].

Die Sortierung nach *alter* bzw. *fachbereich* führt vermutlich dazu, dass wir viele Datensätze mit gleichem Sortierschlüssel erhalten. Mit dem Sortierschlüssel [*name, vorname, alter*] erhalten wir nur selten Datensätze mit gleichem Sortierschlüssel. Die Sortierung nach *matrikelNr* führt (bei vernünftiger Vergabe der Matrikelnummern) zu einer *eindeutigen Sortierung*, das heißt, es gibt zu jeder Matrikelnummer höchstens einen Datensatz. In diesem Fall sprechen wir von einem *eindeutigen* Sortierschlüssel.

Wenn wir die Datensätze nach einem Schlüssel sortieren oder aufsuchen wollen, dann benötigen wir nicht unbedingt einen eindeutigen Sortierschlüssel. Dennoch ist ein Schlüssel nur dann sinnvoll, wenn er den gesuchten Datensatz weitgehend bestimmt. Dies leisten beim obigen Beispiel die Schlüssel [*name, vorname*] oder [*name, vorname, alter*].

Man spricht bei der Sortierung nach dem zusammengesetzten Schlüssel

$$[k_s, ..., k_1]$$

von einer *lexikographischen Ordnung*, wenn die Datensätze nach dem Schlüssel k_s geordnet sind, bei Gleichstand nach k_{s-1}, bei Gleichheit der Schlüsselwerte k_s und k_{s-1}, nach k_{s-2}, etc. Dabei ist also k_s der signifikanteste Schlüssel und k_1 der am wenigsten signifikante.

Ein Sortierprogramm vergleicht also die Schlüsselwerte von Datensätzen entsprechend der gewählten Ordnungsrelation. In einigen Fällen kann man dazu die Vergleichsoperationen der Programmiersprache verwenden. Wählen wir für unsere Studentendatei den Schlüssel [*matrikelNr*] so können wir zwei Studenten s1 und s2 direkt vergleichen:

```
s1.matrikelNr <= s2.matrikelNr
```

Im Falle des Schlüssels [*name, vorname*] müssen wir eine geeignete Vergleichsmethode selbst definieren. In Java empfiehlt es sich, dazu die vorhandene Schnittstelle *Comparable<E>* zu implementieren. Diese ist wie folgt definiert:

```
Interface Comparable<E> { public int compareTo(E o);}
```

Mit Hilfe der vorgeschriebenen Methode *compareTo* können wir anschließend zwei Studenten s1 und s2 durch einen Aufruf von

```
s1.compareTo(s2)
```

vergleichen. Das Ergebnis ist eine ganze Zahl. Je nachdem ob diese negativ, 0 oder positiv ist, sagen wir, dass s1<s2, s1=s2 oder s1>s2 ist. Der Vorteil einer solchen Vorgehensweise ist, dass wir danach alle Methoden, die auf der *Comparable<E>*-Schnittstelle basieren, wie z.B. Such- und Sortiermethoden, sofort für Studenten nutzen können.

Viele vorhandene Java-Klassen implementieren diese Schnittstelle bereits, unter anderem auch die Klasse *String*. So gilt z.B. in Java

```
"Anton".compareTo("Abba") == 12
```

wobei das Ergebnis (12 > 0) nicht nur besagt, dass "Anton" in der lexikographischen Ordnung größer als "Abba" ist, sondern auch noch die Distanz der ersten Zeichen, an denen die Strings sich unterscheiden, andeutet. *compareTo* implementiert also eine Art von Subtraktion.

Eine einfache Implementierung der Schnittstelle Comparable für die Klasse Student ist:

```
class Student implements Comparable<Student>{
  public int compareTo(Student s){
    int i = name.compareTo(s.name);
    if (i != 0) return i;
    return vorname.compareTo(s.vorname);
  }
}
```

Wenn jemand *compareTo* ein Argument mitgibt, das nicht aus der Klasse *Student* ist, z.B. den String "Anton", dann wird der Compiler das nicht akzeptieren. In früheren Java-Versionen musste man sich in diesem Kontext mit Typecasts behelfen; seit das Interface *Comparable<E>* einen generischen Typparameter besitzt, ist das nicht mehr erforderlich.

In den folgenden Sortierbeispielen werden wir vorwiegend mit Zeichen oder Zahlen operieren, so dass wir die Datenelemente direkt mit <, == oder > vergleichen können, statt mittels compareTo. Auf diese Weise sind die Ideen der Algorithmen klarer sichtbar. Als Elementtyp steht E in den Testprogrammen für int, long, float, double oder char. Für eine generische Implementierung mit generischen Typparameter E, müssten wir in den Testprogrammen also

- jeden Vergleich u<v durch einen Aufruf u.compareTo(v)<0 ersetzen,
- jede generische Arrayerzeugung **new** E[k] durch (E[])**new** Object[k].

Als Beispiel für einen ungeordneten Array von Zeichen beginnen wir im Folgenden stets mit:

S O R T I E R B E I S P I E L

Ziel von Sortieralgorithmen ist, diese Zeichenfolge alphabetisch zu ordnen, mit dem Resultat:

B E E E I I I L O P R R S S T

Die zu besprechenden Sortieralgorithmen, *BubbleSort*, *QuickSort*, etc. haben wir als statische Methoden einer Klasse Sortieren implementiert. Die Algorithmen können daher z.B. mit einem Hauptprogramm des folgenden Typs getestet werden:

```
public class Sortieren{
  public static void main(String args[]) {
    char [] feld = {'S','O','R','T','I','E','R',
            'B','E','I','S','P','I','E','L'};
    System.out.println(feld);
    bubbleSort(feld);
    System.out.println(feld);
```

```
    }
  }
```

Zur Ermittlung von relevanten und messbaren Laufzeiten werden wir am Ende des Abschnitts Arrays mit Zehntausenden bzw. mit Millionen ganzer Zahlen vom Typ *int* sortieren.

5.2.2 Invarianten und Assertions

Die einfachen Sortierroutinen bestehen aus zwei geschachtelten Schleifen, wobei die innere dafür zuständig ist, Elemente zu bewegen und die äußere Schleife den Bereich der bereits sortierten Daten eingrenzt und mit jedem Schritt vergrößert. Jeder der vorgestellten Sortieralgorithmen verwendet dazu eine andere Strategie. Wir werden der Einfachheit halber annehmen, dass die Daten in einem Array gespeichert sind. Wichtig für die Güte eines Algorithmus ist nicht nur seine Effizienz, sondern in erster Linie seine Korrektheit. Diese kann man an zwei Forderungen festmachen:
– *Zum Schluss müssen die Daten geordnet sein, und*
– *es darf nichts verloren oder hinzugefügt werden.*

Die erste Forderung wird meist als Grenzfall einer Schleifeninvarianten erreicht. Eine trivial zu programmierende Invariante

```
    boolean isSorted(E[] a, int u, int v)
```

soll gewährleisten, dass der Bereich a[u ... v] des Arrays a bereits geordnet ist. Die Analyse eines Sortieralgorithmus startet mit identischen Parametern u=v. Ein Bereich von nur einem Element ist trivialerweise sortiert. Wenn wir den Bereich zwischen u und v ausweiten, so dass zum Schluss u=0 und v=a.length-1 ist, haben wir das Array erfolgreich sortiert. Die Sortieralgorithmen unterscheiden sich zunächst in der Weise, wie der geordnete Bereich a[u ... v] vergrößert wird. Wir werden die Java-Implementierungen der Sortieralgorithmen mit Assertions begleiten:

```
    assert isSorted(a,u,v);
```

Diese dienen nicht nur der Sicherheit, dass unsere Logik stimmt, sondern auch der Dokumentation, die erkennen lässt, warum der jeweilige Algorithmus funktioniert.

Die einfachen Algorithmen, *BubbleSort*, *SelectionSort* und *InsertionSort*, beginnen mit u=v=0 (bzw. u=v=a.length-1) und vergrößern schrittweise v (bzw. verkleinern u), bis u=0 und v=a.length gilt, d.h. bis das gesamte Array sortiert ist. Sie unterscheiden sich dann nur noch darin, wie genau die Vergrößerung des sortierten Bereiches vorgenommen wird.

MergeSort und *QuickSort* verfolgen die Strategie, den gesamten Bereich in zwei kleinere Bereiche zu zerlegen, diese zu sortieren und zwei bereits sortierte Bereiche zu einem größeren zusammenzusetzen.

Die Pfiffigkeit der einzelnen Algorithmen zeigt sich oft darin, dass sie noch freiwillig eine weitere Invariante beinhalten, die die Vergrößerung des sortierten Bereiches vereinfacht, wie im Falle von *SelectionSort* und *QuickSort*, oder beschleunigt, wie im Falle von *BubbleSort*. Die zweite Forderung an einen Sortieralgorithmus, dass keine zusätzlichen Daten erzeugt oder bestehende vernichtet werden, erreichen wir durch Programmierdisziplin: Wir verändern die Elemente im Array ausschließlich mit einer Methode swap, die die Plätze zweier Elemente vertauscht. Da durch Platzvertauschung nichts verschwindet und nichts hinzukommt, ist die Einhaltung der zweiten Forderung automatisch erfüllt.

```
private static void swap(E[] a, int i, int k){
  E temp = a[i];
  a[i] = a[k];
  a[k] = temp;
  }
```

Als Nebeneffekt werden die Algorithmen durch die Formulierung von *swap* als eigenständiger Prozedur auch besser lesbar – wenn sich auch die Laufzeit geringfügig erhöht.

Nur im Falle von *Insertionsort* werden wir uns entschließen, Elemente direkt in das Array einzusetzen, weil ansonsten der Algorithmus zu einer Variante von *Bubble-Sort* entarten würde. Für diesen Fall benötigen wir somit eine Assertion, die die zweite Forderung testet. Dazu ist es leider erforderlich, wir hatten auf diese Schwäche von Java-Assertions schon hingewiesen, eine Kopie des ursprünglichen Arrays anzulegen. Am Schluss wird getestet, ob das ursprüngliche und das sortierte Array die gleichen Elemente besitzen.

```
void insertionSort(E[] a){
  E[] kopie = new E[a.length];
  arraycopy(a,0,kopie,0,a.length);
  ... hier der Code für das Sortieren ...
  assert isPermutation(kopie,a);
  }
```

Die notwendige Methode *isPermutation* zählt einfach, ob jedes Element im Original gleich oft in der sortierten Variante vorkommt:

```
boolean isPermutation(E[] original, E[] kopie){
  for(E e : original){
    if(anzahl(e,original) != anzahl(e,kopie))
      return false;
    }
  return true;
  }
```

5.2.3 BubbleSort

Dieser Algorithmus sortiert ein Array von Datensätzen durch wiederholtes Vertauschen von benachbarten Elementen, die in falscher Reihenfolge stehen. Dies wiederholt man so lange, bis das Array vollständig sortiert ist. Dabei wird dieses in mehreren Durchgängen von links nach rechts durchwandert. Bei jedem Durchgang werden die Inhalte an benachbarten Positionen verglichen und ggf. vertauscht. Nach dem 1. Durchgang hat man folgende Situation:

– das größte Element ist bereits ganz nach rechts gewandert,
– alle anderen Elemente sind zwar zum Teil an *besseren* Positionen (näher an ihrer endgültigen Position), im Allgemeinen aber noch nicht sortiert.

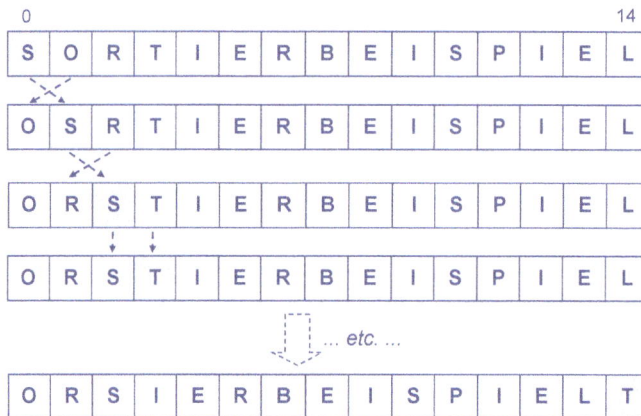

Abb. 5.5. BubbleSort: Der erste Durchgang

Das Wandern des größten Elementes ganz nach rechts kann man mit dem Aufsteigen von Luftblasen in einem Aquarium vergleichen: Die größte Luftblase (engl. *bubble*) ist soeben nach oben aufgestiegen. Nach dem ersten Durchgang ist das größte Element also an seiner endgültigen Position. Für die restlichen Elemente müssen wir nun den gleichen Vorgang anwenden. Nach dem zweiten Durchgang ist auch das zweitgrößte Element an seiner endgültigen Position. Dies wiederholt sich für alle restlichen Elemente mit Ausnahme des letzten.

Die Analyse legt eine *for*-Schleife mit einem Laufindex k nahe. Wir beginnen mit $k = n - 1$ und erniedrigen k nach jedem Durchlauf, wobei wir die folgenden Invarianten beibehalten, von denen die erste jeweils zu Beginn und die zweite am Ende der äußeren *for*-Schleife gelten.

Invarianten:

1. *Im k-ten Durchlauf ist der Abschnitt a[k ... n–1] bereits geordnet.*

2. *Das größte Element in a[0 ... k] ist a[k].*

Die erste Invariante ist zu Beginn, also für *k = n–1*, trivialerweise erfüllt und garantiert zum Schluss, wenn *k = 0* ist, dass *a* komplett geordnet ist. Die zweite Invariante berechtigt den Abbruch der inneren Schleife bei *i = k–1*.

```
static void bubbleSort(E[] a){
  for(int k=a.length -1; k >0; k--){
  assert isSorted(a,k,a.length -1);
  for(int i=0; i<k; i++){
    if(a[i]>a[i+1]) swap(a,i,i+1);
    } assert greaterAll(a[k],a,0,k);
  }
}
```

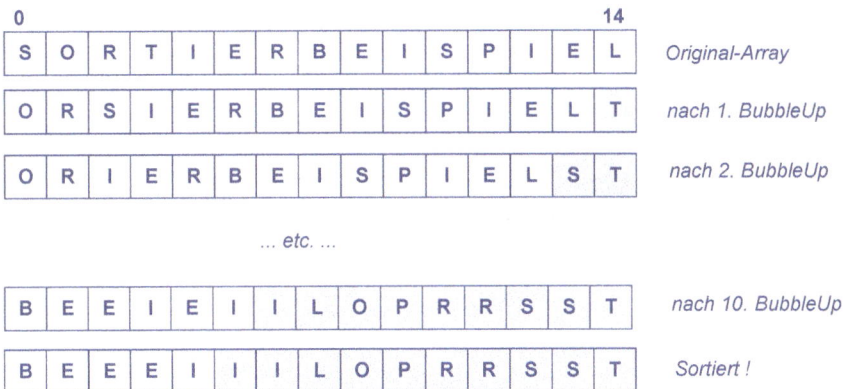

Abb. 5.6. BubbleSort: Verlauf des Algorithmus

In unserem speziellen Beispiel stellen wir fest, dass der Sortiervorgang nicht erst nach dem 14. Durchgang beendet ist, sondern bereits nach dem 10. Der Grund ist, dass sich bei jedem Durchgang auch die Position der noch nicht endgültig sortierten Elemente *verbessert*. Im ungünstigsten Fall können zwar tatsächlich *n – 1* Durchgänge benötigt werden, meist könnte man aber *BubbleSort* bereits früher abbrechen, nämlich dann, wenn in einem kompletten Durchlauf der inneren Schleife nichts vertauscht worden ist.

Aufgrund des oben gesagten können wir BubbleSort optimieren, indem wir bei jedem Durchgang testen, ob überhaupt etwas vertauscht wurde. Wenn nicht, brechen wir vorzeitig ab:

```
static void bubbleSort(E[] a){
  boolean done = false;
  for (int k = a.length -1; k > 0 && !done; k--){
```

```
  done = true;
  for (int i = 0; i < k; i++)
    if (a[i]>a[i+1]) {
      swap(a,i,i+1);
      done=false;
      }
  }
}
```

Der Rumpf der inneren Schleife von *BubbleSort* wird beim k-ten Durchgang $n - k$ mal ausgeführt und benötigt eine konstante Zeit C, so dass sich die folgende Laufzeit ergibt:

$$\sum_{k=1}^{n} (n - k) \times C = ((n - 1) + (n - 2) + \cdots + 2 + 1) \times C = \left(\frac{n \times (n - 1)}{2} \right) \times C$$

Damit ergibt sich für BubbleSort qualitativ folgender Aufwand

best case: $\quad C \times (n-1) = O(n)$
worst case: $\quad C \times n \times (n-1)/2 = O(n^2)$

Ähnlich kann man zeigen, dass *BubbleSort* auch im *average case* einen Aufwand von $O(n^2)$ hat.

5.2.4 SelectionSort

Bei *SelectionSort* suchen wir in jedem Schritt das kleinste (größte) der noch ungeordneten Elemente und ordnen es am rechten Ende der bereits sortierten Elemente ein. In einem Array a mit dem Indexbereich $[0...hi]$ sei der Abschnitt $a[0...k - 1]$ bereits sortiert und kleiner als alle restlichen Elemente $a[k...hi]$. Deren kleinstes Element habe den Index i.

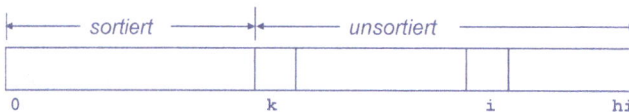

Abb. 5.7. SelectionSort: Vor einem Sortierschritt

Vertauschen von $a[i]$ mit $a[k]$ vergrößert den sortierten Bereich um ein Element:

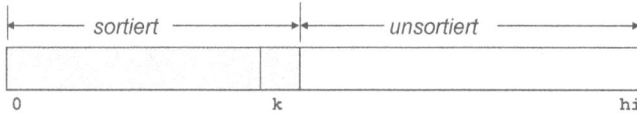

Abb. 5.8. SelectionSort: Nach einem Sortierschritt.

Wiederholen wir diesen Vorgang so lange, bis $k = hi$ gilt, so ist am Ende das ganze Array sortiert. Für SelectionSort haben wir also in der k-ten Iteration die Invarianten:

1. $a[0 ... k–1]$ ist sortiert und $\forall i$ mit $k \le i \le hi$ gilt $a[k–1] \le a[i])$
2. $a[k]$ ist kleiner gleich jedem Element in $a[k...hi]$.

Die erste Invariante gilt jeweils am Anfang, die zweite am Ende der äußeren Schleife.

Dies führt zu dem folgenden Algorithmus für *SelectionSort*, wobei die Hilfsfunktion *minPos*, welche die Position des kleinsten Elementes im unsortierten Rest ermittelt, die eigentliche Sortierroutine übersichtlicher macht:

```
private static int minPos(E[] a, int lo, int hi){
  int min = lo;
  for (int i = lo+1; i <= hi; i++)
    if (a[i] < a[min]) min = i;
  return min;
}
static void selectionSort(E[] a){
  int hi = a.length -1;
  for (int k = 0; k < hi; k++){
    assert isSorted(a,0,k);
    int min = minPos(a, k, hi);
    if ( min != k) swap (a, min, k);
    assert isSmallest(a[k],a,k,hi);
  }
}
```

Die für die zweite Assertion benötigte Methode *isSmallest* testet, dass das erste Argument das kleinste im Abschnitt ist, der durch die weiteren Parameter definiert ist.

Bei einem Array mit n Elementen wird die äußere Schleife $(n–1)$ mal durchlaufen. Die Unterroutine $minPos(a, k, n)$ erfordert bis zu $(n–k)$ Vergleiche. Damit ergibt sich für SelectionSort qualitativ der gleiche Aufwand wie für BubbleSort, also $O(n^2)$. Allerdings ist die Konstante C in der Aufwandsabschätzung bei SelectionSort erheblich niedriger. Der Grund ist, dass bei BubbleSort jeder negativ verlaufende Vergleich zu einem *swap* führt – bei SelectionSort wird *swap* aber nur einmal pro Durchgang durchgeführt, nämlich mit dem minimalen Element. Diesem Vorteil steht jedoch der Nachteil gegenüber, dass der Aufwand von *SelectionSort* immer ungefähr gleich ist, egal wie gut das Array bereits vorsortiert ist, während *BubbleSort* in solchen Fällen vorzeitig abbricht und deutlich schneller ist.

5.2.5 InsertionSort

Bei InsertionSort nehmen wir immer ein beliebiges Element der noch nicht sortierten Daten auf und sortieren es an der richtigen Stelle ein. Leider lässt sich in einem Array nicht einfach ein neues Element zwischen zwei benachbarte „einschieben", wir müssen also zunächst dafür Platz schaffen, indem wir die störenden Elemente alle um eins nach rechts schieben und dann das Element an der freigewordenen Position einsetzen.

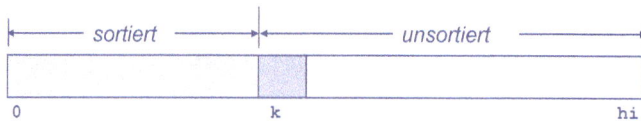

Abb. 5.9. InsertionSort: Vor einem Sortierschritt.

Das Element $x = a[k]$ wird aus dem Array entfernt. Die so entstehende Lücke

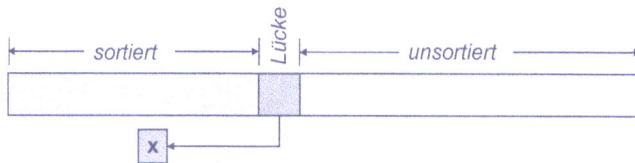

Abb. 5.10. InsertionSort: Eine Lücke wird geschaffen.

wird nunmehr so lange nach links verschoben (durch Rechtsverschiebung der Felder links davon), bis die korrekte Position für das Element $x = a[k]$ gefunden wurde. Danach wird x dort eingeordnet. Der sortierte Bereich wurde so um eins vergrößert.

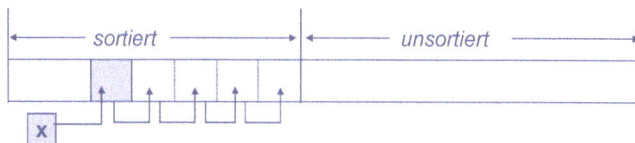

Abb. 5.11. InsertionSort: Die Lücke wird gefüllt.

Für die äußeren Schleife haben wir hier lediglich die
Invariante: $a[0 \ldots k-1]$ *ist sortiert.*

Die Kunst besteht wie immer darin, diese Invariante beizubehalten und dabei k zu erhöhen. Wir könnten dies auf einfache Weise bewerkstelligen, wenn wir beginnend mit $i = k$ absteigend jedes Element $a[i]$ mit seinem Nachbarn $a[i-1]$ vertauschen, bis erstmalig $a[i-1] \leq a[i]$ gilt. Dabei wird automatisch Platz geschaffen und das Element $a[k]$ an der richtigen Stelle eingefügt. Damit würde *InsertionSort* zu einer Variante von *BubbleSort*.

Die folgende Implementierung verwendet aus Effizienzgründen nicht die Prozedur *swap* für den Schreibzugriff auf a, so dass wir jetzt wieder die Einhaltung der anderen wichtigen Invarianten gesondert überprüfen müssen:

Invariante: *Das Array a bleibt eine Permutation des ursprünglichen Arrays*

Wie man das macht, haben wir bereits bei der Diskussion von *BubbleSort* erläutert, daher verzichten wir ab hier auf das explizite Einfügen von Assertions.

```
static void insertionSort(E[] a){
 int hi = a.length -1;
 for (int k = 1; k <= hi; k++)
  if (a[k] < a[k-1]){
    E x = a[k];
    int i;
    for ( i = k; ( (i > 0) && (a[i-1] > x) ); i-- )
      a[i] = a[i-1];
    a[i] = x;
    }
}
```

Das Java-Programm wäre fehlerhaft, wenn für $i = 0$ die Bedingung *(a[i-1]>x)* überprüft oder die Anweisung *a[i]=a[i-1];* ausgeführt würde, da der Indexwert *−1* außerhalb des zulässigen Bereiches liegt. Daher ist der Vergleich nach dem *&&* in dieser Form nur korrekt, falls eine verkürzte Auswertung von *&&*-Ausdrücken erfolgt. In Java (und C) gehört diese Eigenschaft zur Definition des *&&*-Operators.

Der Aufwand für *InsertionSort* kann ähnlich abgeschätzt werden wie der von *SelectionSort*. Die Unterschiede sind:
- Im *average case* benötigt man zum Aufspüren der endgültigen Position des ursprünglich in $a[k]$ befindlichen Elementes $k/2$ Vergleiche; bei SelectionSort müssen zum Auffinden von *minPos* alle noch ungeordneten Elemente untersucht werden.
- Andererseits benötigt *SelectionSort* maximal n viele *swaps*. Bei InsertionSort dagegen werden im schlimmsten Fall $n^2/2$ viele Datenelemente bewegt.

Sind die Datensätze nicht in einem Array, sondern in einer verketteten Liste abgelegt, so muss nicht gesondert Platz für das neue Element gemacht werden – es klinkt sich einfach zwischen die beiden in der Ordnung benachbarten Listenelemente ein. In diesem Falle ist *InsertionSort* oft der am besten geeignete Algorithmus.

Der Aufwand für InsertionSort kann in einer optimierten Version *InsertionSortOpt* deutlich verringert werden. Dabei wird die endgültige Position des ursprünglich in $a[k]$ befindlichen Elementes mit binärer Suche ermittelt. Anschließend werden alle Elemente von der Lücke an gemeinsam verschoben.

5.2.6 Laufzeitvergleiche der einfachen Sortieralgorithmen

Die drei bisher diskutierten Sortieralgorithmen können ohne große Änderungen in ein Testprogramm eingebracht werden, das ein Array mit $n = 50000$, $n = 100000$, $n = 200000$ und $n = 400000$ ganzen positiven Zahlen sortiert. Ziel ist die experimentelle Ermittlung der Laufzeit der Algorithmen. Erst bei einer derart großen Anzahl von Elementen fallen nennenswerte Laufzeiten an. Die Laufzeitmessungen erfolgten mit einem Programm, das in der Beispielsammlung dieses Buches zu finden ist. Mithilfe eines Zufallszahlengenerators wird ein Array mit der gewünschten Zahl von Elementen gefüllt. Der Zufallszahlengenerator wird mit einer festen Zahl initialisiert, damit jeder Algorithmus die gleiche Zahlenfolge zu sortieren hat. Die Ergebnisse der Laufzeitmessung auf einem 3,60-GHz Core i7-4790 PC zeigt Tabelle 5.4. .

Tab. 5.4. Laufzeitvergleich von Sortieralgorithmen mit zufällig verteilten Daten (in Sekunden)

$n =$	50 000	100 000	200 000	400 000
BubbleSort	3,54	14,56	59,53	239,07
SelectionSort	0,57	2,26	9,09	36,36
InsertionSort	0,22	0,86	3,42	13,74
InsertionSortOp	0,07	0,28	1,27	5,42

Es wird deutlich, das der Aufwand dieser Algorithmen $O(n^2)$ ist. Die Zahl der zu sortierenden Elemente verdoppelt sich von Spalte zu Spalte. Der Zeitbedarf erhöht sich jeweils um etwa das Vierfache.

BubbleSort ist (für zufällig sortierte Daten) erheblich langsamer als die beiden anderen Algorithmen. Allerdings verringert sich der Abstand deutlich, wenn man die *swap*-Prozedur optimiert, das heißt z.B. durch eine Inline-Routine ersetzt.

In einem analogen Experiment mit bereits vorsortierten Daten zeigte sich, wie zu erwarten, dass *BubbleSort* und *InsertionSort*, so schnell waren, dass ihr Zeitbedarf im Millisekundenbereich lag und somit nicht mehr messbar war. Für *SelectionSort* dagegen ergab sich in etwa die gleiche Laufzeit wie bei unsortierten Daten. Dies ist eine wichtige Eigenschaft dieser Sortieralgorithmen, wenn man bedenkt, dass es in der Praxis häufig vorkommt, dass ein bereits sortierter Datenbestand leicht verändert wurde – etwa durch Einfügung neuer oder Löschung alter Daten. Für die erneute Sortierung der modifizierten Daten bieten sich nun *BubbleSort* oder *InsertionSort* an.

Die Algorithmen dieses Abschnittes wurden seit dem Jahr 1997 im Rahmen von Vorlesungen an der Universität Marburg genutzt und in der Programmiersprache Java formuliert und mit dem jeweils aktuellen JDK getestet. Berücksichtigt man den jeweils gestiegenen Prozessortakt der verwendeten Testrechner, so zeigt sich, dass die Geschwindigkeit der verwendeten *Java Virtual Machine* (JVM) beim Übergang von der Version 1.1 zu Version 1.2 deutlich verbessert wurde. Bei Version 1.3 und 1.5 mussten Geschwindigkeitseinbußen in Kauf genommen werden und mit den Versionen 1.4, 1.6 und SE7 wurde die Performanz jeweils wieder verbessert.

Für die Erklärung der oben ermittelten Verbesserungen der Laufzeit sind natürlich noch andere Faktoren als nur der Prozessortakt relevant. Einmal dürften schnellere Speicherzugriffe und Caches eine Rolle spielen, zum anderen auch die Fähigkeit der neueren JVMs, beim Laden von Programmen aus Klassen-Dateien direkt Maschinencode erzeugen zu können. Diese Technik nennt man *Just In Time Compiling* (JIT).

5.2.7 ShellSort und CombSort

ShellSort ist eine Variante von InsertionSort und verdankt seinen Namen dem Erfinder *Donald Shell*. *ShellSort* arbeitet mit mehreren Durchgängen. Wir können sicher sein, dass ShellSort korrekt sortiert, da der letzte Durchgang mit *InsertionSort* übereinstimmt. Die vorherigen Durchgänge bewirken eine weitgehende Vorsortierung des Arrays, so dass im letzten Durchgang *fast nichts mehr zu tun ist* und er so schnell ist, wie wir das nach den obigen Ausführungen über InsertionSort erwarten können. Da sich der Aufwand für das Vorsortieren in Grenzen hält, ist der Aufwand für ShellSort für nicht vorsortierte Datenbestände deutlich besser als bei InsertionSort.

Auf theoretischem Wege kann man zeigen, dass die Komplexität von ShellSort kleiner ist als $n^{1,5}$. Experimentell findet man sogar, dass der Aufwand zu $n^{1,25}$ proportional ist. Da der Effekt von ShellSort auf schwer vorhersehbaren stochastischen Ereignissen beruht, ist bis heute keine bessere Abschätzung als $n^{1,5}$ bewiesen worden.

Wir parametrisieren zunächst InsertionSort mit einem Integer-Parameter h, wobei wir feststellen, dass sich für $h = 1$ die Originalversion von InsertionSort ergibt:

```
static void insertionSort(E[] a, int h){
  for (int k = h; k <= hi; k++)
    if(a[k] < a[k-h]){
      E x = a[k];
      int i;
      for (i = k; ((i>(h-1)) && (a[i-h]>x)); i-=h)
        a[i] = a[i-h];
      a[i] = x;
    }}
```

Shell's Idee ist, *InsertionSort(h)* für eine bestimmte *absteigende* Folge von Werten von *h* aufzurufen. Recht gut funktioniert dies für die Folge 1,4,13,40,121,... mit Bildungsgesetz

$$h_0 = 1, \quad h_{k+1} = 3 \times h_k + 1.$$

Für *h* müssen wir die Zahlen dieser Folge in *umgekehrter Reihenfolge* einsetzen, wobei man mit dem größten h_k beginnt, das kleiner als *n* ist. Durch den abschließenden Wert *h* = 1 ist garantiert, dass die Daten am Ende sortiert sind. Als Java Programm formuliert ergibt sich:

```
static void shellSort(E[] a){
  int hi = a.length -1;
  int hmax=1, h;
  while (hmax < hi) hmax = 3*hmax+1;
  for ( h = hmax/3; h > 0; h /= 3) insertionSort(a,h);
}
```

Die obige Folge, mit deren Hilfe ShellSort erfolgreich implementiert werden kann, ist nicht die bestmögliche. Experimentell kann man feststellen, dass es gute und schlechte Folgen gibt. In der Literatur und bei Wikipedia findet man mehrere Folgen mit besserem Laufzeitverhalten als die obige Folge. Es folgen zwei Beispiele:

```
... 16001, 8929, 3905, 2161, 929, 505, 209, 109, 41, 19, 5, 1
... 2034035, 428481, 90358, 19001, 4025, 836, 182, 34, 9, 1
```

Die Suche nach einer optimalen Folge gestaltet sich als schwierig. Eine theoretische Begründung für die Effizienz der oben angegebenen Folgen steht noch aus. Für diese Folgen kann man auch keine Laufzeitabschätzung beweisen, die den gemessenen Werten entspricht.

Da auch *BubbleSort* die Eigenschaft hat, vorsortierte Daten in deutlich kürzerer Zeit zu sortieren als zufällig verteilte Daten, ist es nicht verwunderlich, dass eine ähnliche Verbesserung wie *ShellSort* relativ zu *InsertionSort* auch für *BubbleSort* existiert. Der entsprechende Algorithmus wird *CombSort* genannt. Er ist aber deutlich langsamer als ShellSort.

5.3 Schnelle Sortieralgorithmen

ShellSort ist mit einer Laufzeit von $n^{1,5}$ bereits schneller als die einfachen Algorithmen BubbleSort, SelectionSort und InsertionSort mit ihrer quadratischen Laufzeit. Es gibt aber noch schnellere Algorithmen, die zudem auf eleganten mathematischen Ideen beruhen. Dazu gehören *HeapSort*, *QuickSort* und *MergeSort* mit einer Laufzeit von $n \times log(n)$. Es lässt sich zeigen, dass noch schnellere Sortieralgorithmen unmöglich sind – jedenfalls wenn man nicht von vornherein die maximal erlaubte Datenmenge einschränkt. Ist man aber bereit, eine solche Einschränkung hinzunehmen, etwa für einen Algorithmus zur Sortierung von maximal 5-stelligen Postleitzahlen, so kann man mit *DistributionSort* einen Algorithmus angeben, der in dem begrenzten Bereich ein lineares Laufzeitverhalten zeigt.

HeapSort werden wir später besprechen, nachdem wir die zugehörige Datenstruktur des *Heaps* eingeführt haben. Der Vorteil der schnellen Sortieralgorithmen macht sich gewöhnlich erst bei Werten von n über 20 bemerkbar. Für kleinere Werte von n sollte man *InsertionSort* verwenden. Dadurch kann man insbesondere die rekursiven Algorithmen wie *QuickSort* und *MergeSort* deutlich beschleunigen.

5.3.1 Divide and Conquer – teile und herrsche

Unser nächster Sortieralgorithmus, *QuickSort*, gehört zur Klasse der *divide-and-conquer*-Algorithmen. Mit diesem Begriff, zu deutsch „teile und herrsche", beschreibt man folgende Problemlösestrategie:
- Zerlege das Problem P in Teilprobleme $P_1, \ldots, P_n$,
- finde die Lösungen $L_1, \ldots, L_n$ der Teilprobleme,
- setze die Lösung L von P als Kombination der Lösungen $L_1, \ldots, L_n$ zusammen.

Ist eine solche divide-and-conquer Strategie für ein Problem bekannt, so kann man sie sofort als rekursives Programm niederschreiben, wobei die Rekursion stoppt, wenn das Problem so trivial ist, dass die Lösung unmittelbar angegeben werden kann.

5.3.2 QuickSort

QuickSort wurde 1960 von dem berühmten britischen Informatiker C.A.R. Hoare entwickelt. Damals waren noch keine schnellen Sortieralgorithmen bekannt, und man versuchte daher, die einfachen Sortierverfahren durch raffinierte Programmiertricks zu beschleunigen. Hoare demonstrierte, dass es, wie auch in vielen anderen Fällen, sinnvoller ist, nach besseren Algorithmen zu suchen, als vorhandene Algorithmen durch trickreiche Programmierung zu beschleunigen. Besonders bemerkenswert ist in diesem Zusammenhang, dass QuickSort ein rekursiver Algorithmus ist, was in den Frühzeiten der Informatik als ineffizient galt.

Sei a das zu sortierende Array. Wir wählen willkürlich einen Index k und nennen das Element $w = a[k]$ das *Pivotelement*. Anhand von w zerlegen (*partitionieren*) wir jetzt die übrigen Elemente in

a_1: die Elemente $< w$
a_2: die restlichen Elemente $\leq w$.

Schieben wir danach w zwischen die Arrays a_1 und a_2, so befindet sich w bereits an seinem endgültigen Platz.

Jetzt müssen wir nur noch a_1 und a_2 sortieren – dazu rufen wir rekursiv QuickSort auf – und haben eine sortierte Variante des ursprünglichen Arrays a.

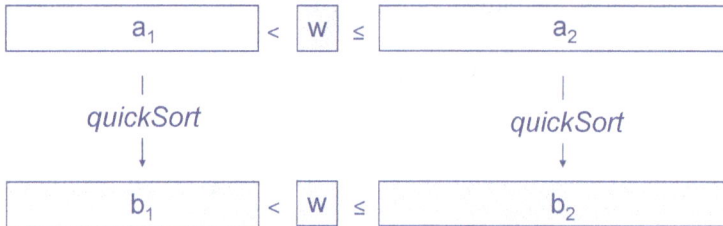

Abb. 5.12. QuickSort: Schema.

Es liegt also ein typischer Fall von *divide and conquer* (teile und herrsche) vor:

divide: Das Array anhand eines Pivots in kleinere Teile a_1, w, a_2, zerlegen
conquer: Rekursiv die Sortierungen b_1 und b_2 für die Teile a_1 und a_2 bestimmen.
   Die Teile b_1, w, b_2 zur Gesamtlösung b_1 w b_2 zusammensetzen.

Wählen wir in unserem S O R T I E R B E I S P I E L etwa die dritte Position als Index des Pivotelementes, so finden wir dort das Pivotelement R. Wir partitionieren die Elemente (außer dem Pivotelement) in
   die Elemente < R: a_1 = O I E B E I I E L und
   die Elemente ≥ R: a_2 = R S S T
   Sortieren von a_1 ergibt b_1 = B E E E I I L O P,
   sortieren von a_2 ergibt b_2 = R S S T.
Wir setzen zusammen:

b_1 + R + b_2 = B E E E I I L O P + R + R S S T
        = B E E E I I L O P R R S S T.

Offensichtlich arbeiten die rekursiven Aufrufe auf Abschnitten des Arrays, so dass wir für das entsprechend verallgemeinerte *qSort* die Signatur vorsehen:

```
void qSort(E[] a, int lo, int hi)
```

Beim Partitionieren möchten wir a_1 und a_2 nicht als neue Arrays anlegen, sondern wir wollen den vorhandenen Array nutzen, so dass a_1 den linken Teil und a_2 den rechten Teil des Ausgangsarrays belegt. Dazwischen passt dann genau noch das Element w.
   Die Partitionierungsmethode muss auch auf Array-Abschnitten arbeiten, sie muss das Array anhand eines Pivotelementes partitionieren und sie muss darüber informieren, an welchem Index das Array partitioniert wurde. Ihre Signatur ist also:

```
int partition(E[] a, int lo, int hi)
```

Von dieser Methode verlangen wir nur, dass sie die Elemente von *a* so permutiert, dass:
- partition(a,lo,hi) einen Wert *i* zwischen *lo* und *hi* liefert mit :
  - alle Elemente aus a[lo,i-1] sind < a[i]
  - alle Elemente aus a[i+1,hi] sind ≥ *a*[i]

Damit haben wir alles, was wir für QuickSort benötigen. Wir müssen nur noch den Abbruchfall mit *hi=lo* berücksichtigen und erhalten:

```
public static void quickSort(E[] a){
  qSort(a,0,a.length-1);
  }
private static void qSort(E[] a, int lo, int hi){
  if(lo < hi){
    int pivIndex = partition(a,lo,hi);
    qSort(a,lo,pivIndex-1);
    qSort(a,pivIndex+1,hi);
    }
  }
```

5.3.3 Die Partitionierung

Bisher haben wir offen gelassen, nach welchem Algorithmus *a* partitioniert werden soll. Die folgende Lösung benützt zur Partitionierung von *a*[*lo* ... *hi*] nur *swap*, so dass wir sicher sein können, dass die erste Invariante erhalten bleibt, die besagt, dass das Array hinterher eine Permutation des anfänglichen Arrays ist.

Wir wählen uns irgendein Element, zum Beispiel eines in der Mitte des Arrays und vertauschen es mit dem Element an der höchsten Indexposition. Damit sitzt unser Pivot jetzt am rechten Ende des Arrays. Wir teilen das restliche Array jetzt in drei Teile auf:

$a[lo...k-1]$: die Elemente kleiner als das Pivotelement

$a[k...i-1]$: die Elemente größer oder gleich dem Pivotelement

$a[i...hi-1]$: die Elemente, die noch nicht eingeordnet sind.

Wir beginnen mit $k=i=lo$. In einer *for*-Schleife von $i=lo$ bis *hi-1* ordnen wir das Element *a[i]* in einen der ersten Teile ein. Mit jedem Schritt verkleinert sich der dritte Bereich:

falls $a[i] \geq w$ gilt, ist sonst nichts zu tun. Wegen $i++$ wächst der zweite Bereich.

falls $a[i] < w$ gilt, vertauschen wir $a[k]$ mit $a[i]$ und erhöhen k.

Zum Schluss ist der dritte Bereich leer. Wir vertauschen *a[hi]* mit *a[k]*, damit das Pivotelement zwischen den ersten Bereichen zu liegen kommt und geben seinen neuen Index, *k*, zurück.

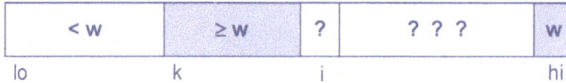

Abb. 5.13. QuickSort: Methode der Partitionierung.

Diese Methode der Partitionierung lautet in Java:

```
private static int partition(E[] a, int lo, int hi){
  swap(a,(lo+hi)/2,hi);
  E w = a[hi], k=lo;
  for(int i=k; i<hi; i++)
    if (a[i]< w) swap(a,i,k++);
  swap(a,k,hi);
  return k;
}
```

Die Wahl des Pivotelementes

Die erste Anweisung können wir uns sogar sparen, wenn wir bereit sind, als Pivot immer das Element am rechten Rand des Array-Abschnittes zu wählen. Bei einem zufällig angeordneten Array wäre diese Wahl nicht besser oder schlechter als jede andere. Für ein Array, das schon weitgehend vorsortiert ist, würde es aber bedeuten, dass jede Partitionierung das Array in zwei sehr ungleiche Abschnitte teilt. Die Laufzeit von QuickSort ist aber optimal, wenn jede Partitionierung das Array in zwei möglichst gleichgroße Teile zerlegt. Aus diesem Grunde haben wir als Pivot-Index einen mittleren Index gewählt und hoffen, dass der dort gespeicherte Wert w auch ungefähr in der Mitte aller im Array gespeicherten Werte liegt. Das ist natürlich nicht garantiert, aber für viele Zwecke eine gute Heuristik. Andere Heuristiken benutzen Zufallszahlen, um einen Pivot-Index auszuwählen, wieder andere wählen im ersten Schritt drei Indizes *i, j, k* und daraus dann denjenigen, dessen Wert in der Mitte der drei Werte *a[i], a[j], a[k]* liegt. Diese Strategie wenden wir auch bei dem Testprogramm an, mit dem die Laufzeit von QuickSort bestimmt wird.

5.3.4 Korrektheit von QuickSort

Aufgrund der Konstruktion mag bereits einleuchten, dass QuickSort korrekt funktioniert. Wir wollen aber anhand dieses einfachen rekursiven Algorithmus demonstrieren, wie ein formaler Korrektheitsbeweis geführt werden kann. Eigenschaften rekursiver Algorithmen lassen sich am einfachsten induktiv beweisen. Daher zeigen wir die Korrektheit von QuickSort durch Induktion über die Anzahl n der Elemente eines beliebigen zu ordnenden Array-Abschnittes $a[lo \dots hi]$. Wir wollen die Korrektheit des Partitionieralgorithmus voraussetzen.

- Falls $n = 1$, d.h. $lo = hi$, ist das (einelementige) Array bereits sortiert.
- Wir nehmen induktiv an, dass $qSort$ jeden Array-Abschnitt mit höchstens k Elementen korrekt sortiert und betrachten ein a mit $n = k + 1$ Elementen. Im ersten Schritt entsteht eine Partition $a_1 w a_2$, so dass gilt: $u \le w \le v$ für alle u aus a_1 und alle v aus a_2, und $a_1 w a_2$ ist eine Permutation des ursprünglichen a.
- $qSort$, angewendet auf die höchstens k-elementigen Abschnitte a_1 und a_2 liefert jetzt die Abschnitte b_1 und b_2.
- Die Induktionsannahme liefert dann: b_1 und b_2 sind geordnete Permutationen von a_1 und a_2.

Es folgt daher mit dem vorigen, dass $u \le w \le v$ für alle u aus b_1 und für alle v aus b_2 gilt. Daher ist die Konkatenation $b_1 w b_2$ eine geordnete Permutation von $a_1 w a_2$, also von a.

5.3.5 Komplexität von QuickSort

Die Aufrufhierarchie von QuickSort können wir durch einen Baum darstellen. Die Knoten veranschaulichen das zu sortierende Teilarray. Im günstigsten Fall, wenn das Pivotelement immer nahe der Mitte des Arrays liegt, hat dieser Baum ca. $log_2(n)$ viele Etagen. Jede Etage enthält alle Elemente des Arrays – mit Ausnahme der Pivotelemente der vorigen Etage – genau einmal, so dass wir für die Partitionierung einer kompletten Etage maximal die Zeit $c \times n$ benötigen. Der Gesamtaufwand ist im günstigsten Fall daher höchstens $c \times n \times log_2(n)$.

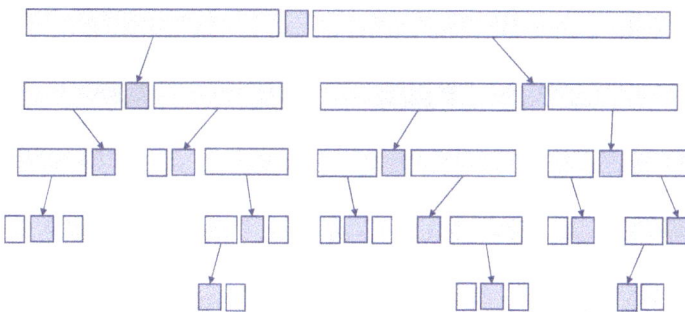

Abb. 5.14. QuickSort: Partitionenbaum.

Natürlich wird der günstigste Fall selten auftreten. Wenn wir aber bloß annehmen, dass bei jeder Partitionierung die Teilarrays nie schlechter als in einem festen Verhältnis (z.B. $1:9$) aufgeteilt werden, so ist immer noch eine Zeitkomplexität $O(n \times log(n))$ garantiert. Dies liegt daran, dass jetzt der Baum zwar einen längeren Ast haben kann, aber dennoch die Anzahl k der Etagen durch $n \times (9/10)^k > 1$ beschränkt ist. Es folgt $k < 1/log(10/9) \times log(n)$, somit ist der Aufwand durch $c \times n \times 1/log(10/9) \times log(n)$beschränkt, insgesamt also wieder in $O(n \times log(n))$. Vor diesem Hintergrund ist verständlich, dass aufgrund weiterer theoretischer Überlegungen gezeigt werden kann, dass QuickSort im *average case* eine Komplexität von$n \times log(n)$ hat. Im ungünstigsten Fall, wenn bei jeder Partitionierung nur das Pivotelement abgetrennt wird, entartet der Baum zu einer *Kette* mit n Elementen. In diesem Fall ist der Aufwand proportional zu n^2. Dieser ungünstigste Fall wird aber praktisch nie eintreten, insbesondere, wenn man den Pivot-Index zufällig wählt.

5.3.6 MergeSort

MergeSort ist ein weiterer *divide-and-conquer* Algorithmus. Er teilt die ursprüngliche Menge der Datensätze in zwei etwa gleich große Hälften. Diese werden sortiert und dann zusammengemischt. Dabei vergleicht er immer wieder die vordersten Elemente der sortierten Hälften und entnimmt das kleinere der beiden. Auf diese Weise verschmelzen (engl. *merge*) die zwei geordneten Mengen zu einer gemeinsamen geordneten Menge, die alle Elemente der ursprünglichen beiden Mengen enthält.

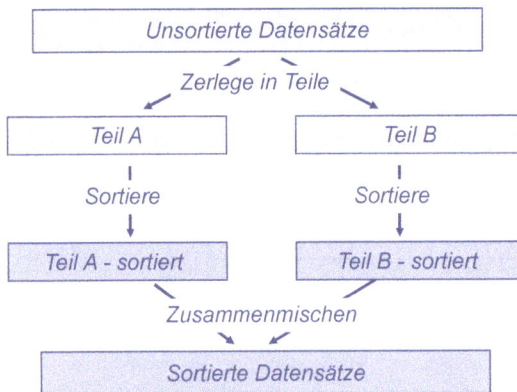

Abb. 5.15. Prinzip von MergeSort.

Den Algorithmus kann man sofort hinschreiben:

```
static void mSort(E[] a, int lo, int hi){
 if (lo < hi){
   int mid=(lo+hi+1)/2;
```

```
    mSort(a, lo, mid-1);
    mSort(a, mid, hi);
    merge(a,lo,mid,hi);
    }
  }
```

Es wird also zunächst die Mitte *mid* des Bereiches *lo . . . hi* bestimmt. Durch rekursive Aufrufe von *mSort* werden die Abschnitte $a[lo \ldots mid-1]$ und $a[mid \ldots hi]$ sortiert, danach werden sie durch *merge* verschmolzen. Die Rekursion terminiert, wenn $lo = hi$ ist. Das Array hat dann nur ein Element, ist also trivialerweise geordnet.

Jetzt bleibt noch *merge* zu programmieren. Der Einfachheit halber verwenden wir ein Hilfsarray *temp*, in das die geordneten Teilarrays hineingemischt werden. Zum Schluss wird temp wieder in $a[lo \ldots hi]$ zurückkopiert.

```
static void merge(E[] a, int lo, int mid, int hi){
  E[] temp = new E[hi-lo+1];
  for (int i=0, j=lo, k=mid; i < temp.length; i++)
    if (j < mid && (k > hi || a[j] < a[k])){
      temp[i] = a[j]; j++;
      }
    else{
      temp[i] = a[k]; k++;
      }
  for (int i=0; i < temp.length; i++)
    a[lo+i] = temp[i];
  }
```

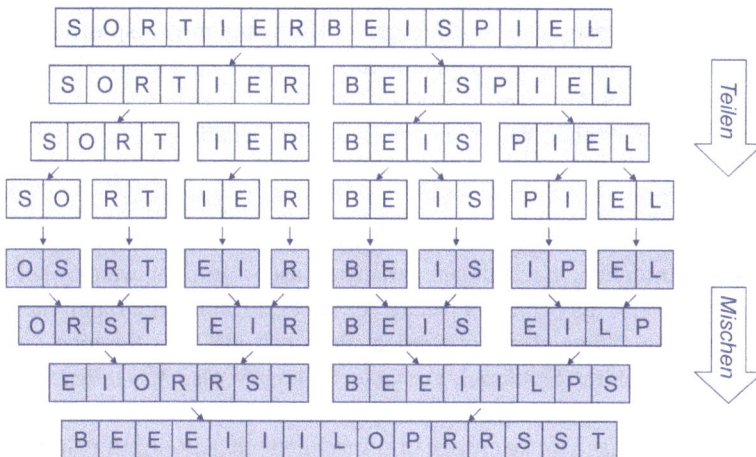

Abb. 5.16. MergeSort bei einem Beispiel.

Das angegebene Programm kann durchaus noch optimiert werden, dies geht aber zu Lasten der Übersichtlichkeit. Ähnlich wie bei QuickSort empfiehlt es sich, die einfachen Fälle mit weniger als zwei oder drei Array-Elementen gesondert zu behandeln. Außerdem ist das ständige Generieren von Hilfsfeldern ineffizient – besser legt man nur ein großes Hilfsfeld an und verwendet dieses immer wieder. Bei den Laufzeitmessungen am Ende dieses Abschnittes wurde eine derart optimierte Fassung benutzt.

Offensichtlich ist der Zeitbedarf von *merge* proportional zur Elementanzahl, d.h. linear. Mit derselben Argumentation wie bei QuickSort sieht man, dass Mergesort die Komplexität $n \times log(n)$ hat. Die Aufteilung des Arrays in zwei Hälften gelingt immer optimal. MergeSort muss ja nur einen *mittleren Index* finden, QuickSort dagegen einen *mittleren Wert*. Daher ist auch im schlimmsten Fall (worst case) MergeSort nicht schlechter als $O(n \times log(n))$.

MergeSort eignet sich gut für externes Sortieren, insbesondere funktioniert es auch mit geordneten Listen – an der Stelle von Arrays. Allerdings ist seine Laufzeit im Vergleich zu anderen Verfahren nicht besonders gut.

5.3.7 Stabilität und RadixSort

Ein Sortierverfahren heißt *stabil*, falls Datensätze mit gleichem Schlüssel im Verlauf der Sortierung ihre relative Position beibehalten. So ist BubbleSort stabil, denn zwei Elemente werden nur vertauscht, wenn ihre Schlüssel verschieden sind. Gerät zwischendurch ein fremdes Element x zwischen zwei nebeneinanderstehende Elemente e_1 und e_2 mit gleichem Schlüssel, etwa weil *Schlüssel(x) > Schlüssel(e_1)* ist, dann wird schon im nächsten Schritt x mit e_2 vertauscht, weil ja auch *Schlüssel(x) > Schlüssel(e_2)*, so dass e_1 und e_2 wieder beisammen sind.

Auch InsertionSort, SelectionSort und MergeSort kann man mit entsprechender Vorsicht stabil gestalten, wie unsere Implementierungen zeigen. QuickSort, als Algorithmus, der die Daten eines Arrays *in situ* sortiert, also ohne sie extern zwischenzuspeichern, ist nicht stabil. Stabile Varianten von QuickSort benötigen ein Hilfsarray, ähnlich wie MergeSort, oder halten die Daten in Listen, wie es in funktionalen Sprachen üblich ist.

Der Vorteil stabiler Sortierverfahren zeigt sich, wenn Sortierschlüssel aus mehreren Bestandteilen bestehen, nach denen *lexikographisch* geordnet werden soll. Nehmen wir beispielsweise als Schlüssel [*Name,Vorname*], so sollen die Daten nach dem primären Schlüssel *Name* geordnet werden. Personen gleichen Namens ordnen wir nach dem sekundären Schlüssel, *Vorname*. So kommt also *Meyer,Berta* vor *Müller,Anna* und diese vor *Müller,Berta*.

Man könnte zunächst nach *Name* ordnen und anschließend jede einzelne Gruppe mit gleichem *Namen* nach *Vorname*. Das wäre aber umständlicher, als den kompletten Datenbestand
-   zuerst nach dem *Sekundärschlüssel* (!) zu ordnen,
-   dann nach dem *Primärschlüssel*,

und dabei ein *stabiles Sortierverfahren* zu verwenden.

In unserem Beispiel geriete in der ersten Runde *Anna* vor die beiden *Bertas*. In der zweiten Runde haben *Anna Müller* und *Berta Müller* den gleichen Schlüsselwert *Müller*. Da in der vorigen Runde alle *Annas* vor allen *Bertas* waren, und da mit einem stabilen Verfahren sortiert wird, bleibt tatsächlich *Anna Müller* vor *Berta Müller*.

Dieses Verfahren heißt *RadixSort* und funktioniert auch für die lexikographische Ordnung mit beliebig zusammengesetzten Schlüsseln $[k_n, ..., k_1]$. Man sortiert der Reihe nach stabil nach den einzelnen Schlüsseln, beginnend mit dem am wenigsten signifikanten Schlüssel k_1:

> for (i = 1 .. n) sortiere stabil nach k_i.

Zwei Datenelemente d und e mit Schlüsseln $[d_n, ..., d_1]$ und $[e_n, ..., e_1]$ werden im letzten Schritt in die richtige Reihenfolge gebracht, falls $d_n < e_n$ oder $d_n > e_n$. Ansonsten ist $d_n = e_n$ und man darf annehmen, dass die Datenwerte in den vorigen Schritten nach den Schlüsseln $[d_{n-1}, ..., d_1]$ und $[e_{n-1}, ..., e_1]$ korrekt sortiert wurden. Da es sich um ein stabiles Sortierverfahren bleiben wegen $d_n = e_n$ jetzt d und e auch nach den Schlüsseln $[d_n, ..., d_1]$ und $[e_n, ..., e_1]$ korrekt sortiert.

5.3.8 Optimalität von Sortieralgorithmen

Die bisher diskutierten Sortieralgorithmen basieren auf den Operationen:
- Vergleich zweier Elemente (anhand ihrer Schlüssel),
- Vertauschen zweier Elemente (*swap*).

Mithilfe dieser Operationen gelingt es, *allgemein* anwendbare Sortieralgorithmen mit bestenfalls $n \times log(n)$ Aufwand zu konstruieren, wie zum Beispiel ShellSort, Merge-Sort, QuickSort und das später noch vorzustellende HeapSort. Wir werden jetzt sogar zeigen:

> *Sortieralgorithmen, die auf Vergleichen aufbauen, benötigen mindestens einen Aufwand von $n \times log(n)$.*

Dies lässt sich relativ einfach einsehen, wenn man sich zuerst klar macht, dass jede Sortierung eine von $n!$ vielen Permutation der Ausgangsdaten $e_1, ..., e_n$ darstellt. (Der Einfachheit nehmen wir an, dass alle e_i verschieden sind.) Je nach Permutation müssen unterschiedliche Vertauschungen vorgenommen werden, um die Daten zu sortieren, so dass der Algorithmus (implizit) die vorliegende Permutation bestimmen muss. Jede Abfrage ($e_i \overset{?}{<} e_j$) zerlegt die Menge der noch in Frage kommenden Permutationen in zwei Teilmengen – die Menge der Permutationen, für die ($e_i < e_j$) gilt und die Menge der Permutationen, für die ($e_i \geq e_j$) gilt.

Egal wie geschickt man sich anstellt, müssen nach dem k-ten Vergleich in einer der fraglichen Mengen immer noch mindestens $n!/2^k$ Elemente sein. Wenn man garantieren will, die fragliche Permutation eindeutig bestimmt zu haben, muss man sich auf mindestens $k = log_2(n!)$ Vergleiche einstellen. Anders betrachtet hat der zugehörige Entscheidungsbaum $n!$ Blätter und daher eine Tiefe von mindestens $k = log_2(n!)$.

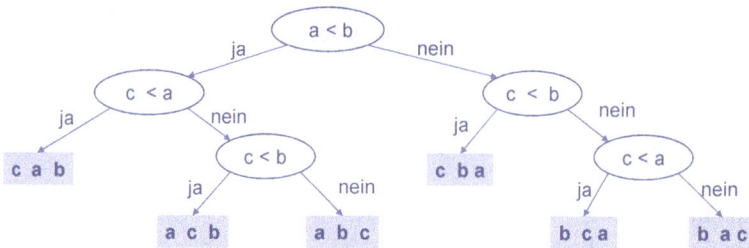

Abb. 5.17. Entscheidungsbaum zur Bestimmung der Permutation von 3 Elementen.

Um die Komplexität $O\left(log_2(n!)\right)$. einzuordnen, schätzen wir $n!$ ab. Trivialerweise ist $n^n \geq n!$. Wegen

$$1 \times 2 \times 3 \times \cdots \times (n-1) \times n = n! = n \times (n-1) \times \cdots \times 3 \times 2 \times 1$$

und weil für jedes k mit $0 \leq k < n$ auch $(n-k) \times (k+1) \geq n$ folgt, können wir folgendermaßen nach unten abschätzen:

$$n! \times n! = (n \times 1) \times ((n-1) \times 2 \times \cdots \times ((n-k) \times (k+1)) \times \cdots \times (1 \times n) \geq n \times n \times \cdots \times n \geq n^n$$

Somit gilt $n^{2n} \geq n! \times n! \geq n^n$, und nach Logarithmierung $2n \times log(n) \geq 2 \times log(n!) \geq n \times log(n)$. Für die Komplexität folgt $O(log_2(n!)) = O(n \times log(n))$. Aus diesem Grund benötigt jeder auf Vergleichen basierender Sortieralgorithmus im *worst case mindestens* $O(n \times log(n))$ Vergleiche.

5.3.9 Distribution Sort

Kaum haben wir gezeigt, dass n Datensätze nicht schneller als in Zeit $O(n \times log(n))$ sortiert werden können, beabsichtigen wir einen Sortieralgorithmus mit Namen *DistributionSort* vorzustellen, der gewisse Datensätze sogar in linearer Zeit $O(n)$ sortieren kann. Wegen der im vorigen Abschnitt hergeleiteten Tatsache kann aber das Sortieren nicht auf dem gegenseitigen Vergleich der Datensätze beruhen.

In der Tat gibt es noch weitere Einschränkungen für das hier vorzustellende DistributionSort. So müssen die Daten mit einem Sortierschlüssel eines festen Formats $[k_r, ..., k_1]$ versehen sein und jeder der Schlüsselwerte darf nur endlich viele Ausprägungen haben.

Ist der Sortierschlüssel eine Zeichen- oder Ziffernfolge festen Formats, wie z.B. bei Postleitzahlen, so stimmt die numerische Ordnung mit der lexikographischen Ordnung auf den Ziffernfolgen überein.

Daher können wir eine Variante von RadixSort einsetzen. Den direkten Vergleich von Datenwerten vermeiden wir, indem wir Fächer einrichten, und zwar ein Fach pro möglichem Schlüsselwert. Im Falle der Postleitzahlen würde dies bedeuten, 10 Fächer einzurichten, eines für jede der Ziffern 0 ... 9. In der i-ten Runde werfen wir dann die Daten unter Beibehaltung der bisherigen Ordnung in das Fach, das dem Wert des i-ten Schlüssels entspricht. Vor der nächsten Runde entnehmen wir die Daten den Fächern, ohne die bisher erzielte Reihenfolge zu verändern, damit die Sortierung stabil bleibt.

Wir demonstrieren DistributionSort anhand einer Reihe von Briefen, die nach der 5-stelligen Postleitzahl zu sortieren sind. Für jede der Ziffern 0 ... 9 stellen wir ein Fach bereit, das in der Lage sein muss, alle Briefe aufzunehmen. Wir gehen folgendermaßen vor:

1. Verteilen aller Briefe auf die 10 Fächer anhand der *letzten* Ziffer.
2. Zusammenschieben unter Beibehaltung der bisherigen Ordnung.
3. Verteilen aller Briefe anhand der *vorletzten* Ziffer.
4. Zusammenschieben ...

Dies führen wir fort bis einschließlich zur 1. Ziffer. Die Daten sind danach geordnet.

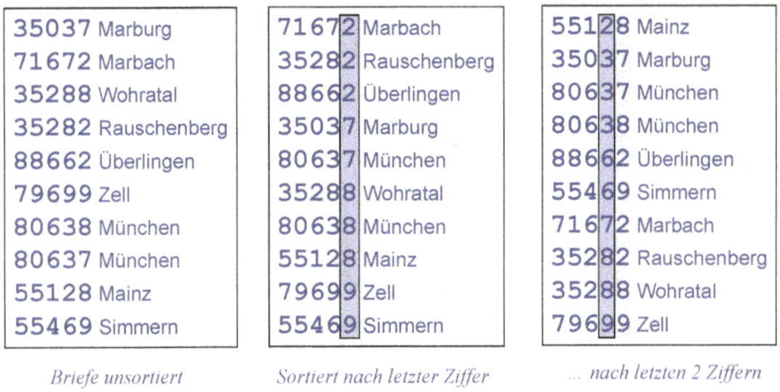

Briefe unsortiert	Sortiert nach letzter Ziffer	... nach letzten 2 Ziffern
35037 Marburg	71672 Marbach	55128 Mainz
71672 Marbach	35282 Rauschenberg	35037 Marburg
35288 Wohratal	88662 Überlingen	80637 München
35282 Rauschenberg	35037 Marburg	80638 München
88662 Überlingen	80637 München	88662 Überlingen
79699 Zell	35288 Wohratal	55469 Simmern
80638 München	80638 München	71672 Marbach
80637 München	55128 Mainz	35282 Rauschenberg
55128 Mainz	79699 Zell	35288 Wohratal
55469 Simmern	55469 Simmern	79699 Zell

Abb. 5.18. DistributionSort: Beginn der Sortierung.

Bei Briefen, die ins gleiche Fach kommen, muss die bisherige Reihenfolge gewahrt werden!

35037 Marburg	80637 München	35037 Marburg
55128 Mainz	80638 München	35282 Rauschenberg
35282 Rauschenberg	71672 Marbach	35288 Wohratal
35288 Wohratal	35037 Marburg	55128 Mainz
55469 Simmern	55128 Mainz	55469 Simmern
80637 München	35282 Rauschenberg	71672 Marbach
80638 München	35288 Wohratal	79699 Zell
88662 Überlingen	55469 Simmern	80637 München
71672 Marbach	88662 Überlingen	80638 München
79699 Zell	79699 Zell	88662 Überlingen
Sortiert: nach letzten 3 Ziffern	... nach letzten 4 Ziffern	... nach letzten 5 Ziffern

Abb. 5.19. DistributionSort: Fortsetzung und Ende der Sortierung

Ein Nachteil von DistributionSort ist das fest vorgegebene Format des Sortierschlüssels. Dadurch ist die Maximalzahl verschiedener Datensätze begrenzt. Ein auf dem asymptotischen Verhalten beruhender Vergleich mit anderen Sortieralgorithmen ist daher nicht fair, denn irgendwann können nur noch Datensätze mit bereits vorhandenem Schlüssel hinzukommen.

Mit dieser Einschränkung ist DistributionSort aber ein linearer Algorithmus und erweist sich auch in der Praxis als sehr effizient. Jedes Einordnen ist linear, also $c \times n$ und dieses ist m mal zu wiederholen, also ist der Aufwand $m \times c \times n$, d.h. $O(n)$. Die Tabelle am Ende dieses Kapitels belegt, dass er mit Abstand der schnellste Algorithmus zum Sortieren von Daten nach einem Sortierschlüssel ist.

Bei DistributionSort muss jedes Fach schlimmstenfalls alle Daten aufnehmen können. Statt aber für jeden Schlüsselwert ein entsprechend großes Fach vorzusehen, interpretieren wir einfach ein „Fach" als Bereich in einem festen Array b. In jedem Durchgang zählen wir zuerst, wie viele Datensätze in jedes Fach kommen werden. Diese Zahl speichern wir in einem Array _count_. Danach berechnen wir den Beginn der Fächer im Array b. Es sind dies: _0, count[1], count[1]+count[2], ..._ usw. In zwei Schritten speichern wir diese Indizes wiederum in _count_ und überschreiben damit die alten Werte von _count_.

```
for (int z=1; z < d; z++) count[z] += count[z-1];
```

Jetzt steht in _count[z]_ der Beginn des $(z+1)$-ten Faches. Wenn wir die Daten in _count[z]_ um eine Position verschieben, dann steht in _count[z]_ der Beginn des Faches für das z-te Zeichen:

```
for (int z = d-1; z > 0; z--) count[z] = count[z-1];
count[0]=0;
```

Ab jetzt werden wir *count*[*z*] als Zeiger auf den nächsten freien Platz in Fach Nr. *z* verwenden. Um in der *k*-ten Runde also einen Datensatz *a*[*i*]einzuordnen, müssen wir die *k*-te Position $f = key(k, a[i])$ in seinem Schlüssel bestimmen. Diese bestimmt jetzt, dass der Datensatz im Fach *f* gespeichert werden muss und zwar an der Stelle *count*[*f*]. Danach wird *count*[*f*] um 1 erhöht. Das Einordnen aller Daten erledigt somit folgende Schleife:

```
for (int i = 0; i < a.length ; i++){
    f=key(k,a[i]);
    b[count[f]++]= a[i];
}
```

Am Ende der Runde sind alle *k* Datensätze richtig in *b* eingeordnet. Ein Zusammenlegen ist nicht mehr nötig, es genügt, dass man die – ohnehin virtuellen – Fachgrenzen vergisst. Vor der nächsten Runde muss *b* wieder nach *a* zurückkopiert werden.

Der hier gezeigte fertige Algorithmus nimmt an, dass der Schlüssel aus *m* Zeichen einer *d*-elementigen Zeichenmenge $0 \cdots (d - 1)$ besteht. Er kann somit als *m*-stellige Zahl im *d*-ären Zahlensystems aufgefasst werden. *E* sei der Typ der möglichen Datensätze und *key*(*k*, *e*) berechne den *k*-ten Schlüsselwert von *e*.

```
static void distributionSort(E[] a){
 int hi = a.length;

 for (int k = m; k > 0; k--){       // für jede Schlüsselposition
   int[] count = new int[d];

   for (int i=0; i < hi; i++)       // Bedarf für die
     count[ key(k, a[i]) ]++;       // Fachgröße bestimmen

   for (int z=1; z < d; z++)        // Aufsummieren
     count[z] += count[z-1];

   for (int z=d-1; z > 0; z--)      // Beginn der Fächer bestimmen
     count[z] = count[z-1];         // Fach für Zeichen z beginnt
   count[0]=0;                      // jetzt an Position count[z]

   E[] b= new E[hi];

   for (int i = 0; i < hi ; i++){   // Einordnen,
     int z=key(k,a[i]);             // dabei Fachgrenze
     b[Count[z]++]= a[i];           // anpassen
   }
   System.arraycopy(b, 0, a, 0, hi); // Zurückkopieren
 }
}
```

Dieser Algorithmus ist so noch nicht compilierbar, er müsste noch an eine konkrete Klasse von Elementen und eine bestimmte Schlüssellänge angepasst werden. Außerdem muss die Funktion *key* noch programmiert werden. In der Beispielsammlung zu diesem Buch finden sich vollständig ausprogrammierte Beispiele des DistributionSort-Algorithmus.

5.3.10 Laufzeit der schnellen Sortieralgorithmen

In unseren Erläuterungen haben wir immer nur sehr kleine Mengen von extrem einfachen Datensätzen sortiert. Anhand solcher Beispiele kann man keine Aussagen über die Performanz der Algorithmen unter realitätsnäheren Bedingungen gewinnen. Zum experimentellen Laufzeitvergleich wurden daher die Algorithmen für das Sortieren von Integer-Datensätzen angepasst. Die Algorithmen dieses Abschnittes wurden seit dem Jahr 1997 im Rahmen von Vorlesungen an der Universität Marburg genutzt und in der Programmiersprache Java formuliert und mit dem jeweils aktuellen JDK getestet. Zu Beginn dieser Tests ergaben sich bei den schnellen Sortieralgorithmen nennenswerte Laufzeiten erst ab ca. 10 000 Datensätzen. Die damals durchgeführten Vergleiche arbeiteten mit maximal 20 000 Datensätzen. Die in diesem Buch vorgestellten Versionen der schnellen Sortieralgorithmen zeigten bei Testläufen auf einem 3,60-GHz Core i7-4790 PC erst ab etwa 10 000 000 Datensätzen messbare Ausführungszeiten. Die neuen Messergebnisse zeigen, das die Leistungsfähigkeit von PCs im Laufe der letzten 20 Jahre enorme Fortschritte gemacht hat - sowohl hinsichtlich der Kapazität der zur Verfügung stehenden Hauptspeicher als auch in Bezug auf die Verarbeitungsgeschwindigkeit der verwendeten CPUs.

Außer den hier vorgestellten Algorithmen haben wir noch die Laufzeit von *Java-Sort* angegeben. Dahinter verbirgt sich ein Aufruf der in *java.util.Arrays* definierten Methode

```
public static void sort(int[] a).
```

die eine optimierte Version von *QuickSort* implementiert. Dabei kommen Strategien, die als *DualPivotQuickSort* und als *TimSort* bekannt geworden sind, zum Einsatz.

Neben dieser Methode und einigen Varianten mit anderen Basisdatentypen enthält die Java API weitere Sortiermethoden in der Klasse *java.util.Arrays*, z.B.:

```
public static <T> void sort(T[] a, Comparator<? super T> c)
```

Ein *Comparator* ist ein Objekt, das das *Interface Comparator<T>* und damit die Methode

```
int compare(T o1, T o2)
```

Tab. 5.5. *Laufzeitvergleich schneller Sortieralgorithmen mit zufällig sortierten Daten (in Sekunden)*

$n =$	25 000 000	50 000 000	100 000 000	200 000 000
ShellSort	5,66	12,63	28,31	64,26
QuickSort	2,12	4,37	9,21	19,64
MergeSort	2,89	6,07	12,65	26,48
HeapSort	5,85	13,32	29,43	66,61
DistributionSort	0,33	0,65	1,29	2,59
JavaSort	1,90	4,04	8,40	17,33

Tab. 5.6. *Laufzeitvergleich schneller Sortieralgorithmen mit vorsortierten Daten (in Sekunden)*

$n =$	25 000 000	50 000 000	100 000 000	200 000 000
ShellSort	0,3	0,62	1,30	2,68
QuickSort	0,37	0,77	1,62	3,01
MergeSort	0,87	1,79	3,82	7,96
HeapSort	1,66	3,42	6,99	14,27
DistributionSort	0,34	0,71	1,37	2,85
JavaSort	0,03	0,04	0,08	0,18
BubbleSort	0,01	0,02	0,03	0,06
InsertionSort	0,01	0,02	0,05	0,09

implementiert. Mit einem Comparator Objekt lässt sich recht flexibel eine beliebige Vergleichsoperation definieren. Die Sortiermethode ist übrigens mit Hilfe eines angepassten *MergeSort* Algorithmus implementiert und somit stabil.

Analog zur entsprechenden Tabelle für die einfachen Sortieralgorithmen, tabellieren wir die Laufzeiten bei zufälligen und bei vorsortierten Daten. Diese Daten wurden gewonnen durch Sortieren eines Arrays mit sehr kleinen Datensätzen (Länge: 4 Bytes) und sind daher mit Vorsicht zu bewerten. Bei vielen Anwendungen müssen wesentlich umfangreichere Datensätze sortiert bzw. wesentlich längere Sortierschlüssel verglichen werden. In diesen Fällen kann sich ein deutlich anderes zeitliches Verhalten der Sortieralgorithmen ergeben.

In dem konkreten Vergleichsfall zeigt sich, dass *DistributionSort* für zufällig sortierte Daten am besten abschneidet. Die Ergebnisse bestätigen auch die *lineare* Laufzeit dieses Algorithmus. Bei den anderen Algorithmen kommt zu dem linearen Faktor offensichtlich noch ein Faktor *log* (*n*) hinzu.

Eine Vorsortierung der Daten kann DistributionSort nicht ausnutzen – im Gegensatz zu ShellSort und QuickSort. Wesentlich besser schneiden in diesem Fall natürlich BubbleSort und InsertionSort ab. Bei bereits sortierten Daten beschränkt sich ihre Aufgabe auf das Übeprüfen der vorliegenden Sortierung. Sie wurden hier *außer Konkurrenz* mitgetestet.

Welches Sortierprogramm das beste ist, hängt von verschiedenen Umständen ab:

- Bei geringen Datenmengen (zum Beispiel weniger als 10000), ist die zum Sortieren benötigte Laufzeit unerheblich. Man sollte einen möglichst einfach zu implementierenden Sortieralgorithmus wählen (also z.B. *BubbleSort*, *InsertionSort*, *SelectionSort* oder *QuickSort*).
- Für einen „fast sortierten" Datenbestand bieten sich *Insertion-* oder *BubbleSort* an.
- Bei Anwendungen mit umfangreichen Datensätzen oder sehr langem Sortierschlüssel können *SelectionSort* bzw. *MergeSort* vorteilhaft sein.
- Hat man sehr viele zufällig verteilte Daten, die sehr häufig sortiert werden müssen, dann lohnt es sich, *DistributionSort* an das spezielle Problem anzupassen.
- Wenn man glaubt, flexibel sein zu müssen, und die Gefahr nicht scheut, einer ungünstigen Verteilung der Daten zu begegnen, dann sollte man *QuickSort* bevorzugen.
- In allen anderen Fällen ist *ShellSort*, *MergeSort* oder *HeapSort* ratsam. HeapSort wird in einem späteren Abschnitt vorgestellt.

5.3.11 Paralleles Sortieren

Heutige Rechner haben mehrere Prozessoren, sogenannte CPUs auf einem Chip. Typische Werte sind derzeit 2, 4, 6 oder 8 CPUs. Demnächst werden sicher Rechner mit 16, 32 oder noch mehr CPUs dazukommen. Mit Hilfe von *Hyperthreading* erhält man heute schon jeweils doppelt so viele *virtuelle* CPUs. Die bisher diskutierten Algorithmen nutzen jeweils nur einen Prozessor. Gerade beim Sortieren kann man aber in naheliegender weise mehrere Prozessoren nutzen. Es gibt mehr oder weniger raffinierte Schemata, wie man parallel sortieren kann. Ein ganz einfaches Schema ist das folgende:
- Sei p die Anzahl der zur Verfügung stehenden (virtuellen) Prozessoren:
- Teile das zu sortierende Array A in p Abschnitte.
- Sortiere diese Abschnitte jeweils auf einem der Prozessoren z.B. mit QuickSort.
- Setze die Abschnitte mit einem Merge-Schritt wieder zusammen.
- Ggf. kann man den Merge-Schritt auch noch parallelisieren.

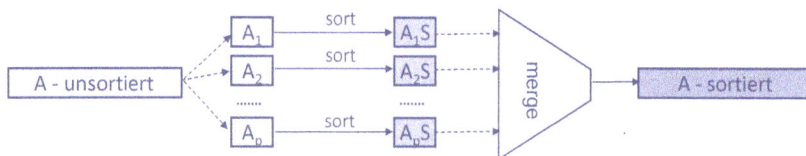

Abb. 5.20. Schema für paralleles Sortieren mit QuickSort und MergeSort

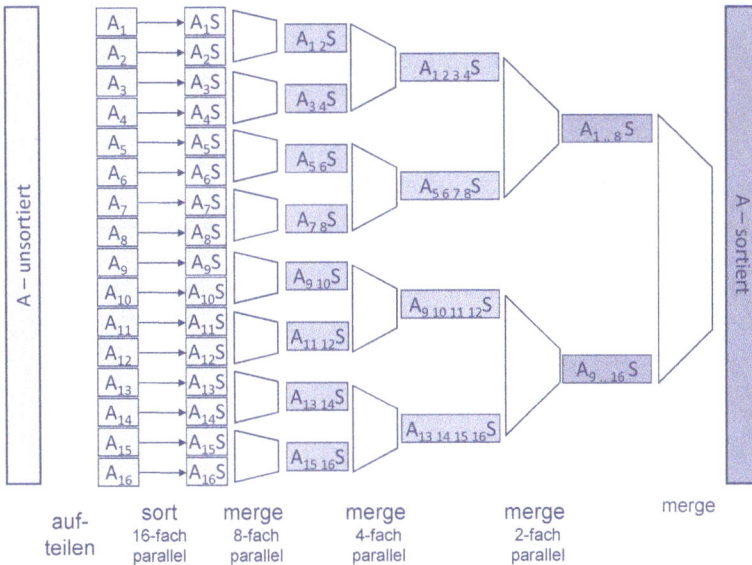

Abb. 5.22. Paralleles Sortieren mit QuickSort und MergeSort: Beispiel mit 16 Prozessoren

Das Mischen zweier Abschnitte lässt sich gleichzeitig von beiden Enden aus durchführen. So kann man zwei Prozessoren damit beschäftigen. Dies illustriert Abbildung 5.21:

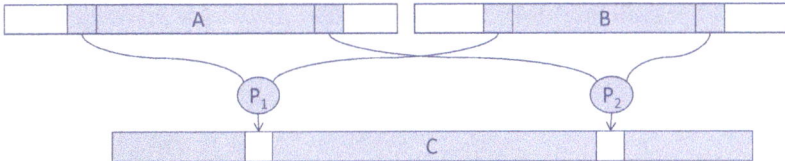

Abb. 5.21. Paralleles Mischen zweier Abschnitte

Um mehrere Prozessoren parallel zu beschäftigen, kann man die Daten in etwa gleichgroße Abschnitte unterteilen, einen Abschnitt für jeden Prozessor. Die Abschnitte werden parallel gemischt und anschließend, wiederum unter Ausnutzung der Parallelität, zusammengemischt.

Zur parallelen Nutzung mehrerer Prozessoren bietet das jeweils benutzte Betriebssystem eine Schnittstelle an, die auch von Java aus genutzt werden kann. Zunächst einmal können wir abfragen, wieviele Prozessoren zur Verfügung stehen. Wenn vier CPUs mit Hyperthreading zur Verfügung stehen, meldet das folgende Programmfragment acht virtuelle Prozessoren.

```
int nrProcessors = Runtime.getRuntime().availableProcessors();
int nrPar = 2*nrProcessors; // Anzahl der Abschnitte
```

Die Anzahl der Abschnitte, in die wir das zu sortierende Array *A* aufteilen wollen, sollte mindestens so groß sein wie die Anzahl der gemeldeten Prozessoren. Experimentell ergibt sich eine noch bessere Effizienz, wenn man die Zahl der Abschnitte doppelt so hoch wählt.

Für jeden Abschnitt benötigen wir einen Job, der parallel sortiert. Diese Jobs lassen sich als Objekte der abstrakten Klasse *ForkJoinTask* definieren[1] und können anschließend einem Objekt der Klasse *ForkJoinPool* übergeben werden, das diese Jobs verwaltet.

```
static ForkJoinTask [] jobs = new ForkJoinTask [nrPar];
static ForkJoinPool pool = new ForkJoinPool(nrPar);
```

Die abstrakte Klasse *ForkJoinTask* besitzt eine abstrakte Unterklasse *RecursiveAction*, deren wichtigste Methode *compute* wir jetzt überschreiben, um unsere *SortierTask* zu starten. Diese soll einen Abschnitt eines Arrays z.B. mit QuickSort sortieren.

```
private static class ParSortTask extends RecursiveAction{
  private final int[] array;
  private final int von, bis;

  ParSortTask(int[] a, int v, int b) {
    array = a; von = v; bis = b;
    }
  @Override protected void compute() {
    quickSort(array, von, bis);
    }
}
```

Analog benötigen wir unabhängige Tasks zum beidseitigen Mischen von je zwei zusammenhängenden Abschnitten *lo .. mid* und *mid..hi* eines Quellarrays in ein Zielarray *ab* einer Position *start*.

Nunmehr sei ein zu sortierendes Array *a* gegeben, sowie ein gleich großes Array *temp*. Wir teilen a in eine definierte Zahl von Abschnitten auf. Dabei ist zu beachten, das der letzte Abschnitt evtl. länger ist als die anderen. Daher wird er gesondert behandelt. Mit jedem dieser Abschnitte konstruieren wir einen *Sortier-Job*. Diese übergeben wir dann zur *parallelen Ausführung* an das ForkJoinPool-Objekt. Anschliessend stellen wir mit der *join*-Methode der Reihe nach sicher das alle Jobs beendet sind.

---

[1] Als das Konzept der Threads in Java eingeführt wurde, konnte man noch davon ausgehen, dass handelsübliche Rechner nur jeweils einen Prozessor haben. Daher muss man heute für parallele Tasks eine andere Schnittstelle benutzen.

```
static void parallelSort(int[] a, int nrPar){
  int anzahl = a.length; int dif = anzahl / nrPar;
  int np1 = nrPar - 1; int lfd = 0;

  for (int k = 0; k < np1; k++){
    int neu = lfd + dif;
    jobs[k] = pool.submit(new ParSortTask(a, lfd, neu-1));
    lfd = neu;
  }
  jobs[np1] = pool.submit(new ParSortTask(a, lfd, anzahl-1));

  for (int k = 0; k < nrPar; k++)
    jobs[k].join();
```

In einem weiteren hier nicht dargestellten Teil der oben stehenden Methode müssen die Abschnitte dann noch unter Ausnutzung möglichst vieler der vorhandenen Prozessoren zusammengemischt werden. Wie die folgende Tabelle zeigt ist der so beschriebene Algorithmus auf einem Rechner mit acht virtuellen Prozessoren ungefähr viermal so schnell wie die sequentiellen Versionen von QuickSort und MergeSort. Allerdings ist DistributionSort bei der gegebenen Zahl zu sortierender Elemente immer noch überlegen. Einer unserer Studenten hat im Rahmen einer Sonderaufgabe eine parallele Version von DistributionSort erstellt, die nochmals deutlich schneller ist.

Tab. 5.7. *Laufzeitvergleich sequentieller und paralleler Sortieralgorithmen (in Sekunden)*

n =	100 000 000	200 000 000
Sequentielles QuickSort	9,21	19,64
Sequentielles MergeSort	12,65	26,48
Sequentielles DistributionSort	1,29	2,59
Paralleles Quick und MergeSort	2,23	4,58
Paralleles DistributionSort	0,43	0,86
Java Sort	8,32	17,38
Java Parallel Sort	1,81	3,73

In Tabelle 5.7 finden sich in den beiden unteren Zeilen zum Vergleich zwei Sortieralgorithmen, die mit dem Java System mitgeliefert werden. Einer der beiden Algorithmen kann mit *java.util.Arrays.sort(a)* aufgerufen werden. Hierbei handelt es sich um einen konventionellen Sortieralgorithmus der Quick- und MergeSort verwendet. Der andere Algorithmus nutzt ähnlich wie der weiter oben besprochene parallele Sortieralgorithmus alle verfügbaren Prozessoren aus. Dieser ist neu in der Version 1.8 des Java Systems und kann mit *java.util.Arrays.parallelSort(a)* aufgerufen werden. Offensichtlich sind beide jeweils optimiert und damit deutlich schneller als die in diesem Abschnitt vorgestellten vergleichbaren Sortierprogramme.

5.3.12 Externes Sortieren

Wenn die Anzahl der Datensätze und deren jeweilige Größe sich in Grenzen halten, wird man versuchen, alle Datensätze in den Arbeitsspeicher eines Computers zu laden und sie dort zu sortieren. Man spricht dann von einem internen Sortiervorgang (engl. *internal sort*):

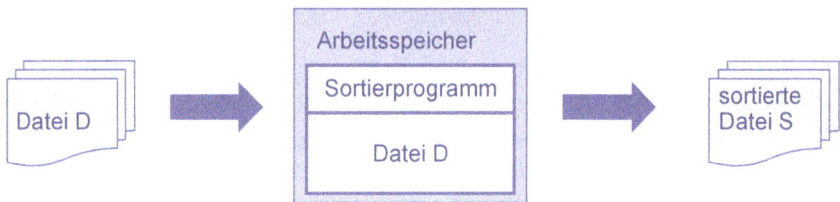

Abb. 5.23. Internes Sortieren

Passen nicht alle Datensätze gleichzeitig in den Arbeitsspeicher, dann kann man die zu sortierende Datei D in Teile $D_1 \cdots D_n$ aufspalten, die jeweils klein genug sind, um intern sortiert werden zu können. Die sortierten Dateien $S_1 \cdots S_n$ werden schließlich zu einer sortierten Datei S zusammengemischt. Dabei muss man immer nur Zugriff auf die jeweils kleinsten Elemente der S_i haben.

Man spricht von einem externen Sortiervorgang (engl. *external sort*). Das Problem des externen Sortierens lässt sich also auf das des internen Sortierens zurückführen.

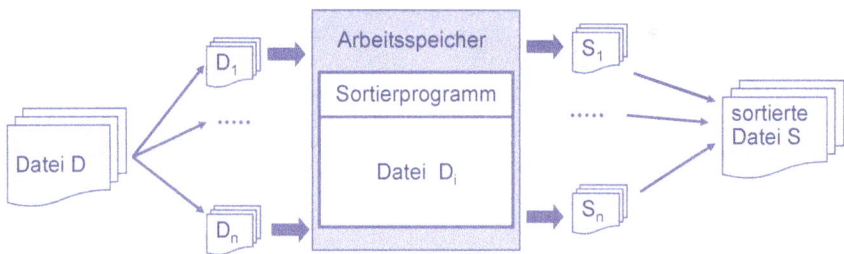

Abb. 5.24. Externes Sortieren

5.4 Abstrakte Datenstrukturen

In der Anfangszeit des Programmierens kam den verwendeten Daten nur eine zweitrangige Bedeutung zu. Der Schwerpunkt lag auf der Formulierung sauberer Algorithmen in Form von Prozeduren oder Funktionen. Daten waren schlicht Bitfolgen, die von dem Algorithmus manipuliert wurden.

Ein Programmierer hat aber stets eine Interpretation der Bitfolgen, d.h. eine bestimmte Abstraktion im Auge: Gewisse Bitfolgen entsprechen Zahlen, andere stellen Wahrheitswerte, Zeichen oder Strings dar. Die ersten erfolgreichen höheren Programmiersprachen gestatteten daher eine *Typdeklaration*. Variablen konnten als *Integer*, *Boolean* oder *Real* deklariert werden. Der Compiler reservierte automatisch den benötigten Speicherplatz und überprüfte auch noch, dass die auf die Daten angewandten Operationen der intendierten Abstraktion entsprachen. Eine Addition etwa einer Integer-Größe zu einem Wahrheitswert wurde als fehlerhaft zurückgewiesen. Dies erleichterte es dem Programmierer, Denkfehler früh zu erkennen.

5.4.1 Datenstruktur = Menge + Operationen

Als Programme größer und unübersichtlicher wurden und daher möglichst in einzelne Teile zerlegt werden sollten, erschien es sinnvoll, Daten und Operationen, die diese Daten manipulieren, als Einheit zu sehen und auch als abgeschlossenen Programmteil formulieren und compilieren zu können. Ein solcher Programmteil, Modul genannt, konnte von einem Programmierer erstellt werden und anderen in compilierter Form zur Verfügung stehen.

Es stellt sich die Frage, was man den Benutzern des Moduls mitteilen soll. Damit diese einen Gewinn aus der geleisteten Arbeit ziehen können, sollten sie nicht mit den Interna des programmierten Moduls belästigt werden, sie sollten nur wissen, was man damit anfangen kann. Ein konkretes Beispiel sind Kalenderdaten. Ein Anwender sollte lediglich wissen, wie man damit umgehen kann, nicht, wie sie intern repräsentiert sind. Aus der Kenntnis der Repräsentation könnte sogar eine Gefahr erwachsen: Eine Veränderung des Moduls könnte Programmen, die von einer speziellen internen Repräsentation der Kalenderdaten ausgehen, den Garaus machen. Die Forderung, dem Anwender das (und nur das) mitzuteilen, was das Modul als *Funktionalität* anbietet, nicht aber Interna der Implementierung, wird in dem Schlagwort *information hiding* zusammengefasst

5.4.2 Die axiomatische Methode

Wie sollte aber eine Beschreibung der Dienste, die ein solches Modul bereitstellt, aussehen? Eine Menge (von Daten) mit einer Reihe von Zugriffsoperationen nennt man, wie bereits erwähnt, *Datenstruktur* oder *Datentyp*. Eine Methode, solche Datentypen zu beschreiben, ohne auf die Natur der Elemente eingehen zu müssen, ist auch in der Mathematik bekannt: Man beschreibt den Datentyp durch *Axiome*. Diese sind genau die Eigenschaften, welche man von einer korrekten Implementierung dieses Datentyps erwartet. Der bekannte Mathematiker David Hilbert, auf den diese axiomatische Methode zurückgeht, beschrieb sie einmal im Zusammenhang mit der Geometrie so: „Man muss jederzeit an Stelle von *Punkten*, *Geraden*, *Ebenen* auch *Tische*, *Stühle*, *Bierseidel* sagen können." So wie es nicht auf die Natur der geometrischen Objekte ankommt, sondern nur auf deren gegenseitige Beziehungen, soll es auch beim Programmieren nicht auf die Natur – sprich die Implementierung – der Daten ankommen, sondern auf deren Zusammenspiel, welches durch die Axiome beschrieben wird.

Ein solcher nur durch Axiome beschriebener Datentyp heißt *Abstrakter Datentyp*. Zu den definierenden Axiomen des abstrakten Datentyps *Kalenderdatum* gehören z.B. Axiome, die für alle Zahlen n und alle Kalenderdaten d vorschreiben:

$$tageZwischen(d, addiereTage(d,n)) = n$$
$$wochenTag(d) = wochenTag(addiereTage(d, 7)) \, .$$

Nur solche Axiome muss der Anwender kennen, um den Datentyp korrekt anwenden zu können. Andererseits muss der Implementierer genau diese Axiome garantieren. Dies gibt ihm die Freiheit, die Implementierung später zu verändern, sofern die Axiome erfüllt bleiben.

Die Frage „Was ist ein Datum?" ist nebensächlich, wichtig ist allein die Frage „Wie verhalten sich die Datumsoperationen untereinander?". So werden wir in den nächsten Kapiteln verschiedene Implementierungen von Datentypen kennen lernen. Ein *Stack* etwa ist ein Datentyp, dessen Operationen *push*, *pop* und *top* Beziehungen erfüllen wie

$$top(push(x,s)) = x.$$

Ob ein Stack als Array oder als Liste mit Pointern implementiert ist, tut nichts zur Sache.

Die mathematische Disziplin, die für die Behandlung abstrakter Datentypen den Hintergrund liefert, ist die *Allgemeine Algebra*. Programmiertechnisch wird die Sichtweise der abstrakten Datentypen sowohl durch das modulare als auch durch das objektorientierte Programmieren unterstützt. Neuere Programmiersprachen unterstützen beide Konzepte. Java-Klassen fassen Datenstrukturen und darauf operierende Methoden zusammen. Mit *Interface-Definitionen* können abstrakte Schnittstellen definiert werden. Klassen, die diese Schnittstellen implementieren, müssen sich an den Kontrakt halten, der in der Schnittstellendefinition festgelegt ist.

5.5 Stacks

Ein Stack ist ein abstrakter Datentyp, bei dem Elemente eingefügt und wieder entfernt werden können. Derartige Datentypen, die als *Behälter* für Elemente dienen, fasst man oft unter Oberbegriffen wie *Container* oder *Collection* zusammen. Unter den Behälter-Datentypen zeichnen sich Stacks dadurch aus, dass immer nur auf dasjenige Element zugegriffen werden kann, das als letztes eingefügt wurde. Dieses Verhalten bezeichnet man als *Last-In-First-Out* und kürzt es ab mit *LIFO*.

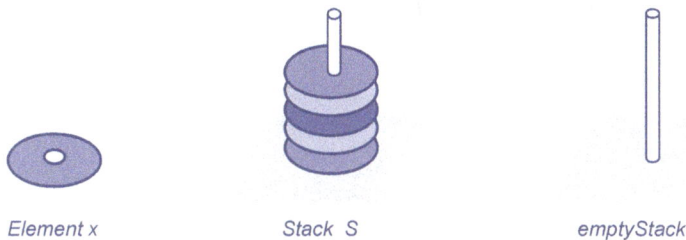

Element x   Stack S   emptyStack

Abb. 5.25. Die Datenstruktur Stack

Das englische Wort Stack kann man mit *Stapel* übersetzen. Dabei liegt es nahe, an einen Stapel von Tellern oder Tabletts zu denken, bei dem man auch immer nur auf das oberste Objekt zugreifen kann – dasjenige also, welches als letztes auf dem Stapel abgelegt wurde. In einem Stack S sind Elemente x eines beliebigen, aber festen Datentyps gespeichert. „Speichern" heißt hier Ablegen auf dem Stack, und „Entfernen" heißt Entnehmen des obersten Elementes. Im Deutschen findet man oft auch die Bezeichnung *Keller* oder *Kellerspeicher*. Dem mag die bodenständige Vorstellung zugrundeliegen, dass die Kartoffeln, die zuletzt in einem engen Keller eingelagert wurden, zuerst zum Verzehr entnommen werden.

5.5.1 Stackoperationen

Der einfachste Stapel ist der *leere Stack*, er wird oft mit *emptyStack* bezeichnet. Ob ein Stack leer ist oder nicht, kann man mittels eines Prädikats *isEmpty* testen. Die fundamentalen Stackoperationen, die einen Stack s manipulieren, sind:
- *push(x, s)* legt ein Element x auf den Stack s,
- *top(s)* liefert das zuletzt auf den Stack s gelegte Element,
- *pop(s)* entfernt das zuletzt auf den Stack s gelegte Element.

Während die Namen *push*, *pop* und *top* allgemein üblich sind, findet man anstelle von *emptyStack* und *isEmpty* vielfach auch andere Bezeichnungen. Oft legt die Implementierung nahe, die Operationen *pop* und *top* zu einer Operation *popTop* zu kombinieren, die dann ein Paar, bestehend aus dem obersten Element und dem Reststack, liefert. Abstrakt lässt sich die Datenstruktur *Stack* folgendermaßen beschreiben:

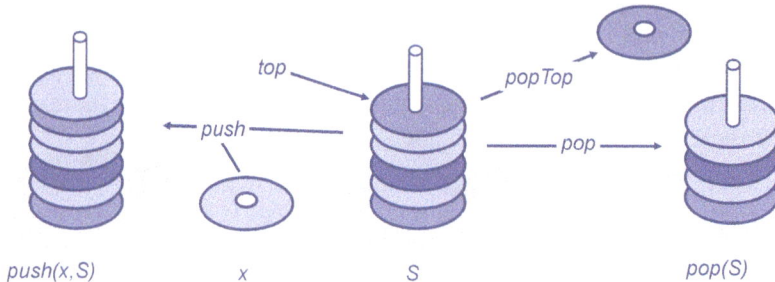

push(x,S) x S *pop(S)*

Abb. 5.26. push und pop

Datentyp: Stack of Element
   Konstruktoren:
      emptyStack: → Stack
      push   : Element × Stack → Stack
   Prädikat:
      isEmpty   : Stack → Boolean
   Destruktoren:
      top   :: Stack → Integer
      pop   :: Stack → Stack
   Gleichungen:
      isEmpty(emptyStack) = true
      isEmpty(push(x,s)) = false
      top(push(x,u)) = x
      pop(push(x,u)) = u

Jeder Stack lässt sich allein mit den Operationen *emptyStack* und *push* konstruieren, daher heißen diese auch *Konstruktoren*.

Analog ist *isEmpty* ein so genanntes *Prädikat*, d.h. ein Test. *IsEmpty* erkennt, ob ein Stack als *emptyStack* oder mithilfe von *push* erbaut wurde.

top und *pop* sind *Selektoren*, da sie die Bestandteile eines nichtleeren Stacks identifizieren. Sie liefern das oberste Element bzw. den Rest des Stacks. Da *pop* den Stack dabei verändert, nennt man es auch einen *Destruktor*.

In allen praktischen Implementierungen ist die Größe des Stacks beschränkt. Daher stellt man gelegentlich noch zusätzliche Operatoren bereit, z.B.
- *isFull* liefert *true*, falls der Stack voll ist,
- *size* liefert die aktuelle Anzahl der Elemente,
- *maxSize* die maximal mögliche Anzahl von Elementen eines Stacks.

Logische und funktionale Sprachen, wie z.B. Prolog, Haskell, Erlang oder LISP, besitzen eine eingebaute Datenstruktur *Liste*, die man als erweiterte Version der Datenstruktur Stack ansehen kann. In LISP bezeichnet man mit *nil* oder „( )" die leere Liste. Ist *l* eine Liste und *x* ein Element, dann versteht man unter *cons(x,l)* die Liste, die aus *l* entsteht, nachdem vorne das Element x eingefügt wurde. Mit *hd(l)* bzw. *tl(l)* bezeichnet man das erste Element der Liste *l* bzw. die Restliste, nachdem das erste Element aus *l* entfernt wurde. (*hd* und *tl* sollen *head* und *tail* abkürzen). Das Prädikat *null* testet, ob eine Liste leer ist.

Man erkennt leicht, dass alle Axiome der Datenstruktur *Stack* gelten, wenn man *nil, cons, hd, tl* und *null* durch *emptyStack, push, top, pop* und *isEmpty* ersetzt. Daher handelt es sich bei den Listen dieser Sprachen eigentlich nur um (eine andere Sichtweise von) Stacks. Mathematisch sagt man, dass Stacks und Listen *isomorph* sind.

Imperative Programmiersprachen haben üblicherweise keine eingebauten Stack- (oder Listen-) Datentypen. Diese sind aber leicht zu implementieren und daher oft in Zusatzmodulen oder Paketen vorhanden. So besitzt Java in dem Package *java.util* eine Klasse *Stack<E>*, deren Zugriffsmethoden sich von den hier diskutierten geringfügig unterscheiden. Die Operation *top* wird in dieser Klasse *peek* genannt und die Operation *pop* entspricht dem oben beschriebenen *poptop*.

5.5.2 Implementierung durch ein Array

Ist von Anbeginn klar, dass man nicht mehr als eine bestimmte Anzahl von Elementen auf dem Stack ablegen wird, so empfiehlt sich die Implementierung durch ein Array *a* zusammen mit einer Integervariablen *topIndex*, die immer auf die nächste freie Position in *a* zeigt, dorthin, wo das nächste zu speichernde Element unterkommen soll. Der Stack *s* besteht dann aus dem Abschnitt $a[0 \ldots Index-1]$, er ist also genau dann leer, wenn *topIndex* = 0 ist. Ansonsten liefert *top* das Element $a[topIndex-1]$. Der letzte benutzbare Index des Stack ist *maxIndex* = a.length − 1. Falls *topIndex* > *maxIndex*, ist der Stack voll. Ein *pop* bedeutet das Erniedrigen von *topIndex*, ein *push(x,s)* die Speicherung des Elementes *x* an der Position *topIndex* mit anschließender Inkrementierung von *topIndex* um 1.

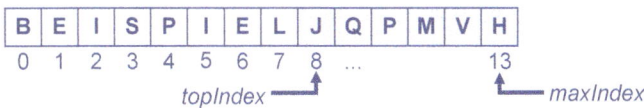

Abb. 5.27. Ein Stack als Array

Die Korrektheit dieser Implementierung ist leicht einzusehen, beispielhaft prüfen wir das Axiom $top(push(x,s)) = x$. Sei also *topIndex* = *t* und *s* der Abschnitt $a[0 \ldots t-1]$, so wird zunächst durch *push(x, s)* der Wert *x* an der Stelle *t* gespeichert, also $a[t] =$

x; und *topIndex* um eins erhöht, also *topIndex = t+1.* Die Operation *top* liefert jetzt *a[topIndex–1] = a[t] = x.* Analog prüft man die anderen Gleichungen nach.

In der Java-Implementierung erzeugen wir einen Fehler, wenn ein *pop* oder ein *top* auf den leeren Stack versucht wird oder wenn ein *push* auf einen bereits *vollen Stack* erfolgt.

```
class StackFehler extends RuntimeException{
 String message;
 StackFehler(String m){ message = m; }
 }
class Stack<E>{
 private E[] stack;
 private int topIndex, maxIndex;

 Stack(int kapazität){
   stack = (E[]) new Object[kapazität];
   topIndex = 0;
   maxIndex = kapazität –1;
   }
 boolean istLeer (){ return topIndex <= 0;}
 boolean istVoll (){ return topIndex > maxIndex;}

 void push(E e){
   if( istVoll()) throw new StackFehler("stack overflow");
   stack[ topIndex++] = e;
   }
 void pop(){
   if( istLeer()) throw new StackFehler("stack underflow");
   topIndex --;
   }
 E top (){
   if(istLeer()) throw new StackFehler("stack underflow");
   return stack[ topIndex –1];
   }
 E popTop (){
   E e = top();
   pop();
   return e;
   }
 }
```

5.5.3 Implementierung durch eine Liste

In den meisten Anwendungsfällen ist vorweg nicht absehbar, wie groß der Stack zur Laufzeit werden wird. Wählt man daher, um sicher zu gehen, einen großen Wert für *maxIndex,* so wird evtl. viel Platz verschenkt. Flexibler ist die Implementierung mit einer *verketteten Liste.* Auf diese werden wir in einem eigenen Unterkapitel näher eingehen, an dieser Stelle mag der Hinweis genügen, dass es sich um eine Menge von Kettengliedern (Zellen) handelt, welche jeweils aus einem Inhalt und einer Referenz auf das folgende Glied bestehen. Die Referenz des letzten Gliedes ist *null*.

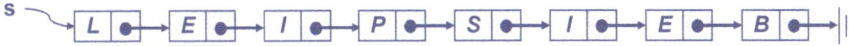

Abb. 5.28. Ein Stack als verkettete Liste

Den leeren Stack repräsentiert man durch *null*, einen nichtleeren Stack durch eine Referenz auf das erste Glied der verketteten Liste. *pop* entfernt das erste Glied und *push(x,s)* fügt ein neues Glied mit Inhalt *x* am Anfang der Liste ein. *top* liefert den Inhalt des ersten Gliedes.

Bei dieser Implementierung erhält man einen Stack, dessen Größe nur durch den verfügbaren Hauptspeicher des Rechners begrenzt ist. Der Test *istVoll* ist in der bisherigen Form nicht möglich. Falls bei einem *push* tatsächlich kein Speicher mehr frei sein sollte, würde vom Java-System ein *OutOfMemoryError* erzeugt werden.

```java
class Zelle<E>{
  E e;
  Zelle<E> next;
  Zelle(E el){ e = el;}
  }
class ListStack<E>{
  private Zelle<E> liste;

  boolean istLeer (){ return liste == null;}
  void push (E e){
    Zelle<E> neueZelle = new Zelle<E>(e);
    neueZelle.next = liste;
    liste = neueZelle;
    }
  void pop (){
    if (istLeer()) throw new StackFehler("stack underflow");
    liste = liste.next;
   }
  E top (){
    if (istLeer()) throw new StackFehler("stack underflow");
    return liste.e;
    }
  E popTop (){
    E e = top();
    pop();
    return e;
    }
  }
```

5.5.4 Auswertung von Postfix-Ausdrücken

Ein wichtiges Anwendungsbeispiel für die Datenstruktur Stack ist die Auswertung von arithmetischen Ausdrücken. Jeder arithmetische Ausdruck in normaler Schreibweise kann in eine *Postfix-Notation* umgewandelt werden, bei der sich die Operatoren stets rechts von den Operanden befinden. Dabei kommt man gänzlich ohne Klammern aus. Bei einer Auswertung von links nach rechts bezieht sich ein Operator immer auf die unmittelbar links von ihm entstandenen Werte. Beispielsweise wird aus dem arithmetischen Ausdruck

$$(2 + 4)^2/(16-7)$$

der Postfix-Ausdruck :

```
2 4 + ² 16 7 - /
```

Jeder Compiler übersetzt automatisch arithmetische Ausdrücke in Postfix-Ausdrücke, die dann als Maschinenbefehle interpretiert und mittels eines Stacks von links nach rechts abgearbeitet werden:
- ist das gelesene Datum ein Operand, so wird es mit *push* auf den Stack gelegt;
- ist das gelesene Datum ein n-stelliger Operator, dann wird er auf die obersten n Elemente des Stacks angewandt. Das Ergebnis ersetzt diese n Elemente.

Der Postfix-Ausdruck ist also äquivalent zu folgender Befehlsfolge:

```
push(2); push(4); add; sqr; push(16); push(7); sub; div
```

Die Argumente der Operationen liegen immer in umgedrehter Reihenfolge auf dem Stack. Sie werden vom Stack entfernt und durch das Ergebnis der Verknüpfung ersetzt. Die folgende Illustration zeigt den Stack vor und nach jedem der 8 Befehle zur Berechnung des obigen Ausdrucks.

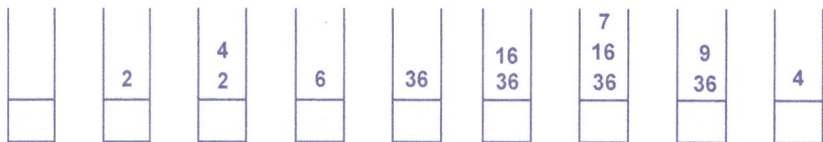

Abb. 5.29. Auswertung eines Postfix-Ausdruckes mittels eines Stacks

Die Zeichnung soll andeuten, dass die Auswertung nicht mit einem leeren Stack beginnen muss. Als Netto-Bilanz einer Ausdrucksauswertung erscheint das Ergebnis des Ausdrucks auf dem ansonsten unveränderten Stack.

5.5.5 Entrekursivierung

Ein weiteres wichtiges Anwendungsbeispiel für die Datenstruktur Stack ist die Auswertung rekursiver Prozeduren. Beim rekursiven Aufruf einer Prozedur (oder einer Funktion) wird in dem als Stack organisierten Datenbereich des Programms mithilfe von *push* eine neue Datenschachtel für die Prozedur bereitgestellt. Diese beinhaltet alle lokalen Variablen der Prozedur und alle aktuellen Parameter. Wenn der Aufruf abgearbeitet ist, wird dieser Bereich mit *pop* wieder freigegeben.

Allgemein kann man jede lineare Rekursion mithilfe eines Stack iterativ berechnen. Gegeben sei zum Beispiel eine durch *lineare Rekursion* definierte Funktion *f*, in deren Definition also höchsten ein innerer rekursiver Aufruf vorkommt.

$$f(x) = g(x), \qquad falls\ p(x)$$
$$f(x) = h\left(x, f(r(x))\right) \quad sonst.$$

In Java kann man dieses Schema rekursiv formulieren als:

```
Ergebnistyp f(Object x){
  if (p(x)) return g(x);
  else return h(x, f(r(x)));
}
```

Mithilfe eines Stacks kann die Funktion *f* iterativ (ohne Rekursion) berechnet werden:

```
Ergebnistyp f(Object x){
  Stack s = new Stack();
  while (!p(x)){
    s.push(x);
    x = r(x);
    }
  Ergebnistyp e = g(x);
  while (!s.istLeer()){
    Object a = s.popTop();
    e = h(a, e);
    }
  return e;
  }
```

5.5.6 Stackpaare

Stacks sind eine derart fundamentale Datenstruktur, dass es nicht verwundert, dass man auf der Basis von Stacks viele andere nützliche Datenstrukturen implementieren kann. Oft benötigt man dazu mehr als einen Stack. In diesem Fall kann es sein, dass einer der beiden Stacks bereits voll ist oder überläuft, während der andere noch viel Platz zur Verfügung hat. Das muss nicht sein, wenn man beide Stacks in einem gemeinsamen Array unterbringt, wobei sie in entgegengesetzte Richtungen aufeinander zuwachsen. Erst wenn der gemeinsam verfügbare Speicherbereich komplett ausgeschöpft wurde, gibt es einen Überlauf.

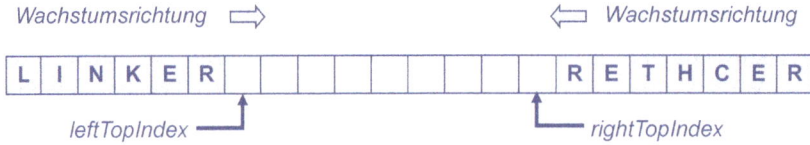

Abb. 5.30. Zwei Stacks in einem Array

Ein Beispiel einer Datenstruktur, die effizient und elegant mit zwei Stacks implementiert werden kann, ist ein *Texteditor*. Dies ist ein Text, in dem sich an einer Position zwischen zwei Zeichen ein *Cursor* befindet. Die zu unterstützenden Operationen sind:
- ein Zeichen c links / rechts vom Cursor eingeben – *typeLeft(c)* / *typeRight(c)*
- das Zeichen c links vom Cursor löschen – *backspace*
- den Cursor nach links oder rechts bewegen – *moveLeft* / *moveRight*.

Ein Array ist zur Aufnahme des Textes nicht ohne weiteres geeignet, da die Array-Datenstruktur das Einfügen neuer Zeichen – es muss immer Platz geschaffen werden – nicht effizient unterstützt. Ähnliches gilt für das Löschen. Mit zwei Stacks geht es aber sehr elegant:
- der erste Stack, nennen wir ihn *Left*, enthält den Text links vom Cursor
- der zweite – *Right* – enthält den Text rechts vom Cursor in *inverser Reihenfolge*.

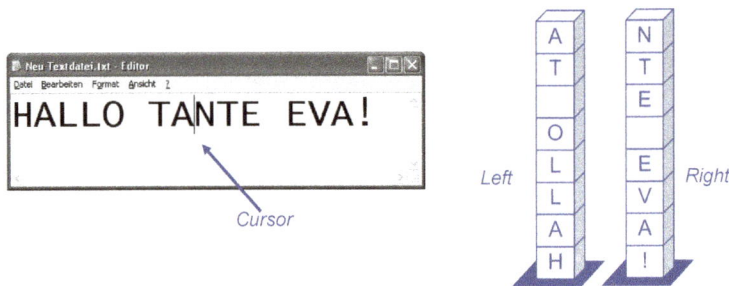

Abb. 5.31. Text mit Cursor repräsentiert als Stackpaar

Die Editoroperationen entsprechen dann den folgenden Stackoperationen:

$typeLeft(c) = push(c, Left)$

$backspace = pop(Left)$

$moveLeft = push(top(Left), Right); pop(Left);$

5.6 Queues, Puffer, Warteschlangen

Ähnlich einem Stack ist eine *Queue* ein Behälter, in den Elemente eingefügt und nur in einer bestimmten Reihenfolge wieder entnommen werden können. Einfügen, *en-Queue*, erfolgt an einem, entfernen, *deQueue*, an dem anderen Ende der Queue. Dies bewirkt, dass man immer nur auf das Element zugreifen kann, das am Längsten im Behälter ist. Dieses Verhalten bezeichnet man als *First-In-First-Out* (*FIFO*). Andere Namen für Queue sind *Warteschlange* oder *Puffer* (engl. *buffer*). Größenbeschränkte Puffer heißen *bounded buffer*.

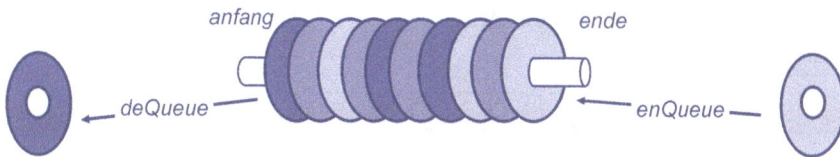

Abb. 5.32. Queue

5.6.1 Implementierung durch ein „zirkuläres" Array

Ähnlich wie Stacks können Puffer mithilfe eines Arrays *a* oder mit einer Listenstruktur implementiert werden. Im ersten Fall ist die maximale Puffergröße durch die Größe des Arrays gegeben, *maxQueueSize = a.length*. Man benötigt jetzt zwei Zeiger in das Array, *anfang* und *ende*, die die Begrenzungen des Puffers markieren.

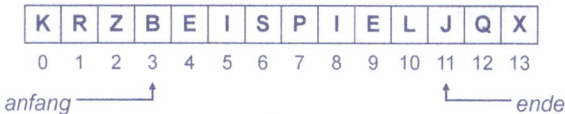

Abb. 5.33. Puffer mit Inhalt B,E,I,S,P,I,E,L.

Das Einfügen *enQueue* eines Elementes *x* funktioniert wie *push* – man speichert *x* an der Position *a[ende]* und inkrementiert *ende*. Das vorderste Element der Queue ist *a[anfang]*. Man entfernt es durch *deQueue*, indem man *anfang* inkrementiert.

Ein explizites „Löschen" ist nicht notwendig, denn nur die Elemente im Bereich *a[anfang...ende – 1]* gehören zum Puffer.

Leider gibt es mit dieser naiven Implementierung ein kleines Problem. Die Zeiger *anfang* und *ende* werden immer nur erhöht! Durch fortgesetzte Benutzung dieser Queue, spätestens nach *a.length + 1* vielen *enQueues* wird der Indexbereich des Arrays überschritten, selbst wenn die Queuegröße (*ende – anfang*) immer klein geblieben ist. Die ebenso einfache wie geniale Lösung für dieses Problem behandelt den Indexbereich des Arrays als zyklische Liste, bei der das erste Element wieder auf das letzte folgt. Man kann sich vorstellen, dass der rechte Rand des Arrays mit dem linken Rand verklebt wird. Dazu berechnet man für jeden Index *n* aus [*0...maxQueueSize – 1*] die nächste Position **modulo** *maxQueueSize*, also:

```
int next(int n){ return (n+1)% maxQueueSize;}
```

Jetzt kann es vorkommen, dass *ende < anfang* wird. Der Puffer besteht dann aus *a[anfang...maxQueueSize – 1]* gefolgt von *a[0...ende – 1]*, also dem Abschnitt von *anfang* bis *ende – 1* in dem „verklebten" Array.

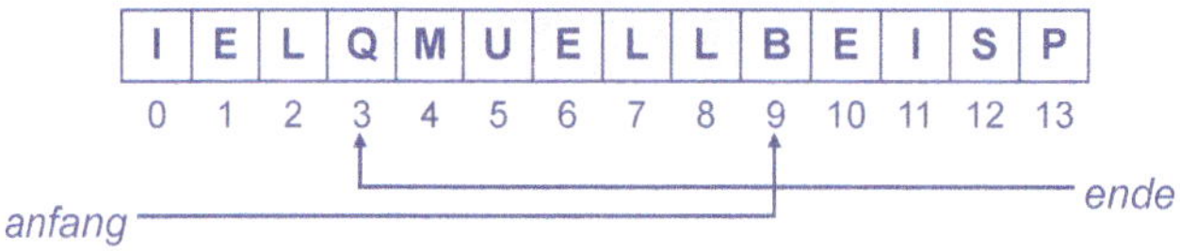

Abb. 5.34. Puffer mit dem gleichen Inhalt wie oben: B,E,I,S,P,I,E,L.

Übrig bleibt der Fall, wenn *anfang = ende* ist. Ist der Puffer dann leer oder voll? Beides kann zutreffen. War die letzte Operation ein *enQueue*, so kann *anfang = ende* nur bedeuten, dass der Puffer *voll* ist, war es ein *deQueue*, dass er *leer* ist. Wir führen daher eine boolesche Variable *voll* ein, die den entsprechenden Zustand mitprotokolliert. Anfangs und nach jedem *deQueue* wird *voll = false* gesetzt, nach jedem *enQueue* setzen wir *voll = true*, falls *anfang = ende* ist.

```
class QueueFehler extends RuntimeException{
  String message;
  QueueFehler(String m){ message = m; }
  }
class Queue<E>{
  private E[] queue;
  private boolean voll;
  private int anfang, ende, maxQueueSize;
  Queue(int kapazität){
    queue = (E[]) new Object[kapazität];
    maxQueueSize = kapazität -1;
    }
```

```
private int next(int n){
  return (n+1)%maxQueueSize;
  }
boolean istLeer (){ return (anfang == ende) && ! voll;}
boolean istVoll (){ return voll;}
void enQueue (E e){
  if (istVoll()) throw new QueueFehler("Queue Überlauf");
  queue[ende] = e;
  ende = next(ende);
  voll = (anfang == ende);
  }
E deQueue (){
  if (istLeer()) throw new QueueFehler("Zugriff auf leere Queue !"
  );
  E e = queue[anfang];
  anfang = next(anfang);
  voll = false;
  return e;
  }
}
```

5.6.2 Implementierung durch eine zirkuläre Liste

Genau wie Stacks kann man auch Puffer mit einer verketteten Listenstruktur implementieren. Wenn man die Zellen der Liste zu einem Ring zusammenbiegt, kommt man sogar mit einem einzigen Verweis auf das *ende* der Queue aus. Da man immer nur genauso viele Glieder in der Kette hat wie Elemente im Puffer sind, ist *anfang* das auf *ende* folgende Kettenglied. Den leeren Puffer implementiert man mit dem Null-Zeiger *anfang = ende = null*.

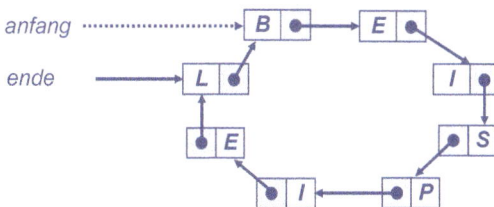

Abb. 5.35. Warteschlange als Ring

5.6.3 DeQues: Queues mit zwei gleichberechtigten Enden

Die Datenstruktur *DeQue* (**D**ouble **e**nded **Que**ue) kombiniert bzw. verallgemeinert die Datenstrukturen *Stack* und *Queue*. Man kann gleichberechtigt am Anfang und am Ende einer *DeQue* Daten einfügen, löschen oder inspizieren.

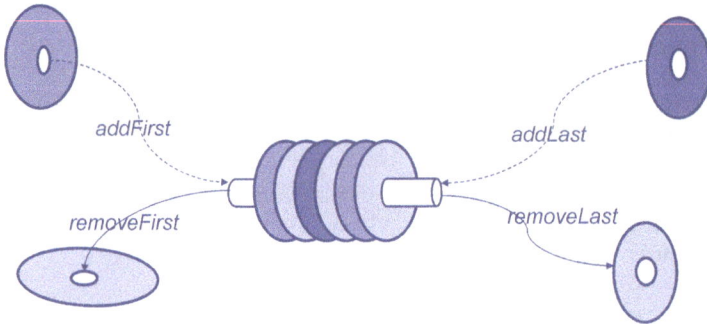

Abb. 5.36. Die Schnittstelle DeQue des Java-Collection-Framework(Ausschnitt)

Im Java-Collection-Framework ist für diesen Datentyp ein Interface definiert, das von den Klassen *ArrayDeque* und *LinkedList* implementiert wird, einmal mit Hilfe eines Arrays einmal mit Hilfe einer Liste. Einige der vielen Methoden dieses Interface sind:

```
E getFirst(), E getLast()          // erstes/letztes Element
addFirst(E e), addLast(E e)        // Element hinzufügen
E removeFirst(), E removeLast()    // Element entnehmen
```

5.6.4 Anwendung von Puffern

Puffer werden oft eingesetzt, um ansonsten unabhängige Prozesse miteinander kommunizieren zu lassen, bzw. um kooperierende Prozesse zu entkoppeln. Üblicherweise produziert ein Prozess eine Folge von Daten, während der zweite Prozess diese Daten entgegen nimmt und weiter verarbeitet. Der erste Prozess heißt dann *Erzeuger* oder *Produzent* (engl. *producer*) und der zweite heißt *Verbraucher* oder *Konsument* (engl. *consumer*). Man verwendet einen *Puffer*, in den der Produzent die erzeugten Daten ablegt (*enQueue*) und aus dem der Konsument die benötigten Daten entnimmt. Der Puffer dient der zeitlichen Entkopplung – der Erzeuger kann weiter produzieren, auch wenn der Verbraucher die Daten noch nicht alle entgegengenommen hat, und der Verbraucher hat Daten, mit denen er weiterarbeiten kann, auch wenn der Erzeuger für die Produktion gewisser Daten gelegentlich eine längere Zeit benötigt.

Beispiele für solche Erzeuger-Verbraucher *(producer-consumer)* Situationen sind:
– Die Druckerwarteschlange ist ein Puffer für Druckaufträge. Erzeuger sind die Druckprozesse unterschiedlicher Programme im Netzwerk – Verbraucher ist der Druckertreiber. Der Puffer dient hier zur zeitlichen Entkopplung. Ähnlich legt der Festplatten-Controller als Produzent die gelesenen Daten in einem Puffer ab – dort kann das Betriebssystem sie abholen. Beim Schreiben auf die Platte vertauschen Produzent und Konsument die Rollen.

– Beim Aufbau einer Internetseite fungiert der Webserver als Produzent. Die IP-Pakete werden in einem internen Puffer zwischengespeichert, aus dem sie der Browser als Konsument entgegennimmt und die Seite aufbaut. In solchen Situationen sagt man statt Puffer auch *Kanal* oder *Kommunikationskanal*.

– Puffer können auch zur logischen Entkopplung von Prozessen dienen. So gibt es z.B. in UNIX viele nützliche Programme, welche einen Input in einen Output transferieren. Mithilfe einer so genannten *Pipe*, dies ist nichts anderes als ein Puffer, kann man die Ausgabe eines Programms mit der Eingabe des nächsten verknüpfen. Um z.B. ein Programm zur Erzeugung aller Primzahlzwillinge zu konstruieren, schreiben wir ein Programm *primes* zur Erzeugung aller Primzahlen in aufsteigender Reihenfolge – dies ist der producer – und ein Programm *pairs*, das aus einem Datenstrom diejenigen aufeinanderfolgenden Paare herausfiltert, welche sich nur um 2 unterscheiden. Das gesuchte Programm ist dann: *primes | pairs*.

5.7 Container Datentypen

Wir haben zu Anfang dieses Kapitels bereits *Container* erwähnt, als Behälter zur Aufnahme vieler gleichartiger Elemente. Es ging uns dort nur um die Suche von Elementen, die irgendwie in einem Container aufbewahrt werden. Mittlerweile haben wir mit *Stacks* und *Queues* Behälter kennengelernt, mit denen wir die Reihenfolge steuern können, in der Datenelemente bearbeitet werden: *last in – first out*, bzw. *first in – first out*. Andere Beispiele von Containern sind *Arrays*, *Mengen*, *Listen*, *HashSets*, *Maps*, *Heaps*, *Bäume*, *Streams*, etc. Alle diese Container haben besondere Eigenschaften, die sie für die ein- oder die andere Anwendung besonders geeignet erscheinen lassen, aber was ist ihre Gemeinsamkeit?

Auf jeden Fall können in allen Behältern Elemente gleichen Typs gespeichert sein, und diese Elemente können systematisch traversiert werden. Genau diese Funktionalität abstrahiert das generische Interface *Iterable<E>*, das im Paket *java.util* definiert ist. Es verlangt lediglich eine Methode

```
iterator()
```

mit der ein sogenannter *Iterator* erzeugt werden kann. Ein Iterator ist ein Traversierer, bildlich gesprochen so etwas wie ein *guide*, der uns alle Elemente des Behälters der Reihe nach präsentieren kann. Genauer ist ein Iterator ein Objekt, das die folgenden Methoden versteht:

`boolean` hasNext : prüft, ob noch ein weiteres Element ansteht
E next : liefert dieses Element und schreitet zum nächsten,
`void` remove : entfernt das aktuelle Element.

Ist also der Behälter *b* ein Objekt einer *Iterable<E>* implementierenden Klasse, so kann man mit dem Aufruf *b.iterator()* einen *Iterator* erzeugen. Mit diesem kann man alle Elemente besuchen und z.B. mit ihnen etwas tun:

```
Iterator guide = b.iterator();
while(guide.hasNext()){ tuWas(next()); }
```

tuWas steht hier stellvertretend für irgendeine selbstgeschriebene Methode *tuWas(E e)*, die irgendetwas mit *e* anstellen kann, z.B. ausdrucken oder summieren, oder in einen anderen Behälter einfügen. Dieses Schema kommt derart häufig vor, dass Java für diese Zwecke eine eigene syntaktische Form, die sogenannte *for-each*-Schleife zur Verfügung stellt. Der zu obigem Code äquivalente Aufruf lautet damit:

```
for(E e: b) tuWas(e)
```

Das Schema eines „iterablen" Behälters als Java-Klasse sieht damit so aus:

```
import java.util.*;
class MeinBehälter<E> implements Iterable<E>{
  ...
 public Iterator<E> iterator(){ return new Guide(); }

 class Guide implements Iterator<E>{
   public boolean hasNext(){ ... }
   public E next(){ ... }
   public void remove(){ ... }
   }
 }
```

Neben dem obligatorischen Ausdrucken aller Elemente des Behälters können wir mit Hilfe des Iterators viele nützliche Funktionen gemeinsam für jeden Behälter definieren, z.B.:

```
int size(){ int x=0; for(E e:this) x++; return x; }

boolean contains(E e){
 for(E e1:this) if(e.equals(e1)) return true;
 return false;
 }
String toString(){
 StringBuilder sb = new StringBuilder("[");
 Iterator it = iterator();
 if(it.hasNext()) sb.append(it.next());
 while(it.hasNext()) sb.append(", " + it.next());
 sb.append("]");
 return sb.toString();
 }
```

Das Interface *Iterator* verlangt zwar eine Methode *remove*, doch diese ist optional. Für solche optionalen Interface-Operationen stellt Java eine spezielle Runtime-Exception bereit:

```
public void remove(){ throw new UnsupportedOperationException(); }
```

Erstaunlich ist, dass eine entsprechende Funktion *add(E e)* nicht einmal als optional vorgesehen ist. Erst das Subinterface *Collection<E>*, das *Iterable<E>* erweitert, spezifiziert

```
void add(E e)
```

doch selbst hier ist diese Methode noch optional. Daneben spezifiziert *Collection<E>* noch viele mehr oder minder nützliche Methoden, von denen die meisten optional sind, so dass, auch wenn sie nicht gebraucht wird, jede einzelne durch eine *UnsupportedOperationException* bedient werden muss.

In der Praxis benötigen brauchbare Behälter eine Methode, *add* oder *insert*, um ein Element z.B. an der aktuellen Position einzufügen. Diese Methode allein genügt schon, um fast alle sonstigen relevanten Operationen, insbesondere diejenigen, die in Collection definiert sind, selber zu implementieren, z.B. *addAll*, *contains*, *size*, *toArray*. Eine Variante von *addAll*, die für Testzwecke sehr nützlich ist, fügt eine beliebige variable Anzahl von Elementen ein:

```
addAll(E ... elts){ for(E e:elts) insert(e); }
```

Was ebenfalls den Java-Collections fehlt, sind Operationen auf Behältern, die Teilbehälter liefern, welche eine bestimmte Eigenschaft haben, Behälter verknüpfen oder ganze Behälter in neue Behälter verwandeln, so wie man es in der Mathematik insbesondere von Mengen gewohnt ist: Aus einer Menge M, einer booleschen Eigenschaft P und einer beliebigen Abbildung f kann man mathematisch folgende neue Mengen bilden:

$$\{x \in M \mid P(x)\} \qquad (\text{filter})$$
$$\{f(x) \mid x \in M\} \qquad (\text{map})$$

und als Kombination der beiden Konstruktionen:

$$\{f(x) \mid x \in M, \ P(x)\} \quad (\text{map} \circ \text{filter}).$$

Einen Silberstreif am Horizont zeigen hier Closures auf. Natürlich können wir für gegebene P und f jedes mal die gewünschten Behälter erzeugen:

```
Behälter<E> resultat = new Behälter<E>();
for(E x : m) if(P(x)) resultat.add(f(x));
return resultat;
```

Closures erlauben jedoch, u.a. die obigen Mengenbildungsoperationen *map* und *filter* zu programmieren und dann mit beliebigen booleschen Eigenschaften und beliebigen Abbildungsausdrücken aufzurufen, ohne auf feste Methoden mit Namen *P* und *f* angewiesen zu sein.

5.7.1 Listen

Eine *Liste* ist eine Folge von Elementen, in der an beliebiger Stelle neue Elemente eingefügt oder vorhandene Elemente entfernt werden können. Im Gegensatz dazu darf man bei Stacks und Queues nur am Anfang oder am Ende Elemente einfügen oder entnehmen. Listen sind also allgemeinere Datenstrukturen als Stacks und Queues. Wir haben bereits im vorigen Unterkapitel gesehen, dass Letztere sich durch Listen implementieren lassen.

Arrays kann man zu Listen umfunktionieren, wenn man in Kauf nimmt, dass für das Einfügen eines Elementes Platz geschaffen werden muss, indem alle Elemente mit höherem Index nach oben geschoben werden; beim Entfernen werden die verbliebenen Elemente wieder zusammengeschoben. Bei *Insertionsort* (5.2.5) ist uns dies schon begegnet. Einfügen und entfernen in Arrays hat (im Schnitt) lineare Komplexität. Dies ist aber nicht der Grund weshalb in früheren Sprachen Listen praktisch nie so implementiert wurden. Es gab zwei Hindernisse:

- In klassischen imperativen Sprachen wird die Arraygröße statisch, d.h. zur Compilezeit festgelegt. Um sicher zu gehen, musste der Programmierer ausreichend viel Speicherplatz reservieren, was in der Praxis bedeutete, dass sehr viel Platz unnötig verschenkt wurde.
- Klassische Sprachen speichern üblicherweise *records*, das sind komplette Datenobjekte mitsamt ihren Feldern, direkt in dem Array. Java speichert nur einen Zeiger auf das Objekt. Dadurch muss in Java nur je ein Zeiger pro Objekt geschoben werden, nicht ganze Datenblöcke.

Infolgedessen kann Java es sich leisten eine *ArrayList* genannte Implementierung von Listen bereitzustellen, die wir in einem der folgenden Abschnitte näher diskutieren.

Die Auswahl konkurrierender Implementierungen eines Datentyps muss von der Anwendung diktiert werden. Werden Elemente nur selten, oder meist nur in großen Massen auf einmal eingefügt (engl.: *bulk insertion*), aber oft aufgesucht, dann sind ArrayListen die Implementierung der Wahl. Kommen Einfügen und Entfernen häufig und individuell vor und wird seltener nach Elementen gesucht, dann ist eine Implementierung von Listen durch Ketten von Zellen, wie wir sie im nächsten Abschnitt vorstellen wollen, vorzuziehen. Diese Implementierung ist die klassische Implementierung von Listen, die in allen Programmiersprachen auf ähnliche Weise möglich ist, wie wir es hier anhand von Java demonstrieren. Das Einfügen und Entfernen von Elementen hat konstante Zeitkomplexität, sofern man die Einfügestelle schon vorher gefunden hat.

Die Spezifikation eines abstrakten Datentyps *Liste* bietet viele Variationsmöglichkeiten. Zunächst wollen wir, wie auch in den vergangenen Abschnitten, festlegen, dass die Inhalte einen beliebigen aber festen, generischen Typ E haben sollen. Welche Operationen sollen ermöglicht werden? Wie sollen wir uns auf bestimmte Elemente in der Liste beziehen?

Typisch für das Arbeiten mit Listen ist, dass wir zunächst ein bestimmtes Element finden müssen und dann in dessen Umgebung die Liste untersuchen oder verändern. Es zeigt sich, dass es zu diesem Zweck praktisch ist, der Liste einen so genannten *Cursor* mitzugeben, der einen unmittelbaren Zugriff auf ein aktuelles Listenelement erlaubt.

Positionen in einer Liste sind nicht statisch. Die Nummer an der ein Element in der Liste vorkommt, ändert sich jedes mal, wenn an einer vorher liegenden Position ein Element eingefügt oder entfernt wird. Die Position eines Elementes ist daher keine längerfristig nützliche Information, und man kann ebenso auf die Position als interne Hilfsgröße verzichten. Typischerweise sucht man ein Element, um es zu entfernen, oder in seiner Umgebung etwas zu unternehmen. Man könnte zwar eine Zahl als Position des Elementes bestimmen und anhand der so bestimmten Position den Cursor an die Stelle setzen, sinnvoller ist es aber, das Setzen des Cursors direkt als Resultat einer Suche zu bewirken. Bei erfolgreicher Suche steht der Cursor vor dem gefundenen Element, ansonsten hinter der Liste. So verhält sich auch jeder Texteditor, wenn wir ein Wort in einem Text suchen!

Eine Implementierung einer inneren Klasse Cursor, so zeigt sich, liefert einen Java *Iterator* zur Traversierung der Liste praktisch umsonst. Das ist überhaupt kein Wunder, denn *Iterator* ist nichts anderes als eine Abstraktion des Cursorkonzeptes. Somit hat man ohne zusätzlichen Aufwand das Interface *Iterable* implementiert und die Liste ist ein *Collection* Datentyp im Sinne von Java, so dass wir die *for-each*-Schleife und alle sich daraus ergebenden Operationen sofort zur Verfügung haben, darunter *size*, *toString*, *count*.

5.7.2 Einfach verkettete Listen

Wie angekündigt implementieren wir jetzt Listen als Ketten von Zellen. Zu diesem Zweck trägt eine Zelle nicht nur einen Inhalt *e*, sondern auch einen Zeiger *next* auf die folgende Zelle der Kette. Deren *next*-Zeiger zeigt auf die nächstfolgende Zelle und so fort, bis irgendwann ein *next* Zeiger *null* ist, was wir als Kettenende verstehen. Jede Zelle der Kette ist gleichzeitig erstes Element einer Restkette, daher ist für den Zeiger *next* alternativ auch der Name *rest* in Gebrauch. In der folgenden Graphik stellen wir den *null*-Zeiger durch ein Erde-Zeichen dar.

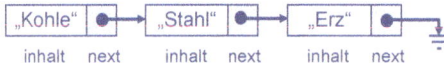

Abb. 5.37. Eine Kette von drei Zellen.

Manchem mag die Analogie einer Zelle zu einem Eisenbahnwaggon in den Sinn kommen. Jeder Waggon hat einen Inhalt und eine Kupplung, an die der nächste Waggon gehängt werden kann. Auf diese Weise lassen sich beliebig lange Züge – Ketten – zusammenstellen.

Zellen

In Java sind Zeiger nicht explizit sichtbar, da ein Zeiger auf ein Objekt mit dem Objekt selber identifiziert wird. Eine Zelle ist daher in Java ein rekursives Datenobjekt:

```
class Zelle <E> {
  E inhalt;
  Zelle<E> next;
  Zelle(E e, Zelle<E> rest){
    inhalt = e;
    next = rest;
    }
}
```

Eine Kette von Zellen können wir ganz einfach von links nach rechts traversieren. Von einer Zelle z aus gelangen wir mit

```
z = z.next;
```

zur folgenden Zelle. Eine Traversierung in der anderen Richtung ist erst einmal nicht möglich.

Listen als verankerte Ketten

Listen sind Datenstrukturen, die zumindest Operationen *suchen* und *löschen* eines Elementes, sowie *einfügen* an beliebiger Stelle unterstützen. Wenn wir eine Kette von Zellen zur Basis unserer Implementierung von Listen machen wollen, müssen wir immer wieder vorne einsteigen können, denn von einer Zelle aus kann man die Kette immer nur den Zeigern folgend durchlaufen. Auf den ersten Blick benötigen wir also eine feste Referenz auf das erste Element der Kette. Hier tritt aber schon die erste Komplikation auf, weil wir den Fall berücksichtigen müssen, dass die Liste leer ist – dann gibt es kein erstes Element. Dieser Sonderfall, so zeigt es sich, muss bei jeder der Listenoperationen, die wir implementieren wollen, beachtet werden und macht den Code am Ende unnötig verzwickt.

Daher wollen wir einen einfachen Trick anwenden, indem wir die Liste mit einer Ankerzelle beginnen lassen. Wie die Wagen eines Zuges an der Lokomotive hängen, so hängen die Listenzellen an der Ankerzelle. Die Ankerzelle ist immer vorhanden, auch wenn die Liste leer ist. Ihr Inhalt ist irrelevant, wir können ihn *null* setzen, ansonsten sieht die Ankerzelle aus wie eine normale Zelle. Letzteres gestattet uns, alle Listenoperationen ohne Berücksichtigung von Sonderfällen zu implementieren, weil die repräsentierende *Kette* nie leer ist, sie hat auf jeden Fall die Ankerzelle.

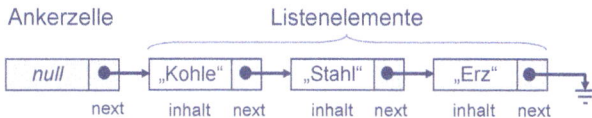

Abb. 5.38. Eine Liste mit drei Elementen, bestehend aus einer Kette von vier Zellen.

Einfügen und Entfernen

Der Trick mit der Ankerzelle bringt uns noch weitere Vorteile. Eine Liste mit *n* Elementen hat (*n+1*) Positionen, an denen man ein Element einfügen könnte – vor dem ersten Listenelement, zwischen zwei beliebigen Elementen und nach dem letzten. Jetzt besteht unsere *n*-elementige Liste aber aus einer (*n+1*)-elementigen Kette und alle Einfügepositionen befinden sich hinter einer Zelle. Einfügen und entfernen eines Elementes *e* hinter einer gegebenen Zelle *z* ist aber ganz einfach. Wir beginnen mit dem Einfügen:

```
z.next = new Zelle(e,z.next);
```

Wir besorgen uns also eine neue Zelle mit dem gewünschten Inhalt *e*, deren *next*-Zeiger schon zur Folgezelle *z.next* zeigt. Diese neue Zelle hängen wir hinter die aktuelle Zelle *z*. Damit ist die Kette wieder intakt – bildlich gesprochen wurde kein Waggon abgehängt.

Entfernen der Zelle hinter einer Zelle *z* ist ebenfalls ein Kinderspiel. Wenn *z* nicht das letzte Element der Liste ist, was wir mit

```
z.next != null
```

überprüfen können, koppeln wir *z* einfach an die übernächste Zelle an:

```
z.next = z.next.next;
```

Was passiert mit der abgekoppelten Zelle? Vormals zeigte *z.next* auf sie, das schützte sie vor der *garbage collection*. Wenn jetzt aber niemand mehr auf sie zeigt, wird sie nicht mehr gebraucht und irgendwann automatisch dem Recycling zugeführt werden.

Suchen und Positionieren

Damit sind die wichtigsten Operationen einer Liste schon besprochen: Einfügen an beliebiger Stelle und entfernen eines beliebigen Elementes. Als nächstes erhebt sich die Frage, wie wir das Element, das entfernt werden soll, angeben sollen: durch seinen Wert *e*, oder durch seine Position in der Liste?

Der erste Fall führt auf ein Suchproblem, das durch eine einfache Schleife gelöst werden kann:

```
z = anker;
while(z.next != null && !e.equals(z.next.inhalt)) z=z.next;
```

Warum wird aber der gesuchte Wert *e* nicht mit *z.inhalt* verglichen, sondern mit *z.next.inhalt* ? Und warum ist zum Schluss *z* nicht die Zelle, die das Element enthält, sondern die Zelle davor?

Der Grund sollte nach dem vorher gesagten klar sein, denn wenn wir z.B. die *e* enthaltene Zelle entfernen wollen, müssen wir direkt davor stehen, nicht darauf oder gar dahinter. Auch um ein Element vor dem gefundenen Element einzusetzen, müssen wir davor stehen. Zum Glück gibt es dank der Ankerzelle vor jeder gültigen Listenzelle eine Zelle der Kette.

Positionen und Cursor

Wir haben bereits erwähnt, dass eine Liste mit *n* Elementen (*n* + 1) Einfügepositionen bietet. Wir kennen diese Situation schon von Texteditoren. Wenn wir einen Text mit *n* Zeichen haben, gibt es *n* + 1 Positionen für den Cursor. Um den Text zu bearbeiten, bewegt man den Cursor mit Navigationsbefehlen an die gewünschte Position und löscht einen Buchstaben oder tippt einen neuen. Neben der Navigation (*home, rechts, links*) ist sicher auch noch die Suche eines Teiltextes interessant. Das Ergebnis ist aber auch hier nicht die numerische Position der Fundstelle, sondern die Positionierung des Cursors, denn man will anschließend das Gefundene bearbeiten. Niemand käme auf die Idee, einen Brief mit Befehlen wie *insert*(17,´*ä*´) oder *remove*(42) bearbeiten zu wollen. Genauso wie in einem Brief ist die numerische Position eines in einer Liste gespeicherten Elements *e* in den meisten Anwendungsfällen uninteressant – mit jedem Einfügen und Entfernen von Elementen ändert sie sich ohnehin.

In einer *n*-elementigen Liste können wir einen *Cursor* durch einen Zeiger auf eine der *n+1* Zellen der zugrundeliegenden Kette repräsentieren. Zeigt er auf eine Zelle *z* so repräsentiert dies in der Liste die Position *hinter z*. Zeigt er auf die Ankerzelle, so entspricht dies der Position vor Beginn der Liste, zeigt er auf die letzte Zelle, so entspricht dies der Cursorposition direkt nach der Liste.

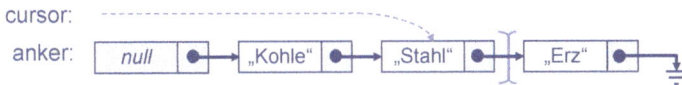

Abb. 5.39. Cursorposition (zwischen dem zweiten und dritten Listenelement) und Wert der Variablen cursor.

Nach dem gesagten erscheint es sinnvoll, jeder Liste einen Cursor mitzugeben. Einfügen und entfernen geschehen wie oben besprochen nur an der Cursorposition. Zusätzlich benötigen wir die Navigationsbefehle *home*, *right*, und *getPos(e)*, mit dem wir, wie oben besprochen das Element *e* suchen und den Cursor davor setzen. Ob *e* vorhanden war, erkennen wir daran, ob am Ende der Suche die Variable cursor auf das letzte Listenelement zeigt, was der gedachten Cursorposition direkt hinter dem letzten Element der Liste entspricht. Mit diesen Erläuterungen sollte die folgende Implementierung klar sein.

```java
import java.util.*;
class Liste <E> implements Iterable<E>{

// Eine Liste besteht aus einer Ankerzelle und einem Cursor ...
  private Zelle<E> anker;
  private Cursor cursor ;

// Listenkonstruktor:
  Liste(){
    anker = new Zelle<E>(null,null);
    cursor = new Cursor(anker);
  }
// Cursor deklarieren wir in einer inneren Klasse:
  private class Cursor implements Iterator<E>{

    private Zelle<E> z;
    public Cursor(Zelle<E> z){ this.z = z; }

    // Cursornavigation
    private void home() { z = anker; }
    private boolean atEnd() { return z.next == null; }
    private void right() { if (!atEnd()) z = z.next; }

    // Listenmodifikation und Inspektion
    private E element() { return z.next.inhalt; }
    private void insert(E e){
      z.next = new Zelle<E>(e,z.next);
      right();
    }
    public void remove(){
      if(z.next!=null) z.next=z.next.next;
```

```
      }
    private void getPos(E e){
      home();
      while( !atEnd() && !e.equals(element()))
        right();
      }
// Das interface Iterator
    public boolean hasNext(){ return !atEnd(); }
    public E next(){
      E e = element();
      right();
      return e;
      }
  } // Ende der inneren Klasse Cursor
```

Der obige Code von *getPos* ist identisch mit der vorher im Text besprochenen Suche, wenn wir *atEnd* und *right* durch ihre Definitionen ersetzen. Die hier gewählte Implementierung soll deutlich machen, dass *getPos* aus den bereits definierten primitiven Funktionen herstellbar ist und daher auch vom Benutzer unserer Listen-Datenstruktur implementiert werden könnte.

Cursor sind geradezu prototypische Beispiele von Iteratoren, daher mussten wir fast gar nichts machen, um das Interface *Iterator* gleich mit zu implementieren. Mit Cursorn als Iteratoren ist die Implementierung von *Iterable* in der Listenklasse geschenkt:

```
    public Iterator<E> iterator(){ return new Cursor(anker); }
```

Die Listenoperationen beziehen sich immer auf die Cursorposition. Auch die Navigationsbefehle übertragen wir auf die Liste, so dass die Variable cursor *private* sein kann:

```
    void insert(E e){ cursor.insert(e); }
    void remove() { cursor.remove(); }
    void getPos(E e){ cursor.getPos(e); }

    void home() { cursor.home(); }
    void right() { cursor.right(); }
    boolean atEnd() { return cursor.atEnd(); }

    E getElement() {
      if(cursor.atEnd()) return null;
      else return cursor.element();
      }
  }// Ende der Klasse Liste
```

Die letzte Methode *getElement* ist eigentlich nicht notwendig, aber gelegentlich zum Debuggen nützlich. Wenn der Cursor hinter der Liste steht (*atEnd*) entscheiden wir uns für *null*.

Statt noch viele weitere nützliche Funktionen zu implementieren, *insertAtEnd, insertAtFront, insertAll, insertBefore, insertAfter, swapElements, goLeft, reverse,* etc., ermutigen wir den Leser, solche aus den bereits gezeigten primitiven Funktionen aufzubauen.

Wie wir beliebige Container mit Operationen *insertAll, size, toString* etc. ausstatten können, haben wir bereits früher diskutiert, daher konzentrieren wir uns in unserem Testbeispiel auf das Einfügen und Entfernen von Elementen aus einer kleinen Liste:

```java
public static void main(String [] args) {
  Liste<String> l = new Liste<String>();
  l.insertAll("Hallo", "Java", "Welt", "am", "Abgrund");
  l.getPos("am"); l.right();
  l.insert("tiefen");
  l.getPos("Java");
  l.remove();
  System.out.println("Liste: " +l+ " Länge: "+l.size());
}
```

Das Ergebnis ist natürlich:

```
Liste: (Hallo, Welt, am, tiefen, Abgrund) Länge: 5
```

5.7.3 Listen als Verallgemeinerung von Stacks und Queues

Listen erlauben offensichtlich allgemeinere Operationen als die bisher behandelten Datenstrukturen *Stack* und *Queue*. Folglich kann man Stacks und Queues auch als Erweiterung unserer Listenklasse definieren:

```java
class Stack<E> extends Liste<E> {

  void push (E e){ home(); insert(e);}
  void pop (){
    if (size() == 0) throw
      new StackFehler("StackFehler: Zugriff auf leeren Stack !");
    home();
    remove();
  }
  E top (){
    if (size() == 0) throw
      new StackFehler("StackFehler: Zugriff auf leeren Stack !");
    home();
    return getElement();
  }
} // Ende der Klasse Stack<E>
```

5.7.4 Array-Listen

Listen haben gegenüber Arrays zwei Vorteile:

- ihre Größe passt sich der Anzahl *n* der aktuell gespeicherten Daten an
- einfügen und entfernen von Elementen geht in konstanter Zeit,

allerdings auch einen Nachteil:
- auffinden eines Elementes anhand seiner Position benötigt Zeit *O(n)*.

Auf Elemente eines Arrays, kann man dagegen direkt (in konstanter Zeit) zugreifen, allerdings kann die Größe eines Arrays zur Laufzeit nicht mehr verändert werden. Dass Java, im Gegensatz zu vielen anderen imperativen Sprachen, die Arraygröße erst zur Laufzeit festlegt, eröffnet die Möglichkeit, einige Vorteile von Arrays und Listen zu kombinieren das Ergebnis ist die bei Java-Programmierern sehr beliebte Klasse *ArrayList<E>* in *java.util*. Die Operationen *set(int index, E e)* und *get(int index)* entsprechen den von Arrays gewohnten Schreib- und Leseoperationen an einer Indexposition. Zusätzlich hat man aber mit *add(int index,E e)* und *remove(int index)* Operationen, die dem von Listen gewohnten einfügen und entfernen entsprechen.

In der Implementierung werden die Elemente der Liste in einem Array gespeichert, aber wenn dieses voll ist, wird ein größeres (z.B. doppelt so großes) Array angelegt und die alten Daten mit *arraycopy* umgespeichert. Analog kann, wenn viele Daten entnommen werden, das Array auch wieder verkleinert werden. Die so implementierte *ArrayList* wird also stets durch ein genügend großes Array repräsentiert und besteht immer aus einem Bereich in dem sich gültige Daten befinden und einer Reserve für weitere Daten. Diese Idee kennen wir schon von der Stack-Implementierung in Abschnitt 5.5.2.

Abb. 5.40. Eine Array-Liste der Größe 6 mit Kapazität 8

Der Zugriff auf Elemente in ArrayListen ist somit konstant, das Einfügen von Elementen *am Ende* der ArrayList, *add(E e)*, ebenfalls. Einfügen und entfernen von Elementen mitten in der ArrayListe ist jedoch nicht konstant wie bei Listen, sondern *O(n)*, weil die rechts von der Einfüge- bzw. Entfernposition befindlichen Elemente nach rechts, bzw. links geschoben werden müssen, um Platz zu machen bzw. um die entstandene Lücke zu füllen. Diese Verschiebeoperationen ganzer Datenblöcke wird intern durch Hilfsarrays und *arraycopy* effizient umgesetzt. Die Kapazität der Array-Liste kann vom Programmierer bei der Konstruktion und im laufenden Betrieb an die Erfordernisse angepasst werden.

5.7.5 Doppelt verkettete Listen

In einer einfach verketteten Liste sind die Elemente direkt *nach* dem Cursor einfach erreichbar. Will man allerdings auf das Element vor dem Cursor zugreifen, so muss die Liste vom Anfang her neu durchlaufen werden. Dieses Problem stellt sich bei den Operationen *loeschePos* und *einsetzenVorPos*. Durch die Richtung der Verkettung ergibt sich eine Asymmetrie im Aufwand des Listendurchlaufes. Spendiert man jeder Zelle noch einen Verweis auf ihren Vorgänger, so stellt sich für den Aufwand des Listendurchlaufs die Symmetrie wieder ein. Eine solche Implementierung (mit oder ohne Cursor) nennt man *doppelt verkettete Liste*.

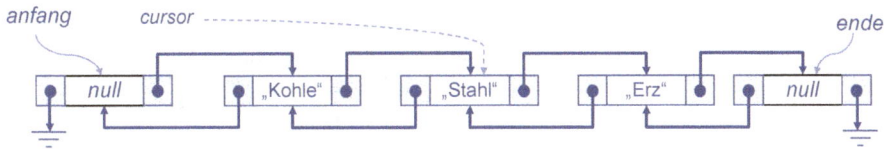

Abb. 5.41. Doppelt verkettete Liste mit Cursor und zwei Ankerzellen

Bei einer doppelt verketteten Liste kann man direkt die Elemente, auf die der Cursor zeigt, löschen oder rechts und links von ihnen etwas einsetzen. Weil beim Einfügen und Löschen sowohl die Anfangszelle als auch die Endezelle gesondert behandelt werden müssen, vereinfacht sich für doppelt verkettete Listen der Code ganz erheblich, wenn man sowohl am Anfang, als auch am Ende eine Ankerzelle einfügt. Beispielsweise wird dann ohne weitere Überprüfung rechts vom Cursor ein Element e durch folgenden Code eingefügt:

```
cursor = new DoppelZelle<E>(cursor, e, cursor.right);
cursor.left.right = cursor;
cursor.right.left = cursor;
```

Entfernen der Zelle unter dem Cursor ist noch einen Tick einfacher, überlegenswert ist nur, wohin man den Cursor setzen will, nachdem die Zelle unter ihm nicht mehr gebraucht wird.

5.7.6 Geordnete Listen und Skip-Listen

Wenn für den Inhalt der Listenelemente eine Ordnungsrelation definiert ist und wenn die Listenelemente entsprechend geordnet sind, spricht man von einer *geordneten Liste*. Die Ordnung kann benutzt werden, um das Suchen in einer Liste (etwas) zu beschleunigen. Binäres Suchen ist immer noch nicht möglich, da auf die Elemente einer Liste nur sequentiell zugegriffen werden kann. Allerdings kann man die Suche in einer solchen Liste mithilfe so genannter *Skip-Listen* beschleunigen. Diese wurden von W. Pugh 1989 vorgeschlagen.

Bei einer *perfekten Skip-Liste* wird im ersten Schritt eine zusätzliche Verkettung der Listenelemente eingeführt, so dass jedes zweite Element *schneller* erreicht wird:

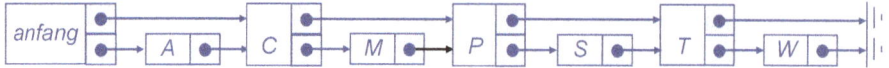

Abb. 5.42. Skip-Liste: 1. Schritt

In einem zweiten Schritt kann man dieses Prinzip in nahe liegender Weise fortsetzen:

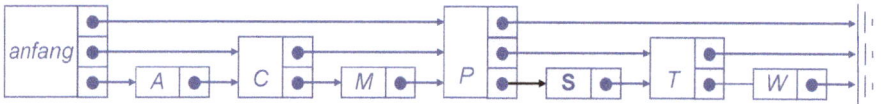

Abb. 5.43. Skip-Liste: 2. Schritt

Je nach Umfang der Liste kann man das gleiche Prinzip wiederholen und bekommt dabei eine Zugriffsstruktur ähnlich wie die der binären Bäume, die im nächsten Abschnitt besprochen werden. Will man zum Beispiel auf das 6. Element zugreifen, so verrät uns die Binärdarstellung $6 = 110_2$, dass wir in der obersten Ebene einen Schritt machen müssen, danach in der zweiten Ebene einen Schritt – schon sind wir am Ziel.

Eine Variation dieser Idee sind *randomisierte Skip-Listen*. Pro Listenabschnitt auf der untersten Ebene werden mehrere Listenelemente zugelassen. Dabei versucht man, die Inhaltszellen möglichst gleichmäßig auf übergeordnete Abschnitte zu verteilen.

Offensichtlich haben Skip-Listen Ähnlichkeit mit dem von Telefonbüchern her bekannten Schema, einen Index mit Anfangsbuchstaben zur beschleunigten Suche zu benutzen. Dabei sind die übergeordneten Skip-Listen vorgegeben und die Inhaltszellen werden in die dadurch gegebenen Skip-Listen-Abschnitte eingeordnet.

5.7.7 Adaptive Listen

Adaptive Listen bilden eine Datenstruktur, die hervorragend geeignet ist, Elemente zu speichern und wiederzufinden. Sie sind eigentlich keine Listen im Sinne unserer Datenstrukturdefinition – es gibt keine Positionen, kein nächstes Element etc. Dennoch bezeichnet man sie als Listen. Sie sind Behälter, die sowohl das Einfügen als auch das Suchen effizient unterstützen – insbesondere berücksichtigen sie, dass manche Elemente häufiger gesucht werden als andere. Solche Elemente sollen möglichst früh, also nahe dem Listenanfang gespeichert werden. Adaptive Listen organisieren sich dynamisch um, so dass sich häufig benutzte Elemente mit der Zeit am Anfang der Liste ansammeln. Es gibt dafür mehrere Strategien, z.B.:

- *Move To Front*: Wenn auf ein Element zugegriffen wird, wandert es an den Listenanfang. So kommen häufig gesuchte Elemente schnell nach vorne, allerdings nicht nur diese.
- *Transpose*: Wenn auf ein Element zugegriffen wird, wird es mit dem vorhergehenden Element vertauscht, sofern es nicht bereits das erste Element ist. Mit dieser Methode kommen Elemente, auf die häufig zugegriffen wird, mit der Zeit nach vorne. Allerdings kann es eine Weile dauern, bis sich die Liste neuen Zugriffshäufigkeiten anpasst.

5.8 Bäume

Bäume gehören zu den fundamentalen Datenstrukturen der Informatik. In gewisser Weise kann man sie als zweidimensionale Verallgemeinerung von Listen auffassen. In Bäumen kann man nicht nur Daten, sondern auch relevante Beziehungen der Daten untereinander, wie Ordnungs- oder hierarchische Beziehungen, speichern. Daher eignen sich Bäume besonders, um gesuchte Daten rasch wieder aufzufinden.

Ein *Baum* besteht aus einer Menge von *Knoten* (Punkten), die untereinander durch *Kanten* (Pfeile) verbunden sind. Führt von Knoten A zu Knoten B eine Kante, so schreiben wir dies als $A \to B$ und sagen *A ist Vater von B* oder *B ist Sohn von A* bzw. *Kind von A*. Einen Knoten ohne Kinder nennt man ein *Blatt*. Alle anderen Knoten heißen *innere Knoten*.

Ein *Pfad von A nach B* ist eine Folge von Knoten und Pfeilen, die von A nach B führen: $A \to X_1 \to X_2 \to \cdots \to B$. Die *Länge* des Pfades definieren wir als die Anzahl der Knoten (0 oder mehr). Gibt es einen Pfad von A nach B, so heißt B ein *Nachkomme* von A und A ein *Vorfahre* von B. Ein Baum muss folgende Axiome erfüllen:

- Es gibt genau einen Knoten ohne Vater – dieser heißt *Wurzel* ,
- jeder andere Knoten ist Nachkomme der Wurzel und hat genau einen Vater.

Da wir hier nur Bäume mit endlich vielen Knoten betrachten, reichen diese beiden Forderungen bereits aus. Weitere Eigenschaften eines Baumes ergeben sich hieraus automatisch. Dazu gehören:

- Es gibt keinen zyklischen Pfad.
- Von der Wurzel gibt es zu jedem anderen Knoten genau einen Pfad.
- Die Nachkommen eines beliebigen Knotens K zusammen mit allen ererbten Kanten bilden einen Baum mit K als Wurzel, *den Unterbaum* mit Wurzel K.

Letzteres ist eine wichtige kennzeichnende Eigenschaft, die zeigt, dass Bäume rekursiv definiert werden können:

Rekursive Baumdefinition: *Ein Baum ist leer, oder er besteht aus einer Wurzel W und einer leeren oder nichtleeren Liste B_1, B_2, ..., B_n von Bäumen. Von W zur Wurzel W_i von B_i führt jeweils eine Kante.*

Da Bäume hierarchische Strukturen sind, lässt sich jedem Knoten eine *Tiefe* zuordnen. Diese definieren wir als die Länge des Pfades von der Wurzel zu diesem Knoten. Die *Tiefe eines Baumes* definieren wir als 0, falls es sich um den leeren Baum handelt, andernfalls als das Maximum der Tiefen seiner Knoten.

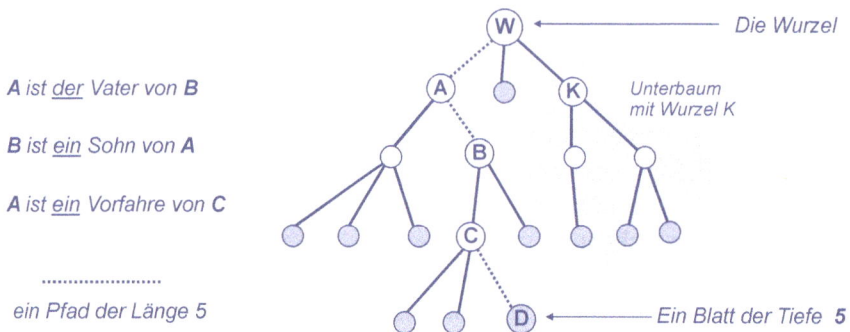

Abb. 5.44. Ein Baum der Tiefe 5 mit 8 inneren Knoten und 11 Blättern

5.8.1 Beispiele von Bäumen

Viele natürliche hierarchische Strukturen sind Bäume. Dazu gehören unter andern:
- *Stammbäume* – Knoten sind Frauen, Kanten führen von einer Mutter zu jeder ihrer Töchter. Die Wurzel (im abendländischen Kulturkreis) ist Eva.
- *Dateibäume* – Knoten sind Dateien oder Verzeichnisse, Kanten führen von einem Verzeichnis zu dessen direkten Unterverzeichnissen oder Unterdateien. Die Wurzel heißt häufig „ `C:` “, „ `//` “ oder „`root`“.
- *Java-Klassen* – Die Wurzel ist die Klasse *Object*, ein Pfeil von Klasse *A* nach Klasse *B* bedeutet *B extends A*, d.h. *B* ist Unterklasse von *A*.
- *Listen* sind Bäume bei denen jeder Knoten höchstens einen Nachfolger hat.

Bäume stellt man gewöhnlich grafisch dar, indem jeder Knoten durch einen Punkt und jede Kante durch eine Strecke dargestellt wird. Dabei wird ein Vater immer über seinen Söhnen platziert, so dass die Wurzel der höchste Punkt ist.

In Anwendungsprogrammen hat sich auch eine Darstellung eingebürgert, in der die Sohnknoten jeweils in den Zeilen unter dem Vaterknoten und um einen festen Betrag eingerückt dargestellt werden. Die Knoten werden durch ein kleines Quadrat und ihren Namen dargestellt. Klickt man auf ein solches Quadrat, dann verschwindet der entsprechende Unterbaum – er wird *weggefaltet* – und in dem Quadrat erscheint

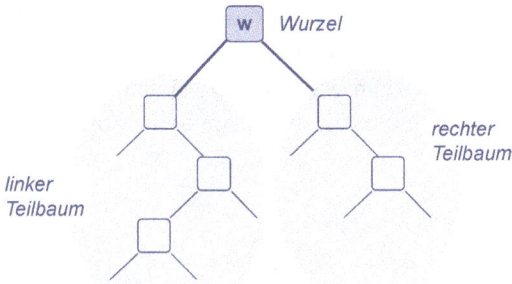

Abb. 5.45. Binärbaum

ein „+". Klickt man es erneut an, so wird der Unterbaum wieder *entfaltet* und das „+" durch ein „-" ersetzt. Diese Darstellung findet man in vielen *Datei-Browsern*.

5.8.2 Binärbäume

Im Allgemeinen können Baumknoten mehrere Söhne haben. Ein *Binärbaum* ist dadurch charakterisiert, dass jeder Knoten genau zwei Söhne besitzt. Eine rekursive Definition ist:

Ein **Binärbaum** ist
- leer, oder besteht aus
- einem Knoten (*Wurzel*) mit linkem und rechtem Sohn, die jeweils Binärbäume sind.

Binärbäume kann man als 2-dimensionale Verallgemeinerung von Listen ansehen, denn jede Liste kann als spezieller Binärbaum repräsentiert werden, in dem z.B. jeweils der linke Sohn eines Knotens leer ist. Ähnlich wie in den Zellen einer Liste kann man in den Knoten eines Binärbaumes beliebige Informationen speichern. Im Unterschied zu den Listenzellen enthält jeder Knoten zwei Verweise, einen zum linken und einen zum rechten Unterbaum.

Die Definition von Binärbäumen kann man durch Einführen spezieller Blattknoten variieren:

Ein **Binärbaum mit Blättern**
- ist leer oder besteht aus
- einem *Blatt*, oder
- einem Knoten (*Wurzel*) mit linkem und rechtem Sohn, die jeweils Binärbäume sind.

Eine wichtige Anwendung von Bäumen, insbesondere auch von Binärbäumen, ist die Repräsentation arithmetischer Ausdrücke. Innere Knoten enthalten Operatoren, Blätter enthalten Werte oder Variablennamen. Einstellige Operatoren werden als Knoten mit nur einem nichtleeren Teilbaum repräsentiert. In der Baumdarstellung sind Klammern und Präzedenzregeln überflüssig. Erst wenn wir einen „zweidimensionalen" Baum eindimensional (als String) darstellen wollen, werden Klammern erforderlich.

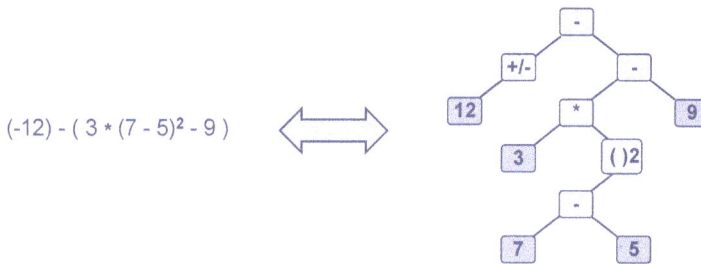

Abb. 5.46. Binärbaum zur Repräsentation eines arithmetischen Ausdruckes

Beachte, dass das Vorzeichen „-" und das Quadrieren einstellige Operatoren sind. Im Baum stellen wir sie durch „$+/-$" bzw. durch $()^2$ dar.

5.8.3 Implementierung von Binärbäumen

Da Binärbäume zweidimensionale Verallgemeinerungen von Listen sind, lassen wir uns bei der Implementierung von Binärbäumen auch von der Implementierung verketteter Listen leiten. Statt „Zelle" sagt man hier „Knoten" und statt einem Zeiger *next* auf den Rest der Liste hat man hier zwei Zeiger *links* und *rechts* auf die entsprechenden Teilbäume. Wir entscheiden uns für eine generische Implementierung.

```
class Knoten<E>{
  E inhalt;
  Knoten<E> links, rechts;
  Knoten(E el, Knoten<E> li, Knoten<E> re){
    inhalt = el;
    links = li;
    rechts = re;
  }
}
```

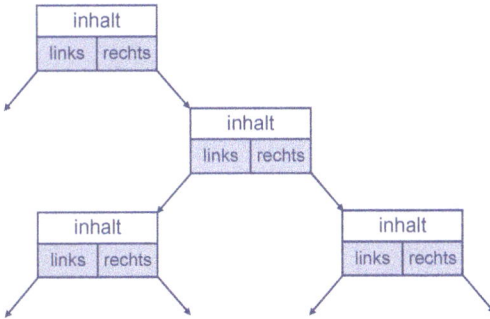

Abb. 5.47. Jeder Knoten ist Wurzel eines Baumes

Ein Baum mit n Knoten hat $(n-1)$ Kanten – denn jede Kante verbindet einen Sohn mit seinem Vater. Bei einer Pointer-Darstellung eines Baumes mit n Knoten gibt es daher $2 \times n-(n-1) = n+1$ Pointer, die den Wert *null* haben.

Ein Binärbaum „ist" nichts anderes als ein ausgewählter Knoten, *Wurzel* genannt, ggf. zusammen mit weiteren Feldern und Methoden. Wir sehen die Implementierung von Iteratoren vor:

```
class BinärBaum <E> implements Iterable<E>{
  private Knoten<E> wurzel;
  boolean istLeer(){ return wurzel == null;}
  ...
}
```

Es ist recht einfach, aus zwei Bäumen b_1 und b_2 und einem Knoten k einen neuen Baum mit k als Wurzel, b_1 als linkem und b_2 als rechtem Teilbaum zu bauen, dies erledigt der Konstruktor

```
wurzel = k;
wurzel.links = b1;
wurzel.rechts = b2;
```

Bisher haben wir aber noch keine Vorstellung davon, was es heißen könnte, ein Element an einer inneren Position in einem Binärbaum einzufügen. Was soll mit den bisherigen Elementen geschehen? Meist sind sie nach irgendeinem Ordnungsprinzip in den Baum eingeordnet, und dies wollen wir erhalten. Das analoge Problem haben wir auch bei dem Löschen eines Knotens. Wie sollen die anderen Knoten aufrücken?

In einer Liste hat jedes Element eine Position. Bei Bäumen entspricht dem sinnvollerweise eine so genannte *Baumadresse*. Sie gibt an, wie der betreffende Knoten von der Wurzel ausgehend zu erreichen ist. Die Adresse *rechts.links.rechts.links.links* beschreibt z.B. in der obigen Abbildung 5.46 den Weg zu dem Blatt mit Inhalt „7". Natürlich kann man solche Adressen auch binär codieren, hier z.B. durch 10100.

5.8.4 Traversierungen

Listen konnten wir auf natürliche Weise von vorne nach hinten durchlaufen – bei Bäumen können wir ähnlich einfach von der Wurzel zu jedem beliebigen Blatt gelangen, sofern wir seine Baumadresse kennen. Um den *Vorgänger* eines Elementes *e* in einer Liste zu finden, mussten wir am Anfang einsteigen und nach hinten laufen, bis wir zu einer Zelle *z* gelangten mit *z.next=e*. Um in einem Baum den Vater eines Knotens zu finden, haben wir es schwerer – wir müssen an der *Wurzel* einsteigen und uns in jedem Schritt entscheiden, ob wir nach rechts oder nach links gehen sollen. Spätestens hier erhebt sich die Frage, wie wir systematisch alle Knoten eines Baumes durchlaufen – vornehmer: *traversieren* – können.

Für Listen gab es nur eine sinnvolle Traversierung – vom Anfang zum Ende – und wir haben einen entsprechenden Iterator in der Liste definiert. Die Baumklassen wurde oben ebenfalls generisch definiert und wir werden auch die Traversierung von Bäumen mit Hilfe von Iteratoren implementieren. Für die Reihenfolge eines Baumdurchlaufs gibt es mehrere naheliegende Möglichkeiten, von denen wir die wichtigsten, *Preorder*, *Postorder*, *Inorder* und *Levelorder*, besprechen wollen. Analog zu dem Listeniterator werden wir entsprechende Iteratoren *PreOrder*, *PostOrder*, *Inorder* und *LevelOrder* definieren. Wir zeigen jedes Mal das Ergebnis am Beispiel des Baumes aus Abbildung 5.46.

Beim Besuch eines Knotens wollen wir diesen ausgeben. Wir testen die Iteratoren mit einer passenden *toString* Methode, die alle Knoten des Baumes besucht und ausgibt:

```
public String toString(){
  String s = "";
  for (E e : this) s += e+" ";
  return s;
}
```

Die ersten drei Traversierungen sind rekursiv beschrieben – dies liegt aufgrund der induktiven Definition nahe – und lassen sich daher besonders einfach implementieren.

Preorder: Besuche die Wurzel.
    Traversiere den linken Teilbaum in *Preorder*.
    Traversiere den rechten Teilbaum in *Preorder*.

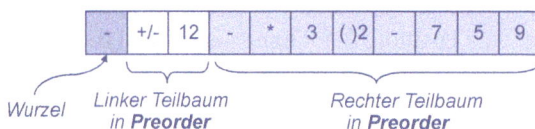

Abb. 5.48. Preorder Traversierung des Baumes aus Abbildung 5.46

Inorder und Postorder vertauschen gegenüber *Preorder* die Reihenfolge der Anweisungen.

Inorder:
Traversiere den linken Teilbaum in *Inorder*.
Besuche die Wurzel.
Traversiere den rechten Teilbaum in *Inorder*.

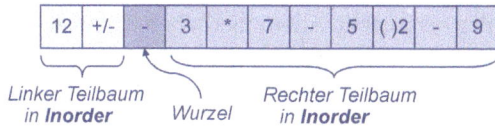

Abb. 5.49. Inorder Traversierung des Baumes aus Abbildung 5.46

Postorder:
Traversiere den linken Teilbaum in *Postorder*.
Traversiere den rechten Teilbaum in *Postorder*.
Besuche die Wurzel.

Abb. 5.50. Postorder Traversierung des Baumes aus Abbildung 5.46

Postorder ist die wichtigste der diskutierten Traversierungen. Die Postorder Traversierung liefert nämlich genau die Postfix-Notation (siehe 368) des arithmetischen Ausdrucks, welcher durch einen Binärbaum repräsentiert wird. Die Umwandlung eines als Zeichenkette repräsentierten Ausdruckes wie z.B.

```
( -12 ) - ( 3 * ( 7 - 5 )2 - 9 )
```

in einen Baum, und die anschließende Postorder Traversierung zur Generierung von Code für eine Stackmaschine, ist eine der Kernaufgaben jedes Compilers.

Für die oben definierte Klasse *Baum* können wir sofort statische Methoden angeben, die die bisher diskutierten Traversierungen rekursiv durchführen. Für *Preorder* erhalten wir:

```
void preOrder(){ rekPreorder(wurzel); }
```

```
void rekPreorder(Knoten<E> k){
  if (k != null){
    tuWas(k.inhalt);
    rekPreorder(k.links);
    rekPreorder(k.rechts);
    }
  }
```

Die Implementierungen von *Inor*der und *Postorder* sind fast identisch zu *Preorder* – es werden nur die entsprechenden Zeilen vertauscht. Allerdings haben wir noch keine Iteratoren im Sinne des Java-Interfaces *Iterator<E>*. Wenn wir aber nicht zu sehr mit Zeit und Speicherplatz geizen müssen, können wir zu einem einfachen Trick greifen. Wir verwenden die obigen Traversierungen, um die Baumelemente in der gewünschten Reihenfolge in eine Liste, entweder die selbstdefinierte oder in eine in Java vorhandene speichern. Danach verwenden wir den Iterator der Liste als Baumiterator. Als Beispiel geben wir eine Implementierung von *PreOrder* an:

```
public Iterator<E> iterator(){ // Preorder
  ArrayList<E> myList = new ArrayList<E>();
  rekPreorder(wurzel, myList);
  return myList.iterator();
  }
void rekPreorder(Knoten<E> k, ArrayList<E> ml){
  if (k != null){
    ml.add(k.inhalt);
    rekPreorder(k.links, ml);
    rekPreorder(k.rechts, ml);
    } }
```

Levelorder durchläuft den Baum Schicht für Schicht. Dies sieht wie eine einfache Traversierungsstrategie aus, eine rekursive Implementierung ist aber nicht so einfach:

Levelorder: Besuche die Knoten schichtenweise:
zuerst die Wurzel
dann ihre Söhne
dann die nächste Etage, etc. ...

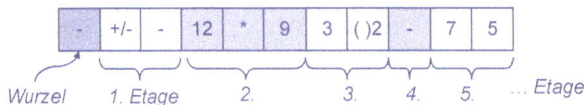

Abb. 5.51. Levelorder Traversierung des Baumes aus Abbildung 5.46

Um die Knoten in der richtigen Reihenfolge zu durchlaufen, müssen wir eine Queue als Zwischenspeicher für die Knoten der Etagen einführen. Wir fügen zunächst die Wurzel des Baumes in die Queue ein. In jedem Schritt
- entnehmen wir das erste Element der Queue und
- fügen seine Söhne (hinten) in die Queue ein.

So kommen die Knoten der nächsten Etage in der richtigen Reihenfolge in die Warteschlange. Als Queue ist die in *java.util* vordefinierte Klasse *LinkedList<E>* geeignet, weil ihre Methode *add* Elemente am Ende einfügt und man mit *removeFirst* das erste Element entnehmen kann. So implementieren *add* und *removeFirst* die Operationen *enQueue* und *deQueue* einer Queue.

```java
public Iterator<E> iterator(){ // Levelorder
ArrayList<E> myList = new ArrayList<E>();
LinkedList<Knoten<E>>queue=new LinkedList<Knoten<E>>();
queue.add(wurzel);

while (!queue.isEmpty() ) {
  Knoten<E> k = queue.removeFirst();
  myList.add(k.inhalt);
  if (k.links != null) queue.add(k.links);
  if (k.rechts != null) queue.add(k.rechts);
  }
return myList.iterator();
}
```

Die *ArrayList* benutzen wir nur aus Bequemlichkeit, weil wir ihren *Iterator* verwenden wollen. Wenn wir stärker auf Speichereffizienz aus wären, würden wir uns diese Zwischenspeicherung sparen. Die Frage ist dann auch interessant, wieviel Platz wir eigentlich für die Queue vorsehen müssen, denn diese enthält immer nur einige Knoten des Baumes. Wie groß müssen wir also die Kapazität der Queue in Abhängigkeit von Kenngrößen des Binärbaumes wählen? Dazu betrachten wir zunächst einige Zusammenhänge zwischen der Anzahl der Elemente eines Binärbaumes, seiner Tiefe und der Anzahl der Elemente einer Schicht.

5.8.5 Kenngrößen von Binärbäumen

Ein Binärbaum B der Tiefe t hat höchstens $2^t - 1$ viele Knoten. Dies (und ähnliche Zusammenhänge) kann man leicht durch *Induktion über den Aufbau* eines Binärbaumes zeigen. Wir führen eine solche Induktion hier beispielhaft durch:
Induktionsanfang: *B ist leer.*

B hat dann 0 Elemente und Tiefe $t = 0$. In der Tat gilt: $2^0 - 1 = 0$.
Induktionsschritt: *B besteht aus Wurzel W, linkem Teilbaum B_1 und rechtem Teilbaum B_2.*

Für die Teilbäume können wir die Behauptung bereits voraussetzen. Sie haben jeweils höchstens Tiefe $t - 1$, also jeweils maximal $2^{t-1}-1$ Elemente. Der ganze Baum hat daher maximal $1 + 2 \times (2^{(t-1)}-1) = 2^t - 1$ Knoten.

Aus $n \leq 2^t-1$ folgt durch logarithmieren: $log_2(n+1) \leq t$. Weil t auf jeden Fall ganzzahlig ist, können wir die linke Seite durch $\lceil log_2(n + 1) \rceil$ ersetzen, die kleinste ganze Zahl größer oder gleich $log_2(n + 1)$.

Ein Baum der Tiefe t hat *mindestens* $n = t$ Knoten. Dieser Extremfall tritt genau dann ein, wenn der Baum zu einer Liste ausgeartet ist. Wir erhalten also folgenden Zusammenhang zwischen der t und der Anzahl n der Knoten eines Binärbaumes:

$$\lceil log_2(n + 1) \rceil \leq t \leq n.$$

Induktiv kann man leicht zeigen, dass ein Binärbaum maximal 2^t-1 Knoten der Tiefe t haben kann. Ebenso findet man, dass ein Binärbaum mit n Knoten maximal $(n + 1)/2$ Blätter hat.

Wir kehren zurück zur Frage, wie groß die Warteschlange q bei *LevelOrder* dimensioniert sein muss. Zu jedem Zeitpunkt bilden die Knoten, die bereits in der Queue waren oder noch sind, den oberen Abschnitt (die Spitze) des Originalbaumes. Die Blätter dieses Abschnitts sind gerade die Elemente in der Queue. Daher reicht für einen Baum mit n Knoten auf jeden Fall eine Queuegröße von $\lceil (n + 1)/2 \rceil$.

Ist uns bekannt, dass der Baum maximal k Knoten in einer Schicht hat, so reicht sogar eine Queuegröße von $(3/2) \times k$. Dazu überlegt man sich, dass sich in der Queue immer nur Elemente aus zwei benachbarten Etagen befinden können. Handelt es sich um a Elemente aus der t-ten Etage und b aus der $(t + 1)$-ten Etage, so stammen die Väter der letzteren aus der t-ten Etage. Wir erhalten also die Ungleichungen: $(a + b/2) \leq k$, sowie $b \leq k$. Es folgt:

$$(a + b) \leq (k + b/2) \leq ((3/2) \times k).$$

5.8.6 Binäre Suchbäume

Es gibt viele Möglichkeiten, eine Menge von Datensätzen in einem Binärbaum zu speichern. Handelt es sich um Daten, auf denen (mittels eines Schlüssels) eine Ordnungsrelation definiert ist, so wollen wir sie so abspeichern, dass wir sie sehr schnell – genauer: im Normalfall (also im average case) mit logarithmischem Aufwand – wiederfinden können. Dies setzt voraus, dass wir die Daten so in dem Binärbaum speichern, dass ein binärer Suchbaum entsteht:

Ein *binärer Suchbaum* ist

- leer, oder besteht aus
- einem Knoten – Wurzel genannt – und zwei binären Suchbäumen, dem linken und rechten Teilbaum. Der Inhalt der Wurzel ist größer oder gleich allen Elementen im linken Suchbaum und echt kleiner als alle Elemente im rechten Suchbaum.

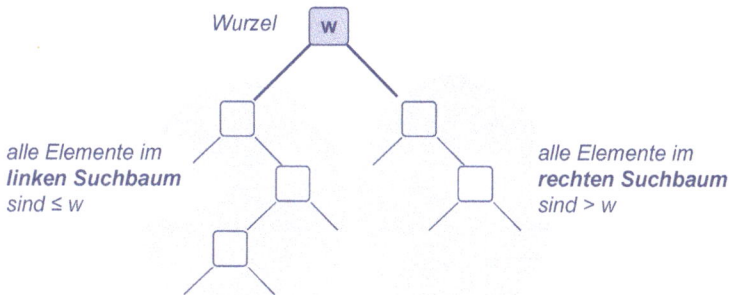

Wurzel

alle Elemente im
linken Suchbaum
sind ≤ w

alle Elemente im
rechten Suchbaum
sind > w

Abb. 5.52. Binärer Suchbaum

Die rekursive Definition garantiert, dass sich die Ordnungseigenschaft auch auf die Teilbäume fortsetzt, d.h. jeder Unterbaum eines binären Suchbaumes ist wieder ein binärer Suchbaum. Es gilt sogar die

Sortierungseigenschaft: Die Daten in einem binären Suchbaum sind in Inorder-Reihenfolge korrekt sortiert.

Sucht man in einem binären Suchbaum ein bestimmtes Element e, so muss man es mit (dem Inhalt) der Wurzel w vergleichen. Gilt $w = e$, so ist es gefunden, falls $e \leq w$ ist, muss man nur noch im linken Teilbaum weitersuchen, ansonsten im rechten. Offensichtlich ist die Anzahl der Vergleiche für eine solche Suche durch die Tiefe des Baumes beschränkt.

5.8.7 Implementierung von binären Suchbäumen

Bei der Implementierung binärer Suchbäume setzen wir voraus, dass die in den Knoten gespeicherten Daten das Interface *Comparable<E>* definieren. Zwei Werte t_1 und t_2 dieses Typs können wir dann durch $t_1.compareTo(t_2)$ vergleichen. Je nachdem, ob t_1 kleiner, gleich oder größer als t_2 ist, liefert dieser Ausdruck einen Wert <0, $=0$ oder >0.

Analog wie im Fall der doppelt verketteten Listen ist es für das Navigieren in Suchbäumen hilfreich, wenn jeder Knoten, neben den Referenzen auf den linken und rechten Teilbaum, auch noch eine Referenz auf den Vaterknoten, erhält.

```
class Knoten<E extends Comparable<E>>{
  E inhalt;
  Knoten<E> o, l, r;
  Knoten(E el){ inhalt = el;}
  Knoten(E el, Knoten<E> oben){ inhalt = el; o = oben;}
  public String toString(){ return inhalt.toString();}
```

}

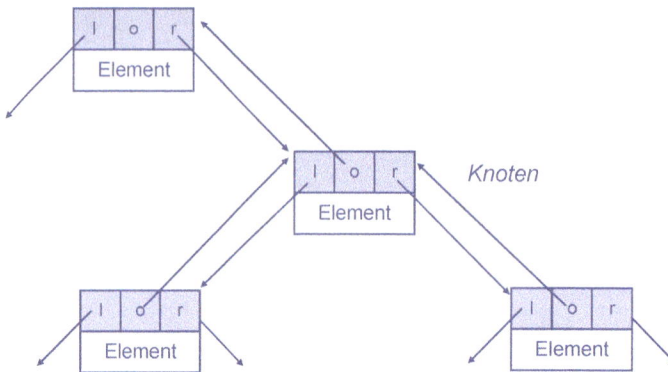

Abb. 5.53. Knoten mit Referenzen auf Vater- und Sohnknoten in einem Binärbaum

Ein Knoten ist, wie in Bäumen üblich, immer auch die Wurzel eines Unterbaumes. Daher können wir die Begriffe Knoten und Teilbaum synonym benutzen. Unsere Algorithmen zum Einfügen und Löschen von Elementen in binäre Suchbäume müssen selbstverständlich die folgende Invariante haben, die gerade die Suchbaumeigenschaft definiert:

Alle Elemente im linken Teilbaum ≤ Wurzel < alle Elemente im rechten Teilbaum

Duplikate

Im Falle, dass der Baum keine *Duplikate*, d.h. verschiedene Knoten mit gleichem Inhaltsfeld, enthält, sind die Einfüge- und Löschoperationen recht elementar. Duplikate führen aber zu Komplikationen, insbesondere beim Löschen eines Knotens mit zwei Söhnen.

Wozu wollen wir Duplikate überhaupt speichern? Die Antwort ist, dass es sich in der Praxis bei den gespeicherten Daten um Datensätze (siehe Seite 327) handelt, die über einen Schlüssel indiziert sind. Die Ordnung der Datensätze wird durch die Ordnung der Schlüssel definiert, so dass zwei Datensätze bezüglich dieser Ordnung gleich sind, falls sie den gleichen Schlüssel besitzen – in unserem Sinne handelt es sich dann um Duplikate. Falls der Schlüssel die restlichen Felder des Datensatzes nicht eindeutig bestimmt, ist es angebracht, auch Duplikate – in diesem Sinne – zu speichern. In unserer Darstellung können wir aber so tun, als wären nur die Schlüssel der Datensätze gespeichert.

Um Duplikate akkommodieren zu können, verschärfen wir die Invariante. Wir verlangen, dass zusätzlich in jedem Teilbaum die folgende Eigenschaft respektiert

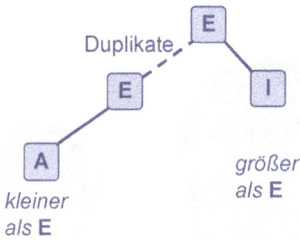

Abb. 5.54. Duplikate

wird:

> *Wenn der linke Sohn der Wurzel kleiner als die Wurzel ist,*
> *dann sind alle Elemente im linken Teilbaum kleiner als die Wurzel.*

Diese zusätzliche Invariante erschwert das Einfügen von Elementen nur unerheblich. Dafür wird das Löschen einfacher, denn wir können diese zusätzliche Eigenschaft für den Baum, aus dem gelöscht wird, annehmen. Insbesondere folgt, dass Duplikate immer wie auf einer Perlenschnur nebeneinander angeordnet sind. Von zwei beliebigen Knoten K und K' mit gleichem Inhalt muss sich aufgrund der ersten Invariante entweder K im linken Teilbaum von K' befinden oder K' im linken Teilbaum von K. Aufgrund der zweiten Invariante können sich zwischen K und K' nur weitere Duplikate befinden. Außerdem kann höchstens das oberste Element der Kette von Duplikaten einen rechten Sohn haben.

Alternativ könnte man das Problem der Duplikate lösen, indem man in jedem Knoten eine Liste für Elemente vorsieht, in die evtl. vorhandene Duplikate eingefügt werden. Dem Vorteil, dass die Tiefe der resultierenden Bäume kleiner bleibt, steht aber der Nachteil gegenüber, dass der Zugriff auf die Inhalte der Knoten komplizierter wird.

Binäre Suchbäume entstehen, indem mit der folgenden rekursiven Methode *einfuegen*, beginnend an der Wurzel des Suchbaumes, neue Elemente eingefügt werden. Dabei wird ein Duplikat der Wurzel stets zur neuen Wurzel des linken Teilbaumes:

```
void einfuegen(E ... e){
 for (E el : e)einfuegen(el); }

void einfuegen(E e){
 if (wurzel == null) wurzel = new Knoten<E>(e);
 else rekEinfuegen(e, wurzel);
 }
void rekEinfuegen(E e, Knoten<E> k){
    // Code für Implementierungsinvariante :
 if (e.compareTo(k.inhalt) == 0){
  Knoten<E> neu = new Knoten<E>(e, k);
```

```
     if (k.l != null) k.l.o = neu;
     neu.l = k.l;
     k.l = neu;
     return;
     }    // Ende Implementierungsinvariante
  if (e.compareTo(k.inhalt) < 0)
     if (k.l == null) k.l = new Knoten<E>(e, k);
     else rekEinfuegen(e, k.l);
  else
     if (k.r == null) k.r = new Knoten<E>(e, k);
     else rekEinfuegen(e, k.r);
}
```

Der linke Baum in der nachfolgenden Abbildung 5.55 ist entstanden, indem die Buchstaben des Wortes „BAUMBEISPIEL" nacheinander in einen anfangs leeren Binärbaum eingefügt wurden. Man beachte, dass die Form des entstandenen Binärbaumes von der Reihenfolge der Einfügung abhängig ist. Hätte man die Buchstaben in alphabetischer, oder in umgekehrter alphabetischer Reihenfolge, also z.B. als „USPMLIIEEBBA" eingefügt, so wäre der Baum zu einer Liste entartet.

Um ein Element x im Baum B zu finden, gehen wir folgendermaßen vor:
- Wenn B leer ist, dann ist x nicht in B.
- Ist x = Wurzelelement, so haben wir x gefunden.
- Wenn x < Wurzelelement gilt, wird die Suche im linken Teilbaum von B fortgesetzt, sonst im rechten Teilbaum.

```
Knoten<E> suche(E e){ return rekSuche(e, wurzel);}
Knoten<E> rekSuche(E e, Knoten<E> k){
  if (k == null) return null;
  if (e.compareTo(k.inhalt) == 0) return k;
  if (e.compareTo(k.inhalt) < 0) return rekSuche(e, k.l);
  else return rekSuche(e, k.r);
  }
```

Das *kleinste* Element eines binären Suchbaumes findet man, wenn man dem linken Teilbaum-Pointer so lange folgt, bis ein Knoten mit leerem linken Teilbaum angetroffen wird.

```
Knoten<E> sucheMin(){ return sucheMin(wurzel);}
```

```
Knoten<E> sucheMin(Knoten<E> kp){
  if (kp == null) return kp;
  while (kp.l != null) kp = kp.l;
  return kp;
  }
```

Analog findet man durch Vertauschen von *links* und *rechts* das größte Element in einem binären Suchbaum mit einer analogen Methode *sucheMax*.

Meist versteht man als *Nachfolger* eines Knotens denjenigen, der das gemäß der Ordnungsrelation nächstgrößere Element enthält. Falls ein Knoten jedoch den gleichen Inhalt hat wie sein Vater (der Sohn muss dann notwendigerweise ein linker Sohn sein), so bezeichnen wir den Vater als *Nachfolger*. Der Nachfolger eines Knotens ist daher entweder das kleinste Element des rechten Teilbaumes oder man findet ihn durch Aufsteigen im Baum, bis man zum ersten Mal nach rechts gehen muss. Trifft man vorher auf die Wurzel, so existiert kein Nachfolger, wir geben *null* zurück.

```
Knoten<E> nachfolger(Knoten<E> kp){
  if (kp == null) return kp;
  if (kp.r != null) return sucheMin(kp.r);
  Knoten<E> oben = kp.o;
  while((oben != null) && (oben.r == kp)) {
    kp = oben;
    oben = kp.o;
  }
  return oben;
}
```

Analog findet man durch Vertauschen von *links* und *rechts*, bzw. *min* und *max*, mit einer Methode *Vorgaenger* in einem binären Suchbaum den Vorgänger eines Knotens in einer Sortierung, entsprechend der gegebenen Ordnungsrelation.

In einem binären Suchbaum kann man nunmehr die Knoten in einer Sortierung entsprechend der gegebenen Ordnungsrelation ausgeben, ohne auf die Inorder-Traversierung zurückgreifen zu müssen. Wir beginnen mit dem kleinsten Element des Baums und traversieren ihn mit der Nachfolger-Methode.

```
void ausgabeVorw(){
  Knoten<E> kp = sucheMin();
  while (kp != null) {
    System.out.println(kp);
    kp = nachfolger(kp);
  }
}
```

Die schwierigste Operation in einem binären Suchbaum ist das Entfernen eines einzelnen Knotens *k*. Dabei müssen wir zunächst unterscheiden, ob der zu entfernende Knoten höchstens einen Sohn oder zwei Söhne hat.

```
void loescheKnoten(Knoten<E> kp){
  if (kp == null) return;
  if (kp.l == null || kp.r == null) loesche1(kp);
  else loesche2(kp);
}
```

Wenn einer der beiden Teilbäume von *k* leer ist, kann man den anderen verbleibenden Teilbaum ggf. einfach eine Etage höher schieben. Dies veranschaulicht die Abbildung 5.55, in der wir den Knoten mit dem Element *S* löschen.

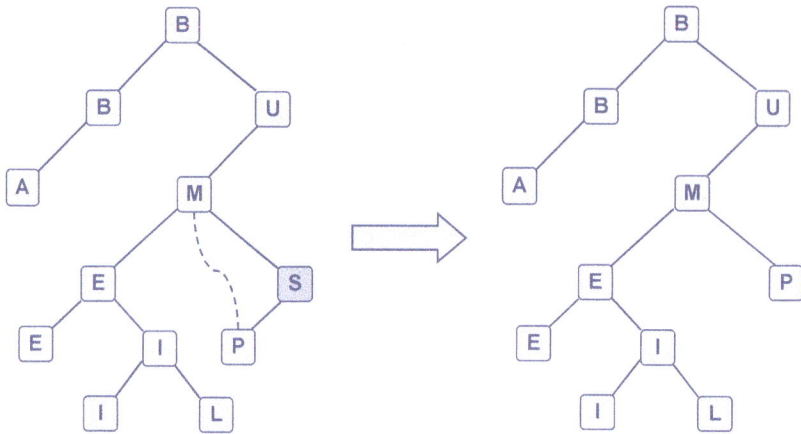

Abb. 5.55. Löschen eines Knotens mit einem Sohn

```
void loesche1(Knoten<E> sohn){ // Loescht Knoten mit max. einem
    Sohn
    // Bestimme den Enkel – kann null sein
  Knoten<E> enkel = (sohn.l == null) ? sohn.r : sohn.l;
  if (sohn == wurzel){
    wurzel = enkel; wurzel.o = null; return;
    }  // Ab hier ist klar: Vater existiert
  Knoten<E> vater = sohn.o;
    // Verbinde Vater zum Enkel
  if (vater.l == sohn) vater.l = enkel;
  else vater.r = enkel;
    // Verbinde Enkel zum Vater
  if (enkel != null) enkel.o = vater;
  }
```

Falls der zu löschende Knoten *k* zwei nichtleere Teilbäume besitzt, suchen wir zunächst den Knoten mit dem kleinsten Element des rechten Teilbaums von *k*. Von diesem wissen wir, dass er der Nachfolger von *k* ist und keinen linken Teilbaum besitzt. Nachdem wir seinen Inhalt in *k* kopiert haben, wird er selber, wie in Fall 1 beschrieben, gelöscht.

Allerdings kann das Vorhandensein von Duplikaten hier eine Komplikation mit sich bringen. Würde man lediglich das kleinste Element des rechten Teilbaumes nach oben kopieren, so könnten Duplikate davon im rechten Teilbaum übrigbleiben. Damit wäre die Invariante binärer Suchbäume verletzt. In dem linken Baum der Abbildung 5.56 würde das Löschen der Wurzel „B" dazu führen, dass „E" in die Wurzel kopiert würde, aber ein weiteres „E" im rechten Teilbaum zurückbliebe. Um dies zu vermeiden, müssen wir im Fall 2 den zu löschenden Knoten durch die *Liste aller Duplikate des kleinsten Knotens des rechten Teilbaumes* ersetzen. Den Inhalt des ersten Knotens dieser Liste kopieren wir wie bisher in den zu löschenden Knoten, die Restliste fügen wir zwischen diesen und seinen linken Sohn ein. Beim Umhängen von Knoten muss jeweils darauf geachtet werden, dass der Verweis auf den Vaterknoten konsistent bleibt.

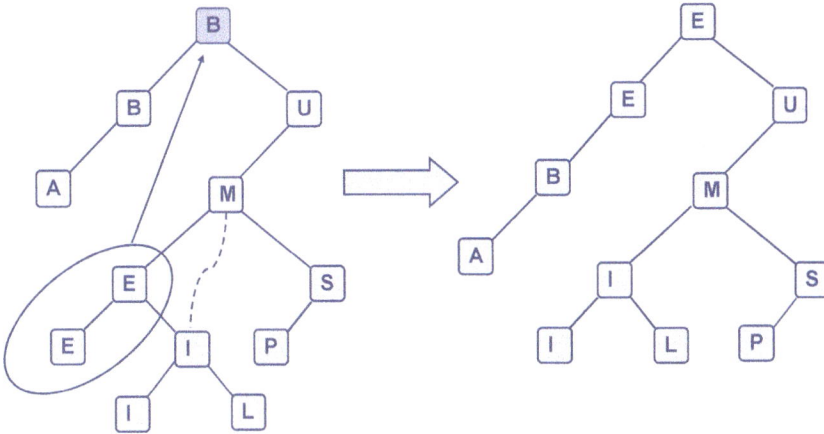

Abb. 5.56. Löschen eines Knotens mit zwei Söhnen

In einem zweiten Schritt muss dann noch der unten übriggebliebene oberste Knoten aus der vormaligen Liste von Duplikaten gelöscht werden. Dieser hat schlimmstenfalls noch einen rechten Nachbarn, somit geht dies mit *loesche1*.

Auch in dem folgenden Programm ist der für die Berücksichtigung von Duplikaten notwendige Code durch Kommentare gekennzeichnet. Sind keine Duplikate vorhanden, bleibt der zusätzliche Code offensichtlich ohne Wirkung:

```
void loesche2(Knoten<E> kp){
Knoten<E> min = sucheMin(kp.r);
    // Beginn: Berücksichtigung von Duplikaten
min.l = kp.l;
if (min.l != null) min.l.o = min;   // Vaterknoten korrekt?

while(min.inhalt.compareTo(min.o.inhalt) == 0)
  min = min.o;

kp.l = min.l;
if (kp.l != null) kp.l.o = kp;  // Vaterknoten korrekt?
min.l = null; // Damit loesche1 anwendbar wird
    // Ende: Berücksichtigung von Duplikaten

kp.inhalt = min.inhalt;    // Kopiere Inhalt nach oben
loesche1(min);
}
```

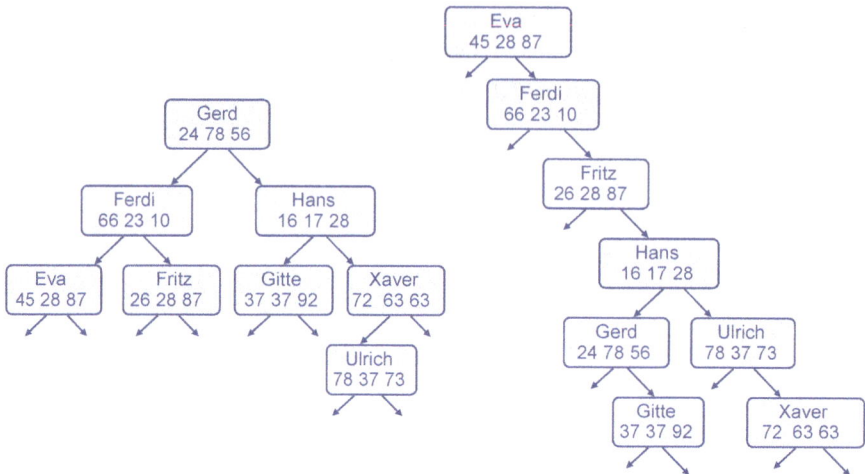

Abb. 5.57. Das gleiche Telefonverzeichnis in einem gut balancierten ... und in einem schlecht balancierten Baum

5.8.8 Balancierte Bäume

Der Aufwand, ein Element in einem Suchbaum wiederzufinden, wächst mit der Länge des Pfades von der Wurzel zu dem Element, also mit der *Tiefe* des gefundenen Knotens. Für die Tiefe t eines Baumes, also die maximale Tiefe aller Knoten, haben wir auf Seite 398 bereits die Beziehung zur Anzahl n der Knoten des Baumes hergeleitet:

$$\lceil log_2(n+1) \rceil \le t \le n$$

Um in einem Suchbaum mit $n = 1000$ Knoten ein Element zu finden, können daher bis zu 1000 Vergleiche notwendig sein. Man könnte die gleichen Daten aber auch so in einem Suchbaum speichern, dass immer maximal 10 Vergleiche notwendig wären. Dazu müsste man dafür sorgen, dass die Tiefe aller Knoten höchstens $\lceil log_2(n+1) \rceil$ ist. Um dies zu erreichen, müssten alle Blattknoten in etwa die gleiche Tiefe haben. Man spricht dann von einem *balancierten* Baum.

Leider können durch die Einfüge- und Löschoperationen stark unbalancierte Bäume entstehen. Dies tritt insbesondere dann auf, wenn viele Daten in ihrer Sortierreihenfolge angeliefert werden bzw. wenn viele Duplikate vorkommen und diese nicht in Listen verwaltet werden, die jeweils an einen Knoten angehängt sind. Schlimmstenfalls entartet der Baum dann zu einer Liste.

Man könnte einen Baum reorganisieren, um ihn in eine balancierte Struktur zu überführen. Dazu müsste man zunächst das in der Ordnung mittlere Element M finden und in der Wurzel speichern. Rekursiv konstruiert man nun den linken Teilbaum der Wurzel als balancierten Baum aus allen Elementen kleiner oder gleich M und den rechten Teilbaum als balancierten Baum, der aus allen Elementen größer als M besteht. Der Aufwand, um einen Baum nach Einfüge- und Löschoperationen jedes mal

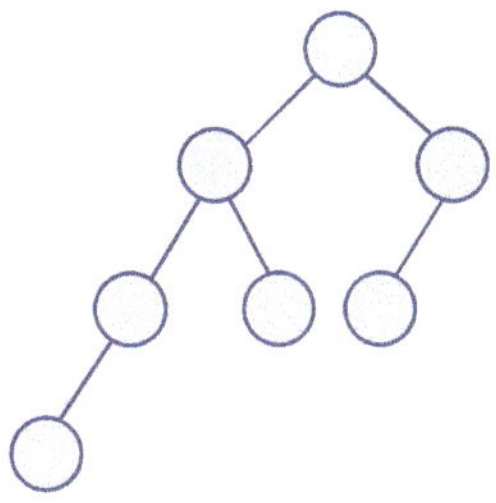

Abb. 5.58. Ein minimaler AVL-Baum der Tiefe 4

wieder in eine optimal balancierte Struktur zu überführen, ist allerdings sehr groß. Man begnügt sich daher mit einer schwächeren Form der Balance, die z.B. von den so genannten AVL-Bäumen erfüllt wird.

5.8.9 AVL-Bäume

Ein binärer Suchbaum ist ein *AVL-Baum*, wenn für jeden Knoten gilt:

Die Tiefen von linkem und rechtem Teilbaum unterscheiden sich höchstens um 1.

Diese definierende Bedingung eines AVL-Baumes erzwingt eine Mindestanzahl $n(t)$ von Knoten für einen Baum der Tiefe t. Ein AVL-Baum der Tiefe 4 muss zum Beispiel mindestens $n(4) = 7$ Knoten besitzen. Allgemein gelten $n(0) = 0$, $n(1) = 1$ und für beliebige $t > 1$ hat man

$$n(t) = 1 + n(t{-}1) + n(t{-}2).$$

In einem AVL-Baum der Tiefe t mit geringstmöglicher Knotenzahl muss nämlich ein Sohn der Wurzel ein AVL-Baum der Tiefe $t - 1$ mit geringstmöglicher Knotenzahl $n(t{-}1)$ sein, während der andere Sohn ein AVL-Baum der Tiefe $(t - 2)$ mit geringstmöglicher Knotenanzahl $n(t - 2)$ ist. Nicht zufällig ähnelt das Bauprinzip der Fibonacci-Funktion, man zeigt nämlich leicht durch vollständige Induktion:

$$n(t) = fib(t + 1){-}1$$

Tabelliert man die ersten Werte von $n(t)$ und vergleicht sie mit der maximal möglichen Anzahl $2^t{-}1$ von Knoten in einem Binärbaum der Tiefe t (Siehe Seite 398), so erhält man:

Aufgrund der Definition ist ein AVL-Baum auch ein binärer Suchbaum. Die Algorithmen für das Suchen von Knoten mit einem bestimmten Element, also *suche*, *rekSuche*, *sucheMin* und *sucheMax*, können daher genauso erfolgen wie im vorletzten Ab-

Tab. 5.8. Die ersten Werte von $n(t)$ im Vergleich zu $fib(t)$ und $2^t - 1$

$t =$	0	1	2	3	4	5	6	7	8	9	10
$n(t)$	0	1	2	4	7	12	20	33	54	88	143
$fib(t)$	0	1	2	3	5	8	13	21	34	55	89
2^t-1	0	1	3	7	15	31	63	127	255	511	1023

schnitt angegeben. Aufgrund der besseren Balancierung von AVL-Bäumen, sind diese sehr verlässlich schnell.

Dafür werden die Algorithmen zum Einfügen bzw. zum Löschen eines Knotens aufwändiger. Sowohl nach einer Einfüge- als auch nach einer Löschoperation kann die AVL-Eigenschaft eines Baumes verloren gehen. Man kann aber zeigen, dass diese Eigenschaft mit *Baumtransformationen*, genannt *Rotation* und *Doppelrotation*, wieder hergestellt werden kann. Aus Platzgründen deuten wir nur an, wie eine einfache Rotation vonstatten geht, und verweisen für die vollständige Behandlung von AVL-Bäumen auf die weiter führende Literatur.

Zunächst ist es hilfreich, jedem Knoten k eine ganze Zahl $d(k)$ zuzuordnen, welche die Differenz zwischen der Tiefe des linken und der des rechten Teilbaumes angibt. Ein Binärbaum ist genau dann ein AVL-Baum, wenn $-1 \le d(k) \le 1$ für jeden Knoten k gilt. Die folgende Abbildung zeigt ein Beispiel eines AVL-Baumes. Jedem Knoten k haben wir seinen Wert $d(k)$ beigefügt.

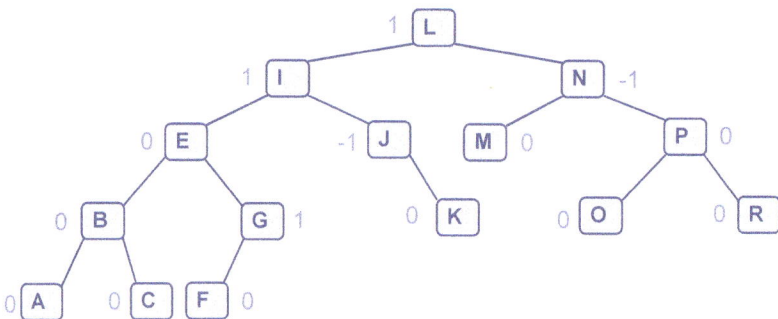

Abb. 5.59. AVL-Baum mit Balance-Kennzahlen.

Durch Einfügung können zwischenzeitlich Knoten mit $d = 2$ oder $d = -2$ entstehen. Die folgende Abbildung zeigt schematisch einen Binärbaum, bei dem nach Einfügung eines Elementes in den Unterbaum C die AVL-Eigenschaft verletzt ist.

Abb. 5.60. Eine einfache Rotation.

Durch Umhängen des Unterbaumes *B* – dazu müssen lediglich zwei Referenzen verändert werden – wird die AVL-Eigenschaft wiederhergestellt. Man kann sich vorstellen, dass man den tieferen Knoten *y* fasst und ihn hochhebt, um ihn zur neuen Wurzel zu machen. Dazu muss man die Verbindung zu *B* trennen und *B* dafür als rechten Sohn von *x* einhängen. Vorher wie nachher befinden sich alle Elemente des Unterbaumes *B* zwischen *x* und *y*, daher ist der neue Baum immer noch ein binärer Suchbaum. An den „Höhenlinien" der Figur kann man ablesen, dass nach dem Umhängen sowohl *x* als auch *y* den *d*-Wert 0 haben.

AVL-Bäume sind nach ihren Entwicklern benannt, den sowjetischen Mathematikern G.M. Adelson-Velski und J.M. Landis. Es gibt eine Reihe weiterer, ähnlicher Datenstrukturen für Suchbäume, z.B. *Red-Black-Bäume* und *Splay-Bäume*, um nur einige zu nennen. Auch hier verweisen wir auf die Spezialliteratur.

5.8.10 2-3-4-Bäume

Ein binärer Suchbaum enthält Knoten mit einem Schlüssel (und den dazu gehörigen Daten) sowie zwei Verweise auf einen linken und rechten Teilbaum, die natürlich auch leer sein können. Einen solchen Knoten nennt man einen *2-Knoten*. Binäre Suchbäume werden *2-Bäume* genannt, wenn sie nur 2-Knoten enthalten und alle Blätter auf einer Ebene sind, wenn sie also optimal balanciert sind. Analog kann man *3-Knoten*, *4-Knoten*, *n-Knoten* definieren:

– *3-Knoten* enthalten zwei Schlüssel und drei Verweise auf weiter führende Teilbäume.
– *4-Knoten* enthalten drei Schlüssel und vier Verweise auf weiter führende Teilbäume.
– *n-Knoten* enthalten $(n - 1)$ Schlüssel und *n* Verweise auf weiter führende Teilbäume.

2-3-Bäume: Suchbäume, deren Knoten aus 2-Knoten oder 3-Knoten bestehen und deren Blätter alle auf einer Ebene liegen, werden *2-3-Bäume* genannt.

2-3-4-Bäume: Suchbäume, deren Knoten aus 2-Knoten, 3-Knoten oder 4-Knoten bestehen und deren Blätter alle auf einer Ebene liegen, werden *2-3-4-Bäume* genannt.

Das folgende Beispiel zeigt einen 2-3-4-Baum, der dieselben Schlüssel enthält wie der AVL-Baum in Abbildung 5.59. Bereits aus diesem Beispiel wird die Bedeutung der 2-3-4-Bäume klar: Die Tiefe und die Anzahl der Knoten eines 2-3-4-Baumes ist deutlich geringer als bei einem AVL-Baum mit dem gleichen Inhalt. Damit wird die Zahl der Knoten, die bei einer Suche besucht werden muss, vermindert. Außerdem sind 2-3-4-Bäume immer optimal balanciert. Daher ist das Suchen nach einem Datensatz in einem 2-3-4 Baum effizienter als in einem vergleichbaren AVL-Baum.

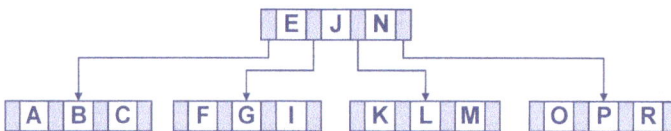

Abb. 5.61. Ein 2-3-4-Baum mit ausschließlich 4-Knoten.

Allerdings ist der Aufwand beim Einfügen und beim Löschen von Schlüsseln höher. Der 2-3-4-Baum in Abbildung 5.61 ist *voll*. Wenn wir ein weiteres Element einfügen, z.B. *D*, muss die Struktur des Baumes umgebaut werden. Einer der vielen Kandidaten für einen reorganisierten Baum findet sich in Abbildung 5.62. Er entstand durch folgenden Algorithmus: Zunächst wird der Knoten ermittelt, der das einzufügende Element, also *D*, entsprechend dem Suchalgorithmus enthalten müsste. Dies ist der Knoten (A,B,C). Um in diesem Platz für *D* zu schaffen, wird ein mittleres Element, also z.B. *C*, nach oben geschoben. Die verbleibenden Schlüssel (A,B,D) werden rund um *C* aufgeteilt (dies ist eine so genannte *Split-Operation*). In dem Knoten (E,J,N) muss nunmehr Platz für *C* geschaffen werden. Wiederum muss ein mittleres Element nach oben geschoben werden. Die Wahl fällt z.B. auf *J*. Da wir aber bereits bei der Wurzel angelangt sind, muss eine neue Wurzel angelegt werden. Die verbleibenden Schlüssel (C,E,N) werden rund um *J* aufgeteilt.

Das Einfügen in den Baum von Abbildung 5.61 ist schwierig, da in keinem Knoten Platz für einen weiteren Schlüssel ist, das Einfügen in den Baum von Abbildung 5.62 ist dagegen einfacher, da in vielen Knoten Platz für mindestens einen weiteren Schlüssel ist.

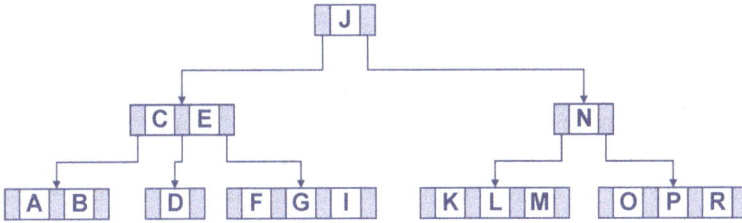

Abb. 5.62. Einfügen in einen 2-3-4-Baum – in den obigen Baum wurde D eingefügt

5.8.11 B-Bäume

B-Bäume wurden 1972 von Bayer und McCreight eingeführt. Es handelt sich um eine Verallgemeinerung der 2-3- und der 2-3-4-Bäume. Dabei war die effiziente Anwendbarkeit für große Datenbestände, die überwiegend auf externen Datenträgern (z.B. auf Festplatten) gespeichert sind, von besonderem Interesse. Wir erläutern eine Variante, die so genannten B^+-Bäume, die sich dadurch auszeichnet, dass die Datensätze nur in den Blattknoten gespeichert sind, während alle inneren Knoten nur Schlüssel enthalten. In einer typischen Anwendung können die inneren Knoten im Hauptspeicher gehalten werden, während sich die Datensätze auf externen Speichermedien befinden.

Ein B^+-*Baum der Ordnung m* besteht aus inneren Knoten, in denen jeweils mindestens $\lceil m/2 \rceil$ und höchstens m Schlüssel – keine Datensätze – gespeichert sind, und aus Blattknoten, die jeweils die Datensätze, auch Blöcke genannt, enthalten. Die Wurzel darf auch weniger als $\lceil m/2 \rceil$ Schlüssel enthalten. Jeder innere Knoten ist ein $(n + 1)$-Knoten, enthält also n Schlüssel und $(n+1)$ Verweise auf weiter führende Teilbäume. Die Blätter liegen alle auf einer Ebene und enthalten die Datensätze und ggf. zusätzliche Verweise auf die benachbarten Blätter, um eine einfache Iteration durch die nach dem Schlüssel geordnete Menge von Datensätzen zu ermöglichen.

Die Ordnung eines B^+-Baumes kann bei großen Datenbanksystemen im Bereich 100 bis 10000 liegen. Die Größe eines Blockes hängt von der Architektur des benutzten Externspeichersystems ab. Bei modernen Festplatten wählt man die Blockgröße so, dass ein Block ohne zusätzliche Positionierung des Schreib-Lesekopfes gelesen bzw. geschrieben werden kann. Hält man die inneren Knoten im Hauptspeicher, so wird ein schneller Zugriff auf die externen Daten ermöglicht. Blöcke werden jeweils vollständig in einen Pufferbereich des Hauptspeicher eingelesen bzw. von diesem auf die Platte geschrieben. Als Rechenbeispiel betrachten wir einen B^+-Baum der Ordnung 10 mit einer Blockgröße von 100 kB. Die Größe der Schlüssel möge ca. 100 Byte betragen. Für einen Verweis rechnen wir mit 4 Bytes. Damit ergibt sich für einen solchen B^+-Baum:
- Jeder innere Knoten erfordert $10 \times 100 + 11 \times 4 = 1044$ Byte.
- Bei einer Baumtiefe von 4 kann der Baum aus maximal $1 + 11 + 121 = 133$ inneren Knoten bestehen. Dafür wird ein Speicherbereich von ca. 140 kB benötigt. Es

können maximal 121 Blöcke mit einem Gesamtumfang von knapp 12 MB verwaltet werden.

- Bei einer Baumtiefe von 8 können knapp 2 Millionen. innere Knoten entstehen, die bis zu 2 GByte Hauptspeicherplatz erfordern. Der Baum kann bis zu ca. 11^6 (ca. 1.8 Mio.) Blätter haben und somit ca. 168 GByte an Daten verwalten.
- Bei einer Baumtiefe von 10 können knapp 236 Millionen innere Knoten entstehen, die bis zu 236 GByte Hauptspeicherplatz erfordern. Der Baum kann bis zu ca. 11^8 (ca. 214 Mio.) Blätter haben und somit ca. 20 TByte an Daten verwalten.

Man erkennt anhand dieser Zahlen, dass die effiziente Verwaltung auch sehr großer Datenbestände mit B^+-Bäumen möglich ist.

5.8.12 Vollständige Bäume

Ein binärer Baum B heißt *vollständiger Baum*, wenn er folgende Form hat:

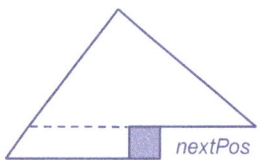

- Für $k < Tiefe(B)$ ist die k-te Schicht voll besetzt, d.h. B besitzt 2^{k-1} Knoten der Tiefe k.
- Die letzte Schicht, $k=Tiefe(B)$, ist von links nach rechts bis zu einer Position *nextPos* voll besetzt.

Abb. 5.63. Vollständiger Baum

Nummerieren wir die Knoten eines vollständigen Baumes in Levelordnung, so erkennen wir, dass die Kindknoten des i-ten Knotens gerade die Nummern $2 \times i$ und $2 \times i + 1$ tragen.

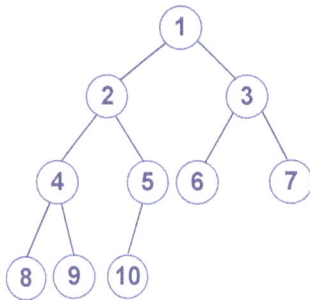

Abb. 5.64. Vollständiger Baum mit Knotennummerierung

Speichern wir daher einen vollständigen Baum in einem Array a, den i-ten Knoten in dem Array-Element $a[i]$, so können wir uns explizite Verweise auf die Kindknoten und auf den Vaterknoten sparen, denn es gilt immer:

1. $a[i/2]$ ist der Vaterknoten von $a[i]$
2. $a[2i]$ und $a[2i+1]$ sind die Wurzeln des linken und rechten Teilbaumes von $a[i]$

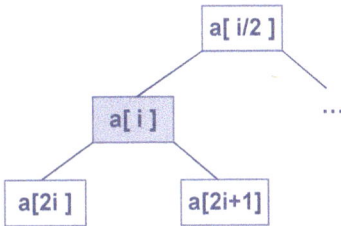

Abb. 5.65. Speicherung eines vollständigen Baumes in einem Array

Anmerkung:

Bei der Speicherung von vollständigen Bäumen in den folgenden Programmbeispielen wird der i-te Knoten in dem Array-Element $a[i - 1]$ gespeichert, um die bei der Programmiersprache Java übliche Nummerierung der Array-Elemente beginnend mit dem Index 0 zu erhalten.

5.8.13 Heaps

Ein Array $a[1 \ldots n]$ heißt *Heap*, falls auf den Elementen eine Ordnung $\geq$ (alternativ $\leq$) definiert ist und falls für alle $1 \leq i \leq n$ gilt:

$$a[i] \geq a[2 \times i] \quad \text{und} \quad a[i] \geq a[2 \times i + 1].$$

Einen Heap kann man als Binärbaum ansehen in dem jeder Knoten $a[i]$ den Vater $a[i/2]$ hat. Ein Heap zeichnet sich durch zwei invariante Eigenschaften aus:

Form: *Der Baum ist vollständig*
Ordnung: *Entlang eines Pfades von jedem Knoten zur Wurzel sind die Knoteninhalte aufsteigend (absteigend) sortiert*

Die Operationen *insertHeap* (*einfügen*) und *getNext* (*entnehmen*) müssen diese Invarianten bewahren. Wir behandeln den Elementtyp als Parameter E. Allerdings müssen wir fordern, dass auf E eine Ordnungsrelation erklärt ist, d.h. dass E ein Untertyp von *Comparable* sein muss: *< E extends Comparable <E> >*. Dies bedeutet, dass wir

Heap<E> nur mit einer Klasse *E* verwenden können, welche *Comparable<E>* implementiert. Insbesondere muss eine Methode *compareTo(E t)* in der Klasse *E* implementiert sein.

```
class Heap <E extends Comparable<E>>{
  private E[] theHeap;
  private int maxHeapPos;
  private int nextPos;
  Heap(int max){
    maxHeapPos = max;
    nextPos=0;
    theHeap = ( E[] ) new Comparable[max];
    }
}
```

Um zu testen, ob ein Heap leer ist, und um zwei Heap-Elemente zu vertauschen, definieren wir folgende Hilfsfunktionen:

```
private final E getHeap(int i){ return theHeap[i];}
boolean istLeer(){ return nextPos == 0;}
private final void swap(int i, int k){
  E temp = theHeap[i];
  theHeap[i] = theHeap[k];
  theHeap[k] = temp;
  }
```

Wenn man ein neues Element in einen Heap einfügen will, gibt es dafür offensichtlich genau eine mögliche Position, wenn der Baum vollständig bleiben soll, nämlich *nextPos*. Dabei kann aber die Ordnungseigenschaft verletzt werden, so dass wir diese wieder herstellen müssen.

Der dazu benutzte Algorithmus ähnelt der für BubbleSort benutzten Methode und heißt: *upHeap*. Ein Knoten wird dabei mit seinem Elternknoten verglichen und ggf. mit diesem vertauscht. Dieser Prozess setzt sich nach oben fort, bis die Ordnungseigenschaft wiederhergestellt ist.

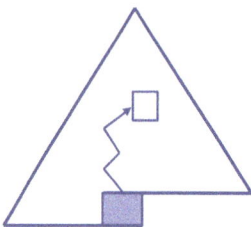

Abb. 5.66. insertHeap und upHeap

Es folgt eine Implementierung von *insertHeap* und *upHeap* für unsere Heap-Klasse:

```
void insertHeap(E e) {
  if (nextPos==maxHeapPos)
    throw new HeapFehler("Heap Full");
  theHeap[nextPos] = e;
  upHeap(nextPos);
  nextPos++;
  }
private void upHeap(int sohn){
  int vater = (sohn-1)/2;
  if (theHeap[vater].compareTo(getHeap(sohn)) < 0){
    swap(vater,sohn);
    upHeap(vater);
    }
}
```

Das Einfügen in den Heap wird anhand eines Beispieles erläutert. Die Elemente des Heap sind der Einfachheit halber einzelne Buchstaben. Es wird der Buchstabe *T* eingefügt.

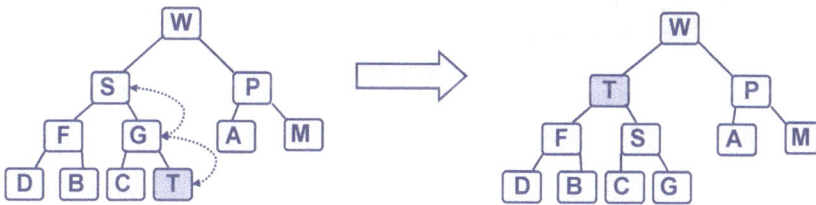

Abb. 5.67. insertHeap und upHeap: Beispiel

Das größte Element eines Heaps findet man stets in der Wurzel. Es liegt also nahe, eine Methode *getNext* zu definieren, um die Elemente in der durch die Ordnung gegebenen Reihenfolge zu entnehmen. Wenn wir das Wurzelelement entfernen, müssen wir anschließend die Heap-Eigenschaften wiederherstellen. Dazu ersetzen wir das Wurzelelement zunächst durch das am weitesten rechts stehende Blatt der untersten Ebene. Damit ist die Form-Eigenschaft gewahrt. Jetzt muss das neue Element ggf. noch nach unten wandern. Dabei wird es jeweils mit dem größeren Kindknoten vertauscht, bis es seinen endgültigen Platz gefunden hat. Dieser Algorithmus heißt *downHeap*.

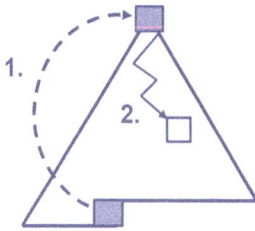

1. *Letztes Element in Wurzel kopieren*

2. *Bubble down*

Abb. 5.68. downHeap

```
E getNext(){
  if (istLeer()) return null;
  E result = getHeap(0);
  nextPos--;
  theHeap[0] = theHeap[nextPos];
  downHeap(0);
  return result;
  }
private void downHeap(int vater){
  int lSohn = 2*vater+1;
  int rSohn = lSohn+1;
  if (lSohn >= nextPos) return; // keine Söhne da!
  if (rSohn == nextPos){ // nur linker Sohn da
    if (theHeap[vater].compareTo(getHeap(lSohn)) < 0)
      swap(vater,lSohn);
    return;
    }
  else{ // zwei Kinder
    int maxSohn = (getHeap(rSohn).compareTo(getHeap(lSohn)) < 0) ?
    lSohn : rSohn;
    if (getHeap(maxSohn).compareTo(getHeap(vater)) < 0) return;
    else{
      swap(vater,maxSohn);
      downHeap(maxSohn);
    }
  }
}
```

Die Methoden *getNext* und *downHeap* werden in Abbildung 5.69 anhand eines Beispieles erläutert. Wir benutzen wieder einzelne Buchstaben. Es wird der Buchstabe *W* entnommen, *G* wird von der letzten Position geholt, ersetzt zunächst die leer gewordene Wurzel und wandert dann nach unten.

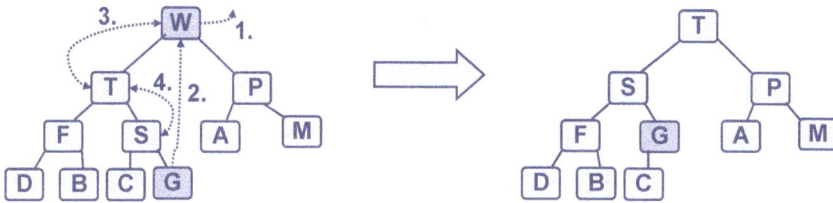

Abb. 5.69. downHeap: Beispiel

Der Aufwand für *downHeap* und für *upHeap* ist jeweils proportional zu $log_2(n)$, falls n die Anzahl der Knoten des Heaps ist.

5.8.14 HeapSort

Die Tatsache, dass sich das größte Element eines Heaps immer in der Wurzel befindet, kann man zur Konstruktion eines eleganten Sortieralgorithmus namens *HeapSort* verwenden. Die ungeordneten Daten liegen zunächst in einem Array vor.

– In der ersten Phase fügt man ein Element nach dem anderen in den Heap ein. Für die Repräsentation des Heaps verwendet man dazu den ersten Abschnitt des Arrays.
– In der zweiten Phase entfernt man jeweils das größte Element des Heaps und bildet auf diese Weise von rechts nach links das sortierte Array.

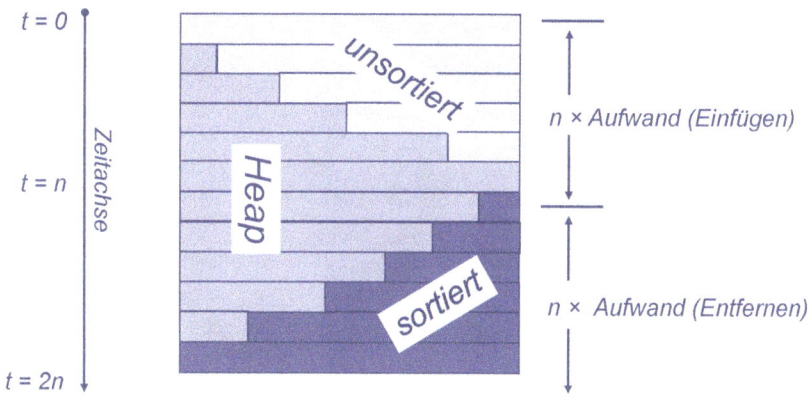

Abb. 5.70. HeapSort

Der Sortieralgorithmus benötigt also n Aufrufe von *upHeap* und anschließend n Aufrufe von *downHeap*. Die Komplexität von HeapSort ist daher $n \times log(n)$.

5.8.15 Priority-Queues

Allgemein können Heaps zur Implementierung so genannter *Priority-Queues* genutzt werden. Dies sind Warteschlangen, in denen Elemente mit unterschiedlichen Prioritäten eingefügt werden können. Die Reihenfolge der Bearbeitung entspricht der jeweils höchsten Priorität, die nicht notwendigerweise mit der Reihenfolge übereinstimmt, in der die Elemente eintreffen. Beispiele sind Druckaufträge, die auf die Bearbeitung durch einen Drucker warten, oder Prozesse, die auf die Zuteilung der CPU eines Rechners warten. Kriterien für die Prioritätsvergabe können sein:
– der Umfang eines Auftrages (lange Druckaufträge müssen warten),
– der Status eines Benutzers,
– der bisherige Verbrauch eines Benutzers (wer schon viel gedruckt hat, muss warten).

Das Einreihen in eine solche Priority-Queue kann durch *Heap.Einfuegen* und das Entfernen aus der Warteschlange mit *Heap.Entfernen* erfolgen. Eine Klasse *PriorityQueue<E>* ist auch im Paket *java.util* verfügbar.

5.8.16 Bäume mit variabler Anzahl von Teilbäumen

Bisher haben wir nur Bäume betrachtet, in denen jeder Knoten eine beschränkte Anzahl von Söhnen hatte. Häufig benötigen wir aber auch Bäume mit einer variablen Anzahl von Söhnen.

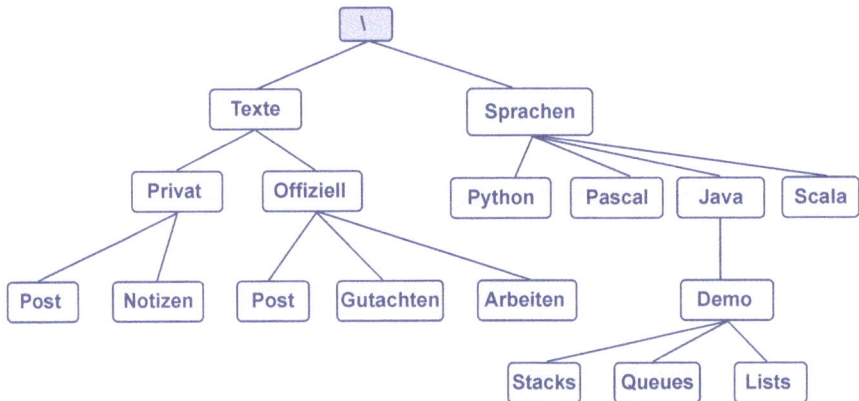

Abb. 5.71. Baum mit variabler Anzahl von Söhnen

Die Struktur des Dateisystems moderner Betriebssysteme bildet einen solchen Baum. Innere Knoten repräsentieren dabei Unterverzeichnisse, Blätter die Dateien.

Zur Implementierung solcher Bäume versieht man jeden Knoten mit einem Verweis auf die Liste der Teilbäume der nächsten Ebene, also auf die Liste der Kinder, und mit einem weiteren Verweis auf die benachbarten Teilbäume auf gleicher Ebene, also auf die Geschwister. Der Nachteil einer solchen Datenstruktur ist offensichtlich: Von der jeweiligen Wurzel aus gesehen hat man nur auf den jeweils ersten Teilbaum direkten Zugriff.

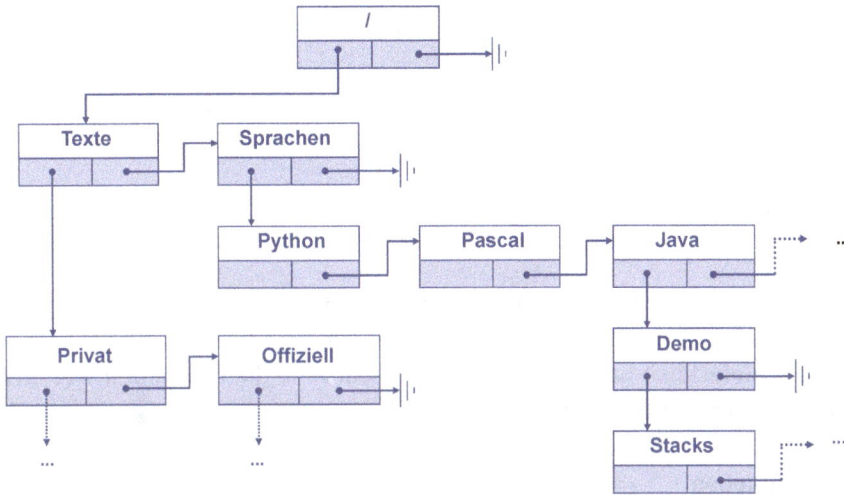

Abb. 5.72. Implementierung variabler Bäume

5.9 Graphen

Ein *Graph* ist eine Kollektion von *Knoten* und *Kanten*. Knoten sind einfache Objekte. Sie haben Namen und können Träger von Werten, Eigenschaften etc. sein. Kanten sind Verbindungen zwischen den Knoten. Sie werden durch Pfeile dargestellt.

Mathematisch gesehen ist ein *Graph* G eine zweistellige Relation auf einer Menge V. V ist die Menge der Knoten (engl. *vertex*). Zwei Knoten v_1 und v_2 sind in der Relation G, d.h. $(v_1, v_2) \in G$, falls es eine Kante (engl. *edge*) zwischen v_1 und v_2 gibt. Ein Graph G *auf* V ist somit eine Menge von Paaren der Form *(v, w)* mit $v \in V$ und $w \in V$ und jede beliebige Teilmenge $G \subseteq V \times V$ ist ein Graph.

- Beispiel 1: V_1 = Menge aller Flughäfen in Deutschland. $G_1 = \{(x, y) \in V_1 \times V_1 |$ Es gibt einen Direktflug zwischen x und y}.
- Beispiel 2: V_2 = Bevölkerung von Marburg. $G_2 = \{(x, y) \in V_2 \times V_2 |$ x kennt y}.
- Beispiel 3: V_3 = Bevölkerung von Marburg. $G_3 = \{(x, y) \in V_3 \times V_3 |$ x ist ein Kind von y}.

Sei $G \subseteq V \times V$ ein Graph. Die Elemente von V, also die *Knoten* des Graphen, können als kleine Kreise dargestellt werden. Die Elemente $(x, y) \in G$, also die *Kanten* werden als Pfeile von x nach y dargestellt.

$V = \{ A,B,C,D,E,F,G,H \}$

$G = \{ (A,D),\ (D,A),\ (A,B),$
$\quad\ (B,C),\ (C,A),\ (B,E),$
$\quad\ (A,E),\ (F,G),\ (F,F) \}.$

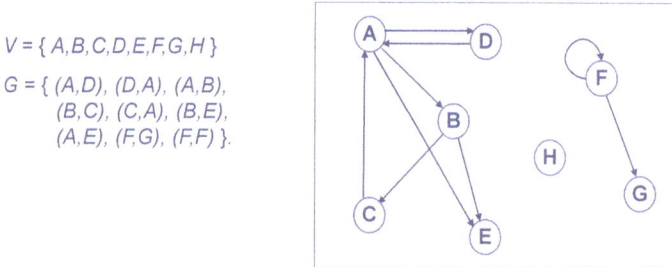

Abb. 5.73. Beispiel für einen Graphen

Ist $G \subseteq V \times V$ symmetrisch, dann spricht man von einem *ungerichteten Graphen*. Bei einem solchen Graphen gehört zu jedem Pfeil von x nach y auch ein Pfeil von y nach x. Der Einfachheit halber lässt man in diesem Falle die Pfeilspitzen weg und zeichnet nur eine ungerichtete Kante:

Bewertete Graphen

Bei einem *bewerteten Graphen* ist jeder Kante ein Wert zugeordnet. Die bisherigen Graphen werden zu speziellen bewerteten Graphen, nämlich solchen mit fixem Kantenwert 1.

Aus dem obigen Beispiel G_1 könnte man zum Beispiel einen bewerteten Graph machen, wenn man jeder Kante (x, y) die Flugzeit oder die Flugkosten von x nach y zuordnet. Ein Beispiel eines bewerteten Graphen zeigt Abbildung 5.76. Aus bewerteten Graphen erhält man unbewertete Graphen, wenn man die Kantenbewertung ignoriert.

5.9.1 Wege und Zusammenhang

Ein *Weg* (oder *Pfad*) in einem Graphen ist eine Folge $x = K_1, K_2, \cdots, K_n = y$ von Knoten, in der es jeweils Kanten von K_1 nach K_2, von K_2 nach K_3 usw. bis K_{n-1} nach K_n gibt. Man spricht von einem Weg von x nach y. Auf einem *einfachen Weg* kommt kein Knoten doppelt vor. Ein einfacher Weg von x nach x heißt *Zyklus*. In dem obigen Beispiel gilt:

B, C, A, D, A ist ein Weg von B nach A. Er enthält den Zyklus: A, D, A.

C, A, B, E ist ein einfacher Weg von C nach E.

F, F, F, G ist ein Weg (aber kein einfacher Weg).

A, B, C, A ist ein Zyklus.

A, B, E, A ist kein Weg und kein Zyklus.

Ein ungerichteter Graph G heißt *zusammenhängend*, wenn es zwischen je zwei (verschiedenen) Knoten einen Weg gibt. Ist G nicht zusammenhängend, so zerfällt er in eine Vereinigung zusammenhängender Komponenten.

Ein zusammenhängender, zyklenfreier ungerichteter Graph ist ein *Baum*. Ist G ein Graph auf V und $R \subseteq G$, so ist auch R ein Graph auf V. R heißt *Teilgraph* von G auf V. Ist G auf V ein zusammenhängender Graph und R ein zyklenfreier zusammenhängender Teilgraph von G auf V, dann ist R ein *Spannbaum* (oder *erzeugender Baum*).

Jeder zusammenhängende Graph besitzt einen erzeugenden Baum. Im Allgemeinen gibt es viele Möglichkeiten, einen solchen erzeugenden Baum zu konstruieren. Der einfachste Algorithmus ist:

Solange es einen Zyklus gibt, entferne eine Kante aus diesem Zyklus.

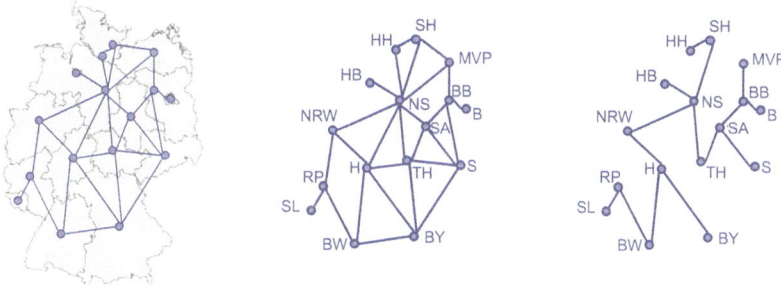

Abb. 5.74. Ungerichteter Graph mit Spannbaum

5.9.2 Repräsentationen von Graphen

Da ein Graph G auf V eine Teilmenge von $V \times V$ ist, können wir ihn z.B. durch eine boolesche Matrix, die so genannte Adjazenzmatrix, darstellen:

```
boolean [][] graph;
```

Dies setzt natürlich voraus, dass wir mit V eine Aufzählung der Knoten des Graphen haben. Für unser einführendes Beispiel erhalten wir:

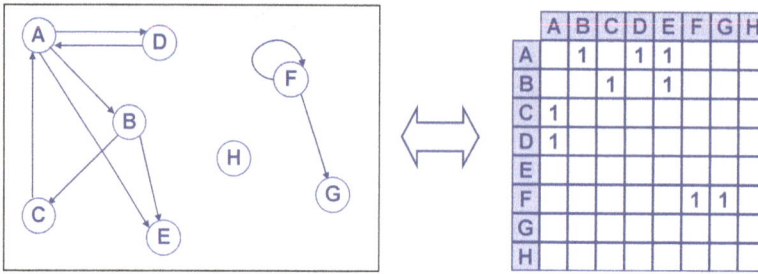

Abb. 5.75. Ein Graph mit zugehöriger Adjazenzmatrix

Analog sind Adjazenzmatrizen für bewertete Graphen Tabellen, die in der i-ten Zeile und der j-ten Spalte die Bewertung der Kante von Knoten K_i zu Knoten K_j enthält. Je nach Anwendung kann ein Wert 0 oder $-\infty$ signalisieren, dass es keine Kante von K_i nach K_j gibt. Statt Adjazenzmatrix sagt man in diesem Fall auch *Abstandsmatrix*.

Viele der klassischen Anwendungsbeispiele für Graphen kommen aus dem Bereich der Verkehrsnetze. Wir wollen daher die folgenden Algorithmen anhand eines umfangreichen Beispiels aus diesem Bereich erläutern. Wir betrachten eine Menge von Städten rund um die Bucht von San Francisco. Diese sind die Knoten des Graphen. Sie tragen jeweils einen Namen und eine Nummer in der Aufzählung. Kanten sind mögliche direkte Verkehrsverbindungen (Straßen) zwischen den Städten. Bewertet werden sie mit einer Maßzahl, welche die Entfernung und/oder den durchschnittlichen Zeitaufwand für eine Fahrt zwischen den Städten wiedergibt.

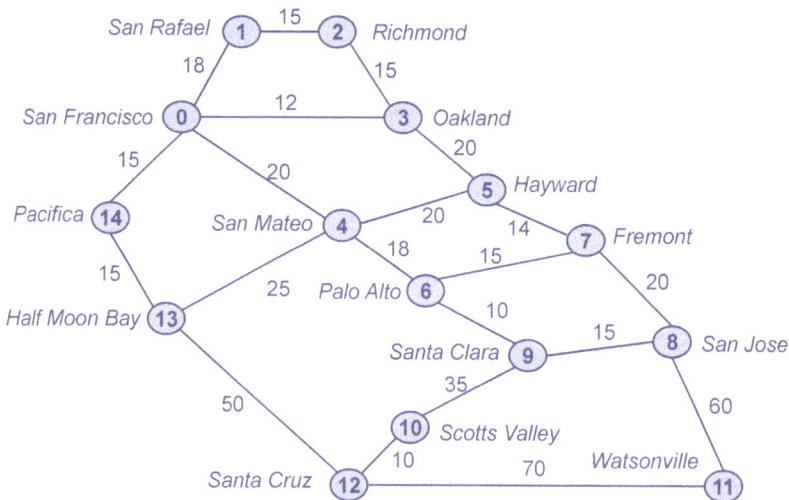

Abb. 5.76. Verkehrsnetz von Kalifornien

In der entsprechenden Abstandsmatrix sind offensichtlich die überwiegende Mehrzahl aller Einträge 0, wir haben also eine *dünn besetzte Matrix*. Wenn wir sie als Array speichern, wird sehr viel Speicherplatz verschenkt. Eine alternative Methode, einen Graphen darzustellen, ordnet daher jedem Knoten eine Liste zu, die die unmittelbaren Nachbarn samt ihren Entfernungen enthält. Diese Darstellung spart oft Speicherplatz gegenüber der Darstellung durch die *Adjazenzmatrix*, dafür ist der Aufwand für einen direkten Zugriff auf den Wert einer Kante von x nach y höher, denn er führt zu einer Suche in der Liste aller Nachbarn von x.

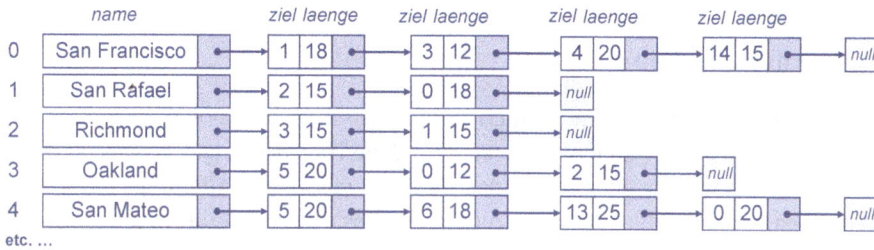

Abb. 5.77. Verkehrsnetz als Listenstruktur

Für die *Listenimplementierung* des Graphen definieren wir zunächst Klassen, die die Kanten und Knoten des Graphen modellieren. Jeder *Knoten* speichert den Namen der Stadt sowie eine *ArrayListe* aller Kanten zu den direkten Nachbarn. Jede *Kante* speichert in den Variablen *ziel* und *laenge* die Nummer der Nachbarstadt und deren direkten Abstand.

Zur späteren Verwendung sehen wir zusätzliche Felder *markiert* und *dist* vor.

```java
class Kante{
  Knoten ziel;
  int laenge;
  Kante (Knoten k, int l){ziel=k; laenge=l;}
}
class Knoten{
  String name;
  int nr, dist;
  boolean markiert;
  ArrayList<Kante> nachbarn;
  Knoten(String s){
    name = s;
    nachbarn = new ArrayList<Kante>();
  }
  public String toString(){ return " "+nr + " " +name+",";}
}
```

Die Initialisierung einer Graph-Klasse für eines der abgebildeten Beispiele ist trivial, aber umfangreich, daher lassen wir sie hier weg. Die Methode *kante* soll einen negativen Wert zurückgeben, wenn es keine Verbindung zwischen zwei Knoten *k1* und *k2* gibt, ansonsten die *Länge* der Verbindung zwischen diesen:

```
int kante(Knoten k1, Knoten k2){
  for (Knoten k : k1.nachbarn)
    if (k.ziel == k2) return k.laenge;
  return -1;
}
```

5.9.3 Traversierungen

Viele Algorithmen auf Graphen beruhen darauf, dass man alle Knoten (bzw. alle Kanten) des Graphen durchwandert (*traversiert*). Solche Traversierungen können ähnlich definiert werden wie die entsprechenden Baumwanderungen. Allerdings muss man bei Graphen darauf achten, dass man nicht in Endlosschleifen gerät, wenn der Graph Zyklen hat. Aus diesem Grund markiert man bereits besuchte Knoten. Diese Technik kennen wir schon aus der griechischen Mythologie: Ariadne benutzte ein Garnknäuel, um Theseus die Rückkehr aus dem Labyrinth zu ermöglichen, in dem er den Minotaurus getötet hatte.

Traversierungen finden im Allgemeinen nur auf zusammenhängenden Graphen statt, so dass wir im Folgenden getrost voraussetzen können, dass *G* zusammenhängend ist. Wir betrachten nur die wichtigsten Strategien: *Tiefensuche* (*depth first*), *Breitensuche* (*breadth first*).

In einem Baum, dargestellt als Graph, entspricht die Tiefensuche der Preorder-Baumtraversierung und die Breitensuche der Levelorder-Baumtraversierung.

5.9.4 Tiefensuche und Backtracking

Der folgende rekursive Algorithmus *tiefenSuche* besucht alle Knoten, die von einem Ausgangsknoten *k* aus erreichbar sind, und markiert jeweils die besuchten Knoten. Zu Beginn müssen alle Markierungen gelöscht sein.

```
void tiefenSuche (Knoten k ){
  if (k ist noch nicht markiert ){
    markiere(k);
    Besuche alle Nachbarn von k mit tiefenSuche
  }
}
```

In der Datenstruktur *Knoten* der Listenimplementierung von Graphen war bereits ein Feld für die Markierung vorgesehen. Diese werden zu Beginn der Tiefensuche mit der Methode *resetMarken* zurückgesetzt. Die rekursive Prozedur *rekTiefenSuche* markiert den aktuellen Knoten *k* als bereits besucht und besucht alle noch nicht markierten Nachbarknoten. Ähnlich wie bei den Baumwanderungen könnten wir auch die Breiten- und Tiefensuche für Graphen als Iterator implementieren. Stattdessen führen wir bei jedem Besuch eines Knotens eine einfache Ausgabeanweisung aus.

```java
void rekTiefenSuche(Knoten k){
  k.markiert = true;
  System.out.println(k);
  for (Kante kan : k.nachbarn)
    if (!kan.ziel.markiert) rekTiefenSuche(kan.ziel);
}
```

Die exakte Reihenfolge der Tiefensuche hängt davon ab, in welcher Reihenfolge die Nachbarn eines Knotens abgespeichert werden. Nehmen wir z.B. an, dass die Nachbarn eines Knotens gemäß Abbildung 5.76 im Uhrzeigersinn (beginnend mit der 12-Uhr-Richtung) gespeichert sind, also die Nachbarn des Knotens 6 (*Palo Alto*) in der Reihenfolge 7 (*Fremont*), 9 (*Santa Clara*) und 4 (*San Mateo*).

Eine Tiefensuche, ausgehend von Palo Alto, durchläuft die Knoten dann in der folgenden Reihenfolge:

> 6 Palo Alto, 7 Fremont, 8 San Jose, 11 Watsonville, 12 Santa Cruz, 10 Scotts Valley,
> 9 Santa Clara, 13 Half Moon Bay, 4 San Mateo, 5 Hayward, 3 Oakland,
> 0 San Francisco, 1 San Rafael, 2 Richmond, 14 Pacifica.

Anfänglich ist bei der Ankunft in jeder Stadt der erste Nachbar noch unbesucht. Erst nachdem 9 (*Santa Clara*) erreicht wurde, ist kein Nachbar mehr offen. Der Vorgänger, 10, hat auch keinen unbesuchten Nachbar mehr, wohl aber dessen Vorgänger, 12 (*Santa Cruz*). Die Nachbarn 10 und 11 hatten schon Besuch, daher geht es mit 13 weiter.

Dieses Zurückfallen auf den letzten Vorgänger, bei dem noch eine Alternative offen war, um sie anschließend auszuprobieren, nennt man *Backtracking*. Die Buchführung für das Backtracking erledigen die *for*-Schleifen. In jeder Iteration wird möglicherweise ein rekursiver Aufruf abgesetzt. Erst nachdem dieser terminiert, kann die nächste Iteration gestartet werden. Bis dahin hat er aber selber weitere Aufrufe ausgeführt und weitere Knoten markiert. Die nächste Iteration führt dann zum Besuch des nächsten noch unmarkierten Nachbarn.

5.9.5 Breitensuche

Für die Breitensuche benötigen wir wie bei der Levelorder-Traversierung von Bäumen eine Warteschlange als Zwischenspeicher für die noch nicht besuchten Nachbarknoten des gerade besuchten Knotens. Der vordefinierte Datentyp *LinkedList<E>* implementiert das *Interface Queue<E>* und bietet mit den Methoden *add* und *remove* geeignete Implementierungen von *enQueue* und *deQueue*. Zunächst werden wieder alle Markierungen zurückgesetzt. Dann wird der Ausgangsknoten markiert und in die Warteschlange eingereiht. Solange die Warteschlange nicht leer ist, wird nunmehr jeweils der Knoten am Anfang der Warteschlange entnommen und besucht. Dabei werden alle seine noch nicht besuchten Nachbarknoten markiert und am Ende der Warteschlange eingereiht.

```
void breitenSuche(Knoten k){
  resetMarken();
  Queue<Knoten> queue = new LinkedList<Knoten>();
  k.markiert = true;

  queue.add(k);

  while(!queue.isEmpty()){
    Knoten kq = queue.remove();
    System.out.println(kq);

    for (Kante kan : kq.nachbarn){
      Knoten z = kan.ziel;
      if (!z.markiert) {
        z.markiert= true;
        queue.add(z);
        }
      }
    }
  }
```

Die Breitensuche beginnend mit *Palo Alto* liefert die Reihenfolge:

6 Palo Alto, 7 Fremont, 9 Santa Clara, 4 San Mateo, 8 San Jose, 5 Hayward, 10 Scotts Valley, 13 Half Moon Bay, 0 San Francisco, 11 Watsonville, 3 Oakland, 12 Santa Cruz, 14 Pacifica, 1 San Rafael, 2 Richmond.

Hier erkennt man, dass nach dem Ausgangspunkt 6 zuerst alle Knoten erzeugt werden, die mit ihm direkt verbunden sind. Danach kommen alle Knoten mit Abstand 1, dann alle mit Abstand 2, etc. Die Suche breitet sich also wellenförmig nach außen aus.

Sowohl die Tiefensuche, als auch die Breitensuche ignorieren die Kantenbewertungen. Für bewertete Graphen gibt es eine Variante der Breitensuche, die alle Knoten in der Reihenfolge ihres bewerteten Abstandes besucht. Dabei findet man gleichzeitig den bewerteten kürzesten Abstand aller Knoten von einem Ausgangsknoten. Letzterem Problem wollen wir uns in den folgenden beiden Abschnitten widmen.

5.9.6 Transitive Hülle

Eine zweistellige Relation R auf einer Menge V ist *transitiv*, falls für alle $x, y, z \in V$ gilt:

$$(x, y) \in R, \ (y, z) \in R \implies (x, z) \in R.$$

Die *transitive Hülle R** einer zweistelligen Relation R auf V ist die kleinste transitive Relation, die R enthält. Fasst man R als Graphen auf V auf, so gibt es einen Weg von x nach y genau dann, wenn es in R* eine Kante von x nach y gibt. Man kann die Antwort auf die Frage „*Gibt es in R einen Weg von x nach y?*" direkt aus der transitiven Hülle R* ablesen. Es bleibt die Frage, wie man R* zu gegebenem R ermitteln kann.

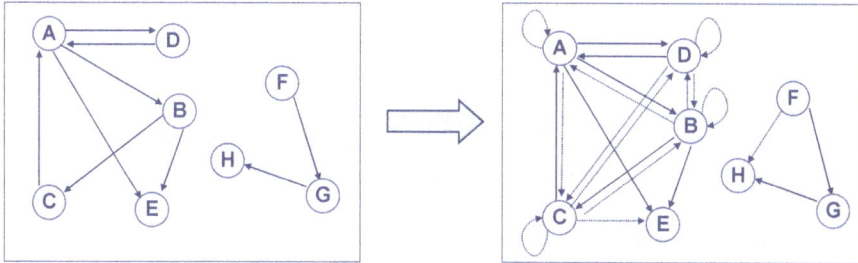

Abb. 5.78. Ein Graph und seine transitive Hülle

Sei R eine Relation, die durch eine Adjazenzmatrix `boolean [][] R = { ... }` dargestellt ist. Warshall's Algorithmus vergrößert R durch Hinzunahme von Kanten bis R = R* gilt:

```
void warshallAlg(){
  int max = R.length;
  for (int y = 0; y < max; y++)
    for (int x = 0; x < max; x++)
      for (int z = 0; z < max; z++)
        R[x][z] = R[x][z] || R[x][y] && R[y][z];
}
```

Von großer Bedeutung ist die richtige Reihenfolge der Schleifen. Es werden die Paare (x, y) und (y, z) getestet und ggf. (x, z) hinzugefügt. Wichtig ist, dass die äußere Schleife über das mittlere Element y verläuft. Würde man die Schleifen vertauschen, so würde z.B. in der transitiven Hülle des folgenden 4-elementigen Graphen

```
a[i][j] = (i==0 && j==2)||(i==2 && j==1)||(i==1 && j==3);
```

die Kante von 0 nach 3 nie gefunden werden:

Man erkennt unmittelbar, dass Warshalls Algorithmus nichts Falsches tut. Dass er auch tatsächlich alle notwendigen Verbindungen hinzufügt, kann man durch Induktion über die äußere Schleife beweisen. Wir wählen als Induktionshypothese:

$p(y) \equiv$ *Gibt es zu beliebigen Knoten u und v einen Weg von u nach v, so dass alle Zwischenknoten aus der Menge* $\{0, \cdots, y\}$ *sind, so wird in der y-ten Iteration* $a[u][v] =$ *true gesetzt.*

Wir beginnen mit $y = 0$. Gibt es von u nach v einen Pfad mit allen Zwischenknoten aus 0, so folgt, dass $(u, 0)$ und $(0, v)$ aus R sind. Innerhalb der Schleife mit $y = 0$ wird auch $x = u$ und $z = v$ gesetzt. Wegen $a[x][0] = $ *true* und $a[0][y] = $ *true* wird die Kante (u, v) eingefügt.

Sei $p(y)$ wahr für $0 \cdots y$. Sei ein Weg von u nach v vorhanden, der $(y+1)$ benutzt, dann gibt es auch einen solchen, auf dem $(y+1)$ nur einmal vorkommt. Aufgrund der Induktionshypothese wurden in einer früheren Iteration der äußeren Schleife bereits $(u, y+1)$ sowie $(y+1, v)$ eingefügt. In der $y+1$-ten Iteration wird nun (u, v) gefunden. Somit gilt auch $p(y + 1)$.

Da nun $p(y)$ für alle Knoten y gilt, folgt aus der Induktionshypothese, dass der Algorithmus keine Kante der transitiven Hülle vergessen hat.

5.9.7 Kürzeste Wege

Ein *kürzester Weg* zwischen zwei Knoten u und v in einem bewerteten Graphen ist ein Weg $u = k_1, k_2, \cdots, k_n = v$, für den die Summe aller Kantenwerte

```
a[k₁,k₂]+a[k₂,k₃]...+a[kₙ₋₁,kₙ]
```

minimal ist. Warshalls Algorithmus kann auf naheliegende Weise zu einem Algorithmus verallgemeinert werden, der zu je zwei Knoten eines bewerteten Graphen ihre minimale Entfernung bestimmt. Der Algorithmus ist auch als *Floyds Algorithmus* bekannt. Im wesentlichen muss nur

```
a[x][z] = a[x][z]||a[x][y] && a[y][z]
```

durch

```
a[x][z] = min(a[x,z],a[x][y]+a[y][z])
```

ersetzt werden.

Da man sich gewöhnlich nur für die kürzeste Entfernung zwischen zwei fest vorgegebenen Punkten interessiert (und nicht für alle), wollen wir hier einen Algorithmus diskutieren, der auf einer ähnlichen Idee aufbaut wie Warshalls Algorithmus, der aber den Vorteil hat, zu terminieren, sobald die kürzeste Entfernung zwischen zwei bestimmten Knoten gefunden wurde.

Wir suchen also in dem Graphen G auf V die kürzeste Verbindung $d(u, v)$ zwischen zwei Knoten u und v. Wir definieren S_1 als die Menge aller Knoten k, für welche die kürzeste Entfernung $d(u, k)$ bereits bekannt ist.

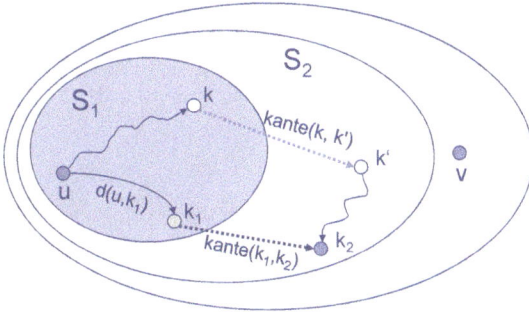

Abb. 5.79. Konstruktion des kürzesten Weges von u nach v

Zu Beginn des Algorithmus gilt: $S_1 = u$. In jedem Schritt wird die Menge S_1 um ein neues Element erweitert. Dazu benötigen wir die Menge S_2 aller Knoten, die nicht in S_1 enthalten sind aber mit einer Kante direkt mit einem Knoten aus S_1 verbunden sind.

Als nächstes bestimmen wir unter allen Kanten$(k_1, k_2) \in G$ mit $k_1 \in S_1$ und $k_2 \in S_2$ diejenigen, für welche $d(u, k_1) + kante(k_1, k_2)$ minimal ist. Dieser Wert muss die kürzeste Entfernung von u nach k_2 sein, denn jeder andere Weg von u nach k_2 müsste ja irgendwo, sagen wir über eine $Kante(k, k')$, die Menge S_1 verlassen. Wäre diese Verbindung kürzer, so wäre auch $d(u, k) + kante(k, k') < d(u, k_1) + kante(k_1, k_2)$ und wir hätten bei (k, k') statt bei (k_1, k_2) das Minimum gefunden. Wir können alsok_2 in S_1 aufnehmen,k_2 aus S_2 entfernen und alle Nachbarn von k_2, die nicht bereits in S_1 enthalten sind, zu S_2 hinzufügen. Diesen Prozess setzen wir so lange fort, bis $v \in S$ gilt.

Bei der Java-Implementierung gehen wir wieder von der Listenimplementierung aus. Wir hatten dort bereits ein Feld *dist* für Distanzen vorgesehen. Zu Beginn der Suche muss dieses Feld in allen Knoten zurückgesetzt werden. Für die Mengen S_1 und S_2 wählen wir den vordefinierten Datentyp *HashSet<E>*. Dieser verfügt über die Methoden *add* und *remove* zum Hinzufügen bzw. Entfernen eines Elementes der Menge und über die Methode *contains* zum Testen, ob ein Element in der Menge enthalten ist. Nunmehr kann der oben beschriebene Algorithmus fast wörtlich in Java umgesetzt werden:

```
void resetDist(){for (Knoten k : knotenArray) k.dist = 0;}

void minSuche(Knoten u, Knoten v){
  HashSet<Knoten> s1 = new HashSet<Knoten>();
```

```
HashSet<Knoten> s2 = new HashSet<Knoten>();
resetDist();
System.out.println("Von " + u);
s1.add(u);

for (Kante k : u.nachbarn) s2.add(k.ziel);

while (!s1.contains(v)){
    // Suche eine Kante k2 aus s2,
    // die das nächste Element von S1 werden soll
  Knoten knotenMin = null;
  int distMin = Integer.MAX_VALUE;

  for (Knoten k1 : s1)
    for (Knoten k2 : s2){
      int dk = kante(k1,k2);
      if (dk>0){
        int distNeu = k1.dist + dk;
        if (distNeu < distMin){
          distMin = distNeu;
          knotenMin = k2;
          }
        }
      }
      // Update von s1 und s2
  knotenMin.dist = distMin;
  System.out.println("nach "+ knotenMin +
      " ist die Distanz: " + distMin );
  s1.add(knotenMin);
  s2.remove(knotenMin);

  for (Kante k : knotenMin.nachbarn)
    if (!s1.contains(k.ziel)) s2.add(k.ziel);
  }
}
```

Der Aufwand für das Hinzufügen eines neuen Knotens zu S_1 ist bei diesem Algorithmus schlimmstenfalls n^2. Dies multipliziert sich mit der Anzahl der notwendigen Schritte, also mit n. Damit hätten wir, wie auch bei Floyds Algorithmus, eine Laufzeit von $O(n^3)$ im ungünstigsten Fall. Bei genauerer Betrachtung haben wir aber einiges an Aufwand gespart, da wir immer nur Paare (k_1, k_2) untersuchen, deren Elemente zu S_1 bzw. S_2 gehören. Dijkstra gibt für seine Variante dieses Algorithmus eine Laufzeit von $O(n^2)$ an.

5.9.8 Schwere Probleme für Handlungsreisende

Wir suchen nun einen Algorithmus, der zu zwei vorgegebenen Knoten u und v in einem zusammenhängenden bewerteten Graphen den kürzesten Weg errechnet, der von u zu *v* führt *und dabei alle anderen Knoten mindestens einmal besucht.* Einen solchen Weg nennt man auch eine *Tour* von *u* nach *v*.

Das Problem beschreibt abstrakt die Aufgabe eines Handlungsreisenden (*travelling salesman*), der eine Reihe von Kunden besuchen soll. Er stellt fest, in welchen Städten diese wohnen, und versucht dann, eine möglichst kurze Route zu finden, die bei allen Kunden vorbeiführt. Solche und ähnliche Probleme sind in vielen Aufgabenstellungen enthalten, bei denen es um Tourenplanung geht. Effiziente Lösungen sind also eminent wichtig für Speditionen, Logistik-Unternehmen etc. Um so erschreckender ist es, dass niemand einen Algorithmus kennt, der das Problem in polynomialer Zeit löst.

Das *Travelling Salesman Problem* (TSP) ist auch in theoretischer Hinsicht sehr wichtig, denn es gehört zu einer Gruppe von Problemen, die als algorithmisch besonders schwierig bekannt sind – alle derzeit bekannten Algorithmen zur Lösung von Problemen dieser Gruppe haben exponentielle Komplexität.

Nicht einmal das vereinfachte Problem: „*Gegeben eine Distanz d und zwei Knoten u und v. Gibt es eine Tour von u nach v, die kürzer ist als d*" ist effizient lösbar. Der beste bekannte Algorithmus hat die gleiche Komplexität wie die folgende, unsäglich naiv erscheinende so genannte *guess-and-check*-Methode:

Guess: Rate eine Tour.
Check: Prüfe, ob sie kürzer ist als *d*.

Man findet leicht einen Algorithmus, der den zweiten Teil, die Überprüfung, effizient erledigt. Das Problem steckt in der nichtdeterministischen Natur des Ratens.

Es gibt eine Reihe von bekannten und praktisch sehr wichtigen Problemen, für die kein besserer Lösungsweg bekannt ist, als eine analoge *Guess-and-check*-Methode. Sie sind untereinander äquivalent in dem Sinne, dass ein schneller Algorithmus für eines davon auch einen entsprechend schnellen Algorithmus für jedes andere der Problemklasse nach sich ziehen würde. Ob es aber einen schnelleren Algorithmus für eines – und damit für alle – dieser Probleme gibt, oder ob ein Algorithmus mit polynomieller Laufzeit unmöglich ist, das ist die bekannteste ungelöste Frage der theoretischen Informatik.

Genauer lautet die Frage, ob jeder *nichtdeterministisch polynomiale (NP)* Algorithmus – dazu gehören alle Algorithmen vom oben gezeigten *Guess-and-Check*-Typ – auch durch einen *polynomialen (P)* Algorithmus ersetzt werden kann. Zur Lösung dieser Frage, die man durch die prägnante Gleichung

P = NP ?

darstellen kann, würde es genügen, nur einen aus einer sehr großen Sammlung bekannter *Guess-and-Check* Algorithmen auf polynomielle Laufzeit zu beschleunigen, oder zu beweisen, dass das unmöglich ist. Auf die Antwort sind 1.000.000.- US$ ausgesetzt.

Im dritten Band dieser Buchreihe werden wir uns eingehend mit diesen und ähnlichen Fragen der Komplexitätstheorie beschäftigen und die genaue Grundlage und die Hintergründe der genannten Fragen beleuchten. Die Antwort auf die Frage, ob $P=NP$ gilt, müssen wir aber unseren Lesern überlassen.

Die obigen Ausführungen sollten jetzt aber Spediteure und Handelsvertreter nicht in Depressionen stürzen, denn wenn man mit einer nicht optimalen, aber dennoch ganz guten Lösung zufrieden ist, kann man auf Algorithmen zurückgreifen, die in der Praxis brauchbare Ergebnisse liefern. Außerdem sagen Komplexitätsaussagen nur etwas über das asymptotische Verhalten aus, wenn also N (hier die Anzahl der Knoten) genügend groß ist. Für kleine N kann es durchaus brauchbare Algorithmen geben. Einen solchen wollen wir hier entwickeln.

5.9.9 Eine Implementierung des TSP

In der klassischen Formulierung des TSP sind Anfangs- und Endpunkt gleich und es wird gefordert, dass jede Stadt genau einmal besucht wird. Diese Einschränkung führt dazu, dass es in vielen Fällen überhaupt keine Lösung gibt. Daher beschäftigen wir uns mit dem TSP in der oben angegebenen allgemeineren Formulierung.

In unserem Verkehrsnetz gibt es zum Beispiel keine Lösung des TSP für eine gesuchte Tour von San Francisco nach San Mateo, die alle Städte nur einmal besucht. Es gibt aber eine Lösung mit je einem Zusatzbesuch von San Fransisco und Santa Cruz. Zur Lösung des TSP generieren wir alle möglichen Wege von u nach v, die alle Städte besuchen und jede höchstens *ariMax* mal. Dabei benutzen wir *ariMax* als Schranke für die Anzahl der Besuche einer Stadt. Zur Generierung aller Wege können wir einen Algorithmus verwenden, der Ähnlichkeit mit der Tiefensuche hat. Dabei kam es jedoch darauf an, dass alle Knoten aufgezählt wurden. Sie mussten nicht entlang eines Weges aufgezählt werden. Dies ist aber beim TSP der Fall. Wir müssen die Knoten eines Graphen derart aufzählen, dass dabei ein Weg entsteht. Als Datenstruktur für den gesuchten Weg wählen wir daher eine Liste von Kanten.

Für die Implementierung des TSP nutzen wir wieder die Listenimplemetierung von Graphen. Wir müssen allerdings eine Variante der Datenstruktur für die Knoten benutzen, die Mehrfachmarkierungen zulässt:

```
class Knoten{
  String name;
  private int marken;
  ArrayList<Kante> nachbarn;

  Knoten(String s){
    name = s;
    nachbarn = new ArrayList<Kante>();
  }
```

```
boolean isMarked (){ return marken > 0;}
int getMarken (){ return marken ;}
void resetMarken (){ marken =0;}
void setMarked (){ marken =1;}
void incMarken (){ marken ++;}
void decMarken (){ marken --;}
public String toString (){ return name ;}
}
```

Wir müssen außerdem einige zusätzliche Felder in die bereits vorgestellte Klasse *Graph* aufnehmen. Neben der bereits erwähnten Schranke *ariMax* für die maximale Anzahl der Besuche eines Knotens merken wir uns den Ausgangsknoten und benutzen die Datenstruktur *LinkedList<Kante>* um einen aktuellen Kandidaten für eine TSP-Tour zu speichern. Außerdem benötigen wir eine Schranke *aktSchranke* für die aktuell maximal zulässige Länge einer TSP-Tour. Wir suchen keine Tour, die länger als diese Schranke ist. Der Wert dieser Schranke ist die Länge des zuletzt gefundenen Kandidaten für eine TSP-Tour. Solange noch keine Lösung gefunden wurde, setzt man diese Schranke auf einen geschätzten Wert. Je näher dieser an der zukünftigen Lösung liegt, umso geringer ist die zu erwartende Laufzeit. Wenn der Schätzwert allerdings zu niedrig liegt, wird irrtümlich keine Lösung des TSP gefunden.

```
private final int ariMax = 1;
Knoten ausgangsKnoten ;
LinkedList < Kante > aktTSP ;
private int aktSchranke ;
```

Die folgende Methode *testeWeg* untersucht einen Weg daraufhin, ob er verlängert werden sollte. Zunächst wird die Anzahl der Knoten und die Länge des Weges bestimmt. Wenn diese größer ist als die aktuelle Schranke, macht es keinen Sinn, den aktuellen Weg noch weiter zu verlängern. Wenn die Anzahl der Knoten kleiner ist als deren Gesamtzahl, muss der Weg ohne weitere Prüfung verlängert werden. Wenn diese beiden Tests erfolgreich beendet wurden, könnte der zu testende Weg eine neue Tour sein. Wenn jeder Knoten nur einmal besucht werden darf (also *ariMax* == 1 gilt), brauchen wir nur noch zu testen, ob der letzte Knoten des Weges der gewünschte Zielknoten ist. Andernfalls müssen wir zusätzlich noch testen, ob jeder Knoten in dem Weg mindestens einmal vorkommt. Dazu nehmen wir eine Menge *s* vom Typ *HashSet<E>* und fügen alle Knoten entlang des Weges zu *s* hinzu. Wenn die Anzahl der Elemente von *s* anschließend kleiner als die Knotenzahl ist, haben wir keine neue Tour gefunden und der aktuelle Weg sollte weiter verlängert werden. Wenn alle diese Tests erfolgreich waren, haben wir eine neue Tour gefunden. Diese ersetzt ggf. die bisher gefundene Tour. Ihre Länge wird die neue aktuelle Schranke.

```
private boolean testeWeg (Knoten v, LinkedList < Kante > aktWeg ){
  int l = 0;
  int anz = 1;   // Ausgangsknoten mitzählen!
  for (Kante ka : aktWeg ) { l+=ka.laenge ; anz ++;}
```

```
if (l >= aktSchranke) return true;   // Zu lang!

if (anz < knotenZahl) return false;    // Zu wenige Knoten!

if (aktWeg.getLast().ziel == v){
  if (ariMax > 1){
    HashSet<Knoten> s = new HashSet<Knoten>();
    s.add(ausgangsKnoten);

    for (Kante ka : aktWeg) s.add(ka.ziel);

    if (s.size() < knotenZahl) return false;
    }
  aktSchranke = l;
  aktTSP = new LinkedList<Kante>(aktWeg);
  return true;      // Neue Tour gefunden !
  }
return false;
}
```

Der Kern des folgenden Programmausschnitts ist die rekursive Methode *besuche*. Sie *besucht* einen Knoten und erhöht dessen Markenzähler. Dann werden alle von diesem Knoten ausgehenden Kanten untersucht. Falls der Zielknoten einer Kante noch besucht werden darf, wird diese Kante zu dem aktuellen Weg hinzugefügt. Dieser wird nunmehr mit der oben diskutierten Methode *testeWeg* untersucht. Falls diese *false* liefert, wird der Zielknoten dieser Kante besucht. Anschließend wird die Kante wieder aus dem aktuellen Weg entfernt. Wenn alle Kanten abgearbeitet wurden, wird der Besuch des aktuellen Knoten beendet, d.h. sein Markenzähler wird wieder erniedrigt. Ggf. gefundene bessere Lösungen wurden von der Methode *testeWeg* erkannt und gespeichert.

```
private void besuche(Knoten k, Knoten v, LinkedList<Kante> aktWeg){
  k.incMarken();
  for(Kante ka : k.nachbarn)
    if(ka.ziel.getMarken()< ariMax){
      aktWeg.add(ka);
      if (!testeWeg(v, aktWeg))
        besuche(ka.ziel,v,aktWeg);
      aktWeg.removeLast();
      }
  k.decMarken();
}
```

Der folgende Programmabschnitt ist ein Testrahmen für das *Travelling Salesman Problem*.

```
void tsp(Knoten u, Knoten v){
  aktSchranke = 370; // experimentell
```

```
aktTSP = null;
ausgangsKnoten = u;
LinkedList<Kante> weg = new LinkedList<Kante>();

long zeit1 = System.nanoTime();
besuche(u, v, weg);
long zeit2 = System.nanoTime();

long milliZeit = (zeit2-zeit1)/1000000;
System.out.println("LaufZeit:"+milliZeit+"MilliSekunden");
if ( aktTSP == null){
  System.out.println("Kein Weg gefunden !!!");
  return;
  }
System.out.println("Länge des kürzesten Weges:"+aktSchranke);
System.out.println("Der kürzeste Weg ist: " + u);
for(Kante ka: aktTSP) System.out.print("," + ka.ziel);
}
```

Ein einfacher Weg von San Francisco nach San Rafael wird auf einem 3,60-GHz Core i7-4790 PC in nicht messbarer Zeit gefunden:

> *Länge des kürzesten Weges: 342.*
> *Der kürzeste Weg ist: San Francisco, Pacifica, Half Moon Bay, San Mateo, Palo Alto, Santa Clara, Scotts Valley, Santa Cruz, Watsonville, San Jose, Fremont, Hayward, Oakland, Richmond, San Rafael.*

Eine Lösung des TSP von San Francisco nach San Mateo gelingt nur mit Mehrfachbesuchen. Der folgende Weg wurde auf einem 3,60-GHz Core i7-4790 PC in 0,25 Sekunde gefunden.

> *Länge des kürzesten Weges: 364.*
> *Der kürzeste Weg ist: San Francisco, San Rafael, Richmond, Oakland, San Francisco, Pacifica, Half Moon Bay, Santa Cruz, Scotts Valley, Santa Cruz, Watsonville, San Jose, Santa Clara, Palo Alto, Fremont, Hayward, San Mateo.*

Die Suche nach einer Lösung des TSP gelingt bei 15 Städten in nicht messbarer Zeit, wenn wir höchstens einen Besuch für jede Stadt zulassen. Wenn wir zulassen, dass jede Stadt bis zu zweimal besucht werden darf, wächst der Rechenaufwand ganz erheblich. Die Zahl der zu generierenden Wege steigt in diesem Fall dramatisch an. Für die Suche nach der Lösung des ersten Beispiels wurden 483 Wege generiert, beim zweiten Beispiel waren 3.832.913 Wege erforderlich. Dies liegt an einer Vielzahl von *unsinnigen* Doppelbesuchen, die der Algorithmus nicht als unsinnig *erkennt*. Man müsste ihm eine Hilfestellung geben, welche Städte einmal und welche zweimal besucht werden sollen. Die oben genannte Anzahl der generierten Wege ergibt sich, wenn man die Schranke auf den angegebenen Wert setzt. Mit einer kleineren Schranke erniedrigt sich die Zahl der generierten Wege erheblich.

Offensichtlich kann man sehr viel Laufzeit sparen, wenn man die Suche auf einfache Wege beschränkt. Trotzdem kann man nicht hoffen, umfangreiche Travelling Salesman Probleme mit diesem Programm berechnen zu können, denn die Laufzeit l ist exponentiell, also $l = c \times 2^n$ mit einer gewissen Konstanten c. Dies ist leicht einzusehen, denn selbst wenn jeder Knoten nur zwei Nachbarn hätte, verdoppelt sich jedesmal die Anzahl der möglichen Wege.

Unter der Annahme, die Laufzeit im Falle $n = 15$ sei eine Millisekunde gewesen, finden wir $c = 1/30\,000\,000$. Im Falle eines Graphen mit $n = 40$ Knoten müssen wir mit einer Laufzeit von etwa

$$2^{40}/30\,000\,000 \approx 1000^4/30\,000\,000 \approx 30\,000 Sekunden$$

rechnen. Mit einem 10-fach schnelleren Rechner könnten wir zwar die Aufgabe in nur 3000 Sekunden erledigen. Wenn wir dann allerdings die Zahl der Städte um zehn erhöhen, ergibt sich sofort eine tausendmal größere Laufzeit. Aus diesen Gründen kann eine punktuelle Optimierung des Algorithmus keinen nennenswerten Einfluss auf die Laufzeit haben, solange nicht mindestens ein polynomialer Algorithmus gefunden wird – doch das ist höchst unwahrscheinlich.

5.10 Zeichenketten

Eine Zeichenkette (*String*) ist eine Folge von Einzelzeichen (*Char*) über einem Zeichencode (zum Beispiel ASCII, UTF-8, UCS oder Unicode). Zeichenketten und Algorithmen, um diese zu manipulieren oder in den Zeichenketten nach bestimmten Sequenzen zu suchen, sind von großer Bedeutung nicht nur in Textverarbeitungsprogrammen, sondern z.B. auch in Virenprüfprogrammen oder in der Molekularbiologie. In letzterem geht es darum, Muster in sehr langen Zeichenketten über dem aus den Basen A, C, G, T gebildeten vierelementigen Alphabet zu finden.

Für die Speicherung von Strings sind zwei Methoden gängig – eine benutzt Arrays, die andere verwendet so genannte *nullterminierte Strings*.

5.10.1 Array-Implementierung

Bei der ersten Methode legen wir die maximale Länge einer Zeichenkette bei ihrer Definition fest und speichern den aktuellen String in einem Array dieser Länge zusammen mit einem Längenfeld. Eine Klassendefinition für derartige Strings könnte so aussehen:

```
class ArString{
 private int aktLaenge = 0;
 private char[] zeichen = null;

 ArString(int maxL){
   zeichen = new char[maxL];
   }
```

```
int laenge (){ return aktLaenge;}
   // Weitere Methoden zur Stringverarbeitung
}
```

5.10.2 Nullterminierte Strings

Bei der anderen Methode kann eine Zeichenkette (fast) beliebig lang sein. Ihr *Ende* wird durch ein bestimmtes Zeichen gekennzeichnet. Für dieses Endezeichen (*Terminator*) wird meist der Charactercode 0 verwendet. Man spricht daher auch von *null-terminierten Strings*. Wenn man statt mit den Zeichenketten selbst mit Referenzen auf diese arbeitet, kann man dafür sorgen, dass für Zeichenketten genauso viel Speicherplatz benötigt wird, wie es die Stringlänge erfordert. Der Nachteil dieser Methode ist der Mehraufwand für die Speicherverwaltung und die Ermittlung der Länge eines aktuellen Strings sowie der Umstand, dass der Charactercode 0 in keinem nullterminierten String vorkommen darf. Bei nullterminierten Strings ist als maximale Länge meist 32767 vorgegeben. Nullterminierte Strings sind vor allem in der Programmiersprache C üblich und damit auch in der Windows-Programmierung:

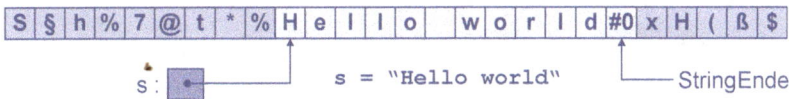

Abb. 5.80. Nullterminierter String im Hauptspeicher

5.10.3 Java-Strings

In der Programmiersprache Java wird eine vordefinierte Klasse *java.lang.String* zur Bearbeitung von Zeichenketten angeboten. Bei der Konstruktion eines Java-String-Objekts wird die Zeichenkette als Array angelegt und kann nicht mehr geändert werden. Eine String-Variable ist ein Pointer auf ein solches Java-String-Objekt. Wenn ein String geändert werden soll, muss ein neues String-Objekt erzeugt werden. Dieses Konzept ist wesentlich flexibler als die bisher diskutierten Lösungen. Allerdings ist der Aufwand für die Speicherverwaltung größer. Daher bietet Java explizit die Klassen *StringBuffer* und *StringBuilder* für veränderbare Strings an.

Jedes Java-Objekt erbt von der Klasse Object eine Methode

```
public String toString()
```

Diese wird von *System.out.println* verwendet, so dass prinzipiell jedes Java-Objekt ausgedruckt werden kann. Allerdings ist das Ergebnis oft nicht sehr aufschlussreich. Daher überschreibt man diese Methode für eigene Klassen durch eine im Einzelfall angemessenere eigene Methode.

5.10.4 Stringoperationen

Für die Bearbeitung von Zeichenketten (Strings) benötigt man mindestens die Grundoperationen:
- Einfügen eines Zeichens oder einer Zeichenkette an einer bestimmten Position,
- Entfernen eines Zeichens oder einer Zeichenkette an einer bestimmten Position,
- Überschreiben eines Zeichens oder einer Zeichenkette an einer bestimmten Position,
- Suchen nach einer vorgegebenen Zeichenkette (einem *Muster*),
- Aneinanderhängen (*Konkatenieren*) zweier Zeichenketten.

Wir wollen nun das Problem betrachten, einen Teilstring *P* (wie *Pattern*) in einem String *S* zu finden. Natürlich ist die Suche nur sinnvoll, wenn *S* länger ist als *P*.

Diese Suchoperation wird von fast allen Textsystemen, Texteditoren und speziellen Suchprogrammen angeboten, die in der Lage sind, ganze Dateisysteme nach bestimmten Suchstrings zu durchforsten. In Java gibt es für das Suchen eine Methode in der vordefinierten Klasse *java.lang.String*:

```
public int indexOf(String str) throws NullPointerException;
```

indexOf sucht die Zeichenkette des aktuellen String-Objekts nach dem ersten Vorkommen des Musterstrings *str* ab. Wenn *str* in *S* vollständig enthalten ist, dann liefert *indexOf* die Position des ersten Zeichens in *S*, an dem ein mit *str* gleicher Teilstring beginnt. Wenn *str* nicht in *S* enthalten ist, dann hat *indexOf* das Funktionsergebnis –1. Wenn das aktuelle String-Objekt nicht vorhanden ist, wird die *NullPointer-Ausnahme* erzeugt. In der vordefinierten Klasse *java.lang.String* sind zahlreiche weitere Methoden zum Suchen in Zeichenketten definiert.

5.10.5 Suchen in Zeichenketten

Wir wollen uns nun überlegen, wie man solche Funktionen programmieren kann. Dabei werden wir feststellen, dass es auf den ersten Blick sehr einfach geht, mit etwas Überlegung aber auch sehr viel effizienter. Wir werden zwei Suchalgorithmen betrachten: *brute force* (engl.: *rohe Gewalt*) und *Boyer-Moore*.

Die *Brute-Force*-Suche ist der naheliegende Algorithmus. Von der ersten Position an wird jeweils das Muster mit dem entsprechenden Textbereich verglichen. Im Falle eines Fehlvergleichs wird das Muster um eins nach rechts geschoben. Die Suche ist erfolgreich, wenn zum ersten Mal alle Musterpositionen mit den entsprechenden Textpositionen übereinstimmen.

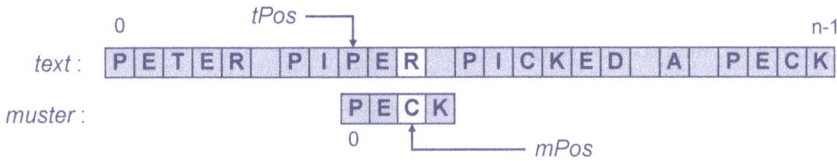

Abb. 5.81. Brute-Force-Suche

Sei n die Länge des Textes und m die Länge des Musters. Offensichtlich handelt es sich um zwei geschachtelte Schleifen, wobei die äußere von 0 bis $n - m$ läuft und die innere von 0 bis m, so dass der Algorithmus im schlimmsten Fall $O(m \times n)$ Vergleiche benötigt, wenn wir davon ausgehen, dass m klein im Vergleich zu n ist.

5.10.6 Der Boyer-Moore-Algorithmus

Um bessere Algorithmen für die Stringsuche haben sich seit 1970 Cook, Knuth, Morris, Pratt, Boyer, Moore, Karp und Rabin bemüht. Wir gehen näher auf den Algorithmus von Boyer und Moore ein, der 1977 in der Zeitschrift *Communications of the ACM* veröffentlicht wurde. Die Grundidee besteht darin, die Information auszunutzen, die in dem Suchmuster enthalten ist. Wir vergleichen das Muster jeweils von *rechts nach links* mit der aktuellen Tabellen-Position. Wenn die verglichenen Zeichen nicht übereinstimmen, verschieben wir die Position des Suchmusters in Abhängigkeit von dem Zeichen an der Fehlposition um einen Betrag, der der Position dieses Buchstabens im Suchmuster entspricht. Wenn er nicht vorkommt, was meistens der Fall ist, können wir um die volle Länge des Suchmusters weiter schieben.

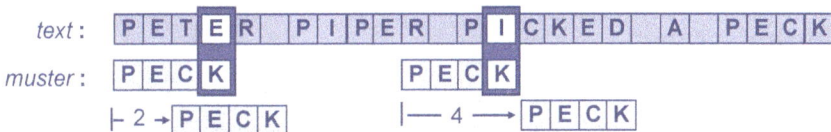

Abb. 5.82. Boyer-Moore: die Idee

In der obigen Abbildung haben wir als erstes das letzte Element, „K" im Suchmuster mit dem „E" im String verglichen. Da wir keine Übereinstimmung haben und ein „E" frühestens zwei Positionen weiter links im Suchmuster auftritt, können wir dieses um mindestens zwei Positionen nach rechts schieben. Ähnlich können wir jedem Zeichen eine Distanz zuordnen. Jedes Zeichen, das nicht im Suchmuster vorkommt, erhält als Distanz die Länge des Suchmusters.

Für ein Muster *muster* müssen wir also immer wieder die Verschiebelänge ausrechnen:

```
int distanz(char c){
  int laenge = muster.length();
  int i =(laenge -1);
  while (i >= 0 && muster.charAt(i) != c) i --;
  return (laenge -1)-i;
}
```

Einen Geschwindigkeitszuwachs können wir aber nur erwarten, wenn wir diese Funktion in einem Array

```
int[]dist
```

tabellieren, so dass jeder Aufruf *distanz(c)* durch einen Arrayzugriff *dist[c]* ersetzt wird.

Offensichtlich lohnt sich der Aufwand nur, wenn das Muster lang genug ist und der String, in dem gesucht werden soll, sehr groß ist. Auch wenn das Alphabet zu umfangreich ist, wie z.B. bei UNICODE wird man kaum zuerst eine Tabelle mit 65000 Zahlen füllen wollen, von denen ohnehin die meisten identisch sind. In diesem Falle kann man evtl. einen kleineren Bereich des Zeichensatzes bestimmen, der garantiert alle Zeichen im Muster enthält und diesen tabellieren, während für alle anderen Zeichen die Musterlänge geliefert wird. Das andere Extrem eines sehr kleinen Zeichensatzes, wie z.B. {0,1}, liefert auch bei großen Mustern nur in Ausnahmefällen nennenswerten Distanzwerte und somit Beschleunigungen der Suche.

Boyer und Moore haben die skizzierte einfache Idee weiter verbessert, indem sie eine zweite Tabelle aufbauten, mit deren Hilfe eine weitere Wiederaufsetzposition berechnet wird. Die Implementierung dieser verbesserten Variante ist allerdings recht komplex, daher verweisen wir auch hier auf die weiterführende Literatur.

Zusammenfassung

In diesem Kapitel haben wir viele, teilweise auch umfangreiche, Programme kennen gelernt und die in den letzten Kapiteln erarbeiteten Grundlagen vertieft. Als eine wichtige Erkenntnis halten wir fest, dass gute und schnelle Programme nicht durch raffinierte Programmiertricks, sondern durch wohlüberlegte Datenstrukturen und passende Algorithmen zu erreichen sind.

Literatur

In dem vorliegenden Buch wurden viele verschiedene Themen angesprochen. Zu jedem dieser Gebiete gibt es umfangreiche weiterführende Literatur. Im Folgenden ist eine Auswahl von aktuellen und grundlegenden Titeln zusammengestellt – geordnet nach den Themen der einzelnen Kapitel.

Einführende Bücher und Lehrbücher der Informatik

Herold, Helmut; Lurz, Bruno; Wohlrab, Jürgen: Grundlagen der Informatik
    Pearson Studium; 2012; 2. Auflage

Hansen, Hans Robert; Mendling, Jan; Neumann, Gustaf: Wirtschaftsinformatik
    De Gruyter Oldenbourg Verlag; 2015; 11. Auflage

Knuth, Donald E.: The Art of Computer Programming.
    Volumes 1 - 4A Addison-Wesley Longman, Amsterdam 1997 bis 2011;

Schneider, Uwe; Werner, Dieter: Taschenbuch der Informatik
    Hanser Fachbuchverlag; 2012; 7. Auflage

Python

Python Software Foundation: https://www.python.org/

The Python Tutorial: https://docs.python.org/3/tutorial/

Ernesti, Johannes; Kaiser, Peter: Python 3: Das umfassende Handbuch: Sprachgrundlagen, Objektorientierung, Modularisierung
    Rheinwerk Computing Verlag; 2015; 4. Auflage

Klein, Bernd: Einführung in Python 3: Für Ein- und Umsteiger
    Carl Hanser Verlag; 2014; 2. Auflage

Kofler Michael; Kühnast, Charly et al.: Raspberry Pi: Das umfassende Handbuch.
    Rheinwerk Computing Verlag; 2015; 2. Auflage

Sedgewick, Robert; Wayne, Kevin; Dondero, Robert: Introduction to Programming in Python: An Interdisciplinary Approach

Addison-Wesley Verlag; 2015; 1. Auflage

Weigend, Michael: Python 3 - Lernen und professionell anwenden
    mitp Verlag; 2013; 5. Auflage

Weigend, Michael: Raspberry Pi programmieren mit Python
    mitp Verlag; 2016; 3. Auflage

Java

The Java Tutorials: https://docs.oracle.com/javase/tutorial/

Arnold, Ken; Gosling, James; Holmes, David: The Java Programming Language
    Addison-Wesley Verlag; 2005; 4. Auflage

Bloch, Joshua: Effective Java: A Programming Language Guide
    Addison-Wesley Verlag; 2008; 2. Auflage

Gosling, James; Joy, Bill; Steele, Guy; Brancha; Gilad, Buckley, Alex: The Java Language Specification
Java SE 8 Edition
    Addison-Wesley Verlag; 2014; 5. Auflage

Lindholm, Tim; Yellin, Frank; Brancha; Gilad, Buckley, Alex: The Java Virtual Machine Specification,
Java SE 8 Edition
    Addison-Wesley Verlag; 2014; 5. Auflage

Finegan, Edward G.; Liguori, Robert: OCA Java SE 8 Programmer I Study Guide
    Mcgraw-Hill Education - Europe Verlag; 2015; 3. Auflage

Barnes, David J.; Kölling, Michael: Java lernen mit BlueJ: Eine Einführung in die objektorientierte Programmierung
    Pearson Studium; 2013; 5. Auflage

Heinisch, Cornelia; Müller, Frank; Goll, Joachim: Java als erste Programmiersprache: Grundkurs für
Hochschulen
    Springer Vieweg Verlag; 2016; 8. Auflage

Inden, Michael: Der Weg zum Java-Profi: Konzepte und Techniken für die professionelle Java-Entwicklung
    dpunkt Verlag; 2015; 3. Auflage

Inden, Michael: Java 8 - Die Neuerungen: Lambdas, Streams, Date and Time API und JavaFX 8 im Überblick
    dpunkt Verlag; 2015; 2. Auflage

Krüger, Guido; Hansen, Heiko: Java-Programmierung - Das Handbuch zu Java 8
    O'Reilly Verlag; 2014; 8. Auflage

Savich, Walter J.; Mock, Kenrick: Absolute Java

Pearson Education; 2015; 6. Auflage

Sedgewick, Robert; Wayne, Kevin: Einführung in die Programmierung mit Java
Pearson Studium; 2011

Ullenboom, Christian: Java ist auch eine Insel
Rheinwerk Computing Verlag; 2016; 12. Auflage

Algorithmen und Datenstrukturen

Bentley, Jon: Programming Pearls
Addison-Wesley Professional Verlag ; 2016; 2. Auflage; Taschenbuch und Kindle Ausgaben

Blum, Norbert: Algorithmen und Datenstrukturen
Oldenbourg Wissenschaftsverlag; 2012; 2. Auflage

Cormen, Thomas H.; Leiserson, Charles E.; Rivest, Ronald; Stein, Clifford: Algorithmen – Eine Einführung
De Gruyter Oldenbourg Verlag; 2013; 4. Auflage

Cormen, Thomas H.: Algorithmen Unlocked
Mit University Press; 2013; 1. Auflage; Taschenbuch und Kindle Ausgaben

Güting, Ralf H.; Dieker, Stefan: Datenstrukturen und Algorithmen
Springer Verlag; 2004/2013; 3. Auflage

Dietzfelbinger, Martin; Mehlhorn, Kurt; Sanders, Peter: Algorithmen und Datenstrukturen: Die Grundwerkzeuge
Springer Vieweg Verlag; Juni 2014

Karumanchi, Narasimha : Data Structure and Algorithmic Thinking with Python: Data Structure and Algorithmic Puzzles
CareerMonk Publications; Januar 2015

Ottmann, Thomas; Widmayer, Peter : Algorithmen und Datenstrukturen
Spektrum Akademischer Verlag; 2012; 5. Auflage

Saake, Gunter; Sattler, Kai-Uwe: Algorithmen und Datenstrukturen. Eine Einführung mit Java.
Dpunkt-Verlag Heidelberg; 2013; 5. Auflage

Sedgewick, Robert; Wayne, Kevin: Algorithmen: Algorithmen und Datenstrukturen
Pearson Studium; 2014; 4. Auflage

Weiss, Mark Allen: Data Structures and Problem Solving Using Java
Addison-Wesley Verlag; 2009; 4. Auflage

Stichwortverzeichnis

www.ingramcontent.com/pod-product-compliance
Lightning Source LLC
Chambersburg PA
CBHW080132220326
41598CB00032B/5035